建筑的历史语境与绿色未来

——2014、2015"清润奖"大学生论文竞赛获奖论文点评

《中国建筑教育》编辑部　编

中国建筑工业出版社

图书在版编目（CIP）数据

建筑的历史语境与绿色未来——2014、2015"清润奖
大学生论文竞赛获奖论文点评 /《中国建筑教育》编
辑部编 .—北京 : 中国建筑工业出版社 , 2016.10
　ISBN 978-7-112-19941-9

　Ⅰ.①建…　Ⅱ.①中…　Ⅲ.①建筑设计—作品集—中
国—现代　Ⅳ.① TU206

中国版本图书馆 CIP 数据核字 (2016) 第 236530 号

内容提要

本书为《中国建筑教育》·"清润奖"大学生论文竞赛 2014 年和 2015 年竞赛获奖论文及点评的结集。本书的特点在于，针对每一篇获奖论文，编辑部同时邀请竞赛评审委员、论文指导老师以及多位特邀评委，分别点评，剖析每篇论文的突出特点，同时侧重提出论文提升和改进的建议。本书还收入了所有获奖作者的论文写作心得，这将有益于学生之间的学习与借鉴。希望这样一份扎实的耕耘成果，可以让每一位读者和参赛作者都能从中获益，进而对提升学生的研究方法和论文写作有所裨益。

版权声明

责任编辑：李　东　陈海娇
责任校对：王宇枢　张　颖

建筑的历史语境与绿色未来
——2014、2015"清润奖"大学生论文竞赛获奖论文点评
《中国建筑教育》编辑部　编

*

中国建筑工业出版社出版、发行（北京西郊百万庄）
各地新华书店、建筑书店经销
北京佳捷真科技发展有限公司制版
北京云浩印刷有限责任公司印刷

*

开本：880×1230 毫米　1/16　印张：24¾　字数：1145 千字
2016 年 10 月第一版　2017 年 9 月第二次印刷
定价：**78.00** 元
ISBN 978-7-112-19941-9
（29432）

编 委 会

主任： 王建国

副主任： 仲德崑　咸大庆　马树新

评审委员（以姓氏笔画为序）：
马树新　王建国　王莉慧　刘克成　仲德崑　庄惟敏　孙一民
李　东　李振宇　张　颀　赵万民　梅洪元　韩冬青

主编单位：
全国高等学校建筑学专业指导委员会
《中国建筑教育》编辑部
北京清润国际建筑设计研究有限公司

执行主编： 李　东

执行编委（以姓氏笔画为序）：
马树新　王建国　王莉慧　史永高　冯　江　刘加平　刘克成
仲德崑　庄惟敏　陈海娇　杜春兰　李　东　李振宇　宋晔皓
张　颀　金秋野　梅洪元　屠苏南　韩冬青

秋天是收获的季节。今年 9 月开学伊始,"清润奖"大学生论文竞赛就进入收稿阶段。今年竞赛投稿量再创新高,成果丰硕,令人欣慰。

长期以来,建筑学教学多以设计课程为核心,强调设计图示思维的重要性。确实,一名建筑学的毕业生如果不会做设计就会被认为人才培养的失败。但是,现在建筑学知识边疆发展越来越宽,数字化、绿色、节能、社会关切、人文关怀等均与建筑学领域密切相关,即使是设计也有了更多的表达媒介和方式;同时,当一名学生本科毕业后继续攻读研究生学位时,更是需要将建筑学领域某一分支的科学研究作为重要任务,毕业后也不见得都去直接从事设计工作。所以,对于学生而言,敏锐捕捉学科发展前沿,延拓自身理论思维能力,聚焦某一特定领域的建筑学边疆的知识探索,同样显得非常必要和重要。

"清润奖"大学生论文竞赛到今年已经连续举办了三届。早在 2013 年的全国高等学校建筑学专业指导委员会(以下简称"专指委")年会上,《中国建筑教育》就提出举办全国大学生论文竞赛的建议,会上各委员经商讨一致同意第二年(即 2014 年)尽快启动全国大学生论文竞赛。21 世纪的前 10 年,我国建筑业迅猛发展,建筑院系不断增加,在校专业学生人数也急剧上升。2011 年,建筑学、城乡规划学与风景园林学成为三足鼎立的一级学科。个人观察,近年来城乡规划学科方面的理论探讨生气勃勃,相对活跃,每年均有很多学生向中国城市规划年会投稿并宣读论文,而建筑学和风景园林学方面则相对沉寂。随着学科建设以及学科队伍的不断发展壮大,相应的理论研究与探索也应在深度和广度上及时跟进。为迅速提升学生专业理论素养,进一步促进毕业生在科学与合理化建设上达到相应的理论水平和学科高度,专指委决议,由专指委与《中国建筑教育》联合主办,由《中国建筑教育》每年联合一所高校共同承办全国大学生论文竞赛。

论文竞赛主要面向在校大学生和研究生,以国内学生为主,并欢迎境外院校学生积极参与。通过对不同阶段学生论文的评选,及时了解和发现我国现阶段不同专业层面教育中存在的问题,及时在教学中进行调整和反馈,有序推进理论教学水平的提升;并通过优秀论文的点评与推广,激发学生的学习与思考热情,为学生树立较好的学习参照系统,使理论与实践相长的建筑学教学有范可循。

过去的两届比赛有着不同的主题方向:2014 年的竞赛主题为"历史语境下关于……再思",2015 年的竞赛主题是绿色建筑。连续两年,虽然主题分异,但都获得了各高校极大的关注与学生的积极响应,投稿踊跃。积累了两年之后,竞赛成果喜人,论文质量也有着明显的提升。

本书是前两届获奖论文及点评的结集,定名为《建筑的历史语境与绿色未来》。一方面,获奖论文显示了目前在校本科及硕、博士生的较高论文水平,是广大学生学习和借鉴的写作范本;另一方面,难能可贵的是,本书既收录了获奖学生的写作心得,又特别邀请了各论文的指导老师就文章成文及写作、调研过程,乃至优缺点进行了综述,具有很大的启发意义。尤其值得称道的是,本书还邀请了论文竞赛评委以及特邀专家评委,对绝大多数论文进行了较为客观的点评。这一部分的评语,因为脱开了学生及其指导老师共同的写作思考场域,评价视界因而也更为宽泛和多元,更加中肯,"针砭"的力度也更大。有针对写作方法的,有针对材料的分辨与选取的,有针对调研方式的……评委们没有因为所评的是获奖论文就一味褒扬,而是基于提升的目的进行点评,以启发思考,让后学在此基础上领悟提升论文写作的方法与技巧。从这个层面讲,本书不仅仅是一本获奖学生论文汇编,更是一本关于如何提升论文写作水平的具体而实用的写作指导。

本书的编纂成书,要感谢历年认真参加论文评审工作的评委和参与评审工作的老师;感谢《中国建筑教育》编辑部的周密组织工作与完善的评审计分系统;感谢北京清润国际建筑设计研究有限公司作为联合主办方一直以来对我国建筑教育与文化事业的倾力支持。正是各方面的齐心协力,才有竞赛活动的成功举办,并且将来还将继续得益于各方面的大力支持,把活动办得更加丰富多彩,在推动我国建筑院系学生论文写作水平的提升上发挥更大的作用!

王建国 李 东
2016 年 9 月 26 日

目录

序

169　1899年的双峰寨与1928年的双峰寨保卫战／罗嫣然、秦之韵、张丁，华南理工大学建筑学院（指导老师：冯江、李哲扬）

180　电影意向VS建筑未来／何雅楠，哈尔滨工业大学建筑学院（指导老师：董宇；点评人：金秋野）

189　当职业建筑师介入农村建设——基于使用者反馈的谢英俊建筑体系评析／朱瑞、张涵，重庆大学建筑城规学院（指导老师：龙灏、杨宇振；点评人：庄惟敏）

2015"清润奖"大学生论文竞赛获奖论文　硕博组
一等奖：

196　台湾地区绿建筑实践的批判性观察／徐玉姈，淡江大学土木工程学系（指导老师：黄瑞茂、郑晃二；点评人：马树新、仲德崑、庄惟敏、李东、张颀、梅洪元、韩冬青）

二等奖：

207　应对高密度城市风环境议题的建筑立面开口方式研究——以上海、新加坡为例／朱丹，同济大学建筑与城市规划学院（指导老师：宋德萱；点评人：宋晔皓、韩冬青）

221　基于BIM的绿色农宅原型设计方法与模拟校核探究——以福建南安生态农业园区农宅原型设计为例／孙旭阳，天津大学建筑学院（指导老师：汪丽君；点评人：宋晔皓）

231　基于实测和计算机模拟分析的南京某高校体育馆室内环境性能改善研究／傅强，南京工业大学建筑学院（指导老师：胡振宇；点评人：宋晔皓）

三等奖：

246　走向模块化设计的绿色建筑／高青，东南大学建筑学院（指导老师：杨维菊；点评人：梅洪元）

256　绿色建筑协同设计体系研究／周伊利，同济大学建筑与城市规划学院（指导老师：宋德萱；点评人：刘克成）

265　绿色建筑学——走向一种开放的建筑学体系／王斌，同济大学建筑与城市规划学院（指导老师：王骏阳；点评人：韩冬青）

274　中国大陆与台湾地区绿色建筑评价系统终端评价指标定量化赋值方式比较研究／张翔，重庆大学建筑城规学院（指导老师：王雪松；点评人：丁建华）

281　基于文脉与可持续生态的国际绿色建筑设计竞赛获奖作品评析／杜娅薇，武汉大学城市设计学院（指导老师：童乔慧、黄凌江；点评人：宋晔皓）

2015"清润奖"大学生论文竞赛获奖论文　本科组
一等奖：

293　乡村国小何处去？区域自足——少子高龄化背景下台湾地区乡村国小的绿色重构／葛康宁、杨慧，天津大学建筑学院（指导老师：毕光建、张昕楠；点评人：马树新、仲德崑、庄惟敏、李东、张颀、梅洪元、韩冬青）

二等奖：

306　边缘城市的发展与设计策略：南崁／蔡俊昌，淡江大学建筑系（指导老师：黄瑞茂；点评人：宋晔皓）

320　黄土台原地坑窑居的生态价值研究——以三原县柏社村地坑院为例／李强，西安建筑科技大学建筑学院（指导老师：石媛、李岳岩；点评人：韩冬青）

327　当社区遇上生鲜O2O——以汉口原租界区为例探索社区"微"菜场的可行性／刘浩博、杨一萌，华中科技大学建筑与城市规划学

目录

陈国栋
（天津大学建筑学院，博士三年级）

近代天津的英国建筑师安德森与天津五大道的规划建设①

A Study on a British Architect Henry McClure Anderson Who Practised in Modern Tianjin and Planned the Wudadao

■摘要：近代天津建筑城市史的研究局限在于缺乏国内外第一手档案史料和详细读解；建筑师的思想和实践是理解建筑与城市形成的关键，目前研究较为欠缺；天津作为第二批历史文化名城的价值定位有待于基础资料的挖掘。本文通过研究活跃在近代中国北方40年左右的英国建筑师安德森及其作品，探讨天津五大道在英租界时期的原初规划建设。以安德森为代表的近代建筑师在天津近代化进程中有力推动了有序、高效、卫生、健康的城市空间的生成。

■关键词：安德森　永固工程司　五大道　安德森规划　建筑师　天津英租界　近代化

Abstract：The limitation of the research on the architectural and urban history of modern Tianjin is a lack of first-hand domestic and international historical archives as well as a detailed interpretation of them，which will play an important role in the value evaluation of Tianjin as one of the historical and cultural cities in China．The thoughts and practices of architects have major consequences for the architectural and urban development of a city，the comprehension of which is even more scarce in the current study．By studying on a British Architect Henry McClure Anderson who practised in northern China for about 40 years，this thesis is expected to reveal the original planning and construction process of Tianjin Wudadao in the British concession period．Mr Anderson and a number of other architects and engineers who were found to have played a key role in the process of modernization and urbanization of Tianjin，effectively promoted to realize a "orderly，profitable，sanitary，healthy" urban enclave in the city．

Key words：Anderson；Cook & Anderson；Wudadao；Anderson Plan；Architect；Tianjin British Concession；Modernization

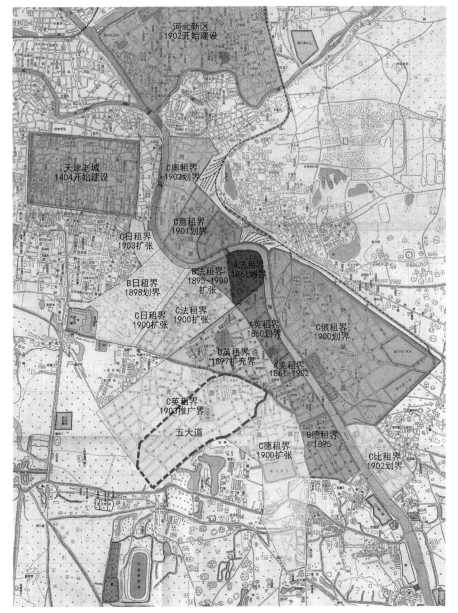

图1 天津九国租界和五大道示意图

一、研究背景

（一）独一无二：近代天津研究和天津英租界研究的重要性

租界研究对中国近代建筑和城市史研究来说是极为重要的线索。西方列强和日本在近代中国先后开辟了数十个通商口岸和租界。"近代中国看天津"，作为北京门户和中国北方最大的沿海开放城市，天津曾被九国强占与管理，这在全国乃至全世界的城市史上也是独一无二的。九国租界的建立带来了西方的先进文化，包括城市规划建设和建筑营造技术等，客观上促进了天津的近代化和城市化。天津租界的地位仅次于上海。天津英租界是7个在华英租界中唯一开辟在中国北方的英租界，也是其中发展最为繁荣的一个。英租界在天津九国租界中开辟最早、存在时间最长、面积最大、管理最为成熟、发展最为繁荣、地位最为重要，是其中最典型的代表，有"国际租界"之称（图1）。

然而由于档案史料、研究方法和国际合作研究等的局限，近代天津城市建筑历史仍未研究充分。天津九国租界包括英租界的规划和建设历史尚未探究清楚，缺乏整体的关联性比较研究，是中国近代史研究中的缺项。史料是史学研究的基础，天津租界档案史料或藏于天津档案部门因管理问题束之高阁而几乎无法利用，或散落海外如英、法、日、德、俄等国尚需广泛搜集并加以深入研究，而近代天津建筑城市史的研究局限就在于缺乏国内外相关第一手资料和详细读解；建筑师的思想和实践是理解建筑和城市形成的关键，但目前相关研究较为欠缺；天津作为第二批历史文化名城的价值定位也有待于基础资料的挖掘。本文努力搜集国内外第一手档案史料，试图以一位建筑师为线索解读1918年安德森规划，尝试填补天津英租界和五大道城市史研究中的空白之处，对天津租界建筑遗产的价值认知和文化遗产保护及创意城市建设工作有一定帮助。

（二）潜在的世界遗产：天津五大道简介

天津九国租界中，英、法、日、意四国租界存在时间较长，建设发展程度较高，原有城市形态保留较为完整，而尤以英租界最为突出。其中1919年正式开发的五大道作为英租界高级住宅区，是现今保存最为完整的典型代表，因其多元文化背景下独特的城市空间和丰富的建筑遗存，以及数百位中外名人曾寓居于此的真实历史等鲜明特征，被多位专家认为是潜在的世界遗产。

天津五大道位于天津市和平区南侧，约略相当于南京路以西、西康路以东、马场道以北和成都道以南的合围区域。1950年代左右主要因其以中国西南名城——成都、重庆、常德、大理、睦南及马场——为名的近似平行的6条街道而得名。在《天津市城市总体规划（2005—2020）》中划定有"五大道历史文化保护区"，天津市规划局在《天津市五大道历史文化街区保护规划》（2011）中划定出经过调整的"五大道历史文化街区"。这是天津市14个历史文化街区中核心保护范围最大，保存最完整，也是"天津小洋楼"最集中的历史文化街区（图2）。

五大道在租界时期属于英租界城市开发第三阶段，也是租界发展最为繁荣的推广界时期。五大道所属的推广界于1903年正式划定，在1918年安德森规划基础上，经20年左右的吹泥填地（利用疏浚海河的淤泥填垫洼地）、修筑道路、铺设下水道和自来水管网，继而建造各类房屋和运动场等，打造出以当今五大道为主要区域的一片高级住宅区（图3）。五大道的规划理念和建造技术在当时全国乃至

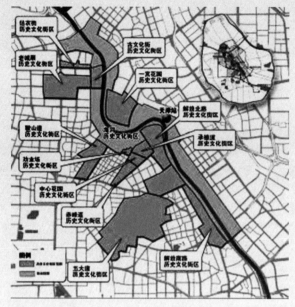

图2　2011年天津14处历史文化街区示意图

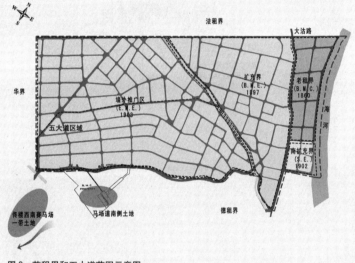

图3　英租界和五大道范围示意图

全世界处于先进水平，整体规划科学，居住环境舒适，道路格局尺度和公共配套设施体现先进设计理念。建筑风格丰富多彩，拥有20世纪20、30年代建成的不同国家风格的建筑2000多栋，被认为是天津独具特色的"万国建筑博览会"。

　　由于时代变迁的历史原因和当今经济发展的冲击等，导致天津英租界当年的整体面貌已然消散多半，现存城市环境被缩减，割裂式地被划为五大道、泰安道、解放北路（南段）、解放南路（北端）、海河等5个历史文化街区（或其中一部分）。这些具有典型环境中典型性格的现存历史建筑群，在城市肌理和建筑式样等方面仍能保留那个时代的很多文化特征，从历史、科学和艺术或美学等价值角度来看，作为潜在的世界文化遗产，拥有突出的普世价值（Outstanding Universal Value）。以五大道为代表的天津九国租界现存城市空间，独一无二或至少是非常特别地代表了近代中国乃至东亚的"租界"这一"类殖民地"微型城市；是代表了人类历史上在近代中国东西方文化碰撞和融合的城市规划、建筑设计、建造技术和景观设计的重要例证；直接或明确地同近代中国乃至全世界的一些具有突出普遍价值的重要历史事件和历史人物活动有关联；具有当时世界领先水平的城市规划、建筑设计、建造技术和景观设计，与租界内外侨和华人的社会生活和文化形式共同展现了近代中国东西方文化的具有重大意义的交流，对近代天津乃至中国的城市化和近代化产生深远影响，可作为多种文化中人类居住地的杰出范例。五大道基本符合世界文化遗产的基本标准6条中的5条（标准2、3、4、5、6），具备很大的真实性和一定的完整性，并处于相对有效的保护和管理状态。

（三）近代在华英国建筑师的代表：安德森在近代中国华北建筑界的地位

来华外国建筑师最早在香港、上海及其他南方的通商口岸活动。1900年之前几乎没有专业的外国建筑师在天津执业，早期主要建筑活动多是由一些测量师（Surveyor）、土木工程师等完成。1900年八国联军侵华战争后的40余年里，大量外国人陆续涌入天津，建筑师作为一种新的职业开始在天津出现，约有近百位中外建筑师、数十个建筑事务所在天津执业。

不同国家背景中，以英系、法系和中国的留学回国建筑师最为活跃。在爱丁堡受过建筑训练的安德森是活跃在近代中国北方40年左右（其中在天津30年左右）的知名建筑师，与在伦敦受过建筑训练的库克（Samuel Edwin Cook）（图4）一起主持的永固工程司在天津英系建筑师群体和近代天津建筑界举足轻重，他们在天津及其他北方城市留下大量建筑作品。他们两人与乐利工程司（Loup & Young）的卢普（A. Loup）和杨古（E. C. Young）、义品公司（Crédit Foncier d'Extrême-Orient）的3位建筑师，还有另外4位有名的银行商人，被1917年《今日远东印象及海内外知名华人传》一书列为当时天津极为出色的专业人士（Prominent professional men）②（图5），由此可见，40岁的安德森在当时的天津已是非常优秀的知名建筑师。作为与英租界工部局关系较为密切的政府建筑师，安德森在1918年提交英租界规划方案时提议由全体建筑师成立一个委员会来统一指导、控制建筑质量和城市景观，1922年前天津的建筑师协会（Architects' Association）成立，1922年英租界工部局也请建筑师协会协助成立了一个4位成员的城镇规划委员会（Town Planning Committee），同年英租界工部局委托天津建筑师协会的两位成员安德森和杨古参照上海经验协助工部局修订建筑条例并指导改进街道建筑。

图4　库克（左）和安德森（右）照片

PROMINENT PROFESSIONAL MEN OF TIENTSIN

1. A. B. LOWSON (Hongkong and Shanghai Bank).　2. L. J. THEOBAR, Manager, Banque de l'Indo-Chine).
3. TH. DE KRZYWOSZEWSKI (Manager, Russo-Asiatic Bank).　4. H. DERETS (Manager, Banque Belge pour l'Étranger).
5. A. LOUP (Loup & Young).　6. E. C. YOUNG (Loup & Young).　7. H. CHASSEY (Crédit Foncier d'Extrême-Orient).
7. G. BOCHOLOW (Crédit Foncier d'Extrême-Orient).　9. R. WIELEMACKERS (Crédit Foncier d'Extrême-Orient).
10. E. COOK (Cook & Anderson).　11. H. McCLURE ANDERSON (Cook & Anderson).

图5　1917年被列为天津极为出色的专业人士

二、建筑师安德森和永固工程司简介

（一）个人简介

建筑师亨利·麦克卢尔·安德森（Henry McClure Anderson，1877~1942）是英国苏格兰人，生于爱丁堡，去世于天津，享年65岁③。他的教育经历暂时不详，在爱丁堡受过建筑训练后于1902年25岁时便来到中国，早期在中国东北为苏格兰和爱尔兰传教团体设计建造了大量建筑；1912年前来到天津并在此工作、生活了至少30年直到去世④。他是活跃在近代天津乃至整个北方建筑界的知名英国建筑师，其最主要的建筑生涯正处于近代天津租界发展最为重要的繁盛期，留下了不少优秀的建筑作品，并作为英租界当局建筑师直接参与到天津英租界（特别是当今五大道区域）的规划设计和建设管理工作。

（二）家庭背景

安德森生于爱丁堡一个普通家庭：祖父一辈多是纺织工人，父亲做了一辈子音乐教师，母亲在安德森9岁时去世，在6个兄弟姐妹中安德森排行老四，算家里较为有出息的一个。他们住在爱丁堡Roseneath Terrace 13号。1901~1910年期间，安德森与小其5岁的玛格丽特·普雷蒂·罗斯（Margaret Pretty Ross，婚后称Margaret Pretty McClure Anderson，1882年~）结婚；1911年女儿萨莲娜·麦克卢尔·安德森（Salilla？ McClure Anderson，1911年~）出生；1913年儿子约翰·马科姆·麦克卢尔·安德森（John Malcolm McClure Anderson，1913~1990年）出生。他们一家四口住在天津道格拉斯路先农公司大楼（TLI）2号（今洛阳道先农大院2号）。小安德森也是建筑师，1931~1937年就读于英国爱丁堡艺术学院，后留在爱丁堡工作；1938年由其父亲安德森和另两名建筑师一起提名成为英国皇家建筑师学会的候补会员；1990年小安德森去世后留下妻子和至少一个儿子住在布里斯托。⑤

（三）工作经历

1901年，24岁的安德森在爱丁堡某个事务所担任绘图员⑥；1902年，在爱丁堡受过建筑训练后来到中国工作⑦。安德森本人信奉苏格兰长老会（Presbyterian）⑧，早期在中国东北地区为苏格兰和爱尔兰传教团体设计并监理了一大批建筑。1912年前来到天津以个人名义开办安德森工程司行（Anderson，H. McClure），初设于法租界巴黎路（今吉林路），后先后迁英租界中街、广隆道及怡和道营业，承办建筑设计、测绘及估价业务⑨。1913年同库克接手了1906年前就已成立的"永固工程公司"（Adams，Knowles & Tuckey），并冠之以他们自己的英文名字，改称"永固工程司"（Cook & Anderson）①，办公地点在天津维多利亚道（1913～1920年是15号，后最晚在1925年迁至142号）（详见下文永固工程司）。据安德森执业经历和业主背景的现有不完全史料可推测他兼而具有教会建筑师、商业建筑师、政府建筑师的不同身份。

1913年，英租界工部局工程处代理工程师斯图尔特（H. R. Stewart）回国休假6个月期间，安德森替他担任临时代理工程师（Temporary Acting Engineer）。1916～1918年，安德森在英租界工部局又做了一年半的临时代理工程师，期间完成安德森规划（表1）。几乎同时，英租界工部局在1917年和1922年两次聘请安德森和乐利工程司参照上海租界建设经验着手修订建筑法规，并分别于1919年和1925年颁布英租界建筑法规（详见下文）。1920年，库克和安德森是英国皇家艺术学会会员（M.S.A.）②。1925年，在天津的办公地点在库克的见证下，安德森正式成为英国皇家建筑师学会正式会员（FRIBA）③；1925～1930年间，两人都是在天津活动的英国皇家建筑师学会正式会员，之后英国皇家建筑师学会对在天津的会员不再确认（不过1938年安德森有资格为其儿子小安德森提名皇家建筑师学会候补会员）⑭。

（四）永固工程司简介

永固工程司大致经历了如下阶段：Adams，Knowles & Tuckey（1906年前～1908年前）—Adams & Knowles（1908年前～1913年前）—Cook & Shaw（1913年前～1913年）—Cook & Anderson（1913年～1942年?）。1913年正式成立的永固工程司（Cook & Anderson）的前身是1906年前成立的永固工程公司（Adams，Knowles & Tuckey）。1906年，前美国土木工程师学会会员、原北洋大学堂土木工程教习亚当斯（E. G. Adams）、英国机械工程师学会准会员、原关内外铁路总局山海关桥梁厂助理机械工程师诺尔斯（G. S. Knowles）及英国土木工程师学会准会员、工学士塔基（W. R. T. Tuckey）合伙开办，即以三人姓氏为行名，承揽建筑设计及土木工程业务（Architects and Engineers）。1908年前塔基退伙，在伦敦受过建筑训练并于1903年来到东方执业的英国皇家建筑师学会会员库克加入，更西名为"Adams & Knowles"。库克与亚当斯和诺尔斯一起工作时表现非常出色，因此在1913年之前的好几年里就成了公司的合伙人。嗣由库克与英国及美国机械工程师学会会员肖氏（A.

竞赛评委点评（以姓氏笔画为序，余同）

论文切入点恰到好处，不是对五大道建筑表象进行研究，而是挖掘五大道建筑表象背后的运作规律和人文背景，对英国建筑师安德森也是一种缅怀。有此人文情怀的学生是中国建筑师未来的希望，有此学术功底的学生值得赞扬和表彰。

本篇论文的意义在于为当今的城市化提供了一面镜子，对于现代千城一面的浮躁城市化有一定的批判作用，进而让我们静下心来审视一下天津英租界与五大道，认真思考一下城市生长背后的动因及主导力量。

神圣、安全和繁荣是城市生长的三大要素，规划师与建筑师的职责就在于掌握规律、顺应规律、实践规律，这样的路虽然艰难，但也要坚定地走下去。

马树新

（北京清润国际建筑设计研究有限公司，总经理；国家一级注册建筑师）

天津英租界工部局工程处工程师简表（1888～1937年）　　表1

序号	年份	中文名	英文名	职务或职业	背景及简介
1	1888～1890年	史密斯	Alfred Joseph Mackrill Smith	Surveyor	1888年10月4日来到天津在海关登记。
2	1891～1899年	裴令汉	Augustus William Harvey Bellingham	Surveyor（1891～1896年）、Engineer（1897年）、Secretary and Engineer（1898～1899年）	英国土木工程师学会准会员（A.M.I.C.E.）。1888年2月2日来到天津，在海关登记。1888年左右参与中国铁路公司（China Railway Company）总工程师金达负责的勘察修建从芦台到北塘和大沽铁路延长线工作，包括塘沽火车站。
3	1900～1905年暂无史料，推测为裴令汉。				
4	1906年	裴令汉	Augustus William Harvey Bellingham	Engineer	
5	1907～1909年暂无史料。				
6	1910～1915年	斯图尔特	H. R. Stewart	Acting Engineer	1913年休假6个月期间，安德森替他任临时代理工程师。
7	1916～1917年	安德森	Henry McClure Anderson	Acting Engineer	建筑师。
8	1918～1921年	伯金	W. M. Bergin	Engineer（1918～1919年）、Municipal Engineer（1920～1921年）	爱尔兰皇家大学艺术学和工学学士（B.A.，B.E.），A.M.I.C.E. 1920～1921年之前在滦县的京奉铁路任现场工程师。
9	1922年	霍利	D. H. Holley	Acting Municipal Engineer	M.C.，A.M.I.C.E. 1920～1925年在津，曾在法、比、印、意参军。
10	1923年	惠廷顿（作者推测）	A. Whittington-Ccoper	Municipal Engineer	A.M.I.C.E.，A.S.I. 1923从英国来，曾在英国、新加坡任工程师。
11	1924暂无史料				
12	1925～1940年	巴恩士	H. F. Barnes	Municipal Engineer（1925～1933年）、Secretary and Engineer（1934～1940年）	1925～1940年；科学学士（B.Sc）M.E.I.C.；其中1931～1933年曾记录为M.AM.Soc.C.E.。
13	1937年	乔霭纳	C. N. Joyner	副工程师	工学学士（B.E.）M.AM.Soc.C.E.。

来源：作者整理自天津英租界工部局报告（1895～1940年）等。

J. N. Shaw）合伙接办，启用"Cook & Shaw"新西名，华名依旧。1913年拆伙，（据天津市档案馆档案，至1913年4月14日仍有记录，1913年11月12日前）由库克与安德森合伙接办，更西名为"Cook & Anderson"，华名通称"永固工程司"；添测绘、检验、估价核价等业务（Arichitects、Surveyors and Valuators或Valuers）⑧。1940年代初尚见于记载，安德森1942年在天津去世后的情况不详。

三、安德森和永固工程司主要建筑作品

（一）主要建筑作品简介

安德森和永固工程司、永固工程公司业务广泛，在天津、北京、唐山、辽阳等整个华北地区设计监理了大量建筑项目，主要业务在天津。项目业主多是英国背景，包括英国传教团体、英商企业、英租界工部局、英国侨民等。项目种类多样，以学校、办公楼、教堂、医院等公建为主，也有一些住宅项目（但目前线索不多）。史料所限，本文仅能举出有限的作品，试图勾勒、评价他们的执业活动。

第一阶段（1902～1913年）：1902年来到中国独自执业的安德森于1912年前在天津成立安德森工程司行；1903年来到东方的库克在1908年前加入于1906年前成立的永固工程公司执业（具体项目见下面两段）。安德森在东北为苏格兰和爱尔兰传教团体设计并监理了大量的学校、医院、教堂和住宅等建筑，目前仅有的线索是设计于1908年的辽阳怀利纪念教堂（Wylie Memorial Church，Liaoyang）。

第二阶段（1913～1917年）：（史料所限，这一阶段的项目简介包括了1906年前～1913年间的永固工程公司业务。）在1917年之前，库克和安德森1913年接手前的永固工程公司和接手后的永固工程司在天津完成了大量建筑项目。商业办公项目主要有维多利亚道附近的新泰兴洋行（Wilson & Co.）、永昌泰洋行（Talati Bros.）、惠罗公司大楼（Whiteaway Laidlaw，也称华特崴因·莱道卢百货店、天津伊文思图书公司大楼）等，以及隆茂洋行（Mackenzie & Co.）、卜内门公司（Brunner Mond & Co.）、中国政府铁路办公楼（the Chinese Government Railway offices）等，这些业主大多是英国背景。他们还设计了天津南门附近的天津中学（Tientsin School）、天津中西女子中学【也称金学校（Keen School），1915年】和伊莎贝拉·费舍尔医院（Isabella Fisher Hospital）等。除此之外还设计了大量私人住宅，包括德租界的E. W. Carter and F. R. Scott住宅、俄租界的W. Sutton and Brunner Mond & Co.住宅、英租界的P. S. Thornton住宅，还为英国军队设计了大量房屋。

1917年前这几位建筑师的项目不只局限在天津，也在北京设计了很多建筑，包括怡和洋行办公楼、京奉铁路火车站（the P. M. Railway Station，Peking-Mukeden）、祁罗弗洋行（Kierulff & Co.）、Culty Chambers、荷兰公使馆建筑（Dutch Legation Buildings）、基督教青年会（Y.M.C.A.，Young Men's Christian Association）、邮政局官员住宅（Postal Commissioner's residence）、北京协和医学堂（United Medical College and Hospital）等。他们还在唐山设计了工程学院（Tongshan Engineering College）。

第三阶段（1917～1942年）：永固工程司在1917年之后的主要建筑作品目前仅知有天津印字馆（1917～1925年之间）、马大夫纪念医院新门诊部（1924年）和病房大楼（1930年代）、英国文法学校主楼（1926年）、耀华中学礼堂（1932～1935年）等。

（二）重要建筑作品分析

安德森设计于1908年的辽阳怀利纪念教堂，是一次中西建筑形式相结合的很好尝试，曾被一位知名建筑师评价为中国北方最出色的教会建筑。平面呈十字形，可舒适地容纳650人，根据中国的传统礼制设计为男人坐在教堂的中心，女人则坐在侧翼⑨。西式的山墙、壁柱等元素与中式的坡屋顶（斜直）、亭子、檐很好地融合在一起（图6）。

天津中西女子中学设计于1915年，通过在整体上架设大屋顶而统一起来，利用山墙强调出立面（图7）。天津惠罗公司大楼建造于1917年前，为三层钢混结构楼房，平面为条状布局，一层为英式高档百货店，二层为办公用房，屋顶是缓坡项且四周出檐；临街主立面为水混饰面，开有方窗并以壁柱相隔；檐部中央部分作三角形折檐。这种形似大型山墙的处理，使主立面免于整体的单调感（图8）。天津印字馆建于1917～1925年间，砖木结构，原为五层书店，造型模仿钱伯斯风格的英国民宅，山墙支配整体，随室内地面的抬高，通道变窄；从过去的照片可以看出一层部分为拱券状，考虑到了道路的设置⑩（图9）。

天津马大夫纪念医院新门诊楼（今已不存）和病房大楼（今天津市口腔医院）于1920年设计，1924年建成新门诊楼，1930～1935年间分北、中、南三部分陆续建成病房大楼。⑪新门诊楼是一层的坡屋顶建筑，与1880年所建中式5开间歇山建筑的老门诊楼有一定呼应关系，临街主立面突出山墙，壁柱和檐饰运用古典元素。病房大楼是4层的U字形的钢筋混凝土建筑，立面简洁而没有复杂装饰，

图6　辽阳怀利纪念教堂

图7　天津中西女子中学

图8　天津惠罗公司大楼

图9　天津印字馆

强调窗户和墙面的比例分隔，类似于芝加哥学派的手法（图10～图13）。

天津英国文法学校主楼1926年奠基建设，运用古典建筑元素，平面构图形似飞机，主立面中间的门廊也是突出山墙元素（图14,图15）。天津耀华中学（1934年由天津公学改名）礼堂（Assembly Hall）建于1932～1935年，由永固工程司负责监理建造[⑨]。建筑平面呈扇形，为带地下室的2层砖木结构，与第一、三校舍相连，有连通校内外的3个入口。外立面为红缸砖，台基、檐口、窗券等部位采用水刷石装饰。礼堂设有1270个座位，为一座供师生习礼、集会、讲演和观看影剧的多功能大礼堂[㉒]（图16）。

图10　马大夫纪念医院平面图

图11　老门诊部（左）和新门诊楼（右）并立照片

图12　新门诊楼打地基照片

图13　新门诊楼（左）和病房大楼（右）并立照片

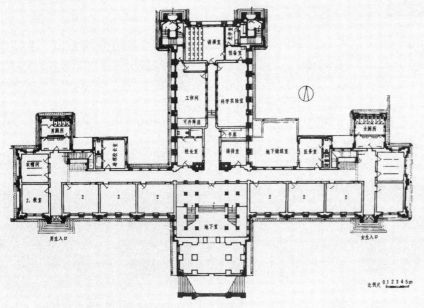

图14　天津英国文法学校主楼平面图

图 15　天津英国文法学校主楼（1929 年照片）　　　　　　　　图 16　天津耀华中学礼堂图片

（三）建筑风格初步分析

整体上，安德森和永固工程司、永固工程公司的建筑作品风格以英式背景下的自由历史风格或折中式样为主，如辽阳怀利纪念教堂、惠罗公司大楼、耀华中学礼堂等。他们的建筑作品主立面大多都突出山墙主题。山墙和古典主义建筑中檐饰元素的使用在 20 世纪初的天津较为普遍，但这种山墙又不仅仅等同于檐饰，而是对各种山墙进行加工后的产物[21]。他们也跟随时代潮流设计了一些新建筑，如1930 年代建造的遵循芝加哥学派设计风格的马根济大夫纪念医院病房大楼。他们建造的一些大体量钢筋混凝土结构功能主义建筑，具有水平长窗和混凝土梁和窗台这些特征[22]。

由于近代中国政局和社会动荡不安，中国早期现代化进程各地不均、断断续续、错综复杂，同时近代建筑样式丰富多样。20 世纪上半叶，西方来华建筑师和中国留学回国建筑师带来了西方建筑样式，除古典建筑样式外，工艺美术运动、新艺术运动、装饰艺术运动和现代主义思潮，短时间内影响到上海、天津、汉口等大城市，构成早期现代主义在欧美之外发展的重要部分[23]，而由于抗日战争(1937～1945年)、解放战争（1945～1949 年）等影响，及新中国成立后学习苏联发展模式的大环境，使现代主义建筑在中国没有得到更为充分的发展。20 世纪初，在天津的九国租界背景下，居住人群背景极为复杂。以英租界为例，在 20 世纪 30 年代拥有来自世界各地 30 多个国家的 4000 多个外国人，特别地还有中国近百位地位特殊的寓公和其他一大批历史名人与富商等寓居于此。至少十几个国家或民族背景的建筑风格和伴随时代背景的新建筑在此交汇，整体上以折中主义风格为主。

在天津执业的外国建筑师和土木工程师遵循本国及其殖民地的城市建设经验开展建筑活动，他们大多数明显受到本国建筑传统、历史风格等影响，同时受到欧美一些新建筑思潮的影响。20 世纪 30 年代，现代主义在天津较为流行，但由于战争等影响并未能发展得更为充分。在天津，以英系乐利工程司的卢普和杨古、法系永和工程司的穆勒、奥籍建筑师盖苓等为代表的一大批外国建筑师，以及以关颂声、阎子亨等为代表的留学回国的中国建筑师，这些相对年轻一代的建筑师开始接触并设计一些国际流行的现代建筑。史料所限，这一时期的现代建筑发展尚不能梳理足够清晰，目前也很难发现永固工程司有涉及新建筑思潮如现代主义的作品。永固工程司 1940 年代初尚在天津有记录，但安德森和库克在 1930 年就都已至少 53 岁，比起在天津后来的年轻一辈，他们已算是资格较老的上一代建筑师，所以可推断永固工程司的受现代主义等影响的新建筑作品非常少，或在其执业活动中只占到分量较轻的一部分。建筑师的作品风格可能受其教育背景、业主要求和时代风潮等的影响，这些还需要更为详尽的史料进一步研究解读。

四、安德森与天津五大道的规划建设

以五大道为主要区域的英租界推广界，在 1903 年正式划定时是一片洼地和水坑，其后十余年间几乎没有什么建筑活动，主要原因是城市开发建设尚未发展到这里，英租界工部局并未对其进行有效管理，也没有足够的资金去推进必要的市政建设[24]。后来推广界共出现三版规划方案，即 1913 年规划草案、1918 年安德森规划方案和 1922 年改进方案；另 1930 年提出具体的推广界分区界限。

（一）1913 年规划草案

1913 年出现的推广界规划草案可能是英租界工部局的初步开发设想。道路网格一方面基本延续之前英租界的方形网格体系，道路似乎仍可看出平行或垂直海河的影子；另一方面又表现出似乎离海河越远、越趋于与老城正南北向保持一致，整体呈正东西、正南北走向，这很可能受到天津老城、墙子河附近已有中国人房屋等本地中国人习惯的正南正北方向以及赛马场、英国兵营等西式建筑南北走向的影响。规划草案最大的弊端是大致呈东西向矩形的英租界的交通联系不够便捷、缺乏整体性（图 17）。

（二）1918 年安德森规划

1918 年初，时任英租界工部局代理工程师的安德森在提交董事会和纳税人会议的报告中提出主要针对推广界的英租界整体规划设计方案[25]。董事会基本同意该方案，并于 1919 年专门成立租界改进计划委员会推进方案实施（1922 年又有部分改进）。规划方案要点有：

（1）保证道路规划布局合理、疏密有致，具有良好的可达性，并考虑整体性。"要考虑到不只是整个英租界，还包括邻近租界及周边地区之间的道路畅通。"

（2）精心设计道路走向，保证以后的建筑具有良好的采光和通风，形成有利健康的居住条件。经过对比推敲，整体东西走向的道路

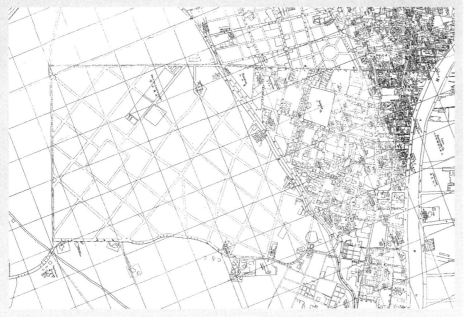

图17　1913年天津最新详细地图（局部）

比正南正北的划分方式更好，因为"可以保证以后的住宅尽可能获得南向"。

(3) 提供完善的排水系统和防洪能力。

(4) 考虑交通需要和经济性，恰当设计道路的宽度，要有充分的、良好的开放空间，满足人们对阳光、空气、娱乐的需要。

(5) 明确路线，以便于决定建筑的群体布局，建筑间距要足够宽敞。

在其规划方案说明中，依次考虑、陈述以下内容：精心考虑电车路线并建议调整局部的路网格局；设计主要干道、次干道、宅前非机动车道等的格局和做法；控制界内的建筑、道路、开放空间等的面积比例；建议实施、建造过程中对建筑师、业主、建筑方案等多方面进行控制性的统一协调、管理；建议住宅区进行分区、分等级管理；对墙子河和泥墙子进行重新定位和规划设计；精心设计道路排水系统；最后强调城市开放与改进方案成功的关键是要不懈地坚持最初设想的理性城市精神（图18）。

安德森规划方案主要考虑整个英租界内部及与周边区域的交通便捷性和经济性、采光和通风良好的健康环境等重要内容。其道路网格布置可推断是安德森大胆采用同心圆结构的四分之一圆弧形路网（与"田园城市"概念图有极为相似之处）和笔直的放射形路网（类

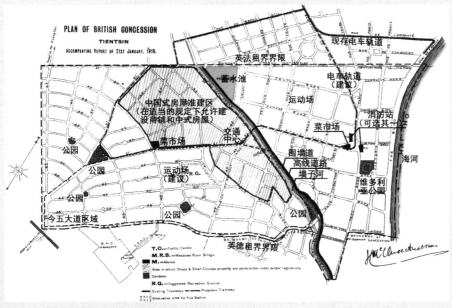

图18　1918年安德森规划方案分析图

似于源自法国并流行于美国的巴洛克式放射形林荫大道），统筹南侧大致平行于早先已存在多年的弯曲形马场道的高级住宅区（自由弯曲形路网具有英式田园风格）和北侧靠近墙子河的中国式房屋准建区（因早先已存在一些中国人居住的房屋而形成小部分的中式正南正北路网），较之1913年规划草案大大加强了英租界作为一个统一体的整体感。安德森规划直接促成具有独特城市肌理的高级住宅区——当今五大道区域——的形成：路网与马场道弯曲形态保持近似平行，并刻意避免完全的正南正北或正东正西，整体上倾向于东西向长条形的地块是为了更好地获得南向日照（图19）。

1918年安德森规划方案文本中并未提及有关"田园城市"的字眼和内容，该规划与近代西方具体的某个或某些城市规划理论没有太直接而明显的联系，而是直接受到当时英租界工部局董事会的意志和建筑师安德森的个人背景、设计手法等的很大影响。当然本文推测英租界1918年安德森规划极有可能受到英国的立法改革、"花园郊区"（Garden Suberb）㉖、"田园城市"（Garden City）和上海租界建设等的一定影响，特别是在规划方案的形式和内容上可推断出很可能受到英国花园郊区、"田园城市"理论的间接影响。

几乎与此规划同时，安德森和乐利工程司参照上海租界建设经验共同制订的英租界建筑与卫生规范确保了规划的顺利实现。后来1922年改进方案对1918年安德森规划的西北角的弧形路网格局进行改进，地块划分趋向于方正规矩，且每个地块相对更大，一方面是对安德森规划浪漫的理想主义倾向的理性修正，另一方面反映出商业利益的驱动。

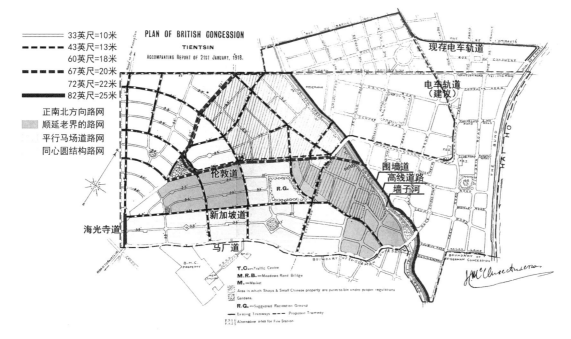

图19 1918年安德森规划方案道路系统分析图

（三）分区规划的开展

安德森规划前的1916年初，一个专门研究推广界与扩展界合并问题的委员会，提出在规划推广界时划出一片地区，只准许建造每一所价值不低于3000两白银的住宅，禁止建造低等房屋㉗。这是英租界首次提出分区规划。1918年安德森规划明确提出分区建造的想法，在推广界建造高级住宅区，在其东北面划定一片商业区域（中国式房屋准建区，渐渐演变为后来的工业区），工业区具体位置、范围和面积几经变化（1918～1922～1930～1938年），主要是考虑经济利益的结果（图20，图21）。商业区或工业区以外的地方严格规定必须建外国式的建筑。1930年制订的《推广界分区条例》规定："一等区系专备住宅建筑之用，二等区规划亦以住宅建筑为主，某种铺面暨商业建筑果可准许……三等区按工部局1925年营造条例系以铺面为主㉘。"

（四）实际建造过程

1918年安德森规划之后的英租界在1920～1930年代大兴土木，城市成为"增长机器"。吹泥填地工程：租界当局与中国政府共同筹建的天津海河工程局，曾与英、法、德、日等租界合作，利用海河疏浚工程挖出的淤泥垫高租界低洼区域。五大道所在的推广界填土即是在安德森规划之后的16年间（1919～1935年）完成的（图22）。填土后陆续开展道路铺筑、下水道和自来水管网铺设，并建造房屋和运动场等公共设施（图23）。

英租界道路铺筑经过土路、渣土路、碎石路、沥青混凝土路等阶段的变化。1922年英租界董事会决定重修街道，全部改为沥青路面。截至1935年，英租界通过整体道路网格系统建设来撑起一个大规模新城市化地带的任务基本完成（图24～图26）。

1922～1940年间，几乎每年建设量保持房屋150项左右，其中五大道所在的推广界建设量占据大多数（图27，图28）。每年的建设量、地价和房价的变化，与英租界工部局市政改革、经济危机、战争、洪灾、租界收回等因素息息相关，其中时局等因素导致大量寓公等上层人士和一批中产阶级的涌入，这直接促成了五大道区域的建成。

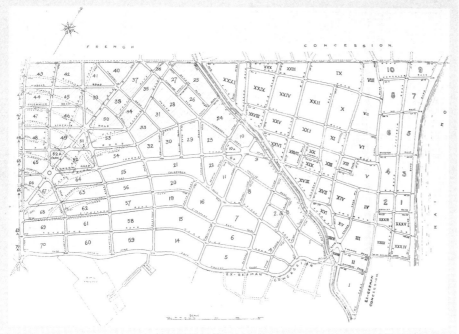

图20　1922年英租界道路规划和地块编号图

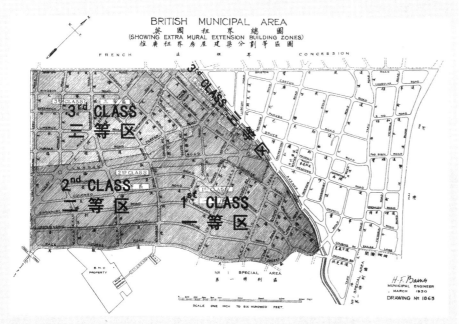

图21　1930年推广租界房屋建筑分割等区图

五、安德森与天津英租界的建筑规范

　　安德森在1916～1918年担任英租界工部局临时代理工程师并在1918年初完成安德森规划的同时，分别在1917年与乐利工程司的卢普，在1922年与乐利工程司的杨古，被英租界工部局聘请参照上海的经验起草天津英租界的建筑和卫生规范条例，并分别于1919年和1925年正式出版天津英租界建筑与卫生条例。1917年，"卢普和安德森欣然地同意了建筑地方条例的修订，当时的实际情况也证明是需要做出些修正的，并为此而筹备了几个月，还是有把握的。在上海，已经实施了一系列综合性的法规，基于此法规，并结合天津本地的情况，对建筑的地方法规进行了一些修改。修订后的法规有望在今年早期实施"。1922年，"英租界工部局注意到一个建筑师协会已经在天津形成，在工部局水道处的邀请下，委派建筑师联盟中的两位成员安德森和杨古协助工部局制订新的建筑条例、对街道建筑进行整体改进"⑬（图29）。

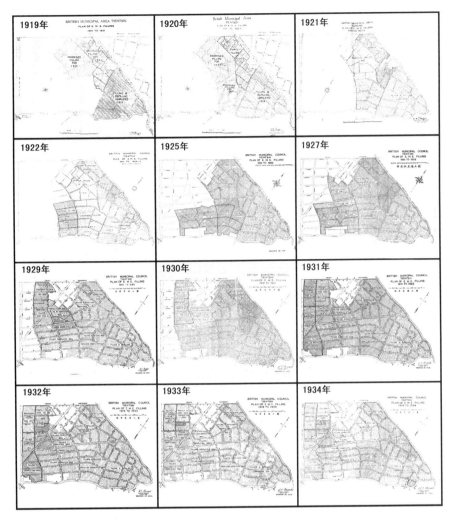

图 22 1919～1934 年推广界填土图

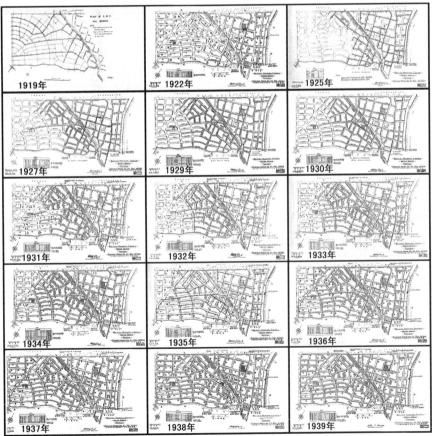

图 23 英租界 1919～1940 年总水管图

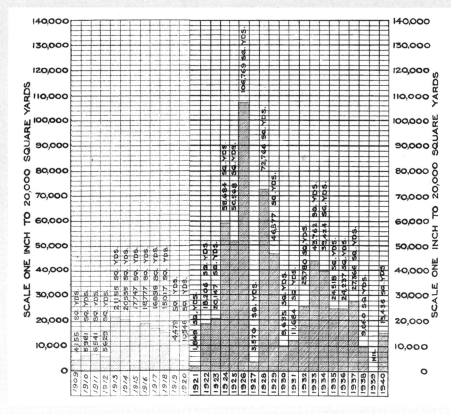

图 24　1909 ~ 1940 年筑成马路图表 - 每年方码数

图 25　伦敦道下水道卵形管铺设照片

图 26　1925 年压路机和 P.W.D. 汽车运输

竞赛评委点评

　　作为中国北方的超大型城市，天津的近代城市建设史在深度与广度上都有很大的研究空间，因此本文的选题无疑有着一定的价值。作者尝试以建筑师安德森为视角专注于英租界五大道规划研究，视角比较新颖，有比较强的文献价值。

　　论文的内容围绕着安德森与天津英租界双线展开，内容比较翔实，体现了作者大量的文献研究工作基础。从论文的结构看，逻辑关系也比较鲜明，体现了作者相对完整的研究组织能力。如果能够对最终成果的论述增加一定篇幅的展开，适当补充有力的证据，则最终的论点无疑会更加具备说服力。

李振宇

（同济大学建筑与城市规划学院，
院长，博导，教授）

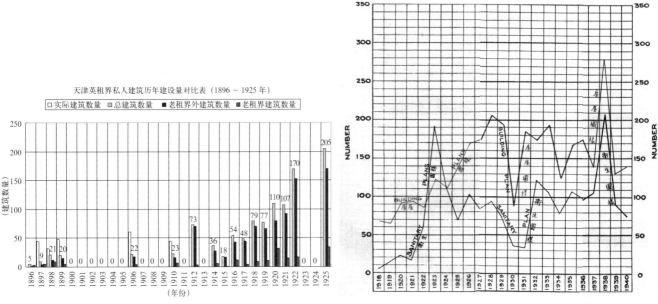

图27 天津英租界私人建筑历年建设量对比图（1896～1925年）

图28 1918～1940年天津英租界工部局核准房屋及卫生图样指数图

以法案形式出现的香港建筑法规更加接近英格兰的建筑法规体系，上海公共租界的建筑规范又是直接学习香港、英国和美国等的经验，而天津是直接学习上海的经验。上海公共租界的建筑法规经历了1900～1903年、1916年和1930年代3个大规模修改阶段，天津英租界建筑法规每次大的修订几乎都与上海保持推后几年的对应关系。香港的建筑控制与建筑法规是20世纪初上海市政当局的主要学习对象，香港1903年公共卫生与建筑法案的完备程度和深度远远超过同时期（1900～1903年）上海公共租界建筑规则，并成为1916年公共租界建筑法规修订的重要依据。上海公共租界市政机构在制订建筑法规过程中也大量借鉴了英国以及伦敦建筑法规的内容，有相当多的部分是完全相同的[⑨]。

天津英租界建筑法规学习上海等地经验的具体内容以及结合天津本地作出的适应性修改，这些内容还需要进一步的深入研究。建筑法规的制订和实施对于营造以五大道为重点区域的英租界城市空间具有重要意义，确保了1918年安德森规划的顺利实施和高效、有序、卫生、健康的城市空间的生成。

六、结语

来自英国苏格兰爱丁堡的安德森是活跃在近代中国北方40年左右的知名移民建筑师，规划设计了以当今五大道为主要区域的英租界整体规划，借鉴上海经验参与起草并修订了英租界建筑规范。他和与库克一起主持的永固工程司在天津英系建筑师群体和近代天津建筑界举足轻重，在中国北方特别是天津留下大量建筑作品，其执业经历和建筑风格是近代天津建筑浪潮的一个缩影。据现有不完整史料，可认为其建筑风格以英式背景下的历史风格或折中式样为主，涉及新建筑思潮如现代主义等的作品很少。

五大道的原初规划——1918年安德森规划方案——中并未提及有关"田园城市"的字眼和内容。本文认为该规划极有可能受到英国的立法改革、"花园郊区"（Garden Suberb）、"田园城市"（Garden City）和上海租界建设等的一定影响，特别是在规划方案的形式和内容上，可推断出很可能受到英国"花园郊区"、"田园城市"理论的间接影响。

租界在中国乃至整个东亚的发展，是伴随着殖民地扩张进程而产生的。战争、贸易、移民等因素带来的"外来影响"起到主导作用，同时留学归国人才与本土的资金、劳动力、局势等也促成了租界的发展。以安德森为代表的移民建筑师，与从欧美或殖民地来远东、来天津谋生的大量外国工程师以及接受西式教育的中国工程师，一起将先进的城市建设和建筑营造的理念、技术、设备等引入天津，推动了租界和天津的城市化和近代化。战争、贸易、移民、留学等因素，将西方的人才、技术和文化从欧美、殖民地、中国租界引入天津，进而影响到其他城市，城市和建筑的近代化或早期现代化的路径或网络需要更多的深入研究来揭示。

有大量证据能初步说明：天津英租界包括今五大道区域的规划建设和建筑营造受到英国本土、印度、新加坡、中国香港和上海租界等建设经验的影响；天津本地的政治局势和社会环境、场地因素和建筑材料等也使外来影响转化为本地适应性的城市建筑环境。而在天津城市化和近代化的进程中，以安德森为代表的建筑师、工程师对城市空间和建筑环境的形成占有一定的关键角色地位。

附：安德森年表

1877年，生于英国苏格兰爱丁堡。9岁时母亲去世。

1901年（24岁），在爱丁堡某个事务所担任绘图员。

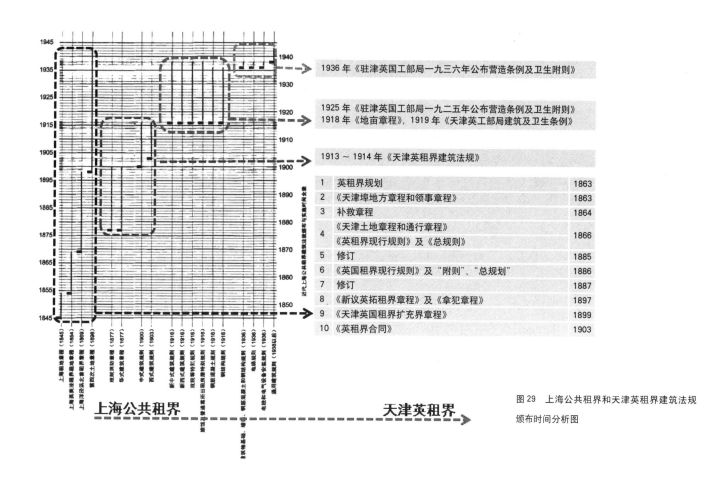

1936 年《驻津英国工部局一九三六年公布营造条例及卫生附则》

1925 年《驻津英国工部局一九二五年公布营造条例及卫生附则》
1918 年《地亩章程》，1919 年《天津英工部局建筑及卫生条例》

1913 ~ 1914 年《天津英租界建筑法规》

1	英租界规划	1863
2	《天津埠地方章程和领事章程》	1863
3	补救章程	1864
4	《天津土地章程和通行章程》《英租界现行规则》及《总规则》	1866
5	修订	1885
6	《英国租界现行规则》及"附则"、"总规划"	1886
7	修订	1887
8	《新议英拓租界章程》及《拿犯章程》	1897
9	《天津英国租界扩充界章程》	1899
10	《英租界合同》	1903

图 29　上海公共租界和天津英租界建筑法规颁布时间分析图

1902 年（25 岁），在爱丁堡受过建筑训练后来到中国，早期在东北为苏格兰和爱尔兰传教团体设计并监理了一大批建筑，包括学校、医院、教堂和住宅等。

1908 年（31 岁），安德森设计的辽阳怀利纪念教堂建成。

1901 ~ 1910 年期间，与小其 5 岁的玛格丽特·普雷蒂·罗斯结婚。

1911 年（34 岁），女儿出生，1913 年（36 岁）儿子小安德森出生。

1912 年（35 岁）前，来到天津以个人名义开办安德森工程司行（Anderson, H. McClure）。

1913 年（36 岁），同库克接手 1906 年前成立的永固工程公司（Adams and Knolwes），成立永固工程司（Cook and Anderson）；同年在天津英租界工部局担任了半年的临时代理工程师。

1915 年（38 岁），1 月 12 日，偕妻子、4 岁半的女儿、1 岁半的儿子从中国抵达伦敦，行程大致是天津－上海－横滨－上海－香港－新加坡－马来西亚－斯里兰卡科伦坡－英国普利茅斯－英国德文郡；同年，永固工程司设计的天津中西女子中学建成。

1916 年（39 岁），开始在英租界工部局做临时代理工程师（1916 年 8 月 1 日 ~ 1918 年 3 月底）。

1917 年（40 岁），英租界工部局聘请安德森和乐利工程司的卢普参照上海的经验着手修订建筑法规，二人欣然同意（1919 年《工部局条例》颁布）。

1918 年（41 岁），1 月 21 日，安德森向英租界工部局董事会提交关于英租界的规划方案，同时提议成立一个建筑师协会。

1921 年（44 岁），独自一人从英国爱丁堡出发，经利物浦港口乘船，在 6 月 10 日到达加拿大魁北克。

1922 年（45 岁），英租界工部局再次委派成立不久的天津建筑师协会的两位成员——安德森和乐利工程司的杨古，协助董事会参照上海经验修订建筑法规（1925 年工部局颁布"营造条例"）。1922 年永固工程司在天津英租界的项目有 6 个。

竞赛评委点评

天津英租界是近代天津城市的重要组成部分，见证了近代天津的发展历程；五大道是英租界的重要组成部分，是天津市历史文化名城中的历史文化街区，也是全国重点文物保护单位，具有十分重要的地位。对五大道历史精读和历史价值评估的意义重大。过去对于五大道的研究存在着历史资料特别是外文资料挖掘不够深入的问题。本论文以五大道规划的核心人物英国建筑师安德森为线索，澄清了作为天津英租界的主要居住空间——天津五大道的规划建设来龙去脉。一手档案史料翔实鲜活，解读分析深入，论据充分，论证条理，写作规范，所得出的结论恰当。个别内容如建筑师的建筑作品分析和五大道规划的思想源流等，囿于篇幅和史料等问题仍未论证充分，写作措辞也有待于进一步提炼。但总体来说，本论文是一篇出色的研究生论文。

张颀
（天津大学建筑学院，院长、博导、教授）

1924 年（47 岁）前，永固工程司设计的马大夫纪念医院新门诊楼和天津印字馆建成。

1925 年（48 岁），在库克的见证下，被确认为英国皇家建筑师学会正式会员（FRIBA）。1925 年永固工程司在天津英租界的项目有 4 个。

1927 年（50 岁），永固工程司设计的天津英国文法学校主楼建成。

1931 年（54 岁），10 月，儿子小安德森开始就读于英国爱丁堡艺术学院。

1933 年（55 岁），永固工程司负责监理建造耀华中学礼堂。

1938 年（61 岁），和另两名建筑师一起提名儿子小安德森成为英国皇家建筑师学会的候补会员。

1939 年（62 岁），8 月 9 日，安德森携其妻子和另一位女士（可能是其女儿）进入英租界时受到日军哨兵阻拦，他拒绝了哨兵要求其脱衣接受搜身的要求，经过几分钟争辩后被放行。此事被冠以"日本哨兵的要求被拒绝"的题目登报记载。

1942 年（65 岁），8 月 10 日，逝世于天津的英美养老院（British American Nursing Home）。

注释：

① 本论文承蒙国家社科重大项目"我国城市近现代工业遗产保护体系研究"(12&ZD230)、国家自然科学资金项目"塑造创意城市：天津滨海新区工业遗产群保护与再生的综合研究"(51178293) 和 2012 年度天津市教委重大项目"天津市工业遗产保护与活化再生利用策略研究"(2012JWZD4) 的资助。

② 见参考文献 [6]，第 259 页。

③ 见参考文献 [11]。

④ 据英国祖先网站 (http://search.ancestry.co.uk) 关于安德森的 1915 年航海记录，表格材料后面标明安德森一家四口不会在苏格兰永久居住，而是打算定居外国。这说明安德森至少在 1915 年就决定打算一直留在中国天津生活和工作。

⑤ 安德森的族谱：莱斯利史密斯家族，网址 http://www.users.zetnet.co.uk/dms/lsfamily/lesliesmith/223.htm。
另见参考文献 [11]。
英国祖先网站 (http://search.ancestry.co.uk) 关于安德森的 1915 年和 1921 年航海记录等。

⑥ 1901 年苏格兰人口普查，据参考文献 [11]。

⑦ 见参考文献 [6]，第 259 页。另见刘海岩《通商口岸的外国人社会：以天津租界为例》[A]．港口城市与贸易网络 [C]．2013：147-184.

⑧ 据英国祖先网站 (http://search.ancestry.co.uk) 关于安德森的 1921 年航海记录等。

⑨ 见参考文献 [6]，第 259 页。

⑩ 见参考文献 [7]，第 226 和 314 页。

⑪ 见参考文献 [6]，第 259 页。

⑫ *The Directory and Chronicle for China, Japan, Corea, Indo-China, Straits Settlements, Malay States, Siam, Netherlands India, Borneo, the Philippines, and etc 1920.* The Hongkong Daily Press, Ltd, 1920：p633.

⑬ RIBA Archive, Victoria & Albert Museum, RIBA Nomination Papers, *Henry McClure Anderson*, F no2207 (box 4, microfilm reel 17).

⑭ 见参考文献 [17]，第 39 页。

⑮ 见参考文献 [7]，第 226 页。参考文献 [6]，第 261 页。

⑯ *The Chinese Recorder*, 1908(05)：285-286. 另见网址如下：http://paperspast.natlib.govt.nz/cgi-bin/paperspast?a=d&d=CHP19080104.2.82&l=mi&e=-------10--1----0--.

⑰ 见参考文献 [17]，第 39 页。金彭育《溥仪的高端时尚生活》网址 (http://ucwap.tianjinwe.com/szbz/201107/t20110710_4029765.html)。转引自维基百科 (http://zh.wikipedia.org/wiki/ 天津惠罗公司大楼)。

⑱ 新门诊楼和病房大楼两座建筑以及其他辅助房屋均出现在一张 1923 年的总图，应为永固工程司设计，但病房大楼的设计者有待进一步确证。据参考文献 [17] 第 39 页和王勇刚《洋医生马根济与天津马大夫医院》网址 (http://www.tjdag.gov.cn/tjdag/wwwroot/root/template/main/jgsl/gsfq_article.shtml?id=4735)

⑲ Report 1934：p63；Report, 1935：74. 据参考文献 [5]，第 282 页，是 John W. Williannson 于 1927～1935 年设计，不一定正确，因据档案记录，目前仅知永固工程司负责耀华中学礼堂监理建造。据维基百科 (http://zh.wikipedia.org/wiki/ 天津市耀华中学)，第三校舍和第四校舍原本由英国人设计，后因费用较高，改由阎子亨设计。据孙亚男《阎子亨设计作品分析》第 37 页，52 页，《近代哲匠录——中国近代重要建筑师、建筑事务所名录》第 167 页，阎子亨的孙子的网络文章《著名建筑师——阎子亨》，网络文章《探寻中国近代建筑之 98——天津学校（二）》以及英租界工部局报告 (1927～1940 年)，耀华中学建造应有最初的统一规划，且阎子亨设计了大部分的耀华中学建筑，包括第三教学楼 (1933 年)、体育馆 (1934 年)、第四教学楼 (1935 年)、图书馆 (1935 年)、办公楼或教务大楼 (1938 年) 和第五教学楼 (1945 年) 等。

⑳ 维基百科 (http://zh.wikipedia.org/wiki/ 天津市耀华中学)。

㉑ 见参考文献 [17]，第 39 页。

㉒ 见参考文献 [4]。

㉓ 见参考文献 [9]。

㉔ 见参考文献 [13]，第 60 页。Reports, 1914：74-77.

㉕ Reports, 1917：82-93.

㉖ 19 世纪末 20 世纪初，主要的工业化国家由于城市中心的高密度发展和污染使得居住环境恶化，从而兴起了在地价较低的城市边缘或郊区建设环境优美的花园郊区住宅。主要的特点表现为较开敞、低密度的独立或半独立家庭式建筑 (detached or semi-detached house)。这种建筑形式逐渐取代了传统的联排式住房 (terraced town house)。这一理念主要源自于英国的高层次乡村别墅，可以看作是发达国家自工业革命后对高密度城市中心生活方式的反思。另一个特点是产生了较为开敞的建筑布局和迂回婉转 (curvilinear) 的道路形式，与传统的紧密布局和方格式道路形式形成强烈的对比。Whitehand, J.W.R., & Carr, C.M.H., *Twentieth-century Suburbs：a morphological approach*, London：Routledge, 2001. 转引自参考文献 [15]。

㉗ Reports, 1915：75-81. 转引自参考文献 [10]，第 89 页。

㉘ Report, 1929：34-35.

㉙ Reports, 1917：12, Report 1922：35.

㉚ 见参考文献 [12]，第 223-237 页。

参考文献：

[1] 安德森的族谱 [EB/OL]. http://www.users.zetnet.co.uk/dms/lsfamily/lesliesmith/223.html.

[2] British Municipal Council, Tientsin. *Reports of the British Municipal Councils, each year, and minutes of the Annual General Meetings, the following year*. Tientsin：

Tientsin Press, LTD., 1895-1940.

[3] Dana Arnold. *An Introduction to the Archival Material on Tianjin held in the UK and some suggestions for its Interpretation*. (unpublished) Tianjin: The 2nd International Symposium on Architecture Heritage Preservation and Sustainable Development, Sept 20-21, 2010.

[4] Dana Arnold. *The British Concession in Tianjin: Archives, sources and history*. (unpublished) Tianjin: International Seminar for the Research on Modern Architecture Heritage in Tianjin, 2009.

[5] Yuan Fang. *Influences of British Architecture in China SHANGHAI AND TIENTSIN, 1843-1943* [D]. Scotland: University of Edinburgh, 1995.

[6] Feldwick, Walter. *Present Day Impressions of the Far East and Prominent and Progressive Chinese at Home and Abroad*. London: The Globe Encyclopedia Co., 1917.

[7] 黄光域. 外国在华工商企业辞典 [M]. 成都：四川人民出版社，1995.

[8] 刘海岩. "五大道"早期开发建设扫描. 中国人民政治协商会议天津市委员会，学习和文史资料委员会. 天津文史资料选辑 (第 107 辑)，天津：天津人民出版社，2006：263-272.

[9] 刘亦师. 中国近代建筑的特征 [J]. 建筑师，2012，(160)：79-84.

[10] 尚克强，刘海岩. 天津租界社会研究 [M]. 天津：天津人民出版社，1996.

[11] 苏格兰建筑师数据库 (*Dictionary of Scottish Architects，1840-1980*) 网站，关于建筑师安德森和小安德森的介绍：
http://www.scottisharchitects.org.uk/architect_list.php.
http://www.scottisharchitects.org.uk/architect_full.php?id=207644.

[12] 唐方. 都市建筑控制——近代上海公共租界建筑法规研究 (1845-1943) [D]. 上海：同济大学，2006.

[13] 天津海关译编委员会编译. 天津海关史要览 [M]. 北京：中国海关出版社，2004.

[14] 天津英国租界工部局. 天津英国租界工部局 1940 年董事会报告暨 1941 年预算 [R]. 天津：天津印字馆，1941.

[15] 王敏，田银生，袁媛，陈锦棠. 从房屋产权变更的角度对本土化的英国花园郊区住宅研究——以广州市华侨新村为例 [J]. 建筑师，2012，(156)：15-22.

[16] (英) 雷穆森 (O. D. Rasmussen). 天津租界史 (插图本) [M]. 许逸凡，赵地译，刘海岩校订. 天津：天津人民出版社，2009.

[17] 周祖   ，张复合，村松伸，寺原让治. 中国近代建筑总览：天津篇 [M]. 北京：中国建筑工业出版社，1998.

图片来源：

图 1：笔者改绘自 1938 年最新天津市街图 (天津市社会科学院提供)。

图 2：天津市规划局，天津市历史文化街区保护规划，2011. 另见网址 http://news.enorth.com.cn/system/2011/04/19/006393174.html.

图 3：作者改绘自 1940 年英租界修筑马路成绩图 (天津英国租界工部局. 天津英国租界工部局 1940 年董事会报告暨 1941 年预算 [R]. 天津：天津印字馆，1941,18-19)。

图 4：参考文献 [6]，第 259 页。

图 5：改绘自图 4。

图 6：The Chinese Recorder, 1908(05)：284-286. 由郑红彬提供。

图 7：参考文献 [6]，第 261 页。

图 8 ~ 图 9：Allister Macmillan. Seaports of the Far East: Historical and Descriptive, Commercial and Industrial, Facts, Figures, & Resources. London: W. H. & L. Collingridge, 1925：285, 132. 转引自参考文献 [17]。

图 10：英国伦敦大学亚非学院图书馆藏，详见参考文献 [4]。

图 11 ~ 13：同图 10。

图 14：第七批全国重点文物保护单位《天津五大道近代建筑群》申报文本，2010。

图 15：同图 10。

图 16：网络文章《探寻中国近代建筑之 98——天津学校 (二)》(http://blog.sina.com.cn/s/blog_633136db0100i8l1.html)。

图 17：天津规划局和国土资源局. 天津城市历史地图集 [M]. 天津：天津古籍出版社，2004：64.

图 18 ~ 图 19：笔者改绘自 1918 年安德森规划方案图，来自 Reports, 1918：93 & 86。

图 20：同图 10。

图 21：Report, 1930：34 & 210。

图 22：Reports, 1919-1934。

图 23：Reports, 1919-1940。

图 24：Reports, 1927, 1940。

图 25：Report, 1932：24-25。

图 26：Report, 1925：62-63。

图 27：作者自绘，据 Reports, 1896-1925。

图 28：作者改绘自 1927、1936 和 1940 年报告中的"十年内本局核准房屋及卫生图样指数图表". Reports, 1927, 1936, 1940。

图 29：参考文献 [12]，扉页。

竞赛评委点评

论文采用独特的视角对近代天津城市建筑历史进行研究，在对国内外第一手档案史料搜集与整理的基础上，以近代天津城市建设与建筑发展具有重要影响的英国建筑师安德森的设计思想与创作实践为线索，研究了其对天津五大道规划，以及对天津英租界建筑的重要影响。论文选题新颖，逻辑清晰、论证充分，研究成果对于天津租界建筑遗产的价值认知和文化遗产保护具有一定的现实意义。

梅洪元

(哈尔滨工业大学建筑学院，
院长，博导，教授)

李泽宇
（湖南大学建筑学院 硕士一年级）

赖思超
（内蒙古工业大学建筑学院 硕士一年级）

"空、无、和"与知觉体验
——禅宗思想与建筑现象学视角下的日本新锐建筑师现象解读

"Empty、None、Yamato-Soul" and Perceptual Experience—Interpretation to the Phenomenon of Japanese Cutting-Edge Architects from the ZEN and the Architectural Phenomenology Perspective

■摘要：本文关注了日本新锐建筑师现象，这个现象包括了这个充满活力的群体和他们的建筑理论与广泛的创作实践。结合日本传统的禅宗思想以及西方当代建筑现象学中关于知觉体验的理念，来解读这个当代建筑界独树一帜的一支力量，并以三类不同的新锐建筑师的代表人物与代表作品来进行案例解析，探索并诠释他们的设计理念和具体手法。同时，尝试总结出日本新锐建筑师的群体特征。

■关键词："空、无、和" 知觉体验 禅宗思想 建筑现象学 新锐建筑师

Abstract: This article concentrates on the Japanese cutting-edge architects' phenomena, which includes the introduction of this energetic group as well as their architect theory and comprehensive real works. Combining with the Japanese traditional ZEN and perceptual experience theory in the current western architect, this unique group in the current architect stage could be understood. In addition, using the great works of cutting-edge representatives in three different types as example, exploited and interpret their planning theory and concrete approaches. Meanwhile, with the analysis, try to get the conclusion of the features of the cutting-edge architect group.

Keywords: "Empty、None、Yamato-Soul"; Perceptual Experience; ZEN; Architectural Phenomenology; Cutting-Edge Architects

一、日本新锐建筑师现象

在当代建筑界，日本的建筑师群体以及建筑实践越来越受到关注，并且取得了令人瞩目的成就。自 2010 年以来的五届普利兹克建筑奖，就有三届颁发给了日本建筑师，而 2010 年的威尼斯建筑双年展也由日本建筑师妹岛和世策展，同时在西方国家也有越来越多的大型建筑项目由日本建筑师主持设计。在建筑师群体方面，近年来，日本的新锐建筑师呈井喷式的状态涌现，大批新兴的建筑师带着他们的作品被人们认识，在日本国内和其他国家，带有日式印记的建筑作品出现在各种类型的项目中。

这样一种日本新锐建筑师现象足以引发我们的关注与思考。现代建筑出现以来，建立在西方建筑学体系上的建筑设计理论、方法以及实践，长期以来以西方建筑师为主导，然而日本建筑师群体却能独树一帜，建立自己的特色并表现出极高的辨识度。尤其是在当代，在纷繁复杂、日益多元的建筑设计语境之下，这些新锐的建筑师仍然能在跟随时代的步伐的同时，创造性地在作品中表达出日本民族的文化特征。对这一现象的剖析与解读也许可以帮我们在一定程度上更好地了解和学习日本新锐建筑师以及他们的理论与实践，并以此角度唤起思考，同为东亚国家，我们如何在当代西方建筑理论盛行的背景之下更加合适、贴切地表达自身的民族特色。

（一）转变——日本当代建筑的转型

从西方建筑界开展现代主义建筑运动以来，现代主义的理论与方法逐渐传播到世界各地。日本作为东亚国家也在 20 世纪初期接受到现代主义建筑的影响。在近百年的发展历程中，日本的现代建筑也发生过一些转变和演化，而在 1990 年代初期日本的经济泡沫危机发生时所导致的建筑设计的转变应该是日本当代建筑的一次重要转型。

二战后到 1990 年代初期，日本社会大力发展经济建设，恢复国力并成为世界发达国家，这期间的建筑建造量是十分巨大的，而同时期的建筑思想主要是坚持功能至上，并且带有表现的色彩，与当时人们在经济迅速发展时期所具有的野心和膨胀心理有关，这可以被认为是日本传统的武士道精神与西方现代主义功能为上的理念的支撑。这段时间内的日本建筑大师的理论和作品都极具表现性和侵略性，例如新陈代谢学派的理念（提出了城市巨构的设想），以及他们的作品在形式上表现力强、在材料上也倾向于西方粗野主义使用的素混凝土、钢材等。

而 1990 年代初期的经济泡沫破灭后，日本社会一度陷入消极与抑郁，建筑设计也随之受到影响，人们关于经济发展的膨胀心理慢慢消退，随之而来的是对于生活的思考的重视。这一时期的建筑师也开始关注日常生活中的具体社会问题并以此为基点思考建筑设计的方法，开始以人们的生活作为出发点而非发散夸张的构想或视觉冲击来设计建筑。本文所关注的新锐建筑师以及相应的建筑现象就是从此开端并发展起来的。这一时期人们的文化心理不再是外向型侵略性的武士道精神，而是转向谦和与内省的日本传统禅宗思想，而此时西方建筑界建筑现象学逐渐有成熟的理论与实践作品并进入东方的视野，二者的双重作用影响了这一代建筑师的设计实践。而本文也正是以日本传统禅宗思想和西方建筑现象学作为解读和分析日本当代建筑师及其作品的思维角度和切入点。

（二）人物——日本新锐建筑师

日本新锐建筑师	表1
1. 前川国男、阪仓准三、吉阪隆正	
2. 丹下健三、槙文彦、谷口吉生、矶崎新	
3. 新陈代谢学派、黑川纪章、菊竹清训	
4. 安藤忠雄、伊东丰雄、长谷川逸子	
5. 藤森照信、隈研吾	
6. 贝岛桃代&冢本由晴（犬吠工作室）、蜜柑组	
7. 妹岛和世和西泽立卫（SANAA）、青木淳	
8. 藤本壮介、石上纯也、平田晃久、乾久美子、长谷川豪、中村拓志、五十岚淳、前田圭介	
9. 大西麻贵和百田有希、蚁冢学	

指导老师点评

也许近几次的"普奖"不能充分反映日本建筑的真实水平，然而日本现代建筑所表现出的独特性的确值得我们深入研究。在当前西方主流文化主导的世界里，日本的建筑实践却有着他们特殊的发展轨迹。这种特殊的现象不仅反映在明星建筑和明星建筑师身上，而且反映到包括商业建筑在内的几乎所有的建筑实践中。我们可以看到，即使是一些西方建筑师的作品，在日本兴建后，即被打上了浓重的日本烙印，这绝不仅仅是一个建筑设计的问题。从另一个角度来看，日本当代建筑实践大多数是建立在西方现代主义建筑体系之上的实践。然而在这些现代主义建筑的外表下，你能感受到浓重的日本气质。本文作者试图通过对日本当代新锐建筑师作品的分析来研究这一现象背后的深层原因。在这篇文章中，作者以自己独特的视角，用日本文化中的禅学思想以及其中的"空、无、和"的精髓对日本建筑师及其作品进行了较深入的剖析，同时又引入了西方现象学的理论，作者指出，"禅宗思想的非逻辑分析性以及依靠顿悟来参透的方式与建筑现象当中知觉体会的感知方式极其相似，而同时二者所对应的审美倾向与表现手法也异曲同工。这种共通性使得当代日本的新锐建筑师的思想以及他们的作品都表现出二者的双重特性"。这正是作者用以分析当代日本建筑的切入点，同时也是我们认识日本当代建筑设计的一种有意义的方式。

胡越

（北京市建筑设计研究院有限公司，总建筑师、全国建筑设计大师、教授级高级建筑师）

由表1可以从人物系谱看到日本当代建筑的发展动态。但是所谓新锐建筑师不一定是由出现的时期更加靠后来界定的，本文所要分析的新锐建筑师主要有以下三类：①焕发新锐思维的老牌大师，代表人物有伊东丰雄、隈研吾等；②新锐设计的中坚力量，代表人物有妹岛和世和西泽立卫（SANAA）；③大量涌现的70后新生群体，代表人物有藤本壮介、石上纯也、乾久美子、长谷川豪、中村拓志、五十岚淳、前田圭介、大西麻贵和百田有希……本文也主要是通过对这三类建筑师的典型人物和经典作品的解读来解析日本当代建筑师现象（图1～图4）。

图1　瑞士劳力士学习中心（SANAA作品）

图2　双螺旋住宅（大西麻贵作品）

图3　2013蛇形画廊（藤本壮介作品）

图4　林舞鸟鸣住宅（中村拓志作品）

（三）作品——日本新锐建筑师作品概览

这些建筑师的作品在功能类型、规模大小、所处环境等方面涵盖面都很广，既有用地紧张的住宅项目，也有开阔用地里的大型公共建筑；既有在城市空间里的建造，也有在自然环境中的经营。

二、现象背后的文化与哲学

从传统日本禅宗思想和建筑现象学的理论来解读日本新锐建筑师，我们先简要对二者进行了解和梳理，分析它们的特征和建筑设计的关系。

（一）"空、无、和"——日本民族的传统禅宗思想

日本的国土位于岛上，面积不大，且自然条件比较恶劣，多发地震等灾害，因而日本民族对自然也产生敬畏与尊重之情，多变而不稳定的生存环境使得自古以来日本民族的观念中就有一种对于永恒美的强烈的追求，但是不同于其他文化的是，日本文化对永恒的理解并不是想方设法地延续和保留，而是对于美好瞬间的珍爱与感悟，以动态的时空观来感受事物，这从他们所钟爱的事物中就可以看出来，比如对樱花、对雪的喜爱等，无不从绘画、文学、歌舞艺术以及寻常的生活中得到充分体现，并且作为日本民族的物化象征和文化符号而被世人熟知。

而从印度发源，经由中国传播到日本的佛教思想中的禅宗思想，恰如其分地契合了日本传统文化的气质，而在日本发展壮大。"禅"一词来自梵语"禅那"，意思是"思维修"、"静虑"。禅通过自我身心的调节，来达到主体自我与客体自然的协调统一，以求精神上的超脱和安宁。禅不是基于逻辑和分析之上的思想，它恰恰是逻辑的反面，它与人们内心的活动接触，极少甚至不依靠任何外物，它的中心事实就是生活本身，禅的修为不是靠分析、构建理性框架这样的方式，而是依靠顿悟，这具有瞬时性和动态性的特点。

日本传统禅宗思想的内核可以归纳为三个方面，即"空"、"无"、"和"。"空"意为空寂，表现为一种空缺美、残缺美，不再追求物质的饱和或堆砌，而是以空缺与留白的意象使人获得思考与想象过后的美感。"无"则是极尽减少，追求达到一种万物融合后的混沌状态，做到"极简的丰富"。有即是无，无即是有，用"无"来容纳、激发、思考"有"，"无"在物质上是消弭和灭失的，但在精神与思考上是丰富与无尽的。日本的传统庭园常见的枯山水即这种特质的空间体现。"和"则是日本民族的灵魂，即所谓"和魂"。"和"可以理解为是"无"所追求的目的，"无"是物质的减法，"和"却是精神的加法。这与中国人思维中的"和谐"、"和气"等不一样，中国人的"和"更多地指向人与人之间的交际关系，而日本的"和"更倾向于个人内心的平和与安定，具有内省性质。

这样的民族文化背景之下，日本的设计表现出极简、朦胧感、轻型而重神的特点。除了建筑设计，在其他的设计领域也同样如此，如著名的无印良品、三宅一生等产品设计也具有这样的日式烙印。

（二）知觉体验——当代建筑现象学思想

现象学是以胡塞尔等人为代表提出的一种哲学思想，现象学主张用直观的研究方法和注重自身体验的研究态度来认识复杂的表象下的本质。1980年代初，现象学被引入到建筑学领域，并逐渐成为一个重要的分支。建筑现象学大致可以分为两派，其一是以存在论的观点讨论关于建筑的意义，偏向建筑理论，主要人物是诺伯格•舒尔茨，著有《场所精神——迈向建筑现象学》、《西方建筑的意义》等著作；其二是以知觉体验为核心探索建筑设计的新途径、新方法，重在建筑实践，代表人物为斯蒂芬•霍尔等，霍尔有大量的建筑实践并且以实践为基础的建筑理论。本文以第二种，也就是以知觉体验的现象学方法来解读日本新锐建筑师。

梅洛－庞蒂（Maurece Merleau-Ponty）认为认识世界需要回归存在本身，并通过人的身体与环境的互动来察觉世界存在。知觉是人体借以解释和组织，去感觉产生有关概念的一个富有意义的体验过程。在建筑空间中，我们的知觉体验是以人自身的五感，通过对建筑的材质、空间等的接触、思索来获得的。这一过程应该回归到人与建筑体验之间最本质的三个方面，第一是身体，回归人的体验本质，注重身体对于体验的反应；第二是场所，通过与场所的融合和汇集该特定场景的各种意义，建筑才能得以超越物质和功能的需要；第三是气氛，知觉体验中不可描述的的身心感觉。

（三）共同影响——禅宗思想与建筑现象学的共通性

禅宗思想的非逻辑分析性以及依靠顿悟来参透的方式，与建筑现象学中知觉体验的感知方式极其相似，而同时二者所对应的审美倾向于表现手法也异曲同工。这种共通性使得当代日本的新锐建筑师的思想以及他们的作品都表现出二者的双重特性，也成为本文解读这一人物群体和现象的切入口。

三、代表人物与作品的剖析解读

（一）隈研吾与"负建筑"

隈研吾早期建筑实践过分地关注当时流行的后现代主义思潮，在设计了M2大楼后，受到各方差评，甚至被排挤出东京建筑圈。"流放"于东京周边的12年中，隈研吾在本土建筑的实践中逐渐转型，进而更多地关注"日本化"的设计。

隈研吾的"负建筑"的意义是指建筑在自然中应处于更加低的姿态，不提倡凌驾于自然之上的强势建筑。他说："建筑原本就背负着必须从环境中突显自己的可悲命运。"[①]负建筑表明的是一种态度，一种东方式的谦逊态度，一种对"洋洋自得"且"高高耸立"的欧洲传统的补充和完善[②]。他通过对自然材质的运用和建构来加强建筑与自然的联系，尽可能地弱化建筑形式，抑制建筑自身的内在欲望和需求，使建筑和自然融于一体。

在长城脚下的竹屋的设计中，隈研吾利用竹子为主体材料，表达了中国特质的同时，也削弱了建筑的形式感。密集的竹竿排布与纤细的竹子杆件使得建筑使用者能感受到本土材料带来的真实感与自然感，很自然地就营造了东方建筑的氛围（图5、图6）。结合日本传统文化中的"禅"思，竹屋中用竹子杆件围合了一个茶道空间，完全凸显了东方文化气息，继承了日本文化在体验和质感层面强调质朴的传统（图7）。

隈研吾在GC口腔医学博物馆研究中心的设计中则是用纤细的木杆作为主体材料，构成手法依据日本传统木质玩具"刺果"（即鲁班锁），不需要任何钉子和钢配件即可将所有木杆建构成整体（图8）。木材的纯粹质感使得建筑体现出自然之感，更加开放，更加通透，也

指导老师点评

论文作者以清晰的思维和敏感度，从日本传统的禅宗思想和当代建筑现象学着手，解读日本新锐建筑师的代表人物与代表作品，探索并诠释他们的设计理念和具体手法，同时尝试总结出日本新锐建筑师的群体特征。这些都对我国当代建筑思潮中如何"洋为中用"、"古为今用"的建筑理论与实践中提供了很好的参考。

日本新锐的建筑师在其设计理念及作品中把握住了东、西方文化中的共通部分。运用禅宗思想当中所包含的"空、无、和"的特征与之契合，这与建筑现象学中关于"知觉体验"的部分不谋而合。从他们的作品当中"负于自然"或"暧昧"或"弱到无形"或"混沌"的空间之中，深刻地体现出这一点。这些为西方建筑理论与东方哲学思想的融合提供了一条可参考的途径。

论文有一定的深度，结合案例分析，剖析到位，结论合理，是一篇有内容、有见解的硕士生小论文。

李旭
（湖南大学建筑学院，建筑系
副教授，硕导）

图5　长城脚下的竹屋实景1（隈研吾作品）

图6　长城脚下的竹屋实景2（隈研吾作品）

图7　长城脚下的竹屋实景3（隈研吾作品）

图8　GC口腔医学博物馆研究中心实景1（隈研吾作品）

更加融入自然，抑或是营造出自然。如此多的木材却因为本身的纤细尺寸以及细密的组织方式反而削弱了建筑的形体，模糊了建筑的确切形态，空间因此变得多变（图9）。同时，这个建筑中同样体现了身处其中却不知所踪的体验感。密集的木杆件构成了模糊空间，也产生了眩晕感和错觉——这是一个可以无限延伸的房子和空间（图10）。这样，身体的体验感和传统"禅"思的"空无"结合在一起并体现在这所小房子里。

隈研吾进一步发挥材料对于身体体验和禅宗文化的演绎是在高柳町社区中心的设计中，这一次的材料更加极致——和纸。隈研吾采用和纸和木杆代替了玻璃和铝杆件，使这个建筑更加回归自然，更加低姿态。和纸是一种日本的传统纸，在这个建筑中，它的半透明状态使得建筑的形态轻盈，同时，让建筑内的光线更加柔和（图11、图12）。纸明确地分离了内外空间，外面的自然在物理上不可触及，知觉体验上却实实在在可以触摸和感觉到禅宗的素朴与冷寂。并且，和纸的透明性以及可触感，加强了身体与建筑的体验关系，人在这样的建筑中，视觉和触觉同时体验空间与材料，更显现出日本建筑朦胧的特质。

隈研吾通过对于自然材料——竹、木、纸、石、水、土等的运用，一方面表现出其融入自然的材料观，寻求纯净材料在特殊光影下所展现出的特殊效果。另一方面，他采用的建构方式精密而极多，通过极多的材料建构，造成知觉上感知其建筑的延展性和消失感。从上述建筑作品中，不难发现隈研吾的建筑从骨子里散发着一股浓烈的东方艺术气息，是一种体验性的感性建筑：通过当地材料的重复排布，强化材料的韵律感，虚化建筑墙体，在特殊的光影中产生特殊的知觉感受，或温暖，或凝重，或静谧。这些感受往往带领着人们的思绪走入东方艺术的神秘之境。

（二）SANAA与"暧昧建筑"

SANAA是妹岛和世与西泽立卫的联合设计事务所，他们的设计体现出一种"暧昧"的特质。"暧昧"也许是日本建筑师的作品的一个通性，但是SANAA的设计却将此特质发扬到极致，甚至于成为他们的代名词之一。这种特质当然有赖于他们常采取的建筑材料——完全透明玻璃、磨砂玻璃、白色钢材、白色清水混凝土、纤细木杆件等。但是，不同于隈研吾，SANAA的建筑作品的暧昧气氛更多地归结于他们建筑的形态设计而得到，材料则更多的是一种辅助元素。

"暧昧"是一种不定的、模糊的、具有差异性的状态，从禅宗思想来看，这契合了禅所主张的瞬时性和动态性的思维和体验方式，没有所谓的理性逻辑，不再是直线式的单向表达，使人会有更多捉摸不定的感受，从而引发思考与冥想；而从建筑现象学知觉体验的角度来看，"暧昧"提供了一种体验的气氛，一种被认为是"改变周围空间的一致性，并赋予其张力和特性"的气氛③，着重于身体在空间中运动的感知。

为了营造这样的"暧昧"特质，SANAA常用的对于建筑形态的设计手法之一是将建筑形体打散，化整为零。这样一来，相互独立的建筑在群落里表现出既分离又相互关联的状态，正是一种暧昧的关系，因而会产生更多的空间体验。

西泽立卫设计的森山邸（图13～图15）是一个很有代表性的案例。森山邸是一个供给多个业主居住的集合住宅群，不同于以往将集合住宅做成一个多层的单元楼或是一个集中式的楼栋，森山邸被设计成在一个限定地块内有一组大小不一的10个小盒子式样的建筑群落，有的小盒子是卧室，有的是客厅，有的甚至只是一个浴室。从平面来看，这个案例的布置并不算复杂，也没有任何材料或构造上的炫技，但是这种布置方式，再加上大面积玻璃的透明性，却使得空间出现了一个有趣的现象，让建筑内外的空间在形状、大小、

图9 GC 口腔医学博物馆研究中心实景 2
（隈研吾作品）

图10 GC 口腔医学博物馆研究中心实景 3
（隈研吾作品）

图11 高柳町社区中心实景（隈研吾作品）

图12 高柳町社区中心材料实拍（隈研吾作品）

图13 森山邸平面图（西泽立卫作品）

特邀评委点评

当今国内对日本现代建筑的研究尚不系统和全面。作为新生代学人有兴趣关注日本文化与现代建筑的发展状态，并择题加以论述实属难能可贵。

这是一篇侧重于建筑作品分析评论的文章，而禅宗思想或建筑现象学均是更广域的文化或理论的论题，作者试图将它们与专题建筑评论联系在一起，但缺乏设计者构思或其他相关评论的引述与佐证，使论文的理论探讨与作品分析呈现脱节状态。

论文对于日本建筑师新锐建筑师的界定有其个人视角，但略显武断、缺乏分析与引证，立论不够准确。

在作品分析部分，作者对 SANAA 组合或妹岛和世和西泽立卫个人作品的选评，以及对藤本壮介建筑作品的选评，就其设计手法及空间构成的特征均有较为细致的表述与讨论，特别于"空、无、和"等空间感知的评析方面做了一定逻辑的较深入的观察，有一定参考价值。而有关对建筑师隈研吾的作为新锐建筑师定位以及其作品的分析定位，均不能同意作者的立场与论点。特别就其建筑作品而言，更多的是与"空、无、和"背道而驰的，相反，"刷存在感"反而是其个性所在。

总之，对作者的探索精神赞赏有加。但作为一篇着重建筑分析评论的短篇，不宜套挂上一个相对宏大的理论架构，或者对初学者来说，在一定程度上不宜鼓励。

许懋彦

（清华大学建筑学院，博导，教授）

图 14　森山邸实景 1（西泽立卫作品）　　　图 15　森山邸实景 2（西泽立卫作品）　　　图 16　十和田美术馆实景 1（西泽立卫作品）

位置上有很大的相似性，即便是有墙体的分隔，那种固有的内外的差异性也消失了。

这种内外空间差异性的消解，带给了这一组小建筑这样的知觉体验——我既在室内，却也在室外。我在什么地方，空间就表现出什么状态，这样一来，生活的各项活动与空间之间形成了一种相对性和灵活性，不再由空间限定生活，而是由生活来活化空间。这也体现了现象学中关于身体感知的重要性，也明确表达出一种"物我一致"的"禅"思，即作为主体的居住者与作为客体的空间成为这个体验中的一个整体。伊东丰雄在评价这个集合住宅时谈道："森山邸的方体虽然各自位于那么靠近的位置，但却可以感觉得到距离"④，这也说明森山邸作为一个多业主的集合住宅仍然保持了各个家庭单元之间的私密性，体现了其作为"家宅"的一种气氛。原广司则认为这个设计是一个有关于"身体周遭"的设计，空间具有渗透性，像一个微缩的都市，这又反映了这个设计在很简单的手法之下所表现出的丰富性。

西泽立卫的另一个著名的案例是十和田美术馆（图16，图17），这也是一个群落形态的建筑，但是与森山邸有着很多的不同。十和田是一个更大尺度的群落，而且它的连接方式不再是正交的，而是对角相接，作为一个公共展览建筑，这样的做法给予了更多的丰富性和体验性。在这个建筑中，除了方向性多样的散落方体，还有一条连接起各个体块的走廊，成为建筑中的另一个核心空间要素，它为各个体块空间之间提供了可供选择的游览路线。这一次，被强调的不只是内与外的空间关系，而是形体之间的交接关系所产生的路径的多样性。身体在建筑中的体验转向对于参观路径的选择和思考——我将如何到达？亦即"禅"思中所表达的在不定的空间里的"空寂"之感。同时，在这个美术馆的走廊中，也能表现出一种既可以作为主体观察外部环境以及其他各个方盒子空间里的事物，也可以作为客体被其他空间里的人来观看，这种观看和浏览的相对性也给了这个美术馆另一种活力，人在空间中以及发生在空间中的事件也成了美术馆所展出的事物。这给人们提供的空间体验更加丰富并产生出一种对于空间的主动参与性。

SANAA里的另一位建筑师妹岛和世则擅长另一种手法来营造"暧昧"气氛。相对而言，妹岛和世对于形体处理的手法更加女性化，常采用柔化形体来达到她所要表达的空间体验和"日本质感"。她所设计的社区活动中心——鬼石町多功能建筑（图18、图19），在功能上包括了一个体育馆、一个多功能厅和一些附属用房。它的平面形体柔化而没有定势，像是延伸到周围的空间，表现出或是包容，或是交错的状态。这样的形体处理，使得内外空间的形态获得了一致性，这与西泽立卫森山邸的本质原理是一样的，内外之间仅仅只有一层透明的隔断，仅在功能上作出了室内外差异。只是妹岛和世的手法在空间的形态上表现出更多的柔性和女性化。在这样的环境里，现

图 17　十和田美术馆实景 2（西泽立卫作品）　　　图 18　鬼石町多功能项目实景 1（妹岛和世作品）　　　图 19　鬼石町多功能项目实景 2（妹岛和世作品）

象上的差异性完全消解，你在这个建筑里同样无须再强调空间的内与外，体验的就是一组模糊的、暧昧的空间。西泽立卫评价这个建筑说"不知道是说感受不到那个'形'好，还是说只有空间的丰饶感残留在体内的那种印象。这种气氛，不实际来这里走一趟是很难理解的。"而评论家长谷川佑子则认为"妹岛和世老师的建筑更像是引导内在行为"，"在这一建筑里走动，感受到了空间的膨胀与收缩，外面可见的风景有时而被带远、时而被拉近的感觉，这也许是所谓身体扩张型建筑。"⑤可以从两位的评价里看出，这个建筑将空间的差异性消解后，让人随着自己在空间里的活动产生不同的体验，这不是类似于园林中步移景异的那种视觉观感的变化，而是身体与建筑空间相关联，有了一种互动性的体验。而极简的空间也体现了禅宗思想里"无"的特质，衍生出各人在同样空间里的不同的知觉体验与思考。

与鬼石町项目不同，同样是妹岛和世设计的大仓山集合住宅（图20、图21）的柔化更加注重形体的图底关系，并且在更小的规模下创造出更加丰富的暧昧空间。有形的形体与"空无"之间的交织，衍生出层次丰富却模糊不清的空间关系。可以看出，在这样的小地块内，仍然作出了多样化的路径选择，并在途径上表现出不同的空间个性。这个案例最主要的特质是用现代的、柔化的建筑语言体现出了传统禅宗思想中那种空寂的感觉，表达出寂寥、朦胧、残缺的美感。

SANAA的暧昧建筑主要通过形体手段来制造出形态相似的空间，再辅以透明质感的材质，使得内外空间变得模糊，人在这样的建筑中，捉摸不透空间的限定、找不到明晰的路径、难以感受形体的存在。SANAA利用形体创造暧昧的空间特质，却又最终在这种体验中将形体消解，让人忘记形式而记住体验和禅思。

（三）藤本壮介与"弱建筑"

藤本壮介是日本70后新生代建筑师的代表人物，他所提倡的是一种"弱建筑"的理念，在这样的理念下，认为建筑的形态可以被最大限度地弱化、被消解，即真正做到"重神而轻形"。他将禅宗思想里的"空·无·和"的思想内核做到更加极致，因而也制造出更加极端的空间体验。材料、形体在这里都不再重要，重要的是空间本身，即追寻最原初的人类生活空间。

图20　大仓山集合住宅实景1（妹岛和世作品）

图21　大仓山集合住宅实景2（妹岛和世作品）

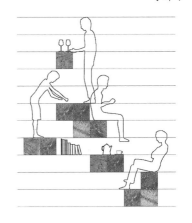

图22　终极木屋概念（藤本壮介作品）

终极木屋（图 22、图 23）是一个极小的构筑物，是"回到原初的空间"这一概念的实践作品。这是一个由统一规格的木材做成的方盒子。从建构手段来看，它是加法的堆叠，从空间本体来看，它是减法的掏空。藤本通过调研认为 0.35m 是人类关于活动空间的一个基本参数，于是他用 0.35m 见方的木材，在堆叠过程中制造各种 0.35m 及其倍数为高差或间隔的空间差异，这种数据符合日本人的生活习惯，因而在十分有限的空间里制造出模糊而无限的可能的使用方式。在这个建筑里，细小变化所带来的细腻的空间赋予建筑为人们的日常生活提供无限的空间使用可能，抛开了间隔，抛开了内外，也抛开了材质的建构，最深刻地还原了人类生活空间原初的本质。这种模糊的空间和不定的功能介入使得这个小房子和人的身体真正成为一个整体，体验了原始状态下的身体对于空间的适应性创造。而"有"和"无"的形体和空间对话正是反映了传统禅思中的哲学，因而这个小建筑体现出"一沙一世界"的禅意。

　　藤本壮介在"弱建筑"的议题下，不但有"回归原初"的思路，还有他所谓的"混沌"的理念。SANAA 的群落式建筑制造了一种分而不离的暧昧感，而藤本在变本加厉，用无序的组织方法刻意地制造混沌之感，使建筑的空间更加具有复杂性和多样性，体验更加丰富。他认为"最精密的东西往往最模糊，秩序井然也最杂乱无章。"[①]在情绪障碍儿童康复中心（图 24、图 25）这个项目里他就使用了这种"混沌"的手法来设计建筑。从无序的平面上我们直接看到治疗所为儿童提供了一个类似小社会的环境，空间关系的不确定，透露出自由、偶然、选择性等特点。表面的杂乱无章隐藏着儿童空间那种喜爱躲藏，喜爱自由的天性，空间的模糊加深了这种天性。因而，这样的建筑更能激发儿童的天性释放和相互交流，在游戏与交往中减弱情绪障碍。毫无疑问，这是一个以情绪障碍儿童这种特殊群体的空间体验为原点

图 23　终极木屋实景（藤本壮介作品）

图 24　情绪障碍儿童康复中心概念（藤本壮介作品）

图 25　情绪障碍儿童康复中心实景（藤本壮介作品）

出发的设计，空间也表现出这类人群的特点，捉摸不定而充满想象，建筑本身也如同儿童般纯净可爱。混沌之中隐藏的秩序，还没有形成理性思维的儿童很能体会得到，因而是一类特殊的身体体验；而小盒子的实体与间隙的空间体现了"禅"思中关于"无"容纳"和"的观点。

"灰度"是藤本壮介作品的又一个特质，尤其在 N HOUSE（图26、图27）这个住宅项目里有明显的体现。与以往的住宅都有实体的材料来建构与外界隔开的内部空间不同的是，N HOUSE 利用空间的灰度，运用空间内在性的程度来套叠空间，在功能上，住宅的私密性通过递进关系被加强，而空间的流动性、模糊性也随之增加。没有完全的内外与私密，却在连续的空间里真切地体验到私密与被保护的感觉。而每一层空间都使人产生冥想——我到底在哪一层空间？

图26 N HOUSE（藤本壮介作品）

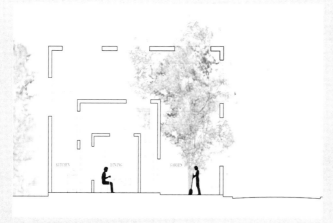

图27 N HOUSE 剖面（藤本壮介作品）

藤本壮介的建筑实践非常多，并且提出过很多的建筑理论，但所有这些都离不开"弱"这个概念，表现在将建筑作为生活的配角，而将活动与人本身作为真正的主角。其本质在现象学的观点来看是真正在探求人和建筑空间的互动体验，从禅宗思想的角度来看，则是以更加谦和的低姿态来思考人与自然的关系，追求身心与外在世界的统一。

四、群相——日本新锐建筑师的群体特征解读

（一）"潮"——高辨识度的形态

日本新锐建筑师的设计在表象上都表现得十分新潮、时尚。具体体现在轻盈、透明、小巧、

素朴、精致、温暖等特征上，表象上的这些特征都指向日本建筑师精湛的细部技艺和对轻型材料的偏爱[②]。然而其本质则是日本民族在自然观上对于自然的谦卑态度，在禅宗的影响之下表现出极度弱化建筑形象，用最低限度的改造自然来获得生活所需空间，因而他们的建筑设计都有着上述的形态特征。

（二）"萌"——对于真实生活的真切关怀

在日本新锐设计师的建筑中，"潮"是形态的表象，而建筑给予人的知觉体验却时刻都透露出一种"萌"的特质。在他们的建筑作品中都有着可爱的造型、柔软的空间、原生态的色彩和材质，甚至连发生在里面的事件都如此有趣，这或许也正是日本式的"卖萌"[⑧]。

"萌"的特质的背后，体现的是日本新锐建筑师真正对于日常生活的关注，他们不再追求象征性、权力意志、扩张性的建筑形体，转而关注建筑内部的真实生活活动，因而，他们的建筑更加贴切人的日常活动与心理，从微环境入手强调真实感、体验性、温暖化，营造细微且细腻的生活氛围。这也是日本泡沫经济破灭后建筑师群体对于设计思考的本质转型。

（三）"神经质"——开放的思维与本土传统的深度融合

这些新锐的建筑以及设计师本身都透露出一种"神经质"特征，让人捉摸不透，难以名状。然而，"神经质"的背后是日本新锐建筑师的深度思考——关于建筑的现代性和本土传统文化的结合。他们的设计都体现出建筑现象学关于知觉体验的观念，即前述的：主体——身体；客体——场所；体验——氛围。他们把这些西方哲学中的东西结合本土的禅宗文化（冥想、思考、寂寥、空、无、和）通过建筑语言表达出来，体现出这些作品不同寻常的东方文化特质。

这种深度思考同时赋予了日本新锐建筑另一个共性，即传统日本建筑的"水平面"特征的强化。无论哪一位新锐设计师，他们的作品弱化了形体、向自然谦卑、消解墙体或分割、延展了空间。但是，所有这些建筑最终由完整而凸显的水平面来作为场所承载了活动。这和西方建筑师的利用水平面的倾斜或分解来制造空间气氛完全不一样，这也成为了深度融合后的"日本性"。

五、结语

日本新锐建筑师的现象并非一个偶然事件，通过对三类不同的新锐建筑师代表人物及其作品的解读，以及对整个新锐建筑师群体的特征分析，我们认为，他们基于对真实生活的关怀与思考，挖掘人们物质及精神生活真正所需的空间形态的过程中，十分贴切地结合了隶属东方文明的日本传统禅宗思想和隶属西方文明的当代建筑现象学关于知觉体验的理论，并将二者的精髓贯穿在建筑实践当中，因而其作品十分清晰地传达了其特征。

日本新锐建筑师的设计理念及作品都不再停留于本土民族文化符号的表象拼贴，也没有刻意去逢迎、复制西方的建筑形制。他们把握的是两种文化当中具有共通性的部分，空间的体验性是人们在功能性、美观性之后的新需求，而禅宗思想中所包含的"空、无、和"的特征与之契合，并映射到了他们的作品当中那些或"负于自然"，或"暧昧"，或"弱到无形"，或"混沌"的空间之中。这在当代全球化的语境之下，具有很深刻的意义，这是建筑师真正在用建筑语言（而非一味的材料堆砌或符号形式），在不失现代性的前提下来营造地域特色，这个地域特色本身也不再是流于俗套的符号拼接以及彰显意志的形式冲击，而是一种思维方式的表达和一种对真实生活的关切的情怀。这或许正是日本新锐建筑师这个群体和他们的理论及作品能成为令人瞩目的现象的根本原因。或许这也是在当代我们在无法刻意避开西方建筑理论的情况下探索建筑的一条途径。

注释：

①隈研吾. 自然的建筑 [M]. 陈青译. 济南：山东人民出版社，2010.

②隈研吾. 负建筑 [M]. 计丽屏译. 济南：山东人民出版社，2009.

③ Cristina Diaz Moreno,Efren Garcia Grinda. Ocean of Air 气氛的海洋 [M] // 李翔宁译 .El Crouqis 121 SANAA Sejima+Nishizawa1998-2004. 马德里 ;El Crouqis 杂志社，2005.

④西泽立卫. 西泽立卫对谈集 [M]. 谢宗哲译. 台北：田园城市出版社，2010.

⑤西泽立卫. 西泽立卫对谈集 [M]. 谢宗哲译. 台北：田园城市出版社，2010.

⑥藤本壮介. 建筑诞生的时刻 [M]. 张钰译. 桂林：广西师范大学出版社，2013，01

⑦妹岛和世及其老师伊东丰雄，以及新生代建筑如藤本壮介和石上纯也都是具有这些特征的典范，他们通过建筑语言把这些特征淋漓尽致地表达了出来：玻璃，白，薄且轻的墙体，细且白的柱子，精致且充满灵性的开窗。

⑧ 2013 年上半年由日本艺术设计总监原研哉所策划的"DIY 宠物狗屋"活动中，大量日本建筑师参加，其设计小巧，素朴，精致，温暖，同时又尽显"萌"的本质。

参考文献：

[1] （西）Cristina Diaz Moreno, Efren Garcia Grinda. Ocean of Air 气氛的海洋 [M] // 李翔宁译 .El Croquis 121 SANAA Sejima+Nishizawa 1998-2004. 马德里 ;El Croquis 杂志社，2005.

[2] （西）El Croquis 139 SANAA Sejima+Nishizawa 2004-2008 [M] // 马德里 ;El Croquis 杂志社，2008.

[3] （西）El Croquis 151 Sou Fujimoto 2003-2010 [M] . 马德里 ;El Croquis 杂志社，2010.

[4] 苏静. 知日·日本禅 [M]. 北京：中信出版社，2013.

[5] 沈克宁. 身与物 [J]. 城市空间设计，2011 (6).

[6] （日）藤本壮介. 建筑诞生的时刻 [M]. 张钰译. 桂林：广西师范大学出版社，2013.

[7] （日）隈研吾. 自然的建筑 [M]. 陈青译. 济南：山东人民出版社，2010.

[8] （日）隈研吾. 负建筑 [M]. 计丽屏译. 济南：山东人民出版社，2009.

[9]（日）隈研吾 . 十宅论 [M]. 朱锷译 . 上海：上海人民出版社，2009.

[10]（日）隈研吾 . 反造型——与自然连接的建筑 [M]. 朱锷译 . 桂林：广西师范大学出版社，2009.

[11] 许懋彦 . 微观·叙事·自然——栖居中的涟漪 [J]. 世界建筑，2011.

[12]（日）西泽立卫 . 西泽立卫对谈集 [M]. 谢宗哲译 . 台北：田园城市出版社，2010.

[13] 赵晨（岑鸟）. 山水禅心——日本当代建筑设计的禅宗冥想 [J]. 城市建筑，2013.

[14] 周凌 . 空间之觉——一种建筑现象学 [J]. 建筑师，2003.（10）.

图片来源：

图 1：www.davidconte.chfilesgimgs8_rolexlearningcenterb170210hs2.

图 2：www.doubancomnote265678376.

图 3：img.architbang.com201306137065582875560 6310_2.

图 4：qing.blog.sina.com.cn/tj/61ebddbb3200004a.html.

图 5、图 7：fmn.rrimg.com/fmn059/xiaozhan/20120206/1105/x_large_Ewyf_59460001289a121a.jpg.

图 8～图 10：blog.sohu.com/people/!ZWcwMjI3QHNvaHUuY29t/278189094.html.

图 11、图 12：www.china-up.com.8080/international/prof/html/Kengo%20KUMA/Kengo.htm.

图 13：《西泽立卫对谈集》.

图 14：photo.renren.comphoto265933294album-485972409.

图 15：zhan.renren.com/vaof3a?gid=36749460920398838997&from=sina.

图 16：group.mtime.com/Jenny225/discussion/994069/.

图 17：www.nanjo.comenwp-contentuploads201209Choi-Jeoung-hwa_Flower_Horse-TowadaArtCenter.

图 18、图 19：《El Croquis 139 SANAA Sejima+Nishizawa 2004-2008》.

图 20：www.douban.comphotosphoto1364240372#image.

图 21：www.douban.comphotosphoto1364240796#image.

图 22、图 23：《El Croquis 151 Sou Fujimoto 2003-2010》.

图 24：《建筑诞生的时刻》

图 25～图 27：《El Croquis 151 Sou Fujimoto 2003-2010》.

张剑文
（昆明理工大学建筑与城市规划学院　硕士三年级）

一座"反乌托邦"城的历史图像
——香港九龙城寨的兴亡与反思

The History Image of a "Anti-Utopia" City
—The Rise,Fall and Reflections on the Kow-
loon Walled City

■摘要：九龙城寨是昔年香港最富传奇色彩的"城中村"，以其神秘、诡谲的"反乌托邦"特质与独特的社区形态闻名全球，在被清拆后，讨论者有之，怀念者亦有之。本文在历史语境下，以"一段历史"、"双重特质"、"三种形态"三个方面追溯九龙城寨的生存源流，通过对城市文化多样性保护、城市记忆留存、"针灸式改造"等角度的简要分析，为今日的城市设计与城中村改造提供思考。

■关键词：九龙城寨　反乌托邦　城中村　文化多样性　城市形态　城市记忆　聚居病理

Abstract：The Kowloon Walled City is the most legendary "village in city" of Hongkong at many year　ago，with its mysterious，strange and changeful "Anti-Utopia" characteristics and unique shape is known around the world，in the demolition，discuss it，Miss also have。In historical context，to "history"，"double quality"，"three forms" three aspects traces the origin of Kowloon Walled City by city，the protection of cultural diversity，city memory，acupuncture type transformation of three aspects of today's city design and reconstruction of the village to provide thinking。

Keywords：The Kowloon Walled City；Utopia；Village in the City；Cultural Diversity；Urban Morphology；City Memory；Live Pathology

　　城寨，也称为"城中村"，以其独特的社区形态与文化生态存在于现代都市中，相对于经过规划设计的城市建筑，城寨表现出来一种自发的"反规划"特质，是为一种"没有建筑师的建筑"[①]，而香港的九龙城寨更是作为其中的最传奇者闻名世界（图1）。在其被拆除后，引发了一系列的争论与思考，对内地等的城中村改造是可资借鉴的一面镜子。在九龙城寨清拆20年之际，翻阅其历史图像，重新审视其内在的矛盾与价值，对今日的城市设计与城中村的改造有积极的理论意义。

图1 九龙城寨鸟瞰图

一、九龙城寨的生存历史

九龙城寨位于九龙半岛东北角，毗邻今日的九龙湾，原为清政府于 1843 年所建，作海防之用。1898 年中英《展拓香港界址专条》签署后，九龙半岛与新界成为殖民地，但九龙寨城仍归清朝驻军管辖，成为位处英国殖民地的清朝"外飞地"。翌年英方借故派军占领城寨，而后爆发义和团起义，中英双方都无暇处理归属问题，自此九龙城寨因缺乏管理，一度荒废，几乎无人居住，成为一个三不管地带。

二战期间，日军占领香港三年零八个月，将九龙城寨的六座城墙拆毁，用于扩建启德机场的材料。于是打破了城区原有的封闭性，三教九流混入城中，于无政府状态下形成各方势力。1949 年后，大量内地难民流入香港并于九龙城寨附近聚居，促使城寨内龙蛇混杂，街道杂乱无章。至 1960 年代，九龙城寨已成不法活动的聚集地，港英警方虽一度围剿清扫，随即又死灰复燃，再次抬头。1970 年代，尽管港英政府开始负担城寨的一般事务，如每日安排警员巡逻、扫毒、清洁工清理垃圾等，但由于管辖权尚存争议，未能实行全面治理，其无政府状态一直延续②。

据资料显示，1980 年代初期，城寨居民有 35000 人，在九龙城寨拆毁之前达 50000 多名居民；而罪案率远比香港平均数字高得多。以城寨面积 0.026km² 推算，人口密度约为 1923077 人 /km²，是全世界人口密度最高的地方。随着香港主权移交临近，港英政府以快刀斩乱麻之势整治九龙城寨，清拆工作完成于 1994 年 4 月，之后被改造为九龙城寨公园③（图 2、图 3）。

图2 九龙城寨废墟（存于九龙城寨公园）

指导老师点评

本文是一篇比较优秀的参赛论文，主要表现出以下几个特点：

1.选题新。首先从选题角度，关注"九龙城寨"这样一个带有典型传奇色彩的"城中村"案例。现在讨论城中村问题的文章很多，分别从经济方向、社会方向、更新改造思考、策略或是改造方法等多方面撰写，而本论文则另辟蹊径，从文化、形态的特殊视角来对"九龙城寨"做剖析，进而延伸到城中村的普遍性方面，引出对一般城中村改造方法的思考。其次，本论文将"反乌托邦"的理论引入九龙城寨，使其对九龙城寨涉及的相关研究更加丰满、更有深度。

2.资料全。在本论文中引用了许多有关九龙城寨研究的重要资料，尤其是一些在国内少见的日文资料，包括九龙城寨的立面、剖面、楼梯剖面等珍贵图片与其他的研究成果，做足了所参考文献的检索和综述。这对作者而言是必要的研究基础。

3.格式规范。本论文撰写格式标准规范，对相关文献资料梳理翔实认真，参考文献与注释详尽，反映出作者端正的写作态度和严谨的研究思考。

4.可读性强。论文结构合理，行文比较流畅，文章的分析论述还涉及部分影视文学内容，能引起读者的兴趣，读起来会感觉比较通俗且"有意思"。

作为张剑文同学的指导教师，我对本论文最后形成的内容和版面组织比较满意，他对"九龙城寨"及其他"城中村"存在的现实和蕴涵的背景有这样综合深刻的认识，我也感到十分欣慰，未来确实需要有一批像张剑文同学这样的后起之秀，来积极关注研究"城中村"的问题。

杨大禹

（昆明理工大学建筑与城市规划学院，副院长，博导，教授）

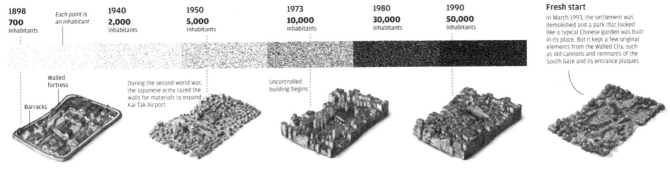

图 3　九龙城寨形态的演变

二、九龙城寨的双重特质

九龙城寨具有"反乌托邦"的美与丑双重特质。所谓"反乌托邦",就是与幻想的美好世界"乌托邦"相对应的一种不美好的世界④。如果说乌托邦是"光明的",那"反乌托邦"就是阴暗的,而九龙城寨就有着这种"反乌托邦"的幽暗、神秘的特质,且同时散发出与"乌托邦"截然不同的另类美感。

(一)黑暗之城

九龙城寨不受港英司法管辖,免除一切税金与费用,以极低廉的生活成本、极恶劣但又宽松的生存环境,成为许多贫困者的生存落脚之地,也是最藏污纳垢之所。全港闻名的妓寨、赌场、鸦片烟馆、斗狗场等林立其中。这片被政府与城市抛弃的飞地,吸纳了一切被城市抛弃者。随着人口规模的膨胀,非法扩建、僭建严重,城寨建筑不断向内部及高空扩展延伸,导致其街道狭窄如走廊,光线无法照入黑暗的巷弄,到处滴答的水声不绝于耳,整个城寨宛如从地狱出来的怪物。这个难民、赌徒、毒贩、牙医与娼妓等龙蛇混杂的九反之地,没有法律,没有政府(图4)。

香港作家茹国烈在描述九龙城寨时写道:"这个地方人口多,面积小。在区区3万㎡的土地上住着3万人(也可能加倍;人口普查从未查出过确切数字)。居住环境触目惊心;建筑条例无法贯彻,于是一幢幢无水、无电、无排污设施的公寓楼七扭八歪地跨街而立。从胡乱缠绕的电线可以看出居民用的电是从寨城外的公用设备上偷来的。可排污设施是偷不来的,所以排泄物只能倒在下面臭气熏天的街巷里。城内3万居民共享两个公共厕所,就是两个污水四溢的粪坑——一个女用、一个男用。公厕门口一到冬天,便常常有吸毒者陈尸地面"。

当时三教九流集中的九龙城寨,城中却泾渭分明,有东、西两区,东区是黑色地带,黄赌毒聚集其中;西区则是光明之区,为善良人家居住的地方,加上有路可通出贾炳达道公园,一些居民便不入东区,形成"楚河汉界"之感(图5)。但在居民眼中,两区差别其实不大。居民陈祥存曾为了便宜的租金而由城外搬入东区居住,他说:"我在童年已常到城寨跟同学玩,当你熟悉一个小区就不会恐惧它。说到龙蛇混杂,旁边的西头村也不相上下,我小时候亲眼看过村内摆放多张木桌,上面放有多包白粉!"为了让下一代离开城寨,很多居民拼命工作存钱,到城外置业⑤。

图 4　昏暗的九龙城寨街巷

图 5　九龙城寨平面图

（二）"黑色"之美

1．"反乌托邦"的末世美感

就像一个硬币的两面，虽然九龙城寨是个藏污纳垢的"罪恶"之城，但是其奇幻、诡异并带有些许末世色彩的"反乌托邦"特质，反而成为九龙城寨的一种"美"，这也是九龙城寨名扬四海的原因。

迈克·戴维斯在其著作《布满贫民窟的星球》中，曾预言未来地球上布满的并不是"乌托邦式"的"光明城市"，而是一个个蜷伏在泥泞之中，被污染和腐烂所包围的"反乌托邦"式的"贫民窟"。九龙城寨所呈现的即是这样一幅"末日城市"图景。在西方人眼中，对这样一个政府与警察无法踏入的法外之地，既昏暗又诡异的超现实空间，充斥着浓郁的东方风情与魔幻主义的末世气氛，具有无穷魅力。许多电影、游戏与漫画都以此为原型。

日本导演押井守执导的电影《攻壳机动队》，在如咏叹一般的宗教式配乐渲染下，全方位展现了一个颇具末世色彩的城市，而这个城市的原型正是九龙城寨（图6）。香港经典电影《龙城岁月》，其导演杜琪峰童年便在九龙城寨中度过，他的生活痕迹在电影中不无体现。而《城寨出来者》、《O记三合会档案》则直接在城寨内取景，反映真实的城寨图像。周星驰的电影《功夫》里面的猪笼城寨，显然系仿九龙城寨。电影《鬼域》中的虚幻空间，也有九龙城寨的影子（图7）。此外，美国著名游戏《使命召唤7·黑色行动》，其中也有以九龙城寨为舞台的关卡，给人印象十分深刻（图8）。而以九龙城寨为背景的漫画、插画更是不胜枚举（图9）。

图6　电影《攻壳机动队》中的九龙城寨

图7　电影《鬼域》中的九龙城寨

图8　游戏《使命召唤7·黑色行动》中的九龙城寨

图9　九龙城寨的插画

因此,九龙城寨虽是昏暗、污秽的"反乌托邦",但却又表现出一种与现代城市截然不同的另类、神秘的美感,这是一个非常有趣的特点。

2. 无政府的自生活力

乍看之下,九龙城寨与世界闻名的某些贫民窟非常相似,充满了无尽的暴力和劫掠,居民则是一群失落而且备受压迫的下层阶级。基本特征为:基础公共设施与服务的缺位,对于基本卫生与健康需求的彻底忽视,犯罪帮派的全面控制,与都市空间隔绝,持续的贫穷与落后。事实上,这座被视为地狱之城的城寨或许是城市中最具有生命力的社区空间。

在无政府状态下,九龙城寨自成一个麻雀虽小、五脏俱全的街区。城中居民不用交差饷、地税、物业税,楼宇买卖手续简单,租金非常廉价适宜;在此经营店铺,无须申领牌照、缴交税金及各种费用,不仅外来人口与低收入阶层不断涌入,更吸引了很多厂商在此开设小型工厂。其中,规模最大的是食品制造业,如鱼蛋、猪血加工企业等。其他的贫苦人家,就以串胶花、玩具加工来贴补家用。这些都是无法在城市生活,但脚踏实地以劳力为生的正经人家(图10)。

城寨内的居民生活几乎自给自足,不假外求:妓寨、赌馆、烟馆为"下等人"提供了廉价的服务和商品;作坊里加工鱼蛋;在东头村道另有一条"牙医街",聚集了近百间无牌执业的牙医诊所。尽管只是一个街区,却如同一个典型的发展中国家的"落脚城市"⑥(图11)。

图10　九龙城寨中的小商贩

图11　九龙城寨中的牙医街

根据在《世界日报》主笔的香港大学前教授黄康显的记录,城寨尽管一直被认为是穷人聚居且犯罪丛生的飞地,但里面治安并不差。里边好像没有法律,但有约束力,这个约束力,来自街坊会、黑社会及其他一些地方团体。城寨有自治组织的"九龙城寨人民代表大会",自发组织的治安队、福利会等,一同为改善九龙城寨的人居环境作出了很多努力(图12)。比如福利会聘请工人清洁污水垃圾、加设街灯、修葺路牌等。城寨内亦有诊所、教会、学校、老人中心等公共服务设施,很多牧师进入城内传教。在香港诗人杨慧思的记忆中,九龙城寨是基督教牧师最活跃的一个地方,也是一个信耶稣的人最多的地方⑦。

可见,在这个"无政府"状态的城市空间内部,是一个有组织力的自治社会,帮派势力、居民团体、志愿组织及宗教团体活跃其中,共同维持城寨秩序,承担原本应由政府提供的公共事务。在许多城寨居民的回忆中,街坊邻里之间关系融洽、守望互助、共度时艰,相互依赖的是人之人之间的关系,诚信、道义和信任变成了无形的法则。城寨内部尽管三教九流、龙蛇混杂,却与外来人口聚居一堂,更具有"熟人社会"的中国传统乡土社会特征,自成一套完整的社会关系与社会结构(图13)。

图12 九龙城寨中的福利会

图13 和谐的邻里关系

3. 丰富多样的城寨活动

九龙城寨并不是一个封闭的街区，而是敞开和流动的。城外无法承受城市高生活成本的低收入人群及无处落脚的外来人口，随时受其低生活成本的吸引而进入，几乎不设任何门槛，而城内居民在具备一定经济能力之后，随时可搬离城寨改善生活质量。此外，由于这里有"最便宜的饮食、最便宜的服务"，城外居民经常到此消费。于是城寨不仅能够自足，甚至还对附近的街区产生某种程度的"正外部性"。如被港府视如敝屣的无照牙医，造福了无数穷苦病患，为补给社会上牙科和医疗不足起到了一定的辅助作用①。

相对于一般城市街区活动的单调，九龙城寨的活动十分多样。日本学者所绘制的在某一时段九龙城寨居民活动的假想图，虽然并不准确，但可从中看出九龙城寨中空间形态与居民活动的多样性（图14）。

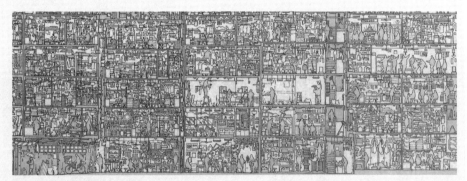

图14 九龙城寨中居民丰富的活动

三、九龙城寨的三种形态

九龙城寨在形态上独具特色，它的形态生成过程完全是自发的、"反规划的"，但其结果却表现出现代城市设计中"垂直城市"、"立体城市"、"集约城市"的某些特征。

（一）垂直城市形态

九龙城寨坐落在一个特殊的位置，它既内在于（被其包围）又外在于（在司法权上）主城，既孤立于香港之外，又同主城连在一起并依赖它。正是这些内在的矛盾使之具有非正式的城市动力，为其生存和发展提供基础，它充分发挥了即兴创作和适应能力，并最终发展成一个巨大的和综合的具有自我创造形式的城市系统，结果便是令人震撼的巨型结构（图15），而这种巨构已经具备"垂直城市"的某些形态特征。

垂直城市是一种城市高密度开发的方案，其特点有二：垂直分区与可持续性。九龙城寨具有典型的垂直分区特征，类似于现代商业综合体的"下层商业，上层居住，屋顶休闲"的功能区分（图16），且这种分区是自然生成的结果，而并非是预先规划设计的。九龙城寨在文化生态系统中长期保有多样性和丰富性，在建筑学方面充分使用自然资源，也都与垂

作者心得

第一次关注九龙城寨，是看了日本导演押井守的电影《攻壳机动队》，这部电影在一个未来的世界中描绘了一个破败但又诗意的场景——阴霾的天空、污秽的水道、密布的大楼、破败的街巷，这个地方总是下着雨，在远处繁华的大楼映衬下的，一群天真的孩子穿着雨衣从破落的街屋旁跑过，飞机从高楼之间呼啸而过。让我惊异的是，这个场景居然让我有了一些心理上的波动，感受到了一种破落的"如画"美感。之后我在网络的一些论坛上发现这个场景就来自于香港的九龙城寨，而押井守导演就是九龙城寨的迷恋者之一，九龙城寨对他的影响，可以见著于其编导的很多电影中，例如《攻壳机动队2——无罪》、《人狼》等等，都是那么的冷峻、阴暗，就如同九龙城寨的面庞一样。其后我开始收集一些关于九龙城寨的资料，同时悲哀地发现，国内包括香港对九龙城寨这样一个传奇城寨的研究资料非常之少，对其研究最权威的资料都来自日本，包括有很多黑白老照片的《九龙城砦》与《九龙城寨探险》等图书。其中最为重要的一本资料是《大图解九龙城》，这本书是九龙城寨清拆时，有一个叫九龙城寨探险队的组织进入九龙城寨用照片与手绘的方式记录了大量资料，包括非常重要的九龙城寨生活剖面等。为了完成这篇论文，我从日本亚马逊海淘了这三本

（转37页右栏）

图 15　作为巨构的九龙城寨

图 16　九龙城寨的垂直分区

直城市的可持续性原则相匹配[⑨]。

(二) 立体城市形态

由于高密度的建筑聚集于九龙城寨，使其地面上的水平街道已不能适应建筑形态与高密度人流的交通需求。又因受到不断升高的建筑挤压和地面空间的不断减少，使九龙城寨的交通空间转移到更高的高度，并形成三个层次的交通系统，即地面交通系统、中间交通系统和屋顶交通系统。

九龙城寨的用地坡度为 1∶9，这使建筑长边每 15m 就要增高一层。因此，在其第三、四层，有一个额外的中间交通运动系统（图 17，图 18），使连续的水平交通循环成为可能，并且缓解了底部交通系统的压力。因巷子宽度通常不足 1m，人们能够从一幢建筑跳到另一幢，在屋顶上不受阻碍地穿过整个建筑，邮递员也能够在两幢建筑之间跳跃穿行，方便投递。三维的街道同时考虑了不同层次的多个出入口，使人在建筑循环缺口的内外运动[⑩]。

图 17　九龙城寨的中间交通系统

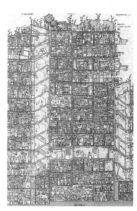

图 18　中间交通系统剖面

(三) 集约城市形态

九龙城寨不仅是三维运动空间，也是适应性和集约性混合使用极好的例子，这体现在空间的功能转换、"鸟笼"（阳台）的灵活运用、垂直缝隙的综合利用三个方面。

1. 空间的功能转换

由于九龙城寨人口密度大，空间局促，其结构中的最小空间不得不经常性地转型，一个餐厅或者茶舍可能变为妓院或者麻将室，后来又改造成宿舍。一张做面条的案板可能用来吃饭或做功课，然后又当成一家人的床。在九龙城寨，没有一个屋子只承担一种功能，房子大小不一，但即使最小的屋子，在一天 24h 内也会不断变换它们的用途。

而这种空间功能的短时转换利用，是很少被现代城市所运用的，现代城市的建筑，在其建造之前，就已经被规定好了用途，而在建成后，其功能便已稳定，内部会有空间、装修的变化，但功能很少变化，比如商店很少会被改造成餐馆，餐馆很少被改造成宿舍。所以，九龙城寨的这种空间的灵活运用虽然看起来是城寨为了应对局促空间的一种"不得已"的措施，但却提高了空间利用的效率，与"集约城市"的目标不谋而合。

2."鸟笼"的灵活运用

"鸟笼"是九龙城寨中一道非常特殊的风景。因城寨内部空间狭小，居民为进一步利用空间，便在窗外加建外突部分，再以各种各样的防盗网围成"鸟笼"。从样式上看，九龙城寨的"鸟笼"形态各异，使建筑立面更显丰富。从空间利用上说，伸出的鸟笼增大了可用的空间。九龙城寨的居民实际利用这种"鸟笼"空间，作贮藏及阳台之用（图19、图20）。

图19　九龙城寨的"鸟笼"

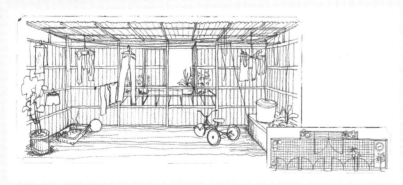

图20　"鸟笼"的利用

3.垂直缝隙的综合利用

庭院利用：由于九龙城寨加建部分甚多，其所谓的"庭院空间"也就是楼与楼之间狭窄的缝隙，而这些缝隙，不但是采光的宝贵空间，也是能够体会从室内满溢出来的生活气息的生活场所。真正的庭院只有最中间的老人中心（原来为祠庙），香港人茹国烈形容"像个月饼中间挖了一个窟窿"[①]（图21）。

楼梯设置：随着九龙城寨不断向上生长，原有的缝隙就需要设置楼梯以满足上下攀爬的需要。这种楼梯的设置正是适应性的典型代表，且与一般的双跑楼梯设计完全不同，是一种"折角"形的楼梯，每一层皆彼此不同，体现出自发建造的特点（图22、图23）。

书，虽然看不懂日文，且花费不菲，但其中的图片之精美、详细，还是让我收获颇丰。

后来我有幸听到了著名建筑师汤桦老师来昆明做的一个讲座，其中提到了城中村改造存在的一些思路，加之昆明城中村改造暴露的诸多问题，让我将思考从九龙城寨这一个个体延伸到了整个城中村改造的整体，最后完成了这篇论文。可以说，这篇文章是由"点"出发最后发散于"面"的一个成果，能够得到组委会及各个专家评委的认可，也深感荣幸，在此表以诚挚的感谢！

对为鄙人文章付出辛勤指导的杨大禹教授表以最诚挚的谢意！

张剑文

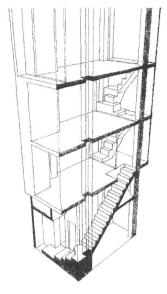

图21　九龙城寨中央祠庙形成的天井　　　　　　　　图22　九龙城寨的楼梯　　　　　　　图23　九龙城寨的楼梯平面

四、对九龙城寨的反思

九龙城寨表现出独特的文化与多样的形态，但依然免不了被清拆的命运，在其被清拆后，很多人也流露出了惋惜之情，美国漫画家特罗伊·博伊尔甚至说："我宁愿被拆掉的是金字塔"。究竟是毒瘤还是遗产？难道"城寨"就一定是城市的毒瘤而要被彻底割除吗，像九龙城寨这个传奇者，难道不能成为城市的遗产而被保留下来吗？因此，在九龙城寨清拆20年之后，笔者从以下方面对其进行反思。

（一）作为城市遗产的意义性

城寨（城中村）在形态、文化、历史方面的独特性，在当今千城一面的情形下显得弥足珍贵，著名建筑师汤桦在评论深圳的"城中村"（类似于本文所述的"城寨"）时认为："城中村有着与现代化的城市不一样的感觉。它的肌理更加细腻，表现出与当今遵循的城市规划原则条例不一样的形态，而这种形态是深圳这个城市非常珍贵的一个资源"[⑫]。因此，从某种程度上讲，城中村应该被视为一种"城市遗产"，其对城市的价值应受到重视。

1. 城市文化多样性的保护

联合国教科文组织在《世界文化多样性宣言》中重申，应把文化视为某个社会或某个社会群体特有的精神与物质、智力与情感方面的不同特点之总和；除了文学和艺术外，文化还包括生活方式、共处的方式、价值观体系、传统和信仰。并强调尊重文化多样性、宽容、对话及合作是国际和平与安全的最佳保障之一[⑬]。

城寨（城中村）文化也是都市文化的重要组成部分，功能主义人类学家认为，文化是没有高低之分的，文化具有适应生活形态的功能性。因此，在城市建设中，人们往往将城寨（城中村）当做城市的毒瘤、暗疮，这本身就是一种狭隘的精英主义，没有站在平等的角度上审视城寨文化。而九龙城寨拥有的独特的城寨文化，可以作为香港——这一现代化大都市的有益补充。

香港作家也斯在谈论九龙城寨被清除的问题时写道："对大部分的人来说，似乎宁愿保存那个空间。怎样的一个空间？老人街连着老人院，大井街是真的有大井，一切都仿佛名实相符，明白不过……不远的地方，转过几个街角，就是我们的朋友童年嬉戏之地、快乐自由的空间。妓女在一边出没，另一边有神父讲道，给贫民派奶粉，社工正在辅导工作，放映老幼咸宜的电影的戏院，晚上变成脱衣舞表演的场所。这是一个混杂的空间，一个不容易一概而论的空间，一个看来可怕但又那么多人尝试正常地生活下去的空间"[⑭]。

也斯笔中的"空间"，其实可以理解为是一种场所，城寨的场所比现代城市更加丰富，是一种乡村在城市中的反映，而其混杂与矛盾构成的丰富性，正是现在简单的城市所欠缺的东西。

2. 城市记忆的留存

"城市是人们集体记忆的场所"，城市记忆的重要作用也正在于保持城市历史文化的连续和身份特征。阿尔伯蒂曾经这样指出：城市记忆的重要性在"失去其起源的记忆与连续性原则时，城市将濒临毁灭"[⑮]。而当今中国城市之所以缺乏城市特色、场所感逐渐消失等，归根到底是由于城市历史文化遭到大规模的人为破坏，导致城市记忆被迫中断。或者说城市被迫回到同一个历史为"零"的起点，并按照同一种所谓的"现代化"模式发展。

对于这种城市记忆归零的现象，《南方都市报》在评论九龙城寨清拆后在原址兴建公园时写道："作为一个'公园'形态存在的九龙城寨，就像一次对集体记忆的洗涤，完全找不到一点过往的痕迹。过分洁净的环境里无法还原昔日小人物的生活，一个有150年历史的隐喻就此烟消云散。它是香港文化人心目中的一次对历史的不忠，就像一个患了失忆症，却幸福生活在当下的人"[⑯]。

而香港人在回忆九龙城寨时，无不流露出浓浓眷恋。马家辉曾在节目中说，小时候跟父辈一起去九龙城寨吃饭，穿过昏暗的窄街陋巷，地面污水横流，在不见天日的宇间听见潺潺水声，竟如小桥流水般，有种幽暗之美^①（图24）。而堪堪掠过楼顶天线与招牌的飞机，则成为那个年代港人心中毕生难忘的记忆（图25）。

九龙城寨的存在，本身就是一种都市记忆的留存，反映的是一段城市的特殊历史，而它的清拆，本身便是对城市历史的一种抹除，使城市历史变得破碎而不完整。对于很多城市，城寨（城中村）也是反映城市历史的重要素材，有着与现代城市截然不同的场所记忆，因此应给予其足够的尊重。

图24　九龙城寨街道的幽暗美

图25　穿过九龙城寨的飞机

（二）"针灸式"改造的可能性

在城市中城中村也确实存在诸多问题，其中生活条件的恶劣最为突出，也斯在怀念九龙城寨时说道："我想到那些湫隘的小巷，木板间窜过的老鼠，好像丢弃在路旁无用的古炮。我也不愿意只因为浪漫或猎奇保存一个破落而无法安居的空间"。

如九龙城寨一般的城中村，既有其浪漫色彩与文化气息，而居住环境确实较差，此两者构成一个改造的矛盾。

现在对城中村的改造态度，是将其当做城市的毒瘤，用一种"手术"的方式加以切除。显然城寨并不是城市的毒瘤，其虽有黑暗的一面，但对城市也有一定的积极意义。可以用一种"针灸"的方式来代替"手术"的方式进行改造，在保存城市形态及其文化的同时改善其居住环境质量（表1）。

	"手术式"改造方式	"针灸式"改造方式
改造目的	一般以营利为目的	改善居民的居住条件与居住环境
改造主体	政府或开发商	政府或居民
改造方式	一次性的拆除重建	多次的、零星的改建
改造资金筹措	政府或开发商一次性投资	多元化、多渠道的资金来源
改造策略	自上而下	自下而上，自上而下与自下而上相配合
居住环境的改善	一次性改善（毁灭）	渐进式改善
历史文脉的保护	破坏	渐进的发展
切入方式	面式切入	点式切入

"手术式"改造方式与"针灸式"改造方式对比　　　　表1

"城市针灸"模式，强调在特定的区域范围内以"点式切入"的方式来进行小规模的改造，从而触发其周边环境的变化，最终达到激发区域活力的目的^⑧。而"城市针灸"的重点就是找到"穴位"。

"人类聚居学"的创始人道萨迪亚斯提出了人类聚居病理的四种原因：老化、异常的生长、功能和准则的变化、人们错误的行动。而这四种病理在几乎所有的城中村内都有所表现，因此城市针灸的"穴位"就是针对以上四种病理。^⑨

1. 公共设施的定期更新

虽然聚居本身可以永远存在下去，但构成聚居的某些元素与组成则是有年限的，这主要表现在一些公共设施的年久失修，因此城市针灸针对聚居的"老化"病，其公共设施应根据使用年限进行普查，并定期更新，以避免公共设施老化带来的生活与安全问题。

2. 卫生化

由于聚居的异常生长是一个历史长期演变的过程，因此纠正其回于本初已经不可能，所以需要分析其异常生长带来的后果以进行针灸。在笔者看来城寨（城中村）的异常生长带来的直接后果就是卫生条件的全面恶化，表现为卫生设施（厕所、垃圾处理系统）与环卫人员的严重不足。因此，应树立"卫生化"观念，增加卫生设施，完善给水排水与垃圾处理系统。当城寨看起来"很干净"时候，谁还会说这里是城市的毒瘤呢？

3. 增加公共空间与公共建筑

城寨功能变化主要表现在公共空间与公共建筑由于人口大量聚集而被占用作其他功能。针对于此，城寨应拓展公共空间以改善居民生活，某些城中村用地确实局促的，可以考虑室内的公共空间或是屋顶的公共空间。同时，增加与民生较密切的公共建筑，如学校、医院等，把"变化的功能"还给民众。

4. 增加宣传教育

由于某些居住于城中村的人们无法理解聚居中的各种问题，往往对聚居问题采取错误的对策，这样反而更容易引出新的矛盾。针对此问题，加强宣传教育，为人们在城寨碰到的聚居问题提供合理的解决方案，以避免居民在得不到指导的情况下采取不当对策而使问题恶化。

因此，利用"针灸"的疗法，小规模渐进式改造城寨（城中村），可以"去其糟粕，取其精华"，在最大程度上发挥其对城市的积极作用。

五、结语

以九龙城寨为代表的城寨（城中村），兼具城市与乡村的双重特征，在现代城市的更新改造中，应客观、正确地看待城寨现状。如对城寨重视不够，仅将其简单、粗暴地抹除并换以高楼大厦，难免会造成城市历史与记忆的断裂和消失。因此，九龙城寨的兴亡表明，城寨有着其自己独特的城市形态、文化生态与魅力，并以此构成一种特殊的城市遗产。而这种遗产应充分受到尊重。原台北市市长马英九曾说过："工程只能让一个城市变大，只有爱与文化才能使一个城市变伟大"。对比已逝去充满文化与人情味的九龙城寨，难道不比冷漠而单调的现代城市更配得上"伟大"二字吗？

注释：

① "没有建筑师的建筑"的提法出自鲁道夫斯基的专著《没有建筑师的建筑》，最初用来形容"乡土建筑"（风土建筑），因九龙城寨中定的建筑与乡土建筑有同样的"反设计、反规划"的特点，加之九龙城寨亦有乡土生活在城市的折射，因此笔者拿此概念指代九龙城寨。

② 关于九龙城寨历史的叙述，笔者参考了以下文献：《City of Darkness – Life in Kowloon Walled City》（Ian Lambot 等著）、《九龙城寨史话》（鲁金著）、《一座城寨的生与死（上）》（少女藏刀的日记 豆瓣网）。

③ 九龙城寨人口的数据来自《大图解九龙城》（九龙城探险队）第 39 页，转引自《一座城寨的生与死（上）》（少女藏刀的日记 豆瓣网）

④ 在 19 世纪末，威尔斯的小说中幻想的未来世界，开始变成暗淡无光的悲惨世界，这可以看做"反乌托邦"的滥觞，后来的"反乌托邦"三部曲（奥威尔的《1984》，扎米亚京的《我们》、赫胥黎的《美丽新世界》）使"反乌托邦"名声大噪。转引自：江晓源.从《雪国列车》看科幻中的反乌托邦传统 [J].读书，2014 (7)：105–115.

⑤ 此部分描写参考了以下文献：《九龙城寨史话》（鲁金著），塞思•哈特.香港肮脏的小秘密——九龙城寨的清拆 [J]．城市史研究，2004 (5)：199–222，《City of Darkness – Life in Kowloon Walled City》（Ian Lambot 等著）。

⑥ "落脚城市"的提法，参见道格•桑德斯的著作《落脚城市》（序言），为一种人类迁徙的"过渡空间"，作者认为这种空间可能是下一波经济与文化盛世的诞生地。

⑦ 此部分描写参见，塞思•哈特.香港肮脏的小秘密——九龙城寨的清拆 [J]．城市史研究，2004 (5)：199–222.

⑧ 有关九龙城寨中牙医的描述，本文借鉴了梁涛所著的《九龙城寨史话》中的有关叙述，转引自《一座城寨的生与死（中）》（少女藏刀的日记 豆瓣网）。

⑨ 俞挺的文章《垂直城市理论简述 [J].建筑创作，2011 (8)：132–136》中提出垂直城市有三个特征：垂直分区、可持续性、开放性，但笔者认为开放性不是垂直城市的一个特征，而是垂直城市发展的一个结果，而该文的作者也确实是这么表述的，因此笔者在文章中将垂直城市的特征修改为两个，即垂直分区与可持续性。

⑩ 关于九龙城寨交通系统的描述，参照巴里•谢尔顿《香港造城记：从垂直之城到立体之城》中的"九龙城寨"章节。

⑪ 参见《一座城寨的生与死（中）》（少女藏刀的日记 豆瓣网）。

⑫ 汤桦关于深圳城中村的论述，来自于讲座"记忆的印记与场所精神"（云南建筑教育 30 周年庆典，昆明理工大学主办）。

⑬ 关于《世界文化多样性宣言》，参加百度百科的相关词条。

⑭ 参见《九龙城寨：我们的空间》（《也斯看香港》中章节）中的相关表述。

⑮ 参见 Boyer M. Christine. The City of Collective Memory: Its Historical Imagery and Architectural Entertainments [M].Cambridge：The IVIIT Press. MIT Press. 1994：78. 本文转引自：朱蓉.城市记忆与城市形态——从心理学、社会学视角探讨城市历史文化的延续 [D].南京：南京大学博士论文，2005：10.

⑯ 参见：九龙城寨——一个"历史失忆症"患者 [N].南方都市报，2008-11-01.

⑰ 参见综艺节目《和名人一起逛香港：马家辉——走访九龙城寨公园》。

⑱ 引自：张晓.浅谈城市针灸 [J].华中建筑，2012 (10)：23–25.西班牙建筑师 M•S•莫拉勒斯将中国古老的"针灸"原理同现代的城市设计理论相结合，提出了"城市针灸"理论，并将之运用于巴塞罗那，解决了该城市中心和边缘地带的衰落问题，"城市针灸"就是通过在城市系统网络上进行点状的操作，创造出一个生态学意义上的面向所谓"第三代城市"（后工业城市）的可持续性发展。由此可见，城市针灸理论是一种小规模城市更新的新理念。

⑲ 对城市聚居病理的描述，参见 C. A.Doxiadis. Ekistics: An Introduction to the Science of Human Settlements [M]：265. 转引自：吴良镛.人居环境科学导论 [M].北京：中国建筑工业出版社，2001：269–170.

参考文献：

[1] 巴里·谢尔顿等著.香港造城记：从垂直之城到立体之城 [M]. 胡大平等译. 北京：电子工业出版社，2013.
[2] 伯纳德·鲁道夫斯基著.没有建筑师的建筑 [M]. 高军译. 天津：天津大学出版社，2011.
[3] 百度百科.世界文化多样性宣言 [EB/OL].http://baike.baidu.com/view/2975040.
[4] Ian Lambot, Greg Girard.City of Darkness — Life in Kowloon Walled City [M]. UK Watermark Press，1999.
[5] 江晓源.从"雪国列车"看科幻中的反乌托邦传统 [J].读书，2014（7）：105—115.
[6] 九龙城探险队.大图解九龙城 [M].岩波书店，1997.
[7] 鲁金.九龙城寨史话 [M].北京：生活·读书·新知三联书店，1996.
[8] 少女藏刀.一座城寨的生与死（上）[EB/OL].http://www.douban.com/note/241130431/.
[9] 少女藏刀.一座城寨的生与死（中）[EB/OL].http://www.douban.com/note/241412308/.
[10] 塞思·哈特.香港肮脏的小秘密——九龙城寨的清拆 [J].城市史研究，2004（5）：199—222.
[11] 吴良镛.人居环境科学导论 [M].北京：中国建筑工业出版社，2001.
[12] 谢湘南.九龙城寨——一个"历史失忆症"患者 [N].南方都市报，2008—11—01.
[13] 俞挺.垂直城市理论简述 [J].建筑创作，2011（8）：132—136.
[14] 也斯.也斯看香港 [M].北京：花城出版社，2011.
[15] 张晓.浅谈城市针灸 [J].华中建筑，2012（10）：23—25.
[16] 朱蓉.城市记忆与城市形态——从心理学、社会学视角探讨城市历史文化的延续 [D].南京：东南大学博士论文，2005.

图表来源：

图1～图3、图9、图16、图25：源自网络。
图4、图10～图13、图15、图21、图24:Ian Lambot, Greg Girard.City of Darkness — Life in Kowloon Walled City[M].1993.
图6～图8：根据相关影视作品截屏。
图5、图14、图19、图20、图22、图23：九龙城探险队.大图解九龙城 [M].岩波书店，1997.
图17、图18：九龙城探险队.大图解九龙城 [M].岩波书店，1997.
表1：根据吴丽佳.历史街区小规模渐进式更新——以贵州织金县新华路改造为例 [D].重庆：重庆大学，2005：21改绘。

詹绕芝

（昆明理工大学建筑与城市规划学院 硕士一年级）

历史语境下关于"米轨"①重生的再思——对滇越铁路昆明主城区段的更新改造研究

Review on the Rebirth of "Meter-Gage Railway" under the Historical Context —Renovation Study of the Urban Space along the Yunnan-Vietnam Railway

■摘要：随着实用价值的渐失，滇越铁路与昆明城市发展的矛盾日益突出，"米轨"正在面临重生还是衰亡的生死问题。本文通过对滇越铁路主城区段的现状调查，研究分析其对城市发展规划、城市交通以及沿线城市用地、空间、周边居民带来的影响，探讨"米轨"在城市发展过程中存在的社会问题和对历史遗迹的保留问题。本文立足于当代，以历史视野分析评价"米轨"的历史价值及建筑学价值，并以火车北站片区更新改造为例，探寻其重生之路。

■关键词：滇越铁路 "米轨" 城市设计 更新策略

Abstract： With the loss of practical value, the contradiction of Yunnan-Vietnam railway and urban development in Kunming have become increasingly prominent. " Meter-gage railway "is facing the issue of rebirth or decline. In order to exploring the social problems and historical sites reservations of existing in the process of urban development. This paper is based on the current situation investigation of the urban space along the Yunnan-Vietnam Railway, researched and analysed its impact on urban development planning, urban transport, as well as the land, urban space, residents along the "Meter-gage railway ". Being established in contemporary, this paper assesssd the historical and architectural value of the "meter-gage railway "from the view of historical perspective. And the renovation design of North Railway Station Area will be the example for exploring its rebirth of the road.

Keywords：The Yunnan-Vietnam Railway; "Meter-Gage Railway"; Urban Design; Update Strategy

引言

"滇越铁路这条大动脉，不断地注射着法国血、英国血……把这原是村姑娘面孔的山国都市，出落成一个标致的摩登小姐了。"作家艾芜在其《人生哲学的一课》这样描述曾经的"米轨"。

百年后的今天，随着城市的扩张，交通价值的没落，滇越铁路与昆明城市发展、市民生活之间的矛盾爆发了出来（图1）。保留，拆除，还是更新改造？该如何让它获得重生？这些问题已经由建筑学问题衍变成为一个社会问题。

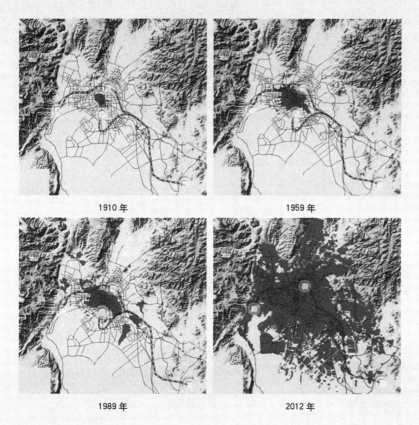

1910 年	1959 年
1989 年	2012 年

图1 城市发展墨迹图

一、历史背景

滇越铁路于 1990 年代初由当时的外侵者之一法国人修筑，修筑滇越铁路的目的在于掠夺中国的原材料和劳动力，向当时的中国大肆推进殖民主义。1903 年，中法签订《中法会订滇越铁路章程》，法国攫取了滇越铁路的修筑权和通车管理权，滇越铁路于 1903 年动工修建，1909 年完工。1946 年，滇越铁路的主权正式回归中国。滇越铁路曾经与巴拿马运河、苏伊士运河并列，被称为"世界三大工程奇迹"之一。滇越铁路记载了法国殖民者压迫中国人民的惨痛历史，它是中国悲剧的历史见证者之一，同时也是中国被迫对外开放，走向世界的先例。

滇越铁路从 1910 年正式运营，至今已有 100 余年的时间。全长 859km，由越南海防至云南昆明，其中越南段老街到海防 394km，云南段昆明至河口 465km。由于这条铁路采用的轨距为 1m，比准轨铁路要窄，所以俗称"米轨"。

二、现状调查

"米轨"以东西向横穿昆明主城区，城市二环以内就包括了麻园站、火车北站以及黄土凹站三个火车停靠站（图2），对城市的交通、用地及沿线居民生活带来了极大的影响。

"米轨"与城市空间发展的矛盾日益突出。以下将以城市设计的视野，从用地规划、交

指导老师点评

滇越铁路始建于 1904 年，1910 年全线通车，起于中国昆明，终于越南海防港，全长 855km，"云南十八怪"里有一怪"火车不通国内通国外"，说的就是这条由法国殖民者修建的百年米轨铁路。

论文综合运用文献研究法、现场观察法、询问法等多种调研方法，对滇越铁路昆明主城区段的现状进行了较为详细的城市和建筑学视野的调查，通过对滇越铁路于昆明城市交通、沿线城市用地和空间控制以及周边居民生活等的影响分析，探讨了"米轨"的历史价值及其在昆明城市发展过程中存在的现实矛盾和保护利用问题，试图借鉴纽约高线公园等的成功经验，以具体的火车北站片区的更新改造为例，探寻滇越铁路在昆明的重生之路。论文选题具有积极的现实意义和学术价值。

面对"米轨"是重生还是衰亡的复杂的生死问题，论文作者敢于正视保护和活化利用之间的突出矛盾，结合昆明城市的客观现实和发展需求，运用恰当的调研方法和分析手段对其中的关键问题进行剖析和总结。论文写作思路明确、结构清晰、资料充分，同时方法得当、图文并茂、结果可信，结论和建议具有较好的借鉴价值。论文调研工作量饱满，研究有一定的难度，作者在论文中表现出来的严谨性和思辨性值得赞赏，扎实的现场调查更为难能可贵。

论文的不足之处有：写作还不够精练，特别是"他山之石"部分；案例设计还不够精彩，表达得也不够充分；论文结论还不够明确、充实。

瞿辉
（昆明理工大学建筑与城市规划学院，院长，教授）

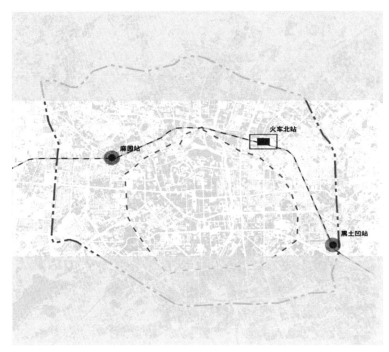

图2　"米轨"通过昆明主城区位置图

通体系、周边环境、居民生活等方面对"米轨"沿线城市空间存在的问题作调查分析。

（一）"米轨"与城市的关系

随着城市用地的扩张，"米轨"已被城市包围在其中，横穿昆明主城区而过。并与多个城市活力点相交，人群的活动也相应围绕着这些活力点展开，从线性距离来说，"米轨"对城市的影响范围极大。在未来的城市发展过程中，"米轨"将更多地与城市发生"融合"的关系（图3）。

图3　"米轨"与城市的关系

（二）"米轨"与轨道交通的关系

昆明正在修建城市轨道交通，其中有两条轨道交通线路与"米轨"相交，一条与"米轨"重叠（图4）。基于轨道交通的建设，"米轨"的客运功能将再度削弱，其所占据的城市重要交通位置再次引发了我们对"米轨"何去何从的思考。

（三）"米轨"在昆明主城区段的运营情况

在昆明主城区段，滇越铁路轨道线路保存完好，轨道沿线的信号、保障设施一应俱全。铁路东西向贯穿整个城市，其中与数十条城市道路相交，火车的通过加重了昆明城市的交通压力。因为速度慢、运量小、设备老化等原因，货运已停止，只保留有一趟旅游观光小火车在运行（图5）。由于城市对其旅游开发的不足，标识、宣传改造的缺乏，乘坐火车的乘客量极少，票价也很低，主城区内单程票价只要1.5元，每天只发一趟车，运营成本极大（图6）。

图4 米轨与城市地铁的关系

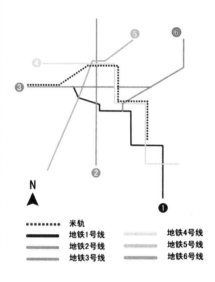

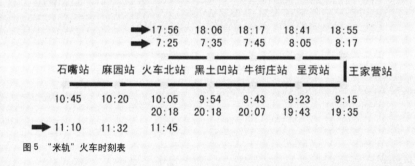

图5 "米轨"火车时刻表

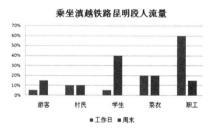

图6 昆明主城区段乘坐米轨人流量统计

三、"米轨"与城市空间发展的矛盾分析

(一)"米轨"对昆明主城区用地规划的影响

随着城市的发展,昆明城市发展规划将原本位于城市边界的"米轨"包裹进城市用地范围内,"米轨"成为了城市主城区的一部分,昆明主城区被铁路一分为二。由于昆明城市规划自身的历史、管理发展的原因,米轨沿线地块主要由铁路部门为其职工开发建设为住宅区,用地性质单一(图7),且大量房屋建设年代较早,建筑密度高,建筑老化、破损情况严重,建筑布局杂乱。由于更新改造困难,"米轨"沿线用地难以合理、有效地规划使用。

(二)"米轨"对沿线城市空间环境的影响

米轨沿线用地性质主要为居住用地,多数为铁路局的职工住宅用地,呈带状分布,房屋质量较差,更新改造难度大,导致米轨沿线绿带无法扩张,阻隔了米轨两侧的空间联系。

2005年公布的第一版《昆明市城市规划技术管理规定》中对米轨沿线建筑退让规定皆是单侧大于等于15m,现在沿线周边建筑基本是2005年前建设的,由于历史遗留问题米轨沿线15m退界空间没能实现。米轨沿线空间尺度基本处于8m宽度范围,在昆明1998年对早前南站拆迁后(吴井路等片区)废弃米轨空间的改造中,废弃的米轨空间被设计建成地区的绿色走廊,其总宽度平均在14m(表1)。但是由于米轨位于昆明市主城区,沿线人口数量多,活动频繁,沿线行走、跨越米轨行为经常发生,加之现行对米轨沿线的绿化改造使米轨的空间更加压缩,周边缺少安全防护设施,行人安全存在一定的隐患。

竞赛评委点评

对于文化遗产来说,一切的保护工作起始于对其价值的研究。从这个意义来看,本文似应加强对"米轨"价值的研究,特别是其与昆明城市建设与发展之关系。应该说,"米轨"不仅是一条简单的交通线路,它也是中国西南地区现代化的先声。随铁路延伸而兴起发展的种种生产、生活场所也是"米轨"作为文化遗产的构成与要素。本文作者对遗产现状做了大量的调研工作,并梳理了"米轨"与城市之间存在的种种不和谐,从而为再利用方案的提出作了铺垫,保证了论文逻辑的完整性。

刘克成
(西安建筑科技大学建筑学院,
博导,教授)

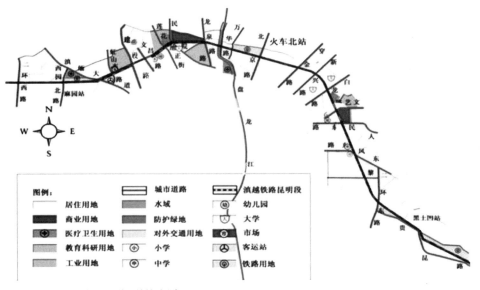

图7 "米轨"在主城区段沿线用地性质分布图

穿过"米轨"的道路断面图示意（m）　　　　　　　　　　　　　　　　　　　　　表1

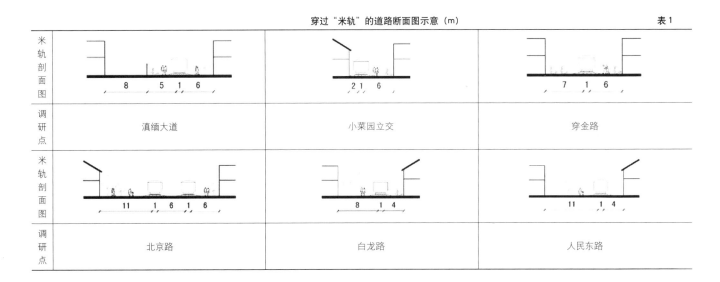

米轨剖面图		
8　5 1　6	2 1　6	7　1　6
调研点		
滇缅大道	小菜园立交	穿金路
米轨剖面图		
11　1 6 1　6	8　1　4	11　1　4
调研点		
北京路	白龙路	人民东路

（三）"米轨"对城市交通的影响

随着城市的发展，城市道路网的扩张导致大量城市干道跨越"米轨"，铁轨与城市道路的交叉口处理方式主要为平交，部分为立交。"米轨"的运行在一定程度上对城市交通造成了影响（图8、图9、表2）。

图8　米轨与城市干道关系

图9 "米轨"与城市道路的交叉口

米轨与城市干道交叉情况

表2

序号	交叉道口	位置示意图	交叉方式	高峰期车流量（pcu/h）	火车对交通的影响程度	主要原因
1	滇缅大道道口	● 观测点 —— 滇缅大道 —— 米轨	平交	3057	●	滇缅大道道口由于人流和车流量较大，原本设置的隔离栏也被损坏严重，火车运行不仅对交通影响较大，对人的安全影响也较大
2	小菜园立交道口	● 观测点 —— 环城北路 —— 米轨	立交	2572	●	小菜园立交是主城区内最大的立交，底层人流、车流量大。小菜园立交道口与铁路相交的道路为龙泉路和环城北路两条城市主干道，上午时段火车经过这两个路口的时间为10,20，错开高峰时间，但是还是会造成一定车辆的滞留
3	北京路道口	● 观测点 —— 北京路 —— 米轨	下穿	3206	○	北京路机动车流量较大，但北京路在此处采取了下穿隧道的方式，所以火车的运行并不会影响交通的正常运行。但是由于道路下穿阻断了原本的人行道，就会有人在下穿的机动车道上行走，增加了安全隐患
4	穿金路道口	● 观测点 —— 穿金路 —— 米轨	平交	1898	●	穿金路道口北侧不到50m的地方有一个红灯口，火车经过该道口的时间分别为7:30、10:00、18:00，火车经过需要1～2min的交通管制，会对红灯口造成一定的影响，形成一定的滞留

47

序号	交叉道口	位置示意图	交叉方式	高峰期车流量 (pcu/h)	火车对交通的影响程度	主要原因
5	白龙路道口	观测点 白龙路 米轨	平交	1788	◎	白龙路是昆明东边进、出城的主要通道，位于滇越铁路昆明城区段的东段，上午时段火车经过的时间为7:31和10:01，错开了交通早高峰，所以影响较小。下午时段，火车经过时间大致为18:00，刚好是交通的高峰期，会使交通更加拥堵
6	人民东路道口	观测点 人民东路 米轨	平交	1820	○	人民东路现状机动车流量不大，但现状道路正在修建地铁，使得道路无法满足居民日常出行，火车经过时间为7:32、10:02、18:02，晚高峰时间通过此道口，虽然交通管制时间不长，但是由于道路现状就较为拥堵，所以火车通行会加剧道路拥堵
7	东风东路道口	观测点 东风东路 米轨	平交	3105	○	东风东路机动车流量不大，现状道路不易造成拥堵，火车经过时间为7:33、10:03、18:03，晚高峰时间经过此道口，但是交通管制时间不长，道路能够承受现阶段车流量，不易造成拥堵

注：火车对交通影响程度分为影响较大●，影响一般◎，影响较小○。

（四）"米轨"对昆明主城区城市发展规划的影响

铁路穿过昆明主城区，而铁路所占土地权属为铁道部，地方政府对其无处置权限，这对于昆明城市用地规划、功能布局都产生了极大的影响。

铁路在城市中心区的存在无形中将城市一分为二，城市的功能布局也随着铁路的存在而改变，"米轨"影响了整个城市的空间发展布局，形成了一条城市发展的界线，不可跨域。1999年下穿隧道打开了北市区的开发局面，昆明城市北市区的大规模更新、开发建设也是在2003年米轨市区段功能变更以后的事情（图10）。

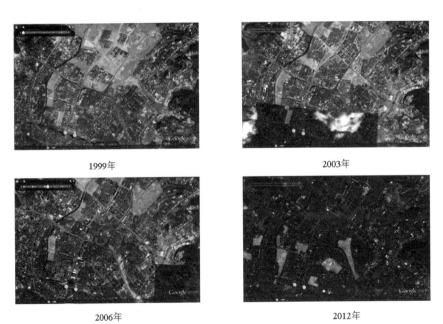

1999年　　　　　　　　　2003年

2006年　　　　　　　　　2012年

图10　北京路下穿隧道开通前后北市区的开发情况

（注：黄色区域表示未开发和正在开发土地）

昆明市区内，之前依赖铁路货运优势而沿线建立起来的工厂办公区域现在大多搬离旧厂区寻找新的区位发展，留守的工厂与铁路一起成为了城市新的灰色地带。

现在城市对于"米轨"的处理态度也是小心谨慎的，由于其历史遗迹特性和在城市建设中退让的要求，现行对米轨的处置办法都倾向于将其设计成城市的绿色廊道，这虽然对城市中心区的土地利用效率有影响，但从另一个角度它又迫使昆明城市建设贯穿城区的绿化生态系统，这不仅仅能丰富城市的景观，也更能通过系统性的绿化廊道对城市环境改善起着积极作用。

（五）"米轨"对沿线居民生活的影响

1. 居民对"米轨"的使用情况分析（表3、图11～图13）

主城区各类人群使用米轨的情况及意见反馈   表3

对象		使用目的	原因	意见
铁路工作人员		乘车上下班	家住沿线上下班方便	现行经济效益太低
乘客	菜农	前往附近菜市场	票价便宜，携带商品方便	运行车次太少，晚班车发车太早
	游客	体验米轨小火车，周末带孩子郊游	旅游、感受历史遗产、带小孩体验火车	趣味太少，旅游开发不足，宣传不够、难找
沿线摊贩	菜贩	卖菜	周边小区买菜居民多、生意好，没有就近的菜市场，没有在菜市场卖完回家顺道贩卖	完善公共服务设施，在周边设立菜市场，加开晚班列车，能多做会生意
	杂贩	小吃、水果、杂货贩卖	沿线往来高校学生多、生意好，可摆摊点少，竞争小	轨道周边开辟些场地，方便做生意
周边居民	沿线高校师生	上下课、散步	校区被铁轨截断上下课不得不跨越，铁轨行走有趣味	沿线安全保护措施要加强，照明设施缺乏
	铁路退休职工	买菜、出行	免费，出行方便	车次太少
	其他市民	基本不使用	不了解米轨及其历史，没什么意思	开发不够、效益太低、浪费资源

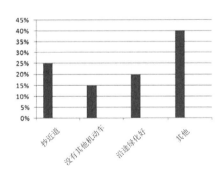

图11 周边居民沿米轨行走的原因

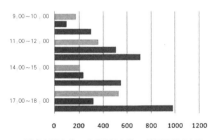

■进菜市场人数 ■出菜市场人数 ■沿铁路行走人数

图12 田园里菜市场人流统计

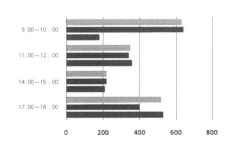

■出学校人数 ■入学校人数 ■沿铁路行走人数

图13 米轨沿线某高校人流量统计

2. "米轨"沿线人群活动潜力分析

现状的人群活动较少，类型单一。行为的目的性较强，多为生活性需求，过往人员也相对固定，多为沿线居民及沿线高校学生。从城市公共空间发展的视野来看，米轨沿线的线性开敞空间具有极大的发展潜力，对其加以改造利用，吸引各类人群，促进城市空间的活力营造，将有助于城市公共空间系统的建设（图14、图15）。

（六）小结

"米轨"有着弥足珍贵的历史价值，如今却失去了它往日的风采，再现在世人面前的是无比萧条的一幕幕。其交通价值的没落带来了沿线经济、人文的失落，城市问题乃至社会问题油然而生。沿线周边用地单一，功能失调；建筑破败，更新改造困难；轨道空间狭小，安全防护设施不足，犯罪滋生；"米轨"的运营影响城市交通，分割城市；噪声影响沿线居民生活。以上城市问题如果得不到妥善处理，那么"米轨"将就此逝去，因此对"米轨"的当代转型有着极其重要的历史价值及其建筑学价值。"米轨"要继续生存，唯有靠充满活力的经济、城市管理者、市民和建筑师共同创造出转型的典范，对可行的创意方案充满信心，同时提供沟通、创造财富与创意的平台，才有可能让"米轨"重生。

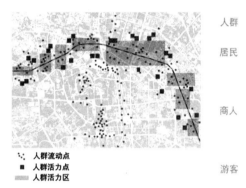

图14 人群活动潜力分析

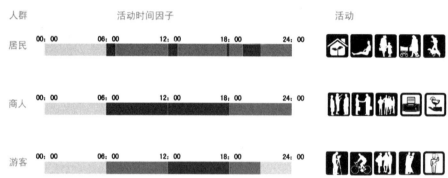

图15 不同人群的活动因子分析

四、更新策略

百年滇越铁路是云南省近代历史和文化的承载物，在社会学的层面上具有重要的历史价值，而其中的建筑学价值则表现在"米轨"前世今生的"时空联系"上。米轨沿线保留了法国殖民时期的法式建筑，具有其重要的研究价值。而作为承载着历史记忆的"米轨"沿线城市空间，则面临更大的挑战：怎样立足于当下，而不至于消逝。因此，我们应立足于历史视野，对"米轨"沿线城市空间进行保护、更新和改造，在不破坏其历史价值的情况下，让这条"贫血的动脉"注入新的血液。

来自美国纽约高线公园的启示：

高线公园位于纽约曼哈顿中城西侧，前身曾是1930年修建的一条连接肉类加工区和三十四街的哈德逊港口的铁路货运专用线，后于1980年功成身退，一度被废弃而面临拆迁危险。改造更新后的高线公园不仅存活了下来，并建成了独具特色的空中花园走廊，为纽约赢得了巨大的社会经济效益，成为国际设计和旧物重建的典范（图16）。

同样的命运，作为城市中废弃的铁路，美国纽约的高线公园的成功再生给予了我们信念上的鼓舞以及方法上的借鉴。由纽约景观事务所 James Corner Field Operations 和纽约建筑事务所 Diller Scofidio + Renfro 合作设计的高线公园，如今成为了纽约市民非常喜欢的去处。高线公园鲜明的特点为宽度较窄和直线线性关系，设计保持了相同的基本元素（铺装、种植、家具、照明、交接处理等），同时强调通过一系列有特色的序列空间，营造出丰富的体验观感。

（1）高线公园的场地特性：单一性和线性；简单明了的实用性；草地、灌木丛、藤蔓、苔藓和花卉等野生植被与道砟、铁轨和混凝土的融合性。

（2）灵感来源：延续诗意，荒芜之美。

（3）核心策略："植－筑"的空间设计策略，即通过改变公园步行道与植被的常规布局模式，将有机栽培与铺装材料按不断变化的比例关系结合起来，创造多样化的空间体验，如图17所示。

（4）转型意义：功能转型，拉动投资。对高架周边用地进行重新分区，在鼓励开发的同时保留社区特色，已有的艺术画廊和高架铁路。新区和公园的组合使这里成为纽约市增长最快、最有活力的社区。高线公园为重振曼哈顿西区作出了卓越的贡献，是当地的标志，有力地刺激了私人投资。设计师布隆伯格说："我们没有选择破坏宝贵史迹，而是把它改建成一个充满创意和令人叹为观止的公园，不仅提供市民更多户外休闲空间，更创造了就业机会和经济利益。"

下面以火车北站片区城市设计的改造意象为例，对"米轨"的重生提出更新改造策略。

图16 改造后的高线公园

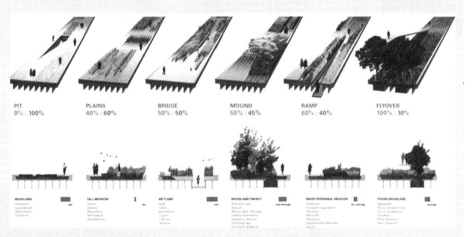

图17 高线公园轨道改造示意图

(一) 交通改造策略

1. 多种交通方式并存，体现"米轨"的时代象征意义

将"米轨"、轻轨与人行步道融入到立体交通系统中，结合城市轨道交通规划，在城市轨道路线与米轨交会处，利用米轨与城市形成的"空白"区域优势建设轨道交通，节省城市轨道交通带来的大量拆迁、开挖建设成本，同时再现"米轨"的时空意义（图18）。

2. "米轨"与城市道路交叉口的多样化处理

对米轨与城市交通繁忙、路况复杂道路的交会道口，应采取立交或下穿等立体交叉口处理方式，避免火车对城市交通拥堵的加剧作用（图19、图20）。

3. 优化"米轨"沿线城市空间的二层步行系统建设

加拿大学者 Chris Bradshaw 在1994年提出了"绿色交通体系"的概念，这一体系包括了步行、自行车、公共交通、共乘车和自驾车。随之产生了新城市主义理念中的TOD模式，同时也提出了以交通枢纽为核心的步行系统建设。二层步行系统是解决城市交通机动化与步行化的矛盾的一种有效手段，是当代"绿色交通"理念的实践之一。运用城市设计是二层步行系统实施的最有效的方法手段，将二层步行系统运用于城市设计的过程中，二者有效结合方能解决米轨、轻轨及步道结合的多样化交通系统产生的矛盾。

利用米轨轨道不受城市机动车大量人流干扰的特性，可尝试将其沿线的开敞空间建成城市绿色出行走廊，鼓励低碳出行方式，在其沿线建设城市非机动车、步行综合的多样化

作者心得

兴趣是学习的基本动力，是学习与生活保持密切联系的前提。建筑学是一个与生活联系紧密的学科，只要留心，生活处处皆是学问。路过一个城市，那个城市的面貌与细节都会在以后的学习或工作中影响到你的思维以及作品。身处一个城市，这个城市的兴衰成败都凝聚着多维度的影响因素，作为一个建筑学学者，我所关注的更多的是城市问题。以建筑学的视野来思考城市发展或是衰退，关注日常生活，从而提出问题并尽可能地分析问题是建筑师的使命。我的导师经常教导我们，不论是学习建筑还是规划，都应该要有"大"的视野，无论从深度还是广度都应该扩大化思考，做到深入浅出，才可能会有别样的认知。我想这样的思维不仅仅适用于专业学习，生活中处处适用；"思考"这件事情，问题不是关键，思考问题的方式才是最为重要的。都说"机会是留给有所准备的人"，我们能够做的仅仅是努力，还有努力。我始终相信，所学终将所用，最为平常的生活里处处皆学问，只要用心观察，用所学来思考，就有可能会有收获。

有幸能够在本次竞赛中获奖，特别感谢我的良师翟辉教授在此次论文写作中对我的指导，从最初的城市设计课题到现在的论文写作指导，翟教授精湛的学术思维为我指明了思维的正确性以及全面性，我想这个应该是我收获的关键因素。

詹绕芝

图18　多样化交通改造示意

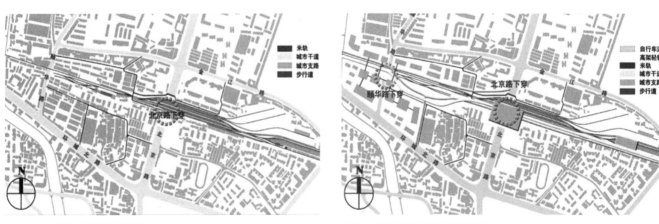

图19　火车北站片区现状交通情况　　　　　　　　　　　　　　图20　火车北站片区改造后交通情况

交通系统。局部地段建设立体交通步道，加强"米轨"两侧建筑之间的联系，促进城市活动多样性的发展（图21）。二层步行系统将对休闲、购物、交往、空间体验等城市活动产生良性推动作用，从而促进城市公共空间活力的营造。

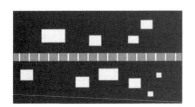

图21　加强米轨两侧建筑之间的联系

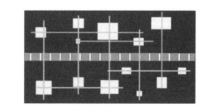

（二）功能转型策略

通过对土地使用和功能的混合设计，对沿线用地性质进行高度整合，提高沿线土地利用效益。化零为整，将零散的业态集中在某几个区域，形成规模效应，引导人群的活动，由"人"给地块带来活力，让米轨沿线成为城市的特色活动区域。引入多样化的商业业态，从而建立多元化的米轨城市空间（图22）。

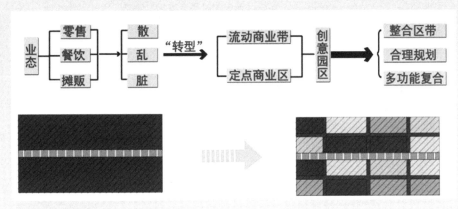

图22　功能置换示意图

（三）公共空间策略

米轨沿线的城市空间是一种相对纯粹的、线性较长的开敞空间，在城市活力的创造上具有极大的潜力。而由于环境质量差、交通安全措施不足、过往人员稀少等消极因素的影响，现状的米轨空间早已沦落为了城市"失落空间"的一部分。如何有效利用米轨开敞空间为市民提供休闲、健身、娱乐、购物的户外交往场所是其空间活力营造的重点内容。公共空间的活力应结合沿线步道交通系统、沿线建筑改造、街巷尺度控制等城市设计元素来营造。首先，公共空间策略必须与游园式的绿色步道、自行车道结合起来考虑，创造公共空间的序列性，这刚好与米轨的线性空间的属性是一致的，以此达到对米轨空间的因地制宜的使用目标；其次，公共空间策略还应结合米轨两侧退台式建筑设计来实施，这一点可以实现公共空间的立体化营造，创造空间对话的极大可能性。另外，街巷、广场的尺度控制也是空间活力的影响因素之一，"人"是空间的使用者，基于人体工程学和环境行为学的公共空间营造才能创造"活力"之源。

（四）旅游改造策略

"米轨"沿线城市空间的更新改造除了考虑当地市民的需求外，还应考虑外来者对"米轨"记忆的探寻，对"米轨"旅游价值的挖掘将促成其转型的经济效益回收。保留原有的轨道及其他铁路设施，改变其固有的运营模式，将"米轨"通道改为旅游观光线路。将原有铁路周围环境相对改善后，引进相对成熟的铁路旅游开发模式，带动铁路沿线的经济发展。沿昆明主城区—呈贡新区—碧色寨—越南，串起铁路旅游线路周边景点，使昆明城区内米轨铁路再利用开发，基本完整地保留滇越铁路昆明路段，从而改善其亏本的现状运营模式。同时，将铁路博物馆以一种新的展览模式展示，以诠释"米轨"的历史记忆，让昆明这样一个历史文化悠久的城市更增几分历史韵味。

五、总结与反思

（一）之于"米轨"的重生之路

滇越铁路的历史价值是不言而喻的，但是它作为城市内特殊的交通方式，横跨昆明城区对城市发展和市民生活的影响是不能被忽视的，但分离的管理体制在很大程度上制约了米轨的更新改造及利用，因此在面对历史遗迹的保护和城市的发展、市民的生活之间矛盾的协调解决上需要各方力量的参与、妥协、相互理解，才能使"米轨"这一曾经的"摩登小姐"重新"活"起来。

（二）之于"我"的设计之路

设计是一个不断解决问题的过程，基于问题导向的设计才具有逻辑性。由"问题导向"到"目标导向"，再到"设计策略"，在设计过程中逻辑推理是建筑师的设计能力的体现。首先，问题的发掘源于对前期各种资料的收集以及对基地的实地调查，在本次设计活动中，更多的时间是花在了现场调研以及对调研数据的整理分析上，通过对"米轨"现状空间内各种元素（如人群、活动、公共空间、建筑等）的耐心观察，从而发现问题并解决问题。设计源于生活，关注空间的使用者才是设计的王道，尤其是城市空间的营造，只有基于实地调查的设计才是有灵魂的设计。

作为一名行走在建筑之路的学生，曾经有过的迷茫在践行的路上慢慢消逝，而随之而来的是更多疑惑和不解，设计思维的迷茫在一次又一次的挫败中寻得了真谛，而觉得更多"设计之外"的东西挡住了前行的道路。设计之路真正的是一条"林中路"——我在那路口久久伫立，我向着一条路极目望去，直到它消失在丛林深处^②。

注释：

①滇越铁路轨距为1m，俗称"米轨"。
②引自弗罗斯特诗句。

参考文献：

[1] 周孝正，王朝中．社会调查研究 [M]．北京：中央广播电视人学出版社，2010．
[2] 董一平，侯斌超．美国工业建筑遗产保护与再生的语境转换与模式研究——以"高线"铁路为例 [J]．城市建筑，2013．
[3] 韩冬青，冯金龙．城市·建筑一体化设计 [M]．南京：东南大学出版社，1999．
[4] 胡剑双，刘婕．混合设计：一种可持续城市设计方法研究 [C]．武汉：华中科技大学，2010．
[5] 简圣贤．都市新景观：纽约高线公园 [J]．风景园林，2011．
[6] 卢济威，寇志荣．城市二层步行系统的动力机制研究与实践 [C]．上海：同济大学，2010．
[7] 刘崇，薛滨夏，袁兆龙．当代德国"城－站－铁"模式的立体城市更新 [C]．青岛：青岛理工大学，2010．
[8] 徐循初，汤宇卿等．城市道路与交通规划 [M]．北京：中国建筑工业出版社，2005．
[9] 杨春侠．悬浮在高架铁轨上的仿原生态公园——纽约高线公园再开发及启示 [J]．上海城市规划，2010．
[10] 张长利．滇越铁路：跨越百年的小火车 [M]．昆明：云南美术出版社，2007．

图片来源：

图1、图10：昆明市规划局。
图2～图9、图11～图15、图18～图22：作者自绘或自摄。
图16、图17：简圣贤．都市新景观：纽约高线公园 [J]．风景园林，2011 (4)．

孙德龙
（清华大学建筑学院　博士四年级）

历史语境下对"绿色群岛"的再思考

Reinterpretation of Green
Archipelago in Historical Context

■摘要：欧洲大城市的衰退在今天也是建筑学范围内广泛讨论的话题。昂格尔斯（O.M.Ungers）提出的绿色群岛（Green Archipelago）将紧缩城市作为一种积极策略而非消极问题，这对其他欧洲大城市的紧缩问题也有借鉴意义。文章再次将昂格尔斯提出的城市绿岛的概念还原到历史语境中讨论，重点讨论昂格尔斯在 1970 年代在康奈尔大学（Cornell University）执教期间与柯林·罗的观念对立，以及 1970～1990 年代柏林重建中绿色群岛和批判性修复两种城市策略的辩论。从中分析梳理昂格尔斯的创新之处，而昂格尔斯的其他项目、教育学内容以及申克尔（Schinkel）的影响也对最终理论的形成起到了重要作用。最终本文从柏林当今城市性的角度将昂格尔斯的城市理论与柏林的临时性利用相结合，并对其进行再次解读，并认为这种有别于传统的城市规划方式在保证当今柏林城市多样性和身份认同层面仍具有重要意义。

■关键词：绿色群岛　柏林　城市性　多样性　身份认同

Abstract：Decline of Metropolis in Europe could be considered as one of the most debated topics. The concept of Green Archipelago proposed by O.M.Ungers conceived shrinking cites as a new positive urban strategy rather than a negative problem, which is also a reference for other European cites. This paper tends to re-discuss this concept in the historical context and the contradiction of ideas between Colin Rowe and Ungers, which helps to clarify Ungers' concept of Green Archipelago, will be taken as the main point. Moreover, the debate between two ideas of Berlin reconstruction,namely, Green Archipelago and Critical Reconstruction, is another point to explore. Under these backgrounds, the innovation of Ungers' concept will be revealed, while his other projects and teaching practices as well as the influence of Schinkel also contribute to the form of the concept. At last, this theory will be reinterpreted in the context of contemporary urbanity combining the phenomenon of temporary reuse.I argue that the model of Green Archipelago which differs from traditional planning measures is crucial to maintain urban identity and diversity of Berlin.

Keywords：Green Archipelago；Berlin；Urbanity；Diversity；Identity

一、柏林作为绿色群岛：概念提出

（一）概述

城中城（Die Stadt in der Stadt）这一城市模型雏形，出现于1977年昂格尔斯在康奈尔大学主持的柏林夏季学期中。在设计课中，别墅作为一个城市的居住形态，城中城是夏季学期的研究主题，康奈尔大学建筑系的学生在八周的课程中为城市别墅提供建议。[①]一年后昂格尔斯与雷姆•库哈斯（Rem Koolhaas）、汉斯•库豪夫（Hans Kollhoff）等在杂志 Lotus 上发表文章《Cities within the City》。[②]这篇文章集合了专题论文和评论，它把柏林看做一个以绿色群岛（Green Archipelago）为特征的城市，这篇文章在之后的 IBA87（柏林国际建筑展，1987年）期间和1989年两德统一前后引来了一场关于城市改造的争论。昂格尔斯设想将城市分割成不同的部分管理，这是将柏林城市人口数下降的事实作为一个积极因素来考虑，城市有价值的部分可以被保护和巩固。这些就变成一个由城中城组成的群岛，即由不同城市岛屿组成的联邦（图1）。在岛与岛之间是现有剩余区域形成的绿色的缓冲区，其中包括交通基础设施、市郊公园、运动以及休憩设施等。在岛中植入受欢迎的建筑类型——城市别墅（Stadt Villa）巩固岛屿。这一设想结合了城市身份认同的意愿以及集体化的城市生活方式。

图1　城中城

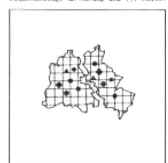

图2　柏林历史发展的平面分析

（二）绿色群岛概念提出

柏林战后支离破碎的现实和冷战形成的政治格局成为昂格尔斯的城市概念的基础。昂格尔斯强调历史本身就说明该城市从许多不同的场所发展而来。多样性可以在历史形成的各个城区中显现。在18世纪，柏林由七个不同的城市组成：柏林（Berlin）、科隆（Kölln）、弗雷德里希岛（Friedrichswerder）、多萝西城（Dorotheenstadt）、弗雷德里希城（Friedrichstadt）以及东郊（östliche Vorstadt）。这些城区被统一管理，分别具有不同的城市空间结构和自主功能（图2）。在柏林的历史上有很多学者都将柏林作为很多部分而非一个整体来解读。这可以追溯到申克尔（Karl Freidrich Schinkel），他作为19世纪前半叶德国的重要建筑师，也深深影响昂格尔斯对于柏林的认识。申克尔从景观化的角度，将当时普鲁士的首都看做由单体建筑介入形成的散点结构，而非按照巴洛克时期连续的空间设计原则形成的城市平面。而昂格尔斯则认为这一理念可以将战后柏林的城市危机本身转化为城市的策略。柏林的城市几百年形成的"主要的对立物"而产生的离散多样性正是这座城市的深层意义，其特别之处在于没有过分强调柏林被一贯贴上的标签。

昂格尔斯参照了申克尔的"建筑作为催化剂形成的秩序"[③]和申克尔在哈维尔（Havel）河景观中的设计策略，认为哈维尔河景观形态和柏林作为绿色群岛的形态可以类比。[④]在夏洛滕宫（Charlottenhof）和小格里尼克（Kleine Glienicke）区域内，柏林—波茨坦段的哈维尔河谷风景如画。申克尔被皇室委托在此建造娱乐场所。在这个设计中，需要包含寺庙、亭子、城堡、花园等各种设施。申克尔和其合作者雷纳（Peter Joseph Lenne）共同完成该设计，申克尔并没有将其作为一个整体化的几何组合来设计，而是以群岛的形态设计了一系列离散的点。他认为田园诗般景观的呈现需通过丰富的式样以及多样化的建筑组成，才能与自然融为一体[⑤]（图3）。昂格尔斯不仅仅对这些多样的建筑以及自然感兴趣，更重要的是对于该设计中场所和概念之间的关系。他认为哈维尔河谷能唤起申克尔想到一种田园诗般

图3 格里尼克中的建筑（1848年），从中可以看出申克尔田园风格的理念

的景观，而源自这种景观的类比，又反过来塑造了哈维尔河的景观。这种对场所特质的呈现而非改变的态度启发了他，昂格尔斯认为通过这些形态的操作申克尔并没有将轴线和对称的原则加到场所中，而是在物体之间塑造了细腻和敏感的联系。⑥

（三）绿色群岛的要点归纳

《城市中的城市：柏林作为绿色群岛———一个柏林未来发展的城市空间规划概念》(Die Stadt in der Stadt：Berlin das Grüne Stadtarchipel—Ein stadträumeliches Planungskonzept für die zukünftige Entwicklung Berlins)，这篇文章经过了6个版本的修订。最终在这一文集中昂格尔斯探讨了11个和柏林城市相关的主题来支撑自己的城市理念，总结这11个论题可以归纳为以下几个方面：

首先，柏林城市紧缩的现实必须成为被考虑的因素。柏林作为首都的地位和其城市的衰退是不一致的。人口正在以每年15000人的速度减少。⑦昂格尔斯作出大胆预测，认为未来80年内人口会下降170万到200万。⑧

其次，柏林不应继续扩张，现存的对城市形象的修复仅仅停留在怀旧层面而不能解决未来柏林的城市问题（图4）。

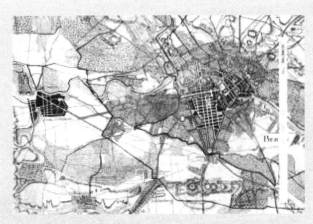

图4 1700年间柏林城市地图

"人们普遍认为区域的增长只有通过扩大建造量才能保存，并且是可以修复的，这都是出于一种错误的前提。城市虽然可以修复成其历史的状态和形象，但问题在于，这至多是一种让人误解的怀旧潮流。而正如城市现实所反映的，对未来的单一化理解是不够的。而无组织发展的必然结果不仅仅是混乱，还会导致城市毁灭。城市修复和与其对立的城市拆除只有一步之遥，它们会不可避免地导致更大的建造量：住宅，社会机构，商店等。城市修复者忽略了一个事实：大多数区域之所以陷入混乱，是因为提高这些区域密度的必要性，尤其是在柏林这样的城市并没有被充分认识……目前将城市以历史状态修复的理论对于柏林的影响是不利的。"⑨

第三，大城市的特色在于许多不同的、相互排斥的以及离散元素的叠加。这些与村庄、区域，以及小规模城市是不同的。理想的状态是一个城市组织，既统一，同时又由清晰的不同的氛围组成。昂格尔斯认为，组织随着其单一性特征的增加将会遗失掉其功能性。城市的扩大并不意味着生活品质的提高，当城市扩大到影响到了人们的生活品质，就要考虑部分拆除功能破损或过剩的城市区域。

第四，城中城的理念是柏林未来城市空间发展模型的基础，其特点是将柏林视为一个绿色群岛。而城市岛屿的独立性依赖于身份认同——由历史、社会结构以及空间品质塑造。城市的总体由不同结构的、相互对立的单体结合而成。对于昂格尔斯来说这些岛的选择不仅仅是基于其美学基础，而是基于这样一个议题：在何种程度上它能够展现一种纯粹的形式理念，而建筑历史能与概念历史吻合。⑩

二、历史语境中的绿色群岛：形成和辩论

（一）昂格尔斯在康奈尔大学和柯林·罗对立

昂格尔斯对柏林城市问题的思考和其在美国康奈尔大学执教的经历是分不开的。昂格尔斯因在 1968 年的学生运动中因其学术立场的争议性而被迫离开柏林工业大学。而这时柯林·罗（Colin Rowe）邀请昂格尔斯到康奈尔大学执教，这正好是一个机会。

美国社区和红色维也纳的研究

昂格尔斯于 1969 年移居美国之后开始对美国的社区生活感兴趣。而在同一时期关于质疑后资本主义的思想也开始涌现，例如 Vance Packard 在 1960 年代开始对美国的消费社会进行强烈谴责，而 Dennis Meadow 出版了《增长的极限》（The Limits to Growth），而这之前建筑师很少关心类似的社会学主题，而这些社会学的理论基础为昂格尔斯的城市概念提供了支撑——人口的缩减也能为城市提供另一种可能。⑪昂格尔斯在其 1977 年 9 月 SPD 委员会的演讲中借用 Ernst Friedrich Schumacher 的一段话作为总结性陈述：生活的艺术总是这样，好的东西会从坏的东西中生发出来。⑫昂格尔斯在总结其对宗教社区的研究中，探讨了生活方式可以作为社团成员的准则而被分离主义团体支持，这些分离主义者将他们的村庄建成一个自给自足的场所，独立于现有的城市中心。他认为这些具体的乌托邦之所以能够实现是因为它们在空间和居住者人数上都作了相应的限制。因而激进社团只有在有限的聚落中才有可能，而人口的增长并没有导致单个聚落扩张而是聚落个数的增多。这些"村庄"的形成并不是经济层化或是社会管制的结果，而是由社区本身依照集体生活的原则并渴望与社会分离的意识形态所决定的。聚落的有限性通过聚落的自我管理实现，因此独立于任何外部的城市秩序。基于此，昂格尔斯认为将城市看做一个由有限的部分组成的群岛要比现代主义建筑师的整体规划更可行。而且，群岛的概念开启了一个政治学意义上的城市形态：居民可以通过建筑人工物形成社区生活所需要的空间，从而自我组织其独立性。⑬

类似的观察也出现在昂格尔斯对于大街区（Superblock）的研究中，他研究了维也纳的大街区——1919~1934 年间奥地利首都社会民主政治时期最著名的城市建筑项目，即红色维也纳（Red Vienna），这可以作为柏林绿色群岛的重要参照。这一项目是维也纳政府用围合式街区的形式为工人阶级建造新公寓。⑭昂格尔斯通过研究大街区的分布地图（图 5），认为其选址并不是基于整体的城市规划而是点式介入。昂格尔斯分析这种类型与花园城市的区别：在花园城市中，工人阶级被其他社会阶级疏远到一个位于工业城市边缘的破碎的区域。而维也纳的市政管理以一种精确的类型——院子——限定了一种新的社会住宅模式。这里大街区的空间和组织原则是基于具有纪念性的内院，这让人联想到具有回廊的修道院。昂格尔斯认为大街区的创新之处在于：极端的可识别的建筑形式和极端的公共设施分配方式。每一个大街区都有基本设施服务，这些设施满足了自给自足需要，因此它们能自主地独立于城市规划之外，而院子的形式和类型主题在强化公共生活的身份层面具有决定性作用（图 6）。他还认为，与现代主义通过重新定义空间来提高生活质量的策略不同，大街区关注空间的主题化演绎，并不是仅仅提高社会住宅的质量，而是为了营造纪念性，给居住者以尊严，而非掩盖其阶级身份。这对于昂格尔斯的群岛概念来说，在其建筑形式上加入了政治和社会的维度。⑮

另一个与昂格尔斯群岛概念的提出密切相关的人物是柯林·罗，其新自由主义的城市设计理论体现在早期的《拼贴城市》（Collage City）一书中。这对昂格尔斯来说让他更清楚地意识到他关于城市的理解是基于城市群岛而非不同建筑图形的形态拼贴。⑯罗之所以请昂格尔斯来指教，是因为他猜测昂格尔斯的建筑和城市设计观点能和自己的方向类似。罗的拼贴城市理论是对现代主义的"白板"式规划

图 5　大街区在维也纳的分布

图 6　维也纳 Karl Marx Hof 模型

方式（tabula rasa）的批判，他推崇"拼贴匠"的政治，将历史建筑范例的拼贴作为新的城市设计策略。他认为基于这样的包容和多样性的文化原则可以形成自由民主的城市。他参照历史上Battista描绘的罗马城市地图并将这一历史城市的原型转化为各典型建筑的组合，虽然各种形式有差异，但是却基于城市的"底"而共存。[17]

虽然表面上看起来两者都强调多样性，但是昂格尔斯却与罗存在着本质的不同，这在昂格尔斯在美国期间完成的蒂尔加滕区（Tiergartenviertel）城市设计方案中有所体现。这是昂格尔斯参加西柏林文化中心（Kulturforum）及周边区域竞赛的城市设计项目，西柏林文化中心在1960年代可以看做东柏林具有社会主义色彩的亚历山大广场（Alexanderplatz）的对应物。而文化中心当时已经是一个意识形态冲突的地段：夏隆（Scharoun）的交响音乐厅和公共图书馆，密斯（Mies van der Rohe）的国家画廊，形成表现主义和理性主义的对峙。在竞赛之时，地段已经呈现一种碎片化的状态。竞赛的目的是加大容积并重组该地区的城市结构的破碎，昂格尔斯拒绝"重组"这一概念，而是强调了现状，将碎片作为一种冲突的形式集合。[18]他将其平面组织成6个不同的独立建筑物回应现有状态，而不是在总体框架内寻求解决办法。这些建筑物被当做"大街区"松散地沿着兰韦尔运河（Landwehrkanal）聚集。每一个大街区都作混合利用（居住、办公、商业旅馆、社区基础设施）。这让人想到超级工作室（Superstudio）的网格式的建筑组合，建筑极为抽象并且通用：矩形，十字，环形等。[19]在项目中，重复的8层院落式建筑被插入现有的破碎的围合式街区中，形成原有破碎的街区和新建筑连续的冲突。一片荒地被六个相同的体块占据，它们聚集成一种形式，并不完全占据原有的空地。每一个地块所采用的形式不同，但这些街区却用了相同的形式语法：简单的正交的建筑形式（图7）。从这个意义上说昂格尔斯的态度更加接近"如是美学"（as found）的方法。关注日常美学而非一个理想化的投射。[20]

图7　昂格尔斯的Tiergartenviertel竞赛方案（柏林，1973）

这里可以看出昂格尔斯和罗对于城市态度的区别。首先，昂格尔斯注重的是简单抽象形式的并置，而非历史图形的直接引用。这些简单的形式允许居住者自我改进。[21]其次，罗对于固定形式的选取，是剥离了历史语境的且仅仅保留了建筑的形态特征，虽然罗重视文脉（Context），但这种文脉也停留在形态的加工层面。而这些形态本身的语境恰恰是昂格尔斯重视的，无论是在公园中的住宅（Wohnen am Park）的教学中还是在蒂尔加藤（Tiergartenviertel）的设计中，形式都是现有破碎化环境的体现。再次，罗对于形式的操作方式是基于对历史建筑的主观选取，仅仅选取重要的建筑单体进行建筑形式的堆积。而昂格尔斯的操作方式是基于更广泛的现实，场地的日常性物件都会成为设计的起点而非个别的图形。与申克尔对柏林的态度类似，昂格尔斯的城市设计提案有意接受并让作用于城市的各种力量变得可见：例如破碎的城市形态，匿名建筑，以及不稳定的计划等。这体现了"城市形态的意志"。

最终他在康奈尔大学成了科林·罗的对立面，而正是这种差异性让昂格尔斯更坚定地偏向于辩证城市（Dialectic City）而非拼贴城市，因为罗或者克莱许斯（Josef Paul Kleihues）倡导的城市修复的概念，从恢复完整形态的角度，与昂格尔斯的意愿是违背的。[22]

（二）绿色群岛与批判性重建的争论

1. IBA1987与批判性重建

早在IBA1984～1987中，对柏林城市重建的争论就开始了。当时的大氛围是注重一种

作者心得

对于Ungers城市策略的探讨这样一个选题最初是基于自身的兴趣，也和自身的研究方向有一定的相关性。当然也深知这样一种跨文化、语境、语言的研究的难度，从一个外人的视角要详细地了解到这位德国建筑师的种种研究、理论以及所形成的历史语境和背景，无疑是种冒险，因而本文的内容也仅仅是在梳理总结前人研究的基础表达了自己的一些拙见，希望能够对今后Ungers的研究提供一点线索和帮助。

当论文竞赛的消息发布之时，笔者正在ETH建筑系做访问学者，正有意要收集一些对于Ungers、Aldo Rossi和Hans Schimidt的相关档案和资料，而这样一个竞赛题目恰好符合了我目前想要研究的内容。建筑师的城市研究在理论界一直是一个较热门的话题。笔者见到Ungers的作品要早于其城市研究，之前在Rationalist Traces的专辑中包含了对Ungers的一些访谈，2014年刚刚出版的Rationalist Reader也包含Ungers的一些建筑论点，但这些资料中更多的是将Ungers归类为理性主义建筑师，而对于其城市问题探讨的重提是比较少的。最初全面了解建筑师的城市理念还是通过Aureli对于绿色群岛城市模型的重提，Die Stadt in der stadt一书的德英双语出版也为本文撰写提供了依据。

本文的研究受到了多方的支持。gta档案馆、柏林城市档案馆为本文提供了诸多和建筑师相关的资料，ETH建筑学院的Phillip Klaus与我探讨临时性利用的问题，André Bideau为我深入研究Ungers的理念提供了诸多帮助。希望本文对于绿色群岛的梳理和研究可以作为之后研究工作的一个良好起点。

孙德龙

谨慎的城市更新。IBA1987 将城市修复分成两个部分：IBA 旧建筑部分由哈马尔（Hardt-Waltherr Hämer）负责，通过谨慎的方式更新。新建部分，由克莱许斯（Josef Paul Kleihues）以及昂格尔斯负责，以南弗雷德里希城（Südlich Friedrichstadt）为范例。但不久昂格尔斯就从委员会中辞职，他的观念与 IBA 内部其他人有所不合，因为克莱许斯作为城市修复的辩护人与昂格尔斯的观点针锋相对。昂格尔斯认为现有的城市修复会掩盖不可阻挡的城市资本流失的问题。相反，克莱许斯的构想是以修复作为城市运转的基础。其中"城市街区"（Urban block）是功能上和美学上可变异的城市图形，也是柏林城市发展的主要规划工具。IBA 新建筑在蒂尔加藤区（Tiergartenviertel）作了示范，并且在克罗伊茨贝尔克（Kreuzberg）推动了"谨慎的城市更新"的渐进式修复的建筑策略。批判性重建不仅仅主导了 1980 年代的西柏林，更主导了统一后的柏林重建——汉斯·史蒂曼（Hans Stimmann）将其作为统一后的柏林的口号。

早期克里尔兄弟（Rob Krier&Leon Krier）的围合式街区修复，对柏林 1980 和 1990 年代的重建有决定性的作用。[23]基于早期的巴洛克城市特色以及 19 世纪的街区结构，罗伯·克里尔（Rob Krier）依次按照街区、街广场的顺序投射成平面，并以此为理想的城市平面[24]（图 8）。同时，阿尔多·罗西（Aldo Rossi）的新理性主义理论在当时的城市修复中也十分流行。1970 年代初，克莱许斯就受到柏林市政府建筑及住房产业部门的委托对历史城市结构进行分析。他对于夏洛滕堡（Charlottenburg）和克罗伊茨贝尔克的研究成为批判性重建的基础。[25]他提出的批判性重建的四个目标：为保持更新并改善城市平面布局提供基础；定义新建建筑的几何形式；让城市与景观共生；形成完整的城市意象。[26]而城市设计的中心原则是场所的历史性需要受到充分尊重和重新解读。[27]这通过对新建筑的平面、体量和立面的三方面具体控制实现（图 9）。

图 8　罗伯·克里尔，弗雷德里希的理想平面（1977 年，左图是二战后现状，右图是克里尔的规划平面）

图 9　Josep Paul Kleihues；Vinetaplatz 的新街区设计于 1971 年，完工于 1977 年，是典型的批判性修复范例

2. 柏林统一之后的教条

两德统一后，批判性修复在建筑理论中的地位更加占据主导优势。[28]1990 年代，在关于城市改造的辩论之始，昂格尔斯在《柏林的明天》（Berlin Morgen）的展览上以《新柏林，大城市海洋中的城市岛屿》（Das Neue Berlin, Stadtinseln im Meer der Metropole）为题，论证了城市未来紧缩的可能性，并且陈述了对"城市作为概念的形成和转变的场所"的理解。[29]他认为柏林应该被看做是巨大的谜，而不是一个有序的逻辑的整体。与 1970 年代的文章相比，这里只展示了关键的概念，但引起巨大的争议，其设计基本都没有实现。在市政府建筑主管汉斯·史蒂曼的领导下，主流精神依然延续批判性重建。这集中体现在波茨坦广场（Potsdamer Platz）的世界竞赛中。汉斯·史蒂曼在柏林统一后的城市建设中逐渐渗透其示范的力量。在一次市政府的学术研讨会上，史蒂曼声称：在批判性修复的开始，建筑师和工程师需要研究并重新解读"石头建造的柏林"（Steinernen Berlin）的办公建筑、商业建筑以及库房。柏林新建筑需要有节制地使用装饰，形成简洁的但是技术和工艺完美的细节，并遵循"利用持久以及高品质材料"的原则。[30]内城平面尽可能广泛地重建战前的城市平面——遵循 1851 年霍普雷西特（Hobrecht）规划的"石头建造的柏林的街道和街区格局"。[31]由此可以比较批判性修复和绿色群岛两种城市改造的概念的区别：

首先，批判性修复希望利用统一的规划工具的限定，全面的控制，来形成整体的城市意象；而群岛概念则强调根据现有的多样性场所运用相适应的规划控制形成多样化的城市认同。事实证明，这种无所不包的统一控制难以覆盖全局。就连史蒂曼也不得不承认"这座城市已经如此破碎，即使我们全部修复，还是会有许多碎片继续存在。[32]对于弗雷德里希城的个别街区来说，批判性修复并没有实现其目标。克莱许斯强调将尊重历史的总体原则和具体的历史地段情况相结合，因而批判性修复游移在"教条主义"和"缺乏控制力"之间。对此学者基斯·克里斯蒂安（Kees Christiaanse）认为，弗雷德里希城虽表面上在批判性重建的控制中形成了稳定结构，但每一个街区都辐射出强烈的不同的意识形态。[33]这一种拼贴的结果，让人们担心弗雷德里希城会变成 OMA 描述的"被俘的地球"（City of the Captive Globe）。而这种短期内迅速形成的场所将会如库哈斯（Rem Koolhaas）所描述的中国城市一样牺牲其传统和真实性，即使他们也是用石头建造的。[34]而群岛这一提倡多元化规划的城市概念和迄今为止的规划理论是冲突的。这也意味着城市多样化的个性和灵活的控制，而摒弃了典型化和统一性。昂格尔斯强调通过类比的方式进行设计。在场所选择的阶段同时需要考虑形式以及城市空间的政治策略。如对于既定的城市空间品质，可以借鉴相应的案例。例如，卡尔斯鲁厄（Karlsruhe）的放射状的理想平面可以作为南弗雷德里希城的规划参照

（图 10）。而曼哈顿（Manhattan）中央公园类似于克罗伊茨贝尔克的格雷斯车站（Görlitzer Bahnhof）区域㉝（图 11）。

其次，批判性重建强调对历史的单一解读。克莱许斯和史蒂曼认为只有 19 世纪的"石头建造的柏林城"才是柏林形成身份认同的基础，具有强烈的怀旧色彩。在这种理念下，IBA 集中于修复 19 世纪的遗产，而不是关注其他时间的历史㉞。而昂格尔斯则强调多样化的场所以及每个场所各自的历史认同。前者强调对柏林典型的高密度的围合式的出租公寓（Mietshaus）的修复，而昂格尔斯则从当代人的生活方式出发，认为越来越多的人放弃出租公寓而希望住独栋别墅。这一趋势不是出于经济考虑而是不断增长的对个性的需求以及更

图 10　城市空间结构比较（Friedrichstadt，Karlsruhe）

图 11　城市空间结构比较（Kreuzberg，Manhattan N.Y.）

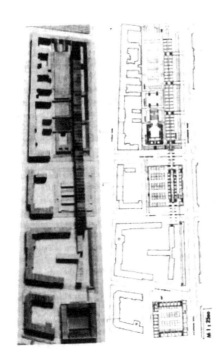

图 12 Urike Bangerter, Wohnen am Preußenpark 1967 VzA 10

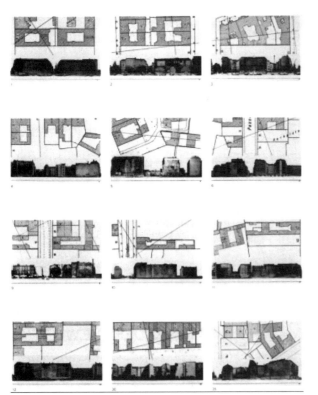

图 13 柏林的防火山墙记录

高生活质量的向往。因而结合两者优点的住宅类型——城市别墅（Stadt Villa）应当成为主要的住房形式。他认为"在这一过程中保证每个岛完整的建筑形式以及城市设计形式，这些将发展成互补的组织机构而不是突出其怀旧的特点。在建筑密度较高的地区，需要通过塑造城市公园、开放设施、广场等公共空间降低密度，而较低居住密度的地区，容纳高密度的中心可以提高其密度。"

最后，城市修复认同在连续的城市空间图形中能够定位，它强调完整性和持久性，这与群岛的城市碎片的策略形成对比。而持久性在罗西看来具有城市规划的意义，同时也与建筑相联系。在这种语境下，坚固的罗马洞石因此被贴上了持久的标签。这些将批判性重建局限于建筑立面上却放弃了克莱许斯最初的城市设计的前提。弗雷德里希大街（Friedrichstrasse）最初的小块用地划分已经完全被新的地块划分所取代，这个地块也失去了多种不同的功能用途混合，而只是统一在美学立面之下。因而 1990 年代的批判性修复已经从之前的城市形态转变到城市形象上，从城市的平面转向城市的表面。因此，与对碎片的修复使其变成一个完整的雕塑这种策略不同，群岛的概念的缺席的诗意是对这些"污秽"场所和未完成的一种尊重，并且以其保持碎片化为前提条件。这种方法的目的是利用场地的现有条件作为项目本身的主题形式。昂格尔斯对城市策略的理解，可以在其早期的项目和教学中得到印证。在昂格尔斯指导的设计课程 Wohnen am Park 的项目中，学生作品或多或少都具有这样一些特征：或是反映城市冲突的现实，在关键点介入；或是利用抽象的形式和有节制的重复。在其中一个作品中，四个部分被摧毁的城市街区重叠在一系列的三个不同的居住结构（混合利用的平板体量，低矮的 T 形体量，混合利用的院落体量）中，这些通过抬高的线性部分联系起来。[37]三个自由独立的建筑并没有以完形的方式填充进入整个街区，而是保持其在公园中的破碎的废墟般的状态，而通过线性街道连接形成综合体。该项目的基础是点式介入而不采用总体的规划（图 12）。

在类似的项目中，昂格尔斯教导学生绘制现有城市的日常特征的地图并将其理想化为一个明确的项目而不是一个默认的背景。例如，由于战争的破坏，城市建筑的许多防火山墙都被暴露，昂格尔斯让学生将这种状态进行系统的图像记录，并且将其整理创造成一系列的建筑序列模仿柏林墙（图 13）。[38]在昂格尔斯的其他项目，例如与库哈斯合作的 Grünzug Süd 项目中，墙的主题通过一系列激进的情形展现，而这些并不是一个连续的序列或者形式，而是揭示城市形态作为一种不连续的场所。这种碎片化的策略在波茨坦广场的竞赛中转化为层的概念，昂格尔斯在竞赛方案中，考虑了多种城市结构的影响，包括地块外建成区形成的网格结构、广场战后实际形成的交通路径等。而且在新添加的层上，昂格尔斯将均质的高层散布在街区中，有意强调塔楼和街区现有结构的冲突。其策略与批判性修复以及获奖者 Hilmer&Sattler 强调恢复街道格局和严格控制建筑高度的策略都有极大的不同。[39]

三、绿色群岛的当代解读

柏林作为绿色群岛的城市模型提供了一个超越现代主义和后现代主义参照的范式，即使在今天因其激进的逻辑也没有被完全认可。[40]但 1990 年代主流的批判性修复的尝试在今天也体现出其局限性。菲利普·奥斯瓦尔特（Philip Oswalt）认为欧洲经济的力量只能有条件地限定建筑形态，这是有目共睹的。柏林还是作为一个"羊皮纸"城：总的来说柏林的城市意象更倾向于景观化：像自然一样较少地被塑造，建筑仅仅是作为点式介入。[41]

（一）从有形的群岛到无形的群岛

如今的柏林和 30 年前一样，依然充满了种种不稳定的因素。在战争中破坏的工业并没有再复苏，而由于冷战造成的民主德国、联邦德国的分割形成的城市氛围的割据依然存在。一方面，随着经济的复苏，房地产投资的兴起使得大量的建造行为十分必要。仅仅从批判性修复的角度看是有局限性的，仅仅对形式有限制是完全不够的。在中心柏林墙所在区表现得很清楚，波茨坦广场综合体的超尺度开发与最初的规划限制相背离而没有产生相互联系和统一，批判性修复的教条只是将这种城市群岛变成了孤岛，加剧了碎片化。而在克罗伊茨贝尔克和普伦茨劳贝尔克（Prenzlauerberg）地区对出租公寓的修复却悄然改变着该地区的人口结构和身份认同，而这些差异化和多样性都在统一的美学立面之下被抹杀。早在1977年昂格尔斯就对现有修复提出质疑，人们只是把陈腐的街区围合式住宅强加给了蒂尔加滕地区。[42]昂格尔斯一直坚持柏林不应再有大规模的建造。它作为一个衰退的城市，表面上却体现着建造量的增加，如今这种持续增加的速率已经超过规划和建造的容量。[43]

另一方面，柏林对于年轻人的吸引力在德国各城市中居首，而在各州中消费最低。柏林迄今为止已经成为一个有潜力的聚集中心。柏林还吸引了大多移民，以东欧移民居多。[44]如今的柏林各个区域表现出完全不同的身份认同。许多移民群体如土耳其人聚集到克罗伊茨贝尔克，这些人群促进了旅游和消费。高龄人士以及大量俄国人聚集到夏洛滕堡（Charlottenburg）等区。尽管当地的建筑师和规划更希望让柏林成为一个传统的中心式的大都市，一个美好的历史悠久的城市，一个可以被挽救的城市，但实际上，这个城市在多个层面上都是多种部分的聚集。柏林的城市性是各种不同的社会群体形成的可见的、不可见的网络的冲突和交流，这形成了大都市的不可见的岛屿。如今这种不稳定的、无形的社会群岛在城市中的并置现象，不得不让人联想到昂格尔斯的城市群岛模型提出时的种种设想，只是这不只是由形式限定和反映的有形的群岛，还是由无形的"氛围"形成的无形的群岛。在中央（Mitte）区形成的文化娱乐大氛围中，Schwarzberg依然保留着战后柏林的废墟，感成为亚文化的阵地。而克罗伊茨贝尔克以及新科隆（Neukölln）区的国际创意先锋的氛围依然存在，只是这正逐渐地演变为一个时尚的街区。普伦茨劳贝尔克的各类废弃工厂和移民聚集也将这一区域转变为娱乐消费的场所。而这些群岛并不来源于整体城市的景象以及特殊的设计，而是许多次一级的情境的反映。昂格尔斯倡导柏林需要巩固现有有价值的建筑存量，拆除破损的部分（如东部和西部的所有的大规模住宅），将城市紧缩程度控制在一个情景主义的文化景观中。他对于美国社区自治和红色维也纳的研究的意义在于将形式和意识形态联系起来，而这些无疑也是对当今柏林城市的亚文化和激进氛围的一种反映。

（二）从城市群岛到城市催化剂——临时性利用

城市的分裂和统一造成的社会结构和经济结构的变更在内城留下了巨大的空地和无人区。基于其本身的功能的丧失和衰落，这些结构可以为经济运转以及社会转换提供余地。其低价的社会消费以及具有历史意义的环境，成了低收入并且强烈需要居住在城市内城的人的理想定居地：移民，创业者，学生以及创意产业等。与巴黎不同，柏林的失业人口和低收入人群集中于内城区域。[45]之前贬值的普伦茨劳贝尔克以及弗雷德里希斯海因（Friedrichshain）地区，伴随着特殊的文化以及社会运动，具有极大的潜质形成创意经济和旅游业。这些也可以被定义为具有城市性的场所。基斯·克里斯蒂安通过类比，将当代城市性定义为新的不可预知的网络从旧网络的结合中生发出来。[46]他认为这类区域能够成为孕育新的可持续的城市结构、文化以及社会网络的土壤。一方面，这些地区具有历史语境，与特定的历史相关。另一方面，又为现在和未来的发展提供可能性。而现实中这类区域最初往往从非官方的使用方式开始——临时性利用。基斯倡导利用与传统规划方式不同的方法对这类区域的发展进行引导。临时的以及非正式的利用在废弃的或是无人的房屋中是一种临时的解决办法，直到其被有利可图的以及长期的使用方式所占据。临时性利用在短时间的城市空间的增值中生产出了更多的社会文化以及经济的价值，而成为城市的催化剂。昂格尔斯对美国社区、维也纳大街区以及城市群岛的研究，强调激进的建筑形式之下包含纪念性形成的身份认同和创新公共设施的混合模式。而这两方面也可以看做对这些城市性场所的稳定动态结构的描述，而这种有别于传统的规划管理方式正是赋予柏林城市多样性的创新动力。菲利普·奥斯瓦尔特等人以城市催化剂来定义这种临时性利用的场所。如弗雷德里希斯海因的Reichsbahnausbesserungswerks（RAW）地区形成了小企业聚集的社区，混合了文化商业、餐厅、展览、剧院、手工业等。而其废墟般的形象并没有被完全修复，与周围19世纪出租公寓形成的古典、统一的美学形成鲜明对比，而这些看似"污秽"的空间正是维持低廉租金和柏林创意气氛的基础，他们形成了另一种城市认同。类似案例的成功将逐渐使得临时性利用制度化。

与罗西等人不同，昂格尔斯的理论局限性较大，而对于城市理论的探讨也没有持久的、更深入的发展。昂格尔斯的设计方法也不像罗西那样具有强烈的连贯性，他对于类型等概念的运用更加灵活。也正因为这些原因，其城市理论至今难以实施和复制。但昂格尔斯作为建筑师在面对城市问题上却迈出了重要的一步，他致力于探索区分于现代主义乌托邦的建构性和后现代主义解构性的第三条城市研究路径，其对建筑形式、政治以及社会维度的结合具有重要意义。柏林作为城市绿岛的策略至今也是对柏林城市现实的有力回应，这对柏林未来的城市多样性和身份认同问题的探讨具有重要意义。

注释:

① O.M.Ungers,Die Stadt in der Stadt: Berlin das Grüne Stadtarchipel—Ein stadträmeliches Planungskonzept für die zukünftige Entwicklung Berlins [M] ，1977.

② O.M.Ungers，Cities within the City [M] ，In Lotus 19，1978.

③ Florian von Buttlar，Peter Joseph Lenne，Volkspark und Arkadien [M] ，Nicolai，1989.

④ Rem Koolhaas，Hans UrichObrist,An Interview with O.M. Ungers [J] ,Log16(Spring/Summer)2009：75.

⑤ Werner Szambien,Schinkel [M] ,Paris，1989.

⑥ O.M.Ungers im Gespräch mit Jan Pieper，Über Typus und Ort in Kunstforum International [M] ，1984.

⑦ Meinhard Miegel，Die deformierte Gesellschaft：wie die Deutschen ihre Wirklichkeit verdrängen Propyläen [M] ，2002.

⑧ O.M.Ungers，Stadtprobleme in der pluralistischen Massengesellschaft [M] ，in：Transparent，Heft 5,1971：9.

⑨见注释1。

⑩ Florian Hertweck,Berliner Ein— und Auswirkungen，in Die Stadt in der Stadt [M] ，Berlin：Ein Grünes Archipel,Lars Müller Publishers,2013.

⑪见注释10。

⑫ Manuskrip der Präsentation vor dem Ausschuss der SPD am 23.9.1977,Ungers Archiv für Architekturwissenschaft.

⑬ O.M.Ungers,Le comuni de Nuovo Mondo [J] ,Lotus 8 (1970).

⑭ O.M.Ungers,Die Wiener Superblocks,Vorwort,VzA 23，in Lernen von Ungers von Erika Mühlthaler，ARCH + [M] ，2006.

⑮见注释14。

⑯ Pier Vittorio Aureli，The Possibility of an Absolute Architecture [M] ,The MIT Press，2011：193.

⑰ Colin Rowe,Fred Koetter，Collage City [M] ，Cambridge：MIT Press，1978.

⑱ O.M. Ungers，D. Allison，P. Allison,Tiergartenviertel Project [M] ，Berl in，1973 in Lotus11(1976).

⑲ O.M.Ungers,1951—1984:Bauten und Projekte [M] ,Braunschweig and Wiesbaden:Vieweg，1985.

⑳见注释16，第209页。

㉑ O.M.Ungers，Planning Criteria [J] ，Lotus 11(1976):13.

㉒ Andre Bideau，Architektur und symbolisches Kapital Bilderzählungen und Identitätsproduktion bei O.M. Ungers，Birkhäuser,Basel，2011：161.

㉓ Josef Paul Kleihues,Stations in the Architectural History of Berlin in the 20th Century：IBAA+U Extra Edition on International Building Exhibition Berlin [Z] ，1987：218—236.

㉔ Rob Krier，Rob Krier on Architecture [M] ，Academy Editions，1982.

㉕ Josef Paul．Kleihues．Berlin—Atlas zu Stadtbild und Stadtraum—Versuchsgebiet Charlottenburg [M] ，Berlin，1973.

㉖ Jahrhunderts，in：Vittorio Magnago Lampugnani (Hg.)，Schriftenreihe zur Internationalen Bauausstellung Berlin，Die Neubaugebiete，Dokumente Projekte，Modelle für eine Stadt [M] ，Berlin，1984：36.

㉗ Dagmar Tille．Learning from IBA—die IBA 1987 in Berlin [M] ,Berlin，2010：21.

㉘ Pariser Platz，Neubau der Akademie der Künste [M] ，Berlin，2005 (S)：122.

㉙见注释10。

㉚ Florian Hertweck，Das Steinerne Berlin：Rückblick auf eine Kontroverse der 90er Jahre，ARCH+ [M] ，2011.

㉛ Kees Christiaanse．Ein Grüner Archipel：Ein Berliner Stadtkonzept<<revisited>> in DISP 156 [M] ，2004.

㉜ Vortrag TU—Delft [Z] ，2001.

㉝见注释31。

㉞ Philip Oswalt (2000)：Berlin—Stadt ohne Form,Prestel,Oswalt zitiert：Die chinesische Stadt，Rem Koolhaas in Gespräch mit H.U. Olbrist in Berlin：Berlin，Katalog der ersten Berlin Biennale，herausgegeben von Miriam Wiesel，Ostfildern 1998 (S)：57.

㉟见注释1。

㊱见注释22，第202页。

㊲ O.M.Ungers，Wohnen am Park [M] ，Berlin Technical University of Berlin，1967.

㊳ O.M.Ungers,Brandwande [M] ,Berlin Technical University of Belrin，1971.

㊴ O. M. Ungers，S. Vieths．Oswald Mathias Ungers：The Dialectic City [M] ，Skira editore，Milan，1997.

㊵见注释16，第178页。

㊶ Philip Oswalt (2000)：Berlin·Stadt ohne Form．Prestel,Oswalt zitiert：Siegfried Kracauer，Berliner Landschaft,1931，in ders.：Strassen in Berlin und anderswo，Berlin 1987：40.

㊷见注释22，第141页。

㊸ Hartmut Häußermann，Walter Siebel．Berlin Won't Remain Berlin Matthias Bernt，Britta Grell，Andrej Holm．[M] //The Berlin Reader：A Compendium on Urban Change and Activism．Transcript Verlag，2013.

㊹ Meinhard Miegel．Die deformierte Gesellschaft：wie die Deutschen ihre Wirklichkeit verdrängen Propyläen [M] ，2002.

㊺ Sabina Uffer,The Uneven Development of Berlin's Housing Provision：Institutional Investment and Its Consequences on the City and Its Tenants [M] //The Berlin Reader：A Compendium on Urban Change and Activism．Transcript Verlag，2013.

㊻ Christiaanse Kees．Die Stadt als Loft，Weissenhof Architektur Forum [M] ，2002.

参考文献：

[1] O.M.Ungers.Die Stadt in der Stadt, Berlin das Grüne Stadtarchipel—Ein stadträmeliches Planungskonzept für die zukünftige Entwicklung Berlins [M], 1977.

[2] O.M.Ungers. Cities within the City [J]. Lotus 19, 1978.

[3] Meinhard Miegel. Die deformierte Gesellschaft, wie die Deutschen ihre Wirklichkeit verdrängen Propyläen [M], 2002.

[4] O.M.Ungers. Stadtprobleme in der pluralistischen Massengesellschaft [M].Transparent, Heft 5,1971.

[5] Florian Hertweck. Berliner Ein— und Auswirkungen, in Die Stadt in der Stadt [M]. Berlin, Ein Grünes Archipel,Lars Müller Publishers,2013.

[6] O.M.Ungers. Le comuni de Nuovo Mondo [J].Lotus 8, 1970.

[7] O.M.Ungers. Die Wiener Superblocks,Vorwort,VzA 23, in Lernen von Ungers von Erika Mühlthaler, ARCH+ [M], 2006.

[8] Pier Vittorio Aureli. The Possibility of an Absolute Architecture [M].The MIT Press, 2011.

[9] Colin Rowe, Fred Koetter. Collage City [M]. Cambridge, MIT Press, 1978.

[10] O.M.Ungers, D. Allison, P. Allison.Tiergartenviertel Project [J]. Berlin, 1973 in Lotus11(1976).

[11] Ungers 1951—1984.Bauten und Projekte [M].Braunschweig and Wiesbaden,Vieweg, 1985.

[12] O.M.Ungers. Planning Criteria [J]. Lotus 11(1976),13.

[13] Andre Bideau. Architektur und symbolisches Kapital Bilderzählungen und Identitätsproduktion bei O.M [M]. Ungers, Birkhäuser,Basel, 2011.

[14] Josef Paul Kleihues.Stations in the Architectural History of Berlin in the 20th Century, IBA A+U Extra Edition on International Building Exhibition Berlin [M], 1987 , 218—236.

[15] Rob Krier. Rob Krier on architecture [M]. Academy editions, 1982.

[16] Kleihues Josef Paul. Berlin—Atlas zu Stadtbild und Stadtraum—Versuchsgebiet Charlottenburg [M]. Berlin , 1973.

[17] Jahrhunderts. Vittorio Magnago Lampugnani (Hg.), Schriftenreihe zur Internationalen Bauausstel— lung Berlin. Die Neubaugebiete. Dokumente Projekte. Modelle für eine Stadt [M].Berlin, 1984.

[18] Dagmar Tille. Learning from IBA—die IBA 1987 in Berlin [M], 2010.

[19] Pariser Platz. Neubau der Akademie der Künste [M]. Berlin, 2005.

[20] Florian Hertweck. Das Steinerne Berlin , Rückblick auf eine Kontroverse der 90er Jahre,ARCH+ [M],2011.

[21] Kees Christiaanse. Ein Grüner Archipel ,Ein Berliner Stadtkonzept<<revisited>> in DISP 156 [M],2004.

[22] Philip Oswalt.Berlin—Stadt ohne Form.Prestel.Oswalt zitiert, Die chinesische Stadt, Rem Koolhaas in Gespräch mit H.U. Olbrist in Berlin:Berlin:Katalog der ersten Berlin Biennale, herausgegeben von Miriam Wiesel, Ostfildern [Z], 1998.

[23] O.M.Ungers. Wohnen am Park [M].Berlin Technical University of Berlin, 1967.

[24] O.M.Ungers.Brandwande [M].Berlin Technical University of Berlin, 1971.

[25] O.M.Ungers, S. Vieths. Oswald Mathias Ungers, The Dialectic City [M]. Skira Editore. Milan, 1997.

[26] Philip Oswalt. Berlin—Stadtohne Form. Prestel. Oswaltzitiert, Siegfried Kracauer, Berliner Landschaft,1931, in ders., Strassen in Berlin und anderswo [Z], Berlin, 1987.

[27] Hartmut Häußermann, Walter Siebel. Berlin Won't Remain Berlin Matthias Bernt, Britta Grell, Andrej Holm, in The Berlin Reader, A Compendium on Urban Change and Activism [M]. Transcript Verlag, 2013.

[28] Meinhard Miegel. Die deformierte Gesellschaft, wie die Deutschen ihre Wirklichkeit verdrängen Propyläen [M], 2002

[29] Sabina Uffer.The Uneven Development of Berlin's Housing Provision, Institutional Investment and Its Consequences on the City and Its Tenants,in The Berlin Reader, A Compendium on Urban Change and Activism [M]. Transcript Verlag, 2013.

[30] Christiaanse Kees. Die Stadt als Loft, Weissenhof Architektur Forum [M], 2002.

图片来源：

图1、图2：Die Stadt in der Stadt, Berlin das Grüne Stadtarchipel—Ein stadtämeliches Planungskonzept für die zukünftige Entwicklung Berlins, 1977.

图3：Die Stadt in der Stadt,Berlin,Ein Grünes Archipel , 60

图4：Philipp Oswalt (2000), Berlin—Stadt ohne Form, Strategien einer anderen Architektur. Prestel, München, London, New York. Karte 4

图5：Lernen von O.M.Ungers

图6：WAGNER,WERK Museum Postsparkasse

图7：Heinrich Klotz, O.M.Unger.Bauten und Projekte, Braunschweig/Wiesbaden, 1985

图8：Pirovano Carlo (Hg.), La riconstruzione della citta. Mailand, 1985 (S) , 49

图9：Bodenschatz Harald, Platz frei für das neue Berlin. Berlin, 1987 (S) , 189

图10、图11：Die Stadt in der Stadt, Berlin das Grüne Stadtarchipel—Ein stadtämeliches Planungskonzept für die zukünftige Entwicklung Berlins, 1977

图12：Lernen von O.M.Ungers , 202

图13：Lernen von O.M.Ungers , 169

焦　洋
（同济大学建筑城规学院　博士五年级）

历史语境下关于南京博物院大殿设计的再思

The Rethinking on the Design of the Nanjing Museum in the Historical Context

■摘要：作为南京博物院大殿设计的顾问建筑师，梁思成经过数年的古建筑调查研究，逐渐形成了对于中国建筑在美术及结构上之价值的认知，他将这种认知运用于这座建筑的设计修改之中，并在这一过程中尤其重视中国建筑结构的原则特征与现代化结构之间的协调，从而使这座建筑在中国建筑的现代化转型道路上具有非同寻常的探索意义。

■关键词：南京博物院　结构　美术　现代化　探索

Abstract：Being the consultant-architect of the design of Nanjing Museum，Liang Sicheng gradually formed the understandings of the artistic and structural values of Chinese ancient buildings during the several-year surveys of ancient buildings．Then he applied the understandings among the the modification of this design，and put his emphasis on the coordination between the characteristics of Chinese ancient structure and the modern structure．So under Liang Sicheng's great effort，Nanjing Museum was regarded as being of exploratory significance on the road of the modernization of Chinese ancient buildings．

Keywords：Nanjing Museum；Structure；Art；Modernization；Exploring

　　兴建于 1930 年代的原国立中央博物院大殿（按：现为南京博物院，以下称南京博物院大殿）是近代中国的一座具有不同寻常意义的建筑物。首先，在当时以清代 "宫殿式" 为主要特征的 "中国固有形式" 建筑设计趋势中，这座建筑独树一帜地采用了 "辽、宋形式"[①]；其次，这也是中国第一代建筑学者将理论研究与设计实践密切结合的典型作品。关于南京博物院大殿的历史价值及其意义，目前已有的专题研究成果主要包括赖德霖的 "设计一座理想的中国风格的现代建筑——梁思成中国建筑史叙述与南京国立中央博物院辽宋风格再思"（按：以下简称 "风格再思"）一文以及李海清、刘军的 "在艰难探索中走向成熟——原国立中央博物院建筑缘起及相关问题之分析"（按：以下简称 "问题之分析"）等论文。其中，"风格再思" 一文重点关注了南京博物院大殿造型要素的来源及其设计思想的形成与梁思成中国建筑史写作间的关系，而 "问题之分析" 一文则通过多方位地展现该建筑从筹建到实现的全过程，旨在揭示第一代建筑学者在"民族化"与"现代化"相结合的探索中所发挥出的重要作用。这两篇论文从不同的角度出发，各自提出了一些与以往有所不同的具有创新性的观点，在一定程度上扭转了将南京博物院大殿一概归为"中国固有形式"建筑的原有认识，并且深入地阐释了隐藏在事物表面现象背后的深刻思想实质（图1）。

图1　南京博物院（原国立中央博物院）大殿

不过，"风格再思"一文在分析造型要素的来源时，却没有将1935年前后梁思成先生在"中国营造学社"的研究工作与这一设计的时间关联性有效地结合起来，而是采取了一种倒推式的方法，将梁思成在1940年代后才逐渐形成的关于中国建筑的时代风格观念应用于对于该建筑设计思想的复原之中，并由此将其视为"豪劲"风格的作品。然则从梁思成的理论著述看，关于古代建筑结构特征与各个朝代时代精神的类比，尚未见诸1935年前后的文字表述之中，因此，并未有确切的证据能够表明辽、宋时代的建筑特征与各自时代精神间已建立起了对应的关系。事实上，在当年梁思成先生只是初步具有了将中国建筑的结构原则与现代主义建筑进行类比的思想意识，且进一步萌发出希望这一原则能通过新的材料和结构得到"强旺更生"的构想[②]，而1935～1936年间南京博物院大殿方案的修改正是他将这种构想付诸实践的一次创新探索与尝试。本文之所以要重新回顾南京博物院大殿的设计思路的形成，就是为了再次反思这座建筑物在中国传统建筑现代化转型中的典型意义，为此本文将力求尽量回到设计者当年的语境中，从几个方面重点分析梁思成在修改原当选方案时的考量，包括修改中所遵循的依据以及新技术、新材料与传统结构的协调适应等问题，在此基础上对该建筑的所谓"辽、宋风格"进行辨析，并就这座建筑的历史意义作一定程度上的阐发。

一、梁思成与徐敬直、李惠伯方案

关于南京博物院的筹建情况，已有多篇论文进行过详细介绍，在此无须复述，而有必要提及的是，在"建筑委员会"专门委员梁思成所拟定的《国立中央博物院征选建筑图案章程》中，明确地规定了此次征集方案"须充分采取中国式之建筑"。1935年8月，梁思成作为"建筑图案审查委员会"的两位预审委员之一，与另一位预审委员李济一起，于9月2，3日对各个应征方案进行逐一审查，不过各方案"无一能与章程规定需要完全符合"，4日"审查委员会"全体成员对各方案进行了初审，决议选取"最合宜且有修改可能者"，经无记名投票，一致选出徐敬直作品为当选方案[③]。此后，南京博物院"筹备委员会"指定梁思成作为顾问建筑师指导徐敬直修改方案，梁思成与他所在营造学社成员为此绘制了大量图纸[④]，在双方的协作下完成了第一期施工图，1936年6月南京博物院正式开工兴建（图2）。

指导老师点评

20世纪初，随着中国社会现代化进程的开始，中国现代建筑学从无到有逐步建立起来。但是与世界上许多国家和文明的现代化不同，中国社会的现代化进程是以持续断裂为特点的，战争、国家政权的暴力更迭、政治运动以及意识形态革命等等，这些都导致了中国现代化进程支离破碎的断裂特征。

这一特征在中国现代建筑学的发展过程也尽显无遗。作为中国现代建筑学的创始人和积极参与者之一，梁思成先生孜孜以求的现代中国建筑学是一个从传统向现代有机过渡的建筑学，是一个积极吸收世界先进文化同时又深深扎根在本土优秀传统进行理想。1935-1947年间建成的南京国立中央博物院（现南京博物院）大殿是梁思成先生上述思想的集中体现。然而，梁思成先生的理想不仅需要对世界"先进"文化和本土"优秀"传统进行甄别，而且需要一种相对持续的社会和文化环境才有可能得以实现。遗憾的是，梁思成先生的现代中国建筑学探索随着日本侵华战争以及之后中国全面内战的爆发被迫中断（尽管国立中央博物院大殿本身最终还是建成）。新中国成立后重新焕发的希望又在此后一轮又一轮的政治和意识形态运动中被无情击碎。梁思成先生最终也在无所适从的彷徨之中结束了他的现代中国建筑学之梦。

尽管如此，在21世纪的今天，重温以梁思成先生为代表的现代中国建筑学思想仍然具有重要的理论和现实意义。焦洋的"历史语境下关于南京博物院大殿设计的再思"一文对梁思成先生建筑思想在历史和理论两个层面展开研究。在历史层面，作者有效展现了梁思成建筑思想的历史语境；而在理论层面则着重分析了梁思成先生在"中国固有形式"框架下于"美术"和"结构理性主义"之间的思想徘徊。特别是全文最后将上述研究与梁思成先生关于"词汇－文法"的思想联系在一起，应该说这在一定程度上触及了问题的核心，因为即使在现代化进程被认为最内发于自身文化传统的西方，现代建筑也是一场史无前例的变革。就此而言，如果曾经以《建筑的古典语言》(The Classical Language of Architecture) 一书著称的英国学者约翰·萨默森 (John Summerson) 在1950年代竟也发出"逝去的语言终将逝去"(the missing language will remain missing) 的感叹并坦诚当代建筑学在"古典语言"以外寻求发展的必然，那么当代中国建筑学如何能够超越梁思成先生"中国固有形式"的"词汇－文法"观念，继而在其他层面对中国建筑文化传统进行认识和价值重估，也许是焦洋这篇论文给我们留下的最具挑战性的历史和理论问题。

王骏阳
（同济大学建筑与城市规划学院，教授、博导）

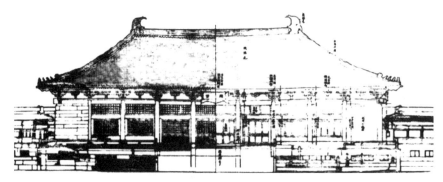

图2　国立中央博物院大殿立面图（建筑师：徐敬直、李惠伯，顾问建筑师：梁思成）

二、梁思成之修改思路的探析

关于梁思成在对原方案修改时的依据及其思路，"风格再思"一文中采取从梁思成的中国建筑写作中进行分析的方法，这无疑是非常有效的。但是，作为对设计者创作思想的揣度与猜测，应该更加注重尽量回到原始的语境状态，不宜把后来逐步形成的观念用于分析前一个时期的设计思想。比如该文中使用的关于时代风格的评价来自于梁思成1946年完成的《图像中国建筑史》所谓"豪劲时期"（公元850～1050年）与"醇和时期（公元1000～1400年）的划分，而梁思成在1935年前后的写作中，尚未有如此鲜明的关于中国建筑的时代风格表述。因此，在这种观念指导下去复盘梁思成的思路本身就存在一个问题，即既未有充分的证据表明这种观念是形成于1935年前后，况且在梁思成后来的写作中，这种观念又并非为他长期一贯所坚持者。当然，这并不意味着在分析南京博物院设计思想时不能参考借鉴梁思成1940年代写作中的观点，只是说不应把日后的结果作为思想演变唯一的可能性，因为这样做会导致丧失对于演变过程鲜活性及不确定性的考察和认识，而这一思想演变的脉络及其中不时闪现出的思想火花，或许才是最贴近于历史真实的，也是最可汲取的精神财富。为此，以下将通过对梁思成1930～1935年间一系列理论写作的分析，力图探寻出当年在他本人的修改中起到决定性作用的思想线索。

（一）梁思成修改思路的思想来源——理想的形成

作为分析梁思成修改南京博物院大殿设计之思路的重要前提，有必要简要回顾他本人在此一时期对于中国古代建筑之关注点的变化。在加入"营造学社"之前，梁思成就已经着手从事关于中国古代建筑的研究，如他在宾大留学时，就尽其所能地阅读了所有能够查到的关于中国建筑的资料，并准备将"中国宫室史"作为博士论文的选题[⑤]。但由于这些资料都出自于当时的欧美学者，对中国建筑的评价持有明显的偏见与歧见，虽然梁思成已经意识到了其中的问题，但其自身也不可避免地会受到其中一些观点的影响，如他在1930年所撰写的《天津特别市物质建设方案》中关于"公共建筑物形式之选择"的内容中，就可以体现出他此时的认知状态：

"初步想法——中国建筑固有之美术与现代建筑实用的合并"（1930年）；

"美好之建筑，至少应包括三点：①美术上之价值；②建造上之坚固；③实用上之利便。中国旧有建筑，在美术之价值，色彩美，轮廓美，早经世界审美学家所公认，毋庸赘述。至于建造上之坚固，则国内建筑材料以木为主，木料易于焚毁，且限于树木之大小，难于建造新时代巨大之建筑物。实用便利方面，则中国建筑在海通以前，与旧有生活习惯并无不洽之处，欧风东渐，社会习惯为之一变，团体生活增加，所有各项公共建筑物势必应运而起。如强中国旧有建筑以适合现代环境，必有不相符合之处。总之，今日中国之建筑形式，既不可任凭各国市侩工程师随意建造，又不能用纯粹中国旧式房屋牵强附会。势必有一种最满意之式样，一方面可以保持中国固有之建筑美而同时又可以适用于现代生活环境者"[⑥]。

在这段文字中，梁思成关于中国古代建筑的认识取自于西方学者的早期研究中，而当时西方学者关于中国旧有（古代）建筑价值的评判则集中于"美术"的层面上，将"色彩美，轮廓美"视为其最突出的"美术"价值，所谓"轮廓美"，应指的是中国建筑的屋面。在此，梁思成并未点出中国旧式建筑在结构方面的"美术"价值，却指出了其在结构材料方面的两个弱点，一是木料易于焚毁，不能持久坚固，二是木料不能建造巨大体量的建筑物。可见，在西方学者的影响下，梁思成也认为中国旧式建筑之优点主要在于"美术"层面上，因而其在新时代的建筑设计中的价值也应体现于"美术"上，至于其他两个方面"坚固"、"实用"则要依照现代建筑的原则。据此，他接下来提出了在"重要公共建筑物"中宜采用"新派中国建筑样式——合并中国固有的美术与现代建筑之实用各点"的观点，并且绘制了此种建筑形式的立面图以助说明（图3）。由此看出，在1930年时梁思成本人对于古代建筑之结构在美术上的价值尚未有明确的认识，而关于中国古代建筑结构是否能够在新时代得以赓续的想法，此时也尚未出现。

1931年梁思成加入了"中国营造学社"，他首先从清代官式建筑入手开始中国古代建筑的研究，到1932年年初完成了第一部著作《清式营造则例》，之后从蓟县独乐寺起始，梁思成与其同事在1932～1935年间先后开展了河北、山西、浙江等地的古建筑调查，测绘了一批辽、金、宋时代的建筑，其研究成果主要以调查报告的形式发表于《中国营造学社汇刊》中。通过解读其理论写作可以鲜明地感觉到，经过这一段时间的系统研究，到1932年梁思成对于中国古代建筑的关注点已发生了显著的变化，这一转变逐渐形成了他关于古代建筑研究

图3 梁思成绘 "天津特别市行政中心建筑物立面图"

的思想方法，并且指导着他其后近20年间的建筑创作思想。其在研究中的具体体现为：①整体上对于结构体系的关注甚于外观等表面现象；②尤为注重研究斗栱等大木构件。至于为何会发生这样的转变，据梁思成后来的回忆，这是与1930年代初国际上特别是美国建筑学界从古典主义到结构主义的风尚流转密切相关的⑦。在此将通过比较梁思成在1932～1933年的几篇古建筑调查报告在分析建筑时的条目划分顺序来说明这一关注点的变化。

"我们所知道的唐代佛寺与宫殿" 之 "各部详细研究——结构特征"（1932年）：

1.材料；2.色彩；3.台基；4.柱；5.额枋；6.斗栱；7.椽子；8.屋顶；9.门窗；10.阑干；11.天花

"蓟县独乐寺观音阁山门考" 之 "山门"（1932年）：

1.外观；2.平面；3.台基及阶；4.柱及柱础；5.斗栱；6.梁枋；7.角梁；8.举折；9.椽子；10.瓦；11.砖墙；12.装修；13.彩画；14.塑像；15.画像；16.匾

"大同古建筑调查报告" 之 "华严寺大雄宝殿"（1933年）：

1.台；2.殿之平面；3.材栱；4.斗栱；5.殿顶；6.门窗；7.平棋；8.墙；9.彩画；10.壁画；11.佛像；12.碑

1932年的 "我们所知道的唐代佛寺与宫殿" 一文并不是古建筑实地调查报告，而是对国内已知的唐代雕刻、壁画等的分析。作为梁思成发表的第一篇古建筑论文，虽然在该文中关于唐代建筑 "各部详细研究——结构特征" 的分析顺序大体上仍延续了他之前的认识，即材料与色彩优先，但是此时他已经开始重视结构构件的重要性，并将其置于其他非结构构件之前。而从较为详细的两篇古建筑调查报告 "蓟县独乐寺观音阁山门考" 与 "大同古建筑调查报告" 中了解到，梁思成将对一座古建筑单体的分析顺序进一步秩序化为：首先是平面，接下来着重分析各个结构构件，其中又将各类型斗栱一一罗列且详加解析，使斗栱的内容占据了最大篇幅，之后是其他非承重构件，最后彩画、壁画、塑像等。从中可以看出，对于古建筑的结构分析意识在逐渐地增强。此外，在这几篇著述的文字表述中体现出了梁思成在完成《清式营造则例》的基础上对于《营造法式》研究的不断深入，例如将 "蓟县独乐寺观音阁山门考" 与 "大同古建筑调查报告" 比较后会发现，后者在行文中将清式与宋式做法尤其是称谓相类比的状况已大为减少。再者，在 "大同古建筑调查报告" 中梁思成对于若干结构构件的历代演变趋势作出了初步的总结，并且进行了不同朝代间高下优劣的评价。此处有必要加以强调的是，这种评价是以构件的形态与其结构机能间的关系作为衡量标准的，从中透露出他本人对于形态与功能相符合者的欣赏。而关于梁思成何时具有了从结构角度去认知中国建筑在美术上之价值的问题，在1932年的 "宝坻县广济寺三大殿" 一文中可以发现一些端倪：

"在三大士殿全部结构中，无论殿内殿外的斗栱和梁架，我们可以大胆地说，没有一块木头不含有结构的机能和意义。在殿内抬头看上面的梁架，就像看一张 X 光线照片，内部的骨干，一目了然，这是三大士殿最善美之处。⑧"

与之类似地，在这一时期的其他几篇古建筑调查报告中，梁思成也有过多处将结构机能的合理与否作为审美判断依据的表述。尽管在总体看来，美术价值的评析与揭示在以阐明建筑结构为首要目的的古建筑调查报告内容中并不占据重要地位。不过，依然可以明确的是，在这一时期梁思成已经确立起了将结构机能合理之构件或者节点做法视为美观之评判标准的思想认识。在诠释中国古代建筑结构所具有的美术价值方面，梁思成的夫人林徽

特邀评委点评

文章以小见大，从对一座重要建筑物的历史分析尤其是还原其设计思想的努力，来展示其中一些重要的并且在今天仍然具有特别意义的建筑学主题。在这一过程中，作者能够敏锐地注意到前人研究成果中的 "不足"，并由此展开自己的思考。通篇虽行文略显粗糙，但仍可见到作者的思考与叙述中的绵密与力量：一来是对梁思成1935年之前几篇论文的梳理，比较好地展示了其某一特定视角的思想发展历程，展现了对文献的细读功夫，并补充了赖德霖文中的已有考察；二来则是在一些具体观点的表述上，已经基本脱离了绝对化和片面化的通常弊病；最后，作者在结语部分所提出的问题，敏锐、公允，且富有力度。以上这些，都显示作者已经具备较好的学术素养。

不足之处在于：1. 对赖文的责难，即 "没有将1935年前后梁思成先生在 '中国营造学社' 的研究工作与这一设计的时间关联性有效地结合起来，而是采取了一种倒推式的方法，将梁思成在1940年代后才逐渐形成的关于中国建筑的时代风格观念应用于对于该建筑设计思想的复原之中，并由此将其视为 '豪劲' 风格的作品"，这一论断有违原文本身。因为，赖文在对中央博物院的细读中，那些比较几乎完全基于梁在那一段时间的调研与发现，并从设计角度揣摩了梁在中央博物院的修改中的语汇来源及变更依据，这实在不能说没有建立 "时间关联性"。另外，"豪劲" 风格的提法虽然系统成文于1940年代完成的英文版《图像中国建筑史》，但是梁（和其夫人）的这种认识或意识则明显早于这一时间。以明晰的、系统的建筑文字来否定先此对于这一精神特质的自觉是不妥的，何况，赖文中还把 "豪劲" 置于民族更新的大视野中，从其他领域展开了论述，而这些甚至是20世纪初年的事情。这种对所基于文献

（转71页右栏）

因曾在 1932 年的"论中国建筑之几个特征"一文中有过更为详细的论述，无疑也会对其思想认识产生深刻的影响⑥。

综上所述，从这一时期梁思成的中国建筑研究看，"木结构体系及其最显著的部分——斗栱"成为了他研究中最为切要的关键之处，这些研究为编纂《建筑设计参考图集》奠定了基础，因而在 1930 年代美国建筑界"结构主义"思潮鼎盛的氛围中，并且基于自身对于本国建筑在结构上之美术价值的推崇，必然会促使他思考如何将本国建筑的基本特征应用于新的设计实践之中，而这些思考的集中成果体现就是在 1935 年发表的《建筑设计参考图集》一书。

"思考方向的转变——古代建筑结构理性之于现代建筑的意义"（1935 年）

《建筑设计参考图集》分为十集，梁思成撰写了序言及台基、石栏杆、店面、斗栱（汉至宋）、斗栱（元、明、清）这五个部分。这部图集所搜集的材料多来自于数年间营造学社所调查过的各处古建筑，其选取依据如"序言"中所示，为"较有美术或结构价值地"⑦，将"结构"与"美术"区分开，意即所选取之素材并非全部具有结构上之美术价值者，有些则是单纯从形式之美术价值考量出发而选取的，但是这两大类素材无疑在梁思成心目中的地位并不相同，因为序言中明确指出了当时的国内建筑设计中妄用、滥用所谓中国固有样式的纷乱状况，其通病在于"对于中国建筑权衡结构缺乏基本的认识这一点上"，故编写图集的目的在于使中国新建筑师了解"中国建筑的构架组织及各部做法，权衡等"，以成为他们设计时的参考资料，而"创造新的即需要对于旧的有认识。"在这里，将"构架"置于图集内容的首要位置就足以体现出中国古代建筑的结构在梁思成心目中的突出地位，为了进一步阐述中国建筑之结构在新时代所可能具有的实践意义，他还将其与当时盛行之"国际式"建筑作了结构原则上的比较：

"所谓'国际式'建筑，名目虽然笼统，其精神观念，却是极诚实的；在这种观念上努力尝试诚朴合理的科学结构，其结果便产生了近来风行欧美的'国际式'新建筑。其最显著的特征，便是由科学结构形成其合理的外表……对于新建筑有真正认识的人，都应知道现代最新的构架法，与中国固有建筑的构架法，所用材料虽不同，基本原则却一样——都是先立骨架，次加墙壁的。因为原则的相同，'国际式'建筑有许多部分便酷类中国（或东方）形式，这并不是他们故意抄袭我们的形式，乃因结构使然。同时我们若是回顾到我们的古代遗物，它们的每个部分莫不是内部结构坦率的表现，正合乎今日建筑设计人所崇尚的途径。"

通过这一比较，梁思成坚定地发出了中国古代建筑以其结构原则的先进性更应该在这一时期"因新科学，材料，结构，而又强旺更生"的前景展望。然而，在表达信心之外，梁思成并未就两种结构体系的差异作出进一步的分析（对此下文将在分析南京博物院大殿的结构体系时作出阐述），不过他在编写这部图集时却也敏锐地注意到了实际运用中可能产生的对图集中所列之样式照抄照搬等一些有悖于初衷的负面效应，为此他在第五集"斗栱（元、明、清）"部分的文末特加以提及，虽然处在一个复兴的时代，但并不希望当时的建筑师对古建筑作形式上的模仿，而"如何能适合于今日之用"⑧，才是当时的建筑师急需解决的问题。此外，对于两种不同类型素材的运用，梁思成提出应力求避免对于结构构件作单纯形式上的模仿，并特别强调尤其是斗栱方面，该图集并非为建筑师们提供了现成的设计蓝本，而只不过是参考资料，目的是为了使他们了解中国古代的结构法，并"由那上面发挥中国新建筑的精神"。所谓"发挥中国新建筑的精神"显然有别于形式上的模仿，由此可以大致推测，梁思成当时对于斗栱在新结构体系中如何运用仍处在思考探索的状态，他希望该图集能起到引发建筑师们对这一问题形成关注进而激发出新思路、新方法的作用。

回到本文的主题关于南京博物院大殿设计之修改思路的分析，我们发现梁思成编写《建筑设计参考图集》的日期（1935 年 11 月～1936 年 7 月）与修改南京博物院大殿设计方案的日期是基本吻合的，故此他在这一时期的思考状态理所当然地最接近于修改方案时的思路。而作为"营造学社"的研究成果在建筑设计中之运用的集中体现，从 1931 年起到此时梁思成的一系列写作中的思想观点也势必会影响到他本人修改思路的形成。

（二）梁思成的修改思路——理想的付诸实践

在回顾梁思成在 1930～1936 年间有关中国建筑研究之写作的基础上，对于他在南京博物院大殿修改时的思路就可作出一定程度的推想。虽然目前缺乏原当选方案的设计图纸，但可以确定的是，既然设计章程对于建筑面积有严格的要求，那么在修改时对于原当选方案中大殿的通面阔与通进深就必须维持不变，在这一基础条件的制约下，每一间的面阔与进深是可以修改的。另外，如建筑物的高度也会因使用功能的要求需要与原方案保持大体的一致，故此柱子的高度，斗栱层的高度，屋面举折的设定在修改时都相应地必须作出统一协调，除此以外，作为该设计的顾问建筑师，梁思成就有着比较大的修改余地，比如对于原当选方案的清代宫殿特征⑨，他进行了大刀阔斧式的修改。在对现存设计图纸的分析后得知，梁思成在修改中虽然并未全部选择某一特定时代的建筑特征，但是却在尽量排斥着原有的清式特征。那么，是怎样的观念决定了他的这种取舍的呢？此外，虽未一一尽如，但为了达至建筑外观上的协调，就有必要选择具体建筑实例作为整体上的参考对象，这一选择是基于怎样的思考？至于其他若干细节上的设计其又体现出了怎样的考量，以下将分别予以解析。

第一，对于清代宫殿式样的排斥是出自于梁思成在"中国营造学社"研究过程中所积淀起来的对于辽、金、宋建筑结构的推崇以及与此对应的对于清式结构的贬斥态度这样一种观念。正如前文曾提到的，梁思成在古建筑调查报告中将辽、宋、金的结构与清代结构进行比较，认为前者多合理、美观而后者多呈现结构退化之趋势，尤其斗栱，自宋以后，结构上由简而繁，由机能而装饰，至清代斗栱的原始功用及美德已丧失殆尽⑩。在此观念的支配下，在修改时摒除清代宫殿式样便是自然而然的了。

第二，作为整体上所参照的对象，梁思成为南京博物院大殿所寻找的原型为大同上华严寺大雄宝殿，原因在于在 1936 年之前营造学社所调查的辽、金、宋时代的建筑中，与南京博物院大殿同为面阔 9 开间者就是建于金代初年的上华严寺大雄宝殿，且两者同为单檐庑殿顶，形制上的相同，使得华严寺大雄宝殿成为南京博物院大殿设计的主要参考原型，当然这种参考既包含有对各个层面的借鉴，又并非完全照搬，对此将在下文对应具体问题时予以详述（图4）。

图4　大同上华严寺大雄宝殿

　　为了接近梁思成1935年时的思考状态，以下将主要依据《建筑设计参考图集》序言中所强调的权衡、结构两个方面分析南京博物院大殿的修改并兼顾其他若干细部的修改。

　　1. 权衡

　　(1) 平面的面阔与进深：从现存图纸档案中获知，南京博物院大殿当心间面阔6.1m (20ft)，次间至梢间均为4.88m (16ft)，尽间为4.57m (15ft)。华严寺大雄宝殿面阔尺寸则是从当心间向左右各间依次递减，这两种面阔尺度的变化方式在唐代至宋代的建筑中各有例证，而修改时采用面阔尺度变化较为简单、规整的形式，以突出当心间，弱化尽间（作为售票和办公用房），其他各间则保持尺度一致，这一设计不仅有使用功能上的考虑，而且可便于现代结构体系的模数化施工。至于在进深方向，南京博物院大殿为5开间，其尺寸自当心间向两侧依次递减，分别为5.49m (18ft)、4.52m (15ft)、3.96m (13ft)，这与华严寺大雄宝殿进深方向开间尺寸的递减趋势类似。而如果比较两座建筑通面阔与通进深的比例，南京博物院大殿为44.52/22.55=1.97，华严寺大雄宝殿为53.90/26.95=2，两者平面的长宽之比十分接近。

　　(2) 柱：斗栱高（自橑檐枋上皮至大斗下皮）与柱子高的比例是梁思成在古建筑调查中非常注意的一点，他将斗栱权衡由大到小的变化视为建筑历代演变中的一个重要特征，以至于在研究初期甚至将斗栱与柱高之比作为判断建筑物大致年代的一个标准，总结出斗栱的高度从唐代的约合柱高之半到宋代的三分之一直至清代的五分或六分之一，权衡愈发趋于缩减的规律性。关于斗栱与柱高之比，华严寺大雄宝殿为1：3.4，南京博物院大殿为1：3，之所以取这样的比例就是为了使之大体符合辽、宋时代的特征。再者，北宋的《营造法式》中曾有过关于柱高与间广两者尺度关系的大致规定，以当心间柱高与间广之比为例，南京博物院大殿为5.30m/6.1m=0.87，与之相比，华严寺大雄宝殿为7.24m/7.1m=1.02，显然前者为遵循《营造法式》中有关檐柱虽长不越间之广的规定所作的有意调整。另外，关于檐柱的逐间生起，在《营造法式》中也有规定，其基本原则为"自平柱叠进向角渐次生起，令势圆和"，目的是为了形成檐部的柔和曲线，但辽、金建筑中并非皆有生起的做法。为此，梁思成在南京博物院大殿修改中设定了各檐柱自平柱至角柱高度的逐渐生起，使其成为了该建筑所具有的又一处宋代特征（见图2）。

　　2. 结构

　　(1) 柱网布局：南京博物院9×5开间的大殿平面并未以"满堂柱"的方式布置柱网，而是省去了大殿前部中心的四棵柱子，在辽、金佛教建筑中为了使大殿中央有充足的安置佛像以及礼佛空间，经常运用这种"减柱法"。柱子的减少使得上部梁架结构发生变化，梁思成在考察报告中曾多次对这种柱子的排布方式表示赞赏，并将其视为宋、辽、金建筑不

的不准确阅读，显著伤害了论文的立论基础。2. 文章无论是标题还是摘要都无法集中体现文章的主旨，散而空泛。这固然有写作技巧的原因，但更重要的恐怕还是文章内容选取上的问题。假如能够集中于文章的第二部分即中央博物院中"梁思成之修改思路的探析"，当可更为聚焦且能够凸显本文的价值，尤其是在与赖文的对照阅读中。当然这种聚焦是一种侧重历史思想考察的写作方式。3. 假如不是这样一种历史写作方式，而希望更多进行理论问题的探讨，则可以大大缩减前面的详细分析，很快进入文章结语部分所提出的问题，围绕"在现代建筑中运用中国建筑的'词汇'与'文法'时，是否在关注其美术价值的同时注意其原有结构意义如何表达的问题，是能否真正地发挥中国建筑之精神的关键所在"来展开，则无论是单就梁思成个人学术生涯来纵向展开，还是把梁思成与杨廷宝／吕彦直进行横向对比，或是延伸进入当代以展现这一主题的现实向度及其历史渊源，都会很有吸引力。

史永高

（东南大学建筑学院，
硕导，副教授）

同于明清建筑的一大优点,非常值得取法。虽然对于木结构建筑而言,"减柱法"可能会因中部几跨柱间距过大而导致结构上的不稳定(实例中常有在后世增加柱子以支撑上部梁架的例子),但在钢筋混凝土结构中,这种担忧就不存在了。因为大殿原有的柱网尺寸仍是大致依照木材的材料特性安排的,而钢筋混凝土的运用可以使开间增加一倍而无结构安全之忧,因此,修改中"减柱法"的运用既体现出了该建筑的辽代特征又恰合乎于现代化的结构体系,可谓一举两得(图5、图6)。

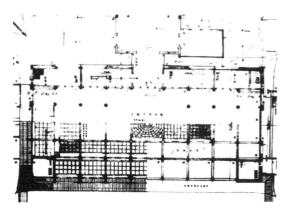

图5　国立中央博物院大殿平面图(建筑师:徐敬直、李惠伯,顾问建筑师:梁思成)

图6　南京博物院大殿室内"减柱法"

进一步地,若细致比较南京博物院大殿与华严寺大雄宝殿两者的柱网布局方式,会发现后者不仅运用了"减柱法",而且还将中部的两列柱作了向前及向后的移动,因与山面的柱子不对位,故也被称为"移柱法"。这种因柱子移动所造成的结构受力的变化在以横向承重为主,纵向联系为辅的木梁架结构中,不会产生重大的影响,但是若应用于钢筋混凝土结构体系中,在1930年代的技术条件下,就会增加施工上的难度,因而柱列在纵横方向上的对位就显得非常必要,这或许是修改时未采用"移柱法"的原因所在。

(2)斗栱:梁思成在数年间的古建筑考察过程中,最关注的就是建筑的结构,而结构中最为详究者即为斗栱,他在研究中国建筑之初曾有过"斗栱发达史,就可以说是中国建筑史"[⑤]的论断,因此在对南京博物院大殿的修改过程中,必然会在如何选择、设计斗栱上倾注较大的心血,而且梁思成在该殿的修改中,并未将斗栱单纯视为是造型上的构图要素,而是将其作为结构上的重要组成部分来设计的,对此,作为当事人之一的建筑师徐敬直在他的《中国建筑的过去与现在》一书中曾评价为"斗栱更具功能性而非装饰性"。出于这个原因,以下有必要将建筑各类型的斗栱加以详细分析。前文已经提到,该建筑的斗栱权衡很大(约合柱高的1/3),不仅如此,其斗栱布置舒朗,每间仅施补间铺作一朵(且仅用斗子蜀柱,或可认为取消了补间铺作),这也是辽、宋时期建筑的一个重要特征。

①材份:作为栱、枋、梁等结构构件断面尺寸确立的基准,南京博物院的用材为26cm×16.5cm,广厚之比为1.58:1,这一材份等级介于《营造法式》的第二、第三等材之间,若将其与当时梁先生调查过的辽、金建筑实物的用材比较,与之接近的有善化寺大雄宝殿、善化寺三圣殿和蓟县独乐寺山门。对于栔这一辅助模数,辽、金时代建筑栔的高度均大于《营造法式》规定的材广的十五分之六,南京博物院的栔高为12.7cm,材、栔高之比为2.05:1,也超出了《营造法式》的规定2.5:1,与蓟县独乐寺山门的2:1接近。由此,在材份上南京博物院主要参考了上述三座辽、金时代的建筑,而与金代的善化寺三圣殿最为接近(表1)。博物院大殿的用材尺寸既未直接参照华严寺大雄宝殿,又没有依据两座建筑在体量上的差异进行比率折算,而是采用了比华严寺大雄宝殿更大的材份权衡,如比较两者的通面阔,前者是后者的83%,而材份尺寸之比为87%。显然,这一举措突出了辽代建筑中斗栱更为雄大的特征。

南京博物院与其他辽、金建筑用材比较　　　　　　　　　　　　　　　　　　　　　　　　　　表1

	年代(公元)	材广×材厚(cm/份)	份值(cm)	材广/厚	栔广(cm/份)	材/栔
南京博物院	—	26×16.5/15×9.5	1.73	1.58	12.7/7.34	2.05
独乐寺山门	984年	24.5×16.8/15×10.3	1.63	1.46	12.3/7.5	2
善化寺大雄宝殿	11世纪	26×17/15×9.8	1.73	1.53	11.5/6.6	2.26
善化寺三圣殿	1128～1143年	26×16.5/15×9.5	1.73	1.58	10.5/6	2.48

②斗栱:

柱头铺作:南京博物院柱头铺作为五铺作双抄偷心、单栱(图7),这一形制在参考与之等级接近的辽、金建筑的基础上作了一定的简化。

例如平面同为九开间的上华严寺大雄宝殿,其外檐柱头铺作为五铺作双抄计心、重栱(图8),南京博物院外檐柱头铺作虽同为五铺作,却采用了偷心造,因此形制上更接近于蓟县独乐寺山门的柱头铺作(图9)。但并不能就此认定博物院起初就参照了独乐寺山门的斗栱形制,因为形成此结果的思路应大致为,首先从上华严寺大雄宝殿了解到,在这一等级的殿堂中五铺作的基本形制是可行的,然后为了适应混凝土的施工技术,对构造节点去作进一步的简化时才参照了独乐寺山门的柱头铺作的"偷心造"。因为对混凝土构件来说,与"计心造"第一跳华栱上置交互斗承华栱与瓜子栱相比,"偷心造"第一跳华栱上置散斗仅承华栱,简化了构造节点,便于施工。由此可知,南京博物院大殿在设计构件及与其相应的构造做法时,至少考虑了两方面的内容,一是设想了其在木构中是否合理的问题,以满足视觉表达的需要;二是尽量适应新的结构技术,以应对施工中的问题。简言之,对于结构构件的选用,不仅要使结构可靠,而且要使结构看起来可靠。

在柱头铺作形制最终以独乐寺山门为参照对象的同时,对于整朵斗栱中的一些细节,南京博物院大殿与独乐寺山门既有近似之处,也存在着一些明显的区别。例如华栱出跳的份数两者接近:山门第一跳出跳长30.6份,第二跳出跳长21.9份,博物院第一跳出跳长30份,第二跳出跳长23份;不同之处在于两者令栱与泥道栱尺寸间的差异,即为了突出"大同古建筑调查报告"中所指出的辽代建筑中令栱明显短于泥道栱的特征⑯。在南京博物院柱头铺作中,令栱长54份,泥道栱长70份,而山门令栱长67份,泥道栱长73份,可见为了强化辽代建筑的这个特征,博物院此处并未参照山门⑰。此外,不同之处还包括耍头形式的区别,独乐寺山门的耍头为批竹形,博物院柱头铺作的耍头形式在设计图中参照了善化寺三圣殿的样式,而在实际施工中则采用了华严寺大雄宝殿的耍头样式。耍头形式的选用,因不涉及结构功能,所以自由度较大(图10、图11)。

补间铺作:南京博物院大殿的补间铺作形制为,于普拍枋上立蜀柱,柱上施散斗,承柱头枋二层。下层柱头枋之表面,隐刻出泥道栱,栱上列散斗三个,载上层柱头枋(见图7)。这一形制的来源是辽代的下华严寺海会殿补间铺作,其最重要的特点是无华栱出跳承檐,

图7 南京博物院柱头铺作、补间铺作

图8 上华严寺大雄宝殿柱头铺作

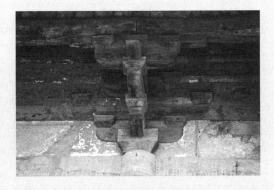

图9 独乐寺山门柱头铺作

作者心得

在困惑与希冀交织中的"历史语境下之再思"

在历史的语境下对南京博物院(原国立中央博物院)大殿的设计思想进行梳理与解析,就此议题所开展的研究在建筑理论界已经取得了令人瞩目的成果,因而可以说关于这座建筑的思考已经相当深入,那么既然本文要立足于"再思"这样一个立论的出发点,就必然要对现有的研究成果做出相应的检视,而重返"历史语境"或许是一条能够收获新知的探索之路。不过,从着手酝酿之始,笔者就逐渐感受到这一探索是一次从始至终都处在困惑与希冀交织中的艰辛之旅。

1. 由回归"历史语境"而引发的困惑

首先,关于由怎样回归历史语境而引发的困惑:南京博物院大殿的设计与建造历经了曲折漫长的过程,在建成后的数十年间又经过数次的整修与改造,其现状与设计者当年的构想间发生了不可忽视的变化,历史与现实间的差异使得仅从这座建筑当前的状况入手,显然无法去洞悉历史的原貌,而在寻找当年历史资料的过程中同样也存在着各种各样的困扰与挑战。

接下来,关于由回到怎样的历史语境而引发的困惑:所谓"历史语境"是一个动态的不断变化着的过程,其中包括设计者自身思路的变化,设计者之思路与建造者之实际操作间的差异等等,因此要对该建筑的图纸档案做再次的研究。而笔者所接触到的并不完整的图纸档案有着两个不同时间阶段的版本,其差别是怎样造成的,说明了怎样的思路变化,由于缺乏相关的文字佐证,从而给研究带来了不小的困惑。此外,通过比较图档与实物后,发现设计者的初衷并未完全被建造者所采纳,这反映出设计思想与

(转75页右栏)

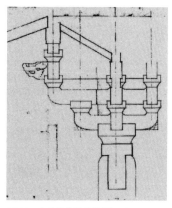

图 10　南京博物院设计图耍头

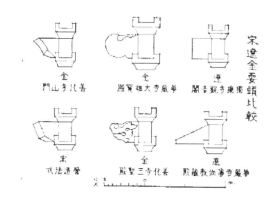

图 11　华严寺大雄宝殿与善化寺三圣殿耍头形式

类似做法在辽代的蓟县独乐寺观音阁下檐补间铺作中也采用过（图 12）。依照梁思成的判断，这类做法，因仅是在枋木上雕作栱形，无华栱出跳承檐，故"由结构上言，谓下檐无补间铺作可也"[18]。梁思成之所以选取下华严寺海会殿补间铺作作为原型，应该就是出于对其简洁之特征的欣赏，以及对其在视觉表达上与现代结构体系间的协调，因为它避免了与结构无关的出跳形象给人造成的虚饰印象。

转角铺作：南京博物院大殿转角铺作的形制为，转角栌斗上正侧两面各出华栱两跳，第一跳偷心造，第二跳承令栱与耍头相交，令栱上列散斗三个承接替木及橑檐枋，于平面 45°角线上出角栱三层，在第二跳角栱上置平盘斗，于角栱两侧各出瓜子栱与令栱出跳相列，似鸳鸯交手栱，但未隐刻栱头。这一形制与独乐寺山门转角铺作相近，但也有一些区别，主要在于后者正侧两面华栱第一跳为计心造，上承瓜子栱，瓜子栱承托与角栱垂直的"抹角斜栱"。独乐寺山门采用"抹角斜栱"当是出于稳固角部结构的需要，而南京博物院大殿屋顶的钢桁架结构使得这一构件失去了必要性，而且这一构件的取消简化了构造节点，降低了施工的复杂程度（图 13、图 14）。

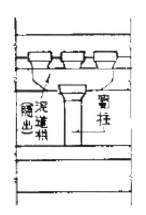

图 12　华严寺海会殿补间铺作

图 13　南京博物院转角铺作

图 14　独乐寺山门转角铺作

（3）屋面"举折"与"推山"：屋面"举折"由"举屋之法"与"折屋之法"两部分组成，就"举屋之法"而言，南京博物院大殿屋顶的举高为前后橑檐枋之间水平距离的 1/4，与《营造法式》"看详"中所谓"今采举屋制度，以前后橑檐枋心相去远近分为四份，自橑檐枋背上至脊槫背上，四份中举起一份"相符合[19]，而"折屋之法"则每折比率分别为 1/7.7、1/14、1/21、1/53，均大于《营造法式》中所规定之 1/10、1/20、1/40、1/80，因此屋面坡度显得比"法式"更为陡峻，而且也较宋、辽、金建筑的各现存实物陡峻。每一折的斜率更为明显，使得既突出了屋面在建筑造型中的地位，又便于钢桁架上弦杆内凹尺寸的确定，因此是古代建筑特征与现代结构技术相协调的产物。

至于屋面的"推山"，由于现存图纸并未标注尺寸，因此只能大致判断仅仅是将脊槫向外推出，这与《营造法式》中的规定相一致，而区别于清式"推山"每一步架均向外推出的做法。关于"推山"，梁思成在"大同古建筑调查报告"中曾指出，"辽建筑中尚未有推山之法者"，说明在他调查过的辽代建筑中均未出现该做法。因此可以推断，南京博物院大殿的"推山"是着意为了体现宋代建筑的屋面特征而作的修改。"举折"和"推山"使垂脊在平面及立面投影上都呈曲线（图 15），避免了生硬呆板的形象，而其主要的考量正是为了突出中国建筑的屋面在美术上的价值，因为在当时营造学社的研究中已经有了对矩形屋架稳定性的批判意识[20]，所以这两种措施应视作现代结构对于传统形式的妥协。

3．结构与形式之关系的调和

通过上述对于权衡与结构等各主要方面之修改思路的分析，已经对梁思成在一些具体问题中的修改思路有了一定的了解。然而，值

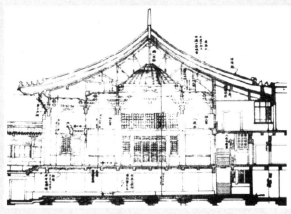

图15　国立中央博物院大殿剖面图（建筑师：徐敬直、李惠伯，顾问建筑师：梁思成）

得进一步讨论的是，梁思成在修改时又是怎样呼应他本人关于中国建筑正可"因新科学、材料、结构，而又强旺更生"这一理想的。正如前文所述，梁思成在修改中既没有完全照搬任何一座古代建筑的整体以至于细节的特征，也未完全遵循《营造法式》中的文字规定。相反，他对于这座建筑物从整体到细节都进行了重新的设计，那么这一系列的设计是如何使那些本于古代材料、结构的各个形式特征实现与近代材料、结构之间的调和的呢？梁思成所作的这些探索、尝试有哪些积极意义，又存在着哪些问题呢？

梁思成在修改时所面临的主要矛盾是，当依附于传统结构的外在形式与现代结构发生冲突时，究竟要以传统形式为先还是以现代结构为先的问题。因为当传统结构转化为现代结构时，其固有的形式上是否要相应地作出变化，这是能否体现中国建筑与"国际式"建筑共有之美德——外观的"每个部分莫不是内部结构坦率的表现"的关键之处。然而从根本上说，木结构的柔性榫卯节点与钢筋混凝土结构的整浇刚性节点在受力性能上有着本质的区别，这一结构机能上的本质区别是不能用两者同为框架结构的共同原则来掩盖的。为此，在修改中他时常必须在形式与结构两者之间作出抉择，而从图纸及建造结果看，他也确实是这样做的，即有时为了遵循现代结构的原理，将传统形式作出调整，而有时则为了保持传统的形式，对现代的结构方法作出调整。换句话说，梁思成在修改中一系列设计的总体思路可归纳为：在结构与形式间进行调和，有时使结构被动去适应形式，有时则使形式主动去呼应结构。

属于前者的例子有，作为屋顶结构的人字形钢桁架，这种三角形结构与木结构的矩形层叠梁架不论在形式上还是在受力机能上都有着根本上的区别。因此，对于木结构建筑而言，通过控制脊槫与上、中、下平槫的高度而形成的屋面内凹曲线——"举折"，是内部结构的坦率体现，不过对于钢桁架来说，将上弦杆生硬地做成内凹折线，或导致弦杆内部轴向力传导出现偏差，违背了该结构的力学原理，使现代化的结构沦为了传统形式的附庸②（见图13）。

属于后者的例子有，处在檐柱上起承檐作用的斗栱，本身作为钢筋混凝土预制的构件，就如同是一个膨大的柱头，是作为一个整体受力的，与木料互相咬合形成的可以分散荷载的斗栱，在力的传导上有着明显的区别，因此，木斗栱中一些用于强化节点的措施，如在跳头施横栱的"计心造"就显得多余了，这或许就是在修改中为什么在柱头铺作中取消瓜子栱的原因所在。此外，转角铺作中抹角斜栱的取消，补间铺作的尽量简化等都是形式对于结构的主动呼应，并且也降低了施工的复杂程度。

当然，在一些比较个别的例子中，木结构的某些形式特征本身就符合钢筋混凝土结构，这样就可以直接拿来运用而不至于造成形式与结构间的矛盾。比如，阑额2/1的高厚比恰符合现代科学的造梁方法，因而尽管材料发生了变化，但是这一构件的形态仍然得到了保留。

由此，如果单从技术角度去衡量的话，那么在南京博物院大殿的修改设计中，那些形式去主动呼应结构的做法是具有进步意义的，而另一些结构被动呼应形式的做法却是值得商榷的，因为它违背了形式作为结构的坦率表达这一中国木结构建筑与现代主义建筑的共

技术现实之间怎样的矛盾与调和关系，似乎也成为研究中的又一个困扰。

2. 由"再思"而引发的希冀

尽管有着这样或那样的困惑，经由研究中对历史细节的整理发覆，对于史实的辨析澄清等等"再思"行为，仍然会使笔者对此项研究的前景产生无限的希冀。这些"再思"既涉及对梁思成先生之修改思路形成始末所做的推想，又包括对于梁思成先生之修改思路所做的尝试性复盘，更进一步延伸至了对于梁先生设计思想之历史意义的讨论等，而由种种"再思"所引发的希冀实际上就是延续已久的对于中国建筑传统能够自我更新以实现现代化转型的执着理想与信念。

作为一次在困惑与希冀交织中的探索，本文在酝酿构思、着手写作以及后来的整理修改过程中有幸得到了导师王骏阳教授的热情指导，王老师为论述要点的确立、内容的展开以至于最终结论的形成倾注了大量的心血，这些指导发挥着引领研究的重要作用，在此向王骏阳教授致以衷心的感谢！

焦洋

有原则。尽管如此，当我们试图回到梁思成当年的思考状态中，推想其在一系列修改中关于结构与形式两者关系处理时的种种权衡与取舍时，仍然会对他在处理一些问题中的两难状态持以深切的理解，因为毕竟这座建筑物不仅承载着梁思成对于中国建筑现代化转型的期望，而且也寄托着他本人对于中国古代建筑的眷恋，而那些在处理形式与结构的矛盾以及对彼此价值的取舍过程中所激荡起的思想火花，即使在今天看来，仍然会具有不可忽视的现实意义。

三、对所谓"辽、宋风格"的辨析

在"风格再思"一文中，曾多次提及南京博物院大殿的辽、宋风格，并点明了其出处为梁思成及徐敬直本人的表述[22]，不过在梁思成的《中国建筑史》中该处原文为"辽、宋形式"而非"辽、宋风格"，两者的差别显而易见，作为设计修改的负责人，梁思成本人的评价是措辞客观、严谨的，因为这座建筑从整体到局部并未贯彻所谓的辽、宋风格，而且梁思成在当时也并未形成明确的关于辽、宋时期建筑的风格意识。事实上，这种所谓建筑物所对应的时代风格意识在梁思成长期的理论思考中一直是处在探索状态中的。而徐敬直所称的"辽和宋初风格"，大致与梁思成在1940年代所著《图像中国建筑史》一书中提出的"豪劲"时期相吻合。以下将从该建筑物是否具有"辽和宋初风格"以及梁思成是否具有风格意识主导下的创作倾向这两个方面来辨析这两种表述，以力图更趋接近于事实的本来面目。

就第一个方面而言，如果梁思成在修改时所着意实现的就是使该建筑具有辽和宋初风格的话，那么就必然会在整体以至每一处细节上都贯彻这种时代风格，这样一来，在南京博物院大殿中既不可能出现屋面的整体黄色琉璃瓦这一明、清宫殿特征的色彩与材料的运用，也不可能在大殿的月台栏杆和望柱形式上选取五代时期栖霞山舍利塔的"勾片斗子蜀柱"栏杆式样。因为对于梁思成这样熟稔于各个时代建筑特征的研究者来说，他完全没有必要也不会作出上述的种种处理。与之相比，通过上文就这座建筑物的修改时思路所作的推测可知，梁思成本人所作的"辽、宋形式"的评价，更为接近事实。因为其主要参考之依据有二：一是建于金代，却具有明显辽代建筑特征的华严寺大雄宝殿这一实物例证[23]；二是北宋末年颁布的《营造法式》这一文献资料。

第二个方面，"风格再思"一文中所阐释的这座建筑所谓"豪劲"风格形成的原因（按：关于"豪劲"风格，其出处为梁思成在1940年代所著《图像中国建筑史》一书中对于中国现存古建木构建筑实例所尝试进行的时代风格划分。不过，这一划分却不是严格依照朝代的起止时间，而其大致依据的是已发现之建筑物的建造年代。唐、辽和宋初为"豪劲时期"，宋代中叶至明代初年为"醇和时期"，自明永乐年间直至清代为"羁直时期"），一是出自于梁思成本人的审美趣味，二是离不开当时社会文化精英对于现代民族国家发展和建设所持有的理念，即对于"豪劲"精神的崇尚[24]。两者结合起来表明了这样一个观点，即当时的社会文化氛围影响了梁思成的审美趣味，并决定了他必然要选择足以彰显出民族文化奋发向上之面貌的"豪劲"风格来塑造建筑物的总体精神气质。然而，实际的状况是，在1935年左右时，未有确切的证据表明，梁思成已经形成了关于中国建筑的时代风格意识，而且在没有一座唐代建筑被发现的前提下，更谈不上将辽代建筑与唐代建筑相类比，进而用唐代的时代精神提炼出两者之风格的可能性。

当时，梁思成经过几年来的实物调查，仍处在对于辽、宋、金、元、明、清等各个时代建筑特征的整理过程之中。在他的一系列调查报告中，所重视的是对各个时代结构特征变化规律的总结，却未曾对辽、宋建筑特征所具有的历史文化意义予以特别强调。虽然在梁思成的古建筑调查报告中时常表达出对于辽代建筑结构特征的赞赏，但他却并未将这些特征归纳为一种风格。而且当时在国内尚未发现任何一座唐代建筑，仅凭一些壁画、雕刻等间接实例，是难以摸清唐代建筑之特征的，所以在此时缺乏将辽代与唐代建筑特征相提并论的必要实物例证[25]，因此可以设想，即使梁思成在修改这座大殿时所追求的真是所谓"豪劲"风格，那么此时，他也不大可能会从辽代建筑的特征中去寻找素材。

综合上面的分析与推测，几乎可以确定的是，在实际的修改创作中，梁思成从未刻意追求某种风格，它所努力践行的是在遵循原设计中一些重要基础因素的前提下，希望尽可能全面地将中国建筑之美德——形式作为结构的坦率表现，用现代的结构方法表达出来，并尽量在两者之间进行调和，因而这一修改设计的探索试验的性质十分显著。当然，这种美德在梁思成看来，就当年已发现的实例而言，更多的是体现于辽、宋、金时代的中国建筑之中，因此，辽代建筑的特征、宋代《营造法式》的内容自然都成为了它主要的参考依据。通过前文对于梁思成1930~1936年中国建筑研究中的关注重点以及对其在建筑设计之应用的展望的回顾，可以看出在这一时期，他对于在设计中如何展现中国古代建筑之特征的构想，虽然已经从采纳其美术特征转变为了希望发挥其结构原则，但是并未有比较明确的建筑时代风格意识。因此，他在修改时更多思考的是将"中国营造学社"的研究成果付诸实践，而在这一过程中则充满着强烈的探索与试验的意识。正是这种试验性的尝试，决定了南京博物院大殿在诸多层面的取舍中并非始终如一地贯彻着某种设计者所偏好的风格。事实上，在梁思成的设计作品中，将其"中国营造学社"的研究成果应用于设计之中，已经有1932年时北平仁立地毯公司的立面改造可作为例证。在这座建筑的立面构图中，就既包含有梁思成曾经考察过的天龙山石窟的一斗三升斗栱、八角形柱、人字形栱等多种元素，同时还包括了其他一些时期的建筑构件样式，如清式的鸱吻、五代时期的勾片阑干等，因此可以说也同样呈现出试验探索的性质。

此外，还有一点要辨析的是，如果在更为广阔的时间跨度中去分析梁思成的中国建筑史写作，就会发现如《图像中国建筑史》中的"时代风格"意识在其中既是不确定的，也是不突出的，即所谓的"豪劲"时期、"醇和"时期、"羁直"时期的风格划分仅仅于该书中用英文表述过。即便如此，梁思成在该书中也注意到了用时间段去划分时代风格的潜在风险，为此，他对于这种划分作了补充说明，指出所谓风格或特征在一座建筑中有时尚不能贯彻始终，而不同时期的特征必然会有较长时间的互相错杂。可见，作为一部向外国介绍中国建筑的著作，梁思成在当时所提出的风格划分是否为一种借鉴西方理论以便易于为外国人所认知的权宜之计，尚未可遽下断言。而如果与他在1954

年所发表的"中国建筑发展的历史阶段"一文中的观点相比较，就能感觉到他本人就这一问题之思考的不断深化。随着更多建筑实例的发现，梁思成一直在修正、补充、完善对于中国建筑各个时代特征的总结与评价，建筑现象的丰富与复杂性，使他的评述日趋全面而细化，以至于用一个词汇去归纳某种风格的做法已很难再现了。与他的中国建筑史研究方法近似的，梁思成在建筑设计中思考的丰富性与进取意识同样显著，正是基于这样的理由，以一部《图像中国建筑史》作为衡量梁思成史学观念之标尺的做法是有失公允的，以《图像中国建筑史》中的风格意识表露去复盘梁思成之设计思想的做法也未免会失之于偏颇。

四、南京博物院之设计修改实践的历史意义

"中国固有形式"建筑趋势中的独树一帜之作：除了本文开始处提到的两篇论文以外，目前的多数论著中都将南京博物院视为"中国固有式"中的"宫殿式"个案，其理由为，在1929年南京国民政府的《首都计划》中对于"建筑形式之选择"明确规定了"要以采用中国固有之形式为最宜，而公署及公共之建筑物尤当尽量采用"，而关于"中国固有之形式"又进一步阐释为"凡古代宫殿之优点，务当一一施用"，至此"中国固有形式"就与"宫殿式"建立起了对应关系。而在1930～1936年间南京建造的一批重要行政及文化建筑，其外观多取法自北京的明清宫殿，使得这种对应关系更加得到强化。于是，作为这一时期内设计并开工兴建的重要公共建筑物之一，南京博物院往往也被归为了"中国固有形式"建筑的作品。不过通过本文前面对这座建筑物的多层面解读，可以清晰地认识到它与同时期另外一些"中国固有形式"建筑的显著区别。

首先，作为该建筑的业主，虽然同样为官方背景，但其领导筹建馆舍的"建筑委员会"均是由各学科的专家学者组成，特别是有梁思成这样的建筑学者的加入，更加强化了该委员会在建筑方案的征集、审查过程中的专业性。而且，当方案评选完成后，梁思成更是作为顾问建筑师亲自参与了当选方案的修改，这就保证了这座建筑物兴建的全过程都是在建筑学者的指导下实现的。这里从一个细节中就可以看出建筑学专家在方案征集中的重要作用，梁思成在拟定任务书时以"中国式之建筑"取代了"中国固有形式"的通行提法，使参选方案不必拘泥于明清宫殿之式样，从而在创意初就给予设计者以更为广阔的创作空间，而作为实际的执行状况，不论是杨廷宝方案中的辽式特征还是梁思成所着力修改的辽、宋形式，南京博物院大殿都与其他"中国固有形式"建筑具有明显的气质上的差别。而在梁思成指导下的最终实现方案，在整体上全面摆脱明清宫殿的形式以弱化官方色彩，通过借鉴辽代特征显著的上华严寺大雄宝殿以及北宋《营造法式》中的有关内容，并经由现代化的建造技术使之得以实现，在强化该建筑的历史文化色彩的同时又探索着中国建筑的现代化转型之路。

"词汇—文法"思想的滥觞：根据《建筑设计参考图集》"序言"中的观点，梁思成在南京博物院大殿的修改中运用了古代建筑结构及美术这两个方面的特征作为实现中国建筑现代化转型的探索性尝试，经过笔者对于该建筑的设计修改状况作出分析后，大致可以将这两方面的特征分别进行归纳。

关于结构上的特征，如前文已经提及的，梁思成在《建筑设计参考图集》中曾着重强调，中国建筑的结构特征（尤其是斗栱）不应直接拿来用在现代的结构体系中，而应发挥其精神，可见梁思成是将斗栱作为新的结构体系中的受力构件考量的，并据此作出了尽可能适合于悬挑受力的相应修改。虽然，钢筋混凝土斗栱在受力性能上与木斗栱明显不同，使得作为悬挑构件，其形式已显得较为复杂，但梁思成在南京博物院中所作的简化节点构造的尝试，在当时仍是具有进步意义的。至于美术上的特征，如屋面的举折、黄色琉璃瓦的材料使用等，则因为经济上的浪费而引发了当时学术界的质疑之声㉚。不过，时至今日仅是在美术上继承中国建筑之特征的设计作品仍然比比皆是，这种状况不能不引起深刻的反思。

中国建筑在结构及美术上的特征如何在现代建筑中继续发挥其价值，这一梁思成在1930年代中期的理论思考与实践探索，逐渐发展成为了他本人1940年代的"词汇—文法"思想及更晚期的"建筑可译论"中的重要观点。如在南京博物院大殿中采用的斗栱、阑额、鸱吻等可被归纳为中国建筑的"词汇"，而"减柱法"、"举折"、"推山"等则可被作为中国建筑的"文法"，"词汇"通过"文法"的组织构成了中国建筑在结构及美术上的特征。在许多情况下，结构与

美术上的特征是不可完全分离开的，比如具有结构功能的构件经过适当的艺术加工而具有了高度的装饰效果，这样的例子比比皆是。故而在现代建筑中运用中国建筑的"词汇"与"文法"时，是否在关注其美术价值的同时注意其原有结构意义如何表达的问题，是能否真正地发挥中国建筑之精神的关键所在。因此，值得强调的是，梁思成的"词汇—文法"思想在其形成之初是包含有结构特征与美术特征这两个方面的内容的。只不过在不同的历史时期，这两者在梁思成的理论写作中占据有不同的地位，从1950年代以后的理论著述看，似乎他更加重视美术上之价值的实践构想，从而与南京博物院大殿之修改时的总体构思呈现出截然不同的倾向性[27]：一个是希望实现古代结构体系的现代化改造，注重的是结构原则精神的延续；一个则是将一些无关于主体结构或者有悖于结构功能的要素附加于现代建筑之上，所注重的是构图审美的需要。而对于古代结构技术的原则与特征在现代的结构体系中如何运用，又怎样表达，却始终未能开展超越南京博物院大殿的进一步实践，这不能不说是一个历史的遗憾，但也正因为如此，这座建筑所具有的探索意义就愈发显得非同寻常。

注释：

① 参见梁思成《中国建筑史》一书中对于该建筑的评价："至若徐敬直、李惠伯之中央博物馆，乃能以辽、宋形式，托身于现代结构，颇为简单合理，亦中国现代化建筑中之重要实例也。"

② 参见梁思成发表于1935年的《建筑设计参考图集序》："……这正该是中国建筑因新科学、材料、结构，而有强旺更生的时期，值得许多建筑家注意的。"

③ 参见：李海清、刘军于"在艰难探索中走向成熟——原国立中央博物院建筑缘起及相关问题之分析"一文中对于方案评审情况的叙述。

④ 关于梁思成及营造学社在修改中发挥的作用，据学社成员陈明达在"从营造学社谈起"一文中回忆："南京博物院的设计（当时称中央博物院），建筑师是徐敬直，设计时要求大屋顶，他不通晓古建筑，就来找我们，那时的顾问也真实在，许多具体工作都做，绘图量不少，不像现在的'顾而不问'。"

⑤ 关于梁思成在宾大留学时对于中国古建筑的研究兴趣，参见林洙《建筑师梁思成》一书中的相关叙述。

⑥ 梁思成，张锐．天津特别市物质建设方案 // 梁思成全集（第一卷）[M]．北京：中国建筑工业出版社，2001：33．

⑦ 朱涛．新中国建筑运动与梁思成的思想改造(1949—1952)——阅读梁思成之三[J]．时代建筑，2012(5)：120．

⑧ 梁思成．宝坻县广济寺三大殿 // 梁思成全集（第一卷）[M]．北京：中国建筑工业出版社，2001：267．

⑨ 参见林徽因"论中国建筑之几个特征"一文中关于中国建筑结构之美观的评述："中国建筑的美观方面，现时可以说，已被一般人无条件地承认了，但是这建筑的优点，绝不是那浅现的色彩和雕饰，或特殊之式样上面，却是深藏在那基本的、产生这美观的结构原则里，及中国人的绝对了解控制雕饰的原理上。"

⑩ 梁思成．建筑设计参考图集序 // 梁思成全集（第六卷）[M]．北京：中国建筑工业出版社，2001：236．

⑪ 同⑩：235．

⑫ 同⑩：312．

⑬ 在获奖的五个方案中，第一名徐敬直方案整体采用了清代宫殿样式，第三名杨廷宝方案部分采用了辽代建筑的特征，第五名童寯方案则部分采用了清代宫殿样式。

⑭ 参见《建筑设计参考图集》第四集及第五集中的有关论述。

⑮ 梁思成．我们所知道的唐代佛寺与宫殿[J]．中国营造学社汇刊，1932，3(1)：105．

⑯ 参见"大同古建筑调查报告"中对于辽代建筑所列辽代建筑栱长份数的数据。

⑰ 此处南京博物院栱长份数的数据引自赖德霖"设计一座理想的中国风格的现代建筑——梁思成中国建筑史叙述与南京国立中央博物院辽宋风格设计再思"一文，独乐寺山门栱长份数的数据引自"大同古建筑调查报告"。

⑱ 梁思成．蓟县独乐寺观音阁山门考 // 梁思成全集（第一卷）[M]．北京：中国建筑工业出版社，2001：199-200．

⑲ 《营造法式》"卷五"中有殿阁楼台三份中举起一份，筒瓦厅堂四份中举起一份的规定。

⑳ 参见林徽因在《清式营造则例》"绪论中"对于古代屋架结构稳定性的批评。

㉑ 关于屋面举折与钢桁架结构的矛盾性，参见李海清《中国建筑现代转型》一书中的相关分析。

㉒ 参见徐敬直《中国建筑的过去与现在》一书中的评论："它的设计采用了辽和宋式风格"。

㉓ 关于上华严寺大雄宝殿的辽代特征，可参见梁思成、刘敦桢在"大同古建筑调查报告"一文中对于该建筑特征的总结："殿之大木构架，以较之金初善化寺三圣殿、山门二建筑，则此殿保存辽式之成分稍多，固无疑问。"此外，在梁思成的"中国建筑发展的历史阶段"一文中，也曾有"有一些金代建筑实物在结构比例上完全和辽一致，常常使鉴别者误认为辽的建筑"的论断，就是指这座建筑而言的。

㉔ 参见"设计一座理想的中国风格的现代建筑——梁思成中国建筑史叙述与南京国立中央博物院辽宋风格再思"一文中关于"建筑设计思想分析"部分的论述。

㉕ 梁思成比较确定地认为唐代建筑与辽代建筑属于同一风格的论断，出现于1954年发表的"中国建筑发展的历史阶段"一文中。

㉖ 比较突出的质疑有林克明在"国际新建筑会议十周年感言"一文中对于"中国固有式"的批判，以及童寯在"我国公共建筑外观的检讨"一文中对于"宫殿式"覆顶的批判等。

㉗ 参见在梁思成《祖国的建筑》一书中所绘制的"三十五层高楼"与"十字路口小广场"两幅想象图。

参考文献：

[1] 梁思成．梁思成全集（第一卷）[M]．北京：中国建筑工业出版社，2001．

[2] 梁思成．梁思成全集（第二卷）[M]．北京：中国建筑工业出版社，2001．

[3] 梁思成．梁思成全集（第四卷）[M]．北京：中国建筑工业出版社，2001．

[4] 梁思成．梁思成全集（第五卷）[M]．北京：中国建筑工业出版社，2001．

[5] 梁思成．梁思成全集（第六卷）[M]．北京：中国建筑工业出版社，2001．

[6] 赖德霖．设计一座理想的中国风格的现代建筑——梁思成中国建筑史叙述与南京国立中央博物院辽宋风格再思[M] // 中国近代建筑史研究．北京：清华大学出版社，2007．

[7] 李海清，刘军．在艰难探索中走向成熟——原国立中央博物院建筑缘起及相关问题之分析[J]．华中建筑，2001(6)．

[8] 李海清．中国建筑现代转型[M]．南京：东南大学出版社，2004．

图片来源：

图1、图4、图6~图9、图13、图14：作者自摄。

图2、图5、图10、图15：赖德霖．设计一座理想的中国风格的现代建筑——梁思成中国建筑史叙述与南京国立中央博物院辽宋风格再思 // 中国近代建筑史研究[M]．北京：清华大学出版社，2007

图3：梁思成、张锐．天津特别市物质建设方案[Z]．

图11、图12：梁思成、刘敦桢．大同古建筑调查报告[A]．1933．

陈 潇
（苏州科技学院建筑与城市规划学院 硕士一年级）

墙的叙事话语

The Wall's Narrative Semantics

■摘要：本文以墙为线索，借助建筑叙事学的研究视野，对国内当代本土的建筑创作实践进行解读。从墙的本原语义出发，指出关于墙的三种不同叙事策略所指向的场所精神和地域特色正是墙的本土叙事语义所在。立足这一叙事语义，关注并回归到墙这一基本的建筑元素及其所创造的空间本身，是当代本土建筑发展的未来之路。
■关键词：墙 叙事 语义 本土 场所精神 地域特色
Abstract：Setting the wall as a clue, this paper tries to interpret the domestic contemporary local architectural design practice with the help of the perspective of architectural narratology. Starting from the wall's primitive semantic, this paper points out that the genius loci and regional characteristics which the three different narrative strategies point to are the wall's local narrative semantics. Taking the local semantics as foundation, focusing on and returning to the wall which is the basic architectural element and the space itself created by the wall is the future road of the development of the contemporary local architecture.
Key words：Wall；Narrative；Semantic；Local；Genius Loci；Regional Characteristics

"建筑在墙壁发生"——罗伯特•文丘里

建筑学是研究空间的一门学科。空间的研究无法回避围绕其发生的一个个事件。据环境记忆心理学的研究，人对环境的印象和记忆分为三个层次：物（Object），场（Place），事（Event）。人们记忆的内容首先是环境中的"事"；其次是发生事的"场"；最后才是具体而微的"物"①。从建筑的角度看，建筑构建的实体和虚体空间这一"物"，在"场"与"事"之间建立了沟通的桥梁（图

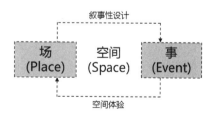

图1 空间与场、事关系图解

1）。而通过所谓的叙事性设计，使"物"化的空间反映"场"里所发生的"事"能被参观者和使用者体验从而感知，此即完成了一次有意义的叙事性表达。

空间反映了怎样的事件，怎样反映以及反映的效果及意义值得研究。墙作为建筑最基本、最重要的元素，是组织空间和承载事件的重要载体。本文的探讨正始于此：试图以墙为线索，

借助建筑叙事学的研究视野，探索墙的叙事策略及语义（Semantic），希望以此出发能建立一种立足本土的叙事性设计策略，为当代本土建筑创作实践开拓新的视野和思路。

一、叙事视野下墙的语义

（一）建筑叙事学

所谓建筑叙事学（Architectural Narratology/Architectural Narratives），就是将叙事学作为一种可选择的方法来分析、理解、创造建筑，重新审视建筑内在的要素属性、空间结构、语义秩序之间的关联性及其策略，即将建筑学转译为另一种可能性的语言体系，进而来有效地建构建筑的社会文化意义[2]。当下对建筑地域性的关注与研究成为潮流，而叙事性的设计恰好可以将场所特征、空间体验和文化信息组织在一起。作为一种新的工具和方法，建筑叙事学的主要研究内容仍然立足于空间这一本体，主要有三个层面：描述与表达空间、建构空间图景和考察与优化空间[3]。

（二）墙的本原语义

图2　墙字的原形

"墙"是象形文字。其最早的原形如同生产工具镰刀，意在护卫住所和田园形状（图2）。其中，"爿" = 片，即筑版之意；"秝"即两个禾字，表示大量庄稼；"啬" = 啬，代表土壁粮仓。因此，"墙"字的本义即是"用筑版垒筑的粮仓土壁"。从造字的本义即能看出"墙"字所具有的两个基本属性：材料属性和功能属性。材料属性主要强调用"土"这一传统的建筑材料通过筑版的形式建造仓库。功能属性则关注墙的防御的功能，通过建造墙体围合出仓库空间，保护粮食不受侵害。"墙"字具有的两个基本属性阐述了墙的基本语义：即墙是一种防御性的构筑物。这一语义有着深刻的现实基础，是人类发展进程中一个阶段性时期内的功能诉求，社会的发展进步赋予墙更多的语义。

墙的基本语义是通过创造有意义的空间而实现的。正如老子在《道德经》中说道："凿户牖以为室，当其无，有室之用。"空间"有""无"的关键即在"墙"上。"只要在空间里出现一段墙壁，有时就会产生出乎意料的效果，用这样的方法可进行明暗、表里、上下、左右等的空间划分。"[4]正是有了墙，产生了空间的内外之隔，围合出相对安全的空间，空间随即有了意义。如"建筑在墙壁发生"一样，事件也随空间在墙壁发生。不同体量、质感的墙体以及墙的不同组合，限定出不同的空间，营造不同的氛围，反映不同的场所特征，支撑不同的活动与事件。墙和随之发生的事件具有典型的场所精神。这些关于墙的物质形态、空间结构和支撑的活动事件构成了墙的本原语义。

（三）墙的外延语义

随着社会的不断发展，产生了更多不同的功能需求和精神追求，使得墙逐渐有了不同的语义，主要体现在墙逐渐发展成为承载信息和故事的重要载体。墙，"第一次从异己的神秘莫测的自然空间中划分一个人为的空间，属于人的空间，确立人在自然界的一种空间秩序，以满足生存的需求以及由此而来的心理上的安全感。"[5]封建社会中由防御功能发展而来的城墙，以高大封闭、坚不可摧的形象象征着统治者的权威。这种围合形成的对外封闭、对内开敞的空间在人们心中形成了一道无形的精神墙，留下了挥之不去的阴影。朝代更迭，久而久之，无形的精神墙逐渐造就了中华民族封闭、内敛和含蓄的心理特征。

民居建筑中也通常筑以高深的围墙，在自家宅院内营造一个内在封闭的小世界，筑墙的目的即明确身份，划清界限。这种对于自我心理需求的一种满足正是社会意识形态的体现，更是一种他组织自封闭的结果和象征。苏轼的"墙里秋千墙外道，墙外行人，墙里佳人笑"正恰如其分地传递了这一语义。

权力等级、社会意识形态以及墙所反映的其他的隐含的历史故事与文化意义等，组成了墙的外延语义，它们通过一定的叙事性设计而被观者感知。

墙的本原语义与外延语义是墙的叙事话语中不可或缺的两个层面。通过不同的叙事策略将墙转变为空间和本原语义关联的统一体。同时，反映一定的历史、文化或社会意识，将其叙事话语传达给观者。

二、实践创作中墙的叙事策略

墙的叙事策略建构一般从墙体本身和因墙而生的体块与空间出发。主要通过叙事原型的建构、表皮语言的表达、空间组织与路径安排三种方式来传达各自特定的叙事语义。

（一）叙事原型的建构

叙事原型通常指被广大体验者所熟知的事物。常被建筑设计借鉴的有传统的器皿、传统建筑造型、有代表性的非物质文化载体、有代表性的自然景观以及一些大众熟知的创意产品等。这类具有一定认同感的事物形成一种潜移默化的心理符号，采用这样的符号进行叙事直截了当，比较容易引起观者的共鸣。通过墙体构建的叙事原型更多地指向熟稔的地方性建筑造型与符号，在其中融合当代的建造技术与空间审美达到生理和心理的双重认同。

刘家琨设计的罗中立工作室正是借鉴了灰窑的建筑形象（图3）。设计师认为工作室自身的工作性质、罗中立作画时闭门炼丹般的方式让他联想到平原边缘地区的灰窑这一构筑物。而作为被当代逐渐遗忘的一种建筑类型，似乎隐喻着艺术和现实、艺术家和寻常人之间

图3 罗中立工作室的墙与灰窑

那种近乎苍凉的关系。因此，由墙体构筑的圆柱体、坡顶等造型符号从形式上直率地借鉴了灰窑的原型，诚实地表达了设计师的叙事意图。而墙体粗粝拉毛的手法以及镶嵌的场地内部的鹅卵石让这座"灰窑"建筑有了生命。

位于陕西富平县的国际陶艺博物馆同样借鉴了"窑"这一原型（图4）。窑是与陕北高原地区生产、生活密不可分的构筑物，它在适应地方气候的同时也创造了属于自身的独特的造型美学。刘克成教授通过砖砌拱这种当地工匠最熟悉、最擅长的手法将这种地区独特的建筑形态直接展示出来。并通过拱径的变化完成创新，创造出建筑形体上的变化。砖拱墙构建的叙事原型"窑"呼应了关于陶艺的主题，博物馆自身也成为一个工艺品。同时，博物馆的设计指向了陕北高原独特的地方建筑文化，心理认同感的建立使得这组叙事更加完整、有说服力。

图4 陕西富平国际陶艺博物馆的墙与窑

（二）表皮语言的表达

作为表皮的墙体，其包含的信息对于主题的传达与诠释最为直观，这样的叙事集中体现在对表皮的材料、肌理、图案、色彩以及构造方式的处理等方面。

地方性建筑材料见证了地方建筑的发展，材料自身即诉说着故事。马清运为其父亲设计的住宅采用当地的鹅卵石作为墙体的主要材料，配以当地的竹篾墙，虽然在形体上与周围的事物似乎格格不入，但墙体传达的语言仍然具有典型的场所精神（图5）。云南丽江的玉湖完小利用当地的石材建造的墙体真实地反映了建筑所处的场地特征，创造性地融入了周围的环境（图6）。位于西安的大唐西市博物馆的外墙通过对古代夯土城墙肌理的提取，一定程度上还原了古代城墙的形象，反映了地域特征（图7）。刘家琨的鹿野苑石刻博物馆则直面低技现实，采取了"框架结构、清水混凝土与页岩砖组合墙"这一特殊的混成工艺来表达一部"人造石"的建筑故事（图8）。

王澍在他的许多作品中都运用了"瓦爿墙"（图9）。通过设计师多年对废旧建筑材料的

指导老师点评

叙事学是当代活跃的学术理论之一，其应用范围已扩展到建筑领域，并形成建筑叙事理论。建筑叙事学 (Architectural Narratology/Architectural Narratives)，就是将"叙事学"作为一种可选择的方法来分析、理解、创造建筑，以及重新审视建筑内在的要素属性、空间结构、语义秩序之间的关联性及其策略，即将建筑学转译为另一种可能性的语言体系，进而来有效地建构。

空间与时间自古以来都是分不开的哲学话题。建筑学是一门研究空间的学科，那么自然避免不了对时间与建筑关系的探讨，也就是对建筑时间维度的思考。文章从建筑叙事学的视角出发对国内当代本土建筑创作实践中墙的设计进行研究，指出以墙为核心的空间建构策略主要有三种：叙事原型的建构、表皮语言的表达以及空间组织和路径的安排。三种策略均指向再现场所精神和重塑地域特色的语义。围绕墙的特定语义进行建筑设计，是立足本土的核心设计策略，为当代本土建筑创作实践和地域文化的建构开拓新的视野。

论文选题有很强的应用价值和理论意义，作者在吸收相关理论研究成果的基础上，结合国内建筑创作的实践和对建筑的思考，综合运用了所学知识，提出自己的看法，言之成理，有创新见解。论述观点正确，文献材料收集充实，叙述层次分明，有较强的逻辑性。论文结构完整，文字通顺、语言流畅，格式正确，行文符合学术规范。

邱德华
（苏州科技学院建筑与城市规划学院，副院长，副教授）

图5 马清运父亲宅的墙

图6 丽江玉湖完小的墙

图7 大唐西市博物馆的墙

图8 鹿野苑石刻博物馆的墙

收集和再利用，将这种濒临失传的建造技术传承了下来。通过其创造性的设计赋予其独特的审美。瓦爿墙作为表皮，作为技术，也作为一位城市发展的见证者，将其多年的见闻娓娓道来。类似的有如刘家琨在汶川大地震之后为快速恢复灾后重建提出的"再生砖、墙"（图10），地震摧毁了原有的家园，只剩下散落满地的建筑垃圾。这些建筑垃圾恰恰又是这段历史最佳的见证。本着低技的原则，刘家琨提出了将这类建筑垃圾打碎、重新压制成砖块再次用来砌墙筑屋的想法。这些再生砖构筑的再生墙是再现历史的活化石，他们在当代建筑中的存在为人们了解历史提供了更为直观的方式。灾后重建结束后，再生砖墙在其后续作品如成都水井坊遗址博物馆中得到了再次应用。

图9 瓦爿墙

图10 再生砖、墙

（三）空间组织与路径安排

一组完整的叙事通常会伴随起承转合的节奏变化。如果说远观墙的造型是"起"，近看墙的表皮是"承"，那对于墙体创造的空间的体验无疑是"转"与"合"。叙事的节奏在对空间的直接体验中达到高潮。

位于浙江的天台博物馆在弘扬天台山传统历史文化精神的同时，通过墙体的组合变化创造了一组静谧的空间（图11）。基地周边环境复杂，可谓"三面受敌"，唯有西侧有着较好的自然景观。正如计成所言"佳者借之，俗者屏之"。北边"L"形的亭式建筑，西侧贯

图11　天台博物馆的墙与空间

穿基地的石墙，南侧的专家楼在设计上将三个方向的不利因素隔绝在外，形成了闹中取静的布局特点。在某种程度上也呼应了传统寺院建筑追求"佛国净土"的原则。简单的几何形体随地势高低错落地布置在场地上，回应了场地的基本诉求。结合布展的要求设计了不同类型的两种展室，通过彼此相连的廊联系在一起，参观者可以自由选择参观路径，也可以根据展览的需要临时变更参观路径，空间因此变得流动、随意且自然。博物馆主要的墙体采用当地常用的石材和灰砖砌筑。出于对现状较普遍的条状横向砌筑方式的一种突破，博物馆的石墙采用自由斜向的砌筑，在手法上完成一次创新。关注建筑的基本品质，空间与功能的关系，材料等，天台博物馆在基地中嵌入了一小块"流动"的历史，一片不可替代的属于我们这个时代的历史层面；创造了一个具有时代精神和文化真实感的新的场所⑥。

刘家琨在组织空间与安排路径中有其独到的思考。罗中立工作室中即设计了围绕主体结构的盘旋路径，在何多苓工作室中同样安排了围绕中心的天井盘旋上升的线路。在这些迷宫式的路径上，集结了不同寻常的空间情节：有一线阳光斜照平台，有缝隙可以眺望远景；或者是孔洞相套，或者是天光在画室的圆壁上标示时辰⑦。半层错接使空间更加复杂化，非比寻常的路径配合砖混结构厚重的墙体围合的空间，梁柱穿插营造出戏剧化的效果，创造了独特的空间体验。而在鹿野苑石刻博物馆中，为使观者有向下进入地宫的空间感受，特意设计了从坡道先进入二层再进入一层的参观路径，制造了反日常的空间体验。在犀浦犀苑休闲营地中，"墙在围拢，把那些泥土的灵魂拢进自己的体内"⑧（图12）。涂刷蓝灰色的墙体和穿插其间的红灰色墙段，以及低矮的卵石墙段，三种不同材质、色彩和处理方式的墙体穿插在建筑群之间，突显于天空和常绿的环境，使得建筑在天空和土地之间达到了和谐，营造出一种静谧的氛围。普通的墙体在刘氏的设计下产生了无数变化，创造出了异样的空间体验，情绪随路径跌宕起伏，设计师所希望传达的信息通过这种直接的体验让观

图12　犀浦犀苑休闲营地的墙与空间

作者心得

论文能在竞赛中获奖让我倍感荣幸，首先想到的是感谢：感谢"清润奖"竞赛组委会、《中国建筑教育》编辑部对论文的认可；感谢苏州科技学院建筑与城市规划学院给我参加竞赛的机会。最需要感谢的是我的导师邱德华副教授，从论文的选题、文章结构的调整以及论文的写作到最终定稿，每一阶段都倾注了导师的心血，导师严谨的学术作风和宽容待人的胸怀令我受益匪浅。

论文的选题源于对当代国内本土建筑师的实践创作的考察。在当下中国大发展的背景下，国内的建筑与城市风貌出现了一定的同化现象，"千城一面"成为炙手可热的词汇，建筑的地域性正在逐渐消失。然而一些关注本土建造的国内建筑师却通过他们的实践对此现象作出了回应。在实地考察建筑与阅读相关文献的时候，笔者就在思考：若存在一种元素或者一种方法对当下国内的本土建筑的创作思想进行一定程度的概括，它应该是什么，它又是怎样发挥作用表达相应的地域性的？带着这样的问题，回到建筑最初的基本功能与构成元素，"墙"这一最基本的元素随即出现在脑海。建筑通过空间表达特定的语义，叙事学作为一种可选择的方法成为分析、理解和重新审视建筑要素属性、空间结构、语义等的工具。以墙为线索，借助叙事学的研究视野，对国内当代本土的建筑创作实践进行解读是本文的核心。

"墙的叙事话语"只是分析国内当代本土建筑创作的一种思路、一种方法。文中观点仅代表一家之言、一孔之见，且由于时间仓促，笔者水平有限，文中错误之处在所难免，希望各位专家、学者和同学们不吝指正。关于国内当代本土建筑师的实践创作与理论探讨是当下的热门话题，笔者会在今后的学习和工作中继续关注、深入研究，以期展现出更多、更完善、更有价值的研究成果。

陈潇

者感知。

　　位于苏州平江历史街区内的董氏义庄茶室也是通过空间组织与路径安排传递其语义的（图13）。茶室低矮的体量和淡雅的色彩与历史街区的环境融为一体。整个茶室的内部空间结构可以看做三片墙围合而成：外表皮的双层镂空错位小青砖墙，紧贴外表皮的玻璃幕墙以及环绕内天井的长条木窗墙。三片墙围合成了两个天井系统：外表皮与玻璃幕墙之间的天井缝，长条木窗墙围合的内天井。关于路径的叙事从入口开始。从低矮的入口空间，抬头望见的是夹缝一样的天井，不免让人感觉窒息。经过入口的短桥，撇到内天井，顿时豁然开朗。漫步在围绕内天井的缓慢盘旋上升的台阶上，三层墙系统营造出的静谧、变化的空间使人入迷，仿佛穿行于古典与现代之间，叙事在这里达到了高潮。随台阶登临屋顶，开阔的视野将历史街区的风貌尽收眼底，这一组叙事在屋顶画上了圆满的句号。先抑后扬，迷宫式的路径，步移景异的空间感受，置身这座现代小茶室却仿佛穿越回古典的园林里。

　　如果说董氏义庄茶室是一种安静却富有节奏的叙事，那清水会馆则是一种激烈、富有变化的叙事，情绪跌宕起伏，高潮不断。清水会馆的设计旨在重现园林的空间意境，设计师几乎穷尽了能想到的所有空间类型、符号，将其进行适当的组合与安排，但初看平面仍略觉混乱。乱中必有统一的元素，而这一元素则是再普通不过的砖了。清水会馆的墙体全部采用红砖砌筑，各式的砖墙砌法，各种样式、符号与形态的汇集，可以说清水会馆构建了一种以砖墙为主题的聚集丰富的类型学（图14）。统一的元素使得略显混乱的空间组合有了轴，

图13　董氏义庄茶室的墙与空间

图14　清水会馆的墙与空间

游览路径中能体验各式变化的空间，情绪从一个顶点很快即过渡到另一个顶点，不曾有过停歇。

三、墙的叙事语义

无论是关注墙体的表皮质感、墙体构筑的原型或是墙体组合的空间与路径，关于墙的叙事策略均不约而同地指向场所精神和地域特色。这正是以墙为线索建立的本土叙事性设计的语义所在（图15），抓住这两点核心要素有助于建筑师创造性地进行本土叙事。

图15　墙的本土叙事话语

（一）再现场所精神

以墙为线索，立足场所的叙事能够再现历史、文化故事或集体意义等，有助于公众认同感与归属感的建立，在人与场所之间建立稳定、和谐的关系。

斯蒂芬·霍尔（Steven Holl）确信每个建筑都是由独特的场地而生的，正如梅洛－庞蒂所指——环境中早已包含着某种模式，"力线"（lines of force）以及意义（如果我们能够意识到）⑨。刘家琨同样重视场地，他认为设计必须对场地作出回应，而不是一味地改造场地。不同的场所有其自在生成的词汇。墙体通过对这些不同的词汇进行创造性的重构，再现了场所精神。罗中立工作室、犀浦犀苑休闲营地中墙体对场地内部鹅卵石的运用，云南丽江玉湖完小以及浙江天台博物馆的石墙都是建立在对各自场地独特词汇的深入阅读之上的。场所的再现并不仅仅局限于墙体自身的质感，也存在于墙所构建组合的空间中。如犀浦犀苑休闲营地中看似随意的墙体组合实则是对场地的真实回应；浙江天台博物馆随地势层层跌落的体量，充分反映了场地的特征。大唐西市博物馆的外墙通过虚实的关系反映建筑平面规整的切割关系，以此暗示唐长安城的方格网规划。刘家琨曾说："好的设计是对现有资源的创造性利用"。立足场所，充分挖掘其内涵特征，并通过墙体的创造性设计展示出来，有助于更好地实现场所精神的回归，帮助建筑师完成本土叙事。

（二）重塑地域特色

墙一直是地域文化的代表符号，然而快速城镇化的进程使得这一代表性的符号逐渐沦为政治、资本的牺牲品而出现千篇一律的现象。庆幸的是还有一部分建筑师在努力挖掘地域符号的新内涵。如富平国际陶艺博物馆即是设计师在充分挖掘了"窑"这一地域建筑的特征后，结合当代的空间审美和本土的建造技术进行创造性的设计成果。董氏义庄茶室关注园林空间的重塑问题，在历史街区中摒弃传统的建筑样式，建构了一个安静、古朴却现代的都市园林空间。可以说园林的空间意境而非简单的空间形态在这里得到了完美的传承，正好回应了场地所在城市的特色——苏州的古典园林。而王澍关注建造过程，将传统的瓦爿墙技术结合当代的审美与空间需求进行创造性利用，墙的肌理建构了一种本土叙事，让地域文化焕发了新的活力。

可以看出，建筑师正在试图通过从原有单纯的"符号化"运用和要素借鉴转而走向通过空间、技术等手段来诠释墙的地域特色及其内在语义。坚持并发展这一思路将为地域文化的传承与创新开拓更广阔的道路。

四、结语

勒·柯布西耶在《走向新建筑》中提出："建筑艺术的元素是光和影，墙和空间。"墙也是中国建筑文化中最恒久的主题。当代本土建筑师在墙的设计上体现了对建筑场所的关注以及不同地域环境的回应。而建筑叙事学的介入帮助建筑师在空间与事件的组织和设计中加入另一种语言体系，有助于更好地表达墙的语义。

关注并回归墙这一基本的建筑元素，对其产生的空间的基本功能与关系进行重点研究与设计，抓住墙的叙事语义，发掘和创造更多的叙事策略，使建筑在回归场所的同时重塑地域特色。这或许是当代本土建筑发展的未来之路，将为当代建筑创作实践和地域文化的建构开拓新的视野。

注释：

① 戴秋思，杨威，张斌．叙事性的空间构成教学研究 [J]．新建筑，2014 (2)：112-113．
② 陆绍明．当代建筑叙事学的本体建构——叙事视野下的空间特征、方法及其对创新教育的启示 [J]．建筑学报，2010 (4)：1．
③ 陆绍明．建筑叙事学的缘起 [J]．同济大学学报 (社会科学版)，2012 (10)：28-29．
④ 芦原义信著．外部空间设计 [M]．尹培桐译．北京：中国建筑工业出版社，1985．
⑤ 侯幼彬著．中国建筑美学 [M]．哈尔滨：黑龙江科学技术出版社，1997．
⑥ 支文军，王路．新乡土建筑的一次诠释——关于天台博物馆的对谈 [J]．时代建筑，2003 (5)：58-59．
⑦ 刘家琨．叙事话语与低技策略 [J]．建筑师 1997，78：46-50．
⑧ 刘家琨．叙事话语与低技策略 [J]．建筑师 1997，78：46-50．
⑨ 陈洁萍．一种叙事的建筑——斯蒂芬·霍尔研究系列 [J]．建筑师，2004 (10) 90．

参考文献：

[1] 克里斯蒂安·诺伯格 - 舒尔茨著．刘念雄．建筑——存在、语言和场所 [M]．吴梦姗译．北京：中国建筑工业出版社，2013．
[2] 肯尼思·弗兰姆普敦著．现代建筑——一部批判的历史 [M]．张钦楠等译．第四版．北京：生活·读书·新知三联书店，2012．
[3] 刘家琨 著．此时此地 [M]．北京：中国建筑工业出版社，2002
[4] 陆绍明．场所叙事：城市文化内涵与特色建构的新模式 [J]．上海交通大学学报 (哲学社会科学版)，2013 (3)．
[5] 刘先觉编．现代建筑理论 [M]．第二版．北京：中国建筑工业出版社，2008
[6] 诺伯格·舒尔茨著．场所精神——迈向建筑现象学 [M]．施植明译．武汉：华中科技大学出版社，2010
[7] 亚历山大·楚尼斯，利亚纳·勒费夫尔著．批判性地域主义——全球化世界中的建筑及其特性 [M]．王丙辰译．北京：中国建筑工业出版社，2007．

图片来源：

图 1：作者自绘。
图 2：赖妍，王宗昌．传统建筑含义中的"墙"文化 [J]．门窗，2014 (2)：52．
图 3：家琨著．此时此地 [M]．北京：中国建筑工业出版社，2002：21，23．
图 4：http://www.ikuku.cn/project/fuping-taoyi-bowuguan-liukecheng．
图 5：http://www.ikuku.cn/userhome/tpl/attachment.php?image_id=28733．
图 6：据 http://www.ikuku.cn/project/yuhu-wanxiao-lixiaodong 改绘而成。
图 7～图 9：作者自摄。
图 10：据 http://www.0199.com.cn/portal.php?mod=view&aid=3241 改绘而成。
图 11：右上图片引自：支文军，王路．新乡土建筑的一次诠释——关于天台博物馆的对谈 [J]．时代建筑，2003 (5)：56；其余三张图片引自：王路．天台博物馆 [J]．城市环境设计，2009 (12)：111-115．
图 12：上两幅图片引自：刘家琨著．此时此地 [M]．北京：中国建筑工业出版社，2002：46，52；下两幅图片引自 http://www.jiakun.com/Project.aspx?nid=484#．
图 13：作者自摄。
图 14：董豫赣．与人合作 [J]．时代建筑，2007 (2)：45-54．
图 15：作者自绘。

王晓丽
（哈尔滨工业大学建筑学院　硕士一年级）

新建筑元素介入对历史街区复兴的影响——以哈尔滨中央大街为例

The New Architectural Elements Involved in Block How to Influence the Historical Block Renewal—Taking Harbin Central Street as an Example

■摘要：本文以哈尔滨道里区中央大街新建筑元素的介入为研究对象，从旅游业发展和历史文脉延续的角度，围绕"新建筑元素介入影响历史街区复兴"这一核心问题，探讨了在旅游业的发展浪潮影响下，新建筑元素如何以积极的方式介入历史街区以促进历史街区的复兴，并通过问卷调查的方式对中央大街新建筑元素介入后的街道活力进行了评价，进而反思新建筑元素如何介入才能提高旅游者和当地居民对历史街区文化遗产的价值认同。

■关键词：新建筑元素介入　历史街区复兴　文化价值　街区活力　价值认同

Abstract：In this paper，taking new architectural elements involved in the Central Avenue of Harbin as the research object，from the perspective of tourism development and the historical context，around the "new architectural elements involved in historical block renaissance" as the core problem，discussed under the wave impact on the development of tourism，how does the new architectural elements involved in historic blocks to promote its revival，and through questionnaires evaluating the neighborhood vitality，then reflected how does the new architectural elements involved the historic block to increase the tourists and local residents value identity of the cultural heritage of a historic district.

Keywords：The New Architectural Elements Involved；Historic District Renewal；Cultural Value；Neighborhood Vitality；Value Identity

素有"东方小巴黎"之称的哈尔滨是中国的旅游胜地，中央大街是早期国际商业都市哈尔滨的缩影，是哈尔滨欧式建筑的集中展现地，是哈尔滨旅游观光的必到之地。在消费文化的强势发展态势下，为满足旅游开发需要并实现街区复兴，充分发挥历史街区的文化价值，中央大街历史街区被改造为商业步行街，保留了许多历史建筑，同时也介入了许多新建筑元素。中央大街作为具有历史文化趣味和浓郁生活气息的商业步行街，所介入的新建筑元素，是通过何种方式既满足功能和规划的需要又促进当地旅游发展的？又是如何既延续原有街区历史文脉又激发街区活力的？其介入的新建筑元素有没有承担起弥合历史与现代精神之间距离的使命？有没有提高旅游者和当地居民对其的文化价值认同？针对以上问题，本文将从以下几个方面逐一分析及作答。

一、中央大街文化价值的形成与开发

中央大街作为早期国际商业都市哈尔滨的缩影，具有独特的历史文化价值。这条 1000 多米的街道展示了近 400 年来欧洲最具魅力的建筑艺术文化，其张弛有度的空间环境直到今天也是许多步行街道效仿的经典案例。它所蕴藏的丰富灿烂的文化底蕴和舒适宜人的生活环境更是吸引了大批游客前来游览体验。

（一）中央大街的历史演进

中央大街（原名中国大街）位于哈尔滨市道里区，全长 1450m，宽 21m，南起经纬街，北到松花江畔的防洪纪念塔。它始建于 1898 年，与哈尔滨现代城市的兴建几乎同步。当时，清政府被迫同沙皇俄国签订了《中俄密约》，俄国提出在中国修建连接欧亚大陆的中东铁路计划，哈尔滨为铁路的中心。随中东铁路的动工，运送铁路器材的马车在中央大街这一带开出一条土路，这便是中央大街的雏形（图1）。至 1900 年，形成中国大街，意为中国人居住的街道。后来随着埠头区（即道里区）的建立，外国人开始在此经营商铺，欧式建筑在街道两侧大量兴建，宛如外国城市一般（图2）。1925 年，中国大街改称中央大街。1986 年，中央大街因其特有的历史文化价值被哈尔滨市政府确定为保护街道。1997 年中央大街被改造成中国第一条商业步行街（图3）。目前，它是一条集购物、休闲和旅游观光等多种功能于一体的商业步行街，每天接纳游客近 300000 人次。

图1　中央大街（20世纪初）　　　　图2　中央大街（1920年代）　　　　图3　中央大街（2014年）

（二）中央大街的历史价值

1. 风格多样的欧式建筑群

中央大街的真正历史价值在于它的历史景观遗存，20 世纪初中央大街由俄罗斯管辖统治时，欧式风格建筑如雨后春笋般在这里兴建起来，其建筑汇集了欧洲 15～16 世纪的文艺复兴风格（图4），17 世纪的巴洛克风格（图5），18 世纪的折中主义风格（图6）和 19 世纪的新艺术运动风格（图7）等在西方建筑史上最具影响力的建筑流派，这些流派集中涵盖了西方建筑艺术的百年精华。现在中央大街存有欧式及仿欧式建筑 71 栋，集中展示了近 400 年来欧洲最具魅力的建筑艺术文化，是中国国内罕见的一条建筑艺术长廊，吸引着众多的市民和游客前来游览、参观①。

图4　文艺复兴风格建筑　　　　图5　巴洛克风格建筑　　　　图6　折中主义风格建筑

图7 新艺术运动风格建筑

2. 张弛有度的空间环境

中央大街平面空间布局最显著的特征就是南北主轴线突出、交叉节点空间多。在其全长 1450m 范围内，有 25 条横向辅街与其相交，形成大大小小共计 23 个十字或丁字交叉节点空间。平均 60～70m 的长度范围内就会遇到一个空间节点，在短距离内存在如此多的空间节点，这在一般街道中是非常罕见的，这也是中央大街独特的魅力所在② (图8)。这些空间节点在不破坏街道纵向指向和完整性的同时使街道的空间序列变得丰富多彩，避免了建筑立面连续过长的呆板乏味，增强了街道与人的亲和力。公众的空间感知和行为随空间的开合变得富有节奏 (图9)。节点所形成的小型广场也成为街头表演、露天休息、文艺展览等娱乐休闲活动的集散地，吸引了大批游客驻足体验，增强了空间的亲近感以及这一街道的文化艺术氛围。

图8 中央大街总平面图

图9 中央大街（20世纪初）

（三）中央大街的旅游开发价值

1. 旅游开发价值

有价值的优秀建筑，特别是有地域特色的建筑，可以满足人们的审美要求、传递历史信息、交流情感，成为当今发展旅游的重要资源。中央大街作为早期商业都市哈尔滨的缩影以及西方建筑史上几百年建筑风格样式的集中展现地，具有重要的旅游文化价值，是人们了解哈尔滨早期城市发展史以及哈尔滨地域风情的必到之处。而人文景观与自然景观的融合是旅游开发的一大趋势，中央大街紧跟这一趋势，将其百年老街与松花江的自然景观融合成一条参观路线，使其更具旅游开发价值。

2. 旅游开发模式

历史街区并不是只能让人供奉的老古董，在消费文化的强势发展态势下，历史街区的商业化改造无疑是一种由内而外的主动模式，可以将历史街区的人文价值充分发挥出来，在维护历史建筑、创造良好气氛、重现街区活力的同时，自给自足，甚至创造收益，进而提升周边环境的经济价值③。中央大街汇聚百年的欧式建筑符号是旅游者想要探索的，在这一过程中他们的求美需要极易得到满足，但仅是视觉上的对话根本无法满足他们的求知需要，建筑与人的互动却可以满足这一需求。然而，对于保护的历史建筑，靠建立博物馆、纪念馆收取门票利润的方式来保护建筑并不可取，因为不是所有的建筑都像北京故宫那样具有如此高的价值，这种被动消费的方式很难促成旅游者与建筑自由地互动，同时中央大街历史街区保护建筑之多以及有些建筑为私有，更不可能靠此种方式进行保护。在消费文化的

指导老师点评

该文围绕"新建筑元素介入影响历史街区复兴"这一话题进行探讨，受消费文化的影响，历史街区作为旅游景点的一部分，吸引了越来越多的关注者，顺应旅游开发需要，历史街区势必会介入相应的新建筑元素来适应市场需求。哈尔滨道里区中央大街历史街区作为哈尔滨的一条百年老街，是旅游观光必到之处，其顺应消费文化需求介入了许多新建筑元素。这些新介入的建筑元素对历史街区复兴有何影响，有没有担负起弥合历史与现代精神之间距离的使命？针对这些问题，文章进行了初步研究。

论文采用定性和定量的方法进行研究，为确保分析的严谨、科学、合理，文章除对中央大街介入的新建筑元素进行了归类、分析、总结外，还对新建筑元素介入历史街区后街道的活力进行了科学的评估，以调查中央大街介入的新建筑元素有没有承担起弥合历史与现代精神之间距离的使命，有没有提高旅游者和当地居民对其的文化价值认同。评估主要采用了问卷调查的方式，并通过专业软件对采集的数据进行科学分析，通过数据之间的归类、对比等定量分析得出对中央大街历史街区的活力评价。

总的来说，论文选题以及针对相关问题进行的科学分析对相关领域的研究有一定的帮助和参考价值，作为初步性研究是值得肯定的，而且此论文的写作训练对该研究生的培养和接下来进行的硕士论文的写作有很大的帮助。当然，针对这一选题还有很多问题值得探讨，如对问卷调查数据做多角度分析来找出数据之间的相关性与深层次的联系等方面还有更多的空间有待挖掘，这有待研究生在进一步的学习研究中针对此类问题加以完善和提高。

刘大平

（哈尔滨工业大学建筑学院，教授，博导）

影响下，中央大街商业步行街的定位不但能促成建筑与人的互动，还能将历史街区的文化价值发挥出来，进而满足旅游者对保护建筑的求知需要。

二、中央大街新建筑元素的介入方式

中央大街商业步行街的旅游开发模式在保留历史建筑的同时势必会介入许多新建筑元素，这些新建筑元素主要通过以下四种方式进行介入。

（一）新建筑整体插入

中央大街在其百年发展变化中，除了在"文化大革命"期间遭到严重破坏外，整体上基本贯彻了规划的意图。自1986年中央大街被确立为保护街区以来，除对其有价值的建筑进行了修缮保护外，还对一些非历史性建筑、影响街区整体风貌的建筑进行了拆除新建（图10～图13）。后来中央大街商业步行街的定位加快了这些建筑建设的步伐。

为确保中央大街的街区原有形态不受破坏，政府规定新建筑的高度需严格执行《哈尔滨市保护建筑和保护街区条例》，但为追求商业最大化，新建筑的高度一般是规定高度的上限，致使新建筑与街道的高宽比接近1：1，有些甚至大于1：1。这些新建筑在街区中呈散点分布，与老建筑错落相间且以老建筑为主，而中央大街原有老建筑与街道的高宽比大部分控制在1：2到1：1之间（偏于1：2），从而确保了中央大街的街道高宽比整体仍然控制在1：2与1：1之间且偏于1：1（图14）。根据芦原义信在其《街道的美学》一书中的描述，这样的空间内聚力强，交往尺度适宜，安定且不压抑，易引发街区公众的良性心理体验[①]，是一种偏于最佳的尺度。新建筑的整栋插入虽改变了街道空间感，却是一种积极调整，它使街区空间内聚力增强。外观上新建筑则与街区整体的欧式建筑风格相统一，建筑立面上吸收了近代欧式建筑的处理手法，细部处理上延续了该街区建筑的原有风格并在细部大胆创新。

（二）局部新元素介入

局部新元素的介入主要是指中央大街部分历史建筑的改扩建，这主要表现在以下三个方面：

建筑单体顶部改扩建：中央大街原有建筑高度大部分在13～24m之间，有些层数较低的建筑因其内部功能与现在的商业建筑功能之间存在矛盾，需要对其进行改扩建。所采用的方式有地下或顶部改扩建两种。顶部改扩建势必会对街区立面造成影响，局部新元素在介入这些历史建筑时使其对街区立面造成的影响降到最低，高度上严格执行相关规定，确保街道原有空间尺度的完整和延续，常采用的形式有两种：①历史建筑以原有形式加建，材质、门窗形式等采用原有式样，这种方式对历史建筑的破坏较小（图15～图18）；②以透明的玻璃幕墙以及与其他街区色彩体系相同的材质介入，历史建筑中穿插具有现代艺术特色的玻璃与其他材质，不但满足了其商业功能的需要，而且使其兼具历史与现代感（图19～图21）。

建筑单体外立面改建：对于有些门窗损坏严重或与现代商业展示功能相冲突的历史建筑，在进行外立面改建时，往往介入满足现代

图10 利福商厦旧址

图11 利福商厦（新建）

图12 赛里斯商城旧址

图13 赛里斯商城（新建）

商业功能的建筑元素，如旋转门、大型展示橱窗、铝合金门扇等（图22～图24），这些新元素仅表现在历史建筑的门窗部位，外观力求简洁，与原有历史建筑的细腻装饰对比强烈，确保了其功能突出又不喧宾夺主，从而保证了历史建筑的重要地位不被动摇。

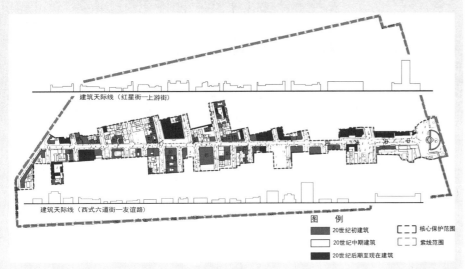

建筑天际线（红星街—上游街）

建筑天际线（西式六道街—友谊路）

图　例

■ 20世纪初建筑　　　□ 核心保护范围
□ 20世纪中期建筑　　□ 紫线范围
■ 20世纪后期至现在建筑

图14　中央大街建筑年代分布图

图15　维佳俄罗斯商城旧貌

图16　维佳俄罗斯商城

图17　新视野眼镜旧貌

图18　新视野眼镜

图19　哈尔滨摄影社（20世纪初）

图20　哈尔滨摄影社正立面

竞赛评委点评

这是一篇比较优秀的基于实地调研的硕士阶段的小论文。文章开门点题，迅速把文章作为一种案例研究的谋篇布局特点在第一段即表述清楚。在对历史稍加回溯之后，即进入文章比较重要的第二部分。第二部分从4个层面介绍了新元素的介入方式，然后在第三部分予以评价，第四部分简要阐释结论，并收束全文。文章结构清晰、结论清楚，有较好的逻辑自洽性。

下面主要谈谈如何改进能让本文更好，或者说在哪些方面提升可以让本文达到或接近一等奖的获奖水准。这也是学生们非常关心的问题。以下从三个层面谈本文的改进方式。

1. 更加清晰地界定文章的高频词汇。"新建筑元素"，是题目中即出现的一个固定搭配，而元素又是一个非常"小"的结构性概念，因此在第二部分可以首先把"新建筑元素"进行界定，并用枚举法把中央大街商业步行街中所使用的新元素举例说明；如能用简洁的结构图示语言分类清晰表达更好，例如新建筑的介入、局部新元素（屋顶、垂直外立面、建筑与建筑重构）、功能更新、街道空间更新等，用清晰的图示语言即可以迅速把整个街道的新建筑元素的介入与更新表达明确，又能避免大量使用描述性及感性文字，从而有助于提升文章立论的严谨。

2. 调查分析设计的问题可以进一步提升科学表述的精准度。表1～表4均是建立在实地调研的基础上，而问卷的设计更多地偏向感性认知，这多少具有随意性，更像是社会学层面的调查。在问题的设计上，可以有更清晰的指向，巧妙地把想得到的回答融入更细化的问题上去。这些更细化的问题全部可以用"是"与"否"或者多选来获得答案。举例简述，例如表2问题的设计，可以直接利用不同的建筑街道空间剪影，让被调查者给

（转93页右栏）

图21　现哈尔滨摄影社全貌

图22　老上号旧址（大安商厦）

图23　老上号现状

图24　历史建筑加建的大型展示橱窗

相邻建筑合建：有些历史建筑因其原有建筑面积小、空间不足，在开发为大型商厦或购物中心时会受到限制，需要将两栋或多栋建筑合为一栋。辅街两侧的建筑若要合二为一，则会破坏街区原有辅街的通达性以及街道原有的鱼骨形肌理。面对这种挑战，中央大街商业步行街的旅游开发模式，启发了一些设计者在临街两侧建筑间引入室内商业步行街的开发理念，金安国际购物广场即是应对这种挑战的一种尝试，该广场覆盖西十道街以及街道两侧建筑，为将两侧建筑连接为一体同时还要兼顾辅街的完整性与通达性，广场把与西十道街相邻的两幢建筑，利用加顶围合的方式进行连接，使原本的街道空间，变成室内的休闲、娱乐、购物的场所，人们可以从中随意通行[5]。这种方式对原有街道肌理破坏较小，而且由于其功能的引入，反而使这一辅街汇集大量游客，激发了这一辅街的活力（图25～图27）。

图25　金安国际购物广场

图26　金安国际购物广场内部（1）

图27　金安国际购物广场内部（2）

（三）历史建筑空间转换

历史街区要想获得新生命，实现建筑文化价值的复兴和突显，功能上需要融入城市新的发展需求，提供符合当地居民认同的生活环境。1920年代中央大街以零售业为主，随时间流逝，建筑功能也有所改变，尽管如此大型百货商场的主导地位并没有受到影响，而如今中央大街商业步行街的定位却使建筑的功能再次发生改变。

古达尔在 The Economics of Urban Areas 一书中讲道，可达性和互补性影响土地的使用需求，可达性影响人们与商品接触的程度；而互补的商店则会吸引更多的消费者[6]。在购物街，高频率活动占据了最大可达性的位置，并从可达性优势中获得利益和利润。街角场所便于展览，同时也是高频率活动场所，并且总是被部门商店所占据。多样连锁店总是环绕着街角商店，特殊商店则坐落于小型场所；饭店和银行等服务性建筑则散布在它们之中[7]。购物街上的这种土地使用模式在哈尔滨中央大街也会看到。

从中央大街土地使用功能现状可以看出，大型百货商场分布在整个主街上，但是它们已不再处于主导地位；专卖店数量最多且大多数为全国连锁店，它们和整条街上的餐饮和银行相互交叉；小型商场主要位于街道南北两侧[8]。而且，对很多大型百货商店的旧址进行了相应的空间转换并分割重组为多个精品专卖店（图28），以方便新建百货商场租借这些沿街店铺来形成一排紧凑的商场。街道转角的历史建筑也进行了空间转换以置换功能，由一般商场转变为百货商场、药店、摄影工作室、宾馆和银行并且街角建筑扩大了室内外空间以便用于展览（图29）。中央大街新建的建筑在功能上引导了中央大街的新功能布局模式以使其更符合新的城市发展需要，同时旧有建筑新功能的置换进一步完善了这种空间布局模式，使商业步行街更好地满足了可达性和互补性的土地使用要求，土地使用功能的满足进一步增加了当地居民和旅游者对街道的依赖。

图28　精品专卖店

图29　转角建筑扩大的室外空间

（四）原有街道功能置换

中央大街原有街道人车混行，高峰期人流交叉现象严重。如今中央大街商业步行街的开发模式使得街道的功能分区明确，辅街中的友谊路、西二道街、西五道街以及西十二道街主要用来通车，其他辅街均作休闲步行之用。中央大街交叉节点空间多的特点使其易形成内容丰富的街角空间，而街角空间是人流集散、高频率活动以及展览的场所。新的规划建设中，在这些空间节点处介入了一些有趣味的休闲广场，如位于西十道街的欧罗巴广场、啤酒休闲广场以及主轴线终点处防洪纪念塔所在的斯大林广场等。这些广场是街头表演、特色展览、艺人表演、休闲茶座、露天影院的室外平台，特别是冬天广场冰雕艺术作品的展览吸引了大批游客前来参观（图30～图32）。广场的设置使互动性进一步增强，游客根据自己的兴趣参与街头活动并与这一街区进行互动交流。广场的活动进一步增强了中央大街空间的亲近感和文化艺术氛围，使其整体艺术效果和人文活动有机地融为一体。

图30　特色休闲场所一

图31　特色休闲场所二

出一个清晰明确的选择。

3.语言表达上的科学性。所有学习论文写作的学生都一定会经历的一个过程，就是如何提升文字的精准性和科学性。确实，这不是一个简单的一蹴而就的过程，其中需要大量的对优秀学术著作的阅读和细心体悟，同时又需要写作者对华而不实的语言的刻意避免。好在语言的表达是否是恰如其分地达到科学精准而又不流于或平庸或雕饰，也是可以分析的。简单说来，当一句话落在纸上时，如果抛除时间、地点的界定，该句话之中没有一个词是文中具有精准学术含义的词汇，那么这句话如果不是为了特定的铺陈目的，基本可以删去了，要么就改换写法。本文如果在全文论述中更注意提升文字表达的精准与科学性，理应取得更好成绩。

本文作为硕士一年级的论文，能得到三等奖已属不易。把本文作为一个文章案例来分析，并提出改进的方法，亦是针对所有希望把小论文写好的学生，值得庆幸的是，这是一个可以习得的过程。

李东
（《中国建筑教育》，执行主编；
《建筑师》杂志，副主编）

图 32　特色休闲场所三

三、中央大街新建筑介入后街道活力评价

为了解中央大街所介入的新建筑元素有没有延续街区文脉并激发街区活力，有没有承担起弥合历史与现代精神之间距离的使命，有没有提高旅游者和当地居民对其的文化价值认同，笔者于 2014 年 7 月 7 ～ 13 日就中央大街现有街道活力对使用者进行了面对面的问卷调查。问卷主要对中央大街历史街区现在的整体风貌、文化特色、文化认同感方面的满意度以及街区特色等方面展开调研。

为确保取样科学，本研究的样本数据采用公式 $N=Z^2P(1-P)/E^2$，其中 N 为适合样本数；Z 为调查置信度；P 为样本的离散程度；E 为抽样误差范围（$P=0.5$ 时，N 有最大样本数）。因为本次抽样为小型抽样，样本数在 100 ～ 300 之间即可，所以研究信赖区间取常用的 95％，此时 Z 取 1.96，容许误差 E 取 7.5％，得出样本数应为 178 份，考虑到有可能出现无效问卷，本次调研共发放问卷 205 份，有效问卷 200 份，最后采用 SPSS 软件对样本数据进行分析统计。

（一）中央大街历史文化街区整体满意度分析

中央大街历史文化街区整体满意度分析　　　　　　　　　　　　　　　　　　　　　　　表1

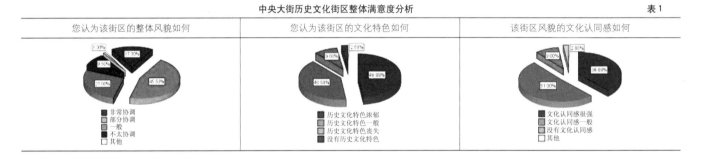

调查问卷显示，在对街区的整体风貌评价中，大部分游客和当地居民认为现在的街区风貌还是比较协调的，新建筑元素的介入并没有破坏街区的整体风貌；数据显示，该街区的历史文化特色在旅游开发浪潮影响下，并没有因新建筑元素的介入而丧失，其中 48％ 的人认为该街区历史文化特色浓郁，40％ 的人认为该街区的历史文化特色一般，这表明新建筑元素的介入是成功的（表 1）。新建筑元素在介入历史街区时还需担负起弥合历史与现代精神之间距离的使命，历史街区文脉的延续可以通过人们对这一街区的文化认同感来表现，数据显示，约 90％ 的人认为该街区的文化认同感依然存在，其中 38％ 的人认为这一街区的文化认同感很强。

（二）中央大街历史文化街区特色分析

历史街区的一大特色便是其经时间积累下来的特色风貌和文化，其富有特色的历史建筑与环境是其区别于其他街区的标志，新建筑元素积极的介入可以使街区的这一特色得到加强，街区活力得到激发；相反地，新建筑元素不当地介入则极易造成街区文脉的割断、特色的丧失。在对中央大街的问卷调查中，统计得出人们认为最能代表中央大街历史特色的是历史建筑、传统街巷、富有特色的传统商业（排序由高到低），这说明这一街区新建筑的介入是积极的（表 2）。当问及人们对这一街区最满意的地方时，历史建筑与环境最受青睐，然后是其富有西方韵味的特色文化，而历史街区中的商业氛围仅占 18.7％，说明历史街区并没有因为其商业步行街的地位而破坏其经历史沉淀而留存下来的建筑历史与环境，亦再次说明了新建筑元素的介入是积极且低调的（表 3）。同时，中央大街每天近 30 万人次的游客量进一步说明了中央大街街区日益增长的活力，新建筑元素的介入成功地承担了弥合历史与现代精神之间距离的使命。

进一步了解当地居民与游客对中央大街历史街区特色的认识是否存在差异，以便为中央大街在未来介入新建筑元素时提供参考。历史街区文化价值的认同不应顾此失彼，历史街区的复兴既应该得到当地居民的认同又能获得游客的认可才称得上真正的复兴。通过分析可以发现中央大街历史文化街区的特色并没有因为受访者居住性质的不同而存在很大差异（表 4）。无论居住时间长短，认为历史街区最有特色的三项是历史建筑、传统街巷、传统商业。不同的是常住居民和游客均把传统街巷排在第二位，然后是传统商业，这与表 2 中的数据直方图一致，而租住和附近居民对其的排序恰好相反。分析其原因，这与人们日常使用中央大街的使用性质有关：常住居民因其

中央大街历史街区特色数据分析 表2

		响应		个案百分比	直方图
		N	百分比		
您认为最能代表历史街区特色的是（可多选）*	历史建筑	161	41.2%	80.5%	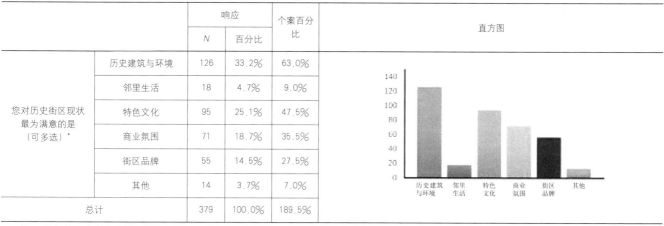
	现代建筑	23	5.9%	11.5%	
	传统街巷	97	24.8%	48.5%	
	邻里生活	18	4.6%	9.0%	
	传统商业（例如老字号）	91	23.3%	45.5%	
	其他	1	0.3%	0.5%	
总计		391	100.0%	195.5%	

注：* 表示值为 1 时制表的二分组。

中央大街历史街区现状满意度数据分析 表3

		响应		个案百分比	直方图
		N	百分比		
您对历史街区现状最为满意的是（可多选）*	历史建筑与环境	126	33.2%	63.0%	
	邻里生活	18	4.7%	9.0%	
	特色文化	95	25.1%	47.5%	
	商业氛围	71	18.7%	35.5%	
	街区品牌	55	14.5%	27.5%	
	其他	14	3.7%	7.0%	
总计		379	100.0%	189.5%	

注：* 表示值为 1 时制表的二分组。

居住性质与历史街区特色的关系 表4

			历史街区特色：您认为最能代表历史街区特色的是（可多选）*						总计
			历史建筑	现代建筑	传统街巷	邻里生活	传统商业（例如老字号）	其他	
居住性质	常住	计数	53	8	34	8	28	0	67
		占居住性质的百分比	79.1%	11.9%	50.7%	11.9%	41.8%	0.0%	
		占历史街区特色的百分比	32.9%	34.8%	35.1%	44.4%	30.8%	0.0%	
		总计的比例	26.5%	4.0%	17.0%	4.0%	14.0%	0.0%	33.5%
	租住	计数	25	4	13	1	13	0	35
		占居住性质的百分比	71.4%	11.4%	37.1%	2.9%	37.1%	0.0%	
		占历史街区特色的百分比	15.5%	17.4%	13.4%	5.6%	14.3%	0.0%	
		总计的比例	12.5%	2.0%	6.5%	0.5%	6.5%	0.0%	17.5%
	附近居住	计数	38	3	17	3	26	0	42
		占居住性质的百分比	90.5%	7.1%	40.5%	7.1%	61.9%	0.0%	
		占历史街区特色的百分比	23.6%	13.0%	17.5%	16.7%	28.6%	0.0%	
		总计的比例	19.0%	1.5%	8.5%	1.5%	13.0%	0.0%	21.0%
	其他	计数	45	8	33	6	24	1	56
		占居住性质的百分比	80.4%	14.3%	58.9%	10.7%	42.9%	1.8%	
		占历史街区特色的百分比	28.0%	34.8%	34.0%	33.3%	26.4%	100.0%	
		总计的比例	22.5%	4.0%	16.5%	3.0%	12.0%	0.5%	28.0%
总计		计数	161	23	97	18	91	1	200
		总计的比例	80.5%	11.5%	48.5%	9.0%	45.5%	0.5%	100.0%

注：百分比和总计以响应者为基础。
* 表示值为 1 时制表的二分组。

长期居住于此，相比于传统商业他们使用最频繁的是传统街道，游客则因为初次接触，对中央大街特殊的空间布局印象自然要深刻，而其对传统商业并没有太多的印象；租住在近的居民因对中央大街的传统街巷日渐熟悉便不再充满好奇，而对历史久远的传统商业则因为使用次数的增多而印象更深。但无论如何，都说明新建筑元素的介入是成功的，无论是当地居民还是游客都没有因新建筑的介入而影响他们对中央大街历史特色的评价和价值认同。

历史街区的复兴不但应该引起当地居民和游客对其历史文化价值的认同，其新介入的建筑元素在承担起弥合历史与现代精神之间距离的使命的同时，也应该发挥其应有的价值，能为投资者带来盈利，只有这样才能吸引更多的投资者为历史街区的发展进行投资。故而我们分析了哪些人群认为现代建筑是中央大街的历史特色，以便投资商适时地调整他们的商业策略，使现代建筑吸引更多的消费者同时为历史街区的复兴作出一份贡献。数据显示，认为现代建筑也是中央大街一大特色的主要是当地居民，且居住时间在1～3年之间(表5)，分析其原因有两点：①居住时间短，并没有像当地常住居民那样见证过中央大街的历史演变，对中央大街的历史建筑、传统街巷、老字号并没有那么深刻的印象与感情；也不似前来旅游的游客那样不熟悉中央大街，他们对中央大街的第一印象随着居住时间的延长而不再清晰。②中央大街商业步行街的改造，新介入的建筑元素很好地满足了他们的日常生活与休闲需要。投资者在旅游开发中可针对这种现象调整开发策略，盈利的同时为街区增加活力进而使街区得到进一步的复兴。

			历史街区特色：您认为最能代表历史街区特色的是（可多选）*						总计
			历史建筑	现代建筑	传统街巷	邻里生活	传统商业（例如老字号）	其他	
居住时间	不到1年	计数	31	4	20	1	12	0	39
		占居住时间的百分比	79.5%	10.3%	51.3%	2.6%	30.8%	0.0%	
		占历史街区特色的百分比	19.3%	17.4%	20.6%	5.6%	13.2%	0.0%	
		总计的比例	15.5%	2.0%	10.0%	0.5%	6.0%	0.0%	19.5%
	1～3年	计数	36	10	20	4	19	1	49
		占居住时间的百分比	73.5%	20.4%	40.8%	8.2%	38.8%	2.0%	
		占历史街区特色的百分比	22.4%	43.5%	20.6%	22.2%	20.9%	100.0%	
		总计的比例	18.0%	5.0%	10.0%	2.0%	9.5%	0.5%	24.5%
	4～10年	计数	24	3	18	4	15	0	30
		占居住时间的百分比	80.0%	10.0%	60.0%	13.3%	50.0%	0.0%	
		占历史街区特色的百分比	14.9%	13.0%	18.6%	22.2%	16.5%	0.0%	
		总计的比例	12.0%	1.5%	9.0%	2.0%	7.5%	0.0%	15.0%
	11～15年	计数	5	0	2	0	4	0	7
		占居住时间的百分比	71.4%	0.0%	28.6%	0.0%	57.1%	0.0%	
		占历史街区特色的百分比	3.1%	0.0%	2.1%	0.0%	4.4%	0.0%	
		总计的比例	2.5%	0.0%	1.0%	0.0%	2.0%	0.0%	3.5%
	16～20年	计数	11	1	6	1	5	0	12
		占居住时间的百分比	91.7%	8.3%	50.0%	8.3%	41.7%	0.0%	
		占历史街区特色的百分比	6.8%	4.3%	6.2%	5.6%	5.5%	0.0%	
		总计的比例	5.5%	0.5%	3.0%	0.5%	2.5%	0.0%	6.0%
	20年以上	计数	54	5	31	8	36	0	63
		占居住时间的百分比	85.7%	7.9%	49.2%	12.7%	57.1%	0.0%	
		占历史街区特色的百分比	33.5%	21.7%	32.0%	44.4%	39.6%	0.0%	
		总计的比例	27.0%	2.5%	15.5%	4.0%	18.0%	0.0%	31.5%
总计		计数	161	23	97	18	91	1	200
		总计的比例	80.5%	11.5%	48.5%	9.0%	45.5%	0.5%	100.0%

居住时间与历史街区特色的关系　　　　　表5

注：百分比和总计以响应者为基础。
*表示值为1时制表的二分组。

四、结论

历史文化街区是历史文脉最真实的载体，历史街区改造是历史文化遗产保护的一项重要内容，而历史街区文化与旅游相结合带动区域发展的方式几乎风靡全球。历史街区成功的旅游开发会在尊重历史文脉的基础上，使地段重新焕发生机和活力。在文化消费浪潮下，中央大街为适应旅游开发需要而积极介入的新建筑元素，满足了功能和规划的需要；促进了当地旅游发展；既延续了原有街区历史文脉又激发了街区活力；同时弥合了历史与现代精神之间的距离；最重要的是提高了旅游者和当地居民对其的文化价值认同。但是我们也看到在中央大街历史街区中由于规划不当也介入了一些消极的新建筑元素，如位于东风街的中央商城，其庞大的体量破坏了中央大街原有的基底关系，显得格格不入；位于友谊路的大型购物商场百盛更是因其突兀的建筑高度破坏了中央大街原有的街道空间尺度，使中央大街原有的景观视线受到影响。这些新建筑元素的消极介入使街区历经岁月积累下来的历史文脉遭到破坏，导致街区内涵的部分丧失，进而降低了旅游者对这一历史街区的兴趣及价值认同。这应该引起我们的重视并在以后的历史街区复兴中予以避免。在旅游开发浪潮影响下，新建筑元素介入历史街区已不可避免且势如破竹，规划者和设计者在介入新建筑元素时需按相关规定谨慎设计，应力求新建筑以积极的方式介入历史街区以提高旅游者和当地居民对历史街区文化遗产的价值认同，避免新建筑的消极介入割断历史街区的原有文脉延续而影响街区复兴。

注释：

①王云庆，于嘉．以哈尔滨中央大街为例谈历史街区的保护与开发 [J]．中国名城，2009．
②李大为．哈尔滨中央大街空间特色剖析 [J]．哈尔滨工业大学学报，2003．
③邓化媛，张京祥．消费文化转向下的近代历史风貌区更新改造再解读 //2008 中国城市规划年会 [C]，2008．
④（日）芦原义信．街道的美学 [M]．天津：百花文艺出版社，2006．
⑤宋继蓉，刘国英．哈尔滨步行系统规划研究 //2008 中国城市规划年会 [C]，2007．
⑥ B. Goodall, University of Reading, UK. The Economics of Urban Areas[M]. Pergamon, 1972.
⑦ Fei Qu. China: A Study of Centrality and Adaptability [M].UCL, 2009.
⑧同⑦．

图片来源：

图 1、图 2、图 9、图 15：俞滨洋．哈尔滨印象（上）[M]．北京：中国建筑工业出版社，2005．
图 3～图 7、图 11、图 13、图 16、图 18、图 20、图 21、图 23～图 31：作者自摄．
图 8：俞滨洋．哈尔滨印象（下）[M]．北京：中国建筑工业出版社，2005．
图 10：http://blog.sina.com.cn/s/blog-48b3cedd0101kv39.html．
图 12、图 14：作者自绘．
图 17：http://blog.sina.com.cn/s/blog-48b3cedd0101kut5.html．
图 19：http://blog.sina.com.cn/s/blog-48b3cedd0101kv2r.html．
图 22：网络．
图 32：http://www.nipic.com/show/1/62/7440362k999bb9ab.html．

作者心得

很荣幸我的这篇论文能够在《中国建筑教育》·"清润奖"大学生论文竞赛中获得认可，在这里首先要感谢我的导师对我的论文进行的耐心、细致的指导以及同学对我的无私帮助。

论文之所以选择中央大街作为"新建筑元素介入影响历史街区复兴"的案例研究，首先出于我对中央大街的喜爱，其面包石铺就的步行大道、川流不息的人群以及两侧带有异域风情的欧式建筑群是最吸引我的，就算混迹在熙熙攘攘的人群中，只在大街上无所事事的闲逛就很满足；其次出于我对中央大街的好奇，为什么这条百年老街有如此大的魔力能够吸引那么多的人，有哪些因素造就了中央大街在旅游开发浪潮中能够越来越有活力？作为建筑出身的我自然将更多的注意力集中在它新老建筑是怎样和谐共生的问题上。

以上便是论文选题的最初由来，但仅凭喜好和好奇心进行研究是不够的，还需要有清晰的思路和科学的研究方法。确定研究方向后，在跟导师的探讨下，论文写作的思路才变得越来越清晰，并找到了分析问题的切入点，最终文章通过定性和定量的科学分析得出了在旅游业的发展浪潮影响下，新建筑元素如何以积极的方式介入历史街区并促进历史街区的复兴。论文的写作阶段，因自身知识积累的有限一度出现瓶颈，后来在导师的指导下，我参考了大量的相关领域的文章和案例，并一次次对中央大街进行实地考察，最终突破瓶颈完成了论文的写作。

作为初步性研究论文的写作虽告一段落，但写作过程的训练使我无论是思考问题的角度还是分析问题的能力都得到了很大的提高，受益匪浅。而且在这次论文的初步性研究过程中我发现了更多值得探讨的问题和新的思考角度，这为我以后针对此类问题进行更深入的研究提供了帮助，有了更多的发挥空间。

王晓丽

杨鸿玮
（天津大学建筑学院 博士三年级）

基于量化模拟的传统民居自然通风策略解读

Research on Natural Ventilation Strategies of Traditional Residences Based on Quantitative Simulation

■摘要：本文以 "地域性" 与 "生态性" 为背景，用当代视野审视传统民居潜在的生态逻辑。文中采用模拟量化分析，直观呈现干热、湿热及山地微气候作用下，不同类型传统民居的自然通风状况，以 "从聚落到单体" 的防风或通风系统阐释其适应气候的不同生态策略。西北民居的防风防热、闽南民居的通风除湿和贵州民居的依山就势都是对当地生态环境的良好回应。民居生态性能的量化分析对于继承传统民居精髓，完善现代集合住宅设计具有启示和意义。

■关键词：地域性 生态性 生土建筑 围龙屋 吊脚楼 自然通风 量化模拟

Abstract：This article presentsnatural ventilationstrategies of different residences and takes traditional dwellings respectively in northwest region、southern region and Guizhou as case studies with computer-based simulation which demonstrates potential national ventilation systems different from each other. It is proven thatthe formation of traditional residences reflect the vernacular characteristics and havemany advantages in terms of sustainability. The natural ventilation strategies summarized from the simulation gives prominence to the environmental elements，which has an important reference to modernresidence.

Keywords：Regionalism；Sustainability；Earth Building；Round-Dragon Houses；Stilted Building；Natural Ventilation；Quantitative Simulation

一、背景

面对持续恶化的生态环境和日益枯竭的资源前景，"能源与发展" 的博弈已成为世界化的议题。建筑作为用能大户，与交通和工业并称为三大高耗能产业，其能耗达全社会总量的27.8%[①]。

居住建筑作为最早的建筑类型，自古广受人们关注，从"掘地为穴，构木为巢"的遮蔽功能，到"居移气，养移体"的精神境界，进而被称为"居住的机器"，其发展变化体现了人与自然之间，从仰视尊重、平等适应到自恃征服的过程。随着时代的发展和科技的进步，住宅的演进改变着人们的用能观念和生活习惯。例如，对冬季采暖和夏季制冷的过分依赖，使人们将自然的四季变化隔绝窗外；而过分被强调的标准舒适温度，则忽视身体代谢平衡和能源有度利用。能源危机和环境问题的冲击促使人们反思，催生可持续理念在建筑领域的应用和发展。可持续建筑关注全寿命周期内的建筑性能表现以及环境影响，着力于优化建筑对能源和资源的需求和利用效率，是未来的设计趋势。面对可持续理念的时代潮流，作为住宅应当充分考虑：应对气候要素的形式，高效可持续的能源利用，和谐有机的建成环境和节能自适应的室内微气候。这些恰恰是传统民居世代传承的应对环境的质朴生态要素。在数字技术高度发达的当代，借数字化模拟工具解读和验证民居潜在的生态策略，对地域性生态化建设具有参考价值。

（一）当代住宅的困境

进入21世纪以来，随着城市化进程的加快，人们对住房的需求和舒适性要求不断提高。我国无论是人均还是单位建筑面积的运行能耗都呈现出逐年增高的趋势，据统计，住宅建筑能耗占建筑总能耗的78.7%[②]。另一方面，在大刀阔斧的住宅建设中，当代建筑面对国际化的冲击，对传统文化的表达逐渐"缩水"，"千城一面"的风貌愈演愈烈，一味对流行式样的复制和工业化效率的追寻，使地域特色逐渐消失（图1）。

荷兰建筑评论家Alexander Tzonis[③]在《批判性地域主义——全球化世界中的建筑及其特性》一书中评价："当代建筑设计要在种种冲突中对地域主义进行反思——作为一种自下而上的设计原则，重释'地方性'在地理、社会、文化上的意义，而非那种陶醉于自恋的、自上而下的设计教条。"

西北　　　　　　　　闽南　　　　　　　　西南

图1　各地现代集合住宅对比

（二）传统民居的智慧

我国幅员辽阔，各地地理气候条件和生活方式不尽相同，各地人居环境和建筑风格也千差万别。传统民居被誉为"没有建筑师的建筑"，其在适应当地气候、维持生态平衡方面积累了宝贵的经验：干热地区的西北民居依靠密集布局和建筑间的自遮阳，将当地不良的气候因素阻隔在外；为了应对湿热气候的特点，闽南民居利用单开间、小天井穿插的模式，发展出一系列改善热环境的方法；而西南民居面对特殊的起伏地形和多变的山地微气候，通过聚落和单体的因形就势，形成独树一帜的建筑风格（图2）。

当代对于传统民居的传承与保护利用通常局限在感性认知的层面，通过地域性的元素、符号等图形要素在建筑造型中的堆砌体现其地域性，这些做法徒增建设成本，易导致审美疲劳，而且忽略了世代流传的珍贵生态经验。民居灵活的空间，顺应地势的布局，极强的

指导老师点评

我国的传统民居是先民应对独特的自然条件和经济条件，经过漫长岁月的历练形成的瑰宝，其中充满应对气候、应对地域环境的智慧。在倡导节能减排、可持续发展的今天，以环境友好的视角重新审视中国传统民居的生态策略，对当今低碳城市和绿色建筑的进程毫无疑问能够提供有益的启示，并起到积极的推进作用。本文运用风环境数字模拟技术，对新疆、福建、贵州三种不同地理气候条件下的典型民居进行通风策略研究，获得的量化成果可以直接指导该地域的可持续建筑实践，研究方法对于其他地区的生态策略挖掘和应用具有借鉴作用。论文的研究特色主要有以下几点：

1. 选取不同气候区的民居为研究对象。文章选取干热气候下的西北民居、湿热气候下的闽南民居以及山地气候下的贵州民居为研究对象，选取的地理气候区具有明显的差异，由此形成不同地域的建筑材料、建造方式和建成效果。地域性差异必然导致不同的建造结果，使人印象深刻。

2. 应用数字模拟技术得到量化结果。运用风环境数字模拟技术对选取对象进行量化分析，使原本感性的生活体验上升到理性层次，对于准确理解和在当代设计中恰当应用传统民居的生态策略起到有效的指导作用，是地域性建筑设计在数字时代的传承和发展。

3. 拓展民居研究的视角，脱离形式束缚。以往对于民居的研究，大多集中在其人文属性的领域，设计中对于民居及其所代表的地域性的传承往往难以脱离形式的模仿。本文从风环境视角切入，借助模拟技术发现民居应对自然的机理，从而开拓了民居研究的新视角。

4. 传承地域精神，实现建筑创新。将民居应对自然的机理，以现代材料和技术结合现代功能需求进行转译，则能够有效摆脱民居固有形式对当代设计的束缚，实现地域性建筑的创新。

刘丛红

（天津大学建筑学院，博导，教授）

西北　　　　　　　　　　　闽南　　　　　　　　　　　西南

图2　各地民居对比

气候适应性和环境亲和力，充分体现了当地的气候、文化以及生活，对生态性能的继承是"地域性"表达的突破口。

二、传统民居的地域性

建筑地域性是建筑针对当地气候条件与文化特点的回应，作为建筑的本质属性之一，地域性表达涵盖：材料、手法、技术、形式、施工和文化继承各个方面。传统民居个性化的建筑语言，最大限度地探索了适宜材料和相关结构完美表达的可能性，并在低技术生态策略问题上具有前瞻性的思考。

我国幅员辽阔，跨越多个气候带，气候类型多样。本文选择西北、西南、闽南等位于不同气候特征下的民居类型，进行量化模拟，探索优秀的传统民居在适应当地气候、维护生态平衡方面所蕴藏的精妙的设计智慧。

（一）建筑气候设计

气候是具有时空属性的"某一地方在一定时间范围内的大气特征"。气候对建筑的影响是不可抗拒的。肯尼思·弗兰姆普敦曾提出："在深层结构层次上，气候条件决定了文化和它的表达方式、它的习惯和礼仪；在本源的意义上，气候是神话之源泉"[④]。

气候的分类一直是一个有争议的话题，而且研究趋向于越来越微观的层面。长似百年短到一小时、一分钟；大到宇宙，小到一片树叶，都是气候变化的时空载体[⑤]。英国学者斯欧克莱基于太阳辐射、风环境和温度等气象因素的考虑，将全球气候分为——"干热气候、湿热气候、温和气候和寒冷气候"[⑥]四种类型。作为建筑热工设计应用最多的分区方法，气候与建筑生成的密切关系，从其中可以窥见一斑。表1中阐述了不同气候及与之相对应的建筑设计方法。

斯欧克莱气候分区　　　　　　　　　　　　　　　　　　　　　　　　　　　　　　　　表1

气候区	气候特征及气候要素	建筑气候策略	典型建筑
寒冷气候	大部分时间月平均气温低于 −15℃ 风；严寒； 暴风雪；雪荷载	减少能量流失； 最大限度保温	
温和气候	有较寒冷的冬季和较热的夏季； 月平均气温波动范围大； 最冷月可低于 −15℃； 最热月高达 25℃； 气温年变幅可从 −30~37℃	夏季：遮阳、通风； 冬季：保温	
干热气候	阳光曝晒，眩光； 温度高； 温度年较差，日较差大； 降水稀少，空气干燥，湿度低； 多风沙	最大限度遮阳，厚重的蓄热墙体，内向型院落，利用水体调节微气候	
湿热气候	温度高，年平均气温在18℃以上，温度年较差小； 年降水量大于 750mm； 潮湿闷热，相对湿度大于 80%； 阳光曝晒，眩光	最大限度通风遮阳，低热容的围护结构	

另外，由地形变化所产生的局地气候[2]，也会导致小环境的变化。例如，决定山地微观地理环境的因素有"山体形式、海拔高度、坡地方位以及山地地貌"，它们与"日照、温度、湿度、风状况及降雨等气候因子相互作用"[8]，会产生丰富的山地小气候状况[9]。

（二）人居环境的地域性

本文中所选择的西北、闽南、西南地区有十分突出的气候差异，西北地区高温低湿，是我国干热气候代表地区；闽南地区高温高湿，是典型的湿热气候；而西南地区由于90%以上为山地，被誉为"山国"，成为局地气候作用显著的区域。

1．干热气候——西北民居

炎热、干燥、大风是对我国西北地区气候的贴切描述。西北地区涵盖"三省两区"，由于深居内陆，是我国最干旱的地区。黄土高原的窑洞、宁夏、甘肃的夯土房都是在此气候条件下自发形成的独特建筑。

本文以有"风库"和"火州"之称的新疆吐鲁番为例，每年4月份当地气温即可高达30°C以上，而且这种高温天气会一直持续将近六个月的时间。但在11月份以后气温骤降至零下，年温差甚至可以达到56°C。日温差也很大，一天之中温度平均差可达15°C以上，温差变化加剧气流的频繁运动，大风天气因此频繁。吐鲁番的降水量少，而蒸发量极大，这种收支极不平衡的状况导致了吐鲁番极度干旱的状况，也影响了植被的生长，从而加剧风环境的恶化[10]。

《梁书·高昌传》中有对吐鲁番民居的记载："其地高燥，筑土为城，架木为屋，土覆其上。"[11]对生土建材的利用是西北乡土建筑的特色，生土本身具有的良好热惰性和蓄热能力，能够应对昼夜温差的变化，白天依靠墙体自身吸收太阳辐射，保持室内环境的凉爽，夜晚将蓄积的热量传导至室内，延缓室内温度的下降。该地区单体建筑为平顶，平面以狭长院落为中心，组织日常起居（图3）。

 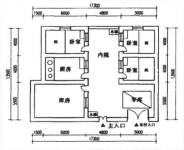

图3 西北生土民居

2．湿热气候——闽南民居

湿热气候表现为"温度高，年平均温度在18°C以上；年较差小；年降水量大于750mm；潮湿闷热，相对湿度大于80%。"[12]湿热气候在我国最具代表性的区域是闽南和粤中地区。与干热地区不同，这些地区应对气候的民居并不依赖于厚重的围护结构保温隔热，而采取开敞式院落通风，带走湿气的同时降低温度。

围龙屋组团是当地有代表性的形制。这类民居体量高大，以同心圆形或弧形围合组团，由内向外发散。圆或弧平分形成向心的单元，每个单元为二至三层小楼[13]。组团之间预留足够用地以待家族逐渐壮大，建筑有生长空间。多层同心圆之间形成天街（图4）。围合的中心称为圆形庭院，为家族活动提供空间，而每一单元内部的小天井，为每户调节室内气候。一个圆形组团可以单独成一村落，也可以由多组不同形态的组团组合成一村落，其内聚性和防御性都很强。

3．山地气候——西南民居

西南地区由于特殊的地质条件，加之经济欠发达，所以保留了很多原汁原味的民居聚落。云贵高原与四川盆地影响下的高低起伏导致气候环境的垂直差异比水平差异明显，立体气候突出。由于地形复杂，局部微气候影响明显，平原地域适应的测量规律和气候统计无法

竞赛评委点评

在大力建设生态文明的今天，将地域性与生态性结合是一条符合我国国情与现实条件的绿色建筑之路。论文客观分析了传统民居中的生态逻辑，采用模拟量化分析的方法，研究了干热、湿热及山地微气候作用下，不同类型传统民居的自然通风状况，阐释其适应气候的生态设计策略。论文论证充分，逻辑清晰，充分挖掘了传统民居中朴素原生的绿色建筑智慧，研究成果对于完善与丰富我国现代集合住宅生态设计具有一定的指导意义。

梅洪元

（哈尔滨工业大学建筑学院，院长，博导，教授）

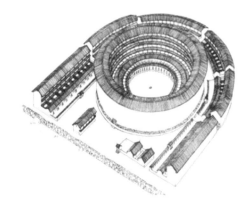

图 4　福建平和县芦溪乡厥宁楼

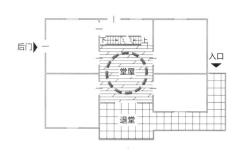

图 5　贵州干阑民居

套用于山地地区。

　　黔东南地区的苗居集西南特色于一身，气候"多雨多湿"，水热条件好，使得木材成为这一区域的主要建筑材料。这种建筑类型单体规模小，无院落，底层半架空形成吊脚楼，在有限的用地上，最大限度地利用复杂地形，同时兼具防潮除湿效果，在适应山地方面尤能显露出其优越性[14]。其内部空间一般分为三层：人们居住在中间层，下层为饲养牲畜用，上层为客房或储藏用。生活方式与平面布局构成直接的因果关系，形成"以堂屋为中心并向两翼展开的干阑式吊脚半边楼"[15]（图 5）。

三、基于模拟的传统民居通风策略解析

（一）新疆吐鲁番麻扎村

　　麻扎村位于新疆吐鲁番，气候炎热干燥，多风少雨。村落沿溪顺流布置，街巷组织错落狭窄、建筑布局密集灵活、单体间紧密相连。以狭长院落，组织单体空间（图 6）。

　　1. 防风系统

　　干热地区最重视夏季隔热防风，这是由于自然通风增加人与周围环境的对流，但吐鲁番的夏季室外温度远高于室内温度和人的体表温度，通风不仅不会降温，反而会带来室内温度的升高。

　　通过用 AIRPAK 软件对村落和建筑风环境进行模拟，采用最不利边界条件（东北风 27m/s，温度 35℃，水体温度 26℃）。图 6 揭示了民居从聚落到单体的防风策略。室外空间组织方面，村落巷道南北布局与主导风向垂直，有利于遮挡室外风；1.5m 标高处，环境风速虽大，但通过紧密围合的建筑和错落的窄巷彼此遮挡，聚落内部风速有了明显的下降，已低于 5m/s；另外，开敞的公共活动空间，风速也有明显降低。

　　室内空间方面，新疆民居院落不同于北方的一大特色是天井上方的绿化顶棚，作为室内外空间的过渡，院落承载居民生活中的很多公共活动。模拟显示，绿化顶棚有效增大了庭院热压通风，促进了室内风环境流通。

　　2. 防热系统

　　麻扎村的街巷组织除了上文所说的防风效力，其较大的高宽比，使建筑彼此遮挡，全天大多数时间存在于阴影中，有利于减少太阳直接辐射，改善夏季热环境。Ecotect 建模分析结果如图 7 所示。高宽比较大（2：1）的街道，日温差变化更小。人的日常活动时段，温度明显低于高宽比小的街道（1：2）；尤其是下午 3 点最热时段温度相差 5℃。

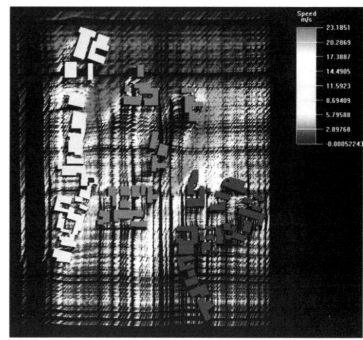

a) 1.5m 标高村落风环境

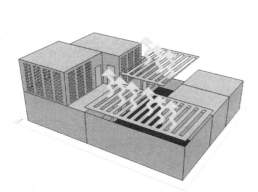

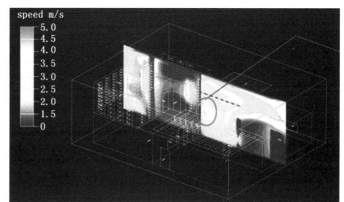

b) 室内构架——高架棚通风效果

图6　麻扎村防风系统

量化模拟真实地反映出生态策略的实际效果：在吐鲁番这样的干热地区，住宅的设计中应以夏季防热为主要出发点，注重建筑之间以及建筑自身的相互遮挡，并尽可能地利用室内小范围空气流动而非室内外对流来达到降低温度的目的。

（二）闽南丰作厥宁楼

"湿热气候地区是地球上最需要通风的地区，也是风力通风潜力最好的地区。通风在寒冷气候下会使人受寒，在34℃以上的高温气候下令人感到焦热，唯有大部分室外气温维持在20～34℃之间的湿热气候区，最适合以通风来取得舒适感。"⑩闽南湿热建筑从空间组织到单体建筑，都以促进自然通风为第一要义。

1.聚落组织

上文提到的福建漳州厥宁楼是一个双层围合形成天街的半围龙建筑，建筑面向河道一侧开口。图8揭示了AIRPAK风环境模拟中，厥宁楼与常规圆形建筑的对比：聚落组织层面，厥宁楼由于外环设置了多个短巷，顺应外侧圆弧的导风作用，天街中的风可经由短巷迅速流出，故风速较大（0.6m/s）；而内庭院风速由于天街的存在减少了内环风压差，导致进入

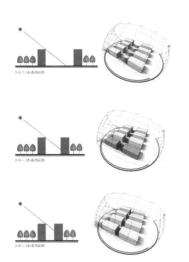

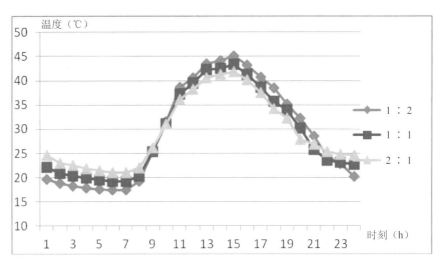

图 7　遮阳策略

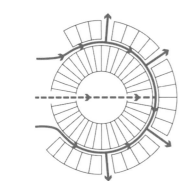

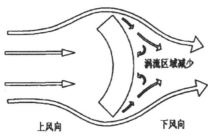

图 8　厥宁楼与常规圆形围龙屋风压通风模拟对比

庭院的风速较小（0.1m/s）。

　　围龙屋会因家族的壮大，增建内环，通常由外向内高度逐渐降低，研究者常以防御性来解释这种现象，忽视了其中的生态性能。表2的剖面分析，呈现不同层组团庭院的风压通风。单进式向心庭院，在庭院内部形成独立的涡流，风速较小（0.13m/s）；向内扩建一进，漩涡减小，庭院内风速明显增大（0.38m/s）。三进时，层层跌落的秩序，有效促进庭院通风，且坡屋顶的导风作用明显（0.50m/s）。可见，围龙式组团向内生长，层层递减的坡屋面有利于风压通风。

　　2. 建筑单体

　　就单体而言，向心依次跌落的屋面和贯通的楼梯井结合起到拔风作用，有利于风压通风，但效果不太明显。由于天井的遮阳效果，单元内部的小庭院温度较低，与庭院产生温差形成热压通风，有效促进室内风环境。表3中单体A和B是不同围龙屋的单元，均由一大一小两院落串联三进房屋组成，且以中心庭院为参照，外高内低。有所区别的是，组成单体A的三进建筑层高前两进为一层，最外围三

庭院风压通风风速图		表2

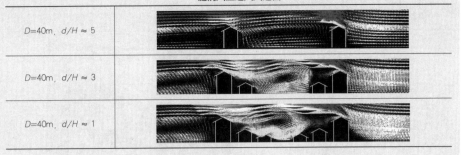

$D=40m, d/H \approx 5$	
$D=40m, d/H \approx 3$	
$D=40m, d/H \approx 1$	

层（1+1+3），组成单体B的三进建筑层高分别为一层、两层、三层（1+2+3）。对比可见，单体B开敞的厅与天井，增大通风口面积，且外侧较深的天井，促进温差变化，优化通风。围龙式组群，并不单纯依赖于风压通风，而更多地需要热压通风，其围合的布局形式与通风模式是相辅相成的[⑦]。

单元热压通风模拟	表3
单元A（1+1+3）	单元B（1+2+3）

（三）黔东南郎德上寨

贵州黔东南民居聚落与自然协调的重要手段是，因借复杂地形，使建筑与自然山势同构。风环境模拟能够很好地解读这种半边吊脚做法的合理性和科学性。

1. 聚落组织

通过 Phoenics 软件对郎德上寨的局部风环境进行分析。选取冬季和夏季极端气候条件的气象数据设置模拟环境（夏季东北风 2.7m/s，环境温度 35.6℃；冬季南风 5.6m/s，环境温度 -8.9℃）。模拟对比可知，在 1.5m 即人的室外活动标高处：①吊脚楼架空空间迎向夏季主导风向，减少建筑对风的阻隔，促进通风。接地一侧迎向冬季主导风向，以利冬季防风。②错落点式布局，转角效应明显，架空一侧的转角风较大。吊脚式室外风速约为 1.50～2.50m/s，落地式室外风速约为 1.00～1.50m/s。③分散的建筑具有连续和宽阔的开放空间，使得每栋建筑都能保持通风，减少风影和通风死角（表4）。

2. 建筑单体

西南少数民族繁多，没有大一统的文化背景。摆脱形制和文化的约束，建筑本质地应对自然的属性在山地民居形成过程中占据主导地位。吊脚楼单体布局简单，没有复杂的形制；功能空间以堂屋为中心成放射状布局，退堂是堂屋前沟通室内与室外的过渡空间，山墙面高窗促进通风、采光。"退堂、山墙高窗、底层架空"对建筑单体的自然通风进行优化，表5所示是这些典型空间的自然通风量化模拟：①退堂的开敞状态促进堂屋通风；②山墙高窗带动室内外气流运动，使居住标高层面风速增大；③底层架空带来转角效应，加速室外活动标高层面的空气流动，减少风影区。

作者心得

近年来，能源危机和环境问题的冲击促使人们开始反思，同时催生了可持续理念在建筑领域的应用和发展。面对时代潮流，人们对居住建筑设计也提出了更高的要求——应对气候、高效节能、舒适合理、造型创新。传统民居与生俱来的"生态基因"和历经打磨的"生态逻辑"，对引导当下建筑创作的本土回归，具有借鉴的作用。

1. 传统民居的气候属性。传统民居"形式追随气候"的属性揭示出"地域性"与"生态性"的息息相关。本文中以建筑气候设计为出发点，阐述民居中应对气候的生态经验，形成"自下而上"设计原则。干热、湿热及山地微气候作用下，不同类型传统民居的自然通风状况有明确的差别：新疆"阿以旺"紧密布局以便防风防热，福建"围拢屋"向心聚拢旨在通风除湿，贵州"吊脚楼"架空错落为了回应当地环境。民居生态性能的挖掘对于继承传统民居精髓、完善现代集合住宅地域性的表达具有启示。

2. 数字模拟的量化分析。通常对于传统民居的继承与保护局限在感性的方面，借助量化模拟工具，以当代视野审视民居的生态价值，以现代手法量化其潜在规律，对地域性生态化建设具有参考价值。在此视角下，生活环境中的太阳辐射、日照时间、温度、湿度和风都被可视化地展示在模型中，成为设计决策的量化指标。可持续发展的核心概念亦是对这类微观"财富"的重新定义。

3. 各个学科的交叉合作。笔者在撰文过程中深切体会到，在知识信息高度密集的今天，建筑学专业想在新的领域总结或开拓新的设计思路迫切需要与大气物理、暖通空调、环境工程以及软件工程等相关专业通力合作，将气候、建筑与科技完美结合，才能更好地为建筑形式创新找寻新的理性逻辑，从而避免由于专业壁垒造成的局限。

杨鸿玮

图例	夏季	冬季
吊脚式		
落地式		

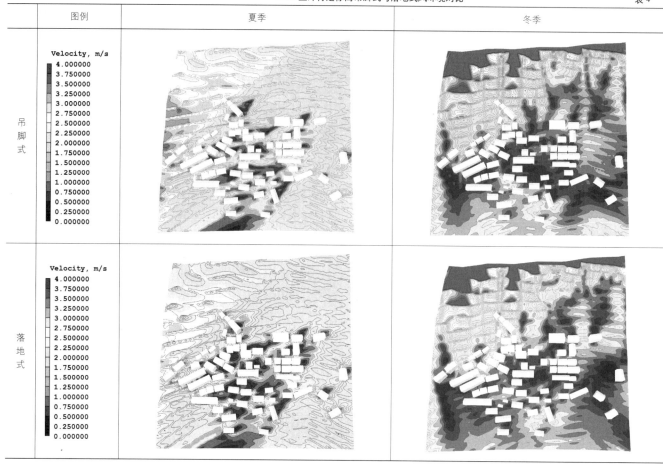

吊脚楼单体典型空间的风环境　　　　　　　　　　表5

单体形式	退堂空间	山墙高窗与底层架空

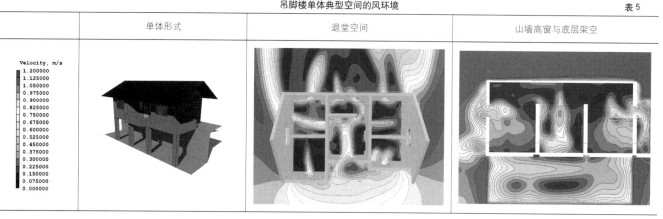

四、对当代住宅的启示

与生俱来的"生态基因"和历经打磨的"生态逻辑"造就了传统民居百花齐放、丰富多彩的地域特色。以当代视野审视其建筑学价值，现代手法量化其潜在规律，传统民居"形式追随生态"的属性揭示出"地域性"与"生态性"的息息相关。传统民居的生态逻辑，对引导当下建筑本土创作的回归，具有借鉴的作用。

基于软件模拟的量化分析表明：西北干热地区建筑主要通过与主导风向垂直的密集巷道，和紧密围合的建筑院落来兼顾防风、防热；闽南民居则通过层进的向心内院和有内聚性的层层跌落的天际线组织群体通风，控制建筑生长方式，并依据庭院的热压通风提高室内舒适度；西南民居则以迎向夏季风向的单侧架空的吊脚楼同时做到夏季导风和冬季防风。由于时间有限，本文只是从个案着手，作风环境典型性分析，并没有实际数字的监测和验证，但基于气候的模拟运算，用当代工具审视传统建筑，使传统民居的个性更加鲜明，对于继承传统民居的生态精髓，具有启示和借鉴意义。

注释：

①中国城市科学研究会主编.绿色建筑（2012中国城市科学研究系列报告）[M].北京：中国建筑工业出版社，2012：25-26.

②清华大学建筑节能研究中心.2012中国建筑节能年度发展研究报告[M].北京：中国建筑工业出版社，2012：4.

③（荷）Alexander Tzonis，LianeLefaivre.批判性地域主义——全球化世界中的建筑及其特性[M].王丙辰译.北京：中国建筑工业出版社，2007：83.

④G·Z·布朗，马克·德凯.太阳辐射·风·自然光[M].北京：中国建筑工业出版社，2008.

⑤杨鸿玮.西南山地民居生态策略数字模拟及现代应用——以贵州为例[D].天津：天津大学硕士学位论文，2012：16.

⑥杨柳.建筑气候学[M].北京：中国建筑工业出版社，2010：20-22.

⑦局地（地形）气候范围在10km以内，这时陆地的很多个性差别因素开始起作用，比如山地地貌、人类活动、城市热岛、区域污染源等，这是规划师和建筑师开始感兴趣的一个气候级.

⑧袁淑杰，谷晓平等.贵州高原复杂地形下月平均日最高气温分布式模拟[J].地理学报，2009（7）.

⑨卢济威，王海松.山地建筑[M].北京：中国建筑工业出版社，2001：57-60.

⑩原萌.西北民居中的生态策略及其当代应用——以吐鲁番地区为例[D].天津：天津大学硕士学位论文，2012.

⑪（唐）姚思廉.梁书·卷54·西北诸戎传[M].北京：中华书局，1973：809-811.

⑫刘念雄，秦佑国.建筑热环境[M].清华大学出版社，2005.

⑬张斌，杨北帆.客家民居记录——围城大观[M].天津：天津大学出版社，2010.

⑭杨鸿玮.西南山地民居生态策略数字模拟及现代应用——以贵州为例[D].天津：天津大学硕士学位论文，2012：48-49.

⑮罗德启.贵州民居[M].北京：中国建筑工业出版社，2008：77.

⑯林宪德.热湿气候的绿色建筑[M].詹氏书局，2003.

⑰何熹.闽粤条形民居自然通风的量化分析及现代应用[D].天津：天津大学硕士学位论文，2012：26-45.

参考文献：

[1] （荷）Alexander Tzonis，LianeLefaivre.批判性地域主义——全球化世界中的建筑及其特性[M].王丙辰译.北京：中国建筑工业出版社，2007.

[2] 曹春平.闽西南客家土楼形态[A]//建筑史论文集，2003.

[3] G·Z·布朗，马克·德凯.太阳辐射·风·自然光[M].北京：中国建筑工业出版社，2008.

[4] 何熹.闽粤条形民居自然通风的量化分析及现代应用[D].天津：天津大学硕士学位论文，2012.

[5] 林宪德.热湿气候的绿色建筑[M].北京：詹氏书局，2003.

[6] 刘念雄，秦佑国.建筑热环境[M].北京：清华大学出版社，2005.

[7] 卢济威，王海松.山地建筑.北京：中国建筑工业出版社，2001.

[8] 罗德启.贵州民居[M].北京：中国建筑工业出版社，2008.

[9] 杨鸿玮.西南山地民居生态策略数字模拟及现代应用——以贵州为例[D].天津：天津大学硕士学位论文，2012.

[10] 杨柳.建筑气候学[M].北京：中国建筑工业出版社，2010.

[11] 姚思廉.梁书·卷54·西北诸戎传[M].北京：中华书局，1973.

[12] 原萌.西北民居中的生态策略及其当代应用——以吐鲁番地区为例[D].天津：天津大学硕士学位论文，2012.

[13] 袁淑杰，谷晓平等.贵州高原复杂地形下平均日最高气温分布式模拟[J].地理学报，2009.

[14] 张斌，杨北帆.客家民居记录——围城大观[M].天津：天津大学出版社，2010.

[15] 张燕龙.沙漠绿洲传统民.居适宜性发展模式研究[D].西安：西安建筑科技大学，2009.

图表来源：

图1：搜房网.

图2：西北民居下载自百度图片，其他为作者自摄.

图3：左图来自百度图片；右图摘自：张燕龙.沙漠绿洲传统居民居适宜性发展模式研究[D].西安：西安建筑科技大学，2009.

图4：左图来自百度图片；右图：曹春平.闽西南客家土楼形态//建筑史论文集[A]，2003.

图5：作者自绘.

图6：作者根据下列文献整理：张燕龙.沙漠绿洲传统民居适宜性发展模式研究[D].西安：西安建筑科技大学，2009；原萌.西北民居中的生态策略及其当代应用——以吐鲁番地区为例[D].天津：天津大学，2012：43-49.

图7：原萌.西北民居中的生态策略及其当代应用——以吐鲁番地区为例[D].天津：天津大学，2012：35-37.

图8：作者根据：何熹.闽粤条形民居自然通风的量化分析及现代应用[D].天津：天津大学，2012：26-27.

表1：杨柳.建筑气候学[M].北京：中国建筑工业出版社，2010：21.

表2：何熹.闽粤条形民居自然通风的量化分析及现代应用[D].天津：天津大学，2012：30.

表3：作者根据：何熹.闽粤条形民居自然通风的量化分析及现代应用[D].天津：天津大学，2012：54-57整理.

表4、表5：作者自绘.

张相禹
（哈尔滨工业大学建筑学院，本科三年级）
杨宇玲
（哈尔滨工业大学建筑学院，本科三年级）

哈尔滨老旧居住建筑入户方式评析

Harbin Old Residential Staircase Entrance Analysis

■摘要：哈尔滨在"八五"期间进行了异常迅速的城市改造，遗留诸多问题，如建筑不符合规范，入户方式单一，为北梯北入口等。本文从哈尔滨实际情况出发，选择典型地块，进行数据统计并测量室内外温差，了解地块内老旧居住建筑入户方式的现状，研究北入口能耗情况。对北入口的热环境进行分析，并对老旧居住建筑的入户方式提出改进措施与建议。

■关键词：老旧居住建筑　入户方式　热环境　改造

Abstract：Harbin experienced an exceptionally rapid urban redevelopment during the "Eighth Five-Year" plan period. However, the campaign still left over many problems, such as the reconstruction does not match the standard and single way of entering the staircase, etc. Selecting Typical blocks, add up the data of measuring the temperature difference between inside and outside of a staircase. Find out existing state of affairs of the blocks and energy consumption of northern staircase. Do research on thermal environment analysis of northern entrance as well as make suggestions about it.

Key words：Old Residential Blocks；Ways of Entrance；Thermal Environment；Reform

一、地区概况、问题与研究意义

（一）热工分区与气候分析

黑龙江省哈尔滨市，位于亚欧大陆东部的中高纬度地区，按我国的热工分区划分，哈尔滨处于严寒地区。哈尔滨的冬季受干冷的极地大陆气团影响，气候严寒且干燥，降水极少，降雪期集中在每年的11月至次年的1月。冬季历年平均气温为 −14.2℃，其中1月最冷，平均气温为 −19.6℃。冬季全市主要盛行西南风，风速较小。有时出现暴雪天气[①]。

（二）哈尔滨老旧居住建筑分析

1. 哈尔滨住宅发展

哈尔滨市第一版规划是由俄国建筑师所做，按照西方近代城市思想规划，新城具有西方"花园城市"的明显特征，由建筑围合出街道空间，城市的结构层次只具有居住区、街区、街坊3个层次，但是由于早期俄式建筑的老化与破败，具有历史性的建筑逐渐被拆除改造。对此，牟双义等在《哈尔滨近代居住建筑》[②]中有更深一步的研究。

1970～1990期间，全国进行了大规模住宅建设，仅仅是1979～1989年的10年间，全国城镇住宅建设面积就有约13亿 m^2，相当于此前总和的2.59倍。哈尔滨市政府也在改革开放以及大规模住宅建设运动的指导下，确立了"旧城改造与开发新区相结合，以旧城改造为主"的建设方针。"八五"期间，全市的住宅建设量增长迅速，短短5年，新建的住宅建筑面积就达到 $1.20×10^7m^2$，远远超过"八五"计划原定的 $7.00×10^4m^2$。人均面积也由"七五"末的 $5.62m^2$ 增加到 $7.00m^2$。"九五"期间，新建住宅建筑面积已经达到 $1.46×10^7m^2$，人均居住面积已经达到 $9.50m^2$，一定程度上解决了居住问题。

但由于当时主要是为解决居住现状问题，并且当时经济发展不成熟，居民对居住条件要求逐步提高，该时期建造的大部分集合住宅，目前看来，在套型和环境等方面都远远不符合当代居住的要求。但这些住宅大都还在使用年限内，不具备重建条件，因此只有通过改造来提升居住品质，达到居住要求。

2. 哈尔滨老旧居住建筑问题

改造并非易事，结合哈尔滨工业大学郭嵘、卢军[③]的研究结论，总结出自1987年以来，改造中出现的问题：

(1) 旧居住区改建不到位，导致"未来棚户区"的形成。居住区环境方面，旧居住区改造后住宅层数一般为7～8层，大部分为无电梯的8层的住宅。目前看，建筑间日照间距不足，住宅区内公共绿地不足，居民公共交往空间缺失，加上公共设施不完善，住宅区未达到国家标准。随着老住户的流失与居住人员的流动，未来，这些住宅区很可能会成为市中棚户区。

(2) 过度追求经济效益，相关法律被忽视。开发商为追求经济利益，无视法律法规，加大进深，不断增加层数，增设地下室，层数批七建八，甚至建九，建筑间距却小于1：1.5。人口密度极度增大，交通堵塞，缺乏公共设施。旧居住区环境进一步恶化。

(3) 住宅造型单调平面相似。由于受经济因素的限制，在当时大量建设的住宅，都仍采用"老五二"的建造模式，改造后原平面仍被沿用，二三十年不变，加上造型单调，不利于特色城市的营造。同时由于缺乏公民参与，改造中使用的建筑技术、建筑材料落后，居民回迁后仍需根据自身需求自行进行再次改造，改造意义不大，浪费人力物力。

3. 老旧居住建筑入户方式与问题

一方面，为了争取居住空间，冬季防止盛行风灌注，哈尔滨旧居住区入户梯间几乎都采用北梯北入口的入户方式；另一方面，由于光照原因，南向入口白天室外温度较高，南向入口与室外温差较小。但目前，南北入口的耗热量与太阳辐射得热的关系研究尚欠缺，无法界定建筑能耗数值，这对入户方式的评析又产生了新问题。

4. 老旧居住建筑入户方式研究的意义

自"国六条"公布以来，政府对中小户型加大了重视程度，对住宅进行科学合理的研究后，居住区改造日益规范，居民生活环境日益改善，中小户型设计质量日益提高。但是，由于入口设置并没有经过精确的热工计算，仅通过主导风向的模拟无法决定最佳的入户方向。于是，哈尔滨最佳入户方向成为课题研究的焦点问题。

因此，对哈尔滨入户方式的研究与改造具有重大的意义，涉及能源的节约与居住单元内部光环境的改善。但是，应该如何对这些普遍存在的北梯北入口进行改造，才能既保留北梯北入口的优势，又有效解决劣势？本文先将北梯北入口与部分单元使用的北梯南入口进行对比，以了解北梯北入口存在的优劣，再根据北梯北入口的不足和优势，对北梯北入口和北梯南入口分别提出改造意见。

二、入户方式调查及分析

(一) 选择调查地块

选择位于哈尔滨南岗区公司街与耀景街之间的典型地块作为调查地块（图1）。该地块

指导老师点评

在冬季的哈尔滨，直射的阳光给室外活动的人们与住宅楼的向阳面均带来明显的温暖感。该同学通过对这个日常现象的细心观察与探究，借助直观、朴素的实验方法，发掘并阐述了日照对哈尔滨住宅楼在节约能源层面上的新的影响因素；通过对选地的观察，利用有效的测量器械收集数据以及计算机软件模拟分析，建立了严密的论证步骤。该论文成果不仅对哈尔滨新建住宅楼入口设计具有指导意义，对相关方向的研究也可以提供一定的理论支持。更可贵的是，论文研究成果具有相当的实际应用价值。但是，论文中仍有细节值得继续推敲、深化与探讨，得出更深层次的结论。

韩衍军

（哈尔滨工业大学建筑学院第三教研室，副教授；建筑师）

哈尔滨市的老旧建筑数量很多，其单元入户方式对建筑的功能、物理环境及采暖能耗等都有较大的影响。该论文选题恰当，且具有较重要的意义。能提炼出这样的研究题目，表明作者能主动深入思考、理论联系实际。作者结合现场调查研究、数据分析处理及仿真模拟等方法与手段开展研究，数据翔实可靠，分析得当，得到了一些较重要的明确结论，对此类建筑的改造具有指导意义。但是，论文中仍有细节值得推敲或应继续深化探讨，如论文中的一些用词或表述应尽量符合科技文章的风格。

展长虹

（哈尔滨工业大学建筑学院建筑技术科学系，实验室主任，博导，教授）

占地 5.8hm²，住宅统一为 7 层或 8 层高，各种历史保护建筑混杂其中，如保留的哈尔滨铁路局住宅和职工活动中心等。建筑的楼梯间都设于北面，各个方向都存在入口。

住宅的整体风格保留在 1980 年代左右。楼间的日照间距和防火间距多不满足国家规范标准，并且楼间绿化较少，多为硬质铺地。根据屋顶造型差异可知，地块中的住宅楼为不同建设方所建造，这导致地块被分割，楼间相互不连通。不仅如此，由于缺少统一的建造规划，建设方为追取自身利益最大化，以邻为壑，地块的建设杂乱无章。

地块的北面为夜市街，夜间商贩云集，是附近街区的蔬果商品市场。因此，沿街住宅一层多被改造为沿街开放的商铺。但入户方式并没有被改造，依然是北梯北入口，入口临街，单元门直接朝向街道，造成很大的安全隐患（图 2）。

图 1　老旧居住区俯瞰图

图 2　单元入口现状

本文为探究典型的北梯北入口入户方式对住宅楼的影响，以该地块作为哈尔滨典型城区改造的住宅地块进行深入分析。地块中的楼梯间均位于北面，不同的是入口朝向——主要存在北向与南向入口。对不同入口方向数量进行统计后，发现地块内北入口占多数，与哈尔滨大多城区改造的住宅地块相似，符合目前的入户方式现状；并且住宅楼相互平行，属同一时期的建筑，变量容易控制在南北入口一个变量上，可直接将北梯南入口的单元与北梯北入口的单元做对比。因此，选择该地块进行调研。

（二）入户方式统计与分析

本文调研统计了基地内居住单元的入户朝向，依照不同街区进行了划分，通过对地块入户方式的深入调研及测量，对所得的资料和数据进行整理统计，对南北入口空间进行初步了解，简要分析严寒地区不同入口方向的优劣势。

1. 调研数据结果（表 1，图 3，图 4）

入户朝向统计				表 1
单元朝向	西北	东北	西南	东南
公司街	10	6	2	1
耀景街	7	14	1	2
繁荣街	3	5	0	0
联发街	1	4	1	1
未知楼号	0	11	0	0
总计	21	40	4	4

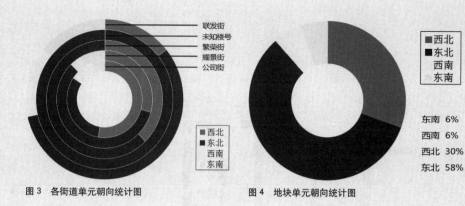

图3 各街道单元朝向统计图　　　　图4 地块单元朝向统计图

图4 图例：西北、东北、西南、东南

东南 6%
西南 6%
西北 30%
东北 58%

竞赛评委点评（以姓氏笔画为序，余同）

2. 调研数据分析

(1) 北梯北入口：节省面积

在中国的东北地区，大部分住户都在计划经济时代分得住房，集体工业化现象严重。在该地块中，将近1/3为哈尔滨铁路职工的住宅。为了保证每户的均等性，一层住户的面积指标在建设时与上层尽量保持相等；同时，"老五二"式的住宅自身面积较小，如一层住宅为单元入口腾出空间，会对住户的功能使用造成影响。因此，为保证一层住户的利益，地块中的住宅楼大都要选择节省空间的入户方式。

通过对实地测绘数据分析，北梯北入口的住宅楼改造后，不带地下室的单元开间约2400mm，附地下室的开间约3000mm，入户空间相对变小。一层的住户可以拥有更多的住宅面积。单元平均楼梯间面宽2400～3000mm，楼道进深约5700mm，楼梯坡度很大。相对北梯南入口单元，北梯北入口节省出一间卧室的面积（约15m²)，是节省空间的最佳选择（图5，图6）。

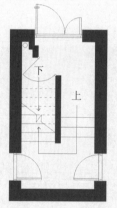　　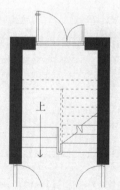

图5 无地下室一层入户平面　　　图6 有地下室一层入户平面

(2) 北梯北入口：光线敞亮

在测绘时发现，如图2-10，北梯北入口进深较小，入户门的大小足以满足居民上下楼所需要的光照条件，单元老化后仍旧保持较好的入户照明条件。然而在北梯南入户单元中，虽入口朝南，相比北入口有更好的光照条件，但由于单元楼进深较大，单元门距楼梯间距离长，入口光线不足以照到单元楼中部。而北部半层平台处才设置采光窗，使中部的入户空间较黑（图7）。尤其当单元照明设施老化后，从明亮室外进入室内感到漆黑一片，造成居民上下楼极为不便。

防寒保温在北方住宅里也尤为重要，北入口住户也通过各种措施（包括修缮单元门等）加强保温。大部分的外单元门因年久失修多失去防盗和保暖的功能，部分地下室住户利用入户空间，做成内入户双层门斗（图8，图9），一方面保证安全，另一方面可在漫长寒冷的冬季抵御严寒。

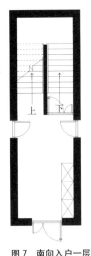
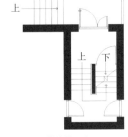
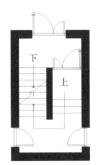

图7 南向入户一层 　　　　图8 户前楼体入户平面 　　　　图9 带地下室一层入户平面

（3）北梯南入口：室内较暖

经逐一统计与调查，发现哈尔滨在正午时，南向入户的楼梯间普遍较暖。虽然哈尔滨冬季主导风向为西南风，但是由于南入口入户空间长，在入户前形成了良好的气候缓冲区[④]，一层住户的门前温度即使在寒冷的一月份也能够保持在 20℃ 左右。另外，由于太阳辐射，导致室外温度南向相比北向平均高出约 1.5℃（表2）。所以，需要着手测定南北入口的能耗，以确定入口的最佳朝向。

冬季不同朝向室外平均温度测量表 表2

测量点	A1(℃)	A2(℃)	B1(℃)	B2(℃)	C1(℃)	C2(℃)	D1(℃)	D2(℃)
2013/11/21	−0.1	−1.5	−2.1	−2.4	−0.6	−0.3	−2.5	−2.5
2013/11/22	−0.5	0.0	−1.8	−1.1	−0.6	−0.9	−1.6	−1.4
2013/11/24	−0.9	−0.5	−1.4	−1.6	−0.9	−1.0	−2.1	−1.9
2013/11/27	−6.9	−6.7	−8.6	−8.9	−7.0	−7.7	−8.9	−8.9
2013/11/29	−5.0	−5.4	−7.2	−7.2	−4.5	−5.1	−7.2	−7.1
2013/12/1	−1.0	−1.1	−2.3	−2.1	−1.8	−1.6	−3	−2.4
2013/12/3	−3.0	−3.0	−4.4	−4.2	−3.5	−3.3	−4.5	−4.7
2013/12/6	−4.3	−4.1	−5.0	−5.1	−2.7	−2.6	−5.2	−5.1
2013/12/13	−7.6	−7.7	−9.1	−9.3	−8.1	−8.0	−10.6	−10.7
2013/12/15	−8.6	−8.9	−10.5	−10.6	−10.4	−9.2	−11.4	−11.1
2013/12/16	−8.8	−9.4	−9.9	−9.8	−7.3	−7.9	−10.5	−10.2
2013/12/21	−9.3	−9.5	−10.9	−11.2	−10.5	−10.2	−11.7	−11.5
2013/12/22	−11.3	−11.1	−12.6	−12.5	−10.9	−11.2	−12.3	−13.8

3. 入口热环境分析

（1）测试内容

由图5得出，地块内 88% 的单元由西北或东北向入户。西南与东南向入户的单元多由于场地限制或在楼间仅在转角处出现。因此，在天气晴朗、西南风 2～3 级的特定天气条件下，选取具有普遍性的建造时期相同、结构相似的多层居民楼（本文标示为 A 楼和 B 楼）的阴阳面分别进行入口处温度的测量。为了控制变量，两楼西南向均为马家沟（哈市内渠，图10，图11），以保证相同的室外风条件。A 楼沿东南－西北方向布置，B 楼沿东北－西南方向，对测量结果进行统计分析并为 TRNSYS 软件节能性模拟测验提供基本数据。

（2）温度测试仪器

在严寒地区冬季，建筑中较为干燥，湿度较小。所以，在本次试验中只记录温度关系。试验中使用的测量仪器为 TASI-605 电子温湿度计（图12）。该温湿度计量范围为 −200℃～1050℃，测量精度为 ±0.1℃。哈尔滨温度变化包含在该温度计测量范围内。

（3）温度测量时间

为探究不同入户方式在不同温度下对单元楼保温节能的影响，本文选取最能体现哈尔滨冬季逐渐降温至最低气温的时间段——2013年11月至 2014 年1月间天气晴朗的正午 12：00 至 13：00——作为调查的时间段。

（4）温度测量方法

运用网格测点方法，在两个单元外分别选取 6 个点，针对测试的内容及要求，测试仪器选择温度测试仪，于每个测点处，待温度测

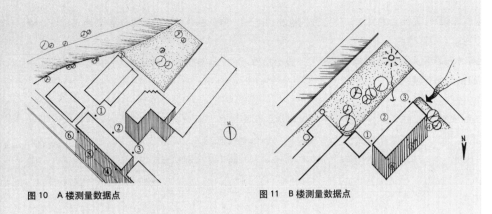

图10　A楼测量数据点　　　　　　　　图11　B楼测量数据点

图12　温度测量仪器

试仪读数浮动较小后，每隔10s将所显示读数记录下，每个测点记录5个读数，排除误差较大的数据后，求得平均数得到每个测点的温度。分别将6个测点得到数据进行计算，得到该种入户方式下入户空间不同方向的平均温度，再用两单元的数据进行对比分析（图13，图14）。

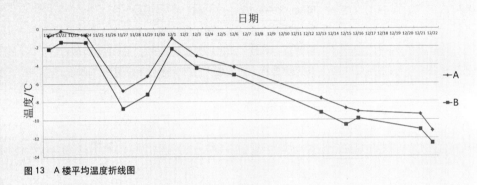

图13　A楼平均温度折线图

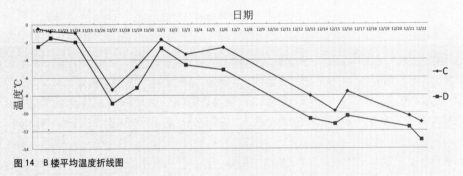

图14　B楼平均温度折线图

（5）热环境数据

通过将向阳区与阴影区进行对比以及入口热环境分析发现，A、B两楼在正午时段入口处的平均温度南向较北向高出约1.5℃，且风向的影响较小。随着温度的逐渐降低，两者温差保持恒定。得出平均温差与具体数据后，可将其作为TRNSYS软件的基本数据，对后文改造建设的节能性进行模拟测试。

4. 统计分析结果

虽然北梯北入口热环境较北梯南入口较差，但同样存在优势，有其存在的必要性，无需进行大规模的朝向改造，而应针对不足进行微型改造。并且，北入口进深短，应着重考虑加大进深从而形成气候缓冲区；南入口楼道幽深光线不足，应增加光照摄入。通过改造，使整个小区的入户方式都得到提升。

三、改进意见

诺伯格曾说："住宅的意义是和平地生存在一个有保护感和归属感的场所，随着人们物质文化生活水平的不断提高，对住宅的需求也不仅仅满足于拥有这样一个场所，其对住宅

竞赛评委点评

作为一篇本科三年级学生撰写的学术论文，无论是选题、研究内容、研究方法还是研究成果都堪称优秀，具有较高的学术性。首先，其选题实在，重点聚焦，且属于典型的建筑学研究课题；其次，研究内容是哈尔滨面广量大的老旧居住区改造，并提出了比较实用的北梯北入口和北梯南入口的老旧住宅楼的改造优化措施，具有一定普适性实用价值；研究方法采用定量数据为基础的调研和物理实测，使得成果具有良好的技术支撑。

王建国

（东南大学建筑学院，

院长，博导，教授）

该文选择了一个较小的视角与恰当的切入点，在选题上避免了大而无当。

文章首先提出问题，并就问题进行了框定，就研究价值进行了恰当的定位；在接下来的分析过程中，能将调研结果以图表形式清晰呈现，一目了然，有条不紊；最后的综述再次回顾全文的主要叙述分析重点，结论清晰。

扎实的调研基础与较强的表达调研过程与结果的能力，为本文平添了几分严谨和"厚度"，一个小而普通的选题，因为与不一样的投入和表现而产生了一个较理想的"高度"，这是本文制胜的关键。

前半部分行文稍显冗长，如能稍加精简会更为紧凑。

李东

（《中国建筑教育》执行主编、

《建筑师》杂志副主编）

的舒适性，人性化及个性化的要求也越来越高"。但随着社会的发展和住宅公共设施的老化，原有的入户方式愈加不能满足人们日益增长的对个性化、舒适性的需求。

本文通过具体分析，从入口方向、保温技术、利用太阳能等具体措施出发，提出具体可行的改进方法，希望在为住户提供一个明亮温暖的入户条件，并且与院落呼应，形成有机的院落环境。

（一）改造北梯南入口

哈尔滨虽位处我国的东北部，但冬季天气晴朗时，日照时数相对较长。根据统计结果显示，哈尔滨冬季12月份时，各朝向墙面上接受的太阳辐射照度可以提升室外温度约1.5℃。在辐射强度方面，资料显示，南向最高照度为3095W/m²·24h，而东西向则为1193W/m²·24h，北向为673W/m²·24h。因此，在哈尔滨，控制住宅单元入口合理朝向有助于充分利用太阳辐射，减少供热消耗（图15，图16）。

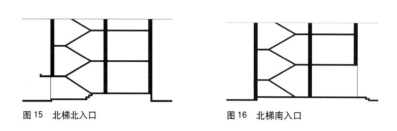

图15　北梯北入口　　　　　　　　　图16　北梯南入口

北梯南入口虽然保温效果好，但采光不足。可通过在南向开适当大小的窗解决。同时，通过采光使梯间升温，减小室内能耗。

但门窗传热是由热辐射、对流和导热3种形式共同作用的结果。增大南向开窗面积一方面增大了热辐射作用，另一方面也加快了窗通过导热与对流换热形式向室外传递的热量。

根据《节能住宅设计中耗能量的计算》[5]可得知，以下为窗户通过导热散失热量的公式：

$$HG(n)=KF[t_o(n)-t_r(n)]$$

式中　　　　K——玻璃窗的传热系数，W/m²K

　　　　　　F——玻璃窗的面积，m²

　　　　　　t_o——n时刻室外空气温度，℃

　　　　　　t_r——n时刻室内空气温度，℃

　　　（HG）n——玻璃窗的导热量

根据公式可知，通过玻璃窗的传热量与窗面积成正比。由此，在哈尔滨确定南向窗的得热正负关系尤为重要。

天津大学王立群[6]对建筑外窗与太阳辐射得热的关系进行了研究。以京津地区为例，3.3m×4.8m的房间与一扇面积为1.5m×1.5m的窗，得热量达到21.7W/m²，而京津地区的耗热量指标仅为20.5～20.6W/m²。另外，经过实际测定，在大寒日天气晴朗时，南窗全天累计得热量为正。同理，哈尔滨的日照充足，11月至次年3月份总日照时间与全各城市相差无几（表3），南向窗在寒冷的冬季同样能够获得充足的辐射能量。

由此推断，即使在大寒日，南向外窗，如采用中空玻璃窗等传热系数低的窗构件，窗墙比增大对节能有利，故南向不必限制窗墙比，仅需考虑夏季防热（图17，图18）。

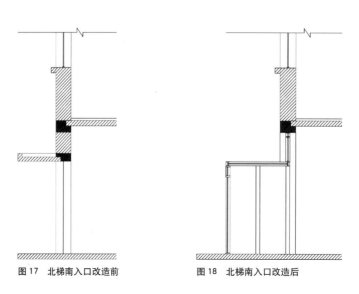

图17　北梯南入口改造前　　　　　　图18　北梯南入口改造后

时间 城市	1999 年	2000 年	2001 年	2002 年	2003 年	日平均
北京	874	1010	983	926	854	6.2
天津	869	795	780	711	732	5.1
哈尔滨	790	781	826	632	770	5.0
长春	978	996	1024	842	945	6.3
青岛	862	918	890	828	844	5.8
石家庄	802	648	735.8	811	674	4.9

部分城市 1999 年至 2003 年 11–3 月份总日照时间统计[②]　　　表 3

基地中楼体均为混凝土浇筑，入口两侧为承重墙，楼层间用圈梁浇筑。所以，单元入口的过梁并无实际承重功能，在改造时可将过梁与雨棚去掉，节省出圈梁下净高用于采光。在不改变入户单元门净高的前提下，将入户空间拓展形成防寒门斗。门斗仅起防寒功用，因此，进深过大可能对梯间内照明造成阻挡，门斗进深推荐 1500mm，留出住户短暂停留的空间就已足够。

门斗的材料使用钢材与玻璃，混凝土浇筑虽然能够减小热量散失，但是楼梯间内的照明度会明显降低。总体来说，改造扩大了楼梯间的整体受光面积，形成了气候缓冲区，在热耗与南向采光面积呈反比的哈尔滨，有助于实现采暖能耗减小的目标。

（二）北入口加入做突出门斗

本文设计的门斗充分考虑哈市的气候特点，为寒冷的北入口提出切实的解决方法。

1. 突出门斗改造设计

西南向季风为哈尔滨冬季主导风，主导风向为西南向。根据黑龙江气象局的统计资料显示，自 2011 年 1 月至 2014 年 1 月，发生在哈尔滨的东北风仅 27 天，东风 14 天，且大部分发生在夏秋季，可见东向为背风朝向。将单元门朝此方向可以规避冬季主导风向。

并且，哈尔滨工业大学的赵丽华[③]经过研究得出，与门斗的两扇平行门相比，当双层门为垂直布置时，室外冷空气对室内的影响最小，对室内环境的影响集中在内出口，室内温度场相对稳定。朝东的入户门斗可以形成 L 型的入户空间，在门斗形成气候缓冲区，减小风压，有效地防止冷空气灌入。所以，改进后的门斗侧面开门，形成 L 型入口平面空间形式。

本文结合马小满等[④]对多层建筑入口的思考，本门斗的宽度可采用 2700mm，正好对应住宅区中较为普遍的楼梯间开间。侧门开启时，内部还保留居民存放杂物的空间。门斗内地面的标高，比楼梯间起步处地面标高低 20mm，较入口外台阶或散水高 100 ~ 130mm，可防止门斗内雨水的灌入。

为防止门斗挡光，造成室内的黑暗，尽量在正对门斗的北部采用透明通透的材料以提升室内照度。西面采用具有蓄热能力的混凝土墙抵御冬天的寒风，夏天可防止西晒。另外，北侧混凝土墙体可以在上部安装单元灯增强单元照明，加入单元标识，为安装外挂式奶箱信报箱等设施提供空间，解决住户切实的生活问题（图 19 ~ 图 21）。

2. 温度模拟测量

为了确定改造对入口热环境的具体影响，本文采用 TRNSYS（Transient System Simulation Program，即瞬时系统模拟程序）对入口改造前后空间内温度进行分析。TRNSYS 是一款模块

竞赛评委点评

城市旧住宅的节能是一个非常小（因为针对的对象是小部分的居住者），但又非常有普遍意义的课题。旧住宅入口空间的节能改造不仅可以改善居住者的生活，也可以为旧住宅和既有社区注入新的活力。从身边切实的小问题、普遍问题入手开展研究工作，敏锐的选题、立足日常生活的研究态度，都是非常值得表扬的。

最后的研究成果较好地体现了作者对城市小气候的学科背景与基础研究方法的较完整掌握。作者通过实证研究与针对性的微观环境改善计划所展现的研究能力与实干精神，以及对于学术规范的遵守都值得表扬。而作者独立的研究成果体现了本科生中非常突出的研究与写作能力。

李振宇

（同济大学建筑与城市规划学院，
院长，博导，教授）

图 19　北梯北入口现状　　　图 20　北梯北入口改造示意图 A　　　图 21　北梯北入口改造示意图 B

化的动态仿真软件，只需给定输入条件，就可以对太阳能、供热系统等进行模拟分析。

结合上文测得的基本温度数据与哈市气象数据，选取 1 月 7 日（第 144 ~ 167 小时）作为模拟时段，分别模拟出该时段北梯北入口改造前与改造后的入口内温度（表4），并进行对比分析。

门斗改造模拟数据 表4

TIME(H)	144	145	146	147	148	149	150	151
	−21.09	−21.28	−21.52	−21.76	−22.03	−22.41	−22.80	−23.16
TAIR_ENTRANCE(℃)	−19.35	−20.13	−20.34	−20.46	−20.75	−21.22	−21.55	−21.80
	−21.09	−21.28	−21.52	−21.76	−22.03	−22.41	−22.80	−23.16
TIME(H)	152	153	154	155	156	157	158	159
	−23.53	−23.50	−23.05	−22.91	−22.73	−22.34	−21.84	−20.73
TAIR_ENTRANCE(℃)	−22.05	−22.35	−22.04	−21.85	−21.55	−21.35	−21.05	−20.55
	−23.53	−23.50	−23.05	−22.91	−22.73	−22.34	−21.84	−20.73
TIME(H)	160	161	162	163	164	165	167	168
	−20.26	−20.25	−20.40	−20.61	−20.83	−21.10	−21.43	−21.80
TAIR_ENTRANCE(℃)	−20.04	−19.85	−20.35	−20.45	−20.65	−20.86	−21.01	−21.40
	−20.26	−20.25	−20.40	−20.61	−20.83	−21.10	−21.43	−21.80

由图 22 可得，即使在哈尔滨寒冷的 1 月 7 日（靠近农历的大寒），在北入口加设门斗，可在大部分时段内提升入口温度 1 ~ 1.5℃ 左右，可有效防止热量的散失，保证居民楼内的供热效率。

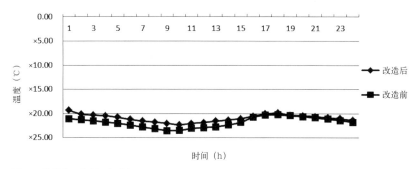

图 22　模拟单元室内温度对比

3. 门斗辅助技术

对于多数采暖地区的建筑来说，太阳辐射是冬季主要辅助热源，利用混凝土的二次放热，可一定程度上减小建筑对供热设施的依赖。另外，门斗的两侧墙体结构，还可在墙体厚度、空气夹层、材料使用上进行更深一步的研究。

（1）墙体厚度采用 100mm

根据大连理工大学的孟世荣[10]对集热式墙体冬季的热性能进行的研究，可以得出，墙体的厚度变化带来的总负荷变化在 2% 以内，虽墙体厚度的增加可减小室温波动幅度，利于保温，但是总体上，墙体的厚度对温度的影响偏小；另一方面，门斗内的空间较为局促，采用 100cm 厚的混凝土墙即可。

（2）设置空气夹层

在墙体外表面与玻璃盖板间设置空气夹层阻止热量的散失。西安建筑科技大学的王斌[11]的研究表明，随着夹层厚度增加，夹层空气与墙表面对流换热加剧，热阻却逐渐增加，抑制传热过程，作用相反。经计算，夹层厚度在 50 ~ 100mm 间较合适。所以，可以在考虑经济适用的前提条件下，为两侧混凝土墙设置空气夹层。

（3）可集热板与吸热涂料等表面材料

在增加表面吸热与特殊材料方面，孟世荣对采用集热板时的室内的温度进行了研究，室内平均空气温度较不采用时高出 2.6℃。高透射率、低反射率、低导热系数的玻璃盖板可增加到重质墙体外表面的太阳辐射，增加室内得热。这同样是提升室内温度、提升节能效率的有效方法。

四、综述

哈尔滨式老旧居住建筑在哈尔滨市内数量多、面积广，但由于公共设施的老化与居住条件的恶化，需要对区内环境进行广泛深入的研究。本文采用调查统计与模拟实验的方法对老旧居住建筑入户方式进行了评析，并且得出了具体改造的手段，所得结论对哈尔滨市居住区改造与新建房屋入户设计有一定的理论意义和应用价值。

哈尔滨市老旧居住建筑由于历史原因，改造时存在多种问题，包括居住区建设混乱，建筑形态单调与忽视相关法律等等；另外，由于建筑的老化，冬天居民楼内的采暖保温面临较大问题。

对特定地块进行调查统计得出，地块内的居住建筑入户方式较为单一，多数进深较浅，其中北梯北入口占有较大比例，但南北入口对保暖而言各有优缺。本文还对相同风条件下的不同朝向的入口温度进行了统计分析，北向较南向入口在正午时温度高约 1.5℃。

最后，对于提出北入口改造与南入口加建门斗的改建方式，使用模拟软件 TRNSYS 模拟其温度变化，证明了节能效果，并引用文献研究成果对改建技术做出建议。

注释：

①张雪梅，陈莉，姬菊枝，王冀，王永波，郭巍兰．1881-2010 年哈尔滨市气候变化及其影响 [J]．气象与环境学报．2011，27（5）：13-20．
②牟双义，藏勇．哈尔滨近代居住建筑研究 [J]．哈尔滨职业技术学院学报，2004；1-2．
③郭嵘，卢军．哈尔滨旧居住区改造策略研究 [J]．哈尔滨工业大学学报，2002；2-3．
④燕文姝．建筑入口气候缓冲区的设计方法研究 [D]．大连理工大学学位论文，2009；11-21．
⑤何水清，朱兴连．节能住宅设计中耗能量的计算 [J]．房材与应用，2002；2．
⑥王立群．北方寒冷地区居住建筑外窗节能设计研究 [D]．天津大学学位论文 2007；58-70．
⑦傅文裕．严寒地区住宅建筑日照优化设计研究 [D]．哈尔滨工业大学学位论文，2008；6．
⑧赵丽华．严寒地区建筑入口空间热环境研究 [D]．哈尔滨工业大学学位论文，2013；55-58．
⑨马小满，蒋良禹，蒋洪宁．多层砖混住宅楼门斗设计的几点思考 [J]．辽宁工程技术大学学报，2010；3-4．
⑩孟世荣．集热蓄热墙式太阳能建筑冬季热性能的模拟研究 [D]．大连理工大学学位论文，2005；39-47．
⑪王斌．集热蓄热墙传热过程及优化设计研究 [D]．西安建筑科技大学学位论文，2012；51-54．

竞赛评委点评

论文从哈尔滨老旧住宅建设背景和能耗问题入手，在实地测量和分析住宅南北向入口热环境基础上，提出较为可行的住宅改造方案，并通过软件模拟和构造设计，验证和完善入口改造措施，逻辑清晰、观点明确、结构完整，是一篇不错的学术小论文。

文章紧扣节能减排和建筑低能耗的时代主题，细节着眼，立足实处，既解决严寒地区居民冬季日常出入的舒适度问题，又提出能够一定程度降低出入口热损失的构造做法，为其他相关研究提供了参考。

设计需要逻辑和限制。"低能耗"与"舒适度"需要在方案设计阶段予以充分考虑，而非待到方案完成甚至项目竣工后再采取不得已的措施解决。从这一点看，此文亦具有一定启示意义。

本文语言生动简洁，通俗易懂，虽在科技论文规范性方面有待提高，但对于本科学生来说已较难得，实属一篇本科论文佳作。

张颀
（天津大学建筑学院，
院长，博导，教授）

论文选题紧密结合我国快速城市化进程中的热点问题，以旧城改造中居住建筑的舒适性改善为切入点，采用调查统计与实验模拟的方法对哈尔滨老旧居住建筑的入户方式进行研究，在充分翔实的数据分析基础上，提出了具有针对性的老旧居住建筑改造措施。论文作者具有比较敏锐的洞察力与严谨求实的研究态度。论文选题适度，研究方法适当，研究扎实，文笔流畅，研究成果对于促进我国老旧住宅改造发展具有一定的现实意义。

梅洪元
（哈尔滨工业大学建筑学院，
院长，博导，教授）

骆肇阳
（贵州大学城市规划与建筑学院 本科五年级）

城市透明性
——穿透的体验式设计

City of Transparency—Penetration of
Experience Design

■摘要：长期处于西南地区的贵州具有浓烈的民俗财富与乡土气味，在贵阳处于地产行业蓬勃发展的高峰时期，如何思考不破坏这种民俗气场并在 "既成" 的城市与建筑环境里，以及如何通过建筑群落来修正氤氲于贵州这片场域里 "民俗" 诗意的缺乏，都具有当下意义。本文以贵州省贵阳市云岩区大十字城市文化综合体为例，对整个场域进行切剖，过程性地辩证民俗的存在意义而非符号表象，并消解在贵州物质进程中，探讨 "胜景" 的存在可能，使整个场地里在一种 "边界" 统一的状态下，依据理性控制推敲与演绎，创造出广域范围内的一套体验式商业景观。

■关键词：透明性 表皮叙事 理性控制 消隐

Abstract：From a long-term in the southwestern region of Guizhou with a strong folk wealth and rustic, in Guiyang in the real estate industry to flourish during the peak period, how to think not the destruction of this custom field and in the "established" the city and architecture environment, and how to correct the lack of dense in Guizhou this set domain "folk" poetic through the construction of community, have contemporary significance. This paper takes Guizhou Province Guiyang City District grand city cultural complex as an example, the whole field of cutting, process of dialectical existence significance of folk and non symbolic representation, and digestion in Guizhou in the process of material, "scenic spots" are possible, make the whole venue in a "boundary" unified state control, based on rational scrutiny and deduction, to create a experience commercial landscape wide range.

Keywords：Renovation of Style and Feature；Bottom-up；Appropriate Strategy；Control Model

一、引言

意识消解：

现状是，现有城市综合体都依然反复使用现代主义硬件透支最大价值。20世纪，柯布西耶提出"房屋是居住的机器"的世纪宣言，1922年的巴黎秋季沙龙中，柯布展出了自己对于现代建筑和城市规划的野心：高层建筑组成商业中心，环绕市中心的住宅，以及复杂的高速公路网，配套环境规划而设计的绿化带和公园、娱乐区域，凸显城市生活高品质。核心内容是功能性的统一和多元化两方面的结合。城市中以高层建筑为基本住宅单位，保证容纳更多居民，同时利用高层建筑把居住空间集中起来，将更多城市面积作为宽敞的绿化公园带。高层建筑本身的顶部也设屋顶花园，供住户使用。城市交通以高速路为主干。伴随着国际主义风格的诞生，批斗又复活，这套城规系统理论已渗透到每个城市之中。

CIAM里曾经提到建立城市设计概念并不是要创造一个新的分离，而是要恢复对一个基本的环境问题的重视。这符合了早期现代主义的官方上的目的：设计要有对于客观现实的尊重，要有逻辑的支撑，有章可循，而不是建筑师自我意识的强加，或者对时尚符号和表面形式的一味追求。但最后的做法是：强制性的区域方格规划，与日俱增的高人口密度的交通路线，减少习惯性所用的时间。而且将这种高效 = 未来城市生活的品位。在这种真实的支撑下，现代主义像是迎接新纪元的到来一样，以一种豪迈的欣喜开始了大刀阔斧式的改革：网格规划，高层叠起，绿地公园……然而，问题永远都是一时性的，事物的两面性让问题永远都像天平一样不能两全。新的问题却层出不穷：关系冷漠，阶级意识，地域缺失……如果现代网格规划体系贯彻的是分离式的严谨，那么，在这种分离式的严谨的结果下，地区的乡土气质、文化建构、感性互动、城市印记、文本支撑等将不复存在，残缺不堪。并误导建筑师自我在方格子里跳着各种经验的个人自我意识的舞蹈。

对于"文本作者"——建筑师而言，则是利用如诺姆•乔姆斯基（Avram Noam Chomsky，1928年至今）、萨丕尔（Sapir Edward，1884～1939年）等人的语言学理论方法在现代主义的硬件基础上进行空间语义叙述，目前为止，许多建筑师依然利用某一个点的语汇点，然后从这个语汇点进行相对宏观的思考，最后都会落实并衍生出更有针对性的设计切入角度，即：场地和体验、生活关系，以及空间界面的建造。其实这便是一个不错的程式。这些其实早都在克里斯托弗•亚历山大的《城市并非树形》里做过探讨，以及诺伯格•舒尔茨的场所理论里也有相应提及。现代大多数建筑师的试验可以看做是这些早期理论的实践。譬如北京当代MOMA。这也是为何许多建筑师喜爱在乡土性上下功夫的原因：乡土性的村落与住宅大多都具有自己的"场"，这种"场"，便是关联性，基于生活与建筑的关注与磨合，形成居民自我改造与实践，在身体力行的过程中早已奠基出了某种复杂而千丝万缕的关联性，这才是地域性的来源。

然而，面对物质浪潮对传统的侵蚀显得无可奈何，许多城市在现代化进程中大多数切掉了自身的历史基因，区域生活与民俗基因，仅仅复制表象作为本土商业招牌。"炊烟袅袅，木居海处"的贵州处在时代的洪流中，"人为刀俎，我为鱼肉"，少数民族的图腾特质与农耕时期的洪荒文化深深根植于这片神奇的土地，在现代主义浪潮中处在危险边缘。对于解决方法，自然不可能物理性地回归过去，然而，如何在建构表达上不抵触，反映与营造氛围，自然是难题，甚至是矛盾的难题。

因此，我们在第一阶段不确定方案限制与场地约束的情况下，单就命题本身而言，在意识里，所呈现的是一种"消解"的硬件，即现代主义硬件功能宏观保留，将"农耕与民俗"的意识浇灌于硬件上，使硬件"锈蚀"与"开花"（图1）。

指导老师点评

建筑与城市是什么关系？一直以来，在学术界议论纷纷。在当代快速城市化背景下，这样的矛盾尤为突出。作为教师和建筑设计工作者，这样的问题也一直在困扰着我。骆肇阳同学的论文起于本科阶段最后一个课题设计——城市设计的思考。头一次看到初稿时，文中提及所引用的大量的理论专著及信息，使我也不禁感慨肇阳同学的阅读量之大。在引言部分以"锈蚀、浇筑和消解"切入，提出城市"民俗基因"的概念，立即让人眼前一亮；通过例证场地分析，进一步诠释"消解"是基于结果的回溯过程，使得"民俗基因"透明化；对"透明化"的植入和论证是该文的重点部分，作者在两个章节中阐述了所做的大量研究性工作，从空间形态的抽取到"透明化"的融合，再到民俗理念的提炼以及"透明化"的论证，一气呵成，具有较强的逻辑关联度。略有不足的是在"加工成型"和"总结"两个章节中，成文略显仓促。 不过在论文完成时间并不充裕的情况下，能有如此精彩和深入的分析已是很不容易了！更重要的是，在他的文章中，我欣喜地发现我们的年轻学子已经在自觉或不自觉地关注身边的建筑、城市与社会，不再是趾高气扬地自我陶醉般地谈论空间，他们的眼光已经看到了远处……我想该文之所以获奖，也是基于这样的思考。或许，正如这段话的开头，他们已经在开始思考：建筑与城市是什么关系？

愿骆肇阳同学永远充满活力和激情，在建筑学的研究中继续你的思考！

邢学树
（贵州大学城市规划与建筑学院，建筑系主任）

步骤1　　　　　　　　　　　　　　　步骤2　　　　　　　　　　　　　　　步骤3

图1　"浇筑与锈蚀变异"概念图

二、调研

场地现况：

基地位于贵州省贵阳市云岩区中华南路大十字商业街区附近，作为老牌的商业街区具有不易翻新的韧性与新型商业的矛盾。周边商业繁华却升级潜质不足，业态丰富而趋于饱和；作为城市中心区域，目前处于旧城改造阶段，据对有关网络资料的查询，未来定性为步行商业中心，为贵阳市南明区政府与中国对外建设公司合作的项目"贵阳市汉湘古街商贸旅游项目"。结合城市中心棚户区改造后，该地段将成为集地上商业区、地下商铺网、周边支持商业网和多个广场型活动中心为一体的大型环形商业区，将有多种垂直交通系统，实现城市核心商业的进化与升级。

利用空间区位分析，进行空间整合。以体量关系宏观规划商业、娱乐、居住、文化之间的视觉表征联结，西侧中山西路与东侧中华南路为城市核心商业过渡带，具有明确的氛围辨识能力，西向公园南路一侧城市地铁交通线，西面恒峰步行街商业带直接对基地形成磁场效应（图2，图3）。

最终，设计决定南侧日照良好的地带作为高层住宅用地考虑，西侧为办公用地，与地铁站的人流形成平行关系，避免观光与办公人流的交叉；北侧作为soho高层，酒店与公寓合并坐落在商业核心，更具有识别性与战略性；东侧原贯城河上盖板不动，形成广场，打开商业街的空间。

然而，如何实现让"民俗基因"回馈这片三万多平方米建筑基地，并让建筑迎合商业，细致且迷人？首先，我们认为，体量上保

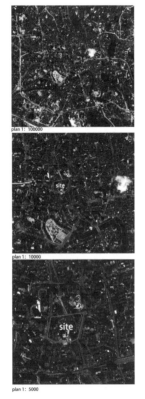

plan 1: 100000

plan 1: 10000

site

plan 1: 5000

图2　基地区位分析

基地所在位置
The position of the base

位于贵州省贵阳市云岩区中华南路，周边商业繁华，业态丰富，为城市中心区域，目前处于旧城改造阶段，未来定性为步行商业中心，为贵阳南明区政府与中国对外建设公司合作的项目"贵阳市汉湘古街商贸旅游项目"。结合城市中心棚户区改造后，该地段将成为集地上商业区、地下商铺网、周边支持商业网和多个广场型活动中心，大型环形商业区，将有多种垂直交通系统，具有中心商圈特性与战略发展意义。

平面功能分析
Planar function analysis

城市一级、二级主干道

高层分布

业态分布

公共活动广场

滨水河带影响

商业圈影响范围

基地位于贵阳市商业中心大十字高业圈附近，周边商业齐全，公共设施、医疗、教育配套完善，人流量大，商业区有大十字与小十字、恒峰步行街，筑城广场等；学校有贵阳第二十四中学、贵阳市新建小学（瑞金中路以西）、贵阳会计专业学校（都司路以南）、贵阳市东山小学（文昌路以东）；医院有贵阳市第一人民医院（都司路）、贵阳市妇幼保健医院、贵阳市儿童医院（瑞金南路以西）；文化建筑；达德学校旧址、三元宫、刘统之先生祠（中山东路以南）、文昌阁（文昌北路中山东路交接处）；车站；达德学校旧址、河西路口、市府路口、三个公交车站点

图3　基地功能分析

证硬件功能的说服力：简洁的方形体量，在高层的抗弯力与抗剪力等问题上减轻技术难度，同时又体现出与贵州相符的商业气质——进步、不浮夸、内敛，初始阶段需要雕琢；其次，建筑自身建构出引言里提到的"消解"，这种"消解"并非仅仅是过程的描述，更应该是基于结果回溯过程，如同日本雕刻大师野口勇的未成型雕刻一般，用现状呈现过程（客观反映主观意识）。那么，消解的结果，是反映"民俗基因"的透明。何为透明，如何透明？这便是下一个工作。

三、透明性植入

（一）深入决策

在引言部分已叙述，在不确定方案限制与场地约束的情况下，以概念决策意识，呈现的是一种"消解"的硬件，功能性的体量宏观保留，将"农耕与民俗"的意识浇灌于硬件上，使硬件"锈蚀"与"开花"。大环境的问题探讨模式洗练后，必然缩小范围，放大细部问题。前文已提到，贵州具有极强的"土地特质"与"农耕文化"，后者创造出一套传承制度严格的图腾与信仰，仪式与宗教。聚落自我保护意识强烈，反应敏感，这种性格直接决定了贵阳乃至贵州许多地区处于一种"城市与山村"消解的边缘。

后现代主义的文丘里强调建筑的复杂性与矛盾性，应该采取"inclusive"（"包容的策略"），反对一元，肯定二元。建筑中复杂的特性表现在"统领物"（模式母题）与"反射物"上，后者"直指"前者并成就整体。在既成的城市与建筑环境里，像街道、区域、景观节点及标志物都为城市的反射物。对于贵阳市而言，"山坊"与其创造的仪式文化，农耕与原始原态交杂的体质基因，不论如何城市化分割，都无法泯灭，是其城市实体的反射物。

无法泯灭，反过来讲，更应"保留"与"呈现"这种体质。肯尼思•弗兰姆普敦（美国）（Kenneth Frampton，1930年至今）在总结了多个符号城市后，提出当下城市必须抵制符号滥用，"符号"即为"基因"的意向。解决方法为学会"模糊"与"暧昧"，使设计呈现一种"透明"与"反射"的状态，出现贵州所特有的"叙事性场景"——"仪式"、"上山下乡"、"植株与山坊"交融的状态。

贵阳市一直坚持环境保护与旅游产业开发之路，但走得并不顺，改革开放后城市交通改造缓慢，在自上而下的形态布局基础改造上举步维艰，小商业的游动与亲民的特性与狭窄街道的功能矛盾，商业房产集权开发与市民生活品质的同步差异。这些都需要一种"包

特邀评委点评

文章从一个实际案例——贵州省贵阳市大十字城市综合体设计——出发，探讨城市与乡土、商业与民俗、现代建筑与传统空间等对立事物之间的关系，寻找一种适合本土的现代建筑语言。在经过大量理论分析之后，提出"消解"的方法——所呈现的是一种"消解"的硬件，即现代主义硬件功能宏观保留，将"农耕与民俗"的意识浇灌于硬件上，使硬件"锈蚀"与"开花"；并通过个人的设计作品加以呈现。为了实现这一点，作者思考两种不同的透明呈现，希望通过内在呈现来捕捉"民俗体质基因"，并提出了四个形态符号，应用于设计中。这篇文章反映了作者较强的理论思考能力和大量的阅读功底。文章在概念定义、语言组织、行文逻辑和现实认知方面还有待提高。

金秋野

（北京建筑大学建筑与城市规划学院，硕导，副教授）

容性的组织"去覆盖场域，不破坏"游牧式的商业关联"与"凑热闹似的生活状态"，这需要这种组织"透明"，能够保证各种秩序以线性疏散。

这种疏导秩序的架构，或是组织，必然在功能上是高度实用的，同时亦具有包容性（inclusive），在"交通"与"游憩"间徘徊不定。设计依然用高效率的网格体系作出发点，进行改良。在纵横向的组织上寻找非秩序，非类型学上的直线穿越，由具体—抽象，普遍—特殊；同时，为避免立体空间面与面的脱节，寻求三维度的格式塔心理上的意识统一，我们将"面"的功能与"面"的诗意交融；将这种功能维度转移视线，成为表皮叙事，同时将立面上的隶属于平面上的"功能网格洞"抽掉，塑造了"界面"。透过界面看景，才是最具诗意的景，而非纯粹的景。与古典园林里的"框景"效果如出一辙，以求达到诗学氛围（图4～图6）。

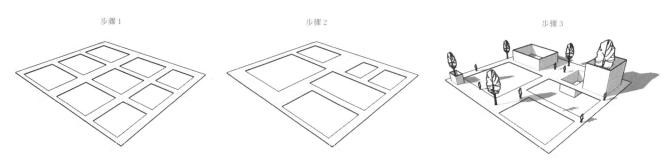

步骤1　　　　　　　　步骤2　　　　　　　　步骤3

图4　网格变异

图5　框景的叙事性氛围

（二）何为透明

"透明"从理性角度讲是视觉在射线范围内的物体消隐与被穿透，从感性尺度来说，是一种轻盈与均质，毫无杂色的柔和氛围。在语言传记《空间解读——＜读重屏＞而感于"透明性"与"窥探性"》里对"透明"的概念作了成色很足的现象学描述：

第一次知道这本书，是在唐克扬的一个讲座——"潜影"上。唐克扬的"潜影"和巫鸿的"重屏"算是比较新奇的中国艺术的切入方式。对于我而言，一直感怀于中国绘画的美，然而这种喜爱，充其量是一种视觉上的倾向，对于具体绘画的理论却不甚了了。虽然尝试着画论的阅读和听从名家的解析，然而这种解析都伴随着一种主观性的评判，毕竟对于意、境、势三远等的评价都不是那么的直观。虽然能够有一些人云亦云的了解，然而对其的解读，自己并不确信。或许由于所学为建筑学的关系，我更倾向于一种图示性的直观评判，或者是想功利地知道，这种绘画空间跟建筑空间是否能有一种内在的联系性。而读完巫鸿的这本书，有一种由衷的欣喜，他从空间上打开了一扇解读中国绘画的窗户，而这种空间概念，对于设计上或许能有一种最直接、最功利的帮助。这种对于绘画空间的解读、期盼，当我

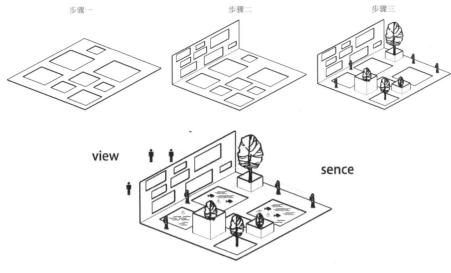

步骤一　　　　步骤二　　　　步骤三

view

sence

图6　三维统一与界面叙事

在看到其中一段，巫鸿对于《韩熙载夜宴图》和《重屏会棋图》的图示空间的剖解，认为二者是源自同一空间的不同解读时，内心有一种难以自抑的狂喜，仿佛由他带领着，偷窥到了一点点真谛（图7～图9）。

图7　《重屏会棋图》（故宫本，巫鸿认为图中的屏风透视被修正过，降低了原先的错视感）

图8　《韩熙载夜宴图》局部

作者心得

城市与乡土往往是矛盾的，但恰恰这样的矛盾，便是当代文化人困惑与激辩的缘由，城市人在追求物欲的同时会或多或少渴求精神涵养的滋润。诗意的场所，必然与土地血缘有着千丝万缕的联系，通过相应的控制方法，嫁接文脉也好，分解符号也罢，建筑师往往愿意寻求破解题目，或是文本的方法，然而往往迷失自己的初衷，会在感觉里找到新的思路与意想不到的惊喜，甚至最后与之前的目的截然相反。当然，这样的方法不需要反对，只是建筑师总会在这样的感知过程中投入太多的视觉想象。文化作为历史，是一个严肃与客观的过程，人作为"自我"的时候，对客观评价的感性认识，才会成就这片场域。

所以，对于我的这次城市课题，我的"最终目的"是体验，然而"过程"是"方法与经验"。桑丘玛德霍斯曾经提及三种建筑控制元素——调节、张力、时间，其实这可以最终简化为"实"与"虚"的对比。场所的归属感是通过时间游走与积淀达到的，画面感大多时间扮演令人动容的角色，因此我引入"透明"的理念，保证画面的叙事连续性与场域的存在感；其次，在完成现有场域的处理后，思考"民俗体质基因"的获取方式，量身定做从"历史"回溯"历史"的程式，非"总结符号"的呈现，而是少数民族乡村中年复一年的"生活过程"的呈现，文化的origin正是来源与此。最后一气呵成，完成制作方法。

这次的比赛让我重新具体整理了思路和对地域城市的策略探讨，并肯定了我的成果。非常感激《中国建筑教育》给予这个机会，也非常感谢我的指导老师邢学树的批评指正与大力支持！

骆肇阳

图 9　巫鸿的手绘图示

　　巫鸿书中谈论两幅画的区别时，引出了相对立的两对词语——"窥探癖"和"物恋癖"。《韩熙载夜宴图》中，屏风垂直于画面，起到分割空间的作用，观者与场景是分离性质的；《重屏会棋图》中，屏风平行于画面，牺牲了屏风的事物感，更类似于"窗户"，观者更容易参与到图画中。而如果对于具体绘画的主角而言，《韩熙载夜宴图》中的主人公，是处于旁观的角度，换句话说，他是看画者在画中的替代目光；《重屏会棋图》中的主人公，有一个特征，就是他的目光竟然游离于画面外，跟观者有目光碰撞，这明显是"物恋"的特征。而我通过二者的分层分析，之后，我关注的是这种空间的叙事，与建筑学空间的关联性。

　　在对二者进行空间图解后，偶然想到了《时代建筑》杂志上的一篇文章"剖面的秘密"，探讨了剖面（section）、秘密（secret）二者的词源关系。剖面具有一种偷窥（图10）的形式意义。

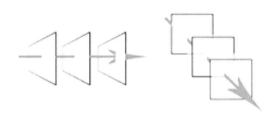

图 10　层次图解

　　如果联系到建筑分析图里，则分别对应着两种有趣的分析图，一种是 bow-wow 的剖透视，一种是柯林·罗提出现象透明性的分析图。剖透视，目的在于剖开建筑，窥视内部的空间活动。而立面叠加，目的在于理清不同层之间的渗透和错视关系。或者说某些更加丰富的空间，通过这两种手法来清晰地展现出来（图11、图12）。

　　如果分析具体的这两种"窥探性"和"透明性"，二者似乎又是一种矛盾的状况，窥探性意图展现清晰的内部结构，而透明性更重要的是展现一种复杂的迷惑性，一种错视，一种由外而内的剖解，一种由内而外的掩饰。这样的转接是否牵强，或者是否有任何的实质意义？无法用理性回溯法进行辩证。但这也正是包容性建筑可以突破的意境。辩证的结果并不重要，这种中国绘画里和建筑空间的实质性联系的发现，比结果本身更重要，具有"元念"的本质内核，承认现象学体系里的本质——客体存在。这种客体，嫁接到物质性空间中（如贵州省贵阳市的城市空间），就是上文所述其内部的"民俗体质基因"。最后，思路便是观者—"偷窥"—透过透明—捕捉到"民俗体质基因"。

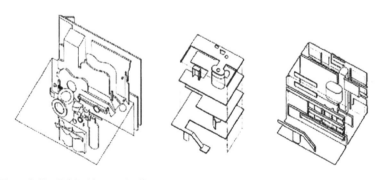

图 11　柯林·罗空间分析——透明性

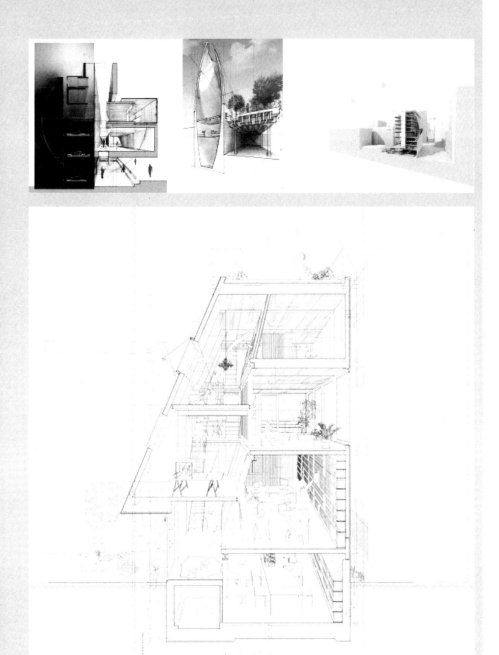

图12 bow-wow剖透视——窥探性

（三）提炼民俗

那么,什么是"民俗体质基因"呢? 这就取决于对"民俗"的揣摩。依照《人文地理学》的解释,民俗,是一个民族或一个社会群体在长期的生产实践和社会生活中逐渐形成并世代相传、较为稳定的文化事项。贵州是一个具有悠久历史、民俗传统的地区,多种族迁徙于依山傍水、斗争中易守难攻的环境中,让本土群落处于自我发酵的状态,区间与区间信息交流少,群落自我优越性高,并代代传承。民俗起源于人类社会群体生活的需要,在各民族、时代和地域中不断形成、扩大和演变,为人民的日常生活服务。民俗就是一种来自于人民,传承于人民,规范人民,又深藏在人民的行为、语言和心理中的基本力量。

从类型学上指正民俗的属性,其根本属性是模式化、类型性,并由此派生出一系列其他属性。模式化必定不是个别,在一定范围内共同,这就是民俗的集体性:民俗是群体共同创造或接受并共同遵循的。模式化必定不是随意、临时、即兴的,可以跨越时空,这就是民俗具有传承性、广泛性、稳定性的前提:一次活动在此时此地发生,其活动方式如果不被另外的人再次付诸实施,它就不是民俗;只有活动方式超越了情境,成为多人多次同样实施的内容，它才可能是人人相传、代代相传的民俗；另一方面，民俗又具有变异性。民俗是生活文化，非典籍文化，它没有文本权威，主要靠耳濡目染、言传身教的途径在人际和代际之间传承，即使在基本相同的条件下，它也不可能毫发无损地被重复，在千变万化的生活情境中，活动主体必定要进行适当的调适，民俗也就随即发生了变化。这种差异表现为个人的，也表现为群体的，包括职业群体的、地区群体的、阶级群体的，这就出现了民俗的行业性、地区性、阶级性。如果把时间因素突出一下，一代人或一个时代对以前的民俗都会有所继承、有所改变、有所创新。这种时段之间的变化就是民俗的时代性。

肯定民俗的类型学属性，意在说明民俗基因的不可复制，如语言一样，具有个体终身属性。激活这种使用属性是建筑评话的另一思考范畴。以往大多数建构都出于整体或局部反射民俗符号，将民俗概括成一信息，在建构组织中运用重复、引向、描述、点缀、关联、模仿等形象手法，比如贵阳民族文化宫（描述）、甲秀楼（模仿）、筑成广场（关联），虽然这种方法简单而有效，却也仅仅停留在符号叙述面层上。

民俗来源于生活，这是铁一样的律证深深插入土地，是土地给予人类与历史的馈赠，是人类与土地朝夕相处的姻缘：上山下乡、朝夕相处，男耕女织，抵御敌害，加工生产……这种生活叙事场景在人类的美好远景中具有诗意，将诗意图像化、语言化、文本化、代代传承、修饰与演变，得到的便是民俗意向。建筑的民俗提取便可对这种过程进行提炼与加工，不仅仅是对于建筑历史符号的模仿，而是在物质形象上非表象写意，让过程与生活的纠缠产生暧昧，使其体验者站在主观意向性（经验阅读、幻想）的平台上阅读创造出的诗意。

图13　贵州建筑的适应与顺从

生活的现象与情感的流露自然会映射在建筑上，表现的是"适应与顺从"（图13）：由于农耕，造就了自给自足的家庭模式，房屋自建；由于山峦，需要的是顺应山体，改造土地，修葺桥梁与坡道，以及房屋群落的平面随机；由于御敌与惧怕自然现象，房屋群落（如侗寨）的形成，集中活动（如仪式性的舞蹈）的信仰创造与图腾（如大榕树等山体植物的保留）的存在让广场（如鼓楼）必不可少……综上所述，基于历史现象，我们总结出建筑所需体现出的形象符号为：①随机性；②重复性；③上坡与下坡；④树的存在感。

这样的意识形态符号，透过窥探般的"透明"呈现。经过之前叙述的理性控制逻辑，塑造这种符号的建筑模型，实现"建筑"到"建筑物"的成型。再根据实际地段范围的控制与编码，便可实现最终"诗意的综合体"的建筑形态（图14）。

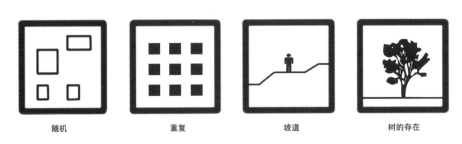

随机　　　　　重复　　　　　坡道　　　　　树的存在

图14　随机、重复、坡道、树的存在示意图

四、论证

以上在定义与概念上描述"透明"与"民俗",并提炼形式。场地与城市的归属关系无须赘述,为承认"透明性"能在场地里"驾驭",就必须证明"透明"能与城市交接。证明"透明"能在语义上具有说服力,可以给予归属区域内控制与约束。下面我以以下三点证明透明性的利用可能性。

(一)从凯文·林奇的城市意向中提取利用可能

凯文·林奇在《城市意向》(The Image of the City)中着重以城市感知作为研究命脉,对存在的物件加以筛选分类和统计,林奇通过画地图草图和言语描述这两种方法对美国三个城市——波士顿、泽西城、洛杉矶的城市意象作了调查和分析,提出了有关公众意象的概念,并就城市意象及其元素、城市形态等问题作了论述,对人的"城市感知"意象要素进行了较深入的研究,"一个可读的城市,它的街区、标志或是道路,应该容易认明,进而组成一个完整的形态",并进一步对城市意象中物质形态研究的内容归纳为五种元素——道路、边界、区域、节点和标志物,这五个要素在城市研究领域有较大的影响。

道路是城市意象感知的主体要素,"道路"经常与人的方向感联系在一起,"那些沿街的特殊用途和活动的聚集处会在观察者心目中留下极深刻的印象";边界是除道路以外的线性要素,城市的边界构成要素既有自然的界线,也有人工界线,城市边界不仅在某些时候形成"心理界标",而且有时还会使人形成不同的文化心理结构;区域是观察者能够想象进入的相对大一些的城市范围,具有一些普遍意义的特征。区域性的存在意象是人们对城市感知的重要源泉;城市节点是城市结构空间及主要要素的联结点,也在不同程度上表现为人们城市意象的汇聚点、浓缩点,有的节点更有可能是城市与区域的中心及意义上的核心。图15展示了边界关联。

如果将五点要素作为方法论,可以以此为依据,对城市空间进行分割——每一要素都代表一种场域的存在,比如道路本身便是一张网,边界围合代表一种封闭的单线网,区域是许多网络的交集,节点和标志物各联结成一套网络,这些网络的交集千丝万缕,若使实体建筑不破坏这样似网线般的文化关联、语义关联和视觉关联,建筑的形态需"透明",这样,建筑自我可以消隐,也可以反映关联,空间的不同角度的关联与杂糅,更能促使之前所描述的"民俗体现"——随机、重复、上山下坡和与树的纠缠。

边界天际线分析

图15 城市意向之边界

（二）从弗兰姆普敦的《批判的地域主义》之传统、创造与经验的整体性批判、阐述透明性的功效

华南理工大学建筑学院副教授朱亦民曾对弗兰姆普敦作了系统研究，弗兰姆普敦阐述了批判的地域主义的思想基础，他力图描绘批判的地域主义的观念框架和方法。不断强调回到一种综合的，能够激发人的感知能力和与环境产生共鸣的设计方法。呼吁除了视觉之外，还应该重视听觉、嗅觉和触觉这样的维度。在讨论中再次抨击了以文丘里为代表的通俗主义理论和对现代城市公共领域缺失熟视无睹、逃避责任的理论说辞。关于批判的地域主义设计的具体方法，从场所—形式这个概念出发，弗兰姆普敦指出了几种类型，如与现代主义的"推倒重来"的方式相反的尊重基地形态的方法，还有以周边围合的城市空间和底层高密度对抗孤立的无场所感的雕塑式的建筑形态。

在中文语境中一个想当然的误解是，批判的地域主义的建筑形态必然带有某种传统建筑或者地域性建筑的表现形式，或者说只能表现本地区的传统。事实上，弗兰姆普敦列举出来说明或者支持地域主义建筑实践的建筑实例，大部分没有严格的、明显的本地传统建筑的特征。在阿尔托、博塔、巴拉甘和西萨的设计中传统建筑形态常常被转化成抽象的建筑语言。在安藤忠雄的作品中则完全看不到传统形态的表现。而且他认为在现代文明的条件下，建筑师的观念和设计方法不应该局限在某一种固定的文化地域传统中。这种情形发生在伍重和斯卡帕对中国传统建筑的借鉴中，也在阿尔瓦罗·西萨对阿尔托和路斯的借鉴中。如果沿着同样的美学和情感的路线追溯，我们可以发现在弗兰姆普敦所列举的考德尔奇（Antonio Coderch）的设计（图16、图17）中同样大量地使用现代建筑的空间模式和抽象语言。

图16　考德尔奇的设计1

图17　考德尔奇的设计2

传统主义的符号利用容易导致给阅读者一个明确的信息，即符号的变异、修改或是加工是历史导致的，而这种权威性建筑师没有权利把握，建筑师更应该给予读者所想表达的地域特质，应呈现客体本身，非"模仿"的呈现。地域符号是经历过时间洗练、事件磨炼、人物洗净铅华后的物件或是信息贮存物，崭新的建筑没有任何办法代替，不妨虚化、透明，让读者"越过"建筑作品，阅读符号储存物。

（三）城市特性的控制借助透明的映衬

贵阳的山水城市特性，本身在物态上履行了山（坡地）、树木（植物）的交融，这便是贵阳的民俗基因的基础。那么发展贵阳山水特色文化，就是人们默许对民俗的回归。现有在网格区域规划的贵阳城市空间中，夹杂着"坡地"与"植株"这些不确定因素，如果将"建筑"作为网络A的网点，"植株"作为网络B的网点，"坡地的凹点与凸点"作为网络C的网点，那么网络A、B、C的交集便是城市的关联点，即城市中的"诗意的节点"，同前述的思路一致，将建筑"透"与"轻"，才会让上述"诗意节点""一览无余"。

五、加工成型

在将建筑形式与概念进行整合后，建筑的思路就十分清晰了。在南侧为住宅与办公楼，北侧为酒店、公寓等超高层，东西侧贯穿一条商业步行街，外形采用连续的方格嵌洞的表皮，采用表皮叙事与空间的层次对话，步行街采用立体式，实现坡道与树、透明空间的纠缠与暧昧（图18）。

六、总结

在现代建筑组织中可以组织出一套诗意的民俗秩序，这套秩序并非客体本身，可以是一种折射与框景，不仅仅是建筑而是过渡物。纵观商业建筑泛滥的今日，高密度的人流聚集地，建筑不应为了物质化而物质化以及过于目标化，应自我创造情趣，在简约的秩序中铸

图 18 效果图

造出情与景。作为这一套自身具有指定基因的建筑群落，它实现了地景的可能，对于贵阳而言，她如一首诗，穿梭在贵阳的四季，并在那雨雾冥暨与山歌袅袅中，低头叙述着其自我的诗话。

参考文献：

[1] 郑时龄. 建筑批评学 [M]. 北京：中国建筑工业出版社，2005：98-101.

[2] 沈克宁. 建筑现象学理论概述 [J]. 建筑师，1996.

[3] 费彦. 现象学和场所精神 [J]. 武汉城市建设学院学报，1990 (4).

[4] 杨宽. "窥影"的书序 [J]. 中华文史论丛，1962 (1 辑).

[5] 诺伯格·舒尔茨. 存在·空间·建筑 [M]. 北京：中国建筑工业出版社，1990.

[6] 诺伯格·舒尔茨. 场所精神——迈向建筑现象学 [M]. 台北：尚林出版社，1984.

[7] (美) 凯文·林奇. 城市意向 [M]. 北京：华夏出版社，2001.

[8] 曾坚. 当代世界先锋建筑的设计观念——变异、软化、背景、启迪 [M]. 天津：天津大学出版社，1995：94.

[9] 陈建著. 理性与游戏——20 世纪西方建筑艺术 [M]. 杭州：浙江人民美术出版社，2000：113.

[10] 朱文一. 空间·符号·城市 [M]. 北京：中国建筑工业出版社，1993.

[11] Jardin des Tuileries. 波德莱尔. 1846 年的沙龙：波德莱尔美学论文选 [M]. 郭宏安译. 桂林：广西师范大学出版社，2002：423、424、416.

张 琪
(东南大学建筑学院 本科五年级)

南京城南历史城区传统木构民居类建筑营造特点分析

Construction Characteristics of Traditional
Wooden Residence in Laochengnan, Nanjing

■摘要：本文的研究对象为南京明清民居，通过深入的调查研究，总结了包括城市肌理、街巷分别、院落形态和建筑的体量、空间、结构构造等方面的南京明清民居特点，并结合相关资料分析了造成这些特点的历史因素。通过城南的传承与更新，探讨了关于旧城保护与复兴的原则与方法。

■关键词：老城南 民居 城市肌理 空间结构 延续 传承

Abstract：The object of the thesis is Nanjing′s residential houses survived from Ming and Qing dynasty，in the south part of old Nanjing city which is known as Laochengnan. Through thorough investigation，the article summarized the characteristics of dwelling houses in Laochengnan，in different aspects such as layout，form，size and building structures. The passage aimed to analyze the causes of the discrepancies between the traditional dwelling houses of Nanjing and those of nearby places，referring to history events. Meanwhile，the conclusion might be taken as references for preservation and revival of historic districts.

Key words：Laochengnan；Historic District；Urban Texture；Space Structure；Preservation

　　历史、文脉可以是抽象的建筑学称谓，但更是能够触碰、感受和体验的对象。实实在在的老街和老宅并没有被现代城市的喧嚣湮灭，而是以低调的姿态娓娓诉说着历史的诞生、更迭和沉淀。南京老城南就是这样的一片区域。南京城在这里留下她纷繁复杂的足迹，而笔者参加的《南京城南历史城区传统木构民居类建筑保护与修缮技术图则》的课程设计，就是为了记述这一足迹而进行的努力。

一、概述

传统意义上南京老城南指的是内桥以南，明城墙之内的区域[①]。在区域中有作为普查点的文保单位和历史建筑 151 个。在综合考虑了信息完整性和样本数量后，排、剔除大型公共建筑和民国风格建筑，最终选择了保留相对完好的明清民居共 55 处[②]作为调研的主体，主要位于门东、门西和南捕厅地区。虽然数量有限，但基本涵盖了老城南地区的主要传统木构民居建筑遗存。通过文献阅读、现场踏勘、草图测绘、照片记录的方式，记录了调研点现今的街巷布置、建筑格局、构架体系、装饰细节等方面的内容。然后通过数据分析，统计了包括建筑与平面的形式、尺寸，构架的高度、单步进深、形式、提栈等还有装饰

图 1 调研范围（现地图）

细部的种类及出现频次等。再通过图像分析和资料查阅对照的方法尝试总结了一系列南京老城南民居共同的营造特点（图 1）。

二、老城南民居遗存中反映出的延续与变化

通过对现有遗存的调查可以发现，大量遗存民居类建筑的建造年代集中在清末民初，也就是咸丰之乱以后。南京城市，尤其是老城南地区的建筑在这一时期经历了战乱与重建，也经历了近代文明的影响，形成了独特的城市形态与建筑风貌。在巨大的城市变动中，我们可以看到传统的延续，也能够发现持续的变化，共同构成老城南的演进历史。

现今老城南的传统民居形态遗存，受三个因素的影响最大：因秦淮河形成的独特城市格局、特殊历史事件和附近地区移民的风格影响。下面就从这三个方面——进行说明。

（一）城市格局的形成——秦淮河介入

南京城南格局在明城墙和内秦淮的共同作用下形成。秦淮河作为水路交通要道，其介入不仅控制了整个老城南地区的街区和街道走向，也影响到了单体房屋的尺寸与布置。

与重视南北朝向的地域传统相同，南京城南在光照和气候条件的影响下，形成了沿城墙和垂直于城墙的坐标体系。但同时，又因为内秦淮的介入而叠加了沿河道和垂直于河道的街道走向，打破了原有坐标轴；因此，街区朝向大致分为城墙导向街区、内秦淮导向街区和中间的过渡区域。其中，内秦淮导向街区表现为垂直于河道肌理；城墙导向街区为垂直于南段城墙的南北向肌理；过渡部分的街区中的宅院中和了街区形状和主要交通道路进行布置（图 2）。

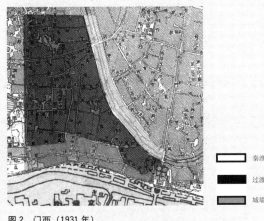

图例：
- □ 秦淮导向街区
- ■ 过渡街区
- ▨ 城墙导向街区

图 2 门西（1931 年）

指导老师点评

东南大学在四年级的课程设计中针对遗产保护专业方向开设了专门的选题，题目的选择多为实际面临的遗产保护问题，分为保护修缮、建造研究、文物保护规划和街区保护规划等专项，以期通过实际的对象使得学生能够了解、熟悉和掌握历史遗产研究和保护的基本方法。

张琪同学参与的"老城南历史城区老建筑保护与修缮技术导则"调查与编制，就是这样的一个基于研究和保护修缮的题目，结合南京正在进行的城南历史城区的保护改造进程，通过资料收集、文献阅读、现场勘察、测绘记录和分析整理等过程，将老城南片段的建筑遗产放置在历史的场景中重新进行梳理比较，得出老城南历史城区传统建筑的营造特点。更重要的是，通过营造特点的总结，看到城市纷繁变化背后的线索，并尝试讨论城市前行中持续的肌理脉络和建筑形态的变化。

太平天国的战乱破坏使得南京老城南在清成丰之后进行了大规模的更新重建，这些建筑中纤细的构件尺度、插梁做法、斜撑形式、扁作童柱与梁架形态，表现出了老城南建筑形态在这一时期的异化，据此作者张琪通过进一步的文献查阅，认为太平天国后期的湘军进入、徽商移居的大量记载可以与这一变化相互验证。但更有意味的是，建筑形态的快速变化中，南京依然保留了一些延续性的传统特征，譬如相对较大的建筑尺度和高敞的空间处理，延续了明代重堂制度的窄院形态，在城市层面秦淮河形成的城市肌理转变相对于同时期建筑的变化更为迟缓，在其中可以发现清末南京城市演进的具体脉络。

就论文而言，立论来自于一手的调查资料，并能够有针对性地检索和利用文献资料，合理组织观点，从建造开始但不仅仅局限于建筑本身，而言及城市与历史，且行文和标注规范，当是迈入研究领域的好的开始。

胡石

（东南大学建筑学院、讲师）

由于秦淮河对于运输业与商业的重要性，附近的建筑都依附于河道发展，这时河道走向成为附近街区房屋布置的首要影响因素，而自然朝向退居次要。因此，两岸的河房和紧邻的宅院都面河而建。由于秦淮河附近需要形成南北两条通畅的街道，以方便城市居民利用河道交通，因此，河道和街道之间自然形成了进深固定的线性发展街区。

除了河房街区，河道对于附近街道的布置方式影响也十分明显（图3）。内秦淮蜿蜒曲折，斜率相对城墙坐标不断发生变化。例如，柳叶街地块河道与城市南北轴线的斜率较大，主要道路都成放射状分布（图4）。而东段大油坊巷附近河道平行于城市南北轴线，街区与主要街道朝向转为东西向（图5）。

图3 河房街区（1951年）

图4 柳叶街附近街道（1951年）

图5 油坊巷附近街道

从秦淮导向街区到正常的南北朝向街区，中间会形成过渡区域。在其中，街区形状、尺度都会发生变化，比如磨盘街和水斋庵之间的街区，因为街区形状的转变，区内宅院为东西向布置，例如磨盘街11号；又如吴家账房，靠近秦淮河，为沿秦淮河走向房屋，其所在的钓鱼台与饮马巷之间的街区呈三角形，房屋逐渐从垂直于秦淮河的朝向转为垂直于南段城墙的朝向（图6）。由此可见，老城南城市形态是由自然朝向、水系和街道的共同作用而形成的。而城市的形态和格局又会继续影响单体建筑的布置和尺度。

由于临河交通方便，紧邻河道的街区聚集的多为商铺、会馆等商业性质的建筑。但因为街区进深相对较小，用地紧张，宅院进深受到限制，通常为两到三进楼宅。与门西其他地区单路纵向发展的宅院不同，河房为横向多路发展，更强调横向联系。比如现存的糖坊廊河房，原有四路开间并排，为"连家店"③的模式，现存一路两进菱形跑马楼，为原来的住宅（图7、图8）。

距秦淮河一段距离并远离城墙的街区较大。因为这里不仅视线、光线等自然条件好，且远离商业喧嚣，交通又相对方便，所以多为经济条件相对较好的人家居住。相反，城墙脚下交通不便且视线、光线不佳，推测为经济相对拮据的家庭聚居地，因此街区尺度相对较小。对比门西地区的街区（图9、图10），荷花塘、孝顺里等地块明显大于南边的陈家牌坊、六角井等区块。

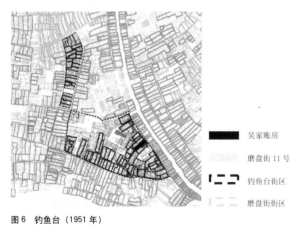

图6 钓鱼台（1951年）

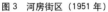

■ 吴家账房
☐ 磨盘街11号
⌐⌐⌐ 钓鱼台街区
⌐_⌐ 磨盘街区

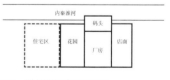

图7 糖坊廊现存住宅模型，视点沿河

图8 糖坊廊河房复原平面

由于房产、土地交易制度的延续，单宅用地尺寸在历史更新过程中并没有大的改变，因此可以对比这两个区域的宅院尺寸来说明使用者的情况。过渡街区的宅院不仅进深大，进数多，且同为标准三开间，对比开间尺寸也可以看出这一差别。中部区域开间相对较大，多为10～12m，如荷花塘地区。而城墙脚下街区开间尺寸集中在7～9m之间，如饮马巷地区。因河房现存的案例较少，无法进行总结归纳。但从调研点看开间尺寸应相对较大。

除了自然条件和城市肌理，街道的重要程度也对单体宅院的布置产生了很大的影响。例如单宅的入口设置很大程度上受到街道的等级和繁忙程度的影响。饮马巷现为沟通钓鱼台与大道的主要交通道路，并有商业行为，因此街道南北两侧宅院都将入口设置在饮马巷上。

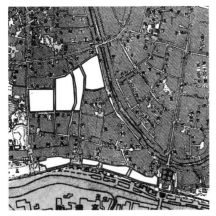

远离城墙街区
靠近城墙街区

图9 门西区域平面（1931年）

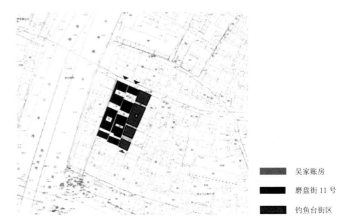

吴家账房
磨盘街11号
钓鱼台街区

图10 门西区域平面（现平面）

但道路南向的67号通过房屋布置和构架等级推测原外门在南边的街道，设置东南入口，由此可知，这个房子的建造年代较早，原为传统东南入口，后因中山南路开通后，饮马巷的重要性逐渐展现，因此将入口改成北向。这正好是朝向和街道对建筑形态综合作用的典型例证。

另外，由于用地紧张，不同地块的调研点大多延续了南京传统单层三开间窄院，用地面阔小而进深大，尽可能使所有住宅沿主要街道设置大门（图11）。宅院使用强调纵向空间连通的特点，而非合院形态（图12）。这个特点与明代御史住宅的平面布置相似，可追溯到江南地区的"重堂式"④（图13，图14）。例如《南京都察院志》，记录有"洪字号"，"广三丈，深九丈"，排布分前中后三进，外门一进（图15）。由前中后的名称就可以推测出房间的纵向使用特点。同样，现存调研点建筑内部左右三间被分成不同的功能空间，正贴多封板壁。明间为相对公共可穿越的空间，次间则封闭使用。

在这种平面格局下，由于面阔小，廊与厢房并不多见，这一特点在明御史住宅中也有体现。另外，院子的开间与建筑相同，但进深小，大约为2～6m，呈扁院形态。与之相对，宅院基地进深很大，建筑的进深相对大，多为6～7步架，每步距在1～1.5m范围浮动。单体房屋进深6～9m。房屋的前檐为虚界面，后檐为实墙面，唯门屋倒座。因此，院落是前一进建筑的实墙和后一进房屋的虚界面共同围合，院子主要为后进房屋使用。

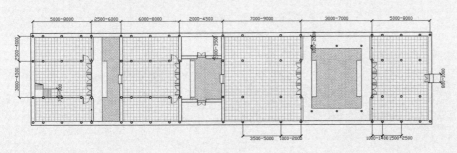

图11 标准南京民宅平面

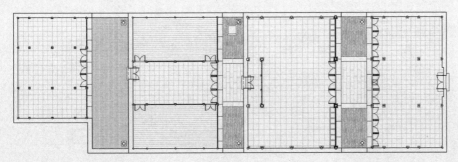

图12 陶家巷5号的宅院

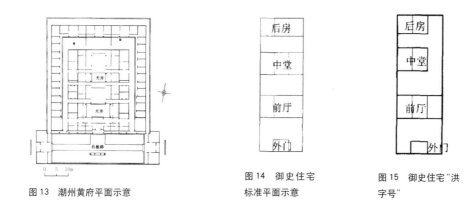

图 13　潮州黄府平面示意

图 14　御史住宅
标准平面示意

图 15　御史住宅"洪字号"

（二）营造细节——历史的介入

从调研的 55 处传统建筑中可以看到相同的营造特点，不少特点体现了清末民初的建造特色，也就是咸丰之乱以后出现的特征。因为太平天国纷乱的战事，新的信仰与社会模式导致许多传统的建筑遭到直接的破坏；战后，城市不得不在战火的废墟中重建，大批民居在这时开始了修缮和复建。因此，这些房屋大多带有清代晚期的特征和开埠后西洋式的影响，这种特点主要反映在构架体系和装饰细部当中。

南京最标准的构架为六椽格局，前后各三椽，屋脊较高，均在 5～6m 范围集中，因此构架高大。尽管内四界基本对称，整体构架却多不对称——前檐低后檐高。这一方面是因为前面为轩，其步距介于一步与两步之间，大于后檐——这种做法通常出现在一路宅院的正厅，等级较高，南京人称大七架梁；另一方面，前檐面为虚界面，因此有出檐，而后檐则多为实墙面，墙体上部叠涩与屋檐相接，檐口基本在后檐檩的高度，不再下降。虽然构架高大、讲究，但仅单边出檐且尺寸很小，在 0.8～1m 之间，可见现存民居的构架的建造时期较晚，约为清末（图 16）。

同样地，虽然南京民居的构架高大，但构件尺寸却相对较小。通过调研统计可知，南京居民柱径多在 120～180mm 之间，模仿抬梁结构的柱子也在 300mm 之内，檩径在 140～200mm 之间，尺寸也相对较小。这也符合晚期建造用材小的特点。

另外，南京现存古民居的构架节点多属于"插梁"做法。孙大章先生将介于抬梁和穿斗之间的构造做法称为"插梁"（图 17、图18）。承重的梁插入柱身，以梁承重传递应力，檩条直接压在柱头，边贴加脊柱增加刚度，施工与抬梁相似。

南京地区的插梁有所差异：柱身插入梁的顶端，与檩条直接相接，从外观看，梁插入柱身，有承重和拉结作用，也是介于"抬梁"与"穿斗"之间的做法。在现存调研点中近八成的节点都是这种形式——檩条落于梁与柱的交接之处。这种做法也是晚期的建造体系中才出现的。

现存调研点的细部装饰中体现出不少西洋和民国的风格特色，例如扁砌的实墙、民国式窗格和车木栏杆等（图 19、图 20）。除此之外，城南还保留了大量的民国西洋式砖石结构建筑。这些都可以反映出清末南京开埠后西方样式对于南京民居的影响。

（三）复杂的移民影响

虽然南京长久以来广纳相邻地域风格，除了独特的地理位置造成的"吴头楚尾，南北辉映"外，长期作为商业与文化中心也赋予南京"兼容并包"的特点。但太平天国后为恢复南京人口而迁入的大批移民，使南京变为真正的移民城市。这段时期的移民主要有三个来源：首先，清政府颁布了垦荒政策招徕客民，吸引了包括苏北、皖北、两湖等地区的大量移民涌入；其次，太平天国平定后湘军就地解散，南京作为主战场自然聚集了大批解散的湘军；第三，除此之外，早在太平天国之前，"南京作为清朝陪都，街衢通达，商业繁荣，全国各地来此经商者众多……因地域毗邻，皖籍商人人数又倍于其他省级"⑥。（太平天国至抗战前在南京的安徽人）"右贾左儒"的理念使皖籍人继续外出，作为传统经商地点的南京又成为徽商的重要市场。

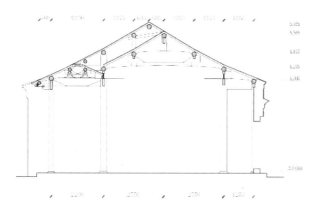

图 16　南京"大七架梁"——三条管 74 号第二进剖面正贴（三四长短坡；抬梁）

图 17　广东潮州民居构架

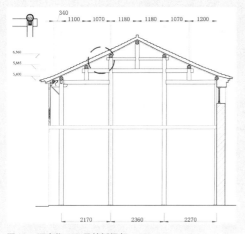

图18 评事街188号的插梁架

图19 饮马巷71号窗格

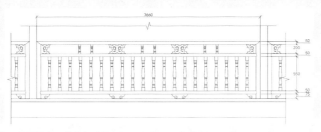

图20 南捕厅商铺车木栏杆

到1902年（光绪二十七年），南京人口的大多数已不是原有土著，而是皖籍与湘籍等地的大批迁入者。这些客民不仅为战后南京城市复兴贡献出一份力量，同时也为老城带来了异域风格。这些地域风格主要反映在构架形式和细部中（图21）。

现存南京民居的构件形式与苏州和常州的低等级民居都有不同，调研点构架的梁与童柱都为扁作（图22）。这一特点不仅带有湖南特色，而且也体现了南京作为明朝都城、清朝陪都的等级地位。椽子除了荷包的界面也出现了很多半圆椽，飞椽则多为方形截面且无封檐板做法。

从大辉复巷的西北三省会馆和糯米巷的河南会馆都可以看出明显的徽式门屋做法（图23）。另外，楼宅的斜撑做法和当涂采石矶的太白楼做法甚近②，同样体现了皖式特色。

图21 吴家账房斜撑

图22 饮马巷67号扁作梁与童柱

图23 西北三省会馆大门

三、结论

中国传统建筑的营造体系保证了传统营造方式的传承，很多历史信息也因此被保存了下来。正如南京老城南地区，虽然历史的进程中，民居的使用方式、构造节点和装饰细节

作者心得

本文是我第一篇正式的学术论文。从2013年做完南京城南调研后，这一篇论文就一直在脑海中酝酿。一方面，相对北方和苏州的传统木构建筑来说，南京的传统建造体系没有人归纳总结过；另一方面，通过两个月亲力亲为的调研，我对于这片场地和其中附着的气氛及其文脉都产生了一种感情。老城南虽然基本肌理形态都保存尚好，但也在逐渐被这个现代化的都市影响着、吞噬着。我一直希望自己能为这一地区做一些力所能及的事情，但是想到要梳理和分析这庞大的调研对象库，每每都望而却步。如果没有该次竞赛活动，也许就真不会这么有行动力了。写论文的过程也强迫自己去思考了很多问题，查找了很多史料和他人的研究成果，真正把所见的东西变成所思的事物。

对于成文，还是要感谢我的指导老师胡石，如果没有他在冗杂的数据信息中帮我把握方向，这篇文章就不会这么有逻辑和指向性。在老师的指导下，我感受到了学术论文中心思想和逻辑的重要性。不光是在最初的构思中，在本体的写作过程中仍然需要时时把握大局。虽然论文完成得十分紧迫，但毕竟有全设计组两个多月的全力付出作为基础。对于每一个论点，我都找到了充分的例证，这让我体会到一篇论文不仅要有鲜明的主题，也要有充实的内容和紧凑的逻辑。

目前我即将本科毕业，去国外进行研究生教育，这篇论文算是对我五年的建筑学生活和南京生活做了一个总结，同时也启发了我继续研究历史街区保护与现代城市矛盾的想法。带着这个问题，我一定会继续前进，争取带着问题的解答凯旋。

张琪

发生了改变，但传统南京的形式逻辑和营造特点依然清晰可见。

　　总的来说，南京民居依照自然条件与秦淮河走向进行布置。尽管地理位置、朝向和用地尺寸不同，但这些民居依然沿袭着相同的使用方式——强调纵向空间的联系。宅院多为统一的三开间窄院，但宅基地进深与街区布置有关，除河房外，民居为单路多进发展。单体建筑也依旧沿用相同的建造模式，开间小、进深大，但院落进深小，呈"扁院"形态。构架虽多使用六椽格局，可前后檐并不对称，前檐低、后檐高，前檐出檐、后檐无出檐，前檐面为虚界面、但后檐面为实界面。

　　同时，时间的变更与地域的差异也在街巷等级和建筑的营造方式上留下了很多改变：新的城市主干道将门西地区切分，街巷的等级也从被河道导向变为被道路导向。通向中山南路的街巷渐渐被重新赋予重要性，建筑的朝向也随之调整；在建造细节和装饰上，现存的南京民居吸取了很多附近区域和西洋式的特点。木构架多为晚期"插梁"做法，且从湖南地区吸取了扁作梁与童柱的做法，所建楼宅又从徽州地区学习了斜撑做法。另外，墙体砌筑、栏杆、窗格等很多的装饰细节都体现出民国时期的西洋特点。

　　虽然经历了多个朝代，经历了太平天国的毁灭性入侵，经历了民国，经历了现代化，但是每一次变更，都让老城接受着改造和更新。但是直至今日，老城的历史和文脉依然蕴藏在一条条街巷、一榀榀构架之中。但城南的集体记忆却在城市更新的过程中被保留了下来，同乡共井、水庵斋、甘露巷、钓鱼台等《同治上江两县志》中出现的地名依然存在于现在的城南，秦淮河孕育的繁荣兴盛也留下了可被辨识的痕迹。在这一段历史之中，更新似乎并不可怕，不仅不会磨灭传统的印记，还会为之加上独特的风韵。城市的活力就在延续与发展的矛盾与和谐中逐渐提升。

　　这似乎可以对现今的老城保护有所启示。城市总在发展，诚然要在飞速前进的城市中保留下重要的历史文物，但保护历史并不代表一味地追求不变的物质形态，进步和改变应该被允许，毕竟，保留场所精神才能留住更多的回忆。

　　因此，对于老城的保护，第一是要保证城市肌理和格局形态的延续，包括传统的街巷尺度、街道布置和附近的建筑风貌等。其次，在建造体系上，应该有意识地保留住地方特色和时代特征，与历史和传统一脉相承。正如南京的"老门东"改造项目。传统的街巷和建筑类型、风貌都得到了很好的传承，复兴后的老门东变为历史与传统的舞台背景，每一个角落似乎都可以讲述曾经的故事。

　　然而，要在老街区中留住现代人的生活就必须对其环境作出相应调整，并在建筑的材料和构造上作出适于现代发展的更改，这些都是必要的更新手段。尤其是当传统的材料和构造发生问题，或是不再适用于现在的使用要求，或是要采用创造性的构造才能做到对于历史的介入最少的时候。

　　老城南的曾经灿烂辉煌的过去，如今已经变为可以讲述的故事，寄存在依旧存留的体量与空间当中。然而，这个故事并没有结束，依照着故事曾经的脉络，今日的我们还将续写。并且在遥远的未来，她还会被婉婉道来。那个时候，我们的行为和信念将决定这个故事可否续笔。

注释：

① 北京清华城市规划设计研究院和历史文化名城研究中心编制的《老城南历史城区保护规划》描述道："南京城南历史城区明城墙内的部分，俗称老城南历史地区，《南京市历史文化名城保护规划》中确定城南历史城区是南京主城三片历史城区之一，北至秦淮河中支（运渎），东西分别至外秦淮河，南至应天大街，总面积约 6.9km²。研究范围是该历史城区位于明城墙内部的部分，北至秦淮河中支（运渎），南、东、西方向均至明城墙外侧，以门东、门西，夫子庙、南捕厅地区为核心，总面积约 5.56 km²；该地区是南京历史文化名城的重要组成部分，集中反映了南京古城的传统历史风貌。"

② 55 处调研点：花露南岗尼姑庵；同乡共井 11 号；吴家账房；钓鱼台 17 号；钓鱼台 9 号；程先甲故居；刘芝田故居；殷高巷明清住宅；傅尧成故居；马道街 41 号；马道街 43 号；荷花塘 5 号；五福里 2-1 号；曾静毅公祠；孝顺里 20 号；花露岗 48 号三圣庵；花露北岗 17 号；小百花巷 1-3 号；三条营 72 号；三条营 74 号；三条营 76 号；三条营 78 号；钓鱼台 13 号；饮马巷 67 号；饮马巷 69 号；饮马巷 71 号；同乡共井 15 号；同乡共井 6 号；高岗里 39 号；谢公祠 1 号；谢公祠 20 号；磨盘街 11 号；磨盘街 13 号；荷花塘 4 号；孝顺里 22 号；花露南岗 30 号；胡家花园祠；胡家花园 12 号；胡家花园河厅；胡家花园 2-2 号；胡家花园茶馆；花露北岗 1 号；胡家花园旁门 1 号；胡家花园旁门 1 号东；鸣羊街 28 号；陶家巷 5 号；三条营 60 号；三条营 13 号；边营 73 号；边营 71 号；南捕厅 17 号；南捕厅 15 号；南捕厅 19 号；大板巷 42 号；大板巷 46 号。

③ 胡茂川、张兴奇、马晓．南京市内秦淮河河房的特征与保护研究 [J]．四川建筑科学研究，2012：294．"根据居民的回忆和推测，原址是'连家店'的模式，并绘出空间想象平面图。"

④ 乔迅翔．明代南京御史住宅与"重堂式"形制 [J]．中国文物科学研究，2012 中提出明南京御史住宅源于江南地区的"重堂式"传统。

⑤ 朱光亚．南京建筑文化源流简析 [J]．东南文化，1990：146．"南京建筑文化不妨用八个字来说明：吴头楚尾，南北辉映。"

⑥ 方前移．太平天国至抗战前在南京的安徽人 [J]．江淮论坛，2005：112．"南京作为清朝陪都，街衢通达，商业繁荣，全国各地来此经商者众多，异乡人每茫然莫辨。因地域毗邻，皖籍商人人数又倍于其他省级。"

⑦ 朱光亚．南京建筑文化源流简析 [J]．东南文化，1990：146．"太平天国纪念馆、煦园、朝天宫、六合文庙等处的插拱及斜撑做法与当涂采石矶的太白楼做法甚近，体现了更多的安徽特色。"

参考文献：

[1] 陈从周．苏州旧住宅 [M]．上海三联出版社，2003．

[2] 方前移．太平天国至抗战前在南京的安徽人 [J]．江淮论坛，2005．

[3] 葛庆华．太平天国战后苏浙皖交界地区的两湖移民 [J]．湖南大学学报，2005．

[4] 郭鑫．江浙地区民居建筑设计与营造技术研究 [D]．重庆大学，2006．

[5] 胡茂川、张兴奇、马晓．南京市内秦淮河河房的特征与保护研究 [J]．四川建筑科学研究，2012．

[6] 乔迅翔．明代南京御史住宅与"重堂式"形制 [J]．中国文物科学研究，2012．

[7] 孙大章．民居建筑的插梁架浅论 [J]．小城镇建设，2001．

[8] 吴超．南京老城南门东历史街区空间结构分析 [D]．西安建筑科技大学，2013．

[9] 阳建强. 秦淮门东门西地区历史风貌的保护与延续 [J]. 现代城市研究, 2003.

[10] 杨新华, 卢海鸣. 南京明清住宅 [M]. 南京大学出版社, 2001.

[11] 朱光亚. 南京建筑文化源流简析 [J]. 东南文化, 1990.

[12] 老城南基础资料汇编 [S]. 北京清华城市规划设计研究院. 历史文化名城研究中心. 2011

[13] 南京城南历史风貌区保护与复兴概念与规划研究项目：C 历史保护专项研究 [S]. 南京大学建筑学院, 南京市规划设计研究院有限责任公司. 2009.

[14] 南京城南历史城区传统老建筑保护与修缮技术图则 [Z]. 东南大学, 2014.

图片来源：

图 1：《南京城南历史城区传统老建筑保护与修缮技术图则》.

图 2～图 6：《南京城南历史风貌区保护与复兴概念与规划研究项目：C 历史保护专项研究》.

图 7：《南京城南历史城区传统老建筑保护与修缮技术图则》.

图 8：参考《南京市内秦淮河河房的特征与保护研究》自绘.

图 9：《南京城南历史风貌区保护与复兴概念与规划研究项目：C 历史保护专项研究》.

图 10：《老城南基础资料汇编》.

图 11、图 12：《南京城南历史城区传统老建筑保护与修缮技术图则》.

图 13～图 15：《明代南京御史住宅与 "重堂式" 形制》.

图 16：《南京城南历史城区传统老建筑保护与修缮技术图则》.

图 17：《民居建筑的插梁架浅论》.

图 18：《南京城南历史城区传统老建筑保护与修缮技术图则》.

图 19：作者自摄.

图 20：《南京城南历史城区传统老建筑保护与修缮技术图则》.

图 21～图 23：作者自摄.

周烨珺
（上海大学美术学院　本科五年级）

看不清的未来建筑，看得见的人类踪迹

Vague City in Future, with Traces of Human Forever

■摘要：未来建筑是什么样子的？如果有时光机，穿越到未来，我们看到的世界会不会像星球大战里的世界？如果人类消失后，我们看到的人类智慧所留下的建筑又会叙述怎样的一段故事，给后来者怎样的想象？也许未来的建筑是看不清楚的，但是却一定能感受到它的存在，而在它的身上也一定深深地留下了人类的踪迹。或许生活在未来的建筑中的人可以体会"不识建筑真面目，只缘身在此城中"，又或许这是一种从无形到有形，再从有形到无形的过程。
■关键词：未来建筑　人类踪迹　大数据时代　传承　废墟上的城市　摩城

Abstract：What will cities and architecture will be tomorrow？No one can tell it clearly. The future architecture is more like a tabula rasa. Let us do whatever we want. Perhaps the least controversial assertion about the future architecture that can be sure is that they are with the traces of human both today and tomorrow. The article provide a trial to draw the vague future.

Key words：Future Architecture；Trace of Human；Big Data Era；Inherit；Ruins 3D City；The Internet of Things

一、科技让未来建筑变得一切皆有可能

（一）大数据时代

1. 物联网

随着科技的发展，电脑的普及，智能化变成了现实，嵌入式技术渗入生活，让计算机遍布各地，渗透到绝大多数的人类生活中。也许未来我们刚刚踏出办公室的房门，就可以启动家中的电饭煲开始煮饭，各种烹饪设备就开始准备一顿营养均衡的晚餐。当我们踏入房门，挂起外衣，卫生间的浴缸就开启了你洗澡用的热水。当你洗完澡，你的晚餐也已经准备好了。这大概是我们现在可以想象到的稍不久远的未来，物联网带来的智能居家生活。在这个物联

网建筑中，不再需要多余的媒介——电脑，建筑物中的每个部分或者建筑物中的某个物体都可以看成是媒介，它们之间可以互相联系，不需要一台电脑的控制。这样减少了一些年长者不善于用电脑的使用烦恼。

物联网其实早在大数据时代之前就已经被人们所关注。而对于物联网的应用，似乎势在必行，这也许是未来建筑发展的一个方向。而正是因为物联网的存在，建筑变得更智能的同时，也更轻盈。但是同时，这些智能吸引了更多人的眼光，人们似乎不再那么关注建筑本身。如同现在的智能手机，剥夺了许多人与人交流的机会。也难怪那个发布在 YouTube 上，鼓励大家放下手机的视频，会有如此大的点击量。但是建筑除了它本身的魅力，其实也是有气场的，也许未来的建筑将被设计得更有气场，即使当人们的目光停留在智能货上，依旧能感受得到这看不清的建筑所带来的无穷大的魅力（图1）。

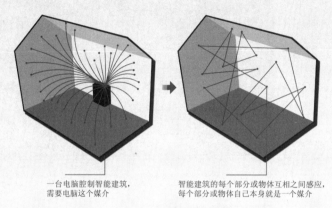

一台电脑腔制智能建筑，
需要电脑这个媒介

智能建筑的每个部分或物体互相之间感应，
每个部分或物体自己本身就是一个媒介

图1　物联网时代的建筑

2．BIM

BIM 是一个已经兴起了有一段时间的概念，它的应用发展迅速，眼下不少大型设计院或是大型项目中 BIM 的应用也很广。这必然是日后建筑发展的一个趋势。

（二）新的建筑场所的开辟

建筑一般都是依陆地而建，地球上的万物很难逃脱地球的万有引力作用，但是这不能阻碍人们的想象与创造，人们总能天马行空——未来的建筑也许会飘在天上，潜在海里，浮在水上，甚至长在外太空上，当然也有可能是像两栖类动物一样，时而在天上，时而在地上，时而又在水里，人们要是心情好了，可能还会让建筑飞到月球上，而科技也将会让这些天马行空变得现实。在 EVolo 摩天大楼国际设计竞赛的历届获奖作品中，总能看到建筑师的天马行空却又有无限可能的建筑。如悬在海上的；架在半空的；长在海里的；飞在空中的；建在地球外太空的……这些想象看似很遥远，但是科技的进步也出乎人们的意料，而这些天马行空的建筑有朝一日说不定就会出现（图2～图10）。

而这些天马行空的想象，多数是把人们聚集起来，创造一个新的建筑场所，给人们体验，同时也是面对当今的环境问题，未来的生存问题作出的思考，给出的解决方案。记得

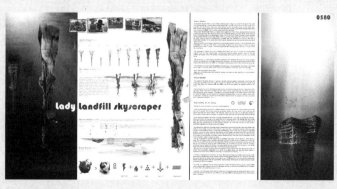

图2　地下城1（Lady Landfill I）

指导老师点评

随着云计算、物联网、大数据等一系列信息技术的发展，时间与维度的概念也大为不同。扩展到人类的生活方式，虚拟与现实、人与机器、艺术与科学之间的界限日渐模糊，智能与互动成为未来生活日趋显现的发展趋势。数字化的信息交换对人的行为、建筑环境与城市生活必然产生根本性的变革，势必将打破我们对建筑空间功能与空间尺度的传统思维，使人与建筑之间的交互过程呈现一种新的激活状态：城市与建筑成为可感知、沟通、满足居住者变化需求的生命体。

周烨珺同学用生动的语言、大胆的想象与超现实的图像为我们描绘了这样一个在信息技术支撑下的未来建筑与城市图景：人类对技术的驾驭，使城市与建筑的建造可以脱离自然环境的限制，拓展建造场所，在陆地、海洋甚至漂浮于空中构筑立体化的城市。这样看似在科幻影片中显现的场景并非不能实现，随着大数据时代的信息技术不断创新，想必周烨珺同学所描绘的未来城市图景在不远的未来会浮现在我们面前。

技术的双刃剑效应是人类对技术进行理性批判所意识到的问题。周烨珺同学不仅思考了大数据时代技术运用的可能性，也对技术运用进行了理性的价值判断，提出了城市与建筑发展的有益方向：未来的城市与建筑尽管在高技术的支撑下，有能力摆脱环境条件的约束，但并不能脱离历史与文化的脉络、地域文化的多样化特征。人类可以在历史环境中利用建筑遗存，并借助信息技术，给人们提供一种能够感知过去、现在与未来的具有时空穿越感的互动性体验。周烨珺同学也反思了未来城市与建筑始终离不开人的参与，人类可以驾驭技术并成为技术的主导者，也应该在技术的支撑下增进居住者之间的情感交流，创造一个能够承载历史文化信息与记录人们生活故事，可以从容而诗意生活

（转 141 页右栏）

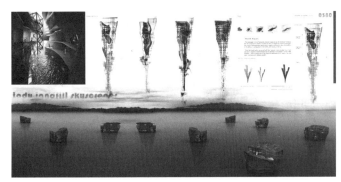

图 3　地下城 2(Lady Landfill II)

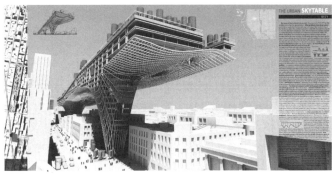

图 4　天空之桌（Sky Table）

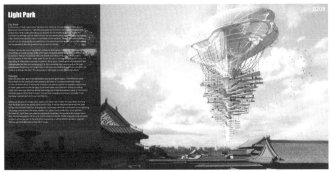

图 5　飘浮的公园与摩天大楼（Light Park Floating Skyscraper）

图 6　巴别塔之屋（House Babel）

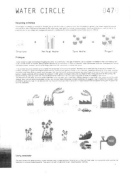

图 7　石油平台转化为可持续的海上摩天楼 1

(Oil Platforms Transformed into Sustainable Seascrapers I)

图 8　石油平台转化为可持续的海上摩天楼 2

(Oil Platforms Transformed into Sustainable Seascrapers II)

图 9　游牧的摩天大楼 1（Nomad Skyscraper I）

图 10　游牧的摩天大楼 2（Nomad Skyscraper II）

藤本壮介在他的《建筑诞生的时刻》中写道："所谓'现代'建筑也许就像是为了纵身一跃至永无终点的'未来'之上的跳板。"未来建筑的发展永无止境，要想象未来建筑，也许一般的想象还没有科技发展的速度快。但是那些天马行空的想象却有可能成为下一个现实世界。不论未来是怎么样的，猜测永远有无数种，谁也说不清究竟会是哪个，但是，可以肯定的是，不论何时他们与'现代'建筑一定有着某种联系，他们也一定留有着人类留下的踪迹——为了生存而留下的踪迹，为了战胜自然的踪迹，为了挑战自我与充满想象的踪迹。不论未来人类是像当年的恐龙一样会灭绝，还是依旧如同现在这样生存，同样可以肯定的是，从这些人类创造的建筑中，总是能看到人类留下的踪迹。

二、看不清的未来建筑，看得见的历史烙印

未来建筑究竟是什么样子的，其实没有人能很明确地表述，描绘清楚。但是可以肯定的是，未来的建筑一定有历史的烙印与人类的传承。

美国人柯林·罗在他的《拼贴城市》中有这样的一段话："新建筑是由理论决定的，新建筑是由历史注定的，新建筑代表着征服历史，新建筑代表着时代精神，新建筑是治疗社会的良药，新建筑是年轻的，并且不断自我更新的，它永远不会落伍于时代。"这其中可以这样理解，未来的新建筑的发展与历史有关，人们不断地前行，是需要站在前人的肩膀上的。

人们总在生活中寻求某些变化，即使人们不可以去寻求变化，可是世界上唯一不变的即是变化。智慧的人们不是摒弃过去的一切，也不是被困在过去的历史中，而是拿着古人留下的藏宝地图，不断在寻找前行的路，再不断地修改藏宝地图，再不断前行。过去的许多是不能带上前行的路的，只有那不断被前人修改的藏宝地图是被一直揣在手中的。为了寻找更多的宝藏，对于那些无法带上路的宝藏，那些过去，也许"纪念"一词更适合他们。纪念那些不被带走的过去。人们追赶着时间的步伐，可是诚如前文所述的，科技的发展，一年更胜一年，往往一般的想象是跟不上的。因此，不如轻装上阵，拿着最重要的藏宝地图前行，对于那些不那么重要的过去，就留给纪念一词吧。

（一）藏宝地图上的建筑密码

那么哪些会留在藏宝地图上，给未来建筑以启示呢？

也许是设计过程中的思考模式。日本人宫宇地一彦在他的《建筑设计的构思方法》中对于设计思路有过这样的总结：演绎，归纳，总结。对于一个做过学生的人，应该不难理解，我们在学习的过程中就是在不断地演绎，归纳与总结（图11）。建筑设计也是如此。记得前辈曾经说过，在什么也不知道的情况下，要凭空想象出一个好的建筑设计几乎不可能。当然，世界之大无奇不有，也许就有天才能做到。但是即使有天才能做到，那也是极其少数的。这和画画是一样的。那些艺术家画的作品，看似随意涂鸦，但是"艺术家们永远比你要会画画。你所能想到的绘画，大多已经被他们实践过了。"拥有这样一个设计思路，似乎就像是得到了一把通往未来的建筑的密码，打开了其中的一扇门，让未来建筑若隐若现。

除了设计过程中的思考模式，藏宝地图上也应该有前人约定俗成的一些建筑的客观规律。这样也便于后人"理智地违反客观规律"。虽然看不清未来建筑是什么样的，但是可以作这样的一个类比。如果说昨天加时间是今天，那今天加时间就是未来。加法的运算法则不变，时间这个条件在这个等式中近似相等。昨天与今天是个可以估测到的已知量。那要想推测未来，只要理清这两个等式的关系，就可以得到一个大约的未来。举个例子，古典主义与近代主义可以说是两套体系，也许有人认为两者不会有任何联系，但是事实可能出乎人们的意料，也许他们之间却有着某种意想不到的关联。宫宇地一彦的《建筑设计的构思方法》就这样写道："古典主义与近代主义是两种完全不同的东西，然而也许在西欧人的心目当中，有着意想不到的联系。"他所提到的"四阶段结合法"便是很好的一个例子（图12）。

（二）纪念那些不被带走的过去

对于那些不被带走的过去，用什么方法来纪念呢？也许这也是未来建筑潜在的可能。

1. 废墟上的城市

其实确切地说，那也不完全是废墟，只是被遗弃了或不能再使用了罢了。

这让我想到了杭州的雷峰塔。现在的雷峰塔已经不是当年的那个雷峰塔。而当年的雷峰塔，现在被保留在新雷峰塔之下，或者说新塔建造在旧塔基上，这从某种程度上保护了遗址。暂不论其褒贬，但是这也何尝不是一种可能——一种未来建筑的可能，也给改建或保护那些需要被纪念的历史，那些建筑，提供了一个可能（图13～图15）。

在d3 Housing Tomorrow设计竞赛中，当面临海平面上升的状况，人类为了更好地生存，在被淹没的建筑上再建造建筑，形成了，废墟上的城市（图16）。

的智能化的城市与建筑环境，实现人、生态与技术的和谐共生。

作为一个建筑学五年级的学生，周烨珺同学在文中所表现出的创造能力、理性思考与严谨态度让我倍感欣慰，希望她带着这份创造力与奇思妙想，在建筑学的求索之路上飞得更远更高！

魏秦

（上海大学美术学院，
建筑系副系主任，副教授）

竞赛评委点评

2014年，"清润奖"本科组可选择的题目之一是"你认为未来建筑是什么样的"。本文的作者对题目做了细致的思考，尤其机智的是，作者把对于未来建筑的种种设想建立在对历年eVolo摩天大楼国际设计竞赛的方案上，因此，多少让作者的想象与推理建立在具体的图形思维之上。这是本文在写作方法上非常加分的一个策略。

本文选择了一个对偶性语句作为文章题目，虽然具有高度文学色彩，但还是把作者文章的核心观点浓缩表达出来，并且对于本科学生来说，充沛的想象力与对创作的热情更应当提倡和鼓励。

在文章结构上，作者第一部分用了很多图示语言表达未来建筑的多样可能性，基于神话创造与游牧思想的方案，以及基于石油平台结构而搭建生成的摩天楼建筑，显示了建筑未来结构与形式的多样复杂性，呈现出作者对未来城市规划及土地利用上的一种偏向。不过，偏向也同时说明了作者的理论取向，即对城市向空中发展的一个预期。

文章第二部分比较巧妙地回到历史。这显示了作者对于历史的尊重，因此也让本文有了根基。在第二部分，作者清晰提出"未来的建筑一定有历

（转143页右栏）

昨天 + 时间 = 今天

今天 + 时间 = 未来

A + B = AB

AB + B = ?

? = ABB

图 11　演绎、归纳、总结

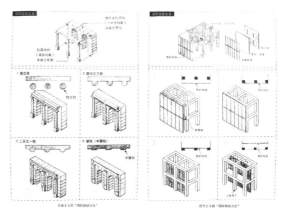

图 12　古典主义与近代主义的"四阶段结合法"

图 13　老雷峰塔

图 14　新雷峰塔

图 15　新雷峰塔下的老雷峰塔

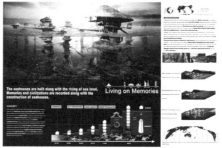

图 16　生活在回忆之上（Living on Memories）

2. 城市即是博物馆

或许有人会质疑，为什么好好的可用基地不用，为什么要建造在那古迹、遗址、废墟之上呢？

土地将越来越匮乏是一个原因，试想一下如果按照今日的发展速度，我们的明日，还有多少地球表面积可以给我们使用，那我们的未来呢（图 17）？

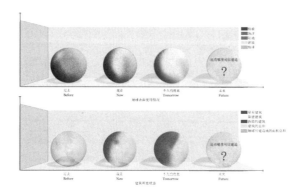

图 17　地球表面积资源分析图

当然，除了土地资源的愈加紧缺，历史文化的传承也是一个不错理由。但是其实那更是一种奇妙的体验。

试想一下，未来建筑如果是建筑在这些废墟、古迹之上，也许建筑师们就有了更多有意思的话题可以探索：如何利用建筑展示那些神秘莫测的古迹？如何虚化新造建筑，展现古迹魅影？如何在有限的地域内，来一场穿越古代的建筑体验？如何穿梭在城市之间，在不经意之间，与古人来一个亲密交流？如何让少小离家老大回的人们，在感叹十年大变样的同时找到儿时的回忆……这些也许都是不久的将来可以变成实际的。

那如果再大胆地预想，或许更遥远的未来，走在城市之中，也许一个不经意的街角，一幢新型未来建筑下方，便可以看见那曾经的古建筑，叙述着轰轰烈烈的故去，又或者在刚刚踏进轨道交通入口，就会有一场穿越时空的建筑之旅在你的旅途上展现，你的旅途也不再无聊。只是不经意地穿梭在一个城市之中，却可以翻开这个城市的历史，看见这座城市的历史断层，看到历史上这个城市曾经留下的人类的踪迹，而这些历史最终也会与微生物结合，呈现更美妙的一幕。此时的城市本身也就是一个展现自己的博物馆，活生生的博物馆，充满生命力。每一个到达过这座城市的人，都能感受到这座城市的历史，这座城市的文化脉络。

3. 三维走向四维

空间是三维的，这个似乎是众所周知的，如果加上时间轴，也就是四维。如果新建筑与老建筑共存，又或者新老建筑如同地质纵断面图一般，这可能是一种——让建筑从三维走向四维的方式。

三、立体摩天城

人们对于高处的向往，自古至今都有着孜孜不倦的追求，从古代的金字塔，到哥特式教堂高耸的塔楼，从1870年代，美国兴起的芝加哥学派，到今日的超高层建筑，似乎没有什么能停止人们对高的追求。不论是渴望"一览众山小"的畅快，还是向往蓝天白云的梦想。也许现在没有人能道清未来建筑的模样，但是可以肯定的是，未来建筑总会留下人们对于摩天楼的渴望。

随着技术的发展，单单的高也许还不能完全满足人们的心愿与梦想，若是让摩天楼更智能化、生态化、摩天化、动人化，造型新颖化且人性化，岂不是更好。再狂妄地设想一下，也许未来的建筑、未来的城市不再是寻求二维的发展，而是从二维到三维。不仅仅是一个单体建筑，而是多个摩天楼建筑的联系。它们的交通也不将是简单的二维或几个二维关系，也许是所有的一切都是三维化的。

（一）立体城市

未来的建筑，如果单思考一个建筑本身也许还不够意思，那如果把这些建筑放在一起思考，也许会更有意思。不仅仅是立体建筑，还有立体交通，立体城市管网，立体生态，立体田地……它们单独的一个一个都已经在现实世界存在了，但是如果把它们都组织在一起，成为一个立体城市呢？

在 EVolo 摩天大楼国际设计竞赛的历届获奖作品中，又可以看到建筑师们大胆的想象力（图18～图20）。

史的烙印与人类的传承"，并恰当举例说明了人的活动以及人的活动痕迹对于建筑的意义与作用，某些时候是人的活动成就了一座建筑，因此第二部分是文章中不可或缺的基础。

第三部分，作者再次回到摩天城，以自己对未来建筑与城市的理解，结合了大量摩天楼竞赛方案，描绘了未来巨型城市建筑的可能，并且再次从对人的尊重出发，加入了作者本人对于未来摩天城如何关注微小的"人"的心灵需求问题的思考，并提出了"纽带"连接，以及在建筑形式上对传统建筑的致意，虽然略显肤浅，但也体现了作者对未来城市的辩证思考。

第四、五部分，算是文章的点题与收束，强调了作者对未来建筑与城市的理论思考，即回到人本身，建筑的形式无论如何发展，技术如何变化，最值得尊重的依然是一个人的生活痕迹与记忆痕迹，人类心理的需要是建筑发展的追求之一，如此发展才更有意义。

本文虽然很多是基于方案的想象，但作者依然在想象的虚拟中很好地找到文章的立论依据，并且鲜明地把个人的思考以较明晰的语言生动地表达出来。对于本科阶段的学习，这是一份较好的基于扩大阅读材料之上的理论思考答卷，显示了作者清晰的思路与驾驭材料的能力。

李东
（《中国建筑教育》，执行主编；
《建筑师》杂志，副主编）

图18　曼哈顿之上
（Beyond Manhattanism）

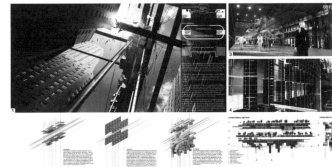

图 19　高架连接 1（ Elevated Connectivity I ）　　　　　　　　　图 20　高架连接 2（ Elevated Connectivity II ）

当然也有可能是这样的（图 21）：

又或者是这样的（图 22）：

但是从中，不难发现，这些建筑师们在寻找摩天楼与摩天楼之间的纽带。不仅仅是我们所熟悉的"地平面"，还可能是未来我们将熟悉的"空平面"或者叫"空中平面"。这些纽带也许会充满无限的魅力。

图 21　东方气息的天空之城　　　　　图 22　现代城市的天空之城

（二）纽带

随着科技的发展，似乎什么建筑形态都有可能出现。也许未来的人类对于各式各样的形态已经产生了厌倦，人们的兴趣点也许更多地不在物体本身，而是他们互相之间的关系。藤本壮介把这种关系描绘成："一种近似极致的纷乱状态，标示出它彻头彻尾的人工特性。在同一物件中，规则性与纷乱性共存。"

也正因为如此，或许在这些纽带上才更有可能发生更多的故事。比如，辛弃疾的《青玉案·元夕》中"众里寻他千百度，蓦然回首，那人却在灯火阑珊处。"也许更容易让人联想到的是发生在两个物体间的纽带空间上的故事。

而纽带空间也更易拉近人与人之间的距离。两个住在临近摩天楼顶楼的人，如果只有地面这一个纽带，也许这两个人相遇的概率很小，在空暇的时间，也更愿意登高远眺，而不是从顶层等电梯，下楼，然后在巨大的庞然大物之间，漫无目的地闲逛一圈，再等电梯上楼。但是如果有空中走廊架在这摩天楼的中间，也许人们会更愿意去空中走廊消磨闲暇时间。这样这两个人的相遇概率岂不是大大增加了。而原本不相识的两个人的距离，也许也因为这个架在空中的走廊，而在彼此的心之间加了一座心灵之桥。

（三）前人留下的历史的足迹

当今的摩天楼样式相似，虽然未来人可能不再拘泥于其形式，但是想象一下，当许多的城市被这些没有地域特色与文脉的摩天楼所殖民的时候，也许当你发在你朋友圈中的某张旅行日志照片，你的好友很难搞得清楚你究竟在哪里，也许若干年后你回头去看看这张照片，你也会疯狂地回忆到底是在哪里拍摄的照片。于是人们似乎应该寻找更多的多样性，也许水平之城的多样性，还能满足目前的需求，但是未来呢？大概竖向的发展能带来更多样性。而把水平与竖向结合起来，岂不是从平方多样性，变成了立方多样性，或许可以用立体摩天楼来形容这样的场景。

如果要说多样性的工具，地域文化文脉，是个不错的选择。地域文化的多样性，与不断的文脉，给未来建筑的发展打开了一盏灯。但是一个地方形成的文脉易断不易成，一个地方也有自己特有的地域特征。如何在摩天楼中展现出不同的地域文脉特色，如何让未来的建筑更接地气，也许是值得我们思考的。幸运的是也有不少人作了这样的尝试。在最新的 2014 年 EVolo 摩天大楼国际设计竞赛中的一等奖得主，就把东方传统的屋架结构形式运用到了摩天大楼的设计当中去。文化的多样性是前人留给我们的宝贵财富，如何在未来建筑中不失去自我，这不断的文脉也许是个很好的工具。也因此可以推测，未来的建筑一定留有这个地域的人文气息，即使不能清楚地知道未来建筑是什么样，这样的推测还是可以成立（图 23、图 24）。

图 23　本土建筑的多样性 1 (Vernacular Versatility I)

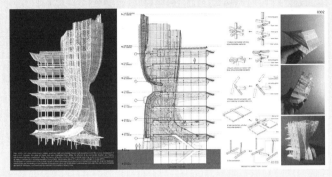

图 24　本土建筑的多样性 2 (Vernacular Versatility II)

（四）无关的关联

摩天之城可以是一个一个摩天楼组成，也可以是一个摩天骨架网格上有着许多独栋的建筑（图25）。

也许未来的立体之城中，有了更多创造的空间，拿人们赖以生存的住宅为例，也许每一家人家的住宅都有自家的特色。在一定的摩天网格中，任人们设计营造。人们可以去齐全的网络采购所需要的模数化建筑材料、施工队伍，还可以挑选属于自己的设计师或设计团队。

而当人们在这样的一个立体网格中穿梭时，增加了空间行走体验，而周围的每一栋建筑，因为是由不同的人设计在一个固定的摩天网格骨架之中，看似无关的建筑单体，却都有着摩天骨架网格，工业生产线上的模数化建筑材料，单纯中透着复杂与模糊，而复杂、模糊中又显得单纯。

这样也凸显了建筑的未来，更需要人的参与，公众的参与，而不仅仅是开发商的参与。

当然，这样的未来建筑形式，也有着许多经济发展空间和社会效益。首先，促进设计水平与技术工人能力的发展与提高。由于每一栋建筑都略有所不同，也因此，需要设计师根据居住者的要求进行设计。不论这个设计师是请来的，还是自己就是那个设计师，但是可以肯定的是，因为这样的尝试，在未来，几乎无时无刻不在进行，练得多了，看得多了，总是会有提升的。技术工人的施工能力也是如此。其次，当今的摩天楼都是按面积计算价格，摩天之城的建筑，也许可以按空间计算价格，也许在这其中也有许多经济学问可以探究。

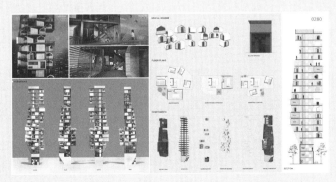

图 25　Hopetel：高空住宅 (Hopetel Transitional High-Rise Housing)

作者心得

关于写论文，最重要的是要有自己的观点与想法，然后试着将其表达出来。关于参赛，更多的是重在参与的心态。

暑假伊始，学校就通知了关于"清润奖"论文竞赛一事，但真正动笔已是暑假结束的时候了。惭愧地说，几乎是在截稿前几个小时刚刚提交并邮寄材料，似乎不到截稿写不了什么东西似的。刚看到题目，特别是"建筑的未来与发展思考"这一论题的时候，就激发了我天马行空的胡思乱想。似乎这个暑假，在空闲之余，或是看一些优秀作品，抑或是读一些理论类的书籍时，总会时不时联想到这个论题，然后思考一番，于是，记录下这些支离破碎的想法。

在最后动笔前，我整理了一下这些想法。我觉得，未来建筑一定有科技的参与；也因为人口的增长而土地的不可再生性，未来建筑一定也有高层的参与；同时，也考虑到可以用"以史为鉴"的类比方法去思考未来的建筑。通过这些想法，去寻找这些想法的例证，去分析其中的缘由和关系。最后发现，不论建筑怎么发展，建筑与人密不可分，城市与人密不可分，未来的建筑或者说未来的城市与人也密不可分。夸张点说，即使有朝一日人类像恐龙一样在地球上消失了，这些未来的建筑中一定保留了人类的踪迹。但是未来的建筑究竟长什么样，实在是看不清，可能就如同一百多年前人们没法想象现在的互联网世界一样，也可能是一种"不识建筑真面目，只缘身在此城中"的体验，又或者说是一种无形与有形之间的转换。于是乎，就写了这篇"看不清的未来建筑，看得见的人类踪迹"。

当然，不是所有想法都在短短一个暑假"蹦"出来的，有很多也是之前在学校与各类实践活动中就有的。这受益于学校给了我们这些学生自由发展与大胆想象的空间，也从王海松

（转 147 页右栏）

当然，也由于这样的多样性，生活在这座城市中的人的创造力也会被激起（图26）。

爱幻想的人们，如果有朝一日，《哈利波特》中的飞行扫把成为现实，那么硕士毕业于东京大学应用物理学专业的日本艺术家 John Hathway 所画的以未来城市和美少女为主题，全景透视三维设计的插画作品中的场景就距离现实不远了（图27）。

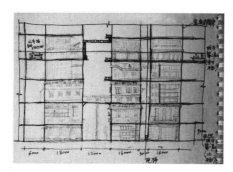
图26 摩天楼骨架网格下的城市局部立面

图27 John Hathway 笔下的未来城市——魔法町

（五）看不清的摩天楼

摩天楼怎么会看不清呢？是太高大，高耸入云看不清？还是太高大，渺小的人类难以看清？

不论是为什么看不清，但是总以为看不清或许是件好事，也许也因此，激起了人们对于摩天大楼不近乎人的尺度的庞然大物的重新思考。而未来的摩天城的全方位立体模式——立体交通、立体生态、立体摩天楼骨架网格等这些都适度地分割了难以亲近的庞然大物，摩天大楼也可以拥有人的尺度，让人回归人的尺度下的轻松舒适。

四、看不清的未来建筑，看得见的人类踪迹

（一）人使建筑更具生命力

建筑本身大多是死的，但是有了阳光、水、空气，还有各种微生物等，建筑开始有了微弱呼吸，但是，是人类，让建筑充满了生命力。人类始终难以摸清楚人类自己本身，也正是这样，人类本身所带来的魅力，却可以增添建筑的魅力。

就像是为什么同样是上海的石库门，一大会址就一定会保留，而边上的其他石库门，却被拆得所剩不多。一个重要原因就是那些没有被拆的石库门叫一大会址，曾经有一批人在里面发生了一些重大的故事。这个例子可能有些极端了。但是足以看出一个建筑的魅力与人有重大关系，而人确实可以增加一个建筑的魅力。

这也不禁让人想到了那个有趣的改造案例：上海新天地与上海田子坊。始终觉得新天地的改造，相较于田子坊是失败的。因为使用新天地的人几乎没有当年的人，上海新天地中老建筑的气场，随着这些原始住户的集体动迁，而不再那么纯正。而田子坊里的居民，不少还在田子坊里，他们依旧保留着过去的不少生活方式，在田子坊中你还可以看到那些木质马桶，街边堆满的陈旧却依旧随时待命上路的自行车，老式里弄的独门独户的信箱，置于走廊的水、电、煤气表，弄堂口边的菜市场，天气好，还会看到不少挂在头顶晾晒的衣服、被褥……当然，那些改建后，穿插在街巷的小店也吸引着更多的人光顾。也正是这些人，使得这些建筑有着不同的命运与不同的故事。也许在人流如梭的田子坊，你看不清那些建筑的整体模样，但是你却感受到它真实地存在。未来的建筑如果是这样，似乎更喜闻乐见吧。

（二）城市即人

每一个单体建筑都需要人的点缀，城市也是如此。在王也的"命运交叉的城市"一文中，有过这样的比较：

根据2002年哥伦比亚大学的经济学教授D．Davis和D．Weinstein对二战期间日本遭受盟军轰炸情况的研究，以被原子弹轰炸后的广岛和长崎为例，在遭受了如此巨大的损失后，这些城市还能迅速地回复到了战前的人口水平，且延续之前的增长态势。

在 MIT 的知名学者 Acemoglu 等人的研究中，发现二战期间纳粹在苏联被占领土上对犹太人进行的屠杀，对苏联城市造成了长期影响。二战前犹太人比例越高的城市，一旦被占领，战后的发展就越差，今天也会更倾向于支持共产党政客。Acemoglu 等人给出的解释是，战前大部分犹太人属苏联中产阶级，而纳粹的屠杀破坏了当地社会结构，极大地减少了中产阶级人数，从而显著影响了战后当地居民的职业构成、政治参与，乃至中央的资源分配，进而阻碍了经济发展。

这样的比较似乎也验证了，哈佛大学的城市经济学家 E．Glaeser 在其著作《城市的胜利》中的"人才是城市中最根本，最具创造力的部分"，以及莎士比亚的那句"城市即人"。

对于未来建筑，未来城市，人似乎是必不可少的元素，未来建筑虽然今人看不清也道不明，但是可以肯定的是，未来建筑一定有人类留下的深深印记。

（三）人是自然界中的一员

古人依靠最天然的自然条件而生存，渐渐地人们学会了摆脱一些自然条件对人类的束缚，可是到了工业革命时期，人类的大步发展的脚步开始破坏人类赖以生存的自然生态。时间到了当下，人们已经意识到了自己的破坏力之大，人们开始保护，尽力地去修复那些被人们破坏的自然生态。可是人们似乎却没有足够重视人与人之间的关系。如今，抑郁症与自杀率的上升、毒品问题等，这一系列社会问题，

恰恰是由于人没有考虑到人自身对于心灵的满足。人毕竟是自然界大家庭的一员，人的本性是群居动物，如果人与人之间的关系出现了问题，很容易出现一些更严重的问题。虽然看似这是一个社会问题，但是如果我们建筑师可以更以人为本，创造出一个拉近人与人之间距离的建筑，岂不是更好。也许这样的建筑没有明确地告诉某个人你必须和哪个人交流，但是无形的建筑气场与空间体验，却让人们下意识地去那样做。

宫宇地一彦曾经说过："20世纪的建筑是以更快的速度建设更高层，更宽阔的空间为目的，从今以后将是用'新思想'考虑的建筑，将以进一步'更好地生活下去'为目标。21世纪被称为环境的时代，要珍惜生命和认为用之不尽、取之不竭的水、空气和森林等用'旧思想'考虑的事情，也许21世纪就是应该认真地去做这些事情的世纪。"而未来的建筑呢？是不是应该是时候去考虑改善人与人之间关系的时代了呢？

特别是随着信息技术的发展，人与人之间的依赖性减少了。一栋栋独立的高层与周边毫无关系地孤立着，人与人的交流机会又被减少了。社会发展的速度不断地变快，人与人可以交流的时间也寸秒如金。当今社会，繁杂、浮躁的环境，也让人们少有时间静下心来沉淀自己浮躁的内心，是否是时候考虑未来建筑如何在不制造更为浮躁不安的环境的情况下，拉近人与人之间的距离，平复人心中的种种不安与浮躁。

五、总结

未来建筑可能真的会像《星球大战》里的一样，也有可能像那些天马行空的设计竞赛方案中描绘的景象，但是未来建筑究竟是什么样的？当下的人类通过对历史的借鉴，对设计方法的探究，对未来的创想，也许能猜个一二，但是绝对没有几个人敢立一个标准答案。未来建筑的模样似乎在远方高处的云雾当中，时隐时现，让人看不清。而对于未来的人类，也许更愿意追求有形中的无形，虽然未来建筑在那里，但是人们更愿意感受它的存在，至于看，也许总没有获得的体验来得那么强烈与深刻。但是不论未来人还是当下的人类，不能否认的是，建筑与人的关系密不可分，不论是单个建筑，还是一个城市，建筑的发展总是与人密切相关的，人的尺度，人的追求，人的梦想，人的历史，人的生活习惯，人的处世态度……相信即使是人类消失之后，未来的建筑一定留下了人的踪迹，在那些人类曾经创造使用过的建筑中，一定留下了人类的蛛丝马迹。

参考文献：

[1] Davis Donald R., David E. Weinstein.Bones, Bombs, and Break Points: The Geography of Economic Activity [J]. American Economic Review 92, 2002 (5)：1269.
[2] （日）宫宇地一彦著.建筑设计的构思方法 [M].马俊，里妍译.北京：中国建筑工业出版社，2006.
[3] （美）柯林·罗著.拼贴城市 [M].北京：中国建筑工业出版社，2003.
[4] 罗小未主编.外国近现代建筑史 [M].第二版.北京：中国建筑工业出版社，2004.
[5] Nathan Nunn.The Importance of History for Economic Development [J].Annu. Rev. Econ., 2009(1)：65, 92.
[6] （日）藤本壮介著.建筑诞生的时刻 [M].桂林：广西师范大学出版社，2013.
[7] 王也.命运交叉的城市 [EB/OL].http://blog.renren.com/GetEntry.do?id=930029566&owner=239664813.
[8] 张鑫.高层建筑起源与发展的必然性 [EB/OL].http://blog.sina.com.cn/s/blog_5eaf69cb0100ckks.html.

图片来源：

图1，图11，图17，图26：作者自绘。
图12：（日）宫宇地一彦.建筑设计的构思方法 [M].马俊，里妍译.北京：中国建筑工业出版社，2006：47,73.
图2～图10，图18～图20，图23～图25：http://www.evolo.us/.
图13：杭州景点老照片（组图）http://zj.xinhuanet.com/newscenter/2008-01/25/content_12317501.htm.
图14：雷峰塔老塔新塔之对比 http://www.mafengwo.cn/i/3000520.html.
图15：雷峰塔老塔新塔之对比 http://www.mafengwo.cn/i/3000520.html.
图16：http://www.d3space.org/competitions/.
图21：火星网，场景原画 http://my.hxsd.com/zp/view/ThsEER.html.
图22：火星网，场景原画 http://my.hxsd.com/zp/view/ThsEER.html.
图27：http://mots.jp/.

老师的创新实践课程中，有了与同学探讨那些国际竞赛中的未来建筑的机会，看那些全世界不同地方的人是如何想象未来世界的。也很感谢魏泰老师组织我们参与"为物联网而设计"的数字空间国际工作营，让我们进一步了解对"物联网"这个新兴词汇的解读与其当下的研究与发展。

后来看到了其他获奖论文的题目，发现那些获奖论文的切入点大多相对具体，而再回头看看自己写的论文，觉得还是有些幼稚和天马行空，也有不少地方有待改进。此外，也由于时间的仓促，加上没有过多时间找个老师来指导，行文中也有不少观点与想法不够成熟，细节和表达也有欠妥之处，见笑了。

周烨珺

袁　野
（天津城建大学建筑学院　本科四年级）

中国社会和市场环境下集装箱建筑的新探索——以本科生自主开发的集装箱建筑实践项目为例

Exploration of Container Architecture under the Society and Market of China —With a Bachelor's Practical Project of Container Architecture for Example

■摘要：作为港口城市的天津，每年有大量的废弃集装箱从海运中淘汰下来。本文基于国家大学生创新创业计划的集装箱改造建筑的课题研究，初步提出评价集装箱建筑的五要素，对集装箱建筑的应用范围、设计方法以及集装箱改造行业的市场环境进行研究，同时探索了在中国社会和经济环境下，集装箱建筑新的设计及建造策略，并探讨了其将如何生存和发展。

■关键词：集装箱建筑　绿色建筑　低碳　创新设计　建造实践

Abstract: A tremendous amount of waste containers have retired from the ocean transportation in Tianjin which is a port city. Based on National innovation and Entrepreneurship Program for University Students, the article did some research on container reconstructing buildings, and came up with a five-factor-method of evaluating a container building. Also it studied the application and design strategy of the container buildings and the market of container reconstruction industry. This article also discussed, under the society and economic environment of China, the strategy of designing and building container buildings and how to develop the container architecture.

Key words: Container Architecture; Green Building; Low-Carbon; Innovative Design; Construction Practice

一、集装箱建筑对社会可持续发展的贡献

（一）集装箱建筑兴起背景

伴随着世界经济的发展、人口数量的剧增、资源的快速枯竭、环境污染日益严重，世界各国都开始反思如何在保持经济增长的同时，维持环境的可持续发展。中国经济的GDP每年以不低于7%的速度快速发展，而建筑行业作为发展经济的龙头行业，所造成的资源消耗和环境污染问题更为突出，为此我国提出了发展绿色建筑、节能降耗等目标，不仅从建筑技术的角度发展绿色建筑，同时也在建筑材料和建筑形式上寻求新突破。

1980年代末，西方国家的商人们发现在出发港口购买新的集装箱的成本要比从目的地港口运回空集装箱的费用低廉，而这导致了港口堆积大量的空集装箱，占用了很多空间。这种现象得到了建筑师们的关注，于是他们开始尝试将空集装箱改造为建筑供人们使用，从而提高其利用率，变废为宝。

集装箱的改造再利用将会在一定程度上解决废弃集装箱回收熔炉所造成的资源浪费和环境污染。每年从港口淘汰下来的集装箱有一百万TUE[①]，回收熔炉这些废弃集装箱将排放大量二氧化碳。同时，将集装箱改造成的建筑产品也拥有众多优势，例如集装箱建筑搭建方便、快捷，易于运输，可回收利用等。因此，在一段时间内，国内外掀起了一阵集装箱建筑改造热潮。

本文作者组织本校建筑学院的一批学生自发成立的"集咖"团队，于2011年开始了对集装箱建筑的学习、研究和探索。"集咖"团队起初从宏观的社会问题和环境问题入手，研究集装箱建筑存在的意义。随着项目的深入，"集咖"团队获得了社会各界的支持，于2012年申请到了国家大学生创新创业计划基金用于项目研究。2014年，"集咖"团队由宏观转入微观的集装箱建筑设计和建造。

这让我们开始思考，集装箱建筑固然有众多优势，但它是不是一种很有潜力的新的建筑形式，是不是一种值得发展的绿色建筑？带着这样的思考，我们开始对集装箱建筑改造进行研究、设计和实际建造。

（二）集装箱建筑的意义

集装箱建筑有什么重要的意义使之风靡全球的呢？

首先，在后海运时期，集装箱建筑的出现解决了废弃集装箱的闲置问题，并且满足了绿色建筑的需求。

其次，现代社会需要形式灵活、快速搭建、绿色环保的新型建筑形式。集装箱快速建造、快速转移的特点填补了社会上对临时建筑需求的空白。

再次，集装箱建筑的优势突出，具有传统建筑形式不具备的显著优势。集装箱用于建筑设计的模块化工具，本身具有低碳、低成本、建造时间短、可拆装运输等特性，同时又受到空间、材料等客观条件的限制，在进行集装箱建筑设计时应充分考虑集装箱模块工具的优势和不足，最大限度地发挥其结构优势。

（三）集装箱建筑评价方式的提出

分析大量集装箱建筑后可以发现，一些优秀的集装箱建筑往往将集装箱本身的特点发挥到极致，同时赋予了集装箱建筑新的特性。为了探索如何更好地应用、设计并建造集装箱建筑，本文尝试提出一个简单的评价方法来评价集装箱建筑。

从集装箱建筑的发展和集装箱本身的特性来看，模块化、便捷、低碳、低成本是集装箱建筑不同于其他建筑形式的四个重要的特点。但是仅仅这四点并不能完整地评价一个集装箱建筑，因为作为建筑还有很多其他因素需要考虑，如造型、空间、流线、功能、舒适度、建筑环境等。

为了可以全面地评价一个或一类集装箱建筑，同时为了简化分析过程，本文将以上提到的建筑因素统一归纳为建筑因素，加上模块化、便捷、低碳、低成本这四个重要特点分别进行量化，每个特点拥有相同的权重，以此分析和评价集装箱建筑（表1）。

指导老师点评

随着我国港口经济的飞速发展，每年都会有大量的废弃集装箱堆积在这些港口，占用了很多城市空间，于是集装箱建筑改造实践项目一直以来都被众多建筑师所关注。这篇论文的作者，从2011年开始，自发组织成立了"集咖"团队，开始学习、研究和探索，并于2012年成功申请到了"国家大学生创新创业计划基金"用于项目研究；2014年，"集咖"团队由宏观转入微观的集装箱建筑设计和建造。

论文正是基于他们对整个真实集装箱建筑设计与建造项目展开工作的研究成果。不同于以往学生建筑设计项目的真题假做，本项目从项目立项、调研、方案设计、施工图设计到最后的运营，都是在真实集装箱建筑改造背景下全盘考虑的，以保证其能真实操作。该项目的顺利实施，为集装箱建筑在国内市场环境下如何利用和发展，提供了可借鉴的案例。

首先，文章布局是按照作者执行整个项目的顺序和思路所展开。作者通过对集装箱国内外现状调研，开始思考什么样的集装箱建筑才是具有设计含量、符合中国社会和市场，同时也符合建筑设计理论指导下的集装箱建筑？在实地调研和文献分析的基础上，作者提出了集装箱建筑评价标准，这是文章的第一个亮点。这个标准为作者接下来研究集装箱建筑设计提供了一个方向，也是整篇论文的行文线索。

其次，文章对集装箱的研究体现在新探索的"新"字上。在现状分析阶段之后，开始了项目设计阶段。学生团队先是对集装箱组合的可能性进行类型学分析，然后构思出具有国际先进性的集装箱悬挂结构和可移动的集装箱变化空间。整个设计过程展现了学生团队丰富的想象力、强烈的创作欲望和追求卓越的精神状态。

最后，集装箱建筑落实阶段。作者在带领团队走访天津地区的集装箱建造工厂过程中，发现中国集装箱建筑市场中一些值得关注的建造和使用问题，这为后期团队在真正的实施建造环节上提供了实践经验。此外，文章清晰的逻辑结构展示了作者对整个项目

（转151页右栏）

评价系统五要素的具体含义	表 1
模块化	代表该类建筑可进行大规模的复制和生产的可能性
便捷	代表该类建筑在建造、使用过程中的方便程度
低碳	代表该类建筑在建造和使用过程中对环境的污染控制能力
低成本	代表该类建筑的建造成本和运营使用成本
建筑因素	代表从建筑学角度，如造型、空间、流线、功能、舒适度、建筑环境等多方面考虑的综合指数

虽然模块化、便捷、低成本是集装箱特有的优点，但通过大量案例分析发现，一个集装箱建筑如果继承了大量集装箱本身的优点，其本身将很难满足建筑本身的造型、舒适度的要求。因此，一个优秀的集装箱建筑评价标准，应该是其五要素的均衡发展，其评价图应呈现为平衡的凸五边形②。

二、国内外集装箱建筑应用现状

（一）国内集装箱建筑应用分类

目前，我国对于集装箱的应用大概包括以下几个方面。

1. 集装箱工地临时用房

由于可整体吊装的集装箱活动房对环境适应性强，便于现场安装，因此常用于建筑工地。如工程项目经理的办公、住宿用房、会议室等（图1、图2）；该类集装箱建筑设计简单，单个集装箱活动房往往只是开一个门，两扇窗即可使用。这种单个简易集装箱可以整体迁移，同一施工队在使用完后可将房间内部布置保持不变，整体迁移到另一个施工现场，以循环使用。另外，工地上也存在多个集装箱组合而成的建筑用于员工宿舍。该类集装箱建筑通常是简单叠放，通过外挂楼梯解决垂直交通。

图 1　某工地集装箱活动房

图 2　工地集装箱房评价图

同样的形式也可用于野外作业用房（如：野外勘探及施工移动办公室、宿舍等）或紧急用房。（如：军事移动指挥中心、抢险移动指挥中心、救灾移动指挥中心等）。

2. 集装箱临时展厅

集装箱运输的便捷性，决定了集装箱建筑在临时建筑使用上占有绝对优势。因此，集装箱建筑也被用于临时展厅，如品牌新品推广、临时艺术展、临时文艺演出等。这类集装箱建筑多数保持了集装箱的原有尺寸和形状，便于布展前后的运输。同样地，该类集装箱建筑可以在保证展品布置不变的情况下整体迁移。如北京中国国际展览中心集装箱展览厅（图3、图4）。

3. 集装箱小型商店

集装箱建筑对场地的要求很小，并且建造周期短，因此在一些成规模的主题规划区域会用集装箱建筑作为补充的小型服务建筑，多数用作小型商店。这种集装箱建筑多数用1～3个集装箱组成，通常不会超过两层。由于体量小，已成体系的规划园区并不会对原规划造成破坏，反而有锦上添花之效。如深圳F518 Meet Point 聚时光商店（图5、图6）。

4. 其他：活动中心、酒店、办公中心

此类集装箱建筑在利用集装箱特点的同时开始重视建筑性的发展，考虑到用集装箱作为一些传统建筑的可替代方案。此类建筑在国内发展极为有限，但也可见到一些如活动中心或酒店等。如天津新北集团北塘开发综合楼（图7、图8）。

图 3　北京中国国际展览中心集装箱展览厅

图 4　集装箱展览建筑评价图

图 5　深圳 F518 Meet Point 聚时光商店

图 6　集装箱小型商店评价图

图 7　天津新北集团北塘开发综合楼

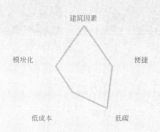

图 8　集装箱办公中心评价图

（二）国外集装箱建筑新的应用及启示

在国外，集装箱建筑的发展要比中国早一些，相比于国内集装箱建筑大多用于临时性建筑类型，国外建筑师更加大胆地将集装箱用于办公、公寓、别墅等传统建筑类型。国外集装箱建筑出现了更多用于替代传统建筑的解决方案。根据已有案例可知，集装箱经过设计、改造后可用作工作室、品牌旗舰店、公寓、别墅等建筑（图9～图12）。这些方案相比国内的案例最大的特点是更关注集装箱建筑在改造成建筑以后的建筑性，更多地关注集装箱建筑的造型设计、空间设计、流线组织、功能整合等问题。

因此，通过对国外改造的集装箱建筑的成功案例的分析可知，未来集装箱改造后用作传统建筑的替代方案还有较大潜力。国内集装箱建筑设计和改造行业如果考虑更多的建筑因素将可能拓展更宽阔的使用范围。例如，结合中国国情、本土特点，

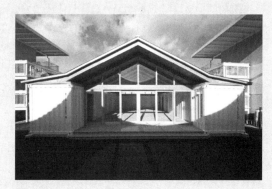

图 9　日本：坂茂，女川集装箱住宅＋社区中心

图 10　日本：daiken—met architects 集装箱工作室

的有序实践过程。同时随着研究的深入，发现了其中存在的问题，因此作者根据现实情况进行了实践调整。例如，看到市场落后和技术难度后，作者对方案的重新设计就是一个思路的转变。正是这种转变，促使作者反思整个中国集装箱建筑行业存在的问题。

总之，本篇论文结合现实问题，开展理论研究和设计实践，选题新颖，思路清晰，语言流畅，写作规范。尽管研究内容深度尚未达到行业高度，但作者观点表达准确，其真实的集装箱建筑实践经验对我国未来集装箱建筑的创新发展具有一定的参考价值。

杨艳红

（天津城建大学建筑学院，

副教授）

图 11　美国：星巴克集装箱汽车餐厅　　　　　　　图 12　挪威：GAD 临时美术馆建筑

可以将集装箱建筑用作保障性住房、灾后快速用房或者移动配套设施等。如果能更好地将集装箱的特点利用起来，更多地考虑建筑因素，将可能创造出传统建筑不能实现的新的集装箱形式用于更广泛的用途。

三、集装箱建筑设计形式的可能性探讨

　　正如之前所说，集装箱建筑从国外最早提出到今日已有 20 余年的历史。我们看到发展比较成熟的集装箱设计公司包括 Lot-ek 等对集装箱设计都有很丰富的经验。从全世界范围来看，已有的集装箱建筑设计已经非常丰富。但是在这 20 年的发展中，笔者看到很多已建成的集装箱建筑似乎被一种无形的绳索限制住了，尤其是国内的集装箱建筑作品表现得更为突出，它们从形式上看似乎有些缩手缩脚，缺少当代建筑多元化发展的活力。于是，项目初期，"集咖"团队试图在设计阶段探索更多的设计可能性，希望最终能建出一个创新的、有前瞻性的集装箱建筑作品。在这个阶段，"集咖"团队通过收集集装箱建筑案例，举办专题讲座来进行设计研究。最终在某校建筑学院举办了一次集装箱建筑设计竞赛展（图 13、图 14），以此来探讨集装箱建筑设计的可能性。

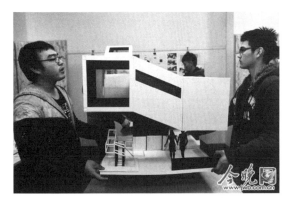

图 13　《今晚报》对集装箱展的报道（一）　　　　　图 14　《今晚报》对集装箱展的报道（二）

（一）现存大多数的集装箱建筑形式

　　香港中文大学出版的《香港集装箱建筑》中对集装箱建筑尤其是民用集装箱建筑的设计方法进行了十分全面的总结和比较。该书从两个集装箱的组合开始研究，罗列了两个集装箱有串联、叠加、相交、错位、直立等十种组合方式并考虑了包容空间和附加空间。最终统计出两个集装箱的组合方式多达 1125 种。之后又列举了在此基础上衍生的组合变化，包括单一式、单元式、附加式、架空式、夹心式、合并式和组合式。无论是从理论统计上，还是从实际案例的搜集上，该书都已经将集装箱的组合方式总结得相当完善了。但是，这些组合方式终究是在集装箱摆放的方向、相对位置、间距上进行变化，似乎总有更多的可能未被考虑进来。

　　"集咖"项目定为用三个集装箱建造集装箱建筑。于是，"集咖"团队用三个集装箱体块进行体块组合研究。在经过小组头脑风暴后，一共摆出了 32 种形式不同的方案，然而，将这些方案进行类型学分析后（图 15），发现始终没有摆脱上述的 1125 种形式的蓝本，并且通过集装箱竞赛展所得出的设计也没有新的超出该范畴的方案。

　　从理论上讲，最初集装箱作为一种建筑形式的最基本特点就是每个集装箱都是一个独立的模块化的结构单元。集装箱是由角件、边框和瓦楞状的表面构成的，集装箱的受力结构类似于我们通常讲的框架结构，其竖向受力靠四个角柱支撑。因此，当两个集装箱在垂直方向组合时，柱子对齐放置是结构上最稳固的形式。如果摆脱这种基本原理，设计出的集装箱建筑在建造时需要对相应部位的梁柱进行加固，增加施工难度。也正因此，传统的集装箱建筑往往在组合形式上较为局限。

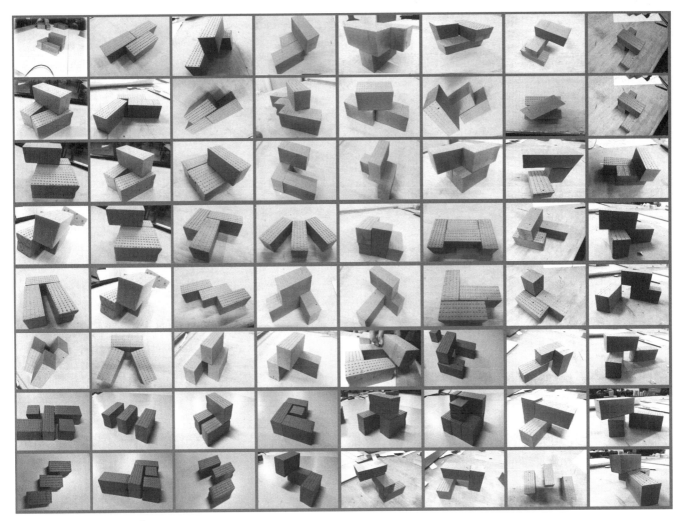

图15　集装箱体块组合方式推敲

（二）新的集装箱建筑形式的探索

为了能碰撞出新的形式，作者开始关注传统建筑业界当代多元的建筑形式。最终团队通过反常规思维，提出了两种可能。第一，抛弃从传统结构受力形式考虑。第二，抛弃从组合方式考虑，寻找其他突破点。提出了"悬浮"和"变化"两种形式。

1."悬浮"方案

"悬浮"方案（图16）是一个直接摆泡沫块，永远也摆不出来的组合方式。它打破了传统的所有集装箱都受压的结构形式，提出了集装箱作为模块化单元新的可能的受力形式——悬拉受力。该方案将一个集装箱直立，并以其为承重单元，另两个集装箱相互平衡地悬挂在该集装箱两侧，利用斜拉钢索固定，并通过附加结构将其连接，形成一个贯通的集装箱展览空间（图17）。

该方案基地选在某大学建筑学院的建筑楼和展厅中间，通过两个建筑的空中连廊，将建筑学院内部的展览空间，通过集装箱，从二层延续到外部一层。运用集装箱悬挂的结构形式，将二层连廊空间逐层向下延伸，同时将一层空间还给校园（分析图见图18～图20）。

正是由于集装箱模块化的尺寸、钢材的受力性能以及盒子式的空间结构等特点使集装箱悬挂结构成为可能，这种结构的受力特点是集装箱受力是从上方斜拉来平衡重力，形成的悬挑结构是其他建筑形式所不能轻易实现的。

图21所示为"悬浮"方案结构设计示意图，不同颜色代表不同的结构构件，主要设计思路为，用四个角柱加固中间垂直的集装箱，以此向两侧悬挂集装箱，绿色

竞赛评委点评

本文探讨了"集装箱"作为建筑使用的可能性，并提出了评价集装箱建筑的五要素，对集装箱建筑的应用范围、设计方法以及集装箱改造行业的市场环境进行了一定的分析。从可持续发展的层面来看，该选题具有重要的探索意义，值得鼓励。如果作为一篇学术论文来评价，仍然有诸多的不足之处有待改进。例如，论文标题大而无当，主题应可以更明确；论文逻辑顺序的安排，可以进一步清晰等。当然，对于一篇本科学生的创新性实验，本文已较好地完成了实验的目的，并且逻辑严密地将自己的探索表达出来，应该得到肯定。

刘克成

（西安建筑科技大学建筑学院，
博导，教授）

图16 "悬浮"方案效果图

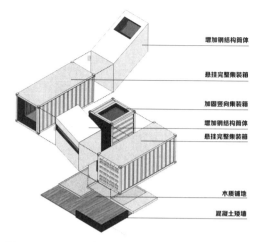

增加钢结构筒体

悬挂完整集装箱

加固竖向集装箱

增加钢结构筒体

悬挂完整集装箱

木质铺地

混凝土矮墙

图17 "悬浮"方案结构拆解分析图

图18 "悬浮"方案造型生成分析图

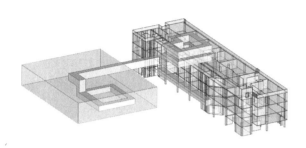

图19 建筑学院原展览空间示意图

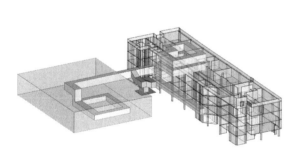

图20 "悬浮"方案展览空间延续分析图

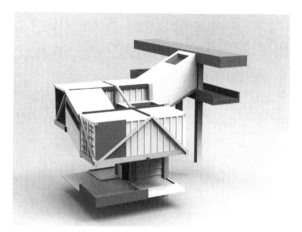

图21 "悬浮"方案结构设计示意图

构件为悬拉钢索。

"悬浮"方案提出的集装箱悬挂结构有着新的意义。首先，这种悬索结构的加入让集装箱的组合形式变得更加丰富，集装箱悬挂的方式和集装箱传统的层叠结构相组合可以演化出更多的空间形态。其次，悬挂结构让集装箱建筑的空间变得更加灵活，可以使集装箱建筑创造出更多集装箱下部的室外空间，尤其在一些下部空间有使用功能的基地上，如下方需要通车、通船的基地上优势更为明显。

然而，这种结构形式的劣势也非常明显。悬索的结构设计相比传统的框架结构需要更高的技术成本和经济成本。同时，施工难度也会大幅度增加，对其安全保障也提出了更高的要求。

这种集装箱的悬索结构在一些特殊的基地和设计上还是充满了机遇。拿"集咖"团队设计的"悬浮"方案来讲，从某大学建筑学院新建筑楼和展厅建设完成后，起初为了加强两栋建筑的联系设计的连廊的使用率就极低。然而，在此设置悬索集装箱建筑设计，形成贯通的展廊空间，将在一定程度上改善这一问题。再比如说，可以参考悬索桥的设计，将集装箱建筑悬索于城市道路上方，为城市天桥提供新的解决方案，形成的室内空间可以做天桥商业，缓解城市天桥摆地摊的现象。

另外，该悬挂结构还能衍生出更为丰富的悬索形式。除了上面提到的集装箱挂集装箱，还可能有建筑挂集装箱、立柱挂集装箱等。可用于多重功能下，如活动中心、健身房等。

安全标准成为该结构形式的最大威胁。由于现今中国的集装箱房改造企业鱼龙混杂，所生产的集装箱简易房的安全标准也参差不齐。加上政策上缺少标准和规范,新的结构形式、安全规范难以统一，使得该结构形式的推广受到阻碍（图22、图23）。

图22 "悬浮"方案评价图

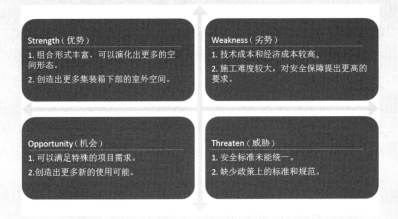

图23 悬挂集装箱结构SWOT分析

2. "变化"方案

"变化"方案是另一个打破常规的设计，它无法通过一张摆放后的静态图片表现出来，因为它的建筑形态和建筑空间是可变化的。它打破了传统建筑是静态的，利用集装箱相对轻便、灵活的特点，创建了可变的建筑形态。

同样，由于集装箱模块化和轻量级的特点，集装箱下方安装轮子成为可能。安装轮子后的集装箱配合侧面开合的设计使得建筑空间在使用过程中可以发生丰富的变化。

"集咖"团队的"变化"方案便是这样一个设计。该方案由一个固定集装箱和两个活动集装箱组成，其中一个活动集装箱设计成了沿轴旋转活动，一个活动集装箱设计成了沿直线平移活动（图24）。如此一来，该方案在建成后通过不同的变动形成室内外四种不同的空间组合（图25～图28），这四种组合空间可以分别满足不同季节、不同活动的使用要求。

这种可变化的建筑形式无疑为集装箱建筑设计提出了新的策略。将可变的集装箱和固定的集装箱进行组合又可演化出更多的集装箱设计可能。同时，这种可变的设计，使得同

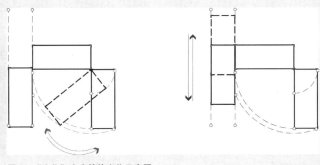

图24 "变化"方案箱体变化示意图

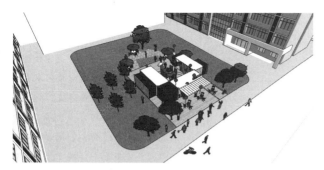

图 25　全部敞开，适合室外派对

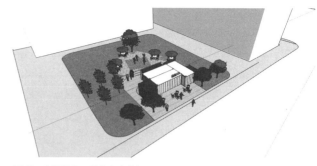

图 26　全部闭合，适合室内休闲

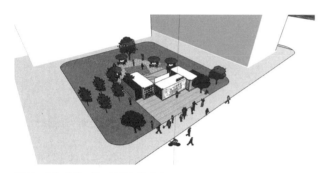

图 27　"U"字形，用于校园文艺活动

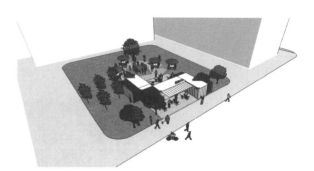

图 28　"Z"字形，形成内外双院落

一个集装箱建筑拥有了多重空间组合形态，意味着该建筑将拥有更多的使用可能。

然而，可变建筑的集装箱建筑解决方案同样面临设计成本、技术成本和经济成本的提高。拿"集咖"团队的设计举例，该方案虽说是三个简单的 20 尺集装箱的组合，但是为了实现集装箱的旋转和平移，需要设计集装箱轮轴系统、转轴构造、轨道系统、动力系统、固定装置以及开合处的密封设计等。这些新增的内容不仅需要精心设计，同时对工人的安装精度也提出了更高的要求。

该创新方案同样充满机遇，可变的集装箱建筑尤其适用于场地有限，但使用功能要求复杂的项目中。例如，"集咖"团队设计的"变化"方案，选在某大学大学生服务中心旁，场地极其有限，但同时需要满足咖啡水吧、休闲书吧、活动举办以及文艺演出的功能。因此，室内空间可大可小，室外空间可延伸、可孤立，变成了最好的解决方案，然而可变集装箱使之成为现实。

当然，并不局限于这样的变化方式。可以大胆地想象，集装箱除了可以在水平方向变动，也有可能在垂直方向变动，从而使空间的变换更加立体，演化出更多的集装箱设计可能（图 29）。

这种可变方案的威胁体现在无论是设计、选料及施工过程中，一旦出现问题，便会导致建筑在变换的过程中的不方便。该解决方案不仅对建筑师的机械知识提出了要求，更对工人的施工精度提出了极高的要求。比如，当施工出现误差时，会导致集装箱在合并时密封性不足，导致保温失效甚至漏水（图 30）。

作为建筑学本科的学生团队，对这种新的集装箱形式上的探索也非常有限。"集咖"团队只是在实践项目的过程中提出了两个新的集装箱建筑的设计策略，并对这两种策略进行了简单的评价。其结构可行性、造价可控性及集装箱的模块化的设计理念，需要在其推向

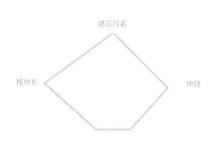

图 29　"变化"方案评价图

Strength（优势）	Weakness（劣势）
1. 可变和固定的组合演化出更多的设计可能性。 2. 使同一集装箱建筑拥有多种空间形态。	1. 技术成本和经济成本较高。 2. 施工难度较大，对施工精度有较高的要求。
Opportunity（机会）	Threaten（威胁）
1. 适用于场地有限、功能复杂的项目中。 2. 除了水平方向的变动，垂直方向变动可使空间变化更立体。	空间变换的风险较大。

图 30　可变集装箱设计 SWOT 分析

市场后进行进一步验证。

（三）新的设计策略探索的价值

集装箱建筑的出现时间并不长，与西方国家相比，虽然我国大型集装箱生产企业可以达到集装箱建造的国家标准，但在自主设计能力上较为匮乏。同中国当前国情下的众多行业一样，顶尖的制造水平并不能带来自主创新的设计能力。因此，体现在集装箱改造设计上，国内极其缺乏新的探索和实践。

更重要的是在产业链条上的缺失，市场上缺乏专门研究集装箱建筑的设计师和设计团队，这导致很难出现脱离传统设计策略束缚的设计方案。整个集装箱建筑行业不但缺乏高水平的产品造型设计，同时也缺乏对集装箱建筑适应性组合的探索与实践，对这种建筑类型缺乏建筑学眼光的研究。

然而，尝试从技术层面上进行分析，为何传统的设计策略如此顽固以至于各家厂商在建造中容易安于现状？如果拿在文章第一节第（三）小节提出的评价方法来对大部分传统设计策略进行评价，不难发现，国内传统的设计策略把集装箱本身的特性，如模块化、便捷、低成本等特性发挥到了极致。然而，在建筑性这一点上却是极其匮乏。这样的集装箱建筑的存在完全合理，但是，作为建筑行业内的新兴建筑形式，建筑学眼光的缺乏使之在行业内的发展受到极大的局限。如果想让集装箱建筑在国内能继续生存和发展，用建筑学眼光去重新考虑集装箱建筑的设计尤为必要。

相比传统的集装箱设计策略，"集咖"团队提出的两个集装箱设计方案显然充分考虑了场地分析、造型设计、空间设计、功能分布、流线组织等建筑学因素，运用建筑学的思维方式和设计手段进行设计。然而，尽管在一些问题如成本控制、技术手段上的研究尚显不足，但更为重要的是，"集咖"团队在已有的传统设计策略中找到了突破点，提出了新的设计可能，并且相信还有更多的可能未被开发。这种发问将对中国集装箱建筑设计提出新的挑战。

四、集装箱建筑建造工艺现状和创新

"集咖"团队权衡了经济成本和技术成本等多方面因素，最终选定 BOOX 方案作为实际建造的方案。在实际调研厂商施工工艺的过程中，团队对国内集装箱建筑建造工艺的现状进行了分析并提出了问题以及可创新的方向。

关于集装箱构造和改造流程等问题在国内的研究中已经有大量的讨论，本文将着重探讨集装箱建筑建造工艺在中国的实际厂商面前的现实问题。

（一）集装箱生产方现状

从 2000 年开始，在沿海港口城市便开始有集装箱房改造工厂出现。以天津为例，大多数厂商只生产集装箱简易房，多用于工地临时宿舍或办公室等。

经过了解，绝大多数现有的集装箱建筑建造企业并没有设计人员，往往是由建造经验的工程师在进行简单设计，他们对设计的理解仅仅涉及具体的构造设计或者小型箱体单元建筑的设计，因此更多的情况下是将设计过程转交给客户，依据客户指定的样式进行加工定制。

（二）市场上的两种建造方式

在实践过程中发现，目前国内对集装箱建筑的建造方式最为常用的是以下两种途径。

第一，利用使用过的旧集装箱进行改造。这种是最早的建造形式，由于这是对废弃集装箱的再利用，因此也是值得鼓励的，并且这种改造方式保留了原集装箱坚固的结构特性。但是缺点是有的集装箱受损较严重，并且需要根据设计对集装箱进行大量开洞等其他形式的破坏。

第二，根据设计直接利用集装箱原材料进行建造。这种建造方式是在国内大量集装箱活动房的需求下应运而生的。通过走访调研得知，大部分改造厂商为了节约成本，在进行建造过程中选用了低于海运集装箱使用标准的材料来建造集装箱活动房。比如，海运集装箱侧板的钢板厚度通常为 2.0mm 或 1.6mm，为了节约成本，这种新建集装箱房可能会使用 1.2mm 的钢板。再如，海运集装箱底部横梁都是冲压成型的 C 型钢梁，材料厚度为 4.0mm，而新建集装箱房可能使用较低的标准，同时减少底部横梁的数量。

作者心得

作为一名建筑学本科学生，我们接触最多的事情就是画图，很少用文字去研究建筑。然而，难道建筑学就只是平、立、剖面图和效果图这些吗？

在我读大二的某一天，我在天津工业大学校园外面看到一个看似废弃的集装箱，侧面有窗户、有门，走近一看，里面有桌椅、有床，我意识到有人把废弃集装箱改造成了建筑。从它的简易程度来看，它一定不是经过建筑师设计的，甚至不能称它是被设计过的。当然也很容易想象它的平、立、剖面图非常简单。

此时我觉得，不能简单地从平、立、剖面的设计去解读眼前的这个建筑。好奇心让我开始了集装箱建筑的研究，经过了一系列的调查和研究工作，发现废弃集装箱的改造在国外已经流行很久，并且是一种可持续发展的建筑形式。在学校的帮助下，我成立了天津城建大学集装箱咖啡屋设计与建造项目，希望能在实践中发掘更多的答案。

整个项目对没有任何真实项目经验的学生来说充满了困难。从最初我们以学生思维提出的各种天马行空的想法，到真正与集装箱生产商讨论建造方法，我在这个过程中真正体会到理论与现实之间的距离，以及设计需要对现实进行妥协。比如，即使我们不断地为了技术而简化方案，但最后连一个可以整体向上平开的集装箱侧面设计的实现都困难重重，几经周折，最终是在机械工程师的帮助下，利用挖掘机上的电动油缸实现了这个设计。

在一次次为现实妥协之后，我深切地感受到，并不是单单有创意、造型好看的建筑就是好的建筑，真正的建筑还要考虑经济、环境、社会等多方面因素。比如我们设计出了"悬浮"这个方案，其创意、造型和结构极具突破，但是它的经济成本和技术成本太高了。除此之外，我们甚至都

（转 159 页右栏）

实际上，经过减料的集装箱虽然拥有集装箱的外形，但是完全不能用作集装箱的运输功能，作为集装箱房勉强可以使用，但是实用体验也是非常差的。由于侧板厚度变薄，表面容易出现明显塌陷；由于底部横梁的减少，导致集装箱的稳固性很差，人在内部行走会有明显的颤抖感，甚至由于偷工减料可能会导致安全问题。另外，这样通地仿造集装箱来新建集装箱的方法也违背了最初对集装箱进行循环使用的初衷，并没有实现集装箱建筑在选材建造过程中的环保和低碳。

尽管市场上由于利益驱动出现了并不健康的集装箱建造方式，但是从长远意义来看，废弃集装箱改造成可利用的建筑依旧是未来集装箱建筑的主旋律。正是基于集装箱建筑的长远发展，它需要行业规范的监管的同时，也要加强集装箱建筑的消费者对其的了解和认可。

（三）建造问题对设计策略的影响

实际上，"集咖"项目也存在经济不足的问题，因此，在最终选定方案的时候，低成本成为最主要的讨论核心。落实到建造方式上，第二种并不是值得提倡的方式，同时其廉价的选材会严重降低产品的质量。因此，既然选择用第一种方式，即用二手的海运集装箱进行改造，充分利用其材料则成为节约成本的重要手段。按照文章最初提出的标准，在有限的条件下，为了建造一个相对优秀的集装箱建筑，就需要团队从设计上以低成本为核心，充分考虑建筑学因素，兼顾其他因素来完成设计。

BOOX方案（图31）则是按照以上原则进行设计的。在结合场地分析、功能需求分析和室内外空间设计后，巧妙地将集装箱的开洞材料进行平移、翻转或折叠后继续运用在方案设计中，避免了对旧集装箱破坏后的材料浪费。

从"集咖"项目的实践过程可以看到，由于集装箱改造过程中的特殊性，为了最大化集装箱建筑低碳和低成本的特点，在设计中需要提出更多可能的策略来达到方便建造、降低成本和实现低碳的目的。除了将在使用旧集装箱改造过程中裁剪下来的废弃钢材继续用在设计中以外，对旧集装箱现状进行仔细研究后，依据旧箱状况进行设计，都是利用旧集装箱改造不错的设计策略。只有结合集装箱的建造特性进行设计，才能在建筑从建造到使用全过程中都保证低成本和低碳环保（图32、图33）。

图31 "BOOX"方案效果示意图

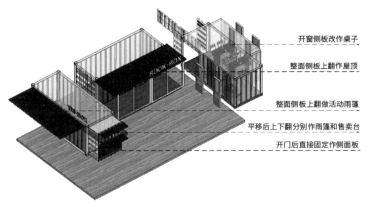

开窗侧板改作桌子
整面侧板上翻作屋顶
整面侧板上翻做活动雨篷
平移后上下翻分别作雨篷和售卖台
开门后直接固定作侧面板

图32 "BOOX"方案裁剪分析图

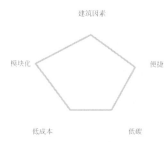

图33 "BOOX"方案评价图

五、结语

以集装箱的特性和建筑学因素为出发点构成的评价集装箱建筑的方法，可以在一定程度上反映集装箱建筑是否有发展潜质。但是，这种评价方法也只是判断了一个集装箱建筑是否迎合了集装箱的特点，以及其在宏观层面上的建筑学意义。

关于集装箱建筑可能产生的低碳环保效益的概括性描述，以及相关的产业发展的展望，在国内很多研究中都已论述。然而，真正对该行业的研究，还存在很大空缺。在对国内外集装箱建筑用这套方法进行评价的过程中，发现国内集装箱建筑发展仍处于早期的低级阶段，呈现出集装箱建筑的应用范围局限、集装箱建筑的设计策略单一以及集装箱建筑的建造方法粗糙等问题。

"集咖"团队在一个完整实践项目里，从最初立项、调研、设计、建造到最终运营，通过本科生完全自主完成的研究和实践，对国内集装箱建筑行业提出新的疑问。

面对国内集装箱建筑应用范围过于局限的问题，"集咖"团队将建造项目定位为大学生创业载体，提出了集装箱建筑用于小型商业的创业的可能性，并以此开阔行业的前景；面对国内集装箱建筑设计策略单一的问题，团队打破传统集装箱的设计手法，开发出"悬挂结构"形式及"形态可变"的设计策略；面对国内集装箱建造企业鱼龙混杂、建造方式粗糙的局面，除了应加强监管外，还提出从设计角度解决建造问题或许会成为鼓励行业进步的源动力。

尽管在一些问题的讨论上不尽成熟，但仍然希望本文能为国内集装箱建筑的发展提供一定的参考依据。

注释：

① TUE：Twenty Equivalant Unit，20ft 货柜；国际上是以长度为 20ft 的集装箱为国际计量单位，也称为国际标准箱单位，通常用来表示船舶装载集装箱的能力，也是集装箱港口吞吐量的重要统计。换算：1 个 40ft 柜或 45ft 柜就是 2 个 TEU。
② 凸五边形：把一个多边形任意一边向两方无限延长成为一条直线，如果多边形的其他各边均在此直线的同旁，那么这个多边形就叫做凸多边形，如果这个多边形是五边形，那么这个五边形就叫凸五边形。

参考文献：

[1] 柏庭卫，顾大庆，胡佩玲.香港集装箱建筑 [M]．北京：中国建筑工业出版社，2004.
[2] 贡小雷，张玉坤.集装箱的建筑改造——一种可持续建筑的发展尝试 [J]．世界建筑，2010(10)，124-127.
[3] 王蔚，魏春雨，刘大为，彭泽.集装箱建筑的模块化设计与低碳模式 [J].建筑学报，2011(S1)，130-135.
[4] 赵鹏.集装箱建筑适应性设计与建造研究 [D].长沙：湖南大学，2011.
[5] 赵红瑞，张正宇.浅析集装箱建筑的特点以及未来的发展展望 [J].科技创新与应用，2014(13)，205.

图片来源：

图 1：活动房网。
图 2：作者自绘。
图 3：旅行者网。
图 4 ~ 图 8：作者自绘或自摄。
图 9 ~ 图 12：Designboom.com.
图 13 ~ 图 14：今晚网。
图 15 ~ 图 33：作者自摄或自绘。

没办法在原有的校园规划中拿下这块场地。那么，"悬浮"这个方案好吗？它依然是我最喜欢的设计，但是它只好存在于建筑学理论中，现实并不允许我把它建出来。建不出来的设计，只是一叠图纸罢了。

经过以上这些经历，我才能明确地回答我在第一段提出的疑问：建筑学并不是单纯的绘图专业，图纸也不能完全概括一个建筑；解读一个建筑不能离开他处的社会和经济环境，反过来讲，设计一个建筑更不能脱离社会和市场。

在项目接近尾声的时候，又恰逢"清润奖"举办，我把我进行实践项目的资料和成果都写进了这篇论文，并取名"中国社会和市场下集装箱建筑的新探索"，因为这个过程并不是单纯地讨论如何设计集装箱建筑。不考虑社会和经济因素而去一味追求从建筑手法上发展集装箱建筑是没有意义的。尤其是作为绿色、轻便、快捷的一种建筑形式，探索出一种既能适宜人们使用又符合市场规律的集装箱设计才是有意义的，而这种设计应该是放大集装箱原本的优点，而不是破坏它的特点。

对我而言，集装箱差不多伴随了我的整个大学，见证了我的成长，这次论文的获奖对我的努力更是一个莫大的肯定。

袁野

胡莉婷

（河南城建学院建筑与城市规划学院 本科四年级）

拿什么拯救你——城市更新背景下的历史文化建筑

How to Salvage You——Under the Background of Urban Renewal of History Cultural Building

■摘要：近几年来，中国的城市进入了空前绝后的建设阶段。城市化的快速发展使中国的大部分城市发生了巨大的变化。在政治、经济、文化的多重影响下，大拆大建、破坏大批值得保护的古建筑、旧建筑，破坏城市的文脉、割断历史面貌已经成为不容忽视的问题。本文以城市更新为背景，阐述了历史文化建筑保护的重要性，通过实例对我国当前城市更新的问题和现状进行了分析，在此基础上提出了可行性建议。

■关键词：城市更新 城市文化 历史文化建筑 保护

Abstract：In recent years, the cities of China entered the stage of the construction of the unprecedented. The most of the cities in China have great changes because of the rapid development of urbanization. Under the multiple effects of political, economic and cultural. The damaging actions of demolishing worth protecting old buildings, breaking cultural process and cuting off history appearance in a large-scale shall be an important question that you just can not ignored it. Based on the background of urban renewal, the paper has expounded the importance of historical cultural buildings protection. Through the examples of the current problems and status quo of urban renewal in China, set a series of feasible suggestions on such basics.

Key words：Urban Renewal；Urban Culture；History Cultural Building；Protection

一、引言

当你走进熟悉的街道，感受着那原原本本的一砖一瓦，一草一木，哪怕它们现在已经破败；当你又来到了那棵粗壮无比，承载着童年记忆的大树下，跟树下摇扇乘凉的老人们聊着市井陈杂；当喧嚣的都市里听到奔走于街巷的补锅老人的吆喝声，那"叮叮叩叩"的敲打声敲中了你当下浮躁的心。每一个人的内心都有一种与生俱来的印记，它像胎记一般印在人们的脑海中，在对应的环境下发出它的信号。

然而，认识不到我们处于何处，就很难知道我们将去何方。改革开放以来，中国进入了空前绝后建设的疯狂阶段。城市化的快速发展使中国的大部分城市发生了巨大的变化，在政治、经济、文化的多重影响下，这些原本的建筑难逃一个共同的命运——推倒重来。而这样的追求速度和所谓的现代化，使得过去的很多非常好的东西在这三十多年被毁，在这样一味图快、缺少消化和思考的又拆又建的过程中，在炫耀政绩的喝彩声中，人们在记忆时空中获得的情感归属也消失殆尽。没有了那熟悉尺度的街道、房屋，没有了遮阴避雨的大树，没有了和老者畅聊交流的欢畅，也没有了卖豆腐、收长头发、补锅磨刀的吆喝。还有那些承载了上千年历史的文化名城，在政府"和谐拆迁、利国利民"的号召声和高额的征迁补贴中被恣意破坏。这些现象表面上看起来好像是破坏了几座房子和几棵大树，殊不知丢失的是几代人的文化。我们应该拿什么拯救日渐消失的传统建筑文化呢？

二、研究背景及意义

在全球化的大背景下，很多现代建筑概念给建筑行业带来了新的发展动力。这无疑是社会进步的一个标志，建筑的多元化发展也是值得我们肯定的。但同时也带给我们一些负面的影响：建筑设计、规划设计理论跟不上建设发展需求，城市发展过程中破坏大批值得保护的古建筑、旧建筑，破坏城市的文脉，割断历史面貌这类情况屡屡出现。而这些，对于有着悠久历史文明的传统建筑而言是一个沉重的打击。

伊利尔·沙里宁在他的《城市——它的发展、衰败与未来》一书中曾说过："让我看看你的城市，我就能说出这个城市居民在文化上追求的是什么"。一切伟大的文化都是城市文化，而建筑是城市文化的核心之一，建筑集中表现了城市的价值取向和文化追求。城市，作为一种社会器官，通过它的运行职能实现着社会的转化进程，城市积累着，包含着本地区的人文遗产，同时又用某种形式，某种程度融汇了更大范围内的文化遗产——包括一个地域，一个国度，一个种族，一种宗教，乃至全人类的文化遗产。应该说，文化是一座城市的灵魂，也是这座城市建筑存在的本源。城市的现代文明固然能在现代的建筑、广场、绿地等方面得到体现，但从深层次来说，现代文明还应包含着城市的历史延续、积淀和优秀的传统风貌等。所以，城市文化品位的提高，不仅仅是运用现代技术手段去营造各种满足现代居民需求的物质空间环境，更重要的是要保护好城市发展过程中遗留下来的各种文物古迹、历史街区和古城格局等。而这其中由于历史街区与人们的当前生活还休戚相关，所以对其进行的保护，既能较好地展现传统的生活习俗、邻里关系和空间氛围等，又能丰富城市生活的多样性以及文化层面上的多元性，最终提高城市的文化品位，推动社会进步，体现全面发展的思想。

三、我国当前城市更新的发展历程和现状（部分城市）

（一）关于南昌的城市更新

南昌作为一个中部城市，在过去的几十年里，在经济上的发展可能比不上某些沿海城市，但是她襟赣江枕抚河，水网密布，城区有东湖、西湖、青山湖、艾溪湖、象湖、瑶湖等众多湖泊，赣江、抚河、玉带河、锦江、潦河纵横境内；外围各县区有鄱阳湖、军山湖、金溪湖、青岚湖等数百个大小湖泊，整座城市有着得天独厚的自然资源。每年3月，成群的候鸟在迁徙的过程中栖息在城市中大大小小的湿地上，形成了一道独特的风景。然而就在近几年，南昌开始高速发展，红谷滩新区令人目瞪口呆地迅速崛起，贯通新老城区的八一大桥、南昌大桥、生米大桥、赣江大桥、英雄大桥五座大桥横跨赣江，似乎在模仿上海的外滩模式打造着一江两岸的观光带。无限的城市扩张（南至南昌县，西至新建县），却满足不了人们出行交通运输的需求，

指导老师点评

介于历史文化建筑保护一直是专业领域的热点问题，作者结合城市更新这一重要社会发展背景展开相关研究。这种把热点问题与社会背景相结合的做法，立意较高，选题新颖，很好地契合了社会发展的需要。

作者没有仅仅停留在物质形态方面的历史文化建筑保护内容，而是以城市中的传统生活场景进行切入，针对城市更新背景下的历史文化建筑，以国内城市南昌市和郑州市为例，分别对万寿宫、前进路街区及庙后安村、霹雳店村和花庄村等实例近年来历史文化建筑保护中存在的一些问题进行了分析，从物质空间形态和社会经济文化网络等方面探讨了目前国内城市更新在政策、社会、经济、文化等方面所存在的问题。最后，结合国内外相关案例的有关经验，得出了有关政策建议。

作者认为，要在城市更新的背景下更好地对历史文化建筑进行保护，不仅仅依靠政府有关政策的合理制定和执行，必须执行公众参与的手段，让居民、设计部门和科研单位平等地集体参与到城市更新之历史文化建筑保护进程中来，对城市更新的参与机制进行改革。上述论点，情理交融、言之成理、持之有据，显示了作者的探新胆识和创造精神。这篇研究论文，不仅对专业知识方面的问题进行探讨，同时立足于社会发展基础之上，对人的终极需求充满关怀理想。

同时，该论文还存在着进一步发展的空间，如能加强论文案例分析的深度和广度，强化调查研究方法在科研工作中的使用，进一步梳理论文整体框架的逻辑性，该论文在学术水平上将能更上一个台阶。

总之，论文立意甚高，思维敏锐，作为一篇本科生的科研论文，不仅有理论探讨，还有具体案例分析，从政策、法规、设计手段等方面建构起了关于历史文化建筑保护的初步框架；尤其反映出了把专业知识运用与建筑学发展的重要目标——服务于人的需求——高度融合的探索，确实是难能可贵的。

郭汝
（河南城建学院建筑与城市规划学院，副院长）

大量的出租车、电动车、公交车争道抢道，交通瘫痪。连余秋雨笔下唯一称赞的、给他留下深刻印象的"八大山人"纪念馆，其周围的建筑和环境也是拆了再建的所谓的"仿古建筑"——假古董。

据统计，南昌市拥有的大大小小的历史文化遗址 60 多处，其中国家级文物保护单位 8 处，省级文物保护单位 25 处。[①]这些不同时期的房屋建筑反映了各个时代的特色，其中一些建筑见证了发生的重大历史事件乃至名人轶事，勾勒出百年来风云际会的痕迹，是南昌历史文脉传承的重要载体，它凝聚了一批优秀建筑大师的心血，从城市到乡村，从官衙到民居，从公共建筑到道观、寺院建筑，在继承历史文明与传统风格的基础上，均采用古老的传统技艺营造。从 1840 年鸦片战争至 20 世纪初期，随着西方列强的政治、经济、军事、文化入侵，南昌的建筑也吸取了西方建筑艺术风格。一些新建的教堂、医院、学校、别墅、商铺、办公楼等，在结构、造型、材料等方面打破了传统的建筑规范，明显受到了西方建筑风格的影响，构成了"中西合璧"的时代特色。目前，南昌 1930 年代的中西合璧式建筑除留下民国三大建筑与西式建筑天主教堂外，几乎不存。近年来，南昌城多处历史文化遗迹遭到破坏。

2009 年开始，南昌借助发展轨道交通——地铁的机会，进行了新一轮的城市规划，而实践这个规划的手段就是——大规模地征迁。其中就包括在旧城改造项目中，一些有价值的历史文化建筑物陆续被拆掉，如原址在翠花街口的宝庆银楼，胜利路两旁的老建筑物等。近年来南昌部分被拆除的地标性历史文化建筑见表 1。

南昌市部分近年被拆除的地标性历史文化建筑　　　　　　　　　　　　　　　　　　　　　　　　　　　　表1

序号	名称	建设时间	历史沿革及价值
1	黄庆仁栈大药房	清朝道光十三年	大药房享有"豫章药业第一家"之美称，高七层，建筑面积 3000m²，其中营业面积 1700 m²，是中山路繁华历史的见证。1980 年代被评为南昌"十佳建筑"，是当时中山路上少有的几栋高层建筑之一
2	夏布会馆	民国时期	坐落在翘步街 41 号，反映了清末民初时期的南昌，是一个夏布商人交易的集散地，当年来自五湖四海的布商，都聚集在现在翘步街的夏布会馆内洽谈业务
3	八一商场		南昌古谚中的"接官拜府章江门"所指区域
4	历史自然博物馆	1950 年代	苏联援建项目，20 世纪末被拆除，基址变成了休闲空地
5	南昌采茶剧院	1961 年	苏联式歌舞大剧院，面积达 3000 多平方米，该剧院在"文革"期间改名为井冈山剧院
6	南昌八一商场	—	古代南昌的章江门所在地，曾经是古代南昌的政治、经济中心。新中国成立后南昌市民日常用品的几大供应处之一。改革开放后，改为招商银行中山路分行营业处
7	南昌总商会	民国时期	民国初年大总统孙中山在南昌开展活动时，总商会曾组织工商界的精英们欢迎他并聆听他宣传救国大志
8	宝庆银楼	民国初年	属于胜利路南段建筑群，包括有恰昌缎号、张谨信堂、吴让耕堂、德庆堂、宝庆银楼等成片历史文化建筑。其建筑艺术分别融入了罗马式、哥特式风格
9	中共江西省委旧址	1927 年	已列入市级文物保护单位，具有历史文化和革命文化双重内涵
10	罗氏老宅	—	钱塘江桥梁工程师罗英住宅大院

曾经承载无数南昌人无限记忆的南昌万寿宫，位于南昌城内最繁华的地段。而在更早之前，万寿宫历经许多朝代，香火不断，是海内外著名的道教宫观，也是赣文化的核心代表。万寿宫街区内翠花街、棋盘街、笋巷、醋巷和广润门街等这些小街小巷住着世世代代老南昌的居民，该街区居民的生活方式、街巷布局、建筑风格基本延续了历史风貌，是南昌市内最能体现市井平民生活风情的特色街区，极具保留价值（图 1 ~ 图 3）。

街区内传统建筑的建筑材料有红砖和青砖之分，拼贴方式多是南方传统民居的"一绵一斗式"或"斗式"。二层以上多是木质，有悬挑的木制阳台，或是自行拼贴的红色木板为主（图 4）。街区的建筑多为商住结合型。三层的也是木材为主，二层以上或是封闭木阳台，

图 1　汲取了西方建筑艺术风格的建筑（摄于南昌万寿宫街区）

图 2　万寿宫街区内精美的木雕

或是带雨篷，或是排列非常具有地方特色的木板拼接。建筑年久失修，建筑表面破坏很严重，但是建筑结构保存良好。2008 年，江西省政府公布的《关于公示第二批省级非物质文化遗产名录的通知》中，南昌市西湖区申报的民俗"万寿宫文化"被列为非物质文化遗产。然而在 2013 年 10 月，这里的居民收到了征迁决定公告。有关部门表示"力争在年底全面完成房屋征收工作"。

曾经在喧闹的都市中仍然保留着自己的生活方式的前进路街区，优雅安静。街巷里弹棉花的、补鞋的，很多家门外晒着南昌人爱吃的辣椒，买完菜回来了，坐在门口聊天、打牌，这些交通要素和人的活动也是城市文化的一部分，不同的活动的发生也为街巷空间增添了吸引力。如今的前进路已经拆除的拆除，有的还新建了旅馆。这些改造工程改是改了，但是每一个老南昌人的历史记忆也荡然无存（图 5 ～图 8）。

图 3　昔日的南昌万寿宫街区

图 4　悬挑的木质阳台

图 5　两年前的前进路小巷

图 6　现在的前进路小巷

图 7　前进路古巷

图 8　前进路上人的活动

从 2013 年开始，南昌市启动了史上最大规模的旧城改造工程，3 年内将改造包括青云谱区、青山湖区、东湖区、湾里区在内的棚户区（含城中村），总面积近 1000 万 m²。

（二）关于郑州的航空港区建设

地处黄河中下游的河南，是中国历史悠久、文化发展得最早的地方之一。从氏族社会的仰韶文化、龙山文化，到中国历史上第一个朝代夏朝（中心包含河南西北部）的建立，再到商朝、周朝、汉朝等，这块温润肥沃的黄土地见证这些朝代的更替，也无不诉说着几千年来它的灿烂文明。按理说，河南应该是人文气息最浓厚、古迹古建筑最多的地方，然而真正留存下来并保护好的又有多少呢？

2013 年 11 月底，河南省新郑市为了配合新成立的郑州航空港区进行大规模基础设施建设，郑州航空港区是 2013 年新成立的一个经济实验区，面积 415km²，是围绕新郑机场开发建设的一个重要经济发展区域。为配合建设，第一步便是在全区 400 多平方公里的范围内进行大规模征迁、合村并城。对区内包括庙后安村、龙王霹雳店村等 20 多个村子，10000 多户进行征迁。

这片区域历史悠久、文物丰富，据全国文物普查名录，被认定的不可移动文物至少 300 多处，其中庙后安村的安家大院建于清朝光绪年间，距今已经 100 多年。这些建筑保存完好、细节精美，展现了当地传统民居的艺术价值和文化内涵。而这些，将随着整村征迁被全部拆除。政府在工作汇报上摇旗呐喊"2013 年围绕建设大枢纽、发展大物流、培育大产业、塑造大都市"发展主线，全力打好"大招商、大建设、大提升"三大战役，为此"把征地拆迁作为大事、急事，全力以赴做好相关工作"。而对这几百件古文物只字未提。新郑市涉及《第三次全国文物普查不可移动文物名录》中被征迁项目统计（部分）见表 2。

新郑市涉及《第三次全国文物普查不可移动文物名录》中被征迁项目统计（部分）　　　　　　表 2

序号	村落名	村落中古建筑、古遗址被破坏情况
1	庙后安村	共 7 处不可移动文物，其中包括 1 处汉代古墓葬，1 处清代古墓葬，5 处清代古建筑
2	龙王乡霹雳店村	共 15 处被认定的不可移动文物，包括 1 处西周古遗址，12 处清代古建筑，2 处民国古建筑
3	薛店镇花庄村	十多座百年以上的老宅现大多已经被拆掉

（三）以上两个现象实例的共同之处

不管是改造还是建立新区，这些建筑都难逃拆迁的命运。同样地出现了这样的大拆大建的现象，相信不是这两个省份所独有。对于这些原住民来说，关心的不是旧城风貌保护，而是迫切希望居住环境及生活条件得到切实改善，享受到现代社会文明与进步的好处。对于建设者来说，更加注重经济的发展，使改造地段旧貌换新颜，历史完全无迹可寻。而对于学术专家们来说，倡导城市更新应在维持原有特点的基础上小规模循序渐进，按历史真实性、生活真实性、风貌完整性对重点历史文化保护区进行整体保护。原居民社会经济网络"维护"与房地产开发利益"追求"产生了矛盾。

四、对当前现状的理性分析以及问题的提出

中国城市化无论在速度上还是建设量上，在历史上都是空前绝后的，被评价为"人类历史上规模最大的城市化进程"。然而发展得太快，思考得太少，很多城市出现了城市风貌的贫瘠化、粗糙化、简单化，城市同质化严重，变得千城一面。随着高层林立高楼大厦的千篇一律，密集、封闭的大小城市空间带来的是压抑感还是幸福感？有一个笑话讲到，一个经常出差的职员在机场等飞机的时候睡了一觉，刚醒来后竟然不知道身处哪个城市的机场，因为全国很多机场都太像了。图 9、图 10 所示是两张城市的图片，你能看出分别是哪两个城市么？

还有一些城市，在建设的时候盲目追求宏大叙事，追求纪念性、标志性和广告性，追求"时尚、流行"的形象工程。在这些力量的驱动下，建筑技术也变成了形式的俘虏。一些城市争相攀比建筑高度，高层建筑竟成为追求城市形象的手段。更有甚者，山寨照搬国外

图 9　南昌红谷滩新区鸟瞰

图 10　南京夜景鸟瞰

建筑，为了炫富的艳俗建筑，在一些城市仍然方兴未艾。我们的文化去哪儿了？我们的城市核心价值又去哪儿了？在"全球化"的大背景下，中国文化与西方文化的交织与融合已经成为中国城市空间和建筑的重要特征，寻求中国文化的固有特性是中国建筑发展的重要倾向。城市化的过程中应该保留什么？放弃什么？传承什么？追求什么？如何从身边的生活和个人的真实感受入手，探究一种非象征的、非标志的建筑文化表达方式？如何将留下的传统文化资源运用到当代建筑中去？如何保存历史，留住当地特有的特色，唤醒人们对过去记忆的珍视？而又如何在保留当地文化底蕴的同时，也将新的创作智慧地融入到国际化的设计中去，从而指引人们的内心？这些都是值得思考的问题。

好在很久以前，就已经有很多人开始关注这些问题，自1950年代以来，很多建筑师不断地探索着传统与现代的整合，并且也取得了令人瞩目的成绩。但前进的道路必然是曲折的，发展的过程中也遇到了很多新的问题。

（一）当保护的内容和物质不能适应现代的居住条件和社会发展水平

拿上海田子坊街区保护改造过程来说，保护意味着对传统生活文化的传承和发扬，可是以前老上海的人们都是要一大早倒马桶来处理一天的排泄物，现代的生活方式不可能还每天倒马桶。上文所提的南昌万寿宫街区改造，里面的居住建筑大都已经使用60年以上，居住质量非常低劣，一面是镌刻着城市记忆的历史建筑，一面是依然过着"原始"生活的老居民。昏暗狭窄的房间、残破的墙壁、老旧的电灯、嘎吱作响的木地板，没有阳台、没有空调，在过道的电线杆上晒衣服……政府要把它拆了，居民们高兴起来不及，居民住都住不好，那还谈什么保护呢？当保护的内容和物质不能适应现代的居住条件和社会发展水平，这样古老与现代的矛盾应当如何解决？

（二）当不可移动建筑遇到了城市建设开发

一些不可移动建筑的保护——就像上文所提到的河南新郑为了建设郑州航空港区本来准备拆除一些不可移动文物，最后他们又改变说对一些有价值的不可移动文物，会采取把砖块编好号整体搬迁、重建博物馆等方式保留。然而，所谓不可移动文物，就是它的选址地点非常关键，它最重要的地理的历史信息没有了，完全改变了原有的历史环境，丧失了历史的真实，那还有什么保护的价值呢？当不可移动建筑遇到了城市建设开发，这样的矛盾应当如何解决？

（三）当太多的利益掺杂在保护的幌子里

还有一些所谓的"保护"历史，传承城市文化的项目，根本并不是为了保护而保护，而是为了旅游而开发，为了吸引游客。用现代的技术和材料，不尊重前人的知识成果，造的全都是欺骗后人的假古董。笔者曾前往古都西安想探寻十三朝古都的风貌，真正看到了却又很心痛，太多的利益掺杂在保护的幌子里，这一点其实是最可怕的。拿着纳税人的钱，穿着"保护传统文化"的外衣，做出来的却是没有文化内涵的建筑。当多元的利益相互博弈，我们又该如何平衡？

五、国内外城市更新案例分析

人们常说做事很要以史为鉴，历史街区的改造更新工程更应该如此。在每个区域整治前，都应该梳理一下街区的历史渊源，特别是以前的历史变迁和以往的改造的历史，通古博今，中外兼收，才能在城市更新改造中全面、准确地把握历史，面向未来、为市民创造一个良好的居住和生活环境，提升城市的环境和整体价值。

（一）国内城市旧区改造实例——上海"新天地"的改造

一度备受瞩目的上海"新天地"改造就是以商业和旅游为号召力，改造旧城传统街区的一个样板。

"新天地"位于卢湾区太平桥地区的西北角。太平桥地区初建于20世纪早期，有自然街坊23个，占地52hm²，基本上都是完好的具有浓郁传统风貌的石库门弄堂，在太平桥地区控制性详细规划中被界定为历史文化保护区。到了1990年代，整个太平桥地区的房屋建筑陈旧，公共配套不足，市政设施匮乏的矛盾日益突出，居民居住环境恶化，要求改造的呼声越来越高。1996年5月，卢湾区政府与香港瑞安集团签署了改造意向书。

竞赛评委点评

论文以当代中国快速城市化进程中，历史文化建筑保护面临着多重压力的热点问题为研究对象，剖析了城市更新背景下，引起历史文化建筑保护缺失的问题所在与各种弊端，通过对国内外相关成功案例的梳理，总结了实现城市发展与历史建筑保护有机结合的具体措施，并提出了符合我国国情与现实条件的针对性保护策略。论文论证充分，逻辑清晰，观点鲜明，作者对于城市化进程中引发的社会问题与建筑问题进行了深刻思索，体现了作者的社会责任感。

梅洪元
（哈尔滨工业大学建筑学院，
院长，博导，教授）

在开发的方式上，它探索了一条政府公共干预行为和市场行为合作的新路：政府提供优惠政策和拆迁行动支持，开发企业则负责投资实施改造，形成了双发优势互补、发挥各自领域所长的联动机制。这一模式正是市场经济条件下所应当鼓励和倡导的。而且在规划实施的策划上，该项目体现出强烈的市场意识，值得其他旧城更新项目借鉴。

在规划设计上，"新天地"通过保留外部历史建筑形式语言及转换内部功能，在传统街区中导入了现代生活品位。基于这样的理念，该规划将原有居民全部外迁，把修复和"嫁接"处理后的传统里弄赋予旅游、休闲、文化娱乐等商业价值，实现街区功能置换性改造。基本构思是"保留建筑外皮，改造内部结构和功能，并引进新的生活内容。"对于开发商来说，虽然"新天地"在开业以来始终处于亏损状态，但是它带动了整个太平桥地区的开发，从更广阔的区域内进行了总量平衡。

尽管"新天地"的辉煌被许多媒体称为中国旧城更新的样板，但是其改造方式也有不足之处，最大的不足就是所有的原居民全部进行了外迁，它并没有改造成一处"宜人的住所"，而是一处"迷人的景观"。所以说"新天地"改造的成功是有其独特性的，它的经验只能在某种程度上借鉴，而不能作为普世模式进行推广。

（二）国外城市旧区改造实例——法国巴黎圣安东尼历史街区改造

法国是世界上最早提出和实施历史街区保护的国家，1960 年代初颁布了《马尔罗法》，法律规定将有价值的历史街区划分为"历史保护区"，制订保护和使用的规划，纳入到城市规划的严格管理当中。处于保护区内的建筑物不可以任意拆除、改善、改建，如果要变动需要通过"国家建筑师"的同意，这其中符合要求的改造还可以得到国家的资助。现在整个法国有国家级的保护区 92 处，地方各级保护区几百处。

1990 年代初，圣安东尼历史街区一带的新旧建筑之间冲突激烈，新近拓宽的 42 个中庭和后院被列为保护和改造的对象。对于巴黎圣安东尼历史街区而言，巴黎市政府所要保护的是它的空间布局——狭长的中庭和过道、耸立的烟囱、18 世纪的街道和楼面，以及以生产精致木制家具的产业为主题的圣安东尼传统街区特色。保护规定，所有列册房屋一律不准拆除，如果因为天灾毁坏则必须依原样进行重建。此外，新建建筑底层层高不得低于 3.5m，旧建筑如果翻新可享有旧有法律法规所允许的高容积率，但必须保存原先商业部分面积的比例。保护计划主要包括四项管制或奖励性措施：第一，修订圣安东尼传统街区的土地使用条例：拟定一套专为圣安东尼历史街区所制定的特定法规，用以达到保护都市的景观且保持商住平衡的目标；第二，编订公共空间准则：规定圣安东尼历史街区范围内从今以后任何公共空间的改善工程，都必须遵循这一准则；第三，由巴黎市政府与巴黎工商保护促进基金会共同拟定保存、发展历史街区手工业与商业活动的具体办法；第四，通过奖励性的旧屋翻新计划政策，改善老旧住宅。

由此可见，强调原真性，保护与开发并重，国家集中管理，法律的有效制衡等原因造就了法国巴黎圣安东尼历史街区改造的成功。

总体而言，以上两个案例都是相对成功的案例，但每一个成功案例的背后也有它的不足。现对国内外城市更新改造进行对比。

1. 从国外的城市更新改造历史进程的对比上来看

国外历史街区的保护经历了三次改造的浪潮。第一次浪潮的注意力主要集中在保护单个历史建筑上。第二次改造浪潮的保护范围扩大到保护城市景观、历史建筑群和建筑环境有关的任何构成元素。到了第三次改造浪潮时期，具有针对性的地方保护性政策的制定成为了主角。与早期的保护政策关注遗产本身的历史特性相比，现在的保护政策更注重遗产的未来。

而中国从最开始对历史文化名城的认定，到历史传统街区的设立及旧城改造试验以及法律法规的进一步完善等，也推动了对文化建筑的保护的意识和进程。如果在改造的过程中能够更加考虑"以人为本"的理念，会更加完善。

2. 从国内外城市更新的体制的对比来看

以上两个实例都是以政府为主导的改造方式，不论是通过法律法规的约束还是通过政府的决策。这样的方法有它的好的方面，但是如果能够加入社区开发组织以及非政府组织的参与和帮助，同样也会更加完善。多元合作的趋势明显。

要强调的是每个地方的改造都有它独特的时代背景和历史背景，每一个国家和每一个区域都是借鉴前一步的经验，一步步发展而来的。我们也只是借鉴其中的精华，而不能生搬硬套。

六、对城市更新背景下的历史文化建筑保护的建议

（一）政府作为主体，应采取措施着力平衡好更新与保护间的关系

在旧城更新的过程中，旧区居民的主体——中低收入居民群体的利益往往被忽视，他们往往面临着家园的失去，谋生环境的消失，以及社会网络的断裂种种问题。并且旧城更新涉及原居民、开发商、政府等多方面的广泛的利益冲突，单凭市场机制是很难保护到旧城弱势群体的利益的，必须依靠政府的公共干预。

政府作为主体，应采取措施着力平衡好更新与保护间的关系。要从"神韵"上保护旧区的文化脉络、维护旧区的社会经济网络，必须对旧城住区的居民提供政策、技术的支持或保证旧区更新后，有一定数量的原居民回迁。而要想保证回迁率，则必须保证居民的经济能力要能够负担得起重建之后的房屋。政府可以以扶住的福利工程为主要的手段，通过各种政策倾斜，经济税收优惠来鼓励开发企业投资旧城更新，改建危旧房屋，通过相关法规来保证更新后的社区有一定比例的原居民。

（二）尽快建立保护法规，加强依法保护管理

翻阅我们国家的相关法律，发现在很长的时间段内，有关建筑的保护，其实是和文物保护混为一谈。我国《文物保护法》，第二十

条这样规定："建设工程选址，应当尽可能避开不可移动文物"。含糊的"尽可能"说不清也道不明。法律对不可移动文物尽管要求必须进行保护，但是具体到如何保护、什么样的标准和界限、如果破坏该承担怎样的责任，都没有具体条文。因此，现实情况是，当建设和文物保护发生冲突时，往往这些建筑文物就成了牺牲品。

我国的文化古城保护立法体系采用国家立法与地方立法相结合的方式，国家制定全国性保护法律及其法规性文件，地方在立法权限范围内制定地方性法规、法规性文件。与英、法、日等国家的法律制度相比，我国历史文化名城保护的法律制度相对滞后，主要是与我国历史文化遗产保护体系相对的全国性法律、法规不完善，在由文物、历史文化保护区及历史文化名城组成的三个保护层次中，文物保护法律体系相对完善，名城与保护区目前仅有数量很少的法规性文件，缺乏与之相对应的法律、法规，如在 2008 年颁布的《历史文化名城名镇名村保护条例》。相比起国外来说，法国从 1907 年就有了第一部历史建筑保护法，1960 年代又公布了《马尔罗法》，日本在 19 世纪就有了《古器旧物保存法》，对于专门的历史城市，还公布了《古都保存法》。我国法律的落后和不健全导致了监管的缺失。

（三）提升非专业人员的公共责任和保护意识

每个人对历史文化建筑保护的理解程度不一样，学交通的觉得拆掉房子建设道路比较重要，文化建筑应该为交通让路，热爱这些文化遗产的学者更多地强调保护。而省委、省政府、市委、市政府认为经济发展比任何事都要重要。如何让非建筑的专业人员特别是拍板决策者也有这样的人文保护意识，这才是重中之重。只有深刻地理解它，才能正确地保护它、利用它。涉及项目的有关人员，特别是决策者、领导者，都应以保护城市的文化精神为己任，在实际工作中予以贯彻。保护民族的、地方的特色，并在当代的城市中予以体现，才能使历史名城风姿永存，才能留住这珍贵的"乡愁"。

相比之下，平遥古城保护在这一点就做得很好。1980 年代，阮仪三教授率领他的团队保护平遥古城的时候，不仅替平遥做了古城规划，还办了历史名城保护的培训班，平遥规划局的相关领导参加的培训，而正是这些人在日后的古城保护中发挥了重要的作用。

（四）改善现行政府单一主导的规划机制，提升公众参与度

现有的规划参与机制政府力过于强大、市场力片面得到强化而社会力过于弱小。其中，政府力、市场力与社会力呈现不对称、非均衡的状态。从现行规划中的公共参与模式来看，弱势的普通民众还处于分散、无组织的状态，缺乏合法的代言机构，也很少有发表意见的平台（图11）。

在利益多元化的城市语境中，建立包括居民、规划工作者和社会各界人士在内的公众参与机制是必须完善的步骤。强化社会力在规划决策和实施中的地位，使政府、市场与社会三者在市场经济条件下的旧城更新中走向多元的平衡（图12、图13）。

（五）尽量还原历史信息的真实性和历史空间单元的完整性

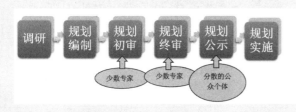

图11　现行规划中的公共参与模式

图12　现实状态下的城市更新作用力格局

图13　理想状态下的城市更新作用力格局

作者心得

记得大一的时候看安藤忠雄的《建筑师的20岁》，令我心潮澎湃。从那时候开始，或许我心里就埋下了深深的种子。虽然当时对建筑只是怀着一种浅薄的认知，但还是像个女超人一样游走了北京、上海、南京、苏州、杭州、西安、郑州、洛阳、开封、平遥、五台山、凤凰、乌镇、同里、宏村等中国的一些大大小小的城市和历史文化名城。然而，很多东西并不是我想象的那样，当我看见畅想中富丽堂皇的宫殿，变成了一堆堆人造的"遗址"；看见原本精美的砖石建筑、木构建筑被"重修"，变成了一堆堆冰冷的、被刷满做旧涂料的钢筋混凝土；看见一片片历史街区被推倒重来，街区里的居民失去了原本承载记忆的住所，住进了高层的安置房；看见那些打着保护的幌子，却只是为了旅游产业而开发的所谓"历史文化建筑"。我开始思考：什么，才是真正的保护？

我出生于江西南昌，让我萌生写这篇论文念头的是 2014 年的暑假，当时正值南昌市城市更新的发展阶段，行走在这座城市，我突然发现每走几百米就是一个拆迁的废墟。街道里满是蝉鸣的大树不见了，在树下乘凉聊天的老人不见了，一年前走过的古巷子不见了，最爱去的万寿宫街区的老房子也不见了……我发现，我已经开始不认识这座城市……我一直觉得，每个人的内心都有一种与生俱来的印记，它像胎记一般印在人们的脑海中，在对应的环境下发出它的信号。然而现在，我似乎已经找不到这种印记，那些关于这个城市时空的记忆，仿佛也已经烟消云散。我就这样眼睁睁地看着这些历史文化建筑和这些隐没在街头巷尾的文化在渐渐消失，很着急，很心痛，却无力改变……

或许，写这篇论文的出发点很感性，但是过程中的调研和分析是严谨而理性的。我不希望这篇论文只是光喊一个空洞口号，而是希望全社会上下对历史文化建筑都能有一种忧患和保护的意识，来让居民、政府部门、设计部门和科研单位平等地集体参与到城市更新中来的历史文化建筑保护进程中来，为城市的建设贡献出各自的力量。

最后，感谢我的指导老师郭汝老师在中秋节假期的时候对本文反反复复不辞辛苦地修改，感谢 2014 十大中国新锐摄影师周翔宇同学为我的论文提供的照片，感谢那些在背后默默支持我、理解我的每一个人，也感谢在快要放弃的时候最后坚持下来的自己！

胡莉婷

不要通过做旧、仿古之类的手段来丰富街区的历史文化内涵，为了做旧而做旧，而应通过历史街区内自身的建筑、节点、空间形态来反映街区的历史文化风貌，保证历史信息的真实性。也不要孤立地去保护独栋有价值的建筑或者某个有保留价值的局部建筑痕迹，而应保护历史空间单元的完整性，综合地去考虑其保护价值，才不会使得该空间单元显得突兀，和周边环境不谐调。

七、结语

当代的中国是一个发展中的国家，城市问题和建设问题都十分错综复杂。正如一切事物的发展形势一样，建筑的发展也遵循着否定之否定的规律，当然，这不是简单的重复，而是螺旋式的发展，我国的建筑形式和风格从传统到现代，而现在，将又从现代回到传统。而未来的我们将继续前行，在我们的城市对未来的发展表现得无所适从且茫然的年代，继承、发掘、创新，在精神上培育于我们本土文化，在空间上增进人性间彼此的沟通，才是我国建筑的发展之路。这样才能拯救城市更新改造之路上的历史文化建筑，留住一座城市的灵魂，也留住这座城市存在的本源。

注释：

①该处的数据以现公布的为准。

参考文献：

[1] 奥斯瓦尔德·斯宾格勒. 西方的没落 [M]. 西安：陕西师范大学出版社，2008.

[2] 郭湘闽. 走向多元平衡——制度视角下我国旧城更新传统机制的变革 [M]. 北京：中国建筑工业出版社，2006：1-152.

[3] 黄亚平，王敏. 旧城更新中低收入居民利益的维护 [J]. 城市问题，2004 (2)：42-45.

[4] 李焰，胡文丽，吴承阳. 从江右商帮的衰退——看南昌万寿宫街区的历史变迁 [J]. 华中建筑，2009 (10)：141-142.

[5] 罗小未等. 上海新天地广场——旧城改造的建筑历史、人文历史与开发模式的研究 [M]. 南京：东南大学出版社，2002.

[6] 阮仪三. 留存城市的记忆 [J]. 检察风云，2010 (10)：26-27.

[7] 阮仪三. 历史街区保护的误解与误区 [J]. 规划师，1999 (4)：28.

[8] 阮仪三. 中国传统建筑文化的保护与传承 [J]. 百年建筑，2003 (1)：26-31.

[9] 阮仪三，朱晓明，张波. 上海外滩地区历史建筑保护 [J]. 规划师，2003 (1)：34-38.

[10] 万方. 南昌万寿宫历史街区街巷空间景观改造研究 [D]. 广州：华南理工大学，2011.

[11] 王向阳，胡文丽，李斐. 从失落的传统街区看南昌万寿宫文化传承危机 [J]. 山西建筑，2009，35 (33)：7-8.

[12] 王受之. 世界现代建筑史（第 2 版）[M]. 北京：中国建筑工业出版社，2012.

[13] 伊利尔·沙里宁. 城市——它的发展、衰败与未来 [M]. 北京：中国建筑工业出版社，1986.

[14] 朱光亚，杨国栋. 城市特色与地域文化的挖掘 [J]. 建筑学报，2001 (11)：49-51.

[15] 张雪，郑荣林. 南昌万寿宫街区，再见还是"再见" [N] 江西日报，2013-10-25 (第 C01 版)

[16] 郑时龄. 当代中国建筑基本状况的思考 [J]. 建筑学报，2014 (3)：96-98.

[17] 关于南昌历史文化建筑保护的调查与思考 [EB/OL]. http://93.nc.gov.cn/onews.asp?id=598.

[18] 给地铁"让路" 南昌一些"地标"建筑将被拆除 [EB/OL]. http://www.jxjst.gov.cn/html/shipindianbo/difang/201201/10-29030.html.

[19] 古村落的拆与留 [EB/OL]. 焦点访谈，2014-01-17. http://news.cntv.cn/2014/01/17/VIDE1389960727343849.shtml?ptag=vsogou.

[20] 筑梦天下 王澍的多样世界 [EB/OL]. 2012-06-09. http://v.ifeng.com/history/wenhuashidian/201206/8796d84e-3fd5-459f-9df9-9dbd38ccc770.shtml.

[21] 中外历史文化名城保护策略比较 [EB/OL]. http://www.jianshe99.com/html/2008%2F10%2Fli82171123251220180025040.html.

图片来源：

图 1～图 4：周翔宇摄。

图 5～图 8：作者自摄。

图 11～图 13：作者自绘。

图 9：大江网，http://www.nc.gov.cn/xwzx/ncyw/201304/t20130408_639388.htm.

图 10：陈屋村网，http://www.chenwucun.cn.

罗嫣然（左）
（华南理工大学建筑学院　本科五年级）
秦之韵（右）
（华南理工大学建筑学院　本科五年级）
张　丁（中）
（华南理工大学建筑学院　本科五年级）

1899 年的双峰寨与 1928 年的双峰寨保卫战

Shuangfeng Zhai Built in 1899 and the Defending Shuangfeng Zhai in 1928

■摘要：1899 年，粤北山区石塘村村民为抵御土匪侵扰，历时 12 年建造了双峰寨。1928 年，作为红色堡垒的双峰寨遭受了国民革命军的围攻，守寨军民在武器及人数都远远落后的情况下，充分利用双峰寨的防御性能，坚守近 8 个月。本文结合双峰寨保卫战，对双峰寨的防御体系进行深入剖析，讲述了一座防御性寨堡是如何经受战争检验的。

■关键词：石塘双峰寨　双峰寨保卫战　防御体系　攻防对抗

Abstract：In 1899, to defend themselves from bandits, villagers in Shitang located in the mountain area in the north of Guangdong province builtShuangfengZhai, lasting for 12years. In 1928, ShuangfengZhai, a stronghold of Chinese Workers' and Peasants' Revolutionary Army then, was besieged by the regular troops of the Nation Revolutionary Army. Due to the superior defensibility of ShuangfengZhai, the defending side with numerical inferiority and paucity of weapons struggled for nearly 8months. By recapitulating the Defending ShuangfengZhai, this article give a deep analysis of the military defense system of ShuangfengZhai, which stood the test of battle.

Key words：ShuangfengZhai in Shitang；Defending ShuangfengZhai；Military Defense Systems；Offensive and Defensive Combat

　　1928 年 3 月 29 日（农历闰二月初八），吕焕炎亲率国民革命军第七军二十一团，包围韶关市仁化县石塘村双峰寨。广东工农革命军北路第八独立团李载基、李翠基兄弟率第四营民兵及群众总计 700 余人坚守其中，战斗一触即发……

一、战斗一触即发

　　1927 年 "四·一二" 事变后，中共广东省委决定以仁化为中心，举行北江暴动，形成武装割据局面,使粤北成为 "第二个海陆丰"。据民国《仁化县志——五区共祸纪略》记载:"民国十四年，中国国民改组，共产党徒假托国民党员党名义举办区农民协会，于董塘圩以耕地不纳租、借贷不纳息及种种违理利益，煽惑农民纷纷入会，痞棍烂蕙尤乘机活动。地方殷实士绅悉名以土豪劣绅大地主，高呼打倒，声势赫赫，蔓延五区。所未入会者仅夏富二村、平冈、雁头、大富、大井耳。至十五年，党徒日众……"

1928年1月底，在朱德、陈毅等的支持下，仁化县内各乡经由武装暴动成立苏维埃政府。2月4日，仁化工农革命军独立第四团改编为广东工农革命军北路第八独立团，下属三个营扩编为四个营。

2月6日"六日事变"后，仁化各地苏维埃政权形势趋紧。2月13日，仁化县委率领独立团及赤卫队共500多人攻取仁化县城。次日，豪绅谢梅生调集岩头、坪岗、夏富、长江、城口各地的警察、民团、土匪500多人，分四路奔向董塘，意图消灭董塘苏维埃政权。第八独立团重新部署兵力，第一、二、三、四营分别驻扎安岗、董塘、中垒、石塘，以便各营区互相支援。

双方相持数日，2月18～21日，新任仁化县长邝重魁先后调集第十六军黄甲本第一三六团、覃天如第一三八团及当地民团共2000余人围攻董塘，安岗、董塘等地失守，第八独立团谭子泉率第一营和群众700余人退守安岗华阳寨。2月24日～3月9日，经过近20天的战斗，华阳寨寨墙被敌人挖地道炸毁，第五区（董塘）苏维埃政府副主席蔡卓文率军民趁雨夜弃寨突围。独立团第一营撤出华阳寨后，部分同志转移到石塘、中垒与三、四营会合，第四营及一部分同志决定镇守石塘双峰寨以保存革命实力，其余撤往斯溪山开展游击战。

3月15日，李载基、李翠基率领军民700余人进守石塘寨。

另一方面，1927年11月"张黄事变"后，新桂系与粤系之间爆发两广战争，新桂系将领吕焕炎受命经广宁、清远后转向花县、增城向河源进攻，与粤系缪培南部对抗，两广战争结束后转战石塘。

1928年3月28日，吕焕炎亲率国民党第七军二十一师和当地武装力量，包围石塘双峰寨。旷日持久的双峰寨保卫战由此拉开序幕。[①]

围攻双峰寨的国民革命军第七军是新桂系的王牌，国民革命军的主力之一，号称"钢七军"。擅长山地作战，以近战、夜战出名，战斗力相当强，战术也很灵活。编制较小，1个师（3团制），约4000人。据此推算，围攻双峰寨的兵力初为1000多人，久攻不下集结兵力最多时达到4个团，约5000人（图1）。

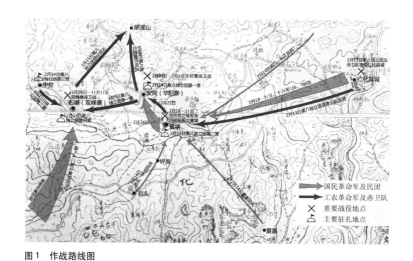

图1 作战路线图

虽然当时桂系部队的武器装备比中央军差，但依然远胜于工农革命军。轻武器数量较充足、质量高；轻机枪较少，基本都是从欧洲进口的一战二手武器；有国产迫击炮，几乎没有重炮。根据《李宗仁回忆录》记载，北伐时桂系的主流武器为口径7.92mm的德国一战步枪。同时，桂军北伐的队伍"每团有一机枪连，每连有德制水凉重机枪四至六挺"。

而坚守双峰寨的工农革命军只有军民700多人，且武器装备以粉枪、土炮、镰刀、锄头为主，也有汉阳造之类的步枪，武器大多由群众自制，来自各家各户，名称、规格、质量都不尽相同（表1～表3）。

或许谁也没有想到，这场实力相差悬殊的战役竟持续了近8个月。[②]

双方所持武器属性对比				表1
使用者	武器	枪长（mm）	有效射程（m）	数量及用弹
国民革命军（攻）	C9毛瑟手枪	288	100	—
	79毛瑟步枪	1250	600	—
	ZB-26轻机枪	1161	1500	—
	MG08马克沁水冷重机枪	1197	2000	≥4
	82mm迫击炮	—	2800（最大射程）	≥6

续表

使用者	武器	枪长 (mm)	有效射程 (m)	数量及用弹
国民革命军(攻)	手榴弹	—	约30	—
	德国克虏伯75mm山炮	—	4300m (最大射程，23°)	临时，榴弹
工农革命军(防)	镰锄锹铲，梭镖		近身	
	土枪	不定	<100	100多支，铁砂
	汉阳造八八式步枪	1250	300	50多支
	土炮	—	约100	>2，铁砂

国民革命军武器装备图　　　　　表2

序号	图　片
1	
2	
3	
4	
5	

工农革命军武器装备图　　　　　表3

序号	图　片
1	
2	

指导老师点评

2014年暑假接近尾声的时候，秦之韵请我帮她们小组改一篇论文，那时她们的论文非常长，可以看出前期做了大量的工作，尤其是关于武器和战争部分的研究非常吸引我，配图的质量也不错，但是论文的结构很不清晰，历史建筑与历史事件之间的关系淹没在繁杂的信息中。于是我做的第一件事就是让她们将题目改成"1899年的双峰寨与1928年的双峰寨保卫战"，把目光聚焦在建筑与战争上。重新写成的论文建立起了基本的逻辑结构，但是在战争背景着墨过多，而且显得不温不火，建筑的分量反而轻了，防御性民居与军事建筑的比较也没能结合进叙述中。于是我要求她们先去看一遍电影《兵临城下》，看看导演是如何构建起人物和布景的关系的，又是如何渲染战争气氛的，然后再重新调整一遍论文结构。第三版的论文在结构上有了很大的改善，我让她们再做一遍删减，使得结构更为紧凑，并提醒她们认真编排图片，最后终于赶在中秋节前完成了论文。

总的来说，我认为这篇论文最宝贵的地方就是在于她们将历史遗存放回到了其原始的情境中去，在一个历史建筑和一场战争中建立起了富有张力的联系，生动阐释了一个建于1899年的堡垒是如何抵御1928年的炮火的。作者们数易其稿，对文章的结构、叙述方式、插图和格式进行了认真的修改，总体上较好地整理了历史事件与建筑之间的关系，也不乏生动的细节，尤其是对射击孔的梳理，是一篇有趣、有内容也颇为可信的论文，对于本科生而言，已殊为难能可贵。比赛的结果让我非常惊喜，但她们在一遍遍整理逻辑的过程中学到的东西则更为重要。

至于尚可改善之处，论文的主旨显得不甚鲜明，或者说作者们更多侧重了故事的讲述，理论性问题的提出反而未能受到同样的重视，因而研究

（转173页右栏）

序号	图　　片
3	
4	
5	

二、双峰寨的建造

（一）双峰寨兴造

双峰寨原名石塘寨，取入口匾额"双峰保障"之意名曰"双峰寨"，从 1899 年至 1910 年，经过整整 12 年方才建设完成。

仁化县位于粤北韶关市北部粤、湘、赣三省交界处，属纯客县，位于湘粤古道上，地理位置优越，是该地区的交通枢纽。

县城以西 20km 处的石塘镇处在仁化县与乐昌县、曲江区的交界处，是仁化西部南岭山脉间的小盆地，三面环山，山脉由西北向东南和西南延伸，整个地形西北高东南低，由窄呈宽呈狭长葫芦形，石塘、水田、斯溪三条河流贯穿全镇。

石塘村位于较宽阔的河谷盆地，为粮产区，是典型集中发展的平原村落。2010 年被评为"中国历史文化名村"。全村共 670 户，有李、蔡、何三个主要姓氏，以李姓为主，其次是蔡姓。据石塘村《李氏族谱》载，石塘村从李氏八世祖"可求"于明洪武元年（1368 年）从福建上杭胜运里丰朗乡移居于此，至今已有 630 余年历史，约 40 世。

由于石塘村土地平坦肥沃，水源充足，物阜民丰，至清代咸丰年间已发展为千家村，成为仁化县最大的自然村。相传当年村里拥有了 9 座祠堂，12 条街巷，7 处炮楼，7 处门楼，25 处闸门，3 座古庙。其中，街巷纵横交错，最长的有 520 多米。外人到此，简直等于进了迷宫，分不出东、西、南、北（图 2、图 3）。

咸丰八年（1858 年）石达开攻陷南安后，太平军频频侵扰粤北，仁化诸地深受其苦，咸丰十年夏，太平军攻破村北约 2km 处的鹏风寨（现名大寨顶，"城东北二十里，高耸千仞，逶迤数里，咸丰间乡民筑寨其上以避寇"，《仁化县志》），烧毁房屋几百间，村民死亡 1/3。据民国《仁化县志》记载，"（咸丰十年（1860 年）夏五月二十七日发贼逆由曲江魁头窜我邑，大肆焚掠房杀男妇千余，陷城踞署。六月初攻破石塘鹏风寨，死难及被虏者亦千余，延烧数日后围马鞍岗寨……是年早迟翻三次，田禾无收，官署民房半遭残毁，嗣又以攒以疫，死亡遍野，惨不忍言。幸各沿寨坚固，稍得苟延，不至有孑遗之"。

鹏风寨一役后，石塘村民决心集全村之力营建寨堡。清光绪己亥年（1899 年），经过长达 36 年的停祭筹款，双峰寨在石塘村第三十世祖李德仁（1863～1949 年）的主持下终于破土动工，于清统庚戌年（1910 年）建成，历时 12 年。

图 2　石塘村总体布局

①东南角外景

②主入口与护城濠

③西北角楼

④双峰寨与村落关系

图3 现状照片

色彩稍嫌不足；此外，论文插图出自多人之手，在表现方式和制作质量上显得有些参差。

冯江
（华南理工大学建筑学院，建筑系副系主任，硕导，副教授）

双峰寨建成之后发挥了重要作用。据县志载，"宣统三年（1911年）广东光复，各处土匪乘机窃发所，所焚劫略如左……十一月十四日匪千余围攻石塘，李汝梅率村人竭力抵御，毙匪百余。"

（二）双峰寨总体格局

双峰寨位于旧村东南角，南面紧邻345省道，其余三面均被民居包围，地势平坦开阔。民国十七年（1928年）的地图表明，当时双峰寨北部已为民居所包围，东南、西南方是长条形的农田，南面可能为一水塘，不远处就是河。双峰寨占地面积近9000m²，平面呈回字形，南北长73m，东西宽69.65m。四周有13.7m宽的护城河环绕。护城河水与四周水塘及村里水道相连。四角设突出墙面的五层角楼，中间以走马廊相连，正南面与西北角分设主次入口（图4、图5）。

寨堡正南方护城河上设置吊桥（1976年改为水泥桥），战时阻止敌人入寨，保护城门。吊桥后是双峰寨的门楼（主入口），门楼为两层，高6.6m。门楼之后为一小院，连接门楼、南塔楼与两侧厕所。南塔楼高五层，15.5m，底层最宽处墙厚1.7m，顶层墙厚0.5m。底层为一高2.6m、宽1.9 m的拱门，拱门上方有向下射击的射击孔。

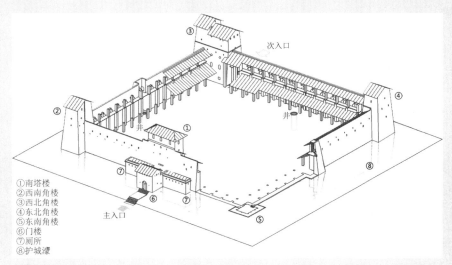

①南塔楼
②西南角楼
③西北角楼
④东北角楼
⑤东南角楼
⑥门楼
⑦厕所
⑧护城濠

图4 总体格局

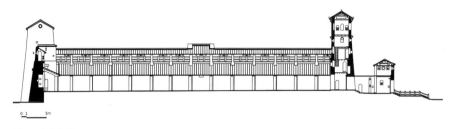

图 5　南北向剖面

西北角次入口紧贴西北角楼，其与外界联系的桥梁目前已被切断。

西北角楼底层东西长 12.6m，南北长 6.1m，分为东西两间，西边高 15.5m，5 层，东边高 13.8m，四层。是除南塔楼外构造最为复杂的塔楼，与西北角门楼一起保障次入口的安全。其余三个角楼均为一间，高约 14m，突出两边围墙，朝向四个方向均有射击孔。

东西两面城墙中间各有一个马面，高 9m，三层。

跑马廊环绕寨堡一周，底层宽 3.15m，约 4m 一个开间，可住人与储粮；上层宽 1.2m，离地约 5.6m，使南塔楼及四座角楼彼此连通，值此守望相助。跑马廊与各角楼第三层相连，每隔 3.9m 有一组炮眼，每边 13 组，共 52 组炮眼。

寨内原有四口井，现存三口，西北角、正西和正北廊道下各一口。

内部柱子均用青砖砌成，楼板以木檩条承重，上铺木板，木板上再铺地砖。屋面铺瓦，走廊处屋面均低于围墙，并无特殊的防御措施。

除双峰寨外，石塘村现存炮楼 6 处，炮楼遗址 1 处；此外，防御性门楼 7 处，分别为：社官门、接龙门、凤鸣门、大园门、长巷门、早禾田后门、蔡屋前门。

三、双峰寨防御体系

在这样一场实力相差悬殊的战斗中，守寨军民能坚守八个月，很大程度上要归功于双峰寨科学、严密的设计。考虑到长期作战的需要，双峰寨为物资储存提供了大量空间，在敌人围攻华阳寨的时候，李载基就发动石塘及周围群众，把大批粮油、副食品、日用品、煤炭、硝药等运入双峰寨储存，四口水井保证了长时间的饮用水供应。其护城濠、寨门、寨墙、角楼、马面及射击孔的设置都为防御提供了有力的支持。

（一）护城濠

阻碍进攻的第一道防线就是护城濠，双峰寨外的护城濠宽达 13.7m，护城濠内的水据推测曾经与周围水塘联通，目前村里的水也排进护城濠。双峰寨的厕所设在大门口，直接落在护城濠上，原来或直接向濠内排污。双峰寨保卫战中，吕焕炎部队曾在寨外四周的水塘边筑起矮墙，形成掩护，试图挖塘放水，守寨军民用火炮摧毁矮墙，化解了这一危机。

（二）寨门

双峰寨正门名为保安门，要从正门攻入双峰寨非常困难，因为通常而言大门是防御的薄弱环节，故双峰寨在正门设置了多重防卫：

第一道防线就是护城濠，对外平时用吊桥连接，战时靠河水隔断。

第二道防线是门楼，门楼大门为石灰石拱券，正面墙厚 660mm，侧面厚 500mm，门宽约 1600mm，门楼分两层，上下共有 4 个圆形的土炮射击孔和 9 个内大外小的长方形射击孔，朝向正面和两侧，可近距离打击攻城的敌人。门楼与南塔楼之间围合出的小院形似一个小小的瓮城，安全可靠，便于部队在院内集结，同时使敌人不能望见南塔楼寨门开闭，避免敌人发动突袭。

第三道防线是门楼之后的南塔楼，南塔楼寨门宽 1.9m，高 2.6m，厚 1.6m，较周边的围楼要宽，无法采用砖、石过梁，木过梁又不防火，所以运用了石灰石砌筑拱券。现在新的门扇是木的，但依始兴化区地区传统做法，寨门或为木门包铁叶。在紧贴门扇的券顶有一向下的射击孔，可向下射击，也可用于灌水灭火。当地一般灌沸水灭火，灭火效果好，同时能对攻城士兵构成一定威胁。

南塔楼从第三层开始有向外射击的孔洞，正中为 370mm×580mm 的方孔，两边是直径 260mm 的圆形炮击孔；第四层正中为 370mm×450mm 的方孔，两边为 85mm×450mm 的长方形射击孔；第五层为三个 540mm×1200mm 的拱券，内外墙之间也无收分，墙体较薄，内部感受非常疏朗，可能是用于观察敌情，指挥作战。开洞较大一方面可能由于位置较高，被击中的概率不大，另一方面可能也出于立面美观的考虑。

次入口紧贴西北角楼设置，无单独的门楼，借助西北角楼完成防御。上下三层（第二层楼板已拆除），第三层连接跑马廊。寨门窄而高，正上方为一射击孔。紧邻次入口的一层储藏空间较其他地方增加一排柱，或为装卸物资而设。

南塔楼与西北角楼朝向内院的墙面上的洞口有的也呈内大外小的射击孔状，但大多数洞口都较外墙面大，或许有在寨门被攻破后作最后一搏的考虑（图 6）。

（三）寨墙主体

因为双峰寨的墙体构造异常坚固：下部为大块卵石加砂浆砌筑，角部为大块方形石灰石相互咬合砌筑，中部卵石渐小，墙角及射击口处用青砖收边，内墙面为青砖包砌。且据说砂浆由石灰浆加上糯米浆、黄糖及桐油制成，黏性极强。阶梯状收分处设披檐，防止雨水

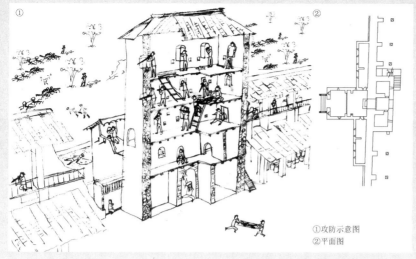

①攻防示意图
②平面图

图6 南塔楼攻防分析

侵蚀墙体。吕焕炎部队包围双峰寨后，起先用迫击炮轰击，后又调来威力更大的山炮，但都无济于事。由于寨堡四壁坚如磐石，唯一的弱点即为屋顶，故吕焕炎又组织人员利用寨东侧一间民房的四面墙壁填筑土台，企图居高临下，炮击寨内。守寨军民发现后利用两门土炮击崩泥台墙壁，破坏了土台。

用云梯发动进攻同样难以成功。寨墙顶端（除塔楼）距离水面11m。明代《武备志》记载："大凡城高，除垛城身必四丈，或三丈五尺，至下亦三丈。"双峰寨寨墙在高度上满足要求。寨墙直接插入水中，没有任何可以攀附的台子，也无法搁置木板作便桥。

墙体斜面收分约为7:1，远高于《防守集成》（清）筑城制度中规定的4:1，墙面光滑，无攀附物，增加了攻城之敌攀登城墙的难度。寨墙下宽上窄的结构一方面加强了墙体的稳定性，另一方面也增加了墙体下部厚度使墙可以抵御火器的冲击，同时使寨墙外观雄伟。

寨内坪地比护城河水面高出2m左右，如此之大的高差，难以通过地道埋地雷，且纵使挖通地道至墙基，由于距离太远，以当时炸药的威力也难以撼动墙基。关于墙基的做法目前缺少确切资料，按《营造法式》规定："城基开地深五尺，随城之厚。"并规定了用永定柱、夜叉木等制，以抵御水的侵蚀。

城墙内部为环绕一圈的跑马廊，墙上每隔一个柱距有一组射击孔出现，一高一低，共有52组，每边13组，高处射击孔离地1m，外墙面开口为100mm×280mm，采取叠涩结构。低处的紧贴楼板，外墙面开口约为270mm×500mm（现已封堵），采取拱券结构，可能用于投石。当吕焕炎部队用"铁乌龟"（用铁板做盖，下有四个轮子，内可藏两人和炸药），在炮火掩护下，推进到寨墙角企图爆破寨墙时，守寨军民居高临下抛下一块块巨石把"铁乌龟"砸烂，"铁乌龟"内士兵当场毙命。

（四）马面

马面又称敌台，是城墙上突出的矩形墩台，马面的使用是为了与城墙互为作用，消除城下死角，从三面攻击敌人。在古代城墙中一般相距三十丈或六十丈设一座（60～100m），这和弓箭射程有关，火器引入后距离有所增加。双峰寨两角楼间的距离约为55m，这个距离对于1899年乡村落后的火器而言或许略远，故双峰寨在东西寨墙中部加设马面。

马面于防御而言至关重要，《武备志》谓之曰："敌台，其意以此，有城无台，亦如无城，台非其制，亦如无台，是城所以卫人，敌台又所以卫此城也。"双峰寨马面分三层（现二层楼板已不在），第三层与跑马廊相连，马面与角楼之间平均距离约为23m，突出墙面约2m，使城墙由单纯的正面防御变为有翼侧掩护的三面防御。

马面正面设三个正对外的射击孔，上下两个为枪孔，中间的与楼板在同一高度，开口较大，可用于投石（现已封堵）。侧面设有向斜下方射击的射击孔，可以覆盖到护城河以外。角楼与城墙上相邻的马面相互侧防，在枪械的有效射程以内构成交叉的火力网，大大减少了双峰寨的防御死角（图7）。

指导老师点评

本文也是秦之韵、罗嫣然、张丁三位同学于本科四年级参加"传统建筑营造法"课程时所完成的课程论文。作为任课老师，我为三位同学的努力以及所获得的研究成果感到十分高兴。

"传统建筑营造法"是我系开设的一门选修课。三位同学出于对传统建筑文化的喜爱，在课堂的讨论辅导之外，自觉展开了踏实而卓有成效的专业学习和现场调研，与老师一同探讨研究方案，逐渐踏入了专业研究的领域，初步掌握了独立开展科学研究的思维方式与方法。经过摸索，最终以一次关联的重大历史事件为研究论述的切入点，在大量第一手研究材料的支持下，对她们最初感兴趣的粤北地区民间建筑防护体系进行了剖析。无论研究的方法或成果，该文在学术领域内都具有相当的创新与价值，值得民居研究、岭南建筑研究、军事建筑研究等关联学者的关注。

通过师生间的交流，教学相长，培育同学们独立思考、实事求是的科学精神，养成踏实、严谨、宽容、自信的人格品质，这是作为一名教师，我认为在教育工作中最重要的目标。三位同学的刻苦和所取得的成绩让我感动、鼓舞，并更加坚定这个想法。论文的研究与撰写过程，充满各种共同承受的艰辛与喜乐，相信这一段同甘共苦的学习经历，也会成为将来同学们回首大学时光时的难忘记忆。

李哲扬

（华南理工大学建筑学院，建筑文化遗产保护设计研究所副所长，博士，讲师）

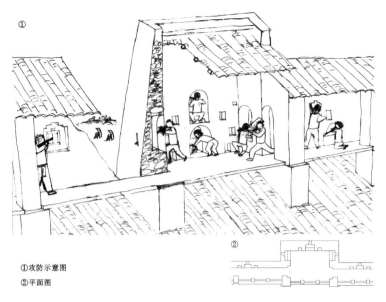

①攻防示意图
②平面图

图7 马面、跑马廊攻防分析

（五）角楼塔楼

对于方形城墙，城的四角容易两面受敌，是城防及筑城结构上的薄弱处，攻城者往往先攻角部。双峰寨的四角都设有角楼，增强了角部的防卫性能，并且使守寨军民有更好的视界和广阔的射界。吕焕炎部队多次朝向西南、西北塔楼进攻，都被守寨军民一一化解。后调来山炮向寨西南角连续发射了60多发炮弹，当西南塔楼被击穿，吕军在炮火掩护下用云梯冲锋时，守寨军民在周围射击孔将各种武器一齐发射，打退了革命军的进攻。

吕军又收茅草堆在寨外西北角一带，企图用火烧寨（或为火攻西北入口），守寨军民用自制成的"守火炮"（用棉球浸透煤油作炮弹，放在土炮里发射）对准草堆发射，使草堆着火化为灰烬（图8）。

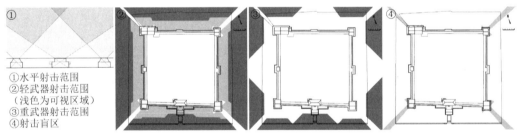

①水平射击范围
②轻武器射击范围
　（浅色为可视区域）
③重武器射击范围
④射击盲区

图8 射击范围分析

（六）射击孔

在长达8个月的攻守战中，双峰寨严密的射击洞口布置功不可没。据廖晋雄先生在《始兴围楼》中的研究结论，不同形状的洞口是配合不同的武器及功能设计的（图9）。"用岩石条砌成方形框，框内立几根生铁柱的窗式孔和相对开敞的拱形、矩形射击孔，除射击外还用于对外观察、对话；用岩石凿成或砖石砌成内大外小的狭长长方形射击孔，为步枪射击孔；岩石凿成的花瓶形和圆形射击孔，为火炮射击孔；还有部分因位置特殊为投石孔。"③

整个寨堡有大大小小射击口超过200个。在实际测量的西半侧塔楼中（正南、西南、西北三个塔楼及西方瞭望台）共有射击孔约90个。双峰寨建设过程长达12年，洞口的形式、大小、高度、结构方式五花八门。

若将实测的西半侧所有射击窗洞按距离楼板高度、射击方向、外洞口大小及外洞口形状等进行归类，会发现如下一些特点：

1. 一层均不向外开口。

2. 在较大的洞口处会安装铁栏杆。

3. 随着楼层增高，墙体变薄，且被敌方击中的概率逐渐降低，射击孔逐渐变浅变大。虽然各塔楼的窗洞大小在数值上并非严格遵循从下至上不断增大的规律，但是较大的窗洞（宽度超过450mm）基本都出现在四层以上，墙厚小于650mm，可站着射击，射击范围较大。二层墙厚一般超过1m，洞口极深，外墙面开口极小，估计需要趴在窗台上才能射击，射击范围较小。

4. 主要以拱券及叠涩为结构方式，其中拱券承重的约70个，占近80%，剩下的以砖、石过梁为主，少数用叠涩承重，但是作为这样一个农民集资自建的寨堡，这种分类显然是有失全面的，以过梁或拱券承重的洞口常常也配合叠涩出现。

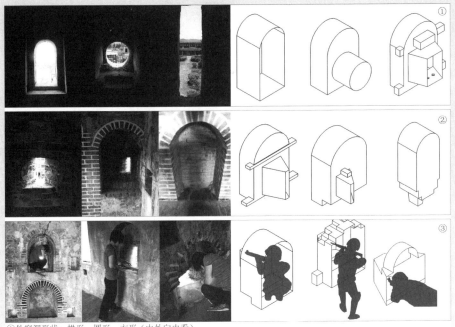

①外窗洞形状：拱形、圆形、方形（由外向内看）
②射击方向：正向前、斜向前、向下（由外向内看）
③射台高度：胸部、腰部、膝下及地面（由内向外看）

图9 射击孔类型

（七）墙上的凹龛

除射击洞口外墙面还有很多矩形凹洞，此类凹洞大部分没有穿透墙体，深度约为250～300mm（一砖长），大小差异不大，在门窗四周及墙角位置皆有分布。在其他类似的寨堡中少见如此之多的洞口（图10）。

经过观察分类，可以发现以下一些特点：

1. 按大小大致可以分为四个层级（根据砖的尺寸有一定的浮动）

(1) 450mm×580mm、470mm×490mm；(2) 290mm×450mm、300mm×400mm；

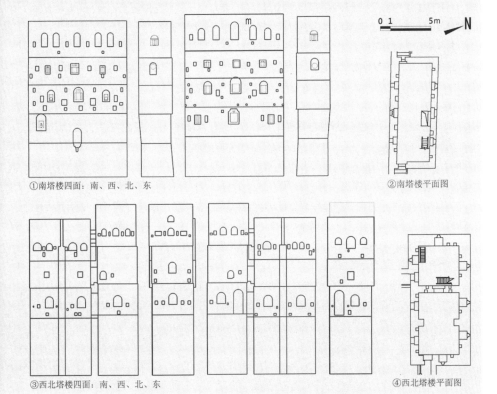

①南塔楼四面：南、西、北、东　　②南塔楼平面图

③西北塔楼四面：南、西、北、东　　④西北塔楼平面图

图10 南塔楼及西北塔楼内部展开立面

作者心得

论文主题的确定和结构的调整几经波折。

这篇论文最初是李哲扬老师"传统建筑营造法"的课程作业，我们组最初的研究方向是防御性民居的墙体研究，先后去了开平、闽西和韶关调研，希望在碉楼、围楼、围屋之间针对墙体做一个横向对比。李哲扬老师非常鼓励我们去做田野调查，他建议我们将防御性民居和军事建筑做比较，并且将对墙体的研究扩大到建筑防御体系的研究。在写作过程中，我们发现民居的数量和类型实在过于巨大繁杂，难以在一个学期的课程论文中理出头绪，于是将范围缩小到粤北的仁化县和始兴县，并最终锁定在曾经发生过惨烈战争的仁化县双峰寨。

我们在大四学期末匆忙上交的论文还只能算是个胚子，在繁杂的资料之间尚未建立起有机的联系，建筑、战争、兵书、武器、地域特征、防御体系等种种繁杂的信息使得论文关系还是一团乱麻，需要进一步整理。

暑假期间，在冯江老师的指导下，我们又先后三次重新组织了论文材料。第一次是将论文的叙述聚焦在双峰寨和双峰寨保卫战上，建立起"建筑—战争—建筑—战争—建筑"的结构；第二次将结构调整为了"战争—建筑—战争"，删减了战争的历史背景，针对性地叙述战争的过程，并且重新整理了双峰寨的防御体系，通过与军事建筑的比较来分析它；第三次删减使得主题更加突出，脉络更加清晰，最终定稿。这个反复删改的过程令我获益颇多，在论文结构的梳理上教给了我宝贵的经验。

秦之韵

（3）240mm×300mm、180mm×350mm、260mm×260mm；（4）180mm×200mm。

2．按高度大致可以分为四层

（1）高处：窗洞以上人手难以触及高度；

（2）窗台标高：基本和窗台在一个高度；

（3）窗台以下：略低于窗台的高度；

（4）贴近楼板：贴近实测或猜测本层楼板的位置。

根据综合分析，这些洞口可能用作三类用途：

（1）用作灯龛：这类凹龛一般较大，与窗洞在同一高度，分布在射击窗洞两侧和转角位置。

（2）放置子弹及架设机枪：这类凹龛一般位于窗台以下或窗台标高，大小居中，且可明显观察到与窗口的组合关系。

（3）砌筑墙体时架设行墙工具和脚手架：这类凹龛一般位于高处和贴近楼板的地方，且成排出现，在相对的两个墙上洞口出现在差不多的位置，但是并非完全镜像，高度、大小上也有出入。

四、双峰寨的战斗

在长达8个月的攻守战中，吕焕炎部队先后发动和谈、诱降、炮击、爆破、火攻、断水、筑土垒等进攻方式，都被守方一一化解。攻守策略总结如表4所示。

攻守策略　　　　　　　　　　　　　　　　　　　　　　　　　表4

攻城方式	攻方	守方
断水	筑矮墙掩护，挖塘放水断绝寨内水源	摧毁矮墙阻止放水
火攻	收集茅草烧寨	烧尽茅草
近迫作业	用"铁乌龟"推进到寨墙角爆破	投石击打"铁乌龟"
炮攻	填筑土台，自高处炮击寨内	击崩土台
	击穿西南塔楼，云梯队冲锋	各种武器击退
飞机轰炸	飞机轰炸	—

久攻不下，吕军开始采取包围封锁的方式，时不时放几声乱炮，战斗到了漫长的相持阶段，蔡卓文一方面在斯溪山打游击，牵制敌人，一方面通过内线指挥双峰寨战斗，为寨内秘密输送健壮的指战员，但对方兵力占绝对优势，切断了两边的联系。

到了10月，战斗形势日益严峻，寨内严重缺水少药，病号与日俱增。

10月上旬，北江特委欧日章到达石塘指导工作，他认为"在石塘寨内同志颇困苦，若弃寨而走，不仅要损失无数同志，而且失去巩固所在，一旦被土豪劣绅占领，殊难反攻。"遂下令继续抵抗。

10月中旬，黄梅林率一支四十多人的赤卫队潜入寨内，补充战斗力。

不久一出寨活动的女赤卫队员被捕，供出石塘寨与外界联系的交通线路与联络点，敌人切断了双峰寨与外界的联系，并提请上级派飞机配合围攻。

11月1日，国民党总部派飞机一架，侦查并散发传单。

11月3、10日，国民党总部派飞机六架次，掷炸弹十颗，均不中。

11月11日，国民党总部派飞机三架，将西南寨楼炸掉一截（目前西南塔楼部分重建，还能看到砌筑错位的痕迹），30余守寨军民牺牲。

11月11日深夜，寨内工农革命军分成三路突击队，从东南、西南、正南寨门同时突围，受到强力截击，其余两路工农革命军和群众120多人牺牲，只有黄兆基率领的正南方向50余名军民成功突围，选择南部突围是否是想利用寨前的水塘和农田掩护不得而知。④

据民国《仁化县志》载："总计是役，毙人命千余，损财物不计其数"。

守寨700军民中，仅50人成功突围。由于久旱无雨，寨内4口水井全数枯竭，就地埋葬在寨内院坪的伤亡人员的血水又渗入井内，导致疾病流行，又兼油盐药品断绝，寨内病死者达200多人，突围时牺牲120多人，沦陷后，寨内200多剩余军民被捕牺牲。

攻方损失未见详细记录。

五、结语

明总兵刘应节总结道："军以台为家，内有薪水刍粮之备外，无风雨霜雪之苦，一也。多贮火器，给用不绝，二也。贼弓矢不能及，构杆不能施，我之炮铳矢石皆可远击，三也。军依于台，身既无恐胆自壮，即若兵可兼而用，四也。偏坡壕堑将太为固，五也。因台得势，因事至今节制可施,六也。即有狡贼乘高逾险而吾不意,而台制高坚八面如一,彼既不能仰攻,而步贼又不敢深入,七也。相持可久,则援兵可待,八也。贼谋其八必谋其出,来可俱阻归亦可击,九也。即贼攻一台溃一墙,房马不能拥入台,兵亦得肆力恐,十也。"建于清末民初的双峰寨精密的设计几乎一一印证了这十个方面。

从 1928 年 3 月 28 日到 11 月 11 日,双峰寨保卫战持续了近 8 个月,这座兴建于 1899 年的寨堡抵挡住了 1928 年的炮火,经受住了战争的考验,最后的空中轰炸已是清末的石塘百姓完全无法预料的了。战役是惨烈的,当年牺牲军民的名字大多早已佚散,他们的鲜血也早已被冲刷干净。从 1899 年到 1928 年再到今天,只有见证这场漫长战役的双峰寨依旧耸立,这或许正是历史建筑研究中最动人的地方。

注释:

①关于 1928 年 3 月 28 日,有文献记为农历二月初八,应为闰二月初八。
②李宗仁率部北伐后,吕焕炎随黄绍竑留守广西,第七军所留驻桂子改编为第十五军,也称后方第七军,黄绍竑任军长,下辖 3 个师,吕焕炎为第十五军第三师师长,1927～1928 年间编制变动频繁,但关于双峰寨的文献大多按第七军编制记载。
③始兴县紧邻仁化县,境内围楼众多,俗称"有村必有围,无围不成村"虽多为方围,类似双峰寨这样的四角楼较少,但在射击孔的建造上与双峰寨有许多共同之处,且同样仅在战时使用。
④据邵雨强的《仁化英烈》载,大部分文献记载双峰寨于 11 月 11 日沦陷,县志所载九月三十日或为农历,1928 年农历九月三十日恰为公历 11 月 11 日。

参考文献:

[1] 何焖璋, 谭凤仪. 广东省仁化县志 [M]. 台北:成文出版社有限公司, 1974.
[2] 黄志坚. 1927—1928 广东仁化——暴动与试验 [J]. 剑南文学(经典教苑), 2011.
[3] 李宗仁. 李宗仁回忆录 [M]. 桂林:广西师范大学出版社, 2005.
[4] 廖晋雄. 始兴围楼 [M]. 广州:广东人民出版社, 2007.
[5] 宁倩. 荆州城墙古代城防设施研究及实例分析 [D]. 西安:西安建筑科技大学, 2005.
[6] 阮啸仙. 阮啸仙文集 [M]. 广州:广东人民出版社, 1984.
[7] 邵雨强. 仁化英烈 [M]. 中共仁化县委党史研究室, 1994.
[8] 吴庆洲. 中国古代军事建筑艺术 [M]. 武汉:湖北教育出版社, 2006.

图表来源:

图 1:作者自绘。
图 2:广东陆军测量局民国十七年测量图(广东省立中山图书馆)。
图 3:作者自摄。
图 4、图 6～图 8、图 10:作者自绘。
图 5:程建军. 石塘双峰寨修缮复原工程。
图 9:作者自摄、自绘。
表 1:作者自绘。
表 2、表 3:网络。
表 4:作者自绘。

学生心得

这次论文写作的全过程令我收获颇丰。在田野调查中,我们调研了各种各样废弃的或还在使用的围屋、围楼,不论是墙上的射击孔和修改过的开窗、土围里被砍掉的隔间、外墙上晒茶的铁钩,都让我进一步感受了人与建筑之间的密切关系,这些有着悠久历史的建筑总是更充满着对生活的关注。在对文献的梳理中,看到了前人对筑城、武器、军事防御的理解,不得不感叹他们的智慧。在论文书写中,我们从战争的角度来讲述建筑,量化表现建筑的动态防御性能。同时,从两位老师的辅导中,我们学到了研究方式、论文结构、图像表现等方面的知识,对我们这次乃至将来的研究与写作都有很大的帮助。

张丁

回看整个研究过程,即使数月过去,其中的辛酸和快乐依然历历在目。

由于村与村之间交通不便,我们只能选择骑行。因时间有限,只有一天时间调研双峰寨,到关门时间我们仍没能完成测绘,只好恳求看门姐姐容我们多测绘几小时。为了节约时间,我们分为 2 组测不同的角楼。四周一片漆黑,只有上下楼梯的嘎吱声,即使打着手电筒也常不小心撞上蜘蛛网。之后的爆胎、找不到酒店、没地方吃饭等等困难,也让我们发现原来离开了家我们可以这样坚强。

从开平到永定到韶关,我们看到了真实的农村生活:荒凉的村落、孤独的老人以及破败的建筑,同时也被各种围屋、围楼的美深深地打动,既折服于前人在建筑防御上展现的智慧,又因预见它们的消亡而遗憾。

在论文写作过程中,我们从护城濠、寨门、寨墙、角楼、马面及射击孔多个方面来研究建筑的防御性,并在老师的指导下,进一步优化图纸和文字的表达,收益颇丰。

罗嫣然

何雅楠
（哈尔滨工业大学建筑学院　本科四年级）

电影意向 VS 建筑未来

Movie Image Versus Architecture Future

■摘要：科幻电影总是涉及对未来城市及人类生活的描绘，建筑师本身也依据时代背景提出许多未来主义的城市理论。二者有相似之处，却又绝不相同。本文基于对 20 世纪以来的历史背景下科幻电影与建筑未来主义理论的发展比较，探讨了电影想象中的未来建筑和城市与建筑师提出的未来主义城市理论的异同，并分析其本源。进一步地，对电影想象中的未来建筑与城市对今后建筑未来主义思考的积极意义作出分析与探讨。

■关键词：科幻电影　未来主义　时代背景　建筑师　异同

Abstract：Science fiction movies always picture future cities and future human life. In the meantime，architects themselves also have proposed many futurism theory according to the background，the history they've been in. There are some similarities between the two，but which are definitely not the same. The author has made a comparison between the development of both science fiction movies and architecture futurism theories since the 20th century，exploring how future cities in sci-fi movies and futurism theories differ from each other and why. Furthermore，discussing and an analysis of how architecture futurism would benefit from future buildings and cities in science fiction movies have been given.

Keywords：Science Fiction Movie；Futurism；Background；Architect；Similarities and Differences

一、当电影与建筑有约

当今人们将越来越多的注意力放在探讨建筑与电影之间的关系上，这甚至也成为了近年来世界众多建筑院校的一种流行思潮。他们通过对电影的研究，以期发现一种更微妙的回应式的建筑，这其实源于建筑与电影的关系本质确实难解难分。建筑需要动态视觉作为评价、感受以及赏析它的经验基础，反过来电影则是在时间轴上的空间推演艺术。纵观电影产生后的历史，建筑与电影由于在结构、艺术和程序上的多重互通性，无可避免地产生了互动。建筑成为电影舞台的同时，也展示了其电影的"性质"，建筑自身也成为"表演者"。

的确，电影与建筑的影响关系是双向的。如果说建筑对电影的影响是表征层面的，那么电影对建筑的影响却是基于意识层面的。扎哈·哈迪德独特的手绘建筑世界（图 1）则是

图1　扎哈手绘

在用电影的疆域来展现自己的建筑观念,建筑作为表现现代主义的"非真实"的方面,与电影、电视的联系显然比其他艺术形式如雕塑或音乐的联系更加紧密。当今最著名的那些建筑先锋人物,如伯纳德·屈米、雷姆·库哈斯、蓝天组和让·努维尔,都承认电影对于他们在形成自己的建筑设计思路时所起到的重要作用。

有一类独特的电影题材专注于表现未来城市里的人类生活模式。可见人们对未来世界的探索与渴望从未止步,这当然也渗透到了七大艺术之一的电影中来。在如《第五元素》、《星球大战》这类的未来科幻电影中我们见到不少对未来建筑、未来城市的表现,除了建筑形态的直观表达外,也表现了未来人类在这种空间下的生活场景(图2)。

探讨电影中的意向对实际的未来建筑发展趋势的意义,一方面在于电影想象的预见性。有些在过去的电影中表达的未来建筑、描绘的未来城市的生活情境在今天都得到了某种程度的实现。那么我们就可以分析比较电影想象与实际建筑实践之间的异同,进而对现在这个节点看到的未来的建筑作出类比、推测和假设。

其另一方面的意义则在于电影想象代表了大众文化对未来建筑的倾向以及大众对未来建筑的预期和接纳程度,建筑师往往站在专业的角度上思考建筑问题,这样得到的未来建筑的结果往往与电影中的表现是有区别的。例如,当今世界最知名的未来摩天楼竞赛 eVolo,总是基于一个全人类面临的世界性问题以期建筑师们给出专业化的建筑解决方案(图3)。而电影中未来化建筑的表达可能并不从这样理性的角度入手。建筑师承担了对未来建筑发

图2　电影《云图》

指导老师点评

图纸之外的建筑文本,文本之上的建筑可能

(1) 竞赛观感

设计建筑好比组织文本,会有其特定的结构、语法、语汇和修辞等内容。因此建筑学的"文本设计"与"文本写作"具有天然的共通性,但这样的天然优势在教学上并没有得到普遍的重视与发展。

目前国内、国际的建筑学教学交流基本都限制于学生作业、竞赛、联合设计和教学研讨的层面,而对于学生的专业阅读、写作训练,以及与设计相关的人文、历史、艺术等基础的甚至土壤性的培育却寥寥甚少。我们不该用"学科的悲哀"这样的大字眼儿来掩盖自身的不作为,对于我们期待出现的,只要有所尝试和改变,就会有可能的未来。《中国建筑教育》的大学生论文竞赛是我所见过最好的尝试之一,虽然或许只是筚路蓝缕的第一步,但其举办就展示了一种以启山林的态度。好比国内的很多设计竞赛,在最初的几届往往影响力很小,作品水平也比较有限,但假以时日,其影响力与水平都得到成倍的增长。目前我们的看到的这届论文竞赛就是一个很好的开端,它开拓了一种建筑学自身的图纸之外的竞赛形式,这本身就是一次求变的设计创新,同时对改进国内专业教学短板可能有着星星之火的意义。

(2) 论文点评

不管面对什么样的分类方法,电影与建筑是各种艺术形式中最为高阶和综合的存在,它们甚至可以容纳、综合其他的艺术形式并成为其载体,因此具有极强的相似性与类比性。只不过电影的出现要远晚于建筑,但其发展速度之迅猛,亦远高于建筑的发展。因此,把握电影的发展与趋向,对于建筑的发展和未来的预判具有很高的借鉴意义。除了建筑设计之外,已出现电影还都展示了未来的城市形

(转 183 页右栏)

图 3　2013 年 eVolo 竞赛一等奖

展趋势把握的责任，但同时建筑师也非常需要注重了解大众——建筑真正的服务对象，对未来建筑的期待。因此，电影想象与建筑未来的异同探讨就显得异常有价值，我们从中可以得到很多启示，并为建筑的未来发展趋势提供一种新的探讨思路。

二、电影想象对未来建筑的表达

（一）涉及未来建筑的电影发展史

科幻电影考虑未来建筑及城市的过程其实是在追随着时代进步，世界工业化发展的脚步。"科幻电影的发展就是一个工业社会发展的缩影；科幻电影在观念、题材、形式上总不乏旺盛的想象力和强烈的社会、政治反思。"

19 世纪末，法国人卢米埃尔兄弟发明了"活动电影机"，直接促进了法国电影的迅速崛起。尽管后来美国由于工业化发展、科技进步飞速，而占据了科幻电影霸主的位置，但在 20 世纪初，却是法国导演梅里爱以《月球旅行记》（1902 年）、《太空旅行记》（1904 年）以及《海底两万里》（1907 年）这三部经典电影开创了科幻电影的先河，同时奠定了当时法国电影在科幻类型中的地位。此时的电影人刚刚接触科幻题材，电影内容也多为对凡尔纳和威尔斯等科幻小说家作品的改编，对未来城市的思考尚未成形。到了 1920 年代，美国电影由于制片模式改革异军突起，与欧洲科幻电影分道扬镳。此时德国电影《大都会》还在描绘机械化的巨型都市情景，而美国电影如《失落的世界》则已开始着眼于英雄主义下的城市构建。1930 年代的科技理论突破催生了一系列疯狂科学家主题的科幻电影，对未来建筑场景的描绘相对较少。1940 年代的影片则受二战影响发展停滞不前，多为重复以往路数，但同时出现了将政治倾向夹在电影中的现象。1950 年代开始，冷战给人们带来的心理阴霾催生了大量以核战争、外星生物入侵为背景的科幻影片，这些影片充斥着对外星未来建筑与城市的城市形态的描绘，其形态多为极具理性逻辑的几何形态、仿生形态或机械化倾向。1960 ～ 1970 年代，电影产业迎来后工业时代的发展，电脑技术的进步满足了人们对工业化的极限追求。对未来城市与建筑巨大尺度的描绘，在《2001：太空漫游》与《星球大战》中体现得尤为明显。1980 年代中后期至 1990 年代，时局趋于稳定且数字技术进步，电影中未来建筑风格并不统一。2000 年以后，科幻电影题材呈现多样化的局势，其表达的未来建筑与城市场景也都基于对以往种种表现形式的整合。电影中未来建筑与城市面貌呈现一个多元化的局面。

（二）多元化的未来建筑表达

科幻电影种类多样，其中对未来建筑及城市的表达也是风格多样，充满万千变化。从城市形态以及建筑形态来分析基本可以总结出以下几种类型。进一步地，如果将电影想象中的未来建筑或城市类型视为索绪尔理论中的能指①，则它们背后所代表的是大众对未来世界的感性诉求（表 1）。

未来主义城市及建筑色彩电影的能指与所指　　　　　　　　　　　　　　　　　　　　　　表 1

能指：建筑或城市类型		代表电影	所指：大众感性诉求
城市形态	超大尺度城市	《星球大战》、《2001：太空漫游》	理想主义、英雄主义，对技术的极端追求
	重复化城市	《魔力女战士》	对技术的极端追求
	极致交通城市	《第五元素》	极限追求
	废墟重生城市	《遗落战境》	对生态环境及未来的担忧
建筑形态	巨型建筑	《大都会》、《云图》	理想主义、英雄主义，对技术的极端追求
	理性曲线建筑	《银河系漫游指南》	渴望艺术与技术的统一
	机械主义建筑	《骇客帝国 3》	对技术的极端追求
	反重力建筑	《天煞：地球反击战》	渴望艺术与技术的统一

1. 城市形态

大多数电影想象中都是给出整个人类居住城市的宏观视觉描绘，这些未来城市主要分为这样几个类型：超大尺度城市、重复化城市、极致交通城市以及废墟重生城市。在很多科幻电影中，人口数量过度膨胀，城市也演变到极限开发的程度，这便形成了超大尺度城市。城市里高楼耸立，建筑单体密集拥挤，街道尺度窄小到甚至可以忽略，整个城市过度扩张到一个前所未有的范围，这本质都是源于人类的理想主义、英雄主义以及对极限的追求（图4）。重复化城市形态具有极其强烈的几何逻辑构成，多数为建筑单体与单体之间在几何形态上面极为相似又在高度、尺度、大小等方面具有一定变化。但它们都产生于一个完形的几何原始形态，具有极强烈的表征意识和仪式感（图5）。还有一类城市强调的是交通方式的进化，人类脱离了以往局限的交通，重新演绎了时空转化的概念（图6）。废墟重生城市则是基于人们的灭世情结给出的破坏性、毁灭性城市发展的悲观想象，城市建筑风格趋于破败与覆灭，营造出一种极端生存环境（图7）。

2. 建筑形态

论说建筑单体的形态，主要也有几种类型：巨型建筑、理性曲线形态建筑、机械主义建筑以及反重力建筑。科幻电影中出现的巨型建筑形态的意识来源同样是人类的英雄主义及对极限的追求，人在如此的建筑体量面前几乎可以忽略不计，强调对技术的推崇以及对

图4 《星球大战3》剧照

图5 《魔力女战士》剧照

图6 《第五元素》剧照

态、社会形态、科技发展等内容，而建筑与城市的发展同样是在这些综合要素的综合作用力下的结果，它们展示的是人类对于自身生存与生活的反思、期许、忧虑和野心。作者很好地把握到了这一点，以此为凭借作为论文立论的基础，并顺势开展论证，还注意到两者的相互影响与借鉴，这部分的论述也很好地展示了其比较扎实的专业素养。即便是研究也会因人的趣味而异，对于年代与事件的敏感也成就了本篇论文最有工作量和最有含金量的部分，即科幻电影与建筑未来主义理论的发展关系论证，可以说这一部分的成功决定了论文的水准。

另外想说句题外话，就目前来看，电影产业的国内顶级与国际顶级的差距是小于建筑产业的，至少从国际水准的大师数量上来看是这样。其中一个原因是，电影多数是学习国外技术、理论，但基于自身的文化土壤；而建筑多是学习国外的技术理论后，汲取的文化也多是西方的现代、当代城市文化，导致了建筑艺术层面的文化失魅。因此谈到这个论题的时候，关于未来的电影和建筑，就自然很难有国产"角色出演"了。

董宇

（哈尔滨工业大学建筑学院，
硕导，副教授，教研室副主任）

图 7 《遗落战境》剧照

图 8 《云图》剧照

个人的蔑视（图8）。理性曲线形态建筑多为较逻辑化的曲线形态，其背后也多有一套数学生成形态的函数法则（图9）。机械主义建筑则将对机械的建筑化发挥到极致，对当下的机械理论进行延伸与发展（图10）。反重力建筑的特点则在于强调人类对自然极限的挑战，对技术的无限追求，敢于突破既有的科学理论基础（图11）。

图 9 《魔力女战士》剧照

图 10 《骇客帝国3》剧照

图 11 《天煞：地球反击战》剧照

三、建筑师对未来建筑道路的探索

（一）未来建筑及城市前瞻理论探索

20世纪初，建筑师对未来主义建筑和城市的探索差不多与电影中的未来化探索是同时开始的。1917年俄国的无产阶级革命启发了俄国的构成主义（图12），无产阶级革命的胜利引导俄国建筑师从艺术家转变为注重实践的、与社会联结的设计师。1930年代，柯布西耶针对大城市的盲目发展和拥挤不堪的恶劣环境提出"光明城市"理论，以期待改善人居环境，将阳光还给人类。1940～1950年代由于二战影响，建筑发展呈现停滞状态。1960年代未来主义蓬勃发展，英国建筑电讯组与日本新陈代谢派均异军突起。其中，建筑电讯组以想象丰富却不切实际的彼得·库克的插入式城市（plug-incity）（图13）与罗恩·赫伦的行走城市而闻名。新陈代谢派则出于对实际未来的担忧提供合理的解决方案，以丹下健三的东京规划、黑川纪章的螺旋城市以及矶崎新的空中城市影响较为深远。1970年代，针对冷战影响，库哈斯提出"逃亡，或建筑的志愿囚徒"竞赛方案（图14）。1990年代，东欧剧变，柏林墙倒塌，利布斯伍兹的废墟城市（图15）伴着一种冲垮柏林墙的力量，成为极具爆炸力的城市塑性工具。2000年以后，建筑未来主义虽未形成统一的理论趋势，但也形成了多元化思考的局面。

（二）理论到实践的过渡

有些建筑师提出的未来主义城市理论已经被搬入现实，有些则由于过于理想化只作为一种想象理论存在。比如日本新陈代谢派的理论倾向于着眼未来解决现在困惑他们的实际问题，而英国建筑电讯组的理论却都是纯粹的、理想化的未来城市构想。1969年，彼得·库

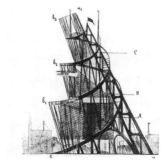

图 12 俄国构成主义绘图

图 13 彼得·库克的插入式城市

图 14　库哈斯 1972 年的 "逃亡，或建筑的志愿囚徒" 竞赛方案

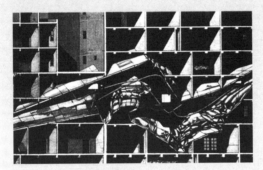

图 15　利布斯伍兹的废墟城市

克获蒙特卡罗娱乐中心设计竞赛一等奖，但在几年的尝试后因为有太多无法实现的想法而最终被搁置。此后建筑电讯组不再继续研究新的理论，但欧美建筑界的学生和年轻建筑师们却对这些新奇又不切实际的想法越发着迷。虽然其理论天马行空，在现实中不可实现，却启发并影响了后续很多建筑师的创作。法国蓬皮杜艺术和文化中心的设计就被认为深受建筑电讯组理论的影响。

　　然而，未来主义建筑或城市的理论在付诸实践的过程中也会经历多番波折，甚至收到评论家们的负面反馈。柯布西耶的光明城市理论在 1965 年被运用在印度昌迪加尔（图 16），却被美国作家雅各布斯在其作品《美国大城市的死与生》中批评为 "精英主义的乌托邦梦想"。因为它实际上注重了综合功能的满足，却忽略了人在多样化方面的体验，最终沦为美国贫民窟的一些发展模式。但从今天来看，其理论对发展中国家产生了不小的影响，为发展中国家的建筑设计提供了启发和思路。可见理论对于实践的意义可能并不单薄、直白。理论生于一个时代，但可以作用于另一个时代。

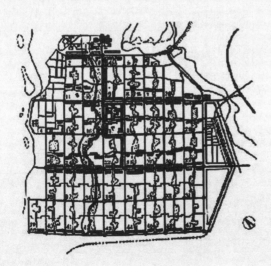

图 16　印度昌迪加尔规划平面图（柯布西耶）

四、电影想象对未来建筑发展趋势的启示

（一）电影想象与建筑未来实践的异同

电影与建筑都是在大的时代背景下对现实作出反应，在很大程度上表达了每个时代人们的生活的精神面貌、对现实的批判与讽刺及对未来的憧憬与忧虑（图17）。都是作为综合艺术，二者在表达人们情感、反映现实方面有着惊人的共同点。建筑与电影都对现实世界问题如战争、种族冲突、资源紧缺、环境污染等提供城市角度或建筑角度的应对方案。但同时二者在对未来建筑的设想与解读中有着很大的不同（表2）。这些表征的不同则源于深层次上电影与建筑的区别。电影可以通过呈现破坏性扩张发展或毁灭发展的形式来警醒人们现行的过度工业化的恶果。但建筑师必须脚踏实地面对问题来提出可行的解决方案或者表达美好愿景。电影毕竟是虚构的，未来城市可以毁灭，但建筑师肩负着改革的使命，就不可以允许未来的城市走向颠覆。

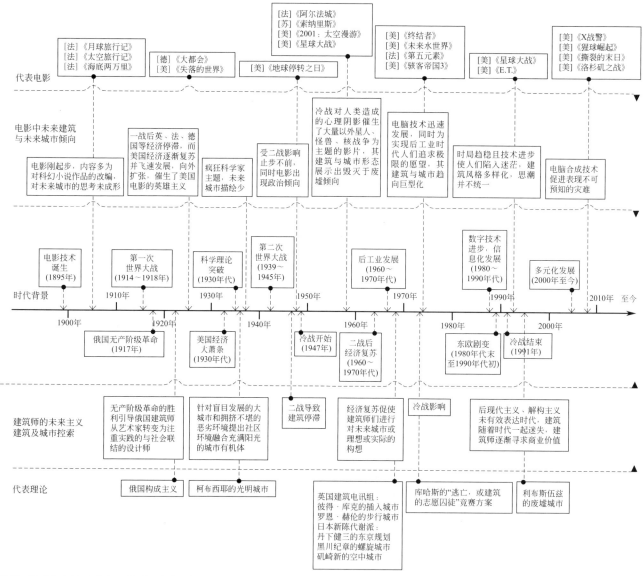

图17　20世纪以来历史背景下科幻电影与建筑未来主义理论的发展

电影想象与建筑实践的区别　　　　　　　　　　　　　　　　　　　　　表2

	电影想象	建筑实践
对时代背景的回应	感性表达、预期、探索	理性分析、回应
代表群体	大众文化	专业视角
理论基础	基于纯粹想象	当代科学理论引入空间
建筑形态	寻求仪式感的理性数学函数曲面	追求艺术化的自由曲面
计算机辅助	外部造型	外部造型与内部空间

(二)电影想象对未来建筑设计的启示

1. 大众对未来建筑的预期及接纳程度作为方向参考

正如西班牙建筑师奥提斯所说,建筑与电影都是非常"综合"的艺术,在考虑电影与建筑问题时不可以单一地只关注某一方面的问题。一个好的电影是众多演员、参与各方、预算、最终票房等各方面都达到优秀的综合体。一个好的建筑,同样地,需要考虑大众的品位,功能,结构,材料形式的契合等才能达到建筑艺术的顶点。因而,建筑无论从设计或者说是提出对未来建筑设想的理论的角度来讲,建筑师不能单一地只从自己的视角"专业"地看待问题,同样需要接纳大众流行文化并尝试找到一种介于引导与迎合之间的协调的、折中的解决方式。

而电影作为一种娱乐消费产物,是需要具有群体效应的,这就使其必须迎合大众口味来赢得其市场预期。也就是说,电影中未来建筑、未来城市场景的描绘是符合甚至基于大众文化中对未来建筑的想象和预期的。既然科幻电影中对未来建筑或城市生活的展现可以代表大众对于未来生活的愿景,这就值得建筑师去仔细探寻一番其中未来建筑的特质,并作为自己进行未来城市设想的参考。

2. 大众对世界问题的关注方向引导未来建筑走向

同样地,建筑师由于专业思维的模式化,在很多人类共同面临的世界性问题方面的思考是与现实中的观察家们有所不同的,而作为建筑师又需要做到兼听则明。科幻电影往往承载了对人类面临的灾难、环境问题、种族冲突等问题的思考与解决途径,这背后蕴藏的是电影人敏锐的看待问题的思路与不同于建筑师的开阔眼界。通过电影想象中展示的未来建筑情景,建筑师们可以从中看到不曾考虑过的现实问题,并参考影片中的解决途径形成自己的未来主义理论。

3. 超前的技术美学提供造型思路

由于电影里对未来建筑的表达只是流于造型层面的,并不需要考虑实际的结构问题,或者说电影中变现的时代拥有人类现在难以想象的技术进步从而形成了甚至超乎建筑师想象的形态。而这其实本身是对建筑师的一种引导与启示。一直以来,建筑师孜孜不倦地寻找建筑形态灵感来源,每一个时代又有每一个时代的风格与取向。在当今这个多元化的时代,我们应当看到电影与建筑影响的双向性。一方面电影记录和再现了现存建筑的形态,同时电影中超前的想象建筑也可以反过来为建筑师们提供参考。

五、结语

未来始终是一个人们孜孜不倦探求的主题,电影人与建筑师也分别用自己独特的方式来表达了自己对于未来城市与建筑的观点与愿景。在大的时代背景下,这些想法有所交集,但又不完全一致。二者都是综合了各种因素的艺术,在很多方面都具有微妙独到、难以言说的相似性。对比科幻电影中未来城市场景及未来建筑形态与建筑未来主义理论中的城市及建筑,作为建筑师我们可以发现很多曾经忽略的视角。作为大众娱乐产物的电影对未来城市的探求与面对未来问题的解决方式更多展现的是大众的期待,也代表了大众的情感诉求,这恰恰是建筑师所需要关注的。同时,科幻电影的发展也为并行的未来主义城市理论提供了一个可以时时与之比较的标杆,在这个过程中建筑师会有很多意想不到的收获。无论是对未来城市发展方向的辩证思考,或是对未来建筑形态的新的尝试与探索,电影想象对建筑未来总会起到一个反思时代、激发灵感的作用。

注释:

①索绪尔的能指与所指理论。所谓能指,即被表达者;而所谓所指,就是实际表达出来的内容。例如,我们说玫瑰花代表爱,玫瑰的形象是能指,爱是其所指,两者加起来,就构成了表达爱情的玫瑰符号。

作者心得

已实现的与未知的未来

是"未来"这个词抓住了我。

作为建筑师,我们长久地忙碌于将设想搬进现实。学生时代的训练更强调的也是建筑的实践化命题,但多数时候,不安分的建筑学子更痴迷于看似不切实际的空想理论。同时,作为生活的体验者,我们对未知与变化有着敏锐的感知。

未来主义倾向的建筑理论总是更易吸引我这样的年轻人向其投入热情。正如即便 Archigram 的风潮过去了几十年,建筑学子们还是在效仿其表现风格来绘图。

而看电影,是作为生活的观察者窥探这个世界的一种视角。电影人对未来世界的狂热不单单带来了饭后消遣,也唤醒了我内心的无数想象,更让我以一种新颖的视角来审视建筑与城市。

当两者碰撞的时候会发生什么有趣的事情呢?

在这篇论文里,我尝试着作为一个穿针引线的小角色,捕捉在一定历史阶段中两个影子各自的风姿,也慢慢拼凑出它们不俗的相遇与交叠。它们同时发生,有些有着隐秘的联系,有些却各自独立。这仿佛意味着,历史与未来是可以有着转折和选择的——但对于过去来说,一切又都是那么的注定。而未来的另一个有趣之处就在于,不管怎样,它终究会来,人们可以用来检验此前的预测,再做出新的预判和期许。这种整合时空观念的训练,对我看待以往所识历史也有常读常新的效用。

在这个过程中,我很自得其乐。

最后,一定要感谢我的论文指导董宇老师。感谢董老师在论文想法初现雏形之时给予我的启发与支持,以及在论文行文中的建议与帮助。这是一位有趣、渊博且包容的老师,能够真正接纳并欣赏这一番"脱离正轨"的思考与探索。

何雅楠

参考文献：

[1] （美）安东尼·维德勒．空间爆炸：建筑与电影想象 [J]．李浩译．建筑师，2008(12)：14—24．

[2] 闫苏，仲德崑．以影像之名：电影艺术与建筑实践 [J]．新建筑，2008(1)：19—25．

[3] 赵起．后工业化发展对科幻电影创作观念的影响 [D]．上海：上海戏剧学院，2005：1—3．

[4] 黎宁．当今建筑设计领域的未来主义倾向与思考 [J]．建筑学报，2012(9)：13—19．

[5] （美）简·雅各布斯．美国大城市的死与生 [M]．金衡山译．南京：译林出版社（人文与社会译丛），2005：165．

图表来源：

图 1：http://www.jianzhu.easyoz.com/news/00097390.html．

图 2：http://www.hinews.cn/news/system/2012/05/17/014418231.shtml．

图 3：http://www.evolo.us/competition/polar—umbrella—buoyant—skyscraper—protects—and—regenerates—the—polar—ice—caps/．

图 4：http://www.imdb.com/media/rm2853747456/tt0121766?ref_=ttmi_mi_all_sf_120．

图 5：http://blog.sina.com.cn/s/blog_5f49e07b0101d8sz.html．

图 6：http://www.imdb.com/media/rm3243169280/tt0119116?ref_=ttmd_md_pv．

图 7：http://www.imdb.com/media/rm1985981440/tt1483013?ref_=ttmi_mi_all_pos_48．

图 8：http://library.creativecow.net/kaufman_debra/Cloud—Atlas_Method—Studios/1．

图 9：http://blog.sina.com.cn/s/blog_5f49e07b0101d8sz.html．

图 10：http://www.imdb.com/media/rm3009386752/tt0242653?ref_=ttmi_mi_all_sf_26．

图 11：http://www.yupoo.com/photos/aegeans/6687294/．

图 12．www.evoketw.com．

图 13：http://archrecord.construction.com/features/interviews/0711PeterCook/SS1/2.jpg．

图 14：源自网络。

图 15：http://www.chla.com.cn/html/2008—09/18499.html．

图 16：www.zhongsou.net．

图 17：作者自绘。

表 1、表 2：作者自绘。

朱　瑞
（重庆大学建筑城规学院　本科三年级）
张　涵
（重庆大学建筑城规学院　本科三年级）

当职业建筑师介入农村建设——基于使用者反馈的谢英俊建筑体系评析

When Architects Are Involved in Rural Construction—Evaluation and Analysis of Xie Yingjun's Architectural System Based on Users' Feedback

■摘要：处于当代快速城镇化进程中的农村建设，千村一面、盲目照搬城市建筑形式等问题十分突出，台湾建筑师谢英俊先生对此提出了一套解决方案并在台湾、大陆进行了试点建设。本文以谢英俊团队在四川雅安芦山地震灾后重建中进行的轻钢房项目为对象，详细调研了使用者的实际使用状况和意见，对谢英俊建筑体系中的设计、结构、材料、构造等几方面进行了多角度评析，以期为当代越来越多的建筑师介入农村建设提供参考。

■关键词：谢英俊　轻钢房　使用者反馈　评析

Abstract：During the course of rapid contemporary urbanization, blind imitation of other villages and cities is a notable problem in rural construction. Mr. Xie Yingjun, an architect from Taiwan, has proposed a solution, which has been experimented in prior spots both in Taiwan and in Mainland China. Based on a case study of Xie's light steel structural house project in the restoration of Lushan, Ya'an after the 2008 Sichuan earthquake, this article introduces an exhaustive research on the residents' actual living condition and their advice. It then objectively evaluates and analyzes the design, structure, material and fabrication of Xie's architectural system from several perspectives, in order to provide information for more and more architects who attempt to contribute to rural construction.

Key words：Xie Yingjun；Light Steel Structural House；Users' Feedback；Evaluation and Analysis

当下中国,农村建设缺少应有的关注,农村住宅出现千村一面、盲目照搬城市建筑形式、农民话语权丧失等问题。为改善农村建设现状,台湾建筑师谢英俊先生提出了自己的解决方案,并在台湾地区邵族部落重建、河南兰考县重建及5·12汶川灾后重建中大胆实践其建筑理念,受到了建筑师的广泛认可。2013年4月20日四川省雅安市芦山县发生7.0级地震后,谢英俊先生在碧峰峡镇政府和壹基金的帮助下,于柏树村和七老村选择了15户特困户进行轻钢结构试点房建设,实践其建筑理念①(图1)。

笔者分别于2013年8月(雅安芦山轻钢试点房建设中期)与2014年7月(雅安芦山轻钢房项目最终阶段)两次前往雅安芦山柏树村与七老村进行调研(图2)。通过调查问卷及访谈的方式调研了轻钢房使用者对于轻钢房的建造和使用意见,并将结果反馈给谢英俊先生的成都乡村工作室。通过整理分析村民的意见与建筑师对相关问题的回应,从多方面对谢英俊先生建筑体系中"互为主体"、"轻钢建筑"、"就地取材"及"协力造屋"等理念与实践进行客观、真实的评析,希望能为谢英俊先生建筑体系的发展提供参考,并为即将或已经介入农村建设的职业建筑师提供思考。

图1　轻钢房结构体系建造中(左)和轻钢房建成后(右)

图2　与轻钢房使用者合影

一、设计理念评析

(一)意

谢英俊先生提出"互为主体"的设计理念,主张设计者与使用者在没有任何不公平或强制的条件下,进行平等真诚的沟通对话,(对房屋的设计权)并非只对单方面(设计师或农户)具有约束力和特权。住户从设计到施工全程参与到建造过程,根据自身需求与设计师讨论空间布局甚至建造细节以使建筑满足自身需求②。但是,实际建造过程会受到诸多条件制约,个性化设计能否实现?居民与建筑师是否真正能实现平等对话?

(二)行

实际调研表明,谢英俊先生的团队在了解当地土地、资金等条件后,仅设计了四种户型,而居民则仅根据经济能力与家庭人口数量选择相应户型。同时,由于不了解相关建筑知识,村民缺乏与建筑师沟通的自信,很少提出自己的设计意见。对于最直接的房屋尺度方面,由于钢材的批量化生产,房间尺度难以根据村民要求灵活调整。

(三)析

从调研结果可知,"互为主体"在雅安芦山未能有效进行。经过分析,有以下三点原因:

第一,资金、土地、政策等原因限制了设计的多样性。建筑师因诸多条件限制仅能提供少量户型,且出资方壹基金由于控制成本而要求轻钢房模数化生产。如果村民需要不同尺度的钢材,则需自行承担定制费用。

第二，村民缺乏设计积极性。在绝大部分村民心中，建造住房仅是一种消费行为，满足自身居住需要即可，没有追求更高生活水平的需求与意识。

第三，村民缺乏参与设计的信心。随着越来越多的农民把住房交给专业施工队建造，农民的建造技术逐渐生疏，且由于不具有相应建筑知识而缺乏与建筑师平等沟通的自信。

（四）思

"互为主体"是对农村建设一次有意义的尝试。谢英俊先生强调建筑专业者只做有限的事，关键且必要的事，其他则开放给住户。企图将建筑设计权从以政府、企业及建筑师为主导的设计体系中重新交还到村民手中，充分发挥村民自身创造性，创造出一种以建筑师与村民合作的设计模式，是在农村建设史上一次新的突破。

建造成本是"互为主体"的主要阻碍因素。谢英俊先生提出了农村建筑设计的新方式，但前提是存在相对宽松的设计环境。如何在控制成本的条件下根据住户要求灵活调整建造方案，是谢英俊团队面临的挑战。

村民缺乏积极性而放弃了对自宅的部分控制权。许多村民由于缺乏建造经验与专业知识而产生了对专业建筑人员的依赖心理，缺少与建筑师平等交流的自信。这种意识自然降低了村民参与设计的积极性，从而放弃了对建筑设计的话语权。而建筑师在这个过程中应起到积极引导的作用，多主动与村民进行交流，增加村民的参与性。

二、结构体系评析

（一）意

"轻钢建筑"是谢英俊先生在此项目中重点实践的建筑理念。"轻钢建筑"结构体系模仿传统木建筑中的穿斗结构，同时简化节点以降低造价。据谢英俊先生称，轻钢房可抵御"震级8级、烈度9度"的地震，并且造价比砖混农房每平方米低100元以上。从以上介绍来看，轻钢建筑的性价比无疑优于当地砖混建筑③。然而，其抗震性能是否经过实际检验？在雅安芦山，轻钢房与砖混房造价具体相差多少？当地居民对于轻钢房的接受程度又是如何？

（二）行

经过调研，轻钢结构经万科实验室抗震测试检测，确可抵御"震级8级、烈度9度"的地震，抗震性能优越。但在价格方面，经过对15户轻钢房使用者与70户砖混房使用者的调研，砖混房每平方米造价分布于650～1050元之间，轻钢房每平方米造价分布于950～1250元之间（图3）。居民态度方面，在雅安芦山七老村中，除了由壹基金资助的困难户外，七老村364户中仅有2户选择建造了轻钢房。

（三）析

可以看到，"轻钢体系"在雅安芦山未能顺利推广。经过分析，主要有以下三点原因：

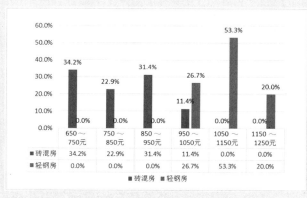

图3　70户砖混房与15户轻钢房每平方米造价分布图

指导老师点评

当朱瑞、张涵两位同学请我做"清润奖"论文竞赛的指导老师时，用"喜忧参半"来形容我的心情是再准确不过的。"喜"是因为刚刚才结束本科二年级学习的同学对研究、对论文写作能有这样的主动与热情；"忧"则一是因为他们此时对科技论文写作完全没有概念，二是因为其时距竞赛截止日期已为时不远且他们的现场调研工作已经完成了——不幸的是，"调研"几乎完全没有章法、论文初稿不忍卒读。

工作就在这样的基础上逐渐展开。

在鼓励与肯定了两位同学的积极性、详细了解了他们已经完成的现场调研工作的方法、内容、成果和论文的初步想法之后，除了详细讲述科技论文的基本要求与写作技巧，老师首先要做的只能是"看菜下厨"：首先，从他们已有的调研成果中指出哪些是可能利用的资料以及可以从怎样的角度去运用这些资料；其次，就是对论文的题目、架构方式和内容给出建议。这个阶段，指导老师是绝对要"动口不动手"的，经过几次反复，学生方才逐渐理顺思路，让论文具备了一定的可读性，也真正初步掌握了专业研究以及科技论文写作的方法。在这之后，指导老师才对论文的文字进行了部分"示范性"或"决策性"改动，最终由学生自己参考老师的改动方法或思路完成定稿，投交参赛。

指导老师的示范性修改

至此，大家已经看到竞赛结果了——朱瑞、张涵同学成为获奖等级最高的最年轻获奖者。

对论文本身的评价来说，获奖已经是一种评价了。作为指导老师，希望能借此寥寥数百字、抛砖引玉地与同行老师们交流一下如何指导低年级的本科学生培养学术研究兴趣、写作学术论文，为建筑学研究事业的未来打下一点基础。

龙灏

（重庆大学建筑城规学院，建筑系副系主任，博导，教授）

第一，尺度固定，开间过小。此项目中，轻钢房开间仅为3.6m和3.3m，而卫生间宽度仅为0.9m。同时，轻钢房一层到二层的踏步高度在200～250mm之间，不利于儿童及老人使用（图4）。然而，据乡村工作室设计人员反映，开间3.6m和3.3m是经过调查统计的平均数据，功能上能满足活动需求。楼梯踏步高度方面，由于受到开间限制，只能通过提高踏步高度解决进深不足的问题。

图4　轻钢房尺度（左）、卫生间尺度（中）、楼梯间尺度（右）

第二，轻钢房造价高于砖混房。轻钢房造价为每平方米1000元左右，而砖混房每平方米造价在600～850元之间，那么理论上轻钢房造价比砖混农居每平方米低100元以上从何而来？经过分析，轻钢体系因为简化节点、协力造屋和就地取材而降低造价。但在柏树村与七老村中，村民并没有实现协力造屋，维护材料仍采用砖墙，因此轻钢房的价格优势没有体现出来。相对于轻钢房，砖混房材料便宜，施工便利，故造价较低。

第三，村民不了解轻钢建筑体系。在谢英俊先生于雅安芦山建成轻钢房之前，大部分村民在审美上不能接受轻钢房，他们认为砖混房更现代，而模仿传统穿斗式木结构的轻钢房缺少现代感。部分居民表示相比于砖混房，轻钢房建造过程更复杂，住户需要自己建造围护墙体，因而拒绝选择轻钢房。但通过谢英俊先生的实践项目，七老村中认同轻钢房的户数由2户增加至过半。

（四）思

（1）建筑师需充分了解使用者的实际需求。在此项目中村民们对于轻钢房3.6m的开间并不满意，而设计者则认为通过调查3.6m的开间能够满足用户的基本活动需求。建筑师以一种相对强势的态度对待设计，未能充分了解村民的实际使用需求。

（2）结合国内实际情况完善建筑体系。谢英俊先生提出的轻钢体系拥有良好的抗震性能，但轻钢结构在国内的接受程度远低于国外，轻钢的制造工艺与防锈技术也不如国外先进。因此，在观念保守的大陆农村推广轻钢房存在观念和技术上的制约。另一方面，轻钢房的建造成本过高也严重阻碍了轻钢房的推广。对此，建筑师需根据实际情况，积极调整建筑体系以顺利推广。

（3）建筑实践可推动村民观念的改变。村民对新建筑体系呈怀疑态度是因为缺乏了解，而让村民直接明了地了解新建筑体系的方法便是实践。对建筑师来说，积极地进行建筑实践能在完善体系的同时，推动村民观念的改变。

三、围护体系评析

（一）意

对于建筑围护体系，谢英俊先生提出"就地取材"的建筑理念，即建筑围护体系可由农户依据实际情况灵活选择填充材料完成建造。谢英俊先生提倡使用不同的当地材料，如竹泥墙、可回收的砖瓦、木板、檩条，以及方便取得、成本低廉的适用材料（如石、土等），建造完成建筑的围护体系。这种方式能激发村民的创造性，降低建造成本，同时使传统工艺得以保留。[①]然而，雅安芦山15户轻钢房试点房中，住户选择材料的实际情况是怎样的？住户对待传统建造技艺的态度如何？

（二）行

谢英俊团队来到雅安芦山后，先在碧峰峡志国博爱小学建起了一套抗震轻钢农居的样板房，其墙体作为示范，分别展示了竹泥墙、钢丝网墙、废旧砖混材料墙等多种墙体的建造方式，以供居民学习与选择（图5）。但15户中无人采用当地材料建造房屋，绝大部分人仍采用普通的砖墙作为围护体系，只有个别经济很困难的住户，部分围护结构采用了由壹基金提供的钢丝网墙。

（三）析

调研表明，"就地取材"的理念未能于雅安芦山实现。经过分析，主要有以下两点原因：

第一，村民建造技术与劳动力缺失。缺乏劳动力与建造技术的困难户无法完成较复杂的建造工艺，而需雇佣专业技术人员。相比之下，砌筑砖墙，工艺简单，工时费较低，故虽然当地材料易于获取，但制作成本仍高于砖混墙，以致村民未选择当地材料。而谢英俊先生曾于茂县杨柳村实践"就地取材"的建筑理念，当地村民多为少数民族，还保留着传统的建造技术，因此成功完成了用石头进行一层围护墙体的砌筑，并使羌族传统的建造工艺与羌式外观得以保留。

第二，传统墙体部分性能不及砖墙。使用当地材料与工艺建造的墙体重量轻、厚度薄，提高了房屋抗震性能。但在湿气较重的川渝地区，

图5 "就地取材"围护体系示范

竹泥墙或钢丝网土墙等由于材料本身特性，不能像砖墙一样有效阻隔室内外的水汽，保证室内干燥。同时由于墙体较薄，其保温隔热性与稳定性仍待考证。

其中，主要影响因素所占比例如图6所示。

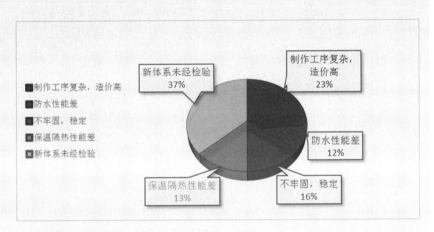

图6 居民未选择当地材料制作围护体系的主要原因

（四）思

建筑师需建立"此时此地"的思考方式。在雅安芦山的实践中，谢英俊团队考虑到劳动力与建造成本等原因，赞同村民使用更合适的砖混体系。虽然这种做法似乎有悖于谢英俊先生所提出的采用传统工艺回归乡土建筑的思路，但这种"此时此地"的思考方式却正是建筑"因地制宜"的体现。

在新旧围护体系间取得平衡。"就地取材"的提出节约了材料费用，并延续了传统建造技艺与建筑外观。但是，利用当地材料制作的围护体系部分性能不及砖混体系。如何在延续传统的同时适当保留现有体系的优势，需要建筑师更多地探索与尝试。

四、施工体系评析

（一）意

"协力造屋"是谢英俊先生针对建筑施工提出的理论，旨在将造屋权从专业施工队（厂商）中夺回，由居民自行组织（合作社），使用低于市场的成本，完成农房建造。在这一过程中，生产设备被加以简化，建房所需的劳动力也可以通过换工的方式完成，由此省去了工时费，从而进一步降低了建筑成本[①]。然而，在当下中国农村中并未形成"社区意识"与"自治意识"的情况下，"协力造屋"能否顺利实现？村民是否有能力自主建造房屋？

（二）行

谢英俊团队首先将"协力造屋"的建造方式亲自示范给村民，然后让村民自行组织人员进行造屋工作。然而，在15户试点户中，"协力造屋"只在搭接钢结构主体时有所体现。村民召集50～100人协力搭建轻钢建筑主体部分。其他施工过程中，均由施工队承担主要建造工作，住户自身及亲友在力所能及的范围内承担少量建造工作。

指导老师点评

发现问题与学习研究的方法

朱瑞同学很早就来找我，说要参加"清润奖"的论文竞赛。对于"论文"还可以"竞赛"，我是怀疑的，但是朱瑞很有热情和决心，我也就答应做她们的论文指导教师。我让团队成员拟定几个题目或者方向，然后来和我沟通。几日后，有几个题目摆在了桌上。关于谢英俊的这个题目引起了我的兴趣。主要原因之一，我曾经主持过谢先生在学院的讲座，当时的感觉是，一方面我很钦佩谢先生的努力，看到演讲的视频中，众人把一品轻钢骨架立起来很是感动——城市里大概已经很缺这种集体的精神了；另一方面，我也有点不太肯定这种建造方式在农村的适应性。我自己也在农村做过一些调研、规划和设计的工作，感觉到农村的问题很复杂。

朱瑞同学说她之前去过雅安芦山，对于谢先生的轻钢骨架房有一定的了解。我想这就是很好的基础。我鼓励她们前去更进一步了解当地农村居民的感受，从经济、建设、使用等方面，了解这一模式的状况。在讨论了一些更加具体的、可能的调研问题后，她们利用假期时间进行了调研和写作，中间有过几次的沟通。我也和她们说过，"获奖"是附加的内容，重要的是利用这一过程，加深自己对农村问题的认知，提高自己的学习和研究的能力。

论文对于谢英俊先生提出的"互为主体"进行了分析，具有一定的批判性讨论；对住户进行了访谈，从经济层面和观念层面对于居民关于轻钢骨架房的意见和使用反馈进行了调研；同时讨论了相关的施工、材料等问题。我想，这就是很好的学习过程。目前在本科生、研究生中间有一种倾向，为了申请"课题"而做。这也许没有太大的不好，不过如果本着兴趣去寻找问题、发现问题，在过程中认知外在的世界，在过程中学习研究的方法，我想，这可能是最好的回报。

朱瑞和张涵在这次"论文竞赛"中获奖，据说是入围中最年轻的学生。我祝贺她们。

杨宇振

（重庆大学建筑城规学院，
博导、教授、院长助理）

虽然"协力造屋"因多种原因未能实现，但 15 户居民中有 9 户表示认同该理念，并希望等条件成熟后，"协力造屋"能在国内成功推广与实践。

（三）析

调研显示，"协力造屋"理念在雅安芦山未能有效推广。"协力造屋"可以降低施工成本并加强社区凝聚力，但为何在雅安芦山难以推广，经过分析，主要有以下三点原因：

第一，村落缺乏"社区"与"自治"意识。"协力造屋"需要村民拥有凝聚力与自主性，而这些有赖于"社区"及"自治"意识的形成。中国农村居民长期以来未经历社区自治，没有形成社区意识，这导致建立在族群或社区团体基础上进行的"协力造屋"难以进行。

第二，不信任新的建造模式。改革开放以来，农村居民劳动力交换以商业交换为主，村民更倾向于通过购买劳动力即请施工队的方式来建造房屋，不愿尝试以劳动力互换为主的建造方式。

第三，建造劳动力的缺乏。七老村和柏树村的困难户多为年老或者残疾的村民，劳动力的不足导致了村民不得不请施工队进行建造，这阻碍了"协力造屋"有效开展。相比之下，谢英俊先生在青川和杨柳村能够成功实践"协力造屋"的建造过程，原因之一就是全村参与建造，青壮年劳动力充足。

（四）思

改变村民观念是"协力造屋"的基础。虽然农民生活在社会阶级的底层，但他们并不是弱者，他们凭借自身力量经营着族群聚落，创造了共同的记忆与情感。然而工业化之后，以前的"换工"的建造方式转换成了购买劳动力的方式，传统技艺的生疏导致了村民对于自主营建技艺的不自信，畏难情绪也因此产生。建筑师如何改变村民观念，让农民意识到自身的力量并引导农民学习建造技术是当下实现"协力造屋"的关键。

新建筑体系的发展与推广需要多方面的努力。"协力造屋"的成功推行有赖于居民社区意识的形成。当今农村的大量人口涌入城市打工，越来越多的村落只剩留守的老人、儿童，邻里关系也日益淡漠，如何让农民在自己家乡找到认同感与归属感，建立"社区"与"自治"意识，至关重要。而这不仅与建筑学有关，更与社会学、人类学休戚相关。建筑师能做的只是很小的一部分，只有各方面人员一起努力，才能使新建筑体系更好地发展与推广。

五、结语

基于前文的调研和评析，在当代职业建筑师进入乡村、深度介入农村建设的时候，谢英俊团队的实践为我们提供了如下思考：

第一，建筑师应以"此时此地"作为建筑实践的指导思想。建筑师提出了对于农村建设的美好愿景，但有时并不适用于实际情况。在多种条件的限制下，建筑师需要具备因地制宜、积极调整的设计态度，而不是执意于最初的设计理念。

第二，建筑师需积极与村民交流，引导村民提出自己的意见。出于对建造技术的不自信，村民很少提出自己的看法。建筑师的主动沟通，积极的引导，能使村民更加积极地参与到建筑设计中来，为建筑带来更多的可能性。

第三，建筑师应在不断的实践中推广理念。在当下农村保守氛围的阻碍下，农民对于新鲜事物接受缓慢。建筑师只能在不断的实践中推广其体系，逐步推动人们对新建筑体系的了解。

第四，建筑师单方面的努力无法改变农村建设的现状。随着经济的发展，人们享受着机械化生产带来的便利，而逐步淡忘了传统建造工艺，社会逐渐丧失了对于传统文化的认同感。在这样的环境下，农村许多传统技艺的流失是必然的。如何在传统传承与现代发展中取得平衡，恰当地保留传统工艺，这不仅是建筑师需要探讨的事情，更是整个社会需要探讨的问题。

在国家推动新型城镇化的大背景下，正有越来越多的、以前只关注城市建筑的建筑师介入到农村建设之中，谢英俊团队的工作无疑是一个先锋和极具参考价值的样本。希望本文的调研工作和评析拙见在我国新农村建设的热潮中能协助职业建筑师在农村中更加适宜、适度地开展工作，实现更加美好的居民生活和美丽乡村"中国梦"。

注释：

① 壹基金新闻网 http://www.onefoundation.cn/html/64/n-2264.html?nsukey=QiBaGbYSiVziT/BD7N7Fgc6q5sM9X6TovXwFfZuVGUcQZEEEg1OYv/Th0rVI/SzI0wuW5IKOoyDSgiLxuMCchg==.
② 聂晨.复杂适应与互为主体 谢英俊家屋体系的重建经验 [J]. 时代建筑，2009.
③ 成都全搜索新闻网 http://news.chengdu.cn/content/2013-08/21/content_1269547.htm?node=1760.
④ 聂晨."协力造屋"——农房重建模式与技术——台湾建筑师谢英俊及乡村建筑工作室农房设计与建设 [J]. 建设科技，2009.

参考文献：

王雅宁.谢英俊和他的协力造屋 [J]. 中华民居，2008.

图片来源：

图 1：2013 年 8 月与 2014 年 7 月摄于雅安芦山。
图 2：2014 年 7 月摄于雅安芦山。

图3：作者自绘。
图4：2013年8月和2014年7月摄于雅安芦山。
图5：2013年8月摄于雅安芦山志国博爱小学。
图6：作者自绘。

竞赛评委点评

　　本论文既关注职业建筑师对乡村建设的实践，又以一位长期致力于乡村建筑研究的建筑师的实践为切入点，视角新颖又契合建筑学的时代发展脉搏，是一篇很有现实意义的文章。论文聚焦于建筑师乡村建造体系的整体性考量，从设计到建造全过程论述，对乡村建筑的研究与实践有积极的借鉴意义，基于使用者反馈的后评估式的研究方法，也使论文具有了较强的实证性。

　　论文作者如果可以将实施的使用者反馈调查作为附件，则论文的参考价值和学术意义会更大。

庄惟敏

（清华大学建筑学院，博导，教授）

作者心得

　　得知这次竞赛的消息我们既有兴奋也有担忧，兴奋在于这是一次在我们长期设计生涯中的一次别样的研究性训练，担忧在于大三年级未曾正式接触过研究课题及论文写作，我们能够很好地进行这次研究吗？所幸我们遇到了两位非常有责任心、有耐心并对研究领域有深厚见解的老师。虽然是暑假期间，老师们也不辞辛苦地为我们答疑解惑，帮助我们真正开启了研究领域的大门，令我们飞速成长，收获颇多。在此衷心地感谢两位老师对我们的关心与指导。

　　关于选题，虽然早早通过网络了解了谢英俊先生，但真正见到谢英俊先生本人是在2013年8月雅安庐山地震灾区。那时的谢先生正带领着自己的团队亲自深入灾区，他自己就在雅安地震灾区的一所学校的教室里工作、生活；每日亲自到达各村民家中，帮助当地灾民重建家园。谢英俊先生作为一名有责任感、有社会使命感的建筑师让我深深佩服，他真正走入农村，将自己的知识与设计理念付诸实践。

　　但是，通过调研我们发现，谢英俊先生的理念在雅安的土地上还是遇到了一些问题。雅安的村民对建筑技术的不了解、不信任、不自信，以及缺乏资金等原因，让谢英俊先生所提出的轻钢体系建筑在雅安遇上了一些阻碍。而这些问题需要随着时间来得到解决。通过时间的洗涤，更多宣传、更多实践的证明，以及大体环境的改变，村民们对轻钢建筑的认识逐步加深，才能让谢英俊先生所提出的建筑构想更顺利、更广泛地推行。

　　我们相信并期待着那天的到来，也希望能以谢英俊先生为榜样，做一名有社会责任感的建筑师。

朱瑞

　　上学期参加了"清润奖"论文竞赛，意料之外喜获三等奖，这是对我们很大的鼓励，很感谢我们的指导老师。

　　参加这次论文比赛的初衷是为了锻炼论文写作能力。上大学之前，以为大学生会写许多论文，而在学习建筑的过程中，我发现这个专业对文字方面的要求没有图面要求高。特别是作为本科低年级的学生，我们挺少接触学术性的理论研究项目。在论文写作过程中，通过与导师的不断交流并参考优秀论文，我学到了许多论文写作的思路与方法。

　　而在整个调研与写作过程中，收获最大的是对于新农村建设的现状，以及谢英俊先生对于农村建设做出的贡献有了较为深入的研究。在谢英俊建筑事务所中与建筑师们的深入对话，在雅安试点房里与村民的家长里短，让我更加清晰地认识到建筑师的责任与应有的情怀。谢英俊先生说自己这些年一直在农村待着，也有人找他做城市设计的项目，但他都拒绝了。他说不想为了赚钱而做那些事情，就算赚到了一些钱，天天在农村也没有地方花。

　　常常在想自己学建筑是为了什么，辛苦熬夜的意义在哪，现在觉得，如果我们做这些事情不光是为了自己，那可能前行的步伐会再坚定一些。

张涵

徐玉姈
（淡江大学土木工程学系）

台湾地区绿建筑实践的批判性观察

Critical Observation on Green Building Practices in Taiwan

■摘要：本文的研究目的在于指出，国家在以经济发展为导向的永续环境政策下，推动绿建筑方案时，采取以技术规范来标准化规划设计的方向中，专业者以绿建筑评估指标作为回应永续环境议题政策的策略有其局限，并论证其藉评估指标机制企图引领建筑规划设计思考所欠缺的开放性创新内涵；文末并提出技术规范之外，以"批判性地域主义"（Critical Regionalism）思维作为推动绿建筑其他选项的建议。

■关键词：规划　设计　工具理性　专业者反思　绿建筑　批判性地域主义

Abstract：This study aims to show that the use of a green building assessment index to achieve environmental sustainability yields limited effectiveness, despite the government's efforts in implementing economic policies to promote environmental sustainability and in using technical guidelines for standardizing the planning and design of green buildings. We also argue that using an assessment index for the planning and design of green buildings lacks an open-minded, innovative context. Finally, this study proposes that critical regionalism should be practiced in addition to using technical guidelines to promote the planning and design of green buildings.

Key words：Planning；Design；Instrumental Rationality；Practitioner Reflection；Green Building；Critical Regionalism

一、前言

在地球环境危机日益加剧之际，绿建筑已经是建筑界最热门的话题。如今，国际建筑竞图若非以绿建筑为诉求，几乎难以登上台面；许多先进国对政府部门建筑物也逐渐强制要求绿建筑标章认证，对绿建筑案件进行融资、降税之优惠。最近，绿建筑的教材已被纳入国中小的教科书中，我政府之环境教育法也将绿建筑内容列为强制环境教育课程之一。建筑界的事务一向以艺术成就而孤高自赏，追求英雄表演而自外于社会，如今因为兴起负担环境责任之绿建筑热潮才受到社会史无前例的重视，过去视绿建筑为妨碍设计与增加麻烦的建筑界，

现在如不积极融入绿建筑的行列，显然难以开创永续之未来。(林宪德，2011：92)

发表于台湾《建筑师》杂志的这篇短文似乎是台湾绿建筑已在当今社会位居重要地位的索引，其中透露了包括政治、经济、建筑实践三个面向的现象，首先，因地球环境危机日益加剧而推动的绿建筑被认定是先进国家的作为，若不以此为诉求将难以开创新局面，因此是政治正确的选项。其次，取得绿建筑标章认证，不只是一种先进的环境思维与责任，还涉及产业的新兴及诸如融资与降税等利多优惠方案，是活络经济的触媒。再者，绿建筑被指称不只是建筑专业的讨论，它透过学术研究与媒体宣传而普及，几乎成为永续发展 (Sustainable Development) 环境规划设计的关键词，且是一个"工具理性" (Instrumental Reason) [1] 的技术规范，成为检视设计必要的一环，本文将之称为"台湾地区绿建筑实践"。

台湾地区绿建筑推动已经二十年[2]。自欧盟成立以来，在追求"永续发展" (Sustainable Development) 作为保护环境目的的口号下，台湾开始推动绿建筑发展，整个开展历程存在着以技术规范为主、看不见其他可能的迷思；在政府与产业交替投入呼应永续发展议题的策略下，专业者在制定与执行绿建筑规范过程中扮演了关键的角色；无论是从政府以经济发展主导环境政策架构所产生的新产业，到以亚热带物理环境条件决定绿建筑相关工作的僵化机制，乃至其以引领建筑规划设计思考发展方向的企图，皆因缺乏对话而抑制了其他的可能。在这样的脉络下，绿建筑评估机制是否保护了环境的永续性？建筑专业者在响应绿建筑议题发展时，是否唯有技术导向的绿建筑知识内涵？本文尝试将"台湾地区绿建筑实践"置入政治经济的关系中思考，借"台湾地区绿建筑实践"的观察，论证经济发展主导下的绿建筑知识建构与执行绿建筑相关工作时的产业与政治利益关系、将绿建筑的论述局限于技术内涵的危机以及其在规划设计思考上技术规范优先的根本立场。反省其机制制定与运用之局限与危机，进而指出专业者在面对绿建筑相关工作时反思的重要性，以及以批判性地域主义作为一种评估机制选项以外的环境规划设计价值。

本文分三个部分。第一部分讨论绿建筑做为永续发展环境政策一环的时空条件与政治经济背景。回顾欧盟所发起的永续发展如何在台湾形成环境课题，透过研究机构发展论述、借由媒体宣传形成社会共识，进而由政策性推动而全面地开展绿建筑实践。第二部分，阐述专业者经研究拟执行的这套评估机制在制定与操作上的现实，论证绿建筑评估指标订定应用范围所牵动的绿建筑产业链接与建筑专业的变化；在操作性问题上，专业者在响应永续发展环境议题时选项的局限；在分级绿建筑标章上，从其所表扬的政治正确选项，到奖励、交换制度的空间消费等，都指出专业者在面对解决执行绿建筑相关工作时对"先前理解"缺乏"专业者反思" (Practitioner Reflection) [3]。第三部分，绿建筑知识转化为绿建筑评鉴机制运作的同时，除了更具体化专业知识产业、经济产业以及政府政策三者之间紧密的经济扩张关系，也呈现了新环境设计类型的脉络，然而，发展成工具理性以便与政策结合的绿建筑评估指标机制，成为主导永续环境规划设计的方法，正是其无法形成深刻文化进而影响建筑规划设计思考的主因。无法或刻意地拒绝发展成工具的批判性地域主义 (Critical Regionalism) [4] 内涵所关注的创新观点，应能给予陷入泥沼的绿建筑实践注入活力、开拓方向。

二、绿建筑相关产业的政治经济关系

欧盟 (EU) [5] 是最早针对气候变迁议题拟定整合性策略的组织，减碳是其主要的目标，强调其需与能源相关政策同时进行，以新的能源政策及改善欧盟的经济竞争力为方向。京都议定书建立了碳市场交易机制以限制污染，除了存在政治协商的结果，碳交易机制让减碳的目标转换为产业经济动力，绿建筑相关产业扣合减碳效益价值带动了新的经济发展局势。这项创举看似颇具新意，一举两得。但纪登斯 (2011) 在《气候变迁政治学》一书中却指出，我们仍难以评估它在限制碳排放量上所产生的效果。在环绕着减碳效益的台湾地区绿建筑产业政策中，可以观察到面对环境议题以产业经济发展为策略的相同思维。

1. 因经济市场结合的欧盟与永续发展议题

欧盟组成很重要的基本概念是建构在经济互利与政治联系上的[6]，而这种共同利益透过1980年永续发展的环境议题使得各会员国的跨国合作更加紧密。

指导老师点评

台湾地区的绿建筑从理念倡议到成为建筑的生产的审议机制，从奖励到责任的过程中，改变了建筑生产的过程，同时也影响了建筑设计的表现与争议。

本文回顾了这一段发展的历程，但是也指出建筑的"设计"核心职能之一，因此而受到创作上的限制等等。部分的建筑设计者将"绿建筑"规范成为静态的数字管理的机制，或是产业化为政治正确的流行价值观，或是在行政审查程序中成为"对号入座"的奖励项目，获得更多的建造容积。这种种的质疑远大于在设计表现上的种种限制。作者回顾了"批判的地域主义"的设计论述中，指出了地方议程、对于敏感于科技议题取向的设计发展机会，或是务实的城市愿景下的评估机制的建构等等。这样的话，建筑设计扩大了建筑生产的内容，也跨越了建筑设计的"红线"，需要更多的知识与技术的理解，以探讨建筑设计的能量。

扩大来看，面对气候异变极端气候对于在地的挑战，绿建筑所依靠的"零碎式绿色主义"确实无法响应当下所面对的议题；甚至"生态城市"已经来不及响应。全球性的种种"灾难"所推动的"危机城市"似乎比较接近成为新的都市发展议程表上的主轴论述。建筑专业所参与的不同尺度的都市规划与设计似乎是这个议题的核心，我们要如何重新整备我们的知能呢？

黄瑞茂

（淡江大学建筑系，
专任副教授兼主任）

虽然早在1962年《寂静的春天》发表之后环境主义就应运而生，然而欧盟对环境的重视迟至1973年才展开。自1973年以来，因第一次的世界能源危机，才开启了第一环境行动方案（Environmental Action Programme，EAP）[⑦]。自欧盟开始关注环境保护和可持续发展议题[⑧]以来，环境保护开始受到重视。在全球个别的论坛及会议所发表的文件[⑨]中，城市被视为污染比较集中的地方，改善其能源消费所产生的效应，一致被认为将对全球总体生态环境平衡具有重大的积极影响。而建筑工业与全球气候变暖的因果联结，使得环境的健康与污染问题直接与建筑工业扣合在一起。随着欧盟主导性渐强，其在国际环境谈判中所达成的决议，除影响欧盟整体及个别欧洲国家的发展，更成为台湾研拟环境政策重要的指导原则。欧盟发布的环境报告启动了各国各项的研究资助计划，而这一系列的研究计划中的许多资金投入了建筑行业，这些成果，包括研究计划的结论、相继发布的法令规章、因应环境问题而产生的建筑产品，对建筑专业的执行内容产生一系列的影响。

透过欧盟宣传的环境议题，在1987年，单一欧洲法案明确化先前《罗马条约》所欠缺的环境政策部分，同年12月，联合国成立世界环境发展委员会，并着手整理世界环境问题，集结成果发表的《我们共同的未来》，指出发展与环境的高度相关性，呼吁双"e"，亦即经济（economy）与生态（ecology）的结合，提到"环境不再是成长的阻碍，反而是维持成长的必须策略"，把环境与经济成长合理并置。1990年联合国政府之间的气候专门委员会首次对全球气候变迁进行评估，作为两年后巴西里约地球高峰会的前置准备；气候变迁的评估结论呼吁各国实施永续发展策略，此时永续发展思维尚未具体成为有效的行动方案，1997年，第三次缔约国大会通过京都议定书，正式将特定污染排放量的限制与经济制裁配套，环境议题直接进入必须以技术手段面对的阶段。

2. 台湾地区面对能源危机采取产业转型的简历——产业利益立基的政策推动观点

在台湾地区，1973年第一次世界能源危机发生后，1974年提出"十大建设"，利用发展内需加强投资意愿以应对因能源危机导致的不景气；1979年第二次能源危机，台湾地区以"十年经济建设计划"回应，并在1980年设立新竹科学园区，以优惠政策鼓励高科技产业的发展；1990年第三次世界能源危机，台湾地区以台湾"建设6年计划"回应，并在1997年设立台南科学园区，强化投资环境。从这个脉络看来，能源议题在台湾，自1973年以来至今已存在近40年，在每一次的能源议题的应变中，"发展"皆是最奏效的政策，足以快速带动经济，解除政府财政危机。在整个应对的过程中，不同的需求转化成发展对策以一再更新的经济成长指标来面对大环境的萧条，却不曾将发展所肇致的环境议题放在政策中思考，即使在1973这一年，能源、环境以及建筑的课题在欧盟就已经开始以各式各样的形式被讨论。台湾在1979年"经济部"能源委员会正式成立后的1980年，才成立的环境保护局，而建筑业作为经济的火车头，渐自成为思索如何因应环境的对象之一。

在历次环境危机的议题中，台湾多以新的产业类型转移试图解决既有产业对环境的污染，并借由另一波产业的研发开展更巅峰的经济成长，成功地转移对环境议题的根本关注；1980年的新竹科学园区带来信息科技兴起经济的成功经验，1990年，在台南又出现一个看似为均衡城乡发展而设立的科学园区，以科学园区空间规划为据点建造绿色硅岛愿景，这些看似响应了环境议题并成功产业转型的方案政策，很快地产生新的污染与环境问题[⑩]。然而，新产业、新经济指标总是比思考环境保护的议题更有利益基础，何况保护环境已成为经济成长的基本成因。最近一波的绿色能源产业成为解套1990年第三次能源危机的环境思维，同年"内政部"营建署所研拟的"建筑技术规则—建筑节约能源规范草案"等就是台湾以省能技术研发跨出绿能产业第一步的最佳说明。这些因应其背后的经济诱因可由政府针对绿建筑政策推动后陆续计算公布的产业利益资料中得知。

首先是知识产业，自1987年"内政部"建筑研究所筹备成立以来就不断委托专业者进行规范研拟，自2008以来，连续三年更以每年约2500万的经费投入研究，生产出各式各样的报告书，其中，"政府科技计划绩效评估报告—绿建筑与永续环境科技纲要计划"，架构了绿建筑知识应用的方式。在经济产业方面，政府端出的经济效益是，2006年7月建筑技术规则的修订以来强制规定采用5%的绿建材，当时绿建材年总产值估计可达31亿元左右。在第二阶段的生态城市绿建筑推动方案[⑪]施行期间，针对绿建筑标章数量过少的问题，更强制要求公共部门建筑物需通过绿建筑标章才能结算验收。随着2008年美国金融风暴，在刺激消费的目标下，2011年联合国环境规划署（UNEP）环境部长发表了绿色经济计划，希望每年能在十大领域投入全球国内生产总值（GDP）的2%，大约是1兆3000亿元，以协助世界经济体系朝向低碳、高资源效率的绿色未来前进（经济日报 2011/02/22）。2009年初，"行政院"公共工程委员会在振兴经济扩大公共建设投资计划下以四年五千亿所提出的落实节能减碳执行方案中规定，所有公共工程建设项目必须包含至少10%的绿色内涵（应用范围包括绿色环境、绿色工法及绿色材料），同年7月，台湾无论新、旧屋的室内装潢，绿建材的使用比率全面提升至30%，大幅增加绿建材的需求。接续而来的是2010年"行政院"的智慧绿建筑推动方案[⑫]，以强调优质永续节能减碳建设的推动，透过节约能源科技的研究，喊出2011年为"智慧绿建筑启动年"的口号。节能减碳目标下的经济思维是，环境保护等于经济发展。绿建筑政策乃为一项不断因应产业动态调整的过程，"行政院"透过研发奖励及辅导，鼓励绿色技术发明，借此带动绿建筑相关产业发展的方案仍持续地推动。也就是说，促使政府由上而下推动绿建筑相关产业的因子中，经济发展诱因乃是推动绿建筑相关政策最为关键的力量。

3. 台湾对永续发展的思考与绿建筑政策的定调

"永续发展"这个名词经过媒体的报道，成为众人热烈讨论的用语，也逐渐成为人类共同的愿景。随着1990年欧洲环境署的成立，永续发展热潮让台湾为了向现代化国家迈进、与永续议题接轨，在面对《二十一世纪议程》挑战下，1997年成立的"行政院国家永续发展委员会"，将绿建筑列为城乡永续发展政策的执行重点，也依据了永续发展的基本原则、愿景，并参考各国及联合国的《二十一世纪议程》，在2000年5月正式拟定通过永续发展的策略纲领，以作为推动永续发展工作的基本策略及行动方针。纲领中明确指出，

"……为响应及追求此一目标方向，我们的热忱绝不落人后。"不论是在学术界、政治圈、民间团体或媒体中，"我们只有一个地球"、"拯救地球"等观念与口号透过媒体被大量散播，以环境保护为名的建设发展成了 1990 年代最政治正确的议题之一。接续 1980 年"工研院"委托专家学者所进行的建筑节约能源研究，1989 年"内政部"成立建筑研究所筹备小组，1990 年进一步提出建筑外壳耗能量 (ENVLOAD) 作为建筑外壳节能设计标准，正式与 1990 年的第三次能源危机转向能源的研发扣合，乃至 1995 年节约能源正式拍板成为法制化规范。1997 年受到联合国气候变化委员会签署《京都议定书》的影响[13]，在《京都议定书》通过之后的 1998 年，在加拿大召开了"绿建筑国际会议"，同年 5 月"经济部"召开第一次台湾"能源会议"后，讨论气候变化纲要公约发展趋势及因应策略等议题，研讨兼顾经济发展、能源供应及环境保护之能源政策，并订定具体减量期程与节能目标，让绿建筑政策成为全国能源会议住商部门因应策略下的一环。绿建筑标章制度自 2000 年建立到 2004 年透过将其中的评估指标明订为"建筑技术规则"的条文后，全面地与建筑实务工作及人们的生活发生关联和影响。

在第一波为期六年（2001 年 3 月至 2007 年）的绿建筑推动方案[14]中，政府自豪于台湾地区拥有亚洲第一个绿建筑评估系统，亦即台湾地区的 EEWH（生态、节能、减废、健康）系统是全球第一个在亚热带发展出来的绿建筑评估体系，但即使如此，2005 年耶鲁大学执行提出的"环境永续指标"(ESI)，中国台湾却在 146 个国家和地区中排名倒数第二（林俊德，2005;黄凤娟，2005）。这样的成果带来执政危机，促使台湾地区在 2008 年投入总经费 20 亿，以"生态城市绿建筑"政策回应建设永续环境的决心。认为将政策发展层次扩大至生态小区与生态城市的范畴，并加强奖励民间绿建筑的推动，就能达到土地永续、降低都市热岛效应的成果。在环境保护议题笼罩下的建筑相关工作，似如专业者所言，"在地球环境危机日益加剧之际，绿建筑已经是建筑界最热门的话题"（林宪德，2011）。绿建筑作为对抗城市污染永续发展的基础俨然成型，然而在台湾永续发展以经济发展为主导的绿建筑政策下，绿建筑成为透过专业者研发可行性评估报告，继而以技术规范带领附属于产业发展下的环境规划设计关键词。

三、绿建筑评估机制的制定、操作限制与危机

欧盟基于经济与环境结合的永续发展议题讨论带动了绿建筑相关产业的市场，台湾地区对环境的重视以及绿建筑政策的制定的经济诱因已在前述中说明。在整个绿建筑成为台湾地区重要政策的过程中，工具理性 (Instrumental Reason) 一直主导着实践的方向。这首先与专业者如何因应绿建筑的议题有根本的关系；其次，透过绿建筑政策研拟以及将绿建筑以资源与材料生产的面向作为定义[15]，巧妙地带出了其中相应绿建材产业链的微妙变化；除了将绿建筑全然等同于技术规范与绿建材使用之外，将评估指标视为客观科学以作为检视空间生产是否为绿建筑基准，也有被批评为伪科学 (Pseudoscience)[16]的隐忧。在这样的基础上，由知识论述产生规范机制的过程不仅衍生了其他问题，在追寻朝向亚热带地方性建筑特质的思考以及提升台湾地区绿建筑成为一种对抗全球化的运动，随即变得不再可能。

1. 政策主导、专业者贯彻的绿建筑评估机制

1998 年，为因应《京都议定书》之后可能的经济制裁，"内政部"建筑研究所制订了"绿建筑与居住环境科技计划"，进行绿建筑相关研究，在"台湾绿建筑政策评估"一文中提及，其研究结果不但成为后来推动方案依循之基础，"内政部"建筑研究所亦与成大建筑系合作，发展出适合台湾环境的绿建筑评估指标（丘昌泰、吴舜文，2011）。所谓适合台湾环境，主要在于亚热带气候条件之物理环境。这个历程中，推动方案之主管机关为"内政部"，但实际上由其幕僚机关建筑研究所与"营建署"负责。建筑研究所负责公有绿建筑之推动，包含委托专业者办理绿建筑相关研究、绿建筑及绿建材标章之法制作业、旧有绿建筑改善工作、推动台湾地区绿建筑制度与国际接轨、"优良绿建筑"甄选等活动，这些研究与案例的表彰对专业者执行业务时的绿建筑相关工作思维有重要的影响。民间绿建筑推行与行政命令发布，则由"营建署"负

指导老师点评

挣脱枷锁

徐玉姈的论文点出 21 世纪初以来的一个迷思：绿建筑，究竟是环境的议题，还是经济的议题？

自从一万年前，两河流域的市集发展成大规模的城市，人类的文明出现重大的分工，有些人不必整天忙进忙出，只为了活着，要与艰困的环境搏斗。伴随着城市的发展，因为经商致富的财主，维持城市治安的武力集团的领主，精通天象可以祈福解惑的祭司，出现在人类的不同城市中，只是每个文明使用不同的称谓。这个模式可以用来理解一万年前的中亚，也可以用来理解当代的社会。"财主"、"领主"、"祭司"所代表的概念用产业经济、政府制度以及价值论述取代。

绿建筑透过专家的倡议，主导全球性的议题导向，成为政治正确的语言，政府的法令随着进行引导式的管制。其结果到底是取得人民的福祉，长远的环境友善？或者，只是促成产业的短线发展，对于环境的可持续发展造成更大伤害？徐玉姈的研究很重要的论点是专业者反思，当代的专家学者在角色上有点像是一万年前的祭司，上通天文，下知地理。但是，我们自己是否像是被国王与财主囚禁的先知，永远无法挣脱工具理性的桎梏。

郑晃二
（淡江大学建筑系，专任副教授）

责。方案制定先由建筑研究所起草，经建会召集相关部门商讨，最后送"行政院"核定，整个推动方案涉及"内政部"、"经济部"、"环保署"、"公共工程委员会"等诸多单位，在正式人员仅有4人，其他人力派遣、博士后研究等约15人之情况下，整体工作与策略拟定可谓由政府主导方向，专业者贯彻执行，"建研所与学者专家关系良好，许多绿建筑研究计划的推行，绿建筑技术的发展以及绿建筑指标的设计，很大程度依赖学者专家的合作"（丘昌泰、吴舜文，2011），亦即，建筑研究所委托专家学者的研究工作及其工作内容位居极重要的角色，因此这些科技计划与技术报告的目的成果也需要进一步地检视。如同"科学危机与科学伦理"（林俊义，1987）一文中所提到的，在以任务为主的或政府事先决定研究目标的科研计划，科学家失去了创造力这项重要的特质。专业者对于绿建筑的认知、对绿建筑相关工作的界定以及其与受委托机构之间的关系，直接关系到台湾绿建筑推动的方向与实践的方法。

在永续发展议题下，台湾地区绿建筑以知识与产业经济发展的思维全面性推动。台湾地区绿建筑政策由学界发起，至"内政部"建筑研究所成立后，才获得较有系统的推行（丘昌泰、吴舜文，2011）。1999年台湾地区绿建筑的观念仍处萌芽阶段，"内政部"制定"绿建筑标章评定制度"，实施初期采用自愿性质受理申请，成效不彰；1998年之后，关于永续建筑有关的会议分别在2000年、2002年以及2005年陆续召开。然而绿建筑政策与指标应用的研究却也指出，其执行上的限制以及评估机制无法真正达成绿建筑目标的窘境。而透过由产业支持的2000年与2002年永续建筑会议，使得产业发展在研究报告中的考虑愈来愈重要，绿建筑评估计划朝向一套可运作机制以确保产业发展，绿建筑论述持续以技术规范的精炼确保其在体制中被适度控制成为具体的目标。辅助产业研发转型所出台的各项优惠方案，成就了企业资本的累积。受到研发技术报告支持的企业在台湾转型后，为获得更大市场利益，绿建筑产业相关消费价格偏高⑰也须由政府奖励补助始能推动，成了全民买单的绿建筑产业政策。2004年政府开始推动"绿建材标章"，专家学者在绿建筑标章分级之外又投入了绿建材标章⑱的研议，进行与其他国家达成交换认证的协议以及将绿建材扩大应用层面的研拟，皆是透过政策将绿建材合法化置入市场的通道。绿建材与设备的使用已经成为取得绿建筑标章、保护环境的必要之举。当政府推动绿建筑的政策干预最终被还原成为产业条件与通道的构配合时，专业者是自主的对绿建筑理念的实践，或是服从体制知识权威的体现，在这个共构关系的角色中，更必须保持一定的距离以检视实践场域中的问题。如同Schon所提出的，专业者必须以一种行动中的反映来认识与实践。

2. 绿建筑评估指标对专业者执业的影响

绿建筑评估机制自透过建筑技术规则实施以来，对建筑专业造成极为广泛的影响。首先是绿建筑规范对核发建筑许可的牵制。其次，取得绿建筑标章进而获选为优良绿建筑奖以显示建筑工作与时下永续价值等同，已成为建筑专业自我检视的重要环节。参与各种公共工程竞赛，其需求计划上明列着必须以符合绿建筑指标的方式来进行设计，至少必须取得两种指标以上等的要求已是普遍；接受民间委托，业主经常提出的问题之一是"建筑师，有做过绿建筑吗？"

建造执照的取得是建筑设计中一个合法建造的证明以及重要专业关卡之一。绿建筑的推动主要分为，符合条件必须申请绿建筑候选证书进而取得标章以及一般基地申请建造执照必须符合绿建检讨两种，依前述两种情况牵制建筑执照的取得。借由《建筑技术规则》第十七章"绿建筑基准"专章的发布实施⑲，新建建筑物都必须满足绿建筑基准中一般设计通则的要求；绿建筑基准检查报告书成了申请建造执照时一项必要的附件。也就是说，在2004年之后，绿建筑评鉴机制成为建筑物规划设计过程中必要考虑的参数。

自1999年实施建筑节能法令以来，每隔几年就改版举办设计规范与推广示范讲习，绿建筑指标亦不断更新版本，绿建筑指标约两年修改一次，而《建筑技术规则》从2004年开始，其后又经2009年修改，法令变动频繁、不稳定性极高。最后，因着绿建筑指标基准值计算过程查表对照程序繁复，"营建署"又针对计算繁复的问题委托民间公司发展一套仅需输入数值而能简化烦琐计算的计算机软件来解决⑳。在实务上，由于检讨评估指针的计算程序繁复，且其数据化工作是独立于设计思考之外，经常是在设计完成之后才执行各项规范的检讨。为了争取建造执照审查的时间，一定规模的建筑设计案之绿建筑检讨的工作经常又委托（俗称外包）给所谓专业绿建筑评估团队，以符实效。受惠于绿建筑评估指标繁复计算而开展的专属业务以及推出的计算机软件所促进的另一波产业利益则又是台湾地区绿建筑实践的另一现象。

绿建筑一开始即被专业者以相对于外在物理环境可操作性部分的反映来规范，在《绿建筑解说与评估手册》一书中明确提到，"有些国家甚至把复杂的社会性、经济性因素也纳入绿建筑的评估范畴内，不但造成科学量化评估的困难，也丧失了绿建筑在地球环保上之特色。……对于这些难以操作或无限扩大解释的绿建筑领域必须忍痛割舍，因此对于一些未能量化的人文、社会、经济指标也暂不纳入评估之内容"。因此无法量化的环境因子，不是绿建筑"可评估"的范围。建筑设计中关于非量化的质量，在绿建筑评估机制配合优良绿建筑奖励所主导的价值下，难以被讨论。透过台湾地区绿建筑实践的观察也发现绿建筑的推动，夹带着技术规范，展现了其企冀成为主流类型的态势。以符合法令为目的是作为专业者响应绿建筑议题在设计展现上的标记，常有为通过绿建筑指标而增加营建成本的矛盾，为绿建筑而绿建筑的挟制性思维。例如在都市地区密集的建筑，不论是钢骨架构造或是钢筋混凝土构造要开挖地下层以达最佳土地利用绩效，为了通过绿建筑绿化指标，皆朝向以人工地盘及立体绿化来解决通过绿化基准值的目标。人工地盘上的绿化，除了要考虑排水层，还要进一步提高结构载重设计，在普遍以钢筋混凝土为构造材料的基本条件下营建成本以及钢筋混凝土建材生产过程及CO_2排放量上的增加，实有违绿建筑的基本思维，形成"为了绿建筑而绿建筑"的误导。除了绿化指标之外，在建筑构造的态度上，标准大样、材料厚度以及热阻系数的计算简化了构造学上艺术形式的变化；开窗对于气候条件的反应在标章中被以方位逐一罗列成为面积与形式查表对应的等价数字，专业人士无暇无须积极思考光线在建筑设计中敏感的作用㉑，而建成环境中对采光通风的影响因子未被纳入讨论，绿建筑指标所思考的其实是没有周边环境关系单一的建筑量体。专业人士在运用绿建筑评估机制的同时，产生了取向，一个符合优良绿建筑的案例将宣告设计立基于永续发展、保护环境的合法性，获得一个懂得设计绿建筑建筑师的美誉，并且极可能获得更多的工作机会。另一方面，虽然绿建筑不应该只是一些架构在不甚精准的数据上的数据，然而在评估机制结合法令的层面上，专业人士似乎难有其他选择。

3. 评估机制的盲点与危机

为因应《京都议定书》中对于碳排放减量的议题，绿建筑评估指标绝大部分建立在减碳与新能源议题的对策层面上。以一般基地皆必须检查的基地绿化指针为例（图1，图2），其载明借绿化以净化空气、达到 CO_2 减量、改善生态环境、美化环境是该项指标的目的，在将绿化等同于 CO_2 减量的认知下，效益透过换算简化成一个规范基准值。这种绿化思维有几个困惑。首先是依土地使用分区、建筑类型来制定 CO_2 基准值的意义，存在着分区和类型对应选样上的逻辑疑义，而仅针对实施都市计划地区作规范也忽略了台湾非都市土地使用的现实[22]。除分区所对应的基准值计算标准并无任何针对台湾地狭人稠的都市化环境的实证研究背景说明外，依复层、乔木、灌木等植栽类型所换得的 CO_2 固定量也存在缺乏环境基础数据及验证风险的评估，整个强调亚热带气候条件有异于温带与寒带特殊性的台湾绿建筑评估体系其基本数据来源便存在正确性的疑义[24]。评估解说手册上载明"这数据虽然有极大的误差，但是作为植物对环境贡献量之换算系数，却有很大的方便"；"本手册关于大小乔木、灌木、花草密植混种区之生态复层 CO_2 固定量认定为1200kg/m^2，这些数据只是上述相关数据概略推算的结果，并无实测根据，其用意只是在鼓励生态的绿化栽种形式"（林宪德，2007）。另外，从更积极的层面

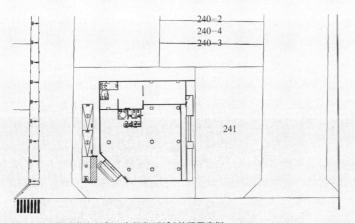

图1 住宅区建蔽率55%、容积率250%的配置案例

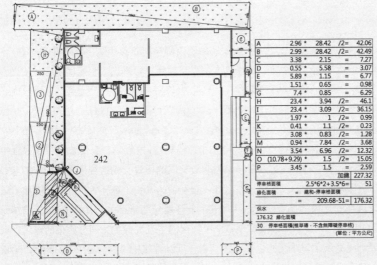

图2 配置案例之绿化检讨图式与面积计算

竞赛评委点评（以姓氏笔画为序，余同）

读"台湾地区绿建筑实践的批判性观察"一文，首先让我联想到是陈寅恪先生所说的"独立之精神，自由之思想"。没有"独立之精神，自由之思想"，则不可能产生批判性；没有批判性，就会只剩下一种声音，就会单调之味，就会产生历史性倒退。这就是此篇论文最大的意义所在。其次，读此论文会引发一系列的思考，各国绿建评估认证体系确实是漏洞百出，弊端重重，有无简单明了的解决办法？有时，提出问题比解决问题更重要。再次，读此文让我联想起了"环境伦理学"，如果我们站在环境伦理学的角度看待绿建问题，也许会有不同的答案。

马树新

（北京清润国际建筑设计研究有限公司，总经理；国家一级注册建筑师）

硕博组一等奖论文"台湾地区绿建筑实践的批判性观察"将"台湾地区绿建筑实践"放到宝岛台湾大的政治经济的关系中思考，通过对台湾地区绿建筑实践的调研和观察，论证经济发展主导下的绿建筑知识建构与执行绿建筑相关工作时的产业与政治利益关系，批判了将绿建筑的论述局限于技术内涵的危机，以及在规划设计思考仅仅考虑技术规范的实践。通过批判反省其机制制定和运用之中的局限与危机，指出专业者在面对绿建筑相关工作时认真研究和反思的必要性，提出以批判性地域主义思维作为推动绿建筑其他选项的手段的建议，具有一定的创新意义。

这篇文章的结构体系比较明晰，而且论述的逻辑性较强。但是我觉得论文在论证过程中对于台湾地区绿建实践的分析不够具体，唯一的实例分析图仅仅是绿建系统中很局部的容积率、覆盖率问题，给人以偏概全的感觉。

最后，我注意到这次论文竞赛获得本科组一等奖和硕博组一等奖的两篇论文作者都是在台湾地区学习或交流的学生。这对于我们大陆各主流院校的理论研究教学是否提出了一次严峻的挑战呢？

仲德崑

（《中国建筑教育》，主编；深圳大学建筑与城市规划学院，院长、博导、教授）

来看，绿化指标将植栽在环境设计的响应上简化为 CO_2 减量的功能。就其在学校这一建筑类型的层次，大学、中学、小学除有尺度规模之别，以校园规划所强调的小区参与、资源共享等理念来看，校园绿化的诠释应反映规划理念之差异，在绿建筑评估指标的应用上无法突显出学校建筑的特殊性且几乎与一般建筑类型无异。在绿建筑绿化评估应用限制上的论述（张国祯，2006），则指出如果评价学校建筑的生态指标如同一般类型的建筑，只以量化的数据来判断其合格不合格，将失去生态观念推动的机会。

绿建筑推动方案借法令强制性执行还存在诸多问题，包括通过候选绿建筑证书多，申请绿建筑标章者少。政府部门出炉的报告也指出，绿建筑推动方案之推行虽成效卓著，通过绿建筑标章者倍增，结果是标章通过数量不到候选绿建筑证书之两成（生态城市绿建筑推动方案，2010：8）。另外，绿建筑规范透过建筑许可强制执行，制作报告书检核计算式等同于是否为绿建筑的门槛，除了形式大于实质意义，也缺乏落实的查验机制。《建筑技术规则》关于绿建筑规定之管制，虽采用建照抽查方式查核，以年度项目发包方式，委托如建筑师公会的专业团体进行抽查，但有时间上的落差，许多未抽查案件是否符合绿建筑的目标也无力控制。再者，法令变动快速，候选、标章取得之后也存在有效期限[25]的问题。

即使绿建筑评鉴机制的运作在实践场域中存在缺乏促进基本环境条件数据的建置，而全面地透过建筑许可制影响专业的执行，也有效率不高、产业挂帅、成本偏高的隐忧，评估机制并没有朝解决这些难题的层面处理，倒是以利多奖励响应了推广应用不足的研究评估结论，在 2003 年更新九大评估指标的原因是"分项评估指标之间并无综合评估机制"、"指标的合格门槛难易有别"、"难以提供合理的绿建筑奖励政策，也无法推动专业酬金、容积率、财税、融资方面的奖励办法"。2004 年委托专家学者建立最新的分级评估法，将细分为规划、设计、奖励三阶段的评估。并且在更严格的评估机制实施之后，也认知到"任何一种绿建筑评估系统，均有美中不足之处，无论指标基准如何科学化的制定，均无法网罗所有优良绿建筑巧思"（何明锦、陈柏勋，2006），因此将对于无法以绿建筑指标规范但又符合绿建筑的建筑设计加以表扬。专业者倾力发展属于亚热带在地物理环境条件的绿建筑规范，透过绿建筑指标取得标章的建筑，在意义上可以说是在技术的理性规范上取得胜利；如同前述提及绿建筑评估机制在生产操作上所指出，在非技术非规范思考上的讨论则是完全地缺席。而在绿建筑标章与绿建材标章甚或是未来智慧绿建筑标章的研究执行下，专业者对于绿建筑评估机制开始出现"严谨与适合"[26]的两难。关于都市更新案引出申请绿建筑设计给予容积奖励的办法[27]，更是绿建筑评估机制走上歧异之途的具体说明。

如果绿建筑标章评估机制的推动，是免于对环境破坏的基本防线，为何需要不断地奖励补助以获得执行专业、土地开发者以及消费者的支持？奖励的出现是因为没有利多诱因所以导致与城市发展直接相关的空间成本作为利益交换。补助是因为缺乏投资报酬率，投资门槛高于消费者预期，因此编列补助预算冲高执行效率，作为展现施政能力的成绩单。绿建筑评估指标在以永续发展经济思维下被强制性推动到底保护了怎样的环境？

前述讨论了所谓绿建筑运动观念化却无法行动化的原因。相关研究报告也指出"让学者、执行者、建筑师、建商等不断反复提及的，绿建筑政策很大的一个关键问题，乃在于政策缺乏自愿配合的诱因"。绿建筑作为人们对空间使用价值与态度的呈现，乃是日常生活的，是庶民的，它不能被简化成评估指标，也不应以繁复计算后的数据结果来概括，以被动性的配合与奖励来思维。然而实践场域复杂的问题因为无法被简化而遭忽略，为提高配合诱因，绿建筑评估机制自此走入分级指标，直接成为服务于国家政策执行的推手。绿建筑的推动，透过奖励与补助，成了空间交换游戏而牺牲社会公益，成了补助产业成长却须全民买单的窘境。绿建筑推动过程中，专业者是设计者、计划推动者、评论者、执法者、评鉴者，也极容易成为特定利益提倡者。虽然将绿建筑专业的实践依附在国家与资本的权力之下，在政府作为一个由上而下的角色上使其有可能系统化的整合，进而普及到人民的日常生活中进而成为由下往上的能量；但如同王鸿楷（1999）所说的，这样的依附下，优势是政府成为专业人士与受专业服务者之间的中介与保证人，然而他同时也指出当公共利益或资本累积的合理性受到挑战时，专业人士的工作将陷入意义真空的困境。因此专业人士有需要随时准备面对实践场域的变动，不断重新看待评估机制的推动价值。

四、绿建筑知识下的环境规划设计

绿建筑评估指标是台湾地区因应永续发展下面对环境中与建筑建设相关产业的技术规范机制。随着评估指标的推动，CO_2 含量的多寡似已成为评估城市环境与建筑设计的基准，其工具理性优先地位的思维，在学术界似不可动摇。如果说，永续发展理念的出现代表一个新规划设计思维的开始[28]，那么绿建筑评估机制在台湾永续发展的议题的架构下，不仅建构一种新的规划设计类型，也形成一种过度依赖专业者代工的实践模式，它形成了一个如果没有取得通过由建筑师申请，财团法人"中华建筑中心"审查通过的，就不是绿建筑这样的误区。因此，绿建筑评估机制可说是另一套限制性的规划设计方式。

从历史的角度来看，结构与科技的进展是建筑设计变化重要的因子[29]，物理环境对于建筑设计的影响一直是设计操作过程中直接而基础的考虑，以气候条件影响设计构成的讨论似乎是设计过程中辅助性的提醒。如果回顾建筑的历史，或者观察早期城镇的建筑，都有考虑地方物理环境而产生独特空间形式的作品，然而在都市现代化的过程中，地区性物理环境的改变、市场机制的操作等因素让以地方性条件出发所思考的空间文化逐渐的流失。正是由于这样的流失，抵抗现代主义席卷下的环境规划新思维才在 1970 年代陆续出现。城市规划与建筑设计专业在不确定的尝试中试图开拓新的出路。因应永续发展的提倡，全球化的主流现代主义理论典范的内涵标准已然失效，旧典范的危机促使建筑专业检视过去功能主义设计模式所出现的问题。在亚洲，对于亚洲建筑的推进，在 2002 年亚太建筑师宪章也提起相关的规范。这些宣言式的宪章与台湾地区绿建筑技术规范有着核心理念上的差异，也就是概念机制与技术机制的重要区别。正是全球化扩张的反省才产生了地方性与全球化之间的对话与结合的其他可能，然而，绿建筑的工作原则似乎又回到当前专业急需摆脱的理性功能主义。

1. 绿建筑评估机制与专业人士的反思

绿建筑如同一个清晰伟大的社会目标，认为透过国家的承诺、汇集的产业资源与专业者投入发展工作的结合就能够达成永续环境的目的。强调科学理性的专业人士接受委托持续生产的研发技术报告保证了政策的执行。用schon的话来说便是，此一发展最大受惠的是研究发展机构及人员的增加，同时，它的一个附带效果便是强调了科学研究是专业实践的基础。绿建筑评估机制，由于注重代表科学的数据，将每一个环境因子都变成可量化的数字，忽略了环境规划设计的核心价值不是达到这些数字标准即能满足。特别在建筑设计的思维中，这种量化的质量是建筑教育训练中基础的环节，在建筑设计中，设计的介入被视为应当是对整体环境价值质化的反映，前言所引用的讨论短文所表达的，"建筑界的事务一向以艺术成就而孤高自赏，追求英雄表演而自外于社会……过去视绿建筑为妨碍设计与增加麻烦的建筑界"；其实揭示了推动绿建筑受阻的关键很大部分在于评估机制中对数字的操弄；也就是专业者对于依赖量化来讨论环境规划设计思维的排斥。"在台湾的建筑界与规划界，有一个奇怪的现象，而且愈来愈严重，那就是许多人依赖量化在设计建筑或规划环境"（傅朝卿，2011）。这不是起始于绿建筑，而是在传统功能主义下就有的僵固思维，与CO$_2$固定量相似的空间评效、营建单价、空间定量等等都是环境规划设计下的量化产物。量化的步骤是一种总量管制的基本概念，而建筑设计与环境规划被期待是超越量化质量的。绿建筑推动方案以绿建筑评估机制作为实践永续环境的手段之一，基本上是以科学技术工具扭转环境规划设计取向的尝试，忽视了设计中创造性诠释绿建筑的意义与价值。就像是专文推荐纪登斯《气候变迁的政治学》（黄瑞祺，2011）文中所说的，以为科技问题解决了，气候变迁的问题就能迎刃而解。

前述有关评估机制讨论所指出的实践的限制中，绿建筑所立足的环境资料，除了有"资料来源"与"数据应用"的根本问题外，在评估机制更细致的分级生产过程以及为政策所撷取误用的现实情境中，似未看见积极的作为；在建筑实践工作中，规划设计者、建筑师等，面对绿建筑评估机制也少有抵抗其僵化设计创意的思考。其中所谓专业人士反思的部分，一是对绿建筑评估机制知识在实践场域中持续性变动的反思，亦即专业技术知识在实践场域中面对"严谨和适切"两难的态度。二是对绿建筑评估机制中所倡议的绿建筑价值，专业人士作为实践场域的执业者，在与新模式靠近、乐意成为符合潮流的绿建筑设计师以及绿建筑设计操作成为习惯之后的环境创造实境的思考。

全球性环境议题趋势以及若非绿建筑则无以解决环境迫切危机的恐惧，使得国家在面对国际竞争时，不得不加强对环境相关政策的研拟来符合人民的期待。绿建筑评估机制的实践基本上是借由政府政策目标与专家评估行动之间的连接，然而政策研拟过程中产业研发的配套与专业者的知识技术之间存在必然的整合关系，也就是专业理性与官僚理性的接合。"规划者的正当性来自科学知识及其运用能力的权威"（王鸿楷，1999）。评估工具被专业人士认为是理性的技术性分析且是作为达成公共利益的最佳手段。绿建筑价值，在台湾绿建筑实践中，呈现出一种科学工作者对于纯粹技术活动的理想性实践，亦即在较狭窄的技术活动与其所无力控制的较大社会脉络之间建制一个容易对应的平台，表达其对绿建筑相关工作的理解。问题是，如同王鸿楷（1999）提到的观念，代表资本利益的力量常常在整合关系中赢得不成比例的胜利，而许多未具备市场或政治优势的价值因为无法具体评估而被牺牲；绿建筑相关工作的意义被架空而沦为庸俗化的口号；专业人士虽置身于绿建筑实践的场域里，对于其工作方法与其效益是否服膺于永续环境的价值，需要一种持续批判的立场。就像面对永续发展议题一样，未经批判的永续"发展"概念不但是一种错置，更成为了台湾生态环境持续快速恶化的主要护身符（纪骏杰，1999）。既然现行的系统不足，执行过程弊多于利，在必须符合评估机制的制度下，误以为透过建筑执照申请取得绿建筑标章才是绿建筑，在建筑技术规则强制规定采用5%的绿建材，也有误以为绿建筑之所以会呼吸乃是因为使用了绿建材之误区，甚至以增加经济诱因为基础，研拟更精进的规范来扩大这种政策绩效，绿建筑似已沦为政策背书的规范性产品。对于专业者知识的反省，schon曾经提到，"一系列宣告于世的国家危机出现——城市环境恶化、贫困、环境污染、能源缺乏，看来问题的根源反倒是存在于想减轻问题的科学、技术和公共政策的实践中"（schon，1983）。而从韦伯所讲的理性概念来看，工具理性与功能性的立场能有助于专业分化及界定巩固属于各该专业责任的工作领域；也有助于个人工作的方便与职业满足感。但是，如果资本主义工具理性的权威或正当性受到质疑的话，专业者的权威与角色就饱受挑战（王鸿楷，1999）。以林俊义（1987）在科学危机与科学伦理一文中对科学价值中立的误区的观点来看，绿建筑评估机制既属于绿建筑推动这个特定目标下的计划，就已经不再是个人的活动，也不能再以科学价值中立的理由坐视研究成果的误用。绿建筑评估机制并未形成促进台湾气象数据库的建立，以使其科学验证的数据有实证的基础；也缺乏在社会实践场域的问题中，从回顾先前理解的局限去重新定位绿建筑标章的意义对建筑环境的作用。另一方面，很吊诡的，技术的傲慢形成专业相对于民众或使用者的权威。这是许多专业者都有的"社会人格分裂症"（王鸿楷，1999）。这些问题的涌现说明了当初以为有意义的设定结果的出乎意料，随着所面临情境的改变专家也意识到复杂度的增加，并对于这样的处境感到慌张，如同绿建筑专家（林宪德，2008）所说的，尽管绿建筑热潮在全球吹起一阵拯救地球的号角，但却意外夹带着一股陷绿建筑于不义之危机，绿建筑商业化的隐忧让专业者喊出"不如不要绿建筑评估机制"的政策风向。是否该停下来思考我们究竟需不需要经济成长意识形态下强制性的绿建筑评估机制？

2. 批判性地域主义中概念机制的开放性

绿建筑原是强调以环境的永续为根本价值的建筑规划设计实践的方法，但因视野的局限成为以亚热带气候条件区别于温寒带地区的在地性物理环境条件规范。面对全球永续发展议题，台湾地区绿建筑的论述其实可以是在追随西方主流建筑理论之外的一个开启亚洲建筑新视野之钥。在台湾，没有一种建筑的实践像绿建筑一样，透过信息与传播结构几乎全面地观念化、庶民化，但为何无法成为深化台湾建筑文化的能量，而流于符合指标门槛，最终成为一个制式的框架，乃至沦为空间消费而牺牲正义的工具。我们可以从另一个途径来检视。相对于技术机制，与永续议题一样重要且几乎与永续发展（Sustainable Development）同时被提出的"批判性地域主义"（Critical Regionalism）这个术语，有两位主要的代表人物，一是肯尼斯·弗兰姆普敦（Kenneth Frampton），另一位是亚历山大·佐妮斯。肯尼斯·弗兰姆普敦虽然也对地域主义提出看法，然而若是面对一个更开放的规划设计论述的形成，本文更倾向以亚历山大·佐妮斯的观点为主。佐妮斯的讨论不仅找出了地域主义实践的主要问题，也透过"批判性"这个字眼的介入，提出在全球化与地域性之间来回犹豫摆荡以外、非技术规范的建筑设计策略，清楚地揭示一个面对无场所无地方的现实与建筑存在之间的联结方式；认为除了是一种时代性的设计论述，也发展出相应的创作理论。

为什么时代性与"相映性"是如此重要呢？以环境在地性为思考之源的地域主义，已经被指出犯有两个错误；一是狭窄视野的集体主义式的地域主义，一是廉价操作的视觉符号式地域性主义。把批判与地域主义联结起来形成批派性地域主义，除了与先前对"地域主义"一词的用法区别开来，其所主张的便是一个立基于基地地理条件以对抗无地方感、缺乏自明性的现代建筑的立场。其中，肯尼斯·弗兰姆普敦的"现代"是以西方观点看待各地建筑作品的角度来谈论的，认为把西方主流普遍的与地方边缘既有的调和起来就是批判性地域主义；而佐妮斯则是将"现代"以地域所处的时代性下的现实之异化来对应，是佐妮斯所说的，将"regionalism"的"gion"去掉之后的"realism"，一种贴近现实主义的"相映"。这种现实涵盖了物理环境条件及之外的其他。这种对于地域性的诠释类似于schon对于专业者在情境中的"反映性"思考，不是遵循着普遍以及既有的材料，而是一种异质元素介入后产生借以唤起整体在地性的逆раз式作用。

批判性地域主义与绿建筑评估机制有什么关系？批判性地域主义作为一种概念，着重在展现自身独特性的设计原则，非由上而下的教条。加入"批判性"的意义乃是为了免于落入另一个自以为是的工具理性范畴。就像发于当代杂志一篇关于绿色环境运动的文章②中所提的，任何掌权者，都是环境的破坏者。Tzonisn所说的批判性地域主义是基于地域的概念中对建筑的反思，其设计的方法乃是先认知到价值的特殊性，个案中的物理、社会和文化条件的特定限制，其目的在受益于普遍性的同时保持多样性。批判性地域主义是一种"概念的机制"（concept device），就像是一种分析工具一样，然而是一个解释性的工具，用以实践对环境永续价值的论述。或许有人会问，一个容易实践的技术理性思维对于建筑世界的宣言难道不是必要的？关键是，一个同样可以实践的概念诗性思维对于建筑环境的原则性提示才是让建筑摆脱限制，持续思考的推动力，它将无法成为一个僵化限制性的公式，或是一个对照性的操作，而必须去关注它所在的，包括对政治的立场、经济的取向、社会的观察以及其丑陋面反映的现实进而提出创新的策略。

五、结论

能源危机是环境议题萌生最初的因子。在欧盟所提出的永续发展议题框架下，京都议定书迫使各国进入理性面对环境议题的阶段，在政治与经济的角度上，环境议题是国家政治谈判与制裁手段的策略，以新的产业转化对环境污染关注，并在此议题的屏蔽下开展另一波成长的经济发展思维，进而开展互相认证的经济交易事实。为建立绿产业，在建筑工业与环境议题扣合的脉络下，绿建筑成为解决环境问题首要的选项，在国家的介入下，一个可以检验的技术性规范奠定了绿建筑走向工具理性的基础。台湾地区绿建筑，从产学合作的绿建材研发生产、标章认证的推陈出新，架构出使用绿建材、通过绿建筑评估指标、取得智慧绿建筑标章就是准绿建筑的误区。而执行绩效不佳，无自愿配合诱因的问题等，也让绿建筑评估机制扩张性地朝不断细致化的指标发展，模糊了绿建筑推动的价值。尽管绿建筑政策在媒体的宣传之下似已成为政府与社会之间的共识，绿建筑专业者依附于资本与国家公权力之下也引领了知识与产业经济的成长；然而，为了功能性运作之便所采取的政策控制，绿建筑专业实践已陷入绿建筑推动价值模糊化的挑战与质疑之中，对于绿建筑在实践场域中的功能与意义急需再定位。此外，寻求技术机制之外，并发展一种开放性的绿建筑论述也成为"专业者反思"之后重要的工作。

注释：

① "工具理性"是法兰克福学派批判理论中的一个重要概念，其最直接、最重要的渊源是德国社会学家马克斯·韦伯 (Max Weber) 所提出的"合理性"(rationality) 概念。所谓"工具理性"，就是通过实践的途径确认工具 (手段) 的有用性，从而追求事物的最大功效，为人的某种功利的实现服务。工具理性是通过精确计算功利的方法最有效达至目的的理性，是一种以工具崇拜和技术主义为目标的价值观。

② 本文以 1990 年成立建筑研究所筹备小组开始研拟相关设计标准为认定基准。1995 年"内政部"建筑研究所正式成立。

③ "专业反思"是引用 *The Reflective Practitioner: How Professionals Think in Action* 一书中的概念。

④ 批判性地域主义于 1981 年首次由亚历山大·佐尼斯 (Alexander Tzonis) 所提出。

⑤ 欧盟 (European Union，EU) 是于 1992 年因签署欧洲联盟条约 (或称马斯垂克条约) 所建立起的国际组织，为世界上第一大的经济实体。

⑥ 欧盟的成立可追溯到 1952 年《巴黎条约》建立的欧洲煤钢共同体，1958 年成立了欧洲经济共同体和欧洲原子能共同体，在 1972 年《罗马条约》中，欧盟强调它成立的目标是：消除分裂欧洲的各种障碍，加强各成员国经济的联结，保证协调发展，建立更加紧密的联盟基础等。自 1987 年单一欧洲法案后，欧盟更从贸易实体转变成经济和政治联盟，随着欧盟整合程度的深化及广化，订立了环境政策，强化了其主导性的角色。

⑦ 第一行动方案自 1973～1976 年，为期四年，主要因应两伊战争后爆发的第一次能源危机。

⑧ 环境保护和可持续发展是欧盟关注的重要领域。从历年论坛与约条可看出这些议题的重要性。虽然欧洲议会在 1990 发表的《关于城市环境的绿色档》被认为对唤醒环境意识具有决定性的转折，但自 1957 年《罗马条约》签署以来，以欧洲经济市场为基础所发展的环境与内部投资，对绿建筑实践的方向即已产生重要的影响。

⑨ 1990 年欧洲议会发表《关于城市环境的绿色档》，要求欧盟政府关注日益加剧的城市生活质量恶化的问题，以及污染对健康、安全和全球气候变化造成的影响所具有的危害 (Brian Edwards，2003：3)。全球总体生态环境平衡的指标包括了温室气体的排放量、酸雨、海平面升高以及臭氧层的厚度等主要项目。

⑩ 包括科学园区的噪音污染、有毒污水污染、空气污染与健康风险等；另一方面科学园区的扩张影响了农业的未来发展。

⑪ "生态城市绿建筑推动方案"自 2008 年实施起至 2011 年，总经费 20 亿。

⑫ 智慧绿建筑推动方案自 2010 年实施起至 2015 年，六年投入 32.2 亿元，促进投资 795 亿元，带动产值约 7995 亿元，节能减碳 1442 万 t，创造 23.5 万个就业机会。行政部门推估，绿建筑每年约增加 470 万 m^2，以每平方米造价 2.3 万元计算，保守估计，绿建筑的商机每年至少高达 1115 亿元 (经济日报，2010/11/8)。内政部指出，针对工程费造价超过 5000 万元以上新建公有建筑物，将自 2012 年起强制导入智慧绿建设计施工，并纳入公共工程预算审议管制。据《联合报》之报道，"行政院"官员表示，5000 万元以上的公共设施或公用建筑物属中大型以上的公共建设，以今年的公共建设来说，金额在 5000 万元以上的，占 82%；同时国有地标售、都市更新和军事工程也将试办智能绿建筑，并提供奖励措施 (经济日报，2010/11/10)。"内政部"将修改相关法规，民间进行都市更新或既有建筑物重建须导入智慧绿建筑，透过容积或经费奖励带动私有建筑物纳入智慧绿建筑，对国有地标售或设定地上权，"财政部"也将要求标业者开发纳入智慧绿建筑。

⑬《京都议定书》正式要求英、美、日等国承诺降低 CO_2 排放，此系首度纳入国际档成为具有法律约束力的约定，采取贸易报复手段，进行 CO_2 减量之管制，未来并将扩大到包括台湾地区在内的发展中国家或地区 (绿建筑核定本)。

⑭ 2001 年 3 月行政院核定"绿建筑推动方案"是第一波 (2001 年 3 月～2007 年) 政府政策，乃是配合绿色硅岛的建设目标而定 (徐姿茵、洪昆哲，2009)。

⑮ 绿建筑系指在建筑生命周期 (指由建材生产到建筑物规划设计、施工、使用、管理、及拆除之一系列过程) 中，消耗最少地球资源，使用最少能源及制造最少废弃物的建筑物。

⑯ 指任何宣称为科学，或描述方式看起来像科学，但实际上并不符合科学方法基本要求的知识、方法论、信仰或是实务经验。

⑰ 绿建筑相关产业的消费包括绿建筑设计、绿建材产品以及冠以绿建筑的房地产交易与土地开发。

⑱ 绿建材在 2009 年针对 30000m^2 面积以上实施。从室内走向室外，从低楼层建筑物推广至高楼层建筑物应用。

⑲ 1993 年 3 月 10 日订定，1994 年 1 月 1 日实施。

⑳ 为简化绿建筑评估作业，"内政部"营建署于 2010 年完成绿建筑电子化评估系统 ("内政部"营建署实时新闻，2010)。主要协助建筑师简化计算及评估，直接输入参数产生计算表，结合建筑执照申请档，缩减业界绿建筑计算作业时间。

㉑ 窗的设计具有使建筑铭刻地方特色的内在能力，从而表现了作品所在地的场所感 (Kenneth Frampton)。

㉒ 例如非都市土地经过变更编定，或农地朝非农用使用所肇致的污染。

㉓ 学校用地 500kg/m^2，商业工业区 300kg/m^2，其他区 400kg/m^2。

㉔ 资料是成大建筑研究所根据国外温暖气候下的树叶光合作用之实验值，以台中的日照气候条件及树形、叶面积实测值，解析合成而得的 CO_2 固定效果。资料代表某植物在都市环境中从树苗成长至成树的 40 年间 (即建筑物生命周期标准值)，每平方米绿地的 CO_2 固定效果。在台湾，北、中、南日照条件存在差异，且基本气象数据库数据不足的现实下，这样的换算应只是数据借用尚未论及科学。

竞赛评委点评

论文以批判性的视角，审视了当代台湾地区绿色建筑发展过程中的某些偏差，指出了当下以技术规范去"标准化"绿色建筑设计，以指标性满足作为绿色建筑设计的最终目标的弊端与局限，提出了为避免绿色建筑走入程序化、商业化、功利化的误区，我们应从其本原价值与真实意义进行重新定位，以此去指导更有针对性的建筑实践。论文作者具有强烈的社会责任感，能够以客观、理性的视角看待绿色建筑发展，为防止其走入僵化的窠臼，进行了有益的探索。

梅洪元
(哈尔滨工业大学建筑学院，
院长，博导，教授)

"台湾地区绿建筑实践的批判性观察"一文最大的特点就在于其鲜明的批判性。而且，其所批判的对象似乎占据了道德上的正义性和技术上的先进性。这种批判的勇气建立在历时的溯源和共时的剖析基础之上，既有逻辑的思辨，又有现实成效的佐证，故而其观点确能站立且令人信服。应当看到，作者对过度依赖单向度工具技术理性的倾向所展现出的忧虑和质疑应当受到充分且广泛的关注。绿色建筑的问题不在于其自身，而在于人们对绿色的认知。显然我们需要一种更综合、更全局、更具有机文化特质的新观念。作为读者，我愿明确地支持作者的批判性姿态。

略显遗憾的是，论文收笔时提出以"批判的地域主义"作为替代的可能方向，因缺乏必要的论证铺陈而显得有些突然。

韩冬青
(东南大学建筑学院，
院长，博导，教授)

㉕绿建筑标章或候选绿建筑证书，有效期限为三　　，期满前三个月以内得申请继续使用。

㉖在 Schon 的 *The Reflective Practitioner: How Professionals Think in Action* 一书中提到。

㉗例如台北市都市更新相关法规中，2005 年 9 月 1 日订定发布的台北市都市更新单元规划设计奖励容积评定标准，明定通过绿建筑分级评估银级者，给予法定容积之百分之六为限；通过绿建筑分级评估黄金级者，给予法定容积之百分之八为限；通过绿建筑分级评估钻石级者，给予法定容积之百分之十为限。

㉘王鸿楷在 1999 年以"'理性'或理想性？——现阶段台湾规划专业的历史任务"的专题演讲中提到，"永续发展"已成为规划界的显学。它存在多面向的讨论与意义，是专业对于原有所谓理性功能主义典范的重大挑战。

㉙例如高第借由结构模型产生了新造型，数字工具的普及探索了环境与形式生成新可能。

㉚杨宪宏在"反对，不必忠诚——绿色纯度与深度的标尺"一文中指出，环境运动所主张的基调，是源于认定:反对、对抗是人类之必须的信仰;而环境运动的基本假设是:任何权力的掌握者，都是环境的破坏者。

参考文献:

[1] 王鸿楷."理性"或理想性？——现阶段台湾规划专业的历史任务 [R]．1999 年 9 月 18 日都市计划学会年会专题演讲，1999．

[2] 丘昌泰，吴舜文．我国绿建筑政策评估 //2010 年中国台湾政治学会年会暨"能知的公民？民主的想与实际"学术研讨会 [C]．2010．

[3] 林宪德．绿色建筑 [M]．台北:詹氏书局，2006．

[4] 林宪德．绿建筑解说及评估手册 [S]．"内政部"建筑研究所，2007．

[5] 林宪德．绿建筑的发展与隐忧 [J]．台湾:建筑师，2011 (03):92．

[6] 林宪德．绿建筑，恐是梦一场 [J/OL]．成大研发快讯，2008，5 (3)．http://proj.ncku.edu.tw/research/commentary/c/20080718/1.html．

[7] 林俊义．科学危机与科学伦理 [J]．当代，1987 (20):60．

[8] 林俊德．永续、生活观:台湾绿建筑政策初探 [J]．建筑·Dialogue 杂志．2005 (91):21–33．

[9] 何明锦，陈柏勋．台湾绿建筑科技研发与未来展望 //2006 台北第二届海峡两岸建筑学术研讨会论文集 [C]．2006．

[10] 纪骏杰．永续发展:一个皆大欢喜的发展 [J]．应用伦理研究通讯，1999 (10):16–20．

[11] 张国祯．台湾绿建筑评估指标在学校类型执行上的检讨 //2006 台北第二届海峡两岸建筑学术研讨会论文集 [C]．2006．

[12] 傅朝卿．别忘了! 好建筑必须有量化之外的质量 [J]．台湾建筑．2011 (187):120．

[13] 黄瑞祺．怀抱希望，但也正视现实的复杂与困局 // 气候变迁政治学 [M]．台北:商周，2011．

[14] 黄凤娟．从里约到台湾福尔摩莎的永续发展怎么了 [N/OL]．环境信息中心电子报，2005[2015–08–30]．http://e-info.org.tw/special/wed/2005/we05060301.htm．

[15] 杨宪宏．反对，不必忠诚．绿色纯度与深度的标尺 [J]．当代．1987，(20):30．

[16] 徐姿茜，洪昆哲．推广"绿"建筑——"生态城市绿建筑"政府作推手 [N/OL]．中正 e 报，2009–03–11[2011–04–30]．http://wenews.nownews.com/news/2/news_2693.htm

[17] 苏秀慧．政策挺绿建筑商机 一年千亿 [N/OL]．经济日报，2010–11–8[2011–04–30] http://www.archifield.net/vb/showthread.php?t=8602．

[18] 苏秀慧．"行政院"审查通过"智慧绿建筑行动方案" [N]．经济日报，2010–11–10

[19] 刘利贞编译．绿色经济 瞄准十投资领域 [N/OL]．经济日报，2011–02–22[2015–08–21]．http://www.taiwangreenenergy.org.tw/News/news–more.aspx?id=1B1402EB34967367．

[20] "内政部"建筑研究所．绿建筑解说与评估手册 [S]．2005．

[21] 二十一世纪议程——永续发展策略纲领 [EB/OL]．http://nsdn.epa.gov.tw/ch/papers/20000518.pdf．

[22] 世界环境与发展委员会."我们共同的未来"研究报告 [R]．1987．

[23] Donald A. Schon. *The Reflective Practitioner: How Professionals Think in Action* [M]. 1983.

[24] Alexander Tzonis. Introducing an Architecture of the Present Critical Regionalism and the Design of Identity//Liane Lefaivre, Alexander Tzonis. *Critical Regionalism: architecture and identity in a globalized world* [M]. New York: Psychological Dimensions, 2003: 8, 21.

[25] 爱德华 (Brian Edwards) 著．可持续性建筑 (*Sustainable Architecture: European Directives and Building Design*) [M]．周玉鹏等译．北京:中国建筑工业出版社，2003．

[26] 肯尼斯·弗兰普敦 (kenneth Frampton) 著．现代建筑:一部批判的历史 (*Modern Architecture A Critical History*) [M]．原山译．六合出版社，1991．

[27] 安东尼·纪登斯 (Anthony Giddens) 著．气候变迁政治学 (*The Politics of Climate Change*) [M]．黄煜文，高忠义译．台北:商周，2011．

作者心得

关于台湾地区绿建筑实践的
批判性观察之写作

绿建筑的论述与实践在永续发展的大架构之下已经进行多年，在世界各地有不同的挑战与困境。《中国建筑教育》在 2015 年度的"清润奖"论文竞赛主题设定为"建筑学与绿色建筑发展再次相遇的机会、挑战与前景"，点出绿色建筑在建筑学论述与工具性实践上需要重新梳理的反省。

在台湾，绿建筑的推行，从公式化的审查到样板式的绿建材套用等，到产出质与量并具的公共建筑空间其实是相当晚近的事。正是这一种实践绿色建筑思维的倾向，反映出绿色建筑的局限性。

写作的动机始于对建筑设计思考与"绿建筑"这一新兴词汇之间的关联性辩证。虽然立基于在地性，但绿建筑以一种建筑类型的姿态，几乎成为过去指导设计以"建筑计划"为依据的另一专章。在当代的建筑设计思考中，跨越建筑计划朝向更机动整合的规划设计工作内容与协商审议式的评估机制日趋重要。

以迈向生态城市为目标的绿建筑评估机制，不断地细节化与扩大化，"批判性地域主义"的设计论述或许不是僵化的绿建筑实践之最佳解答，却是指出"评估机制"需要更多对设计智识与技术应用的开放性之参考性论述。

徐玉姈

朱 丹
（同济大学建筑与城市规划学院　博士三年级）

应对高密度城市风环境议题的建筑立面开口方式研究

——以上海、新加坡为例

Exploring Facade Opening Design to Confront Wind Environment Issues in High Density Cities: Cases Study of Shanghai & Singapore

■摘要：高密度城市风环境的改善需要将区域层面的大尺度规划与具体建筑的小尺度形态设计紧密结合。本文以建筑立面开口方式为切入点，分别选取上海、新加坡两个典型高密度城市的四个案例展开研究。通过软件模拟和案例实测，进行立面开口方式定性和定量分析研究，归纳总结出改善"引风"和"导风"效果的立面开口方式设计要点，为绿色建筑的形态设计提供参考。

■关键词：高密度城市　城市风环境　城市粗糙度　迎风面密度　立面开口　风道

Abstract：The improvement of the high density urban wind environment should combine the large scale planning and the small scale architecture design specific architecture together. In this paper, with the building facade opening way as the starting points of entry, four typical cases of Shanghai & Singapore, two typical high density city, are selected as typical study cases. Through software simulation and case testing, the method of building facade opening is studied and analyzed qualitatively and quantitatively. The air ducts characteristics and the main design points of the different the wind corridors are classified to improve the wind and ventilation effect and to provide reference for the form design of green building.

Key words：High—Density Cities；Wind Environment；Surface Roughness；Windward Side Density；Facade Opening；Wind Corridor

一、研究背景

风是一种由大气压差引起的空气运动，城市风环境是城市物理环境的重要组成部分。本文所指的城市风环境是指在城市弱风或静风环境下，由于城市内部环境的非均一性而引起的城市区域的大气环流。

城市不断向高密度城市模式发展使得城市中心区域建筑规模剧增，建筑密度加大且高度提升，加之人群的大规模聚集释放大量热量，这些原因均导致城市风环境的恶化。高密度城市空间形态对其所在区域内的空间构成和风环境都将会产生影响，已形成有别于自然环境的城市风环境。高密度城市的建设对城市风环境的影响主要表现在以下几个方面：

1. 在城市规划层面，高层、大体量建筑的聚集，造成城市下垫面更为粗糙，使城市风速普遍呈现减小趋势；

2. 在街区层面，高层、大体量建筑的位置不当或者建筑群布局不佳，没有充分利用城市弱风或静态稳风场形成的城市通风廊道，降低了风在城市中的通行效率；

3. 建筑单体在设计时，过度依赖主动式通风设备而忽略对自然通风的考虑，立面封闭的建筑实体易在建筑背风面形成风影区，且建筑内部缺少自然风导致气流运行不畅，没有足够的清洁空气。

改善城市的风环境，有利于降低城市热岛效应强度，促进空气循环，提高城市空气的呼吸性能和污染物扩散速率，进而提高城市整体舒适度。目前城市微气候领域的研究已呈现出相关学科基于研究的需求向建筑学问题的渗透，为建筑学的研究提出了新的命题。建筑形态的设计应基于可持续、绿色、节能等如今建筑设计的核心价值观，从城市、街区、单体方面进行多层次、多角度考量，主动回应日渐突出的城市环境问题，这也是本文研究的出发点和意义所在。

二、高密度城市风环境与建筑立面开口关联性分析

高密度城市的空间形态决定了其通风模式不同于其他形态的区域，其城市区域通风主要依赖于开放空间（非建设空间），如街道空间、开敞空间（广场、绿地、建筑架空空间等）形成的城市风道。城市风环境的评价包括城市通风效率及人行高度处风环境舒适度的评价。气候学领域主要通过风力参数或其他等效参数评价。从城市规划和建筑设计的角度，则需要通过中介参数建立城市形态、建筑形态与风环境的关联性，才可用规划和建筑设计常用的形态参数评价风环境。

与城市风环境相关的主要城市空间形态参数有：

A. 城市表面粗糙度

城市表面粗糙度（Surface Roughness）是反映城市形态对风环境阻碍作用大小的基本参数。城市粗糙度越大，则风越难以通过该区域。衡量城市粗糙度的最常用参量之一是粗糙元平均高度（Z_H），其是大尺寸城市形态的量化表达参数，也是风环境研究的重要参数。

$$Z_H = \frac{\Sigma \ \ 建筑高度 \times 建筑迎风面面积}{总城市用地面积}$$

高密度城市建筑高度较高，且密度大带来建筑迎风面面积较大，因此表面粗糙度也高于其他类型城市区域，城市环境对风的影响程度也高于其他区域。

B. 迎风面密度

建筑对于特定风向的迎风外围护结构面积是建筑的迎风面密度 λ_F，该参数是建筑迎风面面积与建筑用地面积的比值。迎风面密度 λ_F 是一个能够反映城市建设形态对风的影响的参量，常用于街道尺度较小的城市气候模型研究。

$$\lambda_F = \frac{\Sigma \ \ 建筑迎风面面积}{总用地面积}$$

迎风面建筑密度 λ_F 的基本特征为群体性和方向性。λ_F 可以同时表征建筑自身立面形式、朝向、尺度和风向相关的参数。风向不同则迎风面密度 λ_F 不同，因此 λ_F 能够反映城市形态对于特定风向的阻碍作用，即反映特定风向的风在城市空间内的通行效率。

由以上分析可知，城市空间形态与城市风环境的关系，需从多尺寸进行研究。与城市风环境相关的两个重要城市形态参数城市表面粗糙和迎风面密度均与建筑迎风面面积有正比关系。城市风道可以有效减小建筑迎风面面积，降低城市形态对风的阻碍，提高风的通行效率。其空间形态可以为"点、线、面"结合，重点需要考虑系统性和多层次协同。

在单体建筑设计层面，立面开口便是降低建筑迎风面面积，补充城市风道的有效手段。建筑立面开口形成的内部风道，可以引导气流在局部的流动，形成良好的通风效果，快速带走区域空间内热量，并优化建筑内部和周围空间的风场分布。同时，立面开口可以形成自然通风，减少建筑能耗，进一步缓解城市热岛效应。以上分析可知，合理的建筑立面开口是改善高密度城市风环境的重要手段。

三、案例选取与研究方法介绍

上海和新加坡都是典型高密度城市，在近几十年城市化高速发展的过程中，面对人口大量聚集和有限的可建设用地面积之间的矛盾，为使基础设施和社会资源的配置使用更高效、合理，逐步形成高密度、大体量的城市空间形态。在城市发展的同时，也同样面对严峻的城市环境问题，如热岛效应、空气污染、能耗过大等等。二者同为沿海城市，均有良好的自然通风条件，在自然风利用方面有很多相似

之处可以借鉴，同时在建筑立面开口设计方法上也有很多共同之处。因此，本文将二者作为对比研究对象。

在对建筑立面基本开口方式、自然通风进行理论研究和初步案例调研的基础上，本研究选取上海和新加坡4个体量相似的典型建筑为案例展开研究（表1）。在满足建筑功能的前提下，为充分利用自然风改善风环境，4个案例风道形式上各有不同，分别为直线形风道（上海中信广场）、"L"形风道（新加坡 WESTGATE 商场）、弧形风道（新加坡 BUONA VISTA 商场），和多风道（新加坡国立大学教育资源中心，Education Resource Center，以下简称ERC）；同时，在立面开口方式是也各有特征，有单侧开口、双侧开口、不同高宽比、不同位置、不同开口形状等等。四个案例的选取考虑多样化、差异化，又兼顾相似性和可比性。

案例介绍 表1

案例编号	周边现状	典型层平面示意	通风特征
1. 中信广场（上海）			直线形风道 3层共布置18点（次）测点
2. WESTGATE 商场（新加坡）			L 形风道 4层共布置30点（次）测点
3. BUONA VISTA 商场（新加坡）			弧形风道 3层共布置24点（次）测点
4. 新加坡国立大学ERC（新加坡）			多风道 3层共布置36点（次）测点

在研究方法上，综合运用软件模拟与案例实测相结合的方法。采用 Autodesk 公司的 Flow Design 软件对建筑外立面是否开口进行风环境模拟计算，对比前后两组数据在建筑外部和内部的总体风速大小、风场分布等方面的区别，此为定性研究。同时，考虑到实际风环境的复杂性，采用实测的方法在各建筑关键节点处布置测点，以掌握四个建筑在日常使用情况下，建筑内部活动空间的真实通风情况，测试结果为不同开口方式之间比较研究提供数值依据，此为定量研究。两种研究方法各有侧重，互相补充。

特邀评委点评

论文作者选取上海和新加坡的4个典型案例，力图寻找高密度城市风环境与建筑立面开口之间的内在关联规律。其研究方法为软件模拟和实测调研并重。即借助软件模拟，获得相同条件下风场分布比较状况；并通过实际测试，了解一定时间范围内的建筑不同位置的具体风速分布情况。基于4个案例的模拟和实测研究，论文作者初步提出了改善城市风环境的建筑立面开口方式设计要点。

论文研究方法科学，工作态度严谨，选择案例具有一定的代表性，是一篇优秀的科研论文。

当然还有两个问题值得商榷：第一，在模拟阶段，针对建筑开口方式与风环境关系的研究，不应强调周围环境对建筑的影响，否则难以判断风场环境分布是因为建筑开口本身造成，还是因为周围环境导致；第二，模拟和实测之间的逻辑关系不清晰，从论文写作来看，感觉二者说的不是一个问题，一个强调建筑外部环境，一个强调建筑内部环境。

宋晔皓

（清华大学建筑学院，博导，教授）

指导老师点评

本课题组所在实验室高密度人居环境生态与节能教育部重点实验室（同济大学）近年来关注高密度城市环境控制、高密度城市建成环境中建筑的绿色节能技术及性能优化评估方法研究等方面的研究。高密度城市的环境涉及因素众多，朱丹同学在研究工作中，从建筑师的角度敏锐的发现了"建筑开口"这个影响因素，并将其科学的量化，建立了其与迎风面密度、城市粗糙度评价系数的关系，继而建立起与城市风环境和城市热岛效应的联系，层层推进、论证严谨。

尤其值得一提的是，考虑到高

（转 211 页右栏）

四、典型案例的模拟与分析

（一）模拟实验设计

1. 模型建立与边界条件确定

本模拟实验的主要目的是验证建筑物外立面的开口与否对建筑外部及建筑内部风场分布的影响，由于研究对象均位于高密度城市区域，必须考虑周边建筑物对气流的影响，因此选择建筑本身和四周建筑作为模拟对象。运用 Sketch up 软件按照建筑物的实际尺寸建立物理模型，忽略家具、人员及柱子对风场的影响，建筑部分按其典型风道的轮廓简化为实体（表 2）。

Flow Design 风场模拟物理模型建立 表 2

案例编号	外立面封闭模型	外立面开口模型
1. 中信广场（上海）	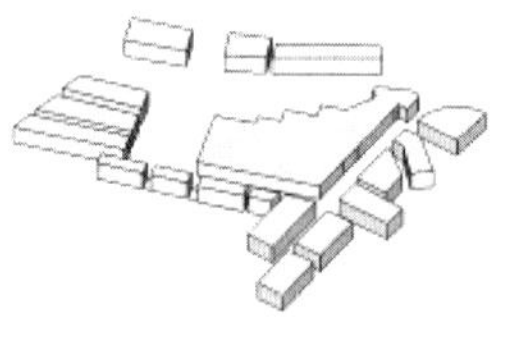	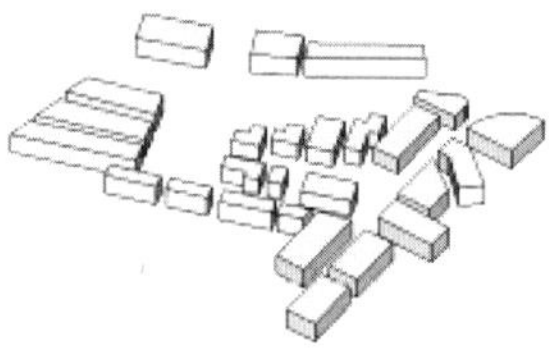
2. WESTGATE 商场（新加坡）	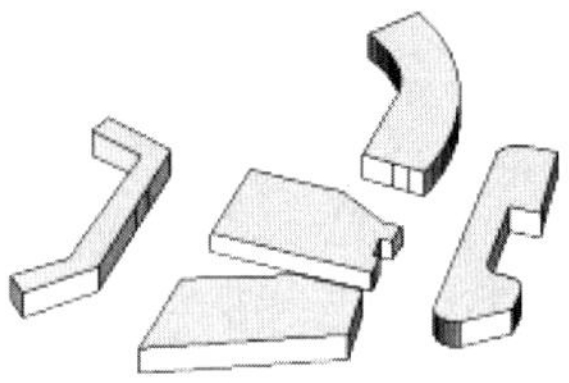	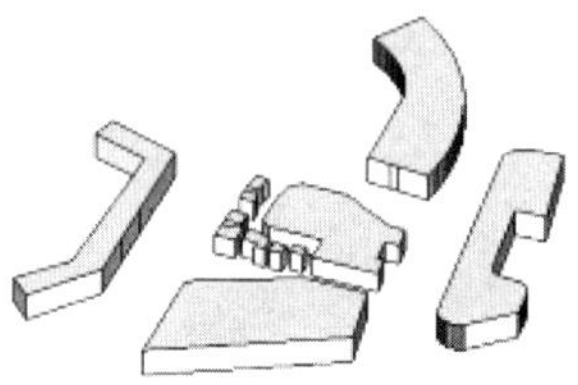
3. BUONA VISTA 商场（新加坡）	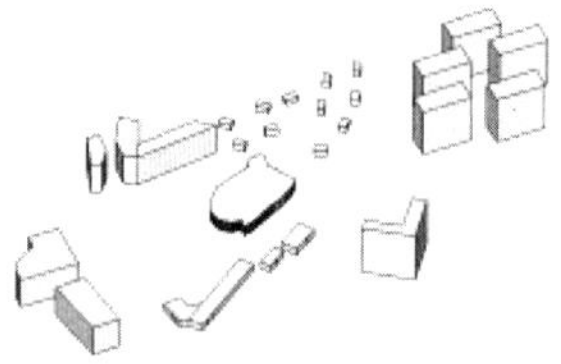	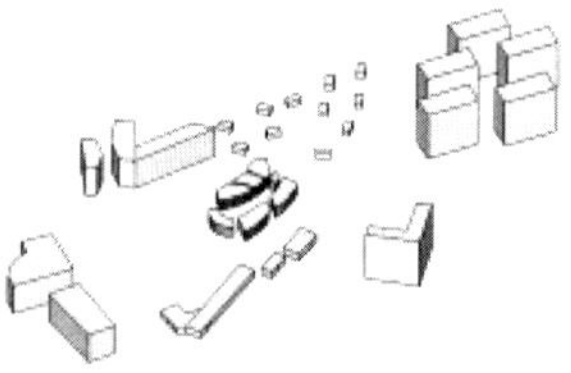
4. 新加坡国立大学教育资源中心 ERC（新加坡）	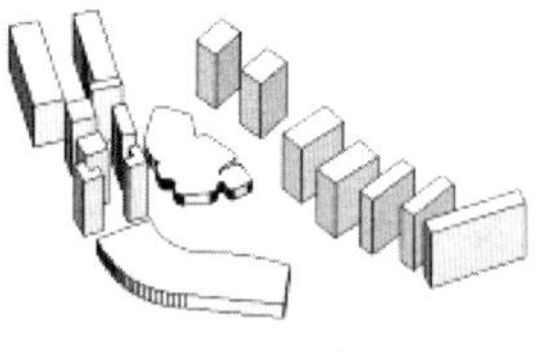	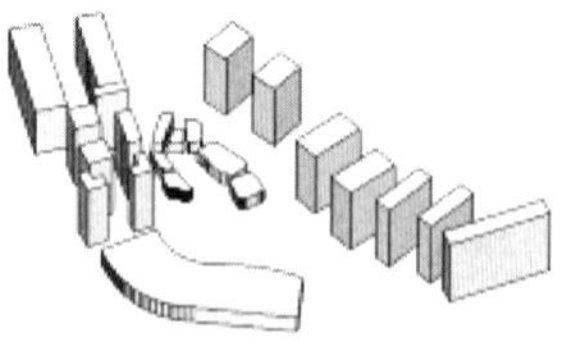

各个地块计算区域按照日本建筑学会（AIJ）的标准界定，满足阻塞比（沿风向方向的建筑群垂直面积与计算域垂直面积之比）小于 3%，且计算域的侧面边界距建筑群体的侧面外边界距离大于 5 倍的建筑群平均高度，计算域的高度达到建筑群所处地形的大气边界层高度。本模拟实验设置的计算区域高度为各建筑群最高建筑高度的 10 倍，来流方向长度为建筑群最高建筑高度的 20 倍，出流方向长度为建筑群最高建筑高度的 40 倍，计算区域的两侧宽度各为建筑群最高建筑高度的 10 倍。模拟软件 Flow Design 和模拟范围如图 1 所示。

2. 模拟工况

该模拟实验的工况的参数设置综合考虑两地主导风向和实测期间室外环境风速和风向的情况。测试期间（2015 年 6 月~8 月）风向主要为南向和东南向，并以南向为主，基本为夏季主导风向，风速为 0~3m/s，其中又以 1.5~2.5m/s 为主。以此确定模拟工况为南向风，室外风速 2m/s 的工况。

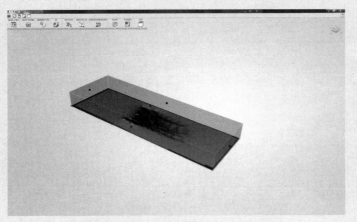

图1 Flow Design 风场模拟界面及计算区域确定

密度城市建成环境的复杂性，在软件模拟时往往无法真实还原这些复杂要素，研究以新加坡、上海这两个亚洲典型高密度为样本，选取具有典型特征的建筑进行前后近一年数个案例的实地测试。大量的实测数据作为基础数据库，从中筛选、提取出有效、可比较的数据，进行对比、分析，再将这些抽象的数据传递的信息转化为设计指导原则，完成抽象到具体再到抽象的转化过程，从建筑师的角度进行科学问题的研究，是本文科学性和创新性的集中体现。

宋德萱

（同济大学建筑与城市规划学院，博导，教授）

（二）模拟结果分析

模拟计算面选取人行高度1.5m处，结果如表3所示。

案例1中信广场（上海）的风场分布云图显示，其室内主要风道为东西向"直线型风道"，在立面开口的情况下，虽建筑内部风道方向与南向主导风方向不一致且周围建筑密度很高，但在建筑的东侧、南侧两处均有一较窄风道，建筑内部形成负压区，通过立面开口依然可以将风导入建筑内部。对比是否开口的室外风场情况可知，左图（立面封闭）在建筑北部即背方向形成大面积的风影区，右图（立面开口）的建筑北部有开口，没有形成封闭体量，气流可由北侧立面的开口流动到背立面街道，因此在建筑背面通风情况良好，没有形成大面积风影区。

四个典型案例立面封闭／开口通风效果模拟风场分布云图   表3

案例编号	立面封闭通风效果模拟	立面开口通风效果模拟	模拟参数设置
1. 中信广场（上海）			南向，室外风速 2m/s
2. WESTGATE 商场（新加坡）			南向，室外风速 2m/s

案例编号	立面封闭通风效果模拟	立面开口通风效果模拟	模拟参数设置
3. BUONA VISTA 商场（新加坡）			南向，室外风速 2m/s
4. 新加坡国立大学教育资源中心 ERC（新加坡）			南向，室外风速 2m/s

案例 2 WESTGATE 商场（新加坡）的风场分布云图显示，其室内主要风道为"L 形风道"。在主导风来向的南向外部空间较为开敞，走道内部形成负压区，L 形的两条边外立面均有开口引导南风进入室内风道，在建筑内部形成良好的通风效果。对比室外风场情况可知，右图（立面开口）L 形风道的一端开口正对北侧，气流随风道向北侧流出，相比左图（立面封闭）很大程度上减小了背风向的风影区面积。

案例 3 BUONA VISTA 商场（新加坡）南向为大面积草坪，北部为别墅区。如其风场分布云图所示，南向风可以通过外立面的各个开口，顺利进入其室内弧形风道，在室内形成有效的自然通风。风道南北两端均有开口，对比室外风场情况可知，右图（立面开口）风流穿过建筑，没有经过太多衰减到达北部别墅区，左图（立面封闭）建筑为立面封闭实体，对风具有明显的阻碍作用，其北部别墅区受其影响，风速较小。

案例 4 新加坡国立大学教育资源中心 ERC（新加坡）同案例 3 相似，南向为大面积草坪，且其建筑南向立面完全向草坪敞开。室外南向风进入建筑后到达建筑内部各个主要通道。对比室外风场情况可知，由于其北部有两个较窄风道，室外风可以穿过建筑顺利到达建筑北侧，立面在开口情况下（右图），风影区长度明显减小。

综上所述，各种不同的风道形式，建筑立面开口均对风的导入具有重要作用。同时，室内风道往往是交通主要流线，也是人员活动密集的区域，通过风道的设计，将室外自然风导入室内，可有效改善室内主要活动空间的风环境。对建筑室外风环境而言，立面开口可有效减小建筑背风向风影面积，避免恶性风，降低建筑对周边建筑风环境的影响。

五、典型案例的实测与分析

（一）实测实验设计

1. 实验准备

该实验分为室内和室外两部分，室外主要是监测气候环境的温度、风速，与室内参数进行对比。室内测试参数为风速、相对湿度、温度、湿球温度、露点温度等。

本实验使用的主要测试仪器为 TES-1341 热线风速测量仪（图 2），该仪器数据可以自动记录，其参数如表 4 所示。为获得较为稳定可信的数据，每组测试时间为 15 分钟，同一组数据的各测点同时开始计数。测试的第一个案例中信广场，记录时间间隔设置为 30 秒，每个测点记录 30 个数据。在对数据进行初步分析之后发现数据样本不足，测量数据的变化趋势不够精确。为提高测量精度，对记录时间间隔进行调整，案例 2、3、4 在测试时数据记录间隔为 10 秒，每个测点共记录 90 个数据。

图 2 TES-1341 热线风速测量仪

TES-1341 热线风速测量仪参数表   表 4

测量参数	测量范围	测量精度	准确率
风速	0.1 ~ 30.0m/s	0.01m/s	±3% 读值 ±1% 满刻度值
风量	0 ~ 999900m³/min	0.001m³/min	
相对湿度	10 ~ 95% RH	0.1%RH	±3% RH(在25℃, 30 ~ 95%RH) ±5% RH(在25℃, 10 ~ 30%RH)
温度	−10 ~ 60℃	0.1℃	±0.5℃
湿球温度	5 ~ 60℃	0.1℃	计算值
露点温度	−15 ~ 49℃	0.1℃	

2．测点布置

各案例在进行设置时，除室外布置一个测点记录测试环境外，室内分别布置水平对比测点和垂直对比测点。根据各个案例不同的形体和通风情况，测点布置原则如下：

案例1 中信广场（上海）水平测点整体沿东西向直线型主通风廊道均匀布置，同时在南北向风口的对位的次通风廊道布点；垂直测点布置在南侧典型风口处一、二、三层垂直方向相同位置。

案例2 WESTGATE 商场（新加坡）水平测点布置在各层"L"形风道的两端口、转角处和两边中间位置；垂直测点布置在典型风口和室内连廊的一、二、三层垂直方向相同位置。

案例3 BUONA VISTA 商场（新加坡）为弧形风道，水平测点布置在各个立面开口处和室内主要通道上，垂直测点布置在典型风口一、二、三层垂直方向相同位置。

案例4 新加坡国立大学教育资源中心 ERC（新加坡）为多通道通风，各个方向均有尺度较大的进、出风口，水平测点布置在各个开口处和室内主要活动区域，垂直测点布置在典型风口一、二、三层垂直方向相同位置。

各案例具体测点布置如表5所示，测试仪器探头高度设置为1.5m。

这是一份言之有物的优秀研究报告。作者选取典型的高密度城市为案例基地，从风环境与城市物质形态和建筑外维护形态的关联角度，通过扎实的案例分析，实证了建筑风环境优化的可行策略。这为树立形态优先的绿色建筑设计观念提供了积极的科学依据，并展现了其方法策略的可行性。该项研究如果能进一步提供建筑立面开口和室内空间形态的关联，及其对室内风环境的影响分析，论文的成果将更显饱满且赢得更大的说服力。

韩冬青

（东南大学建筑学院，院长，博导，教授）

四个典型案例测点布置   表 5

案例编号	各层测点布置示意			说明
1．中信广场 （上海）				3层共布置18点（次）测点
2．WESTGATE 商场 （新加坡）				4层共布置30点（次）测点

案例编号	各层测点布置示意		说明
3. BUONA VISTA 商场 （新加坡）			2 层共布置 30 点（次）测点
4. 新加坡国立大学教育资 源中心 ERC （新加坡）			2 层共布置 36 点（次）测点

（二）实测结果分析

四个案例的实测工作分别在 2015 年 6 月和 2015 年 8 月完成，共测得实验数据 114 组（其中因仪器故障，无效数据 2 组）。基于前期分析和初步的数据筛选，选取具有对比意义的典型数据分析如下：

1. 不同通风廊道形式对风速的影响

（1）直线形风道。案例 1 中信广场（上海）的测试时间为 2015 年 6 月 25 日，当日天气情况为阴转大雨，风向为南风和东风。图 3 为同时测试的中信广场主风道室外测点 A 与室内测点 B、C 风速逐时变化图，测点 B 为室内通道上一点（南侧有开口），测点 C 为通道尽端较窄处测点。由图可知，整体来说，C 点风速＞B 点风速＞A 点风速。在同一风道上的开口越窄，风速越大。

同时可以看出，在测试时间段内，室外风速较小甚至无风。建筑中庭的烟囱效应可形成热压通风，促进大堂内部的自然通风，即使在室外较小甚至无风的情况下，室内也能够有良好的自然通风。

（2）L 形风道（图 4）。案例 2 WESTGATE 商场（新加坡）的测试因测点较多和天气原因，分两次完成，时间分别为 2015 年 8 月 10 日和 2015 年 8 月 12 日，测试时间段内均为晴天，风向为南风和东南风。该案例一层和四层风道均为 L 形，但开口方式不同。一层 L 形

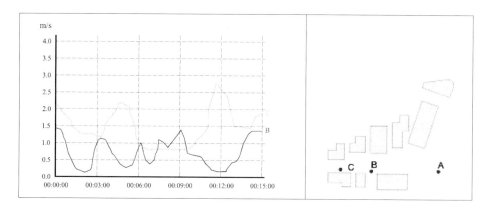

图 3　中信广场一层主风道各测点风速逐时变化图

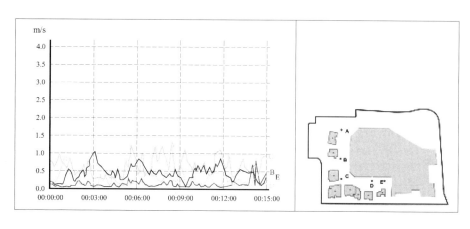

图 4　WESTGATE 商场一层 L 形风道各测点风速逐时变化图

风道两端、中间转角处和两个立面均有开口,二~四层平面L形风道只有一端开口,转角处和另一端均封闭,为单侧开口风道。由图4所示一层同时记录的各测点风速可以看出,转角C点两侧开口,风速最大;两端风口A、E两点次之;中间测点B、C最小。由图5所示四层同时记录的各测点风速可知,单侧开口风道风速最大点为开口处A点,B点次之,随着风道深入,风速明显随之减小。以上分析可知,对L形风道而言,为达到良好的通风效果,除两端开口外,L形风道转角处也是设计要点,需在转角两侧立面分别开口,在两边均可形成直线形风道。

(3) 弧形风道。案例3 BUONA VISTA 商场(新加坡)的测试时间为2015年8月11日,天气情况为晴天。测试当天主要风向为南风,在建筑南立面有3个开口将风引入建筑内部。图6所示一层同时记录的各测点风速可以看出,C点风速明显小于A、B两点。由此可知,在立面为迎风面的情况下,开口尺寸越大,风速越小。

值得注意的是,在室外风均较为平稳的情况下,对比图6(弧形开口)和图7(直线形开口)

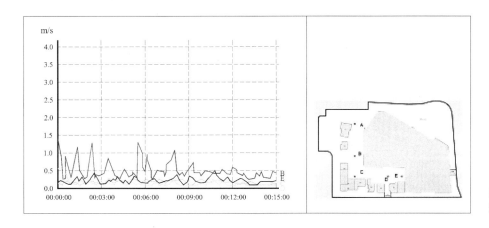

图5　WESTGATE商场四层L形风道各测点风速逐时变化图

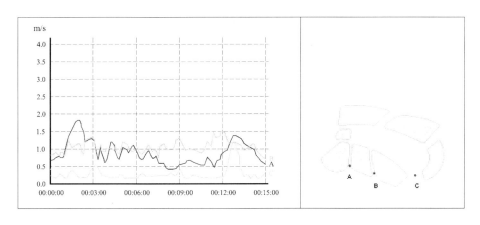

图6　BUONA VISTA商场一层各测点风速逐时变化图

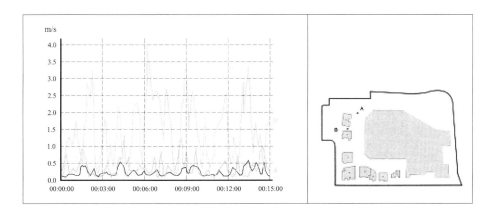

图7　WESTGATE商场一层各测点风速逐时变化图

可知，在室外环境风速较为均匀的情况下，弧线形开口的风速更加稳定，而直线形风口的风速易产生剧烈波动。

（4）多风道。案例 4 新加坡国立大学教育资源中心 ERC（新加坡）的测试时间为 2015 年 8 月 13 日，天气状况为晴转雨。由前文表 1 可知，ERC 为弧形平面，南向开敞面向草坪，其他 3 个外立面也均匀布置尺寸较大开口（5m ~ 10m），为多风道通风模式，起到"捕风器"的作用将各个方向的气流引入建筑，而在建筑内部没有形成明确的风道。图 8 所示二层同时记录的各测点风速可以看出，除北部较窄通道两点 D 和 E 风速较大外，其余各开口测点出风速相似，与室外风速相差不大，基本属于纯风压作用的自然通风。与案例 3 相似，由于弧线形的设计，建筑内部即开口处风速都很均匀。

2. 不同开口方式对风速的影响

（1）有无 / 开口对比。如图 9 所示为 WESTGATE 商场二层 3 个测点数据对比，其中测点 A 和测点 C 处对应外立面有开口，而测点 B 为走道内一点，对应外立面无开口。对比 A、B、C 三点风速变化情况可知，有开口的测点 A 和测点 C 风速明显大于无开口的测点 B。由此可知，立面有 / 无开口对气流的导入具有很大影响。

（2）双侧开口与单侧开口对比。图 10 和图 11 分别为 WESTGATE 商场一层、四层风道同时记录的各测点风速逐时变化图，如前文所述，

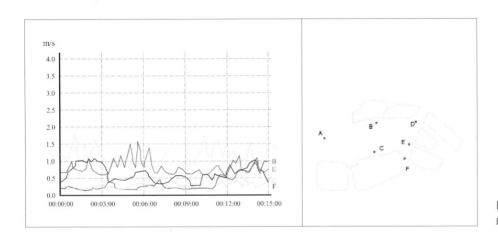

图 8　新加坡国立大学 ERC 二层各测点风速逐时变化图

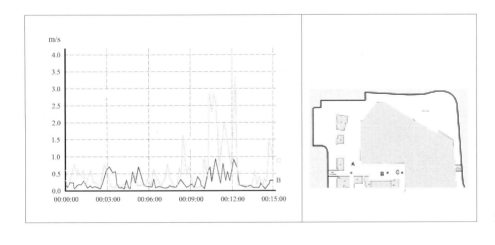

图 9　WESTGATE 商场二层各风口测点风速逐时变化图

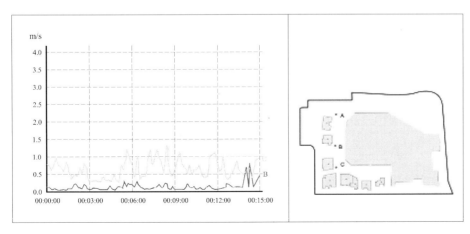

图 10　WESTGATE 商场一层 L 形风道各测点风速逐时变化图

一层 L 形转角处外立面有开口，而四层 L 形转角处外立面封闭无开口。对比二图可知，上图中风道两端均有开口可在风道内形成穿堂风，同时 C 点开口较小易形成快速气流，测点 C 风速大于 A 点和 B 点；下图风道北端封闭无法形成穿堂风，因此气流进入风道内迅速衰减，测点 A 风速最大，B 点次之，C 点最小。由分析可知，双侧开口的风道可以提高通风效率，通风效果明显优于单侧开口风道。

（3）开口高宽比。如前文所述 BUONA VISTA 和 ERC 案例可知，立面开口的高宽比直接影响风速大小。在该案例中，当立面开口的高宽比小于 1.5：1 时，随着高宽比的增大，风速明显增大。但此数据只是本案例得到的经验数据，具体的边界数值，仍需进一步研究和验证。

（4）开口形状。如图 12 所示，为 BUONA VISTA 商场北侧两开口处风速逐时变化图，测点 A 和测点 B 的开口尺寸大致相同，而开口方式不同，测点 A 为喇叭形开口。两侧点风速如图所示，测点 A 风速明显大于测点 B，可见在引风道尺寸相似的情况下，喇叭形开口可导入更多气流，相当于扩大了有效开口尺寸，可形成更好的通风效果。

3．风速对温度的影响

（1）同一测点风速对温度的影响。图 13 为选取测试时间段内风速变化规律性较强的 3 组数据，对比同一测点随着风速的变化对温度的影响。左图所示，在本组测试开始 12 分钟之后，随着风速的增大，温度有明显降低的趋势；中图所示，测试过程中风速的逐步减小导致温度逐渐升高；右图所示，在风速出现高点的时刻，温度出现低点，而在风速出现低点的时刻，温度出现高点。整体来看，同一测点风速和温度形成明显的负相关，数值呈现此消彼长的趋势。根据以上分析可知，自然通风在改善室内风环境的同时，也可有效地降低室内的温度，全方位的改善室内热环境。

（2）不同高度测点风速对温度的影响（图 14 ~ 图 17）。图 14、15、16 为 WESTGATE 商场 3 组垂直分布测点各层风速和温度逐时变化图，该商场为玻璃屋顶。其中测点 A 和测

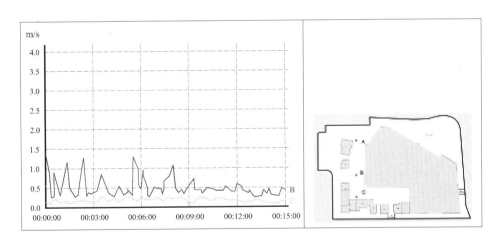

图 11　WESTGATE 商场四层 L 形风道各测点风速逐时变化图

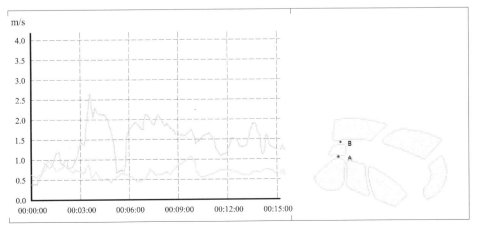

图 12　BUONA VISTA 商场一层各风口风速逐时变化图

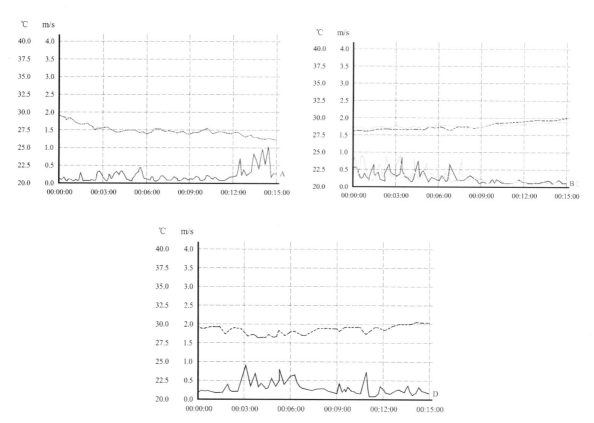

图 13 风速和温度逐时变化图（注：下方实线为风速，上方虚线为温度）

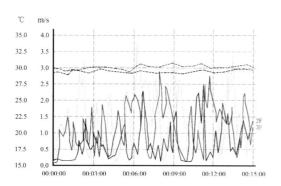

图 14 测点 A 各层风速和温度逐时变化图（注：下方实线为风速，上方虚线为温度）

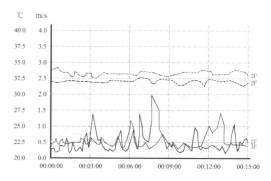

图 15 测点 B 各层风速和温度逐时变化图（注：下方实线为风速，上方虚线为温度）

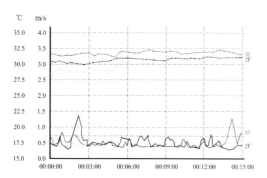

图 16 测点 C 各层风速和温度逐时变化图（注：下方实线为风速，上方虚线为温度）

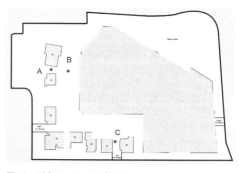

图 17 测点 A、B、C 分布示意

点 C 同为风口，测点 B 为内部通道内一点。对比图 14 和图 15、16 可以看出，在测试时间段内，测点 A 处风速明显大于测点 B、C 处风速，A 点温度随着高度升高没有明显变化；而 B 点和 C 点随着高度升高，温度明显随之升高。通常而言，风速较小时，太阳辐射加热空气，使热气流上升，空气温度垂直分布规律是随着高度上升而升高。但在风速较大时，可将垂直上升的热气流吹散，对上层建筑降温效果更明显。

六、结论

在城市规划阶段，基于对城市风环境的改善的考虑，会对建筑容积率、建筑密度、建筑肌理等指标进行控制。但相同的密度和容积率，会产生完全不同的建筑形态，又将对城市风环境产生不同的影响。为改善城市风环境，规划师和建筑师更需关注的是与城市风环境相关的城市空间形态参数，如城市表面粗糙度、迎风面密度等。建筑立面开口可有效降低建筑迎风面面积，所形成的建筑内部通风廊道，既可以作为大尺度城市通风廊道的重要补充，又可以在小尺寸的建筑层面有效的促进局部空气循环，对形成自然通风、改善局部风环境有很大帮助。

基于上文对四个典型案例模拟与实测结果的分析可知，合理的建筑立面开口可形成高效的建筑内部风道，即使在室外处于弱风时，依然可在建筑内部形成良好的自然通风，并有效降低室内温度。为此，建筑立面的开口设计要注意处理好"引风"和"导风"两方面问题，一是要有利于将风引入建筑内部，二是要提高通风效率和通风质量。具体建议如下：

1. 开口朝向和位置。立面开口宜设置在需通风降温季节主导风的迎风面，以利于将室外风导入。同时，建筑立面开口要注意对位关系，应有助于在建筑内部形成两端开口的风道，单侧开口室内廊道的通风效率降低很多。建筑内部风道不宜过长，在主风道两侧可均匀布置小尺度开口，辅助主通道加强通风效果。对于 L 形风道来说，转角处是立面开口设计重点，应尽量在转角两侧立面均设置开口。

2. 开口大小。在立面为迎风面的情况下，开口尺寸越大，风速越小。在开口尺寸相同的情况下，喇叭形开口相当于扩大了有效开口尺寸，可导入更多气流，形成更好的通风效果。另外，立面开口的高宽比也直接影响风速大小，在该案例中，当立面开口的高宽比小于 1.5∶1 时，随着高宽比的增大，风速明显增大。然而此数据只是经验数据，具体的边界数值，仍需进一步研究和验证。

3. 开口形状。弧形平面比折线形平面在开口处更易形成稳定风场，且在一定程度上增大有效开口面积，具有更好的引风效果。

新型的建筑材料和先进的建造技术的发展充分解放了建筑形体，从而为根据环境适宜性进行建筑设计提供了更多可能性。应对高密度城市热环境问题的立面开口方式设计研究，作为建筑是对城市问题的回应，为建筑师在设计方法上提供了更有价值的形式问题，也使设计工作更有意义。

参考文献：

[1] Allwine K J, Shinn J H, Streit G E, et al. Overview of URBAN 2000: A multiscale field study of dispersion through an urban environment [J]. Bulletin of the American Meteorological Society, 2002, 83(4): 521–536.

[2] Baker N, Steemers K. Thermal Comfort in Outdoor Urban Spaces: Understanding the human parameter[J]. Solar Energy, 2001, 70(3): 227–235.

[3] Bosselmann P., Dake K., Fountain M., Kraus L., Lin K.T., Harris A. Sun, Wind and comfort: a field study of thermal comfort in San Francisco[M]. Centre for Environmental Design Research, University of California Berkeley, 1988.

[4] Blocken B, Persoon J. Pedestrian Wind Comfort Around a Large Football Stadium in an Urban Environment: CFD Simulation, Validation and Application of the New Dutch Wind Nuisance Standard [J]. Journal of Wind Engineering and Industrial Aerodynamics, 2009 (6): 255–270.

[5] Christof G, Riccardo B, Silvana D S, Bodo R. Dispersion Study in a Street Canyon with Tree Planting by Means of Wind Tunnel and Numerical Investigations—evaluation of CFD Data with Experimental Data [J]. Atmospheric Environment, 2008 (8): 8640–8650.

[6] 丁沃沃, 胡友培, 窦平平. 城市形态与城市微气候的关联性研究[J]. 建筑学报, 2012, 07:16–21.

[7] Gal T, Unger J. Detection of ventilation paths using high-resolution roughness parameter maing in a large urban area[J]. Buildingand Environment, 2009, 44(1): 198–206.

作者心得

传统城市空间空间问题的研究方法多采用软件模拟进行定性的分析，随着学科研究的深入，定性研究已经无法得到更准确和有实践指导意义的结论。为了弥补此方面的不足，在本研究开展之初，就将研究重点确定为案例实测，为定量研究建立真实可靠的第一手数据库，同时软件模拟作为补充。在具体实测的过程中，为了保证数据的真实、有效，尽量控制环境因素的变量，导师和我从实验计划书制定—预测试—测试—初步数据分析—补充测试—数据分析，对实测方法进行反复的可行性和科学性的论证分析。

在成文过程中，面对大量的数据，需要进行一轮又一轮、矩阵式的对比分析，以提取有用的信息，形成结论。在这个过程中，让我感受最深的是：数据很重要，更重要的是对数据的洞察。对于习惯了形象思维的建筑系学生，是一个需要逐步适应的思维方式的转变。在这个过程中，我也慢慢发现，如何用数据描述建筑问题，为建筑形态研究提供了一个新的维度。

该研究虽然得出了初步的结论，但尚未完善。下一步的研究工作大致有两个方向：一是进行亚洲另一个典型高密度城市—香港—的案例实测；另一方面，目前的数据分析还在比较直观的层面，希望能够更加全面、深入、系统的对数据进行挖掘，发现更多数据所暗含的对设计的启发。

朱丹

[8] Grimmond C S B, Oke T R. Aerodynamic properties of urban areas derived from analysis of surface form [J]. Journal of A;lied Meteorology, 1999, 38(9)：1262—1292.

[9] 郭飞，张鹤子. 可持续城市总体通风规划策略 [A]. 中国城市科学研究会，天津市滨海新区人民政府 .2014（第九届）城市发展与规划大会论文集—S07 生态城市建设的技术集成 [C]. 城市发展研究 ,2014;5.

[10] 侯佳男，余磊，杨召. 基于热舒适的滨河住区布局优化研究——以深圳南华村为例 [A]. 中国城市科学研究会，中国绿色建筑与节能专业委员会，中国生态城市研究专业委员会. 第十一届国际绿色建筑与建筑节能大会暨新技术与产品博览会论文集——S13 低碳社区与绿色建筑 [C]. 城市发展研究 ,2015;5.

[11] Kovar-Panskus, A., Louika, P., Shi, J. R. Savory, E., Czech,M., Abdelqari, A., Mestayer, P. G. and Toy, N.. Influence of geometry on the mean flow within urban street canyons — a comparison of wind tunnel experiments and numerical simulations [J]. Water, Air and Soil Pollution. Focus 2, 2002, ;365—380.

[12] Kubota X Miura M, Tominaga Y, et ai. Wind tunnel tests on the relationship between building density and pedestrian-level wind velocity; Development of guidelines for realizing acceptable wind environment in residential neighborhoods". Building and Environment, 2008,43(10)：1699—1708.

[13] 李国梁. 基于 GIS 平台的城市尺度下城市热岛缓减关键技术与系统 [D]. 杭州：浙江大学, 2010.

[14] Landsberg H E. The urban climate[M]. Academic press, 1981.

[15] Levy A. Urban morphology and the problem of the modern urban fabric; some questions for research[J]. Urban Morphology, 1999,3；79—85.

[16] Ng E, Yuan C, Chen L, et al. Improving the wind environment in high-density cities by understanding urban morphology and surface roughness; A study in Hong Kong[J]. Landscape and Urban Planning, 2011,101(1)：59—74.

[17] Ng E.. Designing high-density cities [M]. London; Earthscan, 2009 ;165.

[18] 任超，袁超，何正军，吴恩融. 城市通风廊道研究及其规划应用[J]. 城市规划学刊 ,2014.03;52—60.

[19] 任超，吴恩融 ,Katzschner Lutz, 冯志雄. 城市环境气候图的发展及其应用现状 [J]. 应用气象学报 ,2012,05;593—603.

[20] Steemers K., N. Baker, D. Crowther, J. Dubiel, M. Nikolopoulou, C. Ratti. City Texture and Microclimate[J]. Urban Design Studies, 1997(3);25—50.

[21] Soligo M,Irwin P.A., Williams CJ., Schuyler G.D., A comprehensive assessment of pedestrian comfort including thermal effects[J].Journal of Wind Engineering and Industrial Aerodynamics, Volumes 77—78,1 September 1998;753—766.

[22] Tominaga Y., Mochida A., Yoshie R., etal, AIJ guidelines for practical applications of CFD to pedestrian wind environment around buildings [J]. Journal of Wind Engineering and Industrial Aerodynamics , 2008,96(10—11);1749—1761

[23] 王晶. 基于风环境的深圳市滨河街区建筑布局策略研究 [D]. 哈尔滨工业大学 ,2012.

[24] 王英童. 中新生态城市风环境生态指标测评体系研究 [D]. 天津大学 ,2010.

[25] 卫莎莎. 热带海岛半敞开式建筑空间自然通风及热舒适研究 [D]. 天津大学 ,2014.

[26] Oke T R. Initial guidance to obtain representative meteorological observations at urban sites [M]. Geneva; World Meteorological Organization, 2004, ;26.

[27] Wong M S, Nichol J E, To P H, et al. A simple method for designation of urban ventilation corridors and its a;lication to urban heat island analysis[J]. Building and Environment, 2010, 45(8)：1880—1889.

[28] Yoshihide T, Akashi M, Ryuichiro Y, Hiroto K, Tsuyoshi N, Masaru Y, Taichi S. AIJ Guidelines for Practical Applications of CFD to Pedestrian Wind Environment Around Buildings [J]. Journal of Wind Engineering and Industrial Aerodynamics, 2008 (96)：1749—1761.

[29] 郑颖生. 基于改善高层高密度城市区域风环境的高层建筑布局研究 [D]. 浙江大学 ,2013.

图片来源：

表1、2、3、5：作者根据相关测试数据和平面示意图自绘。

表4：作者根据仪器说明书相关参数自绘。

图1：Flow Design 软件界面截图。

图2：作者自摄。

图3～图17：作者根据测试数据自绘。

孙旭阳

（天津大学建筑学院　硕士三年级）

基于BIM的绿色农宅原型设计方法与模拟校核探究——以福建南安生态农业园区农宅原型设计为例

The Exploration about the Design Method and Simulation of Green Farmhouse Prototype
——Taking the Design of Farmhouse Prototype in the Ecological Agriculture Park, Nanan,Fujian as an Example

■摘要：本文以福建南安生态农业园区农宅原型设计为例，以地域气候特点为出发点，选取当地传统农宅"手巾寮"为地域性"绿色智慧"提炼的来源，通过基本空间模式的建立，天井的融入和"梳窗子"的设计，冷巷的"直曲"和二层的增设最大限度地实现了农宅自身的被动式通风，同时，运用BIM体系下的Phoenics软件对上述每一项设计意图的通风效果进行模拟校核。旨在对湿热气候下绿色农宅的设计思路和方法进行探究，以实现更加理性，科学的设计。

■关键词：地域性　被动式通风　农宅　设计

Abstract：This paper takes the design of farmhouse prototype of the Ecological Agriculture Park，in Nan'an，Fujian for example，makes the regional climate characteristics a starting point and selects the local traditional farmhouse—— "towel ratio" as the source of regional "green wisdom"．Realizing the passive ventilation of the farmhouse at the most extent by the establishment of the basic spatial patterns，the design of patio and comb "window"， the straight or bent cold-lane and the additional of the second floor. At the same time, we use Phoenics to make the simulations about the ventilation effect of the farmhouse under the BIM system to check every design intent.We do these to explore the design ideas and methods of green farmhouses in hot and humid climate ， and realize more rational and scientific design.

Key words：Regional ；Passive Ventilation ；Farmhouse Design

一、对绿色农宅的思考

劳吉埃尔在他的《论建筑》中提到了关于"原始茅屋"的描述，"初民，在树叶搭起来的庇护物中，还不懂得如何在四周潮湿的环境中保护自己。他匍匐进入附近的洞穴，惊奇地发现洞穴里是干燥的，他开始为自己的发现欢欣。但不久，黑暗和污秽的空气又包围了他，他不能再忍受下去。他离开了，决心用自己的才智和对自然的蔑视改变自己的处境。他选择了四根结实的枝干，向上举起并安置在方形的四个角上，在其上放四根水平树枝，再在两边搭四根棍并使它们两两在顶端相交。他在这样形成的顶上铺上树叶遮风避雨，于是，有了房子。"这就是远古时代最初的住宅原型。可以看出，这个原始的农宅是非常简单且明确的，先民们通过它使居住免除了最基本的错误，同时抵御了当地气候中的不良因素。虽然这种原型的出现是先民们出于求生的本能而非设计的初衷，但正是这种最原始、最朴素的居住观使得人们世世代代都在为获得更舒适宜居的住所而不断探索和调整着。

反观当代绿色住宅的设计，有多少是刻意为之的所谓"绿色创意"和缺乏论据的"新奇特造型"，这难道就是我们要追求的"绿色设计"？真正的绿色设计应该出自对自我需求和所处自然人文环境的清醒认知，或许我们应该做的，就是汲取前人世代积累下来的建造经验和"生态智慧"，并在此基础上，将现代技术和理念的优势融入进去，以对其进行调整和优化。顺着这个思路，笔者试图通过设计实践去探究当代绿色农宅原型设计中的基本方法和过程，以及如何在BIM体系下对设计方案进行模拟校核，从而在建造之前对建成后农宅的性能进行预测和评估，判断其是否真正实现了"绿色"。下文将以福建南安生态农业园区绿色农宅原型设计为例对此进行详细阐述。

二、绿色农宅设计的基础——南安的气候特征

南安市，雅称武荣，为福建省泉州市下辖的县级市，位于福建省东南沿海，晋江中游，在我国气候区划中属夏热冬暖地区。南安地理坐标为北纬24°34′30″～25°19′25″，东经118°08′30″～118°36′20″，所处位置纬度较低，属亚热带海洋性季风气候。其西北有山脉阻挡寒风，东南有海风调节，整个地势由西北向东南倾斜。这种纬度，加之这样的海洋位置和地形特点，使当地四季分明，全年无低温。据统计，当地年平均气温20.9℃，一月份平均气温12.1℃，七月份平均气温28.9℃；无霜期长，为349天；雨量充沛，年降雨量为1650毫米，且多集中在春、夏。

综上所述，南安气候具有：夏长无酷暑，冬短温暖少雨，秋温高于春温；雨水充沛，春夏多、秋冬少的特点。"四序花开常见雨，一冬无雪闻雷声"便是形容南安气候的。对于南安这样以"热"和"湿"为主要气候特征的地区，被动式自然通风设计在绿色住宅设计中是非常关键的，因为自然风能够对室内空间进行天然的降温除湿。因此，在进行当地绿色农宅原型设计时，应重点考虑如何促进农宅的被动式自然通风以适应当地湿热的气候。

三、南安典型的地域农宅——"官式大厝"和"手巾寮"

南安最为典型的农宅形式为"官式大厝"和"手巾寮"，这两种居住形式差别很大，但都体现了当地人经历世世代代后积累下来的居住智慧，笔者于今年四月份到福建南安对当地农宅进行了实地调研。

（一）"官式大厝"

官式大厝（图1、图2）又称"皇宫起"，它吸收了传统帝王宫殿的建筑形式和建筑思想，沿中轴左右对称，建筑格局可以用"护厝式"来概括。

"护厝式"即以主厝为核心，在主厝一侧或者两侧向外扩张出一个带小天井的护厝进而围合出一个"院落单元"，然后向纵、横或纵

图1 "官式大厝"外部　　　　　　图2 "官式大厝"内部

横结合发展起来的。官式大厝通常被大户人家修建和居住，占地面积较大，其纵横向发展的庞大规模使其并不适合作为农宅原型借鉴和提取的对象。

（二）"手巾寮"

"手巾寮"，顾名思义，是像手巾一样细长条形的独户式居住建筑。手巾寮发展成型于明清时期，大多巧妙利用地势特点，沿街巷建造，并以密集联排的群体方式出现。临街一面开敞性较强，使用功能灵活，部分为前店后宅，创造出多样的街巷空间。每户住宅均为单开间，面宽 3 ~ 4m，向内层引深可达 20m 以上。

手巾寮是当地地域性"绿色智慧"的集中体现。首先，它以小面宽争取沿街商机，大进深满足居住需求，实现了住宅空间的低成本高效率，符合当地人的生活理念和绿色建筑"节地"的要求（图3）。其次，"手巾寮"纵向发展递进的空间模式有助于促进农宅内部空气的自然流通，实现农宅的被动式自然通风，很好地适应了南安湿热的气候（图4）。这种建筑形体在当地存在了很长时间，一直沿用至今，当地许多新建的农宅也具备形似"手巾寮"的特征：成熟、规范而又灵活可变。

图 3 "手巾寮"沿街立面　　　　　图 4 "手巾寮"的天井

（三）绿色"居住智慧"提炼的来源选取

与官式大厝相比，"手巾寮"的形体小巧舒适，格局更加简洁、开放、紧凑，空间也更灵活多变，建造投入与官式大厝相比也更加节约成本，具备农宅原型特质的基本特征，故我们将"手巾寮"作为地域性"绿色智慧"提炼的主要来源。

四、基本空间模式的建立

对手巾寮的提炼，在绿色农宅原型设计中最重要的一点就是空间模式。我们将手巾寮纵向发展的空间模式进行了提取并作为农宅原型方案的基本空间模式。纵向发展递进的空间模式有助于促进农宅的被动式通风（图5），同时能够争取有限的商机，满足当地人需求。

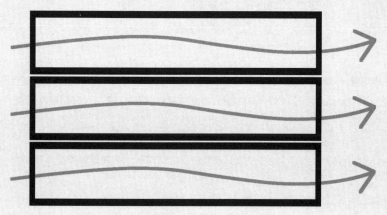

图 5　绿色农宅纵向空间模式的通风示意图

指导老师点评

论文将福建典型民居——"手巾寮"中蕴含的地域居住智慧进行提炼和转化，融入农宅原型的设计中，实现地域居住智慧的当代再生。这一思路别出心裁，为解决时代语境下农宅地域性缺失和形态演化失序等问题提供了有价值的参考。此外，农宅原型较农宅个案而言，具备凝练极简的特征，并可根据不同的地形情况、家庭人口构成情况、群体组合需求和审美要求衍生出不同的"变体"，因而原型设计较个案设计更具普适推广性，对当地农宅的建设也更具借鉴指导意义。

论文将设计与BIM技术结合，即在农宅原型的每一步设计完成后运用BIM体系下的PHOENICS软件对其被动通风效果进行实时模拟校核，保证设计朝着最初的设计意图合理地推进，这也是论文的重要创新点之一，在BIM技术与乡村住宅设计的结合、农宅原型的被动式设计与模拟等领域具备学术价值。

从写作角度，论文主题明确、逻辑严密、内容充实，具备较强的创新性，对设计和研究过程的论述条理清晰、层次清楚，在"区别设计"的三个天井，"梳窗子"与"介字形小单体"的形成，冷巷"直"与"曲"的设计，二层的增设和"出砖入石"做法的融入等章节深入浅出地论述了地域居住智慧与当代农宅原型设计的融合过程，具备较高的可读性。

总的来说，论文体现了作者在绿色农宅设计方面独具匠心的思考，同时也是一次传统智慧与当代BIM技术协同于绿色建筑设计的实践记录。

汪丽君
（天津大学建筑学院，教授）

五、天井的融入与"梳窗子"设计

（一）"区别设计"的三个天井

天井是"手巾寮"的采光、通风空间，也是手巾寮适应当地湿热气候的另一主要做法。在进行绿色农宅原型设计时，我们将手巾寮的天井进行了提炼并融入农宅原型纵向发展的基本空间模式中。

根据不同使用空间对天井需求程度和需求角度的差异，对天井空间进行了有区别的设计：入口空间较封闭，我们希望天井能够作为一个开敞的"点"，产生空间体验中先抑后扬的效果，同时成为接近入口的公共空间与以祖堂为开端的家庭起居空间之间的"微过渡"，因此，此处的天井1并不需要太大的面积，考虑到使用需要，将其设定为 3600mm×6000mm 的矩形；位于厅堂后部的天井2，是家庭生活中最主要的室外活动空间，因此，赋予较大的尺寸，并赋予其连接一层主体与局部二层空间的交通功能（图6～图9）；天井3是连通天井2与主要使用空间的狭长"小天井"，作为全室外的天井2与全室内的主要使用空间之间的进一步过渡，提供半室外休憩场所，我们将其设计为通高的两层，上部有屋顶覆盖（即非普遍意义上的"天井"）。希望通过这种方式，将地域性被动式绿色策略"设计"到方案中，而不是强加进方案中。[①]

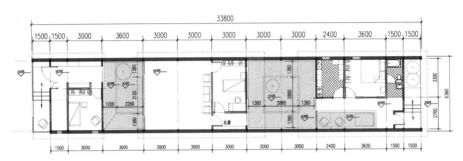

图6　首层平面图（灰色部分为"散布"的天井）

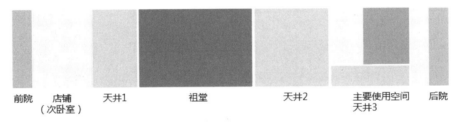

前院　　店铺　　天井1　　祖堂　　天井2　　主要使用空间　后院
　　　（次卧室）　　　　　　　　　　　　　　　　天井3

图7　首层平面图对应的功能分区

图8　靠近入口空间的天井1

图9　天井2与天井3

在最主要的天井——天井2的具体尺寸确定中，我们参考了前人对南方建筑天井进行的研究，即通过风压、热压和风速的互相叠合模拟，得到最优化的天井比例1：1，以此确定天井2的尺寸为 6000mm×6000mm。同时，在天井中种植当地植被，促进农宅形成微气候，对使用空间的温湿度进行被动式调节[①]。

（二）"梳窗子"与"介字形小单体"的形成

考虑到农宅原型被动通风的顺利实现，我们将室内隔墙设计为与屋顶不接触的"不到顶隔墙"，墙的顶部至屋盖处留有通风散气用的"梳窗子"，屋盖和墙体这两个实体经由"梳窗子"这一虚体来联系，虚实相间的过渡使方案中的小单体呈"介"字形，屋盖与墙身脱离，两个实体不是生硬的碰撞而是形成了特有的虚接关系。作为适应气候的建筑语言，这样做既保证了空间分隔的相对独立性，同时也有助于住宅内部空间的流通，配合天井可进一步促进住宅被动式自然通风的实现（图10）。

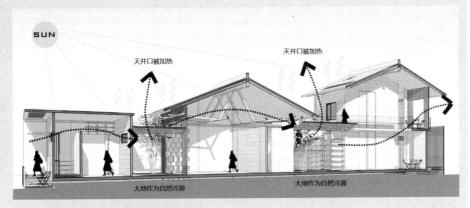

图10 "梳窗子"配合天井的被动通风技术设计

（三）天井与"梳窗子"被动式自然通风的实现

在炎热的夏天，"梳窗子"形成的"介字形小单体"配合天井促进农宅原型进行被动式自然通风的具体过程如下：以大地作为自然冷源的天井底部长期处于温度较低的状态，天井顶口由于接收太阳辐射温度较高，这样，天井上下就形成了温度差，在温度差形成的热压作用下，天井底部的空气开始向较热的天井口移动，与此同时，农宅室内的空气通过"梳窗子"和朝向天井的门窗进入天井补充，从而带动起整个农宅原型的被动通风。换句话说，天井的融入与"梳窗子"的设计，在理论上是可以使农宅原型具备更加良好的被动通风效果的。

（四）对天井和"梳窗子"的被动式通风效果进行模拟校核

上文虽在理论上阐述了农宅原型进行被动式自然通风的过程，但实际通风的效果到底如何，天井和"梳窗子"的设计是否真正起到了促进被动式通风的作用，天井和"梳窗子"的绿色设计意图能否实现，还都是未知。为此，我们使用了BIM体系下的风模拟软件Phoenics对农宅原型的被动式通风效果进行了模拟校核。

首先，我们在Phoenics中进行了气象数据的设定和模型的建立（图11）。

在气象数据的设定上，根据《中国建筑热环境分析专用气象数据集》和《全国民用建筑供暖通风与空调室外气象参数 GB50736-2012》中福建厦门地区（数据库中无南安市的气象数据，南安与厦门毗邻，气候相似）典型气象年的气象参数统计，选取夏季平均风（风向为SSE，风速为3.1m/s）的工况进行模拟。

由于福建南安住宅原型单元与单元之间"紧贴"彼此，因此我们根据住宅原型方案的平面图和SketchUp模型，在Phoenics中搭建了三个相同的联排农宅原型单元，位于中间的原型单元两侧均有同样的单元与之紧邻，其通风情况与实际情况最为接近，故我们选取中间住宅原型单元的室内外通风模拟结果进行分析。Phoenics模型中建筑高度约为9m，外场尺寸选择主要以不影响建筑群边界气流流动为准，建筑到各边界的距离均为20m以上，高

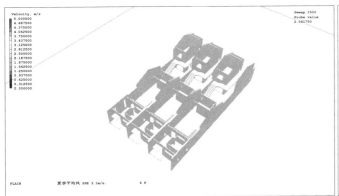

图11 Phoenics 中建立的福建南安农宅原型模型

度为参评建筑高度的 5 倍，确定设置外场计算尺寸为 80m×100m×45m（长×宽×高），模型中沿 Y 轴正方向设置为北向，模型效果如图 12 所示。

之后，为了便于观察农宅原型方案在垂直方向上的实际通风情况，我们对其垂直方向上的剖切面进行了自然通风模拟，如图 12 所示。

从图 12 中风向箭头的走势可以看出，自然风通过"不到顶隔墙"与屋顶之间的空隙（即"梳窗子"），穿梭在天井和室内主要使用空间之间，同时与天井中自下而上的风连贯起来，带动起农宅的被动式通风，使天井和"梳窗子"促进被动式通风的设计意图得以实现。同时，室内在垂直方向也没有出现涡旋区或无风区，自然通风状况良好。此外，为了更直观地分析农宅原型方案中室内外的风速，我们模拟了农宅原型方案在纵向上的风速分布云图，如图 13 所示。

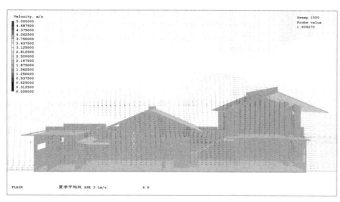

图 12　夏季平均风工况下农宅原型方案在垂直方向上的风速矢量图　　　图 13　夏季平均风工况下农宅原型方案在垂直方向上的风速分布云图

从上图中可以看出，自然风在室内和天井的分布较均匀，无风速突变区域，且大部分空间的风速介于 0.31m/s 到 0.94m/s 之间，居住者可以在室内和天井中感受到舒适的自然风。这样，我们就可以较全面地对天井的融入和"梳窗子"的设计所达到的效果进行预测和评估。

六、冷巷的"直曲"

（一）冷巷"直"与"曲"的设计

巷廊是"手巾寮"中联系前后的交通空间，宽度较小，且贯穿前后，使之成为"风槽"，形成风槽效应，即风从较宽阔的室外吹进较窄的通道时，风速获得提高，带动周围空气，形成良好的整体通风（图 14）。同时，巷廊的日照时间短，温度舒适凉爽，这样的双重组合，形成巷廊的宜人空间。

在典型的手巾寮中，巷廊（又称冷巷）是组织被动式自然通风的关键，且一般为直向形，即以直线形式贯穿建筑首尾，中间不发生弯折。

在前人对"手巾寮"的研究中，有一项非常重要的研究就是关于冷巷的直曲对"手巾寮"自然通风效果的影响。判断自然通风效果的一个关键性指标就是空气龄。空气龄是空气在房间内滞留的时间，反映了室内空气的新鲜程度，可以以此衡量房间的通风换气效果。[①]

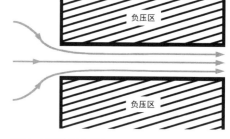

图 14　风槽效应原理图

可以看出，在外部风速为 2.0m/s 的条件下，当冷巷为直向时，建筑中空气滞留时间最高达到 563s，最低在 280s 左右，只有小部分区域空气龄大于 400s；当冷巷为 S 型时，建筑中空气滞留时间最高达到 1209s，最低在 300s 左右，大部分区域的空气滞留时间都在 400s 以上（图 15，图 16）。比较两种冷巷形式可以得出，笔直形态的冷巷比 S 型的更有利于住宅的通风。[①]

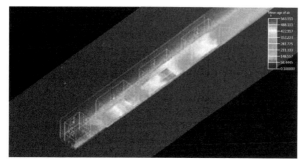

图 15　直向型冷巷的空气留滞时间模拟

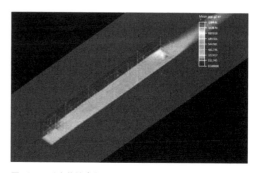

图 16　S 型冷巷的空气留滞时间模拟

然而，在农宅原型设计中，我们对直向型冷巷提出了质疑，因为当冷巷为直向型时，住宅中主要起居空间的私密性难以保证。在对被动通风和私密性二者的综合考虑下，我们将冷巷设计为：入口处冷巷为短直向冷巷，后部主要使用空间的冷巷为长直向冷巷，两条冷巷通过与其垂直的冷巷进行一次弯折（图17）。这样一来，配合天井的设计，既保证了住宅的自然通风，又在一定程度上保护了主要使用空间的视觉私密性，即在大门口或者刚进入的人不会对住宅内"一目了然"。

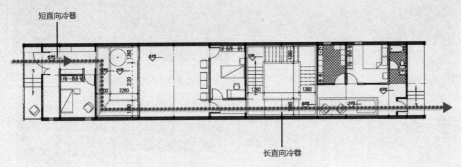

图17 冷巷的"直曲"设计

（二）对"直曲"冷巷的自然通风模拟校核

虽然我们在理论上对农宅原型方案中"直曲"冷巷的通风效果进行了预测，但建成后冷巷的实际通风效果却是未知，因此，为了验证冷巷通风的设计想法和意图能否实现，我们在 Phoenics 中对冷巷的自然通风进行了模拟。同样地，由于中间单元的两侧均有单元与之毗邻，其通风最接近实际情况，因此我们将中间单元作为分析的对象，在模拟完成后，我们对中间单元的屋顶进行了隐藏，以对内部的风速风向进行直观地观察。之后，我们分别对模拟出的夏季平均风工况下农宅原型单元室内及周边的风速矢量图、风速云图、风速放大系数图和空气龄图进行了分析。

从图18中可以看出，农宅原型室内外风场中无明显的涡旋区和无风区，自然通风的流向保证了其能够到达室内的每个角落。对于冷巷的"直曲"设计，在模拟中也印证了其良好的通风效果，可以看出，自然风顺着长直向冷巷穿过住宅原型，在这个过程中，部分自然风通过朝向长直向冷巷开口的门和窗，进入建筑的主要使用空间，其余自然风则经过弯折，进入短直向冷巷，最终穿过这个建筑，形成贯穿建筑的"穿堂风"。

由图19可见，在夏季平均风工况下（风向SSE，风速为2.1m/s），农宅原型建筑室内及周边人活动区没有出现大风区或无风区，自然通风的风速适宜。其中尤以长直向冷巷的自然通风效果最佳，其风速达到了0.94～2.06m/s。与此同时，室内风速低于0.19m/s的区域相对较少，大部分空间都具备舒适风速的自然风。

由图20可以看出，在夏季平均风工况下（风向SSE，风速为2.1m/s），农宅原型室内外自然通风的风速放大系数在正常范围内。相比于室内其他空间，冷巷虽具有较大的风速放大系数，但未大于2，满足相关标准，且图中无论室内外，都没有出现风速放大系数大于2的区域，也就是说，场地并没有因为住宅原型的出现，而发生局部自然风增速过大的情况。

图21为在夏季平均风工况下（风向SSE，风速为2.1m/s），福建南安农宅原型1.5m高度处空气龄的分布图，空气龄即空气滞留时间，可以看出，室内大部分区域空气龄均低于337.5s，其中尤以冷巷的空气龄最低，最高的空气龄也没有超过450s，我们用3600s除以最高空气龄，就会得到室内每小时的最低换气次数，即室内所有房间换气次数均不低于8次/h。

福建属于夏热冬暖地区，《夏热冬暖地区居住建筑节能设计标准》规定，夏季室内热环境指标中换气次数为1.0次/h。农宅原型方案中8次/h的换气次数，已经远远超出了卫生标准——1次/h，也就是说，农宅原型的室内空气具有良好的新鲜程度，室内新鲜空气的保持与自然通风密不可分，更加有力地证明了农宅原型方案具备良好的被动式自然通风。

作者心得

非常感谢评委老师对拙作的认可，使我有幸在这次竞赛中获得硕博组二等奖。近年来绿色建筑作为建筑节能减排的风向标越来越受到大家的关注，在乡村住宅领域也是这样，然而什么样的乡村住宅才是真正的"绿色"农宅却是一个值得探讨的问题。

真正的绿色农宅是"生长"而非"安置"在它所处的这片土地上的农宅，是深刻体现这片土地上劳动者居住智慧的农宅。地域居住智慧是历经世世代代积淀形成的，是劳动者用最简单、最有效同时也是最"绿色"的方式对当地自然和社会环境所做出的回应，而民居又是地域居住智慧的直接物质体现。因而，论文将着眼点放在对当地典型民居——手巾寮中居住智慧的挖掘、提炼、转化和再生上，并以此作为福建南安绿色农宅原型设计的基本方法。农宅原型具备凝练、极简、可变、可组合的特征，较农宅个案更具普适性和推广意义，故将农宅原型作为设计研究对象，以期为当地农宅的实际建设提供尽可能有价值的参考。

福建当地气候湿热，与城市住宅不同，乡村住宅的降温除湿主要依靠农宅自身的被动式通风而不是空调等机械设备，手巾寮中蕴含的地域居住智慧也主要体现在这方面，为保证农宅原型具备良好的被动通风效果，在设计过程中每一步完成后，都运用PHOENICS软件对农宅的被动式通风进行实时模拟校核，并通过对模拟结果的定量分析从风速、风向、风压等不同角度探讨其被动通风效果，以此保证设计朝着预期方向推进。

以上是参赛论文的基本思路，对我来说，论文的撰写过程实际上是一次设计的消化过程和思路的整理过程，再次感谢《中国建筑教育》给予我们这样一个探索交流的平台。

孙旭阳

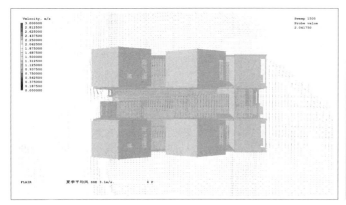

图18 夏季平均风工况下农宅原型方案在1.5m高度处的风速矢量图

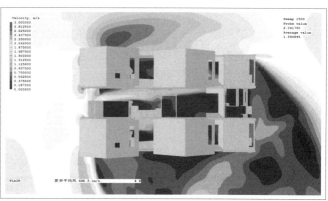

图19 夏季平均风工况下农宅原型方案在1.5m高度处的风速云图

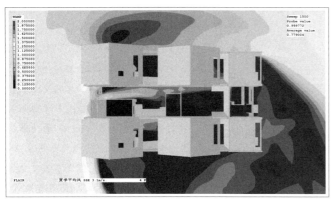

图20 夏季平均风工况下农宅原型方案1.5m高度风速放大系数图

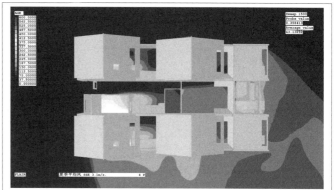

图21 夏季平均风工况下农宅原型方案1.5m高度空气龄云图

七、增设更具被动通风优势的二层

（一）二层的增设

在另一项对空气滞留时间的研究中，前人将同样条件下一层和二层的空气滞留时间进行了测算和对比，结果显示，二层空气滞留时间明显小于一层，即相同条件下二层的被动通风状况较一层更佳。

因此，在方案中，我们将部分使用空间布置在更具被动通风优势的二层（图22、图23），这样，在提高方案整体被动通风效果的同时，也形成了屋顶的高低错落和空间的起伏变化。

图22 二层空间透视图

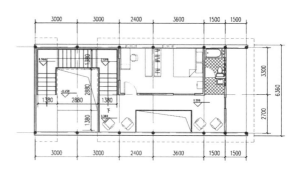

图23 二层平面图

（二）二层的通风模拟校核

图24所示，为夏季平均风工况下建筑室内外表面风压图，室内外表面风压差是保证建筑自然通风的一个重要前提，从图中可以看出，农宅原型室内外表面的风压差绝大部分都大于0.5Pa，且二层室内外表面的风压差较一层更为突出，前文对1.5m高度处（即人在一层时平均所处的高度范围以下）的各项目模拟已论证了一层具备良好的被动通风效果，因此我们可以推证二层具备更加良好的被动式自然通风。

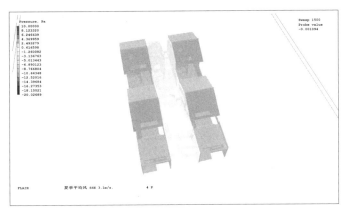 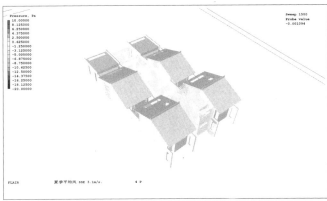

图24　夏季平均风工况下农宅原型方案室内外表面风压图

由此，我们可以得出一个综合的结论：福建南安农宅原型方案具备适宜风向、风速和良好新鲜程度的被动式自然通风，符合方案设计的预期。

八、地域材质及做法的融入——"出砖入石"

农宅原型方案除了保证建筑具有良好的被动式通风外，还使用了当地典型的地域材质和做法——"出砖入石"，即由红砖和石材混合构建立面，所成墙面石块稍凹，砖片稍凸（图25）。[①]

"出砖入石"本质上是填充墙与抗剪墙的结合，通常厚度在50cm左右，用残砖碎石丁顺砌成，内部以灰土充实，具有一定的抗震能力。在建筑材料局限的古代，这类墙体的出现，是就地取材的当地人在地域材料组合上别具一格的创造。

方案中，"出砖入石"的"砖"采用闽南地区盛产的红砖，红砖规格最小的只有5cm，大的可以达到20cm，考虑到地域材质的运用和住宅建造的可实施性，我们以不规整的石块和红砖片混砌墙体，同时点缀青石构件（图26），通过对出砖入石手法进行简化和分解，最终形成了以胭脂红为主色的红白相间立面。

图25　当地"出砖入石"的做法　　图26　"出砖入石"在方案中的应用

九、小结

方案从福建传统民居"手巾寮"入手，提取其与地域环境相契合的纵向空间模式作为农宅原型的基本空间模式，通过"区别设计"的天井促进空气的室内外被动式交换，旨在将被动节能技术"设计"到方案中；通过"梳窗子"配合天井进一步促进被动通风的实现；通过冷巷的直曲设计，缩短空气滞留时间的同时保证农宅基本的私密性；通过设置空气滞留时间较短的局部二层，提高方案整体被动通风效果的同时，形成屋顶的高低错落和空间的起伏变化。我们希望将这些地域性"绿色智慧"与方案设计结合，使农宅能够在最大程度上依靠本身实现被动式自然通风，而不是完全依赖于机械。在材料的使用上，挖掘地域材质，选取当地盛产的红砖和青石，采用"出砖入石"的传统叠砌手法，旨在使农宅原型的"绿色"

更具地域性，同时将这种传统工艺做法传承下来。

除此之外，对于设计中的每个"创新点"，我们都通过 BIM 体系下的通风模拟软件进行了模拟校核，BIM 与绿色农宅原型设计的结合使我们能够对农宅的未来是否达到真正的"绿色"进行预测和评估。

福建南安生态农业园区绿色农宅原型设计使我对绿色农宅设计有了更深入的思考。在我国，各个地方都存在着当地的传统民居，民居能够长期存在于特定的地域，必然有其适应当地气候环境的地域性"绿色智慧"所在，这些"智慧"是先人们在与大自然的博弈中世世代代积累下来的，他们把最简便易行的适应当地生存的方法运用到民居的营建中。然而，如今的民居在很多方面已经不再能够满足现代人的生活要求，一味摒弃它们而完全依赖现代技术营建住宅，不仅会导致这些"智慧"逐渐在人们的生活中消失，而且不利于实现住宅的被动式低能耗。如果我们能将民居中蕴含的地域性"绿色智慧"进行提炼，并将这些"智慧"转化融入当代高技术平台下的农宅原型设计中，也许能够相得益彰。

基于 BIM 的绿色农宅原型设计研究是一项宏大的研究专题，本文的研究基于前人大量的研究成果，本着"苔花如米小，也学牡丹开"的精神，希望本文的研究能为绿色农宅原型设计作出绵薄贡献。

（本课题属于"十二五"国家科技计划课题，课题编号：2013BAL01B00；亦属于住房和城乡建设部科学技术项目计划，2012-K1-3）

注释：

①地域性被动式绿色技术设计在乡村住宅原型研究中的应用。

参考文献：

[1] 曾志辉，陆琦．广州竹筒屋室内通风实测研究 [J]．建筑学报，2010,S1:88-91．

[2] 邱光荣，胡英．泉州"手巾寮"传统民居的生态理念与现代传承 [J]．华中建筑，2010,06:58-61．

[3] 戴薇薇，陈晓扬．泉州手巾寮自然通风技术初探 [J]．华中建筑，2011,03:28-32．

[4] 李建斌．传统民居生态经验及应用研究 [D]．天津大学，2008．

[5] 凌世德，林恬韵，田亮．漳州"竹竿厝"民居空间设计初探 [J]．中外建筑，2013,08:75-77．

[6] 泉州蔡氏古民居为保护利用古厝提供新思路．泉州网，东南早报，2012，03．

[7] Sitan Zhu School of Urban Design, Wuhan University, Wu Han, China School of Urban Construction, Yangtze University, Jing Zhou, China. Sustainable Building Design Based on BIM[A]．武汉大学，美国 James Madison 大学．美国科研出版社．Proceedings of International Conference on Engineering and Business Management (EBM2010)[C]．武汉大学，美国 James Madison 大学．美国科研出版社：，2010;5．

图片来源：

图1、图2：笔者调研拍摄。

图3："漳州'竹竿厝'民居空间设计初探"。

图4："泉州蔡氏古民居为保护利用古厝提供新思路"。

图5~图14：自绘。

图15、图16："泉州手巾寮自然通风技术初探"。

图17~图24：自绘。

图25：笔者调研拍摄。

图26：自绘。

傅 强
（南京工业大学建筑学院 硕士三年级）

基于实测和计算机模拟分析的南京某高校体育馆室内环境性能改善研究

A Research on Environment Performance Inprovement of a University Gymnasium in Nanjing based on the Measurement and Computer Simulation Analysis

■摘要：近年来，我国体育事业蓬勃发展，然而体育建筑设计往往忽视了其建筑环境性能，或以巨大能耗为代价达到室内的舒适环境。本文以南京某高校体育馆为研究对象，以软件模拟分析为切入视角，有效地模拟分析较真实情况下的建筑室内环境性能，并提出不足及改善建议。

■关键词：高校体育馆 环境性能 计算机模拟 改善建议

Abstract：In recent years，the sports cause of our country is flourishing.However，the architects always ignore the environmental performance of sports buildings，and achieve comfortable indoor environment at the cost of the huge energy consumption.This paper takes a university gymnasium as the object of study and software simulation analysis as entry point.The introduction of computer simulation technology can analyze the real situation of building indoor environment effectively，and put forward the deficiency and improvement suggestions.

Key words：University Gymnasium；Environmental Performance；Computer Simulation；Improvement Suggestions

　　南京某高校体育馆于 2008 年竣工，建筑面积 22260m²，座席数量 4765 个。由于笔者对体育馆的基本情况比较熟悉，针对体育馆存在的一些室内环境问题，笔者尝试在进行定性分析的同时，也通过实测和计算机模拟进行量化分析，并在此基础上提出一些改善建议。

一、高校体育馆环境性能改善

（一）高校体育馆建筑环境性能系统构成

高校体育馆环境性能系统主要由建筑光环境、风环境、热环境、声环境等构成（图1）。

1. 光环境

建筑光环境是建筑环境中的一个非常重要的组成部分。人们对光环境的需求与从事的活动密切相关。在进行生产、工作、学习、运动的场所，适宜的照明可以振奋人的精神、提高工作效率、保证产品质量、保障人身安全与视力健康。

2. 风环境

风环境是通风空调系统通过送风口（机械通风）或建筑的开口（自然通风）将满足要求的空气输送至建筑室内，形成合理的气流组织，从而营造出需要的热湿环境和空气品质。

3. 热环境

热环境是建筑环境中的主要内容，建筑热环境形成的主要原因是各种外扰和内扰的影响。外扰主要包括室外气候参数和室外空气温湿度、太阳辐射、风速、风向变化，以及邻室的空气温湿度，均可通过围护结构的传热、传湿、空气渗透使热量和湿量进入到室内，对室内热湿环境产生影响；内扰主要包括室内设备、照明、人员等室内热湿源（图2）。

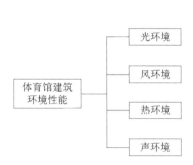

图1　体育馆建筑环境性能系统构成

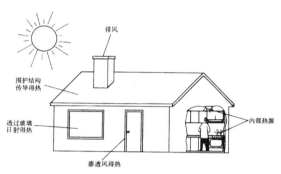

图2　建筑物获得的热量

4. 声环境

声环境是评价大空间公共建筑的环境健康优劣的基本衡量标准，在设计初期应充分利用体型、体量设计保证声场清晰度、丰满度、均匀度。传统大空间公共建筑设计过多依靠吸声技术处理和电声系统，而忽视本体的建筑声学设计。

（二）室内环境性能改善的主要目标

1. 光环境

需要满足高校体育馆其功能特殊性，体育馆功能使用可以分为三种基本模式，即比赛模式、教学训练模式和集会演出模式。针对三种模式，通过窗户大小的调整，尽可能利用自然采光以满足教学训练的需要；同时进行遮阳措施的改善，满足比赛和演出模式的不同要求。

2. 风环境

根据不同地区气候特征和风环境特点，通过改善建筑门窗等围护结构，争取有利环境下的自然通风，减少体育馆空调系统负荷。尤其是处于夏热冬冷地区的南京，通过自然通风来提高室内舒适性，减少对空调的依赖，营造宜人的自然环境。

3. 热环境

根据气候温度特征，在满足室内运动员和观众等使用需求的前提下，通过主动和被动措施优化建筑能源系统方案，提高空调系统能效比，达到提高热舒适性、减少体育馆的热负荷的目的。

4. 声环境

如今，大多高校体育馆为多功能使用，集演出、集会、比赛、训练功能于一身，尤其是大型演出、演讲、开学典礼等场合，需要更高要求的室内声环境，因此体育馆设计应更加重视良好声环境的营造，优化声学设计（图3）。

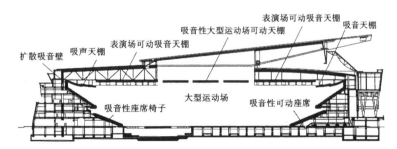

图3　大型体育馆的声学设计

二、南京某高校体育馆环境性能分析

（一）南京某高校体育馆简介

南京某高校体育馆曾举办亚青会手球项目比赛。该体育馆位于校园的东南角，集体育教学、训练、体育比赛、演出等功能于一体，建筑总高度23.88m（图4）。

主馆结构为框架结构加空间桁架结构。该馆分为下部混凝土结构部分和上部钢结构屋盖部分。地上三层、地下一层，地上层高分别为4.5m、5.5m、3.3m。上部钢结构屋盖由空间管桁架组成，主馆桁架跨度为58.1m（图5~图7）。

图4　南京某高校体育馆

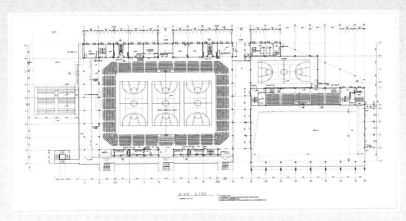

图5　南京某高校体育馆二层平面

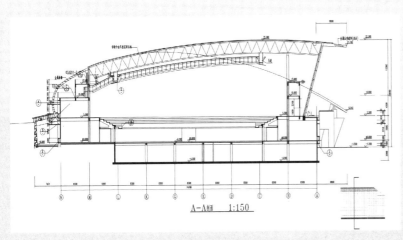

图6　南京某高校体育馆剖面

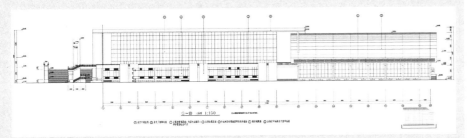

图7　南京某高校体育馆南立面图

（二）体育馆室内环境测量分析

1. 体育馆温度、湿度及风速测量

即对比赛大厅的温度、湿度及风速的测量，以及体育馆使用者对体育馆舒适度的测量。由于6月为毕业季，学校活动较为频繁，气候也较为舒适，也是体育赛事的高发时期，所以选取6月中具有代表性的时间为体育馆建筑性能测试的时间。2015年6月14日~6月

指导老师点评

傅强同学的这篇论文主要围绕我们学校的体育馆环境性能改善问题进行研究，国内研究较多的是大型体育场馆的生态节能设计，而对既有的高校体育馆环境性能改善研究较少。因此论文在选题方面很有意义也很新颖。

该同学在模拟软件的使用上比较熟练，所以选题时便鼓励他往这方面研究。论文重点章节主要使用计算机模拟软件提供的数据依据，又以实地测量数据及问卷调查结果作为支持。尽可能使课题研究结果更为精确，文章逻辑清晰，有理有据，内容较为完善。该论文还从系统构成的角度出发研究建筑环境性能，分别从建筑的风环境、光环境、热环境及声环境等四个方面系统地分析研究高校体育馆的建筑环境性能改善问题，值得鼓励。

目前国内外建筑学专业的竞赛举办得如火如荼，例如比较权威的全国大学生建筑设计竞赛、全国大学生建筑设计教案与作业观摩与评选、Autodesk杯全国建筑院系建筑设计教案与作业评优等，但是论文竞赛确是凤毛麟角。现在学生们的设计能力普遍都有所提高，但是他们的课题研究能力却十分薄弱，随着以后《中国建筑教育》·"清润奖"大学生论文竞赛长期举办，我相信我们的学生在以后的课题研究能力会有长足的进步。我也会多多鼓励我们学院的学生积极参加，这对提高最后他们的毕业论文质量有很大帮助。

胡振宇

（南京工业大学建筑学院，教授）

18日，由中国篮球协会、南京市体育局和南京某高校共同承办的2015年NBA耐克亚太精英篮球训练营在南京某高校体育馆举行。笔者利用此次机会，实测了体育馆比赛场地及看台的温、湿度及风速。

测量方法：根据ISO 7726热环境测试仪表要求，选用瑞典斯威玛公司温湿度探头及风速探头自动记录，对体育馆比赛厅17：00～18：00时间段内，每隔10秒记录一次数据。

测量时间：2015年6月18日（夏季）。

测量仪器：热环境测试仪表Swema 03万向微风速探头，Hygroclip2-s相对湿度探头（图8）。便携式气象站产地：英国；型号：Nomad3321830（图9）。

测量参数：体育馆室内温度、湿度及风速；体育馆室外气象参数。

测试点的布置：体育馆比赛大厅内比赛场地边缘3个测试点及观众看台3个测试点，测点见分布图10。

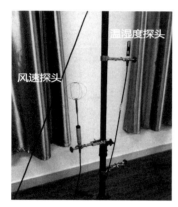

图8 瑞典斯威玛温湿度探头及风速探头

图9 产地英国的便携式气象站

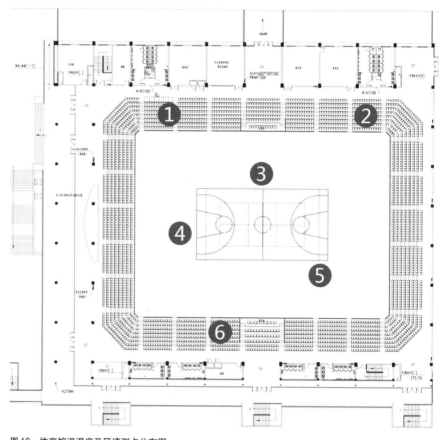

图10 体育馆温湿度及风速测点分布图

2．测量结果与分析

通过采集和整理体育馆比赛大厅6个测点的风速度及湿度数据，分别绘制了6月18日校园气象参数统计表、体育馆比赛大厅温度、相对湿度及风速测量统计表和折线图（表1，表2）。

6月18日17：00～18：00校园气象参数统计表　　表1

气象参数	风速（m/s）	大气压（mbar）	温度（℃）	相对湿度（%）	太阳辐射（MJ/m²）
数据	1.06	1003.44	27.53	55.45	183.56

来源：作者根据测试数据制表

体育馆比赛大厅温度、相对湿度及风速测量统计表　　表2

测点	温度（℃）	相对湿度（%）	风速（m/s）
1	28.37	54.95	0.07
2	28.36	55.03	0.03
3	27.88	56.99	0.11

测点	温度（℃）	相对湿度（%）	风速（m/s）
4	27.93	55.6	0.07
5	27.84	56.32	0.08
6	28.59	54.29	0.06

来源：作者根据测试数据制表

（1）风速统计分析

通过分析风速折线图（图11），可以发现：测试区域17:00～18:00期间6个测点平均风速依次为0.07m/s、0.03m/s、0.11m/s、0.07m/s、0.08m/s、0.06m/s，远低于室外风速1.06m/s，由此可见室内并无良好通风；另外，测试区域风速基本保持在0～0.2m/s，在未开启空调通风设备的情况下，无明显吹风感。

（2）温、湿度统计分析

通过分析体育馆比赛大厅温、湿度折线图（图12、图13），并通过计算得出测试区域6个测点平均温度为28.37℃、28.36℃、27.88℃、27.93℃、27.84℃、28.59℃，均比室外平均温度27.53℃高1℃左右，超过人体舒适温度。测点3、测点4、测点5为场地区，测点1、测点2、测点6为观众区，由温、湿度折线图中可以看出，场地区和观众区差别不大，其变化折线基本相同，场地区温度略低于观众区，湿度则略高于观众区。

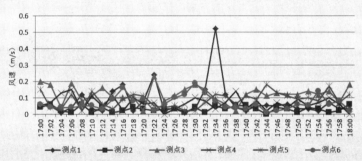

图11 6月18日体育馆比赛大厅风速折线图

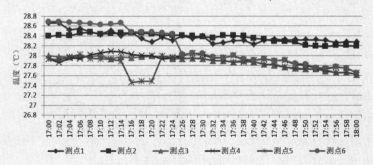

图12 6月18日体育馆比赛大厅温度折线图

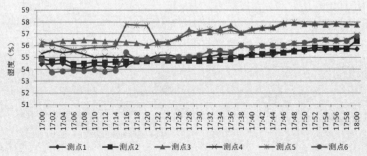

图13 6月18日体育馆比赛大厅湿度折线图

测试区域相对湿度均保持在53%～58%，符合设计室内空气调节设计参数要求40%～65%。

通过上述测量结果分析可知，体育馆室内基本无风速，温度与室外基本保持一致，其原因是体育馆管理需要，平时只开一楼主入口及二楼主入口大门，其余大门常年紧闭，所以体育馆室内基本无风感。由于体育馆西侧和南侧建筑立面为全玻璃幕墙，体育馆为遮阳、降温选用拉珠式软卷帘及活动窗帘，场馆在未开启空调及通风设备时，场馆室内热量得不到散发，使得场馆内温度一直保持较高状态（图14）。

三、体育馆环境性能模拟分析与改善措施

（一）体育馆光环境模拟分析

1. 模拟参数

（1）地理环境：南京，北纬32°，东经118.8°，海拔7.1m。

（2）气象条件：根据南京所处的地理纬度模拟CIE全云天条件，天空设计照度取4500lux（根据《建筑采光设计标准》规定的临界照度值选定，本项目位于江苏南京，属于IV类光气候区，其临界照度值为4500lux[4]）。

（3）窗户设计参数：普通透明浮法玻璃，透明度为90%。

（4）围护结构室内表面反射率：顶棚——0.80；墙面——0.70；地面——0.50；木地板——0.70。

2. 模拟结果及分析

（1）照度分析

图15、图16模拟的是在全云天条件下体育馆比赛场地上的水平照度。所分析的工作面为距离地面高1.0m处的平面，设定网格疏密为1m×1m一个网格（根据《体育场馆照明设计及检测标准》，篮球场照度计算网格与参考高度的规定设置）。

从图中可以看到在全云天的条件下，馆内平均自然采光系数为15.37%，最高采光系数为891.8%，最低采光系数为1.8%；平均自然采光照度为691.72lux，最高照度为3181lux，最低照度为81lux。场地中部较亮场地四周看台下仍有一定阴影区，主要比赛场地区域内的自然采光系数基本均大于12%，照度基本均大于500lux。这样的照明条件可满足大部分球类活动（篮球、排球、羽毛球等）在场地中进行训练和娱乐的需要，满足最低采光系数标准值2%及室内天然光照度标准值300lux的标准。

（2）室内可视度

由图17和图18可知，体育馆内一楼比赛大厅平均仅有南侧边界处室内可视度不佳，其余场地可视度良好，平均可视采样百分比为39.2%，最大值为44%，最小值为24%；二楼走廊可视度较好，基本均能看到室外，平均可视采样百分比为26%，最大值42%，最小值为2.4%。因为体育馆在南面和西面有大面积玻璃幕墙，使得体育馆室内具有良好的视野，比较通透。

（3）室内视野分析

图19～图22分别反映了在6月21日17:00时体育馆场地内，运动员从场地内东侧向西侧以及从北侧向南侧运动过程中视野内的变化，视高1.60m，相机水平放置。可以看到：比赛场地西侧亮度较高，而场地北侧的亮度较低但均匀；体育馆西面玻璃幕墙面积较大，南面玻璃幕墙被二楼南侧房间遮挡一部分，其余部分形成大面积亮带，西侧和南侧玻璃幕墙易在运动员视野内形成大面积亮面和亮带，产生眩光影响（图23）。

图14　南京某高校体育馆遮阳窗帘

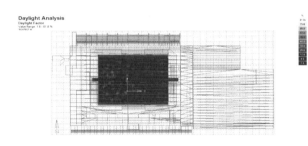

图15　全云天条件下无遮光措施时比赛场地水平自然采光系数分析

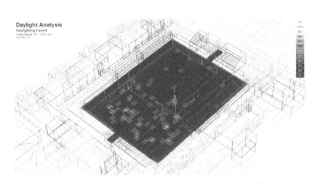

图16　全云天条件下无遮光措施时比赛场地自然采光照度分析

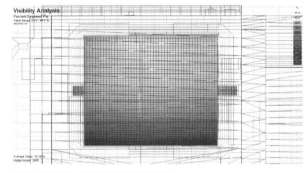

图17　体育馆一楼比赛大厅可视度分析

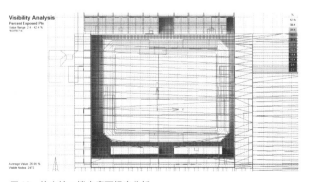

图18　体育馆二楼走廊可视度分析

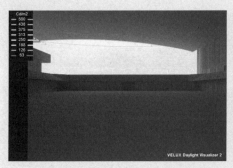

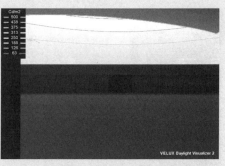

图19 体育馆室内亮度分析图——从场地东侧向场地西侧看

图20 体育馆室内亮度分析图——从场地中部向场地西侧看

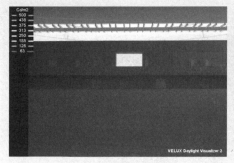

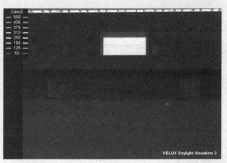

图21 体育馆室内亮度分析图——从场地北侧向场地南侧看

图22 体育馆室内亮度分析图——从场地中部向场地南侧看

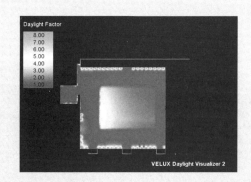

图23 体育馆一层室内采光系数分析图

（4）全自然采光百分比

通过模拟比赛场地全年工作时间中单独依靠自然采光就能达到最小照度要求的时间百分比，来评价系统评价全年有效自然采光的综合指标。计算日期设置为1月1日～12月31日，并包括周末时间，使用时间设置为每天8:00～18:00，照度限值为300lux，从图24中可以看出，比赛场地全自然采光百分比结果基本都在97%以上，可见在无遮光措施时，体育馆比赛场地内可基本单独靠自然采光就能达到最小照度要求的时间百分比。

3. 体育馆光环境综合评价

为了能在馆内引入足够多的自然光，南京某高校体育馆在设计时在南面与西面均采用全玻璃幕墙。从模拟结果来看，全云天条件下，根据我国的建筑采光设计标准GB/T 50033-2013，南京地区属于Ⅳ类光气候区，选取4500lux的室外临界照度值时，体育馆比赛场地内平均采光系数为15.37%，平均自然采光照度为691.72lux。室内场地95.6%的面积自然采光系数大于2%，自然采光照度大于300lux，可满足一般训练和娱乐活动。因此，体育馆的自然采光设计基本可解决馆内日间照明所需。

当天气非常恶劣时，还是需要局部辅助人工照明。在人工照明设计中，可以根据自然采光系数分布图和室外水平照度来确定优化照明方案，仅在需要辅助人工照明的地方给以

作者心得

首先很荣幸能获得2015《中国建筑教育》·"清润奖"大学生论文竞赛的硕博组二等奖。写这篇论文的初衷主要在于我的导师胡振宇教授给我的启发，我在学校里生活快7年了，对自己学校体育馆也非常熟悉。每当我们学校举行大型的活动时，我都会细心观察同学们在场馆里的感受，尤其是夏季时，很多同学都忍受不了场馆里面的闷热环境。同时我也有幸成为一名2014年青奥会场馆部的志愿者，陪同国际奥委会专员跑遍了南京各大体育场馆，收集了部分一手资料，这也奠定了我研究这个课题的基础。

课题研究初期便遭遇了很多挫折，很多问题很难下手，在和导师多次交流后基本确定了实地测量、调查问卷及软件模拟的研究方法，从实地测量和软件模拟的方法将环境性能量化，分析问题，提出改善措施的基本策略。

但随着课题的完成却突然掠起几分伤感。课题研究期间的诸多挫折，有了新的突破的喜悦，以及研究期间遇到瓶颈等等，各种经历五味杂陈。唯有感恩，才能表达我此时的心情，若不是在敬爱的导师胡振宇教授的悉心指导、帮助与鼓励下，我很难完成这篇论文。非常感谢我们学院杨小山老师在测量仪器的使用和软件模拟等方面对我的指导。感谢学校提供的基础资料，学院提供的测量仪器，以及同学们在测量时对我的帮助。

论文的研究还有很多改进的空间，希望在后续的研究中逐一解决。最后再一次感谢《中国建筑教育》编辑部、北京清润国际建筑设计研究有限公司、全国高等学校建筑学专业指导委员会主办的论文竞赛，让大家更加注重绿色建筑的发展，增进学校之间的交流，促进学科和专业的发展。预祝之后的《中国建筑教育》·"清润奖"大学生论文竞赛越办越好，能有更多的学校和学生来参与。

傅强

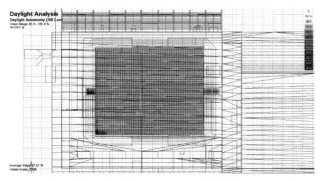

图24　无遮光措施、照度限值为300lux时比赛场地自然采光百分比分析

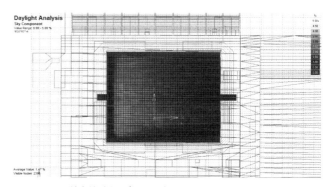

图25　比赛场地自然采光天空组分分析

图26　体育馆比赛大厅南侧固定卷帘

图27　体育馆比赛大厅西侧布帘

适当的照度，以节约照明用电。

在阳光直射和与眩光的控制上，体育馆仍存在一些问题。根据比赛场地自然采光天空组分分析，如图25可知，体育馆比赛场地自然采光，主要由太阳从西面玻璃幕墙照射，西面玻璃幕墙的设置会形成眩光影响。因此，对体育馆进行遮光和眩光控制设计是非常必要的。

需要指出的是，虽然体育馆比赛大厅基本可实现自然采光照明，但地下一层有器材训练房、体能测试用房以及辅助用房，均为黑房间，无法实现自然采光、通风，需要采取人工照明。因此，也应考虑这些房间的光环境优化。

4．体育馆光环境建议改善措施

根据模拟软件分析结果，考虑体育馆建筑质量良好，在尽量不做较大程度改造、不改变原有设计并保持美观的原则下，提出以下改善建议措施：

（1）西面和南面玻璃幕墙优化遮光设计（图26，图27）。

（2）北侧墙上部设置高侧窗。

（3）地下一层南侧训练用房采用光导照明。

（4）采用智能化照明控制系统控制人工照明。

（二）体育馆风环境模拟分析

南京某高校体育馆，进深、体积均较大，很难仅靠常规设计的门窗位置和数量实现良好的室内通风，需要从流体理论出发，综合地进行建筑空间与构造处理，甚至需要以促进通风效果的目的出发，对建筑周边环境进行优化设计。良好的室内风环境可以改善微气候，提高室内舒适度。

1．模拟参数

（1）地理环境：南京，北纬32°，东经118.8°，海拔7.1m。

（2）边界条件：据清华大学江亿教授整理的《中国建筑热环境分析专用气象数据集》可知南京春季风向为135°，据中国气象网站提供的数据可知南京春季平均风速为2.6m/s。

（3）网格设置：以0.3m×0.3m平均设置网格。

2．模拟结果及分析

通过模拟结果（图28～图31）可以看出，若将一楼东侧入口开启时，体育馆比赛大厅风速除东侧进风口附近区域较高，会影响比赛，其他区域均介于0～0.5m/s，人体不易察觉，感觉舒适。值得注意的是，体育馆空间较大，当风吹到比赛场地中心时，风速急速下降，特别比赛大厅西北角和西南角区域风速基本＜0.1m/s。实际情况是，体育馆一般为了管理方便，仅开启西侧大门，东侧大门常年紧闭，

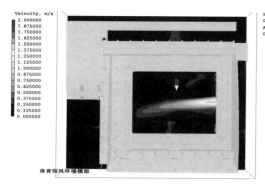

图28 体育馆比赛大厅风环境模拟

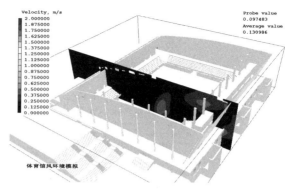

图29 大厅西部截面风环境模拟

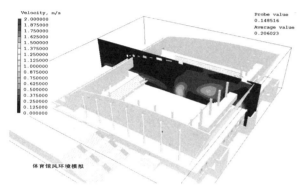

图30 大厅中部截面风环境模拟

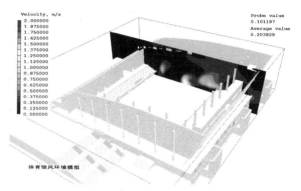

图31 大厅东部截面风环境模拟

体育馆比赛大厅内整体平均风速将很小，室内几乎无风感。

由风环境模拟结果分析可知，体育馆二楼南侧的门和高窗会对南部空间风环境有一定影响；但南侧玻璃幕墙的高窗数量较小且面积较小，因此仅靠风压进行自然通风时，高窗的影响较小，而当体育馆二楼南北门开启时，对南北侧中心观众区域的影响较大，此时该区域风速将达到0.3m/s～0.6m/s。

3. 体育馆风环境综合评价

体育馆比赛大厅内风环境整体不是十分理想，尤其是体育馆使用模式为日常训练和教学模式，室内热源较小，不足以形成温度梯度，热压引起的通风几乎没有，室内通风主要由风压引起。比赛大厅空间较大，室内风速分布不均匀，仅在进出风口附近有影响，体育馆中部区域主要受一楼东侧出口影响，南北侧出风口很难影响到中部区域。

一楼比赛大厅1m处平均风速为0.15m/s，二楼北侧出口处平均风速为0.38m/s，二楼南侧出风口处平均风速为0.42m/s。一楼比赛大厅除东侧出口外，其余均被四周辅助用房及走廊包围，很难实现风压形式通风，需依靠二楼玻璃幕墙增加开窗及顶部四周增设高侧窗，通过热压与风压结合来改善室内自然通风。

4. 体育馆风环境建议改善措施

根据模拟软件分析结果，在尽量不做较大程度改造、不改变原有设计并保持美观的原则下，提出以下改善建议：

（1）西面和南面玻璃幕墙顶部设置条形排风口。

（2）西面和南面玻璃幕墙下部开窗。

（3）北侧墙上部设置高侧窗。

（三）体育馆热环境模拟分析

1. 模拟参数

（1）地理环境：南京，北纬32°，东经118.8°，海拔7.1m。

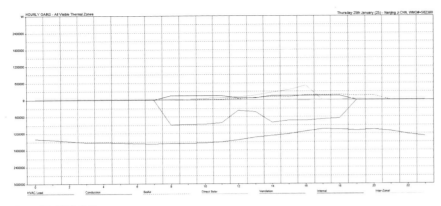

图 32　逐时得热分析

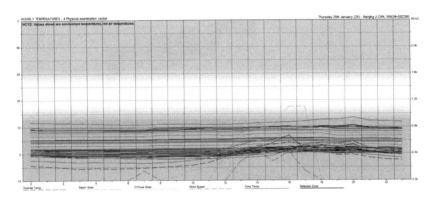

图 33　逐时温度分析

（2）气象参数：根据清华大学江亿教授整理的《中国建筑热环境分析专用气象数据集》可知南京地区逐时气象资料，数据中包括室外干、湿球温度，气压，相对湿度，太阳辐射强度及风速等。

（3）室内设计参数：空调设计室内温度 18℃ ～ 26℃。

（4）通风换气：大厅采用自然通风，当室外条件达到室内设定温度时开启窗户；比赛大厅的自然换气次数为 0.5 次 /h。

（5）室内状况：假定比赛大厅中有 50 人进行训练，处于稳定状态，不考虑照明热负荷。

（6）模拟过程：建立计算机模型，输入地理条件和气象参数，得到逐时得失热、逐时温度、逐月不舒适度、温度分布等分析图。

2．模拟结果及分析

（1）逐时得失热分析

逐时得失热的分析包括建筑能耗相关得失热的逐时数据，通过模拟分析这些数据，可以研究围护结构的保温隔热性能（图 32）。

从全年极端最冷天气情况下室内的逐时得失热分析来看，围护结构的失热量最多，冷风渗透失热次之，太阳辐射得热和内扰得热（包括人员、灯具、小型设备散热）为主要得热量。

（2）逐时温度分析

软件所模拟的温度为室内平均干球温度。从全年日平均气温最低一天逐时温度分析可以看出比赛大厅温度变化曲线比较平缓。夜间室内气温波动不大，普遍比室外高 1 ～ 2℃；14:00 ～ 16:00 温度有较小波动，室内最高温度一般出现在 14:00 ～ 16:00 之间，最低气温一般出现在早上 6:00 ～ 8:00 之间（图 33）。

（3）逐月不舒适度分析

由逐月不舒适度分析得出，体育馆室内过冷月份为 10 月～次年 3 月，过热月份为 7 月～ 8 月。因此，应该着重改善冬季室内热环境，防止冬天室内过冷，因为夏季 7 月、8 月，冬季 2 月为假期，除了对外活动，学校内基本没有活动，因此更需改善建筑外围护结构传热系数，防止冬季过冷（图 34，图 35）。

（4）温度分布分析

温度分布分析模拟可以统计各区域的全年各小时内室内温度的数量，从图 36 中可以看出 4℃ 左右的温度时间在全年中最多，达到 1000h 左右。

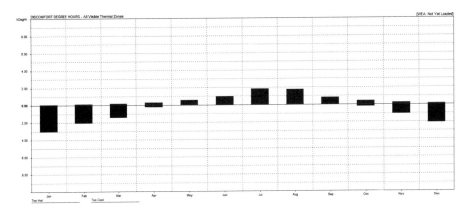

图 34　逐月不舒适度分析

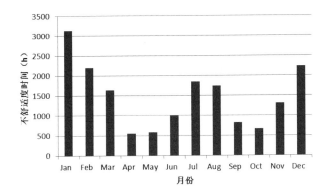

图 35　逐月不舒适度时间统计

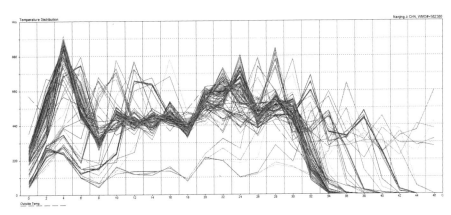

图 36　温度分布分析

3. 体育馆热环境综合评价

根据模拟分析可知，体育馆围护结构热工性能一般，室内热环境比较稳定，冬季不舒适时间较多，而夏天 7 月、8 月份，学校放假，体育馆使用频率并不多，春、秋两季馆内温度比较舒适，可满足基本的热舒适需要，因此更需要关注体育馆冬季保温。

从逐时得失热分析来看，围护结构的失热量最多，冷风渗透失热次之，太阳辐射得热和内扰得热（包括人员、灯具、小型设备散热）为主要得热量。逐时温度分析可知，比赛大厅温度变化曲线比较平缓，室内温度波动不大。温度分布分析可知，4℃左右的温度时间在全年中最多，达到 1000h 左右。

4．体育馆热环境建议改善措施

根据模拟分析结果，针对体育馆目前的状况，在尽量不改变原设计的原则下，提出以下改善建议：

（1）玻璃幕墙改为双层玻璃幕墙。

（2）比赛大厅玻璃幕墙采取遮阳与通风措施。

（3）使用地板辐射采暖。

（四）体育馆声环境模拟分析

1．模拟参数

建筑声学内容丰富而庞杂，主要包括环境声学与噪声控制学等内容，本文只涉及室内音质分析内容。室内最终是否具有良好的音质，不仅取决于声源本身和电声系统的性能，还取决于室内良好的建筑声学环境。

体育馆屋架采用刚桁架结构，为体现空间的结构美，室内不设吊顶。馆内有效容积为75546.63m³，厅内设固定座位数2816个，活动座位数1849个，总座位数4665个，人均容积16m³。

按结构设计数据要求输入屋顶、外墙、地面等材料对各种频率声音的吸声系数，参数如表3：

围护结构吸声系数表　　　　　　表3

结构和材料	下述频率（Hz）的吸声系数 α					
	125	250	500	1000	2000	4000
玻璃窗	0.35	0.25	0.18	0.12	0.07	0.04
木格栅地板	0.15	0.10	0.10	0.07	0.06	0.07
顶棚用4mmFC板，穿孔率8%，空腔100mm，板后衬布，空腔填50mm厚玻璃棉	0.53	0.77	0.90	0.73	0.70	0.66
混凝土地面	0.01	0.01	0.02	0.02	0.02	0.02
木门	0.16	0.15	0.10	0.10	0.10	0.10

模拟过程：建立计算机模型，计算比赛大厅不同频率的混响时间。计算混响时间时，认为比赛大厅内80%以上观众上座率即是满场，50%以上认为是半场。

计算公式：依《体育场馆声学设计及测量规程》，按照下面的公式（实际上是修正后的伊林公式）分别计算125Hz、250Hz、500Hz、1000Hz、2000Hz、4000Hz 6个频率的混响时间。

$$T_{60} = \frac{0.161V}{-S\ln(1-\overline{\alpha})+4mV}$$

式中：T_{60}——混响时间（s）；

V——房间容积（m³）；

S——室内总表面积（m³）；

$\overline{\alpha}$——室内平均吸声系数；

m——空气中声衰减系数（m⁻¹）。

室内平均吸声系数应按下列公式计算：

$$\overline{\alpha} = \frac{\Sigma S_i\alpha_i + \Sigma N_i A_i}{S}$$

式中：S_i——室内各部分的表面积（m²）；

α_i——与表面积S_i对应的吸声系数；

N_i——人或物体的数量；

A_i——与N_i对应的吸声量；

2．模拟结果及分析

（1）几何声学分析

比赛大厅的屋顶由一片弧形曲面屋顶构成。从几何声学的角度分析，比赛场地内并无明显声聚焦现象，声音扩散比较均匀。需要注意的是，一楼比赛大厅四周看台下方的区域容易出现颤动回声，需要加强此区域的吸声处理或声扩散（图37）。

（2）混响时间

Ecotect中混响时间有三种算法公式：塞宾公式、诺里斯－艾琳公式、迈灵顿－赛塔公式。模拟4665个座位满座时室内混响时间，结果如图38：

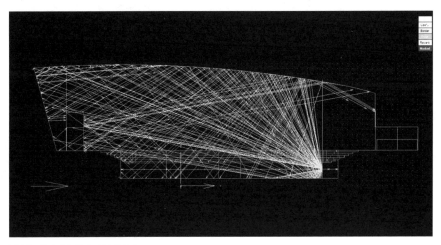

图 37　比赛大厅室内声波线分布

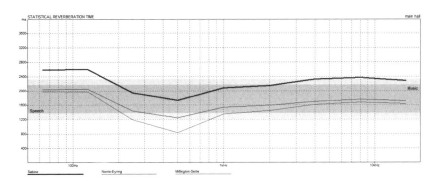

图 38　比赛大厅模拟 4665 满座混响时间计算分析

　　从表 4 中可以看出，容积在 40000 ~ 80000m³ 的综合体育馆比赛大厅满场混响时间应在 1.4 ~ 1.6s。而从图 38 和图 39 中计算结果来看，以塞宾公式的结果为例，500Hz 和 1000Hz 的混响时间分别为 1.73s 和 2.08s，远远大于规定的比赛大厅满场混响时间 1.4 ~ 1.6s 要求，说明比赛大厅的声环境有待改善。

<table>
<tr><td colspan="5">不同容积比赛大厅 500Hz ~ 1000Hz 满场混响时间</td><td>表 4</td></tr>
<tr><td>容积 （m³）</td><td>＜ 40000</td><td>40000 ~ 80000</td><td>80000 ~ 160000</td><td colspan="2">＞ 160000</td></tr>
<tr><td>混响时间 （s）</td><td>1.3 ~ 1.4</td><td>1.4 ~ 1.6</td><td>1.6 ~ 1.8</td><td colspan="2">1.9 ~ 2.1</td></tr>
</table>

　　根据《体育场馆声学设计及测量规程》，体育馆比赛大厅四周的玻璃窗宜设置吸声窗帘，并具有遮光作用。根据大厅现状，建议选用对低频和高频吸声效果好的窗帘，可采用丝绒、天鹅绒、香罗帘等。

　　体育馆由于西侧和南侧使用了大面积的玻璃幕墙，但是南侧玻璃幕墙有一定角度倾斜，不适合设置窗帘，因此，仅在西侧玻璃幕墙及二层各出入口玻璃门处设置窗帘。使用窗帘后（窗帘距离玻璃幕墙 100mm），室内各频率的混响时间如图 40。

　　此时，体育馆内比赛大厅的混响时间均有所下降，限值上基本可以达到要求，但 125Hz、250Hz 的混响时间显得过低，室内声音将缺乏丰满度，因此需要调整大厅声学材料的分布，提高低频的混响时间，并使混响时间的频率特性达到规范。

　　3．体育馆声环境综合评价

　　体育馆空间比较大，其室内视听质量不是很好，大量席位沿比赛场地四周布置，观众距离较远，平均自由程超出一般会堂建筑容易引起各种音质缺陷。合适的混响时间是影响室内音质设计的一个重要参数。

通常作为开学毕业典礼、会议报告及文艺演出活动的场地时，在场地的一侧设置固定的舞台，声音传播容易分散；体育馆内暴露屋架结构不设吊顶，致使馆内容积剧增，需要综合扩声系统的设计；同时，体育馆容积大，但能做吸声处理的只有少量侧墙和顶棚。

4. 体育馆声环境建议改善措施

采用尽量不影响建筑结构及室内环境的原则，做出以下改善设计策略：

（1）屋顶采用 4mm 厚穿孔 FC 板，穿孔率 20％，空腔 100mm，内填 50mm 厚超细玻璃棉。

（2）东侧山墙面采用七夹板吸声材料，龙骨间距 50cm×40cm，空腔 160mm。

（3）一楼比赛场地看台下侧四周墙体采用木条纹饰面吸声构造，加强声扩散，内壁填 50mm 玻璃棉毡。

（4）辅助用房墙体采用穿孔三夹板吸声材料，孔径 8mm，孔距 50mm，空腔厚 50mm。

（5）使用天鹅绒材质窗帘，窗帘离玻璃幕墙 100mm（图 41）。

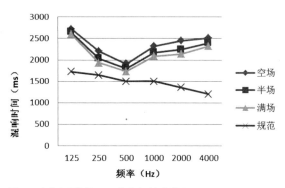

图 39　比赛大厅模拟 4665 座混响时间折线图

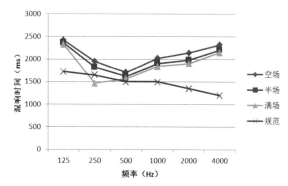

图 40　设置吸声窗帘后比赛大厅模拟 4665 满座混响时间折线图

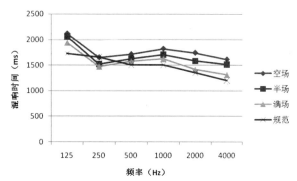

图 41　改善措施后比赛大厅模拟混响时间折线图

四、结论

本论文使用了 Ecotect 和 Phoenics 等软件对南京某高校体育馆建筑室内环境性能进行了比较完整的模拟分析和研究，分别对体育馆光环境、风环境、热环境及声环境进行模拟分析，以及在分析现有的问题后提出改进建议。

高校体育馆因其特殊和复杂的功能性，需要满足不同功能场景的使用，为改善室内环境的舒适性，往往是通过先进的技术及更高的能耗来实现。本文针对体育馆的实际情况，通过软件模拟定量分析了建筑环境性能，尽量使用被动设计的手法改善体育馆室内环境性能，优化室内舒适度，并节约运行能耗。

随着国家大力推进节能减排，支持绿色建筑的发展，以及人们对于可持续发展观念的逐步形成，以生态的方法改善建筑环境性能会逐渐成为以后建筑节能改造的重点思考内容。建筑设计也逐步需要重视整合设计的重要性，不仅是新建建筑还是既有建筑改造，都需要在早期探索发现阶段整合设计团队，需要各个专业的专家综合设计，以实现最大化的建筑设计，实现更加舒适的建筑环境。

参考文献:

[1] 2013-2017 年中国智能建筑行业市场前景与投资战略规划分析报告 [R].

[2] 朱颖心. 建筑环境学 [M]. 北京:中国建筑工业出版社, 2010.

[3] 江苏省建设厅, 江苏省体育局, 江苏省土木建筑学会. 中国江苏体育建筑 [M]. 北京:中国建筑工业出版社, 2007.

[4] 中华人民共和国行业标准. 建筑采光设计标准 GB/T50033-2001 [S]. 北京:中国建筑工业出版社, 2001.

[5] 清华大学建筑技术科学系. 中国建筑热环境分析专用气象数据集 [M]. 北京:中国建筑工业出版社, 2005.

[6] 中华人民共和国行业标准. 体育场馆照明设计及检测标准 JGJ153-2007 [S]. 北京:中国建筑工业出版社, 2007.

[7] 日本建筑学会. 建筑设计资料集成综合篇 [M]. 天津:天津大学出版社, 2006.

图片来源:

图 1:作者自绘。

图 2:朱颖心. 建筑环境学 [M]. 北京:中国建筑工业出版社, 2010:46.

图 3:日本建筑学会. 建筑设计资料集成综合篇 [M]. 天津:天津大学出版社, 2006:13.

图 4:作者自摄。

图 5~图 7:南京某高校基建处提供。

图 8、图 9:作者自摄。

图 10:作者自绘。

图 11、图 13:作者根据测试数据绘制。

图 14:作者自摄。

图 15、图 41:作者自绘。

高　青
（东南大学建筑学院 博士三年级）

走向模块化设计的绿色建筑

Green Building Towards Modular Design

■摘要：建筑发展的每一次机遇都与其所处时代的各方面因素有着紧密联系。本文从绿色建筑产生的历史语境出发，梳理绿色建筑及其评价体系形成的基础，从绿色建筑评价体系发展来分析绿色建筑物质构成体系。在此基础上，通过对产业与经济发展、建筑模数与模块化设计关系、设计思维与工具的分析来看待绿色建筑的模块化设计发展趋势。同时，进一步阐述了模块化设计方法对绿色建筑及其评价的影响，也对绿色建筑未来的发展进行展望。

■关键词：绿色建筑　模块化设计　评价体系　物质构成体系

Abstract：Every chance in the development of architecture is closely related to the time background. This paper discusses the foundation of green building and its evaluation system from the perspective of based on historical context of green building, and analyzes the green building material system through the development of green building evaluation system. Based on this, it analyzes the development trend of the green building's modular design from the development of industry and economy, the relationship between "module" and modular design, design thinking and design tool. Meanwhile, the effect of the modular design method on the green building and its evaluation as well as prospects for the development of green building in the future is also discussed.

Key words：Green Building；Modular Design；Evaluation System；Material System

　　建筑学是一门研究建筑及其环境的学问体系，其本身具有技术与艺术两个方面的特点。在任何时期，无论是早期作为人类抵挡自然环境庇护所的棚屋，还是后来发展形成的民居聚落，再到后来的建筑，建筑技术与艺术一直都受到社会生产力、生产关系、政治、宗教、文化、民俗的影响而不断地相互促进，从而推动建筑学的发展。在农业社会或者封建社会，无论是东方还是西方的古典建筑，受当时封建生产关系的制约，建筑物的材料和形式都限制了当时的劳动人民在可行的技术条件下进行创作。从对建筑的评价上来看，这些时期的建筑都是通过代表皇权、王权或宗教权力下的建筑形制与构造尺度来反映建筑的等级以及相应使用者的社会地位。工业革命之后，人类的生产力得到了解放，原有的建筑设计理论不再适用于新的生产方式，逐渐开始突破原来的技术限制，获得形制上的独立性进而逐渐形成新的现代建筑语言[①]。同时，建筑物的评价也随之由过去统一、具象的形式标准转向了要素化的抽象评价，例如柯布西耶提出的现代建筑五要素。

　　工业化发展给人类社会带来的巨大变革，几乎影响到了与人类生活相关的所有行业。随着技术发展与学科之间的交叉融合，一种从工业化生产中出现的新设计方法论——模块化设计——也逐渐融入建筑设计当中。同时，在建筑学理论的多元化发展、全球气候环境恶化以及能源危机之后，建筑的发展逐渐趋向于关注建筑的基本属性，这些因素共同促成了绿色建筑的产生。而当机械、设备、产品制造高度走向自动化、标准化、智能化生产的今天，绿色建筑及其评价体系、物质构成、设计方法将会如何发展？在对这些问题进行探讨之前，首先需要理解绿色建筑及其评价体系产生的历史背景。

一、绿色建筑及其评价体系产生的历史语境

绿色建筑及其评价体系的产生与所处时代的经济、资源、环境、科技发展以及建筑学本身的发展等多方面因素有着密切的联系。如何评价一种设计方法对绿色建筑是合理并且有效的，这需要从绿色建筑评价标准是否对于绿色建筑的产生有利来看待。在梳理和理解这一系列关系之前，首先我们要回顾绿色建筑及其评价体系产生的历史语境。

（一）绿色建筑的理论基础

目前，绿色建筑的实践与研究在以可持续发展为共识的全球范围内广泛开展。对于绿色建筑的定义，由于世界各国发展水平、地理位置及资源等条件的差异，国际上并没有一个统一的表述。在我国颁布的《绿色建筑评价标准》当中对"绿色建筑"的定义为：在建筑的全寿命周期内，最大限度地节约资源、保护环境、减少污染，为人们提供健康、适用和高效的使用空间，与自然和谐共生的建筑。"绿色建筑"概念被第一次明确提出，要追溯到 1992 年在巴西里约热内卢召开的"联合国环境与发展大会"上，进而被越来越多的国家推广成为当今世界各国建筑发展的重要方向。同时，针对绿色建筑的建筑学理论研究也一直在不断地发展。

绿色建筑的理论基础可以认为是生态建筑学（Arcology），这一词由建筑师保罗·索勒瑞在 20 世纪 60 年代提出，通过将生态学与建筑学在各自领域发展的融合来探索以全面整体思想考察自然与人工综合的生态环境，努力解决生态问题[②]。在此之前，工业化生产方式的发展为建筑与城市带来了巨大的改变，这其中也包括逐渐显现出来的负面影响。当现代建筑在忙于流派、风格的论战之中时，生态建筑理论将建筑学的视野重新拉进了对环境问题的关注，开启了回归到对建筑本质属性问题的探究。生态建筑将建筑看作生态系统中的一部分，其核心目标是保护环境实现可持续发展。然而，作为建筑来说，建筑的发展与人的观念、社会经济、技术发展以及政策等现实因素有着更直接的关系。而相比之下，绿色建筑比生态建筑更具有适应性、可操作性与扩展性，是生态建筑理论的具体体现与现实途径[③]。

（二）气候环境影响

从 20 世纪 70 年代开始，世界范围内开始出现了罕见的气候异常现象，甚至严重到影响粮食生产。1979 年 2 月，"世界气候大会—气候与人类"专家会议在瑞士日内瓦举行。这次会议推动建立了政府间气候变化专门委员会（IPCC），第一次将人类对气候变化的意识与科学认识水平提高到了全球共识的水平，随后展开了国际一些针对气候环境治理和防范的合作。1997 年 12 月，《京都议定书》（全称《联合国气候变化框架公约的京都议定书》）由联合国气候变化框架公约参加国制定，在日本京都通过[④]。到 2009 年，共有 183 个国家签署，其目标是"将大气中的温室气体含量稳定在一个适当的水平，进而防止剧烈的气候改变对人类造成伤害"。随后，在 2009 年 12 月召开的哥本哈根世界气候大会（《京都议定书》第 5 次缔约方会议），来自 192 个国家的谈判代表召开峰会，商讨《京都议定书》一期承诺到期后的后续方案，即 2012 年至 2020 年的全球减排协议。从整个社会的碳排放比例来看，建筑行业占相当大的比重。另外，建筑设备的广泛使用也对气候环境产生着潜移默化的影响。1902 年，美国人威利斯·开利发明了首个电力空调系统，标志了建筑设备化的开端。二战结束以后，随着 1950 年代发达国家经济的恢复、提升，家用空调开始普及。然而，早期空调所使用的制冷剂——氟利昂对大气臭氧层有着极大的危害。直到 20 世纪 70 年代以前，这段时期由于全球经济空间繁荣，建筑设计也趋向于全面的机械化与设备化。当环境问题凸显出来以后，世界各国都不得不重新对建筑发展进行思考。

指导老师点评

近年来，"模块化设计"一词在建筑设计中出现的频率越来越高，逐渐开始应用于医院建筑、保障性住宅以及集装箱建筑的设计和研究中，关注于模数协调等方面的问题。而本文是在绿色建筑全生命周期内来谈模块化设计，涵盖了绿色建筑物质构成体系和评价体系两方面。并且，在这之中穿插了设计结构矩阵、并行设计流程等对模块化设计操作层面以及对系统经济等产业结构方面的论述，是一种从整体性、系统性出发的设计思维探讨。

目前，模块化设计方法在建筑尤其是绿色建筑中的应用，是一种发展的必然趋势。模块化设计在制造业有着广泛的基础，是建筑技术集成的重要途径。绿色建筑不是依靠单一的节能技术实现，而有赖于各个建筑构件的综合性能。对整体性能的把控，需要能够把整体性能分解到各个建筑模块中去。实际上古代的石拱，就类似于今天说的"模块化"，只是它分解的是力学性能。而在今天，模块化设计方法就可以分解更为复杂的建筑性能。这种复杂性在于，一个建筑构件可能在不同的性能中扮演着角色，对各种建筑整体性能都有影响。模块化设计在不同"层级"上的分解，可以把这些关系梳理清楚，并将建筑构件实体的数据信息与性能指标形成关联。这篇文章提供了一种新的视角来解读绿色建筑、模块化设计的发展，并使我们看到了两者的交点，很有启发意义。

杨维菊

（东南大学绿色建筑研究所所长，博导，教授）

（三）能源与经济因素

20世纪70年代可以说是一个"多事之秋"，两次能源危机在全世界范围造成了重大影响。1973年10月，第四次中东战争爆发，石油输出国组织（OPEC）为打击对手宣布石油禁运、暂停出口，对当时的全球经济造成剧烈震荡，被称为"第一次石油危机"；1978年，伊朗政局的动荡与随后爆发的两伊战争，打破了当时全球原油市场供求关系上的平衡，严重影响了当时的全球经济，也被称为"第二次石油危机"⑤。这两次危机使得长期依靠进口石油的发达国家在面临失去低廉而稳定的石油资源供应之后，开始积极推行建筑节能、低能耗建筑以及绿色建筑。以日本为例，1970年以前日本大力推进住宅建设工业化、产业化，建筑技术的发展主要针对新型材料研究，特别是可用于建筑的墙纸、地板、卫生设备中由石油工业衍生出来的塑料产品。石油危机的爆发不但影响了日本的住宅建设，还影响了日本住宅技术的目标与方向，尤其是节能技术。日本在1977年对太阳能节能住宅开展试点项目；1980年进行了太阳能住宅（SIII型）（图1）的设计并在爱知县进行试点建造；1987年在东京国际住宅博览会上展出了节能住宅产品"未来之家2001"⑥（图2）。

图1　太阳能住宅（SIII型）

图2　"未来之家2001"

经济、能源、气候以及建筑学本身的发展等多方面的因素共同促成了绿色建筑的诞生，而在之后绿色建筑的发展当中，绿色建筑评价体系以及对其物质构成的定义又进一步促进了绿色建筑设计的前进。

二、从评价体系看绿色建筑的物质构成体系

"如何评价建筑"，是建筑及建筑学发展中任何历史时期都要讨论的一个重要问题。随着20世纪下半叶绿色建筑的产生与发展，建筑评价也出现了新的方式和标准。1970-1980年代，"后评估"（POE，Post-Occupancy Evaluation）模型开始取代之前单一的美学判断来评价建筑，特别是在能耗指标可定量化的绿色建筑领域，各国都相继根据本国情况出台了绿色建筑评价标准。POE理论是指在项目已经完成并运行一段时间后，对项目的目的、执行过程、效益、作用和影响进行系统的、客观的分析和总结的一种技术经济活动。世界各国从20世纪90年代起相继颁布了绿色建筑评价标准（表1）。目前来说，世界上影响最广的评估体系是美国的LEED，约200个国家都有采用，而认证建筑最多的则是BREEAM，注册数量已经达到11万。

既然绿色建筑的评价是以一个评价体系来进行，那么这样一个评价体系必然包含了对绿色建筑物质构成的观念。评价体系并不等同于物质构成体系，因评价体系也在不断的发展，但是评价方式包含了我们对绿色建筑物质构成体系的基本理解。相比于基于美学判断的建筑评价，建筑的物质构成体系不再停留在建筑形体、空间、立面以及围护结构上。通过对各国绿色建筑评价体系的对比，绿色建筑评价体系具有以下几方面的特点。这些特点将有助于我们进一步理解绿色建筑的物质构成体系。

各国绿色建筑评价标准及其颁布时间　　　　　　　　　　　　　　　　　　　　　　　　　　表1

绿色建筑评价标准	颁布国	颁布时间	颁布单位
BREEAM	英国	1990年	英国建筑研究院
LEED	美国	1996年	美国绿色建筑委员会
CASBEE	日本	2001年	日本可持续建筑协会
DGNB	德国	2008年	德国可持续建筑委员会
GBL	中国	2006年	中国建设部
HQE	法国	1996年	巴黎高质量环境协会
GBTool	加拿大	1998年	加拿大自然资源部
NABERS	澳大利亚	2003年	澳大利亚国家环境与遗产办公室

1. 评价体系的完整化

以全生命周期为基础的评价体系完整化是绿色建筑评价标准发展的一个趋势[4]。在多个国家绿色建筑评价标准发展过程中，对建筑建成以后的运营管理的关注反映了这一特点。因此，就必须在建筑的设计阶段或者使用一种设计方法能够全面地考虑到建筑材料、建造、维护以及管理各个阶段。

2. 整体综合性能

从各国的绿色建筑评价指标体系来看，各个评价标准的侧重点不尽相同，但总体上来说都趋向于绿色建筑的整体综合性能。例如，德国 DGNB 评价体系是一套相当完善、要求严格的工业标准体系，其整体性较强，避免了片面性，如中水技术应用虽在水系统评估得分，但在节约资源、建设及运营成本方面予以减分[6]。

3. 评估概念的明确界定

以中美绿色建筑评价体系对比为例，LEED 参考美国采暖、制冷与空调工程师协会（ASHRAE, American Society of Heating, Refrigerating and Air-Conditioning Engineers）的标准，对评估概念进行界定[7]。而相比之下，我国 2006 年颁布的《绿色建筑评价标准》GB/T50378-2006 则以定性评价为主，在后来新颁布的《绿色建筑评价标准》GB/T50378-2014 在此方面进行了改进。

因此，综合以上因素来看，如果从物质构成体系的角度出发，我们很难以传统建筑物的技术体系来看待绿色建筑。因为很难从单一的技术来衡量建筑某一方面的综合性能，以及在此基础上去判断其符合绿色建筑要求的程度。本质上来说，绿色建筑的物质构成体系是基于建筑技术的体系。然而，这种技术物质构成有别于传统建筑的围护结构构造技术，而趋向于一种设备层次构造——"集成构造"——的技术体系[8]。以节能性能为例，绿色建筑的节能与围护结构的保温隔热以及建筑所使用的可再生能源技术都有关系。当采用一体化设计时，绿色建筑的围护结构形式又对可再生能源技术，例如太阳能的获取有着一定影响。在绿色建筑的设计中必须对这两者之间的关系进行分析研究，这是绿色建筑物质构成体系的最重要的特点，也对绿色建筑的设计方法产生着影响。一定程度上来说，具有复杂物质构成体系的绿色建筑的设计不同于传统建筑，可以将其认为是并行工程，复杂系统的各专业之间必须同步开发，及时交流并保持信息通畅。传统的建筑设计方法从设计流程上来说，其本质是一种序列设计方法，使用有序工作方式避免造成不必要的返工、迭代以及较差的功能集成。如图 3 所示，绿色建筑的物质构成体系并不能被简单地列为明确的树状图，但以综合性能为目标的物质构成体系（或称技术构成体系）之间的关系需要被建筑师深入理解，这样才能真正找到适合绿色建筑发展的设计方法。

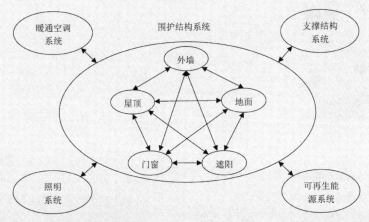

图3 绿色建筑物质构成体系

三、绿色建筑的模块化设计趋势

（一）系统经济及其技术发展

随着信息社会的发展，经济社会也随之发生巨大的变化。工业社会发展的经济结构为规模经济，指在一定科技水平下生产能力的扩大，使长期平均成本下降的趋势，即长期费用曲线呈下降趋势。然而，规模经济一般界定为经济发展的初始阶段，通过扩大生产规模而使经济效益得到提高，但当生产扩张到一定规模以后，继续扩大生产规模，会导致经济效益下降。二战以后，经济系统由规模经济向分工经济转变，规模经济理论无法解释新经济现象，原因就在于其忽视了分工经济的作用。这种新经济的本质被经济学家称为"系统经济"。青木昌彦[⑪]认为，模块化是新产业结构的本质。亚当·斯密对分工的论述可以看作是最早期的模块化概念。模块化是系统经济的基本实现形式之一，属于系统经济学技理层次的研究[⑫]。模块化设计作为一种多学科方法论，已广泛成功地运用于诸如机械、车辆、航天以及计算机等领域，是现代工业化体系当中的重要部分。随着建筑技术的发展，模块化理论也开始逐步深入到诸如建筑部品体系的系统分解、建筑工业化的构件通用化与标准化、建筑空间组合以及建筑工程管理等各建筑领域。

（二）从建筑模数到建筑模块化设计

模数在古今中外建筑的发展中发挥着重要的作用，中西方对模数概念的不同理解与运用体现在了文化的差异当中。西方建筑模数的制订以人体的尺度为依据，同时强调模数对塑造建筑美产生的作用；而中国古代制订建筑模数则从材料性能出发，注重经济、实用同时符合自然规律[⑬]。最早的现代建筑模数概念是由先驱贝来兹提出的"正立方体的模数方式理论"[⑭]，而模数真正对现代建筑发展产生推动作用是在二战以后。在模数基础上，勒·柯布西耶提出的模度理论促使了建筑设计向模块化设计的发展，其代表作马赛公寓可以看作是建筑模块化最早的实践[⑮]（图4）。1972年，黑川纪章设计的中银舱体大楼（图5），将集装箱模块化组合，并实现了住宅部品的集成，是建筑模块化设计又一次里程碑式的发展[⑯]。

模块化设计是模数理论经过沉淀转化的更具实用性和可操作性的模式[⑰]。以现代医院为例，随着现代医学以及医疗设备的快速发展，医院建筑在空间划分、功能设置、流线安排、环境营造等方面都面临更为复杂的情况，这使得具有整合类似功能、简化冗余流线、协调技术接口优势的模块化设计方法成为医院建筑设计中的主流[⑱]。在住宅领域，使用模块化设计对居室空间进行分解与集成，成功地协调了建筑模数与部品模数[⑲]。此外，由于集装箱所具有模块与模数特性，这使得模块化设计在集装箱建筑的发展中发挥了重要的作用[⑳]。

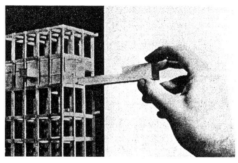

图4　马赛公寓及其模块化理念

图5　中银舱体大楼

（三）绿色建筑的模块化设计趋势

绿色建筑，由于其对性能指标的要求使得模块化设计方法更易于发挥其在空间利用、技术集成以及工业化制造等方面的优势。原因在于，绿色建筑的物质构成体系中的每一个组成部分本身又是一个复杂的系统。这可以理解为模块中又包含着其他模块。这种"模块—系统"方法可以被看作是"集成构造"的具体应用，是从建筑的全生命周期来考察构造的意义，是对传统"静态的"建筑构造概念的扩大化[㉑]。由于绿色建筑较传统建筑在技术上的集成度要求更高，其可能涉及的支撑结构、围护结构、暖通空调系统、可再生能源系统以及室内部品体系之间都有着复杂的联系，这使得模块化设计方法在绿色建筑的设计中表现出更好的适应性。

1. 设计思维——并行设计

模块化设计属于并行设计方法，前提是了解系统中各模块之间的相互影响关系。设计结构矩阵（Design Structure Matrix，DSM）[㉒]在取得这一目标中能够起到关键作用。设计结构矩阵是一种系统建模方法，可以表示系统要素之间的关系，同时有效地用于系统内活动次

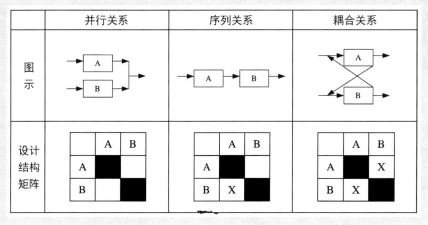

图6 设计结构矩阵图示

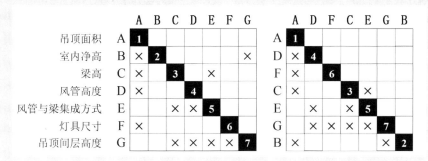

图7 设计结构矩阵优化

序的决策及控制活动迭代[22]。如图6所示，三种设计结构矩阵图形分别表示了两个要素之间为并行、序列、耦合的相互关系，其中使用"×"表示负相关即两者之间存在冲突，反之空白则代表正相关。以集成吊顶的设计为例[23]（图7），吊顶面积、室内净高、梁高、风管高度、风管与梁集成方式、灯具尺寸以及吊顶间层高度被设定为集成吊顶中的重要参数，并按照设计过程中的优先等级分别编号A-G。通过设计结构矩阵可以看出，按照设定的设计次序开展工作，室内净高与吊顶间层高度之间的关系存在问题。在重新调整要素的设计顺序以后，矩阵图表示负相关的"×"在主对角线上方都消失了，即表明优化以后的要素设计次序是合理的。总体上来说，构造设计矩阵可以发现性能参数之间的相互影响并进行优化，可以有效避免"集成构造"设计中各模块之间可能产生的冲突。

2．设计工具——BIM技术的数字模块化

绿色建筑的核心在于"建筑全生命周期"，在建筑产品走向工业化，建筑行业生产方式变革的背景下，原有的建筑设计工具无法保证信息在设计、建造、维护管理过程中的传递，一定程度上不能适应绿色建筑的发展。如何从设计方法上将传统建筑设计中的施工图设计与绿色建筑的被动式、主动式设计策略相融合是绿色建筑设计发展面临的重要问题，在这之中建筑信息建模（BIM，Building Information Modeling）技术起到了重要的作用。BIM技术为建筑的规划、设计、施工以及维护管理各阶段提供了一种协同设计平台与整体思路，在与模块化设计方法结合后可实现绿色建筑的物质构成体系在建筑全生命周期中的协调与可视化[24]。以BIM软件Revit为例，建筑的物质构成体系被分为建筑、结构以及设备三大部分，属于第一级的模块化。在各部分之下，又由其他构件组成，可以认为是第二级模块化。另外，BIM的重要特征之一就是建筑构件的模块化和参数化[25]。BIM软件Revit将构件模块使用"族群"概念来表达，而在Archicad中这种模块构件则被称为"对象部件"。从宏观角度来看，BIM技术可带来的是绿色建筑整个产业的发展，数字模块化建造将推动生产方式与产业结构的转型与升级正是由于模块化思维与设计方法适应于复杂的逻辑和生产系统；从微观上来看，BIM技术可带来建筑尺寸精度、形态、拓扑与结构类型以及复合功能上的设计优化[26]。而对

作者心得

撰写此文源起于阅读"从工业化生产方式看现代建筑形制的演变"（傅筱，《建筑师》，2008.10）一文所受的启示。对于这一文章中提出深入解读生产方式与建筑形制的关联，才能避免建筑创作中的形式主义倾向感触颇深。

首先，本文关注的一个重要问题是如何看待绿色建筑的物质构成体系。绿色建筑诞生的历史时期比现代主义建筑更为复杂，建筑师需要回归到具体的历史语境去看待才能更好地理解它，理解绿色建筑的物质构成体系。绿色建筑的发展与20世纪的政治、经济、文化等多方面有着密切的关系。欧美建筑节能与绿色建筑的发展是受到当时国际格局、能源危机、气候危机以及产业结构发展等多方面的综合作用。对深层次的社会背景解读，有助于我们当下来认清建筑未来发展的方向。对于我国来说，目前大力推进的建筑工业化、住宅产业化将可能是绿色建筑的一个重要发展契机。绿色建筑的发展不仅仅是依靠建筑设计专业来推进，而是整个社会、经济产业的协同发展，但建筑设计仍然在这之中起到主导作用。尤其是在目前建筑行业发展放缓的情况下，提高建筑品质、发展绿色建筑可能是建筑行业乃至带动整个相关产业发展的重要机遇。

另一方面，本文涉及另一个重要问题——模块化设计。模块化设计作为一种工业设计方法，在建筑设计中应用时有效地解决了物质构成体系与建筑评价之间信息不对等的缺陷。过去以美学、风格为标准的建筑评价，使得对建筑的评价难以定量。模块化设计有助于使设计过程与评价标准相统一，使评价体系中每一个单项性能对应到建筑的不同层级的模块中去。目前，已开始出现针对模块化设计的绿色建筑评价标准的解读，可以看出模块化设计未来在绿色建筑中的发展趋势。模块化设计是绿色建筑与建筑工业化、相关其他产业高度集成的融合点，是未来绿色建筑发展的重要契机。

高青

于建筑师而言，掌控建筑中各基本要素之间的关系是 BIM 技术最直观的优势[27]。这是 BIM 技术与绿色建筑物质构成体系的基础——设备级"集成构造"最核心的交集。

（四）绿色建筑模块化设计实例——阳光舟（Solark）

阳光舟（Solark）是 2013 年国际太阳能十项全能竞赛东南大学队的参赛作品（图 8），其建筑设计的理念是借鉴了山西当地传统民居坡屋顶的形式，把南向的大坡屋顶设计后能获取更多的太阳能。整个建筑体块为方型，在简约紧凑的同时保证了较小的体型系数。在技术上，阳光舟是基于模块化设计的技术集成住宅产品，是被动式技术与主动式技术结合的绿色住宅，其最大的特点是工业化、零能耗、模块化、智能化。阳光舟将光伏发电、太阳能热水、地面采暖、空调系统、智能家居、SI 体系、模块化设计理念与现代工业化技术、新材料、新工艺集为一体。阳光舟的使用面积为 94m²，采用 SI 结构体系，即将住宅的支撑体部分和填充体部分成为相互分离的建造体系，S（Skeleton）表示具有耐久性、公共性的住宅支撑体部分，包括结构主体、共用管线及设备等；I（Infill）表示具有灵活性、专有性的住宅内填充体部分，包括户内各种设备管线、隔墙、整体厨卫和内装修等内容[28]。由于在设计阶段就采用了全模块化的理念，所以在比赛中才使得阳光舟顺利完成了工业化预制、远程运输、快速组装以及拆卸等任务。在围护结构方面，阳光舟采用蒸压轻质加气混凝土板墙体，这种墙板主要以硅砂、水泥、石灰为原材料，经过钢筋网片增强，高温高压、蒸汽养护而成。此墙体具有轻质高强、隔热保温、耐火隔音、抗震抗渗等优势，耐火性能好，还具有隔音和吸声双重功能以及很好的抗震能力。另外，阳光舟采用新产品玻璃纤维增强聚氨酯节能玻璃门窗，使用优质窗框型材，以玻璃纤维为增强材料，具有保温节能、抗风气密、耐火抗腐等优势，不会遇冷变脆。在抗风压能力上达到 5000 帕（9 级），气密性为国家标准最高的 8 级。在耐腐蚀性能方面使用的门窗型材高于其他产品的材质，与同类铝制设计的门窗相比可节约一半能源。

图 8　阳光舟及平面图

为了研究围护结构模块与建筑能耗之间的关系，在设计过程中使用通过 Energyplus 软件进行能耗模拟计算（图 9，图 10）。如图 10 所示，图表反映了外墙、屋顶、窗户、外遮阳、窗户遮阳的传热系数以及窗户的太阳得热系数在变化时住宅整体能耗的走势情况，外墙、屋顶的传热系数与住宅整体能耗成正比关系；窗户的传热系数与太阳得热系数和住宅整体能耗成抛物线关系。通过这种模拟，来研究围护结构模块与建筑总体能耗之间的关系，为最终方案的确定提供了可靠的依据。

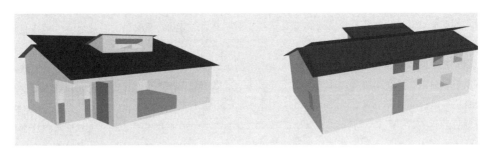

图 9　阳光舟能耗模拟模型

四、模块化设计对绿色建筑评价的影响

鉴于模块化设计对绿色建筑带来的效益，一些发达国家都成立了模块化建筑行业协会等组织来推动模块化绿色建筑的发展。为明确这种效益，最为直接的方式就是从绿色建筑评价体系的角度来看待模块化设计。在美国模块化建筑协会（MBI，The Modular Building Institute）发布的报告《模块化建筑与 LEED 评价系统》（Modular Building and the USGBC's LEED™——Version 3.0 2009 Building Rating System）中（图 11），通过将 LEED 评价体系中设置的必须项与加分项与模块化建筑进行平行对比，就现行的 MBI 模块化建筑产品与实践在 LEED 评价体系中所能获得的优势进行了说明，并制作了项目自评表（图 12），旨在为 MBI 成员以及投资方提供一种综合性视角来认知模块化设计在绿色建筑中使用的优势。报告认为，模块化建筑的物质构成体系与模块化建筑单元都可以成为 LEED 评价体系中设计与建造的内容，并且表明模块化工程具有更为明显的环境效益。

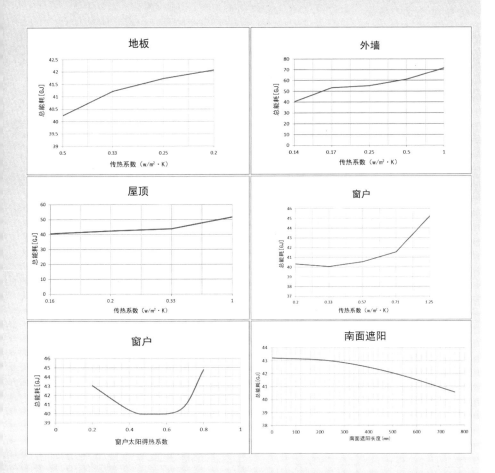

图 10　阳光舟围护结构模块性能与住宅整体能耗关系

Modular Building
and the USGBC's LEED™
Version 3.0 2009 Building Rating System

Prepared for

The Modular Building Institute
944 Glenwood Station Lane, Suite 204
Charlottesville, VA 22901

Prepared by

Robert J. Kobet, AIA, LEED AP
Sustainaissance International, Inc.
5140 Friendship Avenue
Pittsburgh, PA, 15224

and

137 Golden Isles Drive
Hallandale, FL., 33009

This report was prepared at the request of the Modular Building Institute (MBI). It is intended to provide the membership of MBI and other interested stakeholders with an overview of how the Modular Building Institute's current practices and products can benefit from an awareness of the US Green Building Council's Leadership in Energy and Environmental Design (LEED™) Building Rating System. Information in this document represents the author's best attempt to align the modular building industry with the Prerequisite and Credit requirements imbedded in LEED. The interpretations herein are those of the author and do not represent any official posture of the US Green Building Council beyond those contained in the Reference Guide to LEED for New Construction and Major Renovations. Version 3.0, 2009.

It is recognized that modular building components and finished modular building units can be a part of any LEED design and construction effort. This report is limited to LEED for New Construction and Major Renovations, applied to commercial construction, and LEED for Schools. The literature shows there is a growing awareness of the environmental benefits of modular construction in the residential sector. LEED for Homes has emerged from its pilot phase and is currently in use. Most of the comments and observations of this report can be applied to LEED for Homes.

THE VOICE OF COMMERCIAL MODULAR CONSTRUCTION
MODULAR.ORG

图 11　《模块化建筑与 LEED 评价系统》

Rev 1.16.09

Sustainable Sites and Modular Building

MODULAR BUILDING INSTITUTE

MODULAR BUILDING AND THE USGBC'S LEED™ BUILDING RATING SYSTEM

LEED Evaluation Matrix - Modular Building Institute

	Credit	Description	Y	M	N	Submittal Requirement	Modular Building Issues
SUSTAINABLE SITES	Attaining the Sustainable Sites Credits is largely a matter of project context. They are not specific to the physical qualities or attributes of modular building with the exception on SS Credit 7.2 Heat Island Effect - Roof						
	Prereq. 1	Construction Activity Pollution Prevention	Required			Erosion and sediment control drawing and narrative. Confirm compliance path.	This is a general requirement for most building projects. Modular units need to be placed within the guidelines of good site management practice.
	SS CR 1	Site Selection				Evidence that all six limiting factors have been observed.	Credit requirements are not specific to building type.
	SS CR 2	Development Density and Community Connectivity				Evidence that the project and surrounding projects meet or exceed 60,000 sq. ft. / acre or the community criteria enterprises are present within 1/2 mile.	Credit requirements are not specific to building type.
	SS CR 3	Brownfield Redevelopment				Projects can only obtain this point via SS Prerequisite 2 by remediating the site.	Credit requirements are not specific to building type.
	SS CR 4.1	Alt. Transportation Public Transportation Access				Evidence of the mass transit elements and / or the district demographics regarding the percentage of the school population that is within walking distance.	Credit requirements are not specific to building type.
	SS CR 4.2	Alt. Transportation Bicycle Storage and Changing Rooms				Calculate FTE and transient (student and visitor) populations. Drawings showing bike racks and showers. Need two or more safe bike paths to the edge of the site.	Credit requirements are not specific to building type.
	SS CR 4.3	Alt. Transportation Low Emitting and Fuel Efficient Veh.				Option One: Convert vehicles serving the school to 20% alternative fuels. Option Two: Provide preferred parking for 5% of the total vehicle parking of the site and at least one designated drop off area for low emitting and fuel efficient vehicles.	Credit requirements are not specific to building type.

www.modular.org :: 2009 :: The Modular Building Institute

图 12 模块化绿色建筑自评表

另外，这一报告认为 LEED 评价体系的不断更新应当反映市场变化的趋势，包括反映高性能绿色建筑的设计、建造、运营以及围护中的创新和机遇。模块化建筑行业应当关注绿色建筑评价标准，不遗余力地抓住任何一个满足和达到绿色建筑标准高性能要求的机会，包括在能源、材料、资源以及属性等各方面。因此，其也就模块化建筑在未来绿色建筑发展中面临的问题做出了阐述：

（1）模块化建筑应具有适应变化以及认知其质量和特点如何用于满足市场需要的能力；

（2）通过积极提高模块化建筑在质量和优势上的独特性来克服许多设计专家所指出的模块化建筑技术在创新和适应性上的局限性，尤其是针对绿色建筑；

（3）继续现有的实践和活动例如学术交流和设计竞赛，积极推动模块化建筑行业与其他行业之间的对话与合作，如美国绿色建筑协会。

因此，反过来看，模块化设计方法以及模块化建筑发展实际上也将成为未来绿色建筑及评价标准向前发展的重要推动力。

五、结论与展望

模块化理论与模块化设计已经广泛用于诸如制造、机械、计算机、车辆工程等领域并取得了很好的成效，在进入建筑行业后为建筑技术的集成提供了重要的理论基础与可操作性。与此同时，绿色建筑及其评价的发展都趋向于更加全面的综合性能，这意味着获得更高的"绿色"并不能依靠单一的技术"叠砌"而达到。绿色建筑与模块化建筑都是建筑发展上年轻的分支，在过去一段时间的发展过程中，两者形成了一个交点。然而，建筑远比工业产品要复杂得多。因此，要实现绿色建筑的模块化设计，有两方面关键的问题要解决：一方面，绿色建筑模块化设计面临的问题就是模块的标准化，模块的标准化包括在配件、构件、集成部品、单位空间等不同层级上结构和接口的标准化，其次需要保证不同层级上建筑模块应具有可组合性和可互换性两个特征；另一方面，模块化设计的原则是力求以少数模块组成尽可能多的产品，因此如何科学地、合理地划分模块，是模块化设计中很具有艺术性的一项工作。由于篇幅所限，本文未就绿色建筑物质构成的模块分解与划分具体操作进行阐述，而侧重于解读绿色建筑走向模块化设计的基础、系统属性以及发展趋势。在此讨论的模块化设计更多的是一种设计方法论及其与生产方式之间的相互关系。对绿色建筑模块化设计方法的研究，未来还需根据不同建筑类型以及气候地区等因素条件进行有针对性的探讨。

[基金项目：江苏省普通高校研究生科研创新计划资助项目，项目编号：KYLX_0143（东南大学基本科研业务费资助）]

注释：

①傅筱．从工业化生产方式看现代建筑形制的演变 [J]．建筑师，2008（05）：5–13．

②刘先觉．现代建筑理论 [M]．北京：中国建筑工业出版社，2008．

③刘建．生态建筑与绿色建筑 [J]．安徽建筑，2004（05）：11–12．

④弗朗索瓦·德科斯特，贾迈勒·克卢奇，卡洛琳·普兰，徐知兰．后京都议定书时代的大都市：从手段到目的，从规划到激发 [J]．世界建筑，2010（01）：28–31．

⑤王俊，陈柳钦．日本是否会放弃核能——日本能源政策走向分析 [J]．中外能源，2012 (05) ：25-31．

⑥Feng Lin.The Development Path of Japanese Green Architecture under Energy Policy：Taking Misawa Home as an Example [J]．Energy Procedia，Volume 14，2012，1305-1310．

⑦冀媛媛，Paolo Vincenzo Genovese，车通．亚洲各国及地区绿色建筑评价体系的发展及比较研究 [J]．工业建筑，2015 (02)：38-41．

⑧朱玲，刘鑫．中德绿色建筑评价标准之思考 [J]．新建筑，2013 (01)：148-151．

⑨李涛，刘丛红．LEED 与《绿色建筑评价标准》结构体系对比研究 [J]．建筑学报，2011 (03)：75-78．

⑩王一平．为绿色建筑的循证设计研究 [D]．华中科技大学，2012．

⑪昝廷全．系统经济：新经济的本质——兼论模块化理论 [J]．中国工业经济，2003 (09)：23-29．

⑫胡晓鹏．从分工到模块化：经济系统演进的思考 [J]．中国工业经济，2004 (09)：5-11．

⑬贺从容．《建筑十书》与《营造法式》中的建筑模数 [J]．建筑史，2009(01):152-159．

⑭周晓红．模数协调与工业化住宅的整体化设计 [J]．住宅产业，2011(06):51-53．

⑮王晖．勒·柯布西耶的模度理论研究 [J]．建筑师，2003(01),87-92．

⑯王蔚．模块化策略在建筑优化设计中的应用研究 [D]．湖南大学，2013．

⑰陈睿莹．从模数化到模块化设计 [J]．艺术与设计（理论），2012(12);128-129．

⑱刘峰．模块化思想对医院建筑设计的影响 [J]．华中建筑，2013(09);79-82．

⑲李桦，宋兵，张文丽．北京市公租房室内标准化和产业化体系研究 [J]．建筑学报，2013(04);92-99．

⑳王蔚，魏春雨，刘大为，彭泽．集装箱建筑的模块化设计与低碳模式 [J]．建筑学报，2011,S1,130-135．

㉑陈庭贵．基于设计结构矩阵的产品开发过程优化研究 [D]．华中科技大学，2009．

㉒徐晓刚．设计结构矩阵研究及其在设计管理中的应用 [D]．重庆大学机械工程学院，2002．

㉓Şule Taşlı Pektaş，Mustafa Pultar．Modelling detailed information flows in building design with the parameter-based design structure matrix[J]．Design Studies，2006，27(1)：99-122．

㉔韩进宇，张德海，赵青，杨学会．基于 BIM 的住宅产业化模块化设计方法 [J]．建筑，2014,22,60-62．

㉕后方春．基于 BIM 的全过程造价管理研究 [D]．大连：大连理工大学，2012．

㉖袁烽，孟媛．基于 BIM 平台的数字模块化建造理论方法 [J]．时代建筑，2013,02,30-37．

㉗傅筱．一种对相互关系的推敲 BIM 作为建筑构思和深化的设计工具 [J]．时代建筑，2013 (02)：26-29．

㉘张小庚．SI 住宅建造技术体系研究 [J]．住宅产业，2013 (07)：37-43．

图片来源：

图 1：Feng Lin，The Development Path of Japanese Green Architecture under Energy Policy：Taking Misawa Home as an Example [J].Energy Procedia，Volume 14，2012，1305-1310．

图 2、图 3：作者自摄或自绘。

图 4：http://www.th7.cn/Design/room/201411/385639_7.shtml．

图 5：http://art.china.cn/building/2011-02/14/content_4004371_8.htm．

图 6 ~图 10：作者自摄、自绘。

图 11、图 12：《模块化建筑与 LEED 评价系统》(Modular Building and the USGBC's LEED™——Version 3.0 2009 Building Rating System)。

周伊利
（同济大学建筑与城市规划学院 博士四年级）

绿色建筑协同设计体系研究

Collaborative Design System for Green Building

■摘要："协同设计"是现代绿色建筑设计的重要原则。绿色建筑协同设计体系涵盖空间、形态、技术、营造和美学等五个系统，每个系统又有各自的参量和设计策略。通过协同设计体系，建筑师可获得更广阔的设计视野，寻求到更多的绿色建筑设计切入点，从更高层面把握绿色建筑设计工作。

■关键词：绿色建筑　协同设计　绿色建筑协同设计体系

Abstract："Collaborative design" is a key principle for modern green building design. It covers five systems：space，shape，construction，technology and esthetics，which also have their own parameters and design strategies. The collaborative design system offers extensive fields and vision，and brings exciting approach to green building design.

Keywords：Green Building；Collaborative Design；Collaborative Design System for Green Building

　　绿色建筑设计是一项具有明确目标导向的建筑设计工作，对建筑设计团队内部的协同能力提出更高要求，不仅需要采用协同设计的工具，还需要建立协同设计的机制。在绿色建筑教学和设计实践中，一些学者已经提出了与协同设计相类似的概念。如清华大学栗德祥教授受协同学和中医哲学的启示，将"协同整合"作为提升建筑的整体性能的四种实现途径之一[①]。王海松等人在生态建筑研究中提出了"集成设计体系"，内容涵盖建筑优化、能源优化、材料优化、环境优化、控制优化和经济优化等六个方面，明确了建筑师在生态建筑设计中全程参与和把控的角色[②]。不管"整合"，还是"集成"，前提都是承认系统内部存在不同的子系统，建筑整体性能的优劣关键在于内部这些子系统的相互作用程度和趋向。在过去一些功能单一、性能要求不高的建筑系统中，内部子系统彼此关联度较弱，相互作用不深，建筑师可以处于完全主导的地位，对建筑系统具有绝对的把控力。随着社会发展和技术进度，建筑系统集成度加深，内部子系统的相互作用不断加强，同时社会对建筑的"绿色"需求与日俱增，而让内部复杂的子系统形成相互协同的正趋向是绿色建筑的本质属性。因此，将协同理论应用于绿色建筑设计必将成为一种趋势。

1 协同设计是绿色建筑内在需求

1.1 协同理论

《说文解字》中提到:协,众之同和也;同,合会也。"协同"一词字面上含有"协和、同步、和谐、协调、协作、合作"等意思。协同的前提是作用双方或多方属于不同系统,如人与人、人与机器、不同应用系统之间、不同数据资源之间、不同终端设备之间等。

协同是指子系统对子系统的相干能力,表现了元素在整体发展运行过程中协调与合作的性质。子系统之间的协调、协作形成互动效应,推动事物共同前进,整体加强,共同发展。协同性就是指事物间属性互相增强、向积极方向发展的相干属性。

1971年德国科学家哈肯提出了统一的系统协同学思想[③],认为自然界和人类社会的各种事物普遍存在有序、无序的现象,在一定的条件下,有序和无序之间会相互转化。无序就是混沌,有序就是协同。在一个系统内,若各种子系统(要素)能很好配合、协同,多种力量就能集聚成一个总力量,形成大大超越原各自功能总和的新功能,反之就呈现无序状态,发挥不了整体性功能而终至瓦解。有序结构的形成是大量子系统之间的相干效应和协同作用的结果。目前,协同思想已广泛用于计算机、经济管理、医学、生物学、军事、交通运输等多个领域,取得显著的成效。

1.2 绿色建筑的内涵

"绿色"是自然环境中的植被与环境类似关系的比喻,并非指物理层面的色彩。绿色建筑符合可持续发展的原则,以较小的经济代价和较低的能耗满足使用要求,对周边环境负面影响较少,形成较为健康舒适的空间环境。绿色建筑的完整内涵主要包括:更低的建筑能耗、更高的舒适度、更合理的经济性、更显著的地域性以及更适用的建筑技术等。

绿色建筑的首要目标就是降低建筑能耗。自20世纪70年代的能源危机以来,高效利用能源和节约能源逐渐受到人们的重视。目前,建筑能耗已与工业能耗、交通能耗并列,成为我国能源消耗的三大"能耗大户"。根据住建部的数据,与建筑相关的能耗已经占到社会总能耗的46.7%。建筑学界的专家学者也不断从专业角度思考,提出"建筑节能"、"绿色建筑"、"生态建筑"、"低能耗建筑"、"低碳建筑"等理念,并进行了探索性建造实验,旨在探索建筑高效利用能源、少用能的途径和大规模应用的可能性,从而达到遏制建筑能耗粗放、无序增长的势头。建筑能耗降低意味着对环境负面影响的减少,将有助于温室效应、环境污染等缓解。

随着生活水平的提高,人们普遍提高建筑舒适度要求,这是人类自身发展和进步的必然,建筑设计也必须顺应这一趋势。然而,过度地采用环境调节设备的确能在一定程度上提高舒适度,但也不可避免地增加了能源的消耗。在上述住建部公布的数据中,采暖和空调的能耗占社会总能耗的20%,可见,这类主动式环境调节技术的应用也是一把"双刃剑"。因此,在寻求建筑能耗下降过程,采用建筑被动式设计的同时保证使用者的舒适度成为绿色建筑的应有之义,也是绿色建筑存在的本质目的。

绿色建筑不是所谓"绿色建筑技术"的堆砌,也不是所谓的"绿色建筑技术"的组合展示场。在笔者看来,从来不存在单独的绿色建筑技术,最多是一些材料、设备等物质而已,只有当这些材料和物质与建筑结合形成系统、并发挥出既定的作用时,才可以冠以"绿色"二字。适宜的绿色建筑技术系统是绿色建筑高性能的必要保证,也是降低能耗、提高舒适度的重要途径,其效用往往超过高技术手段的简单叠加。

绿色建筑的发展是个逐渐推进的过程,绿色建筑的设计不是一蹴而就,对绿色建筑的探索也没有终极目的地。过去几十年,绿色建筑从理念的提出、实验项目的实施到大规模绿色标准的推出,经历不断反思和提高的循环。绿色建筑既要高于普通建筑实践、承担引领行业的任务,又要结合当下的行业发展阶段,避免脱离大众实际、成为实验室中的样品。与一般建筑项目相比,绿色建筑从设计阶段就应更加关注建造成本和使用成本的优化。昂贵、奢侈的"绿色建筑"从来都是少数人的玩物,是"伪绿色"建筑,与普罗大众的生活毫无相关,也是注定没有生命力的。

从本质上说,绿色建筑是一种在地的建筑,就如同世界各地的动物和植物,带有世界各地区的地域"基因"，呈现出鲜明的地域特色，体现气候、地理、文化等地域因素。从目前的绿色建筑实践中，地域性往往是最容易忽视的，尽管有少数建筑师（如杨经文）在地域性绿色建筑作出了有益的探索，但大多数绿色对地域性中气候、地理等"有形"环境因素关注较多，对"无形"的地域文化关注较少。这就造成了绿色建筑在地性的缺失，对地域文化的体现较少。

1.3 协同设计的应对

为了达到绿色建筑的各项目标，内部各相关子系统需要相互协调、合力形成正趋向，有机构成系统，发挥系统总体性能，提高绿色建筑的整体效能，这就是绿色建筑协同设计。一个绿色建筑的整体效用高低取决于最弱而非最强的那个子系统，协同设计的主要任务就是在寻找内部子系统的相互关系的前提下提高"短板"子系统在整体的作用，努力提高建筑系统内部的"有序"程度。

绿色建筑协同设计既具有一般建筑设计的基本特征，又高于一般建筑设计的要求。绿色建筑协同设计需要全方位考虑绿色建筑设计的各个方面，包括建筑空间、外部造型、建造过程以及环境影响等；同时，还需关注建筑全寿命周期，包括从建筑规划设计、建造、利用到再利用直至拆除的全过程。

以绿色建筑设计的本质属性为起点，我们以系统思维考虑建筑设计的各个方面，结合一般建设的着重点，初步提出了绿色建筑协同设计五个系统：空间设计系统、形态设计系统、技术集成系统、营造系统和在地设计系统。这五个设计系统，不是相互独立、各自为政的，而是相互关联、一定程度上存在制约的关系。对于不同类型的绿色建筑，五个设计系统对建筑整体效能的影响也存在一定的差异性。五个系统协同之和形成建筑系统的绿色建筑整体效能公式：

$$S=a_1b_1+a_2b_2+a_3b_3+a_4b_4+a_5b_5$$

$$a_1 \leqslant a_2 \leqslant a_3 \leqslant a_4 \leqslant a_5,\ b_1 \leqslant b_2 \leqslant b_3 \leqslant b_4 \leqslant b_5,\ a_1+a_2+a_3+a_4+a_5=1$$

S——建筑整体效能；

a——各系统的协同系数，取决于与平均水平的比较；

b——各系统的协同当量，取决于在系统中比重

当且仅当 $a_1/b_1=a_2/b_2=a_3/b_3=a_4/b_4=a_5/b_5$ 时，S 获得最大值

从以上公式可以得出，要使建筑整体效能获得最大值，就要使系统的协同当量与协同系数比值相等或接近。换句话说，协同系数较大的协同当量越大，对 S 值贡献越大，反之亦然。

2 绿色建筑协同设计原则

2.1 协同设计的整体优先原则

绿色建筑首先是个整体，与外部环境存在物质和能量的输入和输出。只有在保证建筑建造和使用过程中，实实在在地减少了对外部的负面作用时，才可体现其"绿色"。因此，必须将提高绿色建筑的整体效能放在首要的地位。例如在我国北方地区，墙体采用了足够的保温措施，而忽视了门窗的气密性和保温性，则建筑整体的保温性能将大打折扣。再如建筑外围护结构的保温都达到性能要求，而建筑的体形系数过大，则会加速建筑外表面热量的散失。在这种情况，外围护对建筑整体的边际效应明显，即较多的保温投入获得少量的效果，而如果应用协同设计的原理，对空间进行有效调整，减小体形系数，则可大大降低外表面热量的散失。在协同设计中，空间、形态、技术、营造和在地性等五个系统相互联系、相互渗透，不应过多纠缠于某个系统的提高，而忽视了建筑整体的需求。同时，这五个系统是缺一不可的，缺少某项，都将影响绿色建筑的内涵的完整表达。

2.2 协同设计的内在制约原则

建筑协同设计内部系统不仅相互联系、相互渗透，有时候还形成相互制约的关系（图1）。以技术系统中的太阳能光电板系统为例，在许多试验性绿色建筑中均能看到太阳能光电板系统的应用，大多安装于建筑屋顶。光电系统真的适合在所有绿色建筑中应用吗？为了与建筑一体化设计，建筑的屋顶坡度须符合光电转化的最优值方位要求，这就影响了建筑的形态。同时，光电系统的应用还要面对空间，即处理室内空间与屋顶的关系，通过 PV 板自然采光还是相反？这会影响室内空间使用。光电系统是一项可再生能源技术，却需要一定的经济代价，如何获得最大回报，则需要营造系统中进行考量。在光电系统影响下的建筑形态如何体现地域性又是一个极具挑战性的问题。由此可见，某个系统的变化会引起其他系统的变化，进而影响建筑整体效能的变化。协同设计就在要运用这种内部系统的相互影响、相互制约的关系，在设计中寻求优化方案和解决问题的最佳途径。

2.3 协同设计体系的开放性原则

绿色建筑的设计具有阶段局限性，因为在每个发展阶段都具有各种各样的边界条件，如经济条件、技术的成熟度、营造水平、空间的需求以及对在地性的认知程度等。同时，协同设计体系是个开放的平台，每个系统的协同系数都是可以调整的。当上述边界条件发生变化时，某项系统的最优当量将发生变化，需要在内部系统建筑再平衡。再以光电系统为例，从光电 PV 板发展到光电膜，大大削弱了对建筑形态的影响，同时改变了建造协同系数。以建造参量中的建筑轻钢结构为例，在过去，由于钢的价格昂贵，炼钢技术欠成熟，在建筑中应用较少，主要采用重钢结构。当冷弯薄壁轻钢技术得到成熟发展之后，轻钢结构开始"飞入"寻常百姓家。轻钢结构虽在材料成本并不占优势，而其快速组装带来的工期缩短，导致人工成本的大幅度下降，在人工成本逐渐增长的建筑行业具有重要的现实意义；同时，工业化生产构件增加建造的精确性，并减少了材料的浪费和湿作业。由此可见，技术的进步直接改变了慢参量的对建筑整体系统

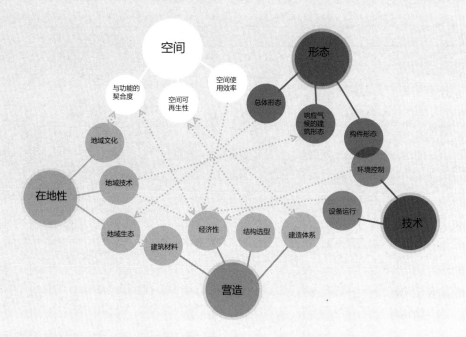

图1 绿色建筑协同设计体系主要关系简图

的影响程度。

　　绿色建筑协同设计体系还应汲取开放建筑、气候建筑学、地域建筑、参数化建筑设计、环境心理学、环境行为学等研究方向的最新成果，调整已有参量（子系统）的协同系数和当量，甚至增加或减少子系统的数量，促进绿色建筑协同设计体系的更新升级。

3 绿色建筑协同设计体系框架

　　绿色建筑的协同设计体系出发点是对建筑整体效能的关注。这里的建筑效能既包括可以观察的空间如何被使用、呈现的建筑形态，也指可以被测量的技术数据、经济成本、材料人工花费，还包括在心理层面对建筑的在地认同感（表1）。

绿色建筑协同设计体系框架　　　　　　　　　　　　　　　　　　　　　　　　　　　　表1

系统	参量	设计策略	具体建议	影响或制约参量
空间	与功能契合度	精细化设计	空间三维尺寸	营造：经济性
		弹性设计	布局组合	营造：结构选型
	空间使用效率	集约化设计	紧凑布局	空间：与功能契合度
		弹性设计	空间的变化组合	营造：结构选型
	空间可再生性能	建筑系统分层	区分建筑层级	营造：结构选型、经济性
		长效建筑策略	采用高强度支撑体系	营造：结构选型
形态	总体形态	场地优化	环境、交通、地形最优化利用	在地性：地域生态
	响应气候的建筑形态	被动式策略	室内外环境耦合	空间：与功能的契合度 技术：环境控制
	构件形态	舒适性调节	遮阳、隔热、采光	营造：经济性 在地性：地域技术
技术	设备运行	节水策略	节水器具、雨水收集、中水回收、污水处理	营造：经济性
		节电策略	节电家具、再生能源	
		控制系统	智能控制	
	环境控制	集成成熟技术	不同技术综合使用	营造：经济性
营造	结构选型	长效建筑策略	采用高强度支撑体系	营造：经济性 空间：可再生性能
	建造体系	工业化建造	装配式、预制化	空间：可再生性能

系统	参量	设计策略	具体建议	影响或制约参量
营造	建筑材料	简洁装修	减少内装修现场作业	营造：经济性
		当地建材	增加当地建材比例	
		旧材料回收利用	发挥旧材料的作用，减少新材料的使用量	
	经济性	经济核算	参量变化的性价比，协同当量的权衡	所有参量
在地性	地域技术	地域技术集成	应用成熟技术	形态：构件形态 技术：环境控制
	地域生态	环境融合策略	与环境和谐共生的关系	形态：总体形态
	地域文化	在地设计策略	传统空间再现	空间：与功能契合度
			建筑符号转译	形态：构件形态
		日常设计策略	为使用者的行为设计载体	空间：与功能契合度

3.1 空间系统

建筑是空间的艺术，建造建筑的首要目的就是创造空间满足使用者的需求，空间需求既体现在有形物质层面，也体现在无形有精神层面。因此，建筑创造的空间是否能满足设定使用者的需求就成为判断建筑效能高低的最基本的维度。

3.1.1 空间与功能的契合度

当下建筑的发展赋予了建筑很多除功能之外的各种意义时，似乎开始忽略了空间与功能的匹配性问题。过分超越功能需求的过高、过大空间都是对环境的一种亵渎。中国国家大剧院由于其独特蛋形造型和周边的水体，被人戏称为"水煮蛋"，三个剧院大厅被包含在半椭球外壳之内，球内空间除去必要的功能空间之外，冗余过多。而作为同一建筑类型的柏林爱乐音乐厅的内部空间完全契合功能需求，并生成了建筑外部造型。相比之下，高下立现。

契合功能的建筑空间能很好满足使用需求，能将建筑成本控制在合理范围。而过高、过大的空间不仅造成空间的极大浪费，也增加了建造的成本。因此，绿色建筑的空间设计应以功能的需求为首要依据，在空间三维尺寸、布局组合等方面高度契合功能需求。

3.1.2 空间使用效率

在建筑系统中，人们往往关注如何提高有形资源和能源的使用效率，而忽视了空间的使用效率问题。事实上，空间的低效使用甚至闲置是一种资源和能源的浪费和固化，这是不符合可持续发展原则的做法。协同设计就是要采用集约化设计，使建筑布局紧凑，尽可能消除空间冗余，减少低效或闲置的空间，同时还可采用弹性设计策略，使类似空间可以根据需求组合使用，提高空间的使用率。与较多低效空间相比，较少的集约的高效空间可以较小大代价满足使用，客观上也是节约了资源和能源。

3.1.3 空间可再生性能

绿色建筑空间不仅要满足当下的功能需求，还应着眼长远的需求变换可能性。空间的可再生性能是保证建筑长久的属性。按照开放建筑理论[④]，建筑及其环境不是静止不变的。在社会和技术变迁中，建筑需要使自己保持功能不落后。开放建筑理论认为最好的建筑是能够包容不断变化的使用功能并能不断更新的建筑。建筑各部分具有不同使用寿命，据此划分为不同层级：社区层级、建筑支撑体层级、填充层级等，使建筑获得良好的可再生性能，以使建筑契合未来功能的变化。在绿色建筑方案设计开始阶段，需要对建筑未来发展和变化的可能性做一预判，结合当下的功能需求来寻求最优的稳定层级方案，这里的稳定层级主要包括社区层级和支撑体层级。

同济大学建筑设计研究院的 TJAD 新办公楼就是很好的案例[⑤]。TJAD 新办公楼在巴士一汽巨大停车场的基础上，通过保留、拆除、加建等策略，将原先机器使用的空间转化成创业人员使用的空间（图2、图3）。原先的停车楼柱网为 7.5m×15m，没有多余构件，为功能的成功转换奠定了基础。

笔者曾对位于重庆龙头寺汽车站附近某办公楼建筑做初步调研。自建成之后，商务办公入住率一直不高。后来建筑师挖掘大跨度空间的潜力，将部分楼层办公空间改造成旅馆（图4、图5），空间得到充分利用，发挥出了建筑闲置空间的经济效益，一举多赢。尽管旅馆内部空间的品质不见得有多高，但相比闲置的楼层空间，这样的改造使空间获得再生。

建筑空间的可再生性的获得取决于建筑稳定层级（支撑体）适应性。绿色建筑应采取长效建筑的策略，以高强有效的支撑体为建筑的持续使用准备条件，减少多次拆旧建新所带来的资源和能源的损耗。

3.2 形态系统

气候始终是建筑的一个无法回避的边界条件。V·奥戈亚（V·Olgyay）在《设计结合气候：建筑地方主义的生物气候研究》中，提出建筑设计与地域、气候相协调的设计理论。美国学者麦哈克格（Ian McHarg）在《设计结合自然》中，强调建筑的规划设计与实践应注重生态学的研究，提倡人、建筑、自然和社会应协调发展。气候成为影响建筑形态的最重要的自然因素中之一。绿色建筑应积极响应地域气候，从总体形态、建筑形态、构件形态等层面进行全方位响应气候。

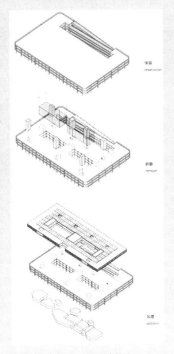

图2　TJAD新办公楼改造策略

图3　TJAD新办公楼实景照片

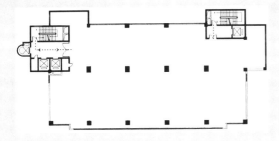

图4　办公楼平面图（改造前）

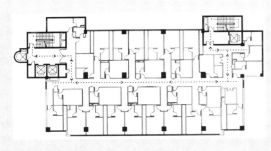

图5　旅馆平面图（改造后）

3.2.1　总体形态

在绿色建筑的总体设计中，应对场地进行详细的优劣势分析，寻求交通、环境、地形条件下的最优方案。寻求场地内部和场地外部的合理交通方案，尽可能减少交通能耗。环境分析主要包括场地日照、通风、噪音等可能影响建筑单体形态的因素，并明确优选方案的范围。地形是场地的自然属性，绿色建筑应尊重地形特色，因地制宜，尽量减少挖填土方量。建筑与地形的呼应可增加建筑的在地性。

3.2.2　响应气候的建筑形态

世界各地的动植物经过长期的进化才有如今之形态，成为重要的地域风情。绿色建筑追寻与自然环境的和谐共生，理应如世界各地的动植物一样成为地域风貌的构成部分。绿色建筑的形态应充分响应地域的气候特征，使建筑获得良好的光、热、风等条件。通过被动式策略，趋利避害，尽量减少不舒适的范围。在建筑形态上，要因地制宜地设置气候缓冲空间。气候缓冲空间，可以减少极端天气的负面影响幅度。

3.2.3　应对气候的构件形态

除了缓冲空间，在建筑的局部往往通过建筑构件对进入建筑的外部环境进行调

作者心得

从开始接触"绿色建筑"至今也已有十来个年头了，从最初的概念学习、理论研读、案例分析到方案设计及参与有关的绿色建筑评估活动，使笔者对绿色建筑的理解不断深入。同时，笔者也注意到在实际的绿色建筑设计中，许多方案在设计逻辑和运用手法等方面与"绿色"理念背道而驰，也有一些建筑设计方案存在一定的片面化，即过分强调某一方面的性能表现，而忽视了建筑整体的性能及表现。因此，本文将协同理念引入绿色建筑设计，以期建构名副其实的、全面的、均衡的绿色建筑设计体系。然而笔者始终认为，没有一种建筑理论或建筑理论体系能为建筑设计实践带来事无巨细的具体支撑，更多的是提供方法或方向性的指向和引导。本文所提的"绿色建筑协同设计体系"就是紧紧围绕绿色建筑理念，并基于现阶段对体系内部要素及其关系的洞察，从空间、形态、技术、营造和美学五个维度探讨绿色建筑设计，初步阐述了上述五个维度之间的相互促进或相互制约的关系。

对"在地性"的强调，是本文的特色之一。本质上，绿色建筑必须是在地的建筑，不仅要紧密结合场地环境、所在气候，而且还要从体现当地的地域特色，要形成所谓的"绿色美学"。从当下的实践来看，绿色建筑设计存在许多技术滥用、造型趋同和简单拼凑等现象，如同当年现代主义建筑的"国际化"，这是绿色建筑发展所要避免的。同时，强调在地性并不是妨碍协同设计体系的开放性，开放性原则是在地性的必然要求，在地性则是对开放性的真正落实。

在写作过程中，笔者深感到系统论知识储备的不足和对协同思想理解的肤浅，同时也认识到建筑学科与其他工科专业的不同。就绿色建筑设计而言，尽管有一些普遍的规律可以遵循，但是设计行为仍具有较强的主观性和个性化特征。与其说本文的体系探讨是对未来绿色建筑设计提供建议，还不如说是对现阶段绿色建筑设计的反思，纯当抛砖引玉，期待进一步深入探讨。

周伊利

节。绿色建筑中的构件不应局限于某种固定的形态，建筑师可借助现代建筑设计的模拟软件辅助设计，对不同朝向、方位的设计对象进行模拟，使建筑构件的形态能较为精确地应对气候特征。通过构件在采光、通风、遮阳等方面发挥作用，可减少建筑应对调节环境因素的能耗。同时，绿色建筑的构件还应具备规模生产和推广的可能，把握个性化和通用型的平衡，这有助营造成本的降低和构件形态的多样化。

3.3 技术系统

技术不是绿色建筑的全部。技术也不是越先进，对绿色建筑的贡献就越大，关键要看技术是否能有效集成，共同作用，发挥出预定的综合功效。栗德祥教授指出，技术策略选配时，要超越技术本身，注重它们对环境条件的适宜性、节能效率、经济性的合理性以及组合匹配的协同性⑥。

3.3.1 设备控制系统

这里的设备系统，是指为维持建筑基本功能正常运行的最基本的设施，如水、电、网。绿色建筑应通过采用节水器具、雨水收集、中水利用、污水处理等途径，达到节约水资源的目的。绿色建筑还应通过采用节能家电、收集并利用可再生能源，减少对传统能源（尤其是电力能源）的依赖。在互联网时代，绿色建筑应为网络的设置以及升级预留空间。设备应该逐渐形成智能控制系统，通过互联网的媒介，对这些设备系统进行智能化调节，提高利用率，减少资源和能源利用的浪费，从而提高生活品质。

3.3.2 环境控制系统

环境控制系统是指为达到更高的舒适度而设置的环境控制设施，如温湿度调节、采光遮阳、保温隔热等。绿色建筑的环境控制系统包括形态参量中各种被动式策略和各种成熟的主动式技术，如空气调节技术、采暖技术、致凉技术等。在许多热带国家和地区，室内都悬挂有吊扇。在多数天气条件下，都通过加速室内空气的流动速度，增加人体表面的汗液蒸发来达到降温的目的，在炎热天气中具有较好的致凉效果。比起空调技术，这种看似简单的设备不仅也具有相当的舒适度，而且节约电能。如果在某些极端的天气下，将空调和吊扇同时使用，致凉效果显著。

3.4 营造系统

3.4.1 结构选型

建筑结构是使用寿命最长的部分，具有稳定性。结构选型是否合理直接关系到空间的可再生性能，结构支撑体部分的寿命和形式是建筑摒弃拆旧建新进行建筑维护更新的关键条件。2008年，日本政府通过一系列法律法规来鼓励建造具有200年寿命的住宅。长效建筑在世界各地必将成为一种趋势，以适应社会的可持续发展。因此，绿色建筑应合理选择结构形式，还要着眼未来可能的变化，保证支撑体结构的长期使用的强度要求。通常情况下，框架结构由于其内部空间灵活可变的特点受到人们的青睐，因而目前成为绿色建筑采用最多的建筑形式。至于框架结构具体跨距还要视综合条件而定。

3.4.2 建造体系

随着建筑工业化进程的推进，装配式建造条件逐渐成熟。预制构件在工厂里加工，再运至现场装配，减少现场作业的工作量和环境污染。这些预制构件能保证尺寸的准确性，有助于建筑整体完成的精确度。绿色建筑应采用成熟的装配式构件，推进多样化构件的生产和应用。香港地区的公共住宅（即公屋）采用大量装配式预制构件，如模块化的装配式立面（图6），整体式厨卫设施，大大加快施工进度，降低建造成本，减少施工期间对城市环境负面影响。同时，这些装配式构件和设施的应用实实在在带动了整个下游产业链的发展，形成良性循环。

3.4.3 建筑材料

绿色建筑应采用环保材料，推崇简洁的室内装修，保证室内空气质量和使用者健康。为了减少材料运输环节的能源消耗，绿色建筑应增加当地用材的比例，这就需要建筑师在设计之初对当地的可用建材了然于胸，从而在方案设计阶段就当地材料融于设计之中，尤其是地域特色材料。同时，绿色建筑不能放弃旧材料的再利用，如将那些仍具有相当强度满足使用要求的材料一味丢弃，本质上也是一种浪费，因为需要在购买新材料过程投入人力、物力。林宪德先生设计的台湾成功大学魔法学校（图7）100%采用绿色环保材料，除极少数产品外，从玻璃、油漆、到光电板，几乎都采用本土材料⑦。

图6　香港落禾沙迎海项目预制立面吊装

图7　台湾成功大学魔法学校

3.4.4 经济性

建筑的经济性是营造过程和使用周期内绕不开的话题。这里所有的慢参量几乎都与经济性有关，并且在不同程度上受到经济性的制约，这也印证了前文论及的绿色建筑的阶段性发展的特点，人们不可能在绿色建筑中无限制地投入。在绿色建筑协同设计中，建筑师需要对个参量的协同当量进行经济核算，进行性价比的权衡比较，计算各种参量变化引起的整体效能的变化。目前，虽然绿色建筑作为一种理念已为大众所接受，但还处于被动认识的过程，究其原因，可能最主要是因为绿色建筑在设计至施工的过程中没有让普通大众受惠，这需要后续激励机制的进一步深化。绿色建筑协同设计需要建筑师团队在一开始就要接入经济性核算，与设计方案同步推进，协同考虑，而不是等初步设计完成后才开始经济性的考量。

3.5 在地性

从绿色建筑内涵看，真正的绿色建筑已经超越了"坚固、实用和美观"的传统建筑标准。推行绿色建筑必须顾全建筑美学，才能成全建筑文化的可持续发展[⑥]。在地性往往在绿色建筑设计中被忽视，使得绿色建筑成为"普适性机器"，这是对绿色建筑的内涵的极大误解。绿色建筑在地性"还原了人与自然原始而本真的关系，彻底超越了人与世界的主客二元模式，将人视为在世界中生活的、自在的人，将世界看作人类'在世'生活的世界。"[⑦]笔者认为，绿色建筑在地性至少存在三个方面：技术、生态和文化。

3.5.1 地域技术

尽管技术不是绿色建筑的全部，但仍扮演重要的角色。建筑地域技术往往是一个地区长期积累的智慧结晶，蕴含着当地人对自然环境的应对。这些地域技术往往是与建筑深度结合，而应用成本极低，带来的效果却显著的。如我国南方传统民居中的天井就具有独特的生态效应（图8）。天井可以使居室空间获得自然采光，又能为其遮挡部分夏日辐射，有遮阳的作用；同时天井也是垂直通风的通道，利用温差发挥拔风作用，提高室内空间的舒适性。绿色建筑协同设计应多挖掘当地的环境控制技术，与现代的需求相结合。

3.5.2 地域生态

绿色建筑美学实质上属于生态美学的范畴。人们在建筑生态美的直觉体验中，领悟到自然是建筑的生命母体[⑧]，建筑是人类的自由乐园。生态美不能仅仅停留于屋顶花园、立面绿化等可见形式上，还应潜藏在建筑应对外部的声、光、热、风环境的形态之中；生态美还体现在建筑与地域生态环境（如地形地貌）的呼应和构合之中。

绿色建筑协同设计还需要把握设计对象的周边环境，包括周边环境的脉络、机理、朝向等因素，使建筑牢牢扎根地域生态，使绿色的内涵得到充分表达。

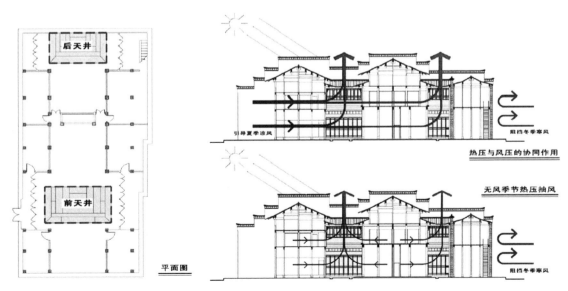

图8 徽州民居中天井的生态效应示意图

3.5.3 地域文化

绿色建筑还应采用在地设计策略，体现对当地文化的尊重。在空间设计中，应参考当地相同类型建筑的空间及其组合方式，结合契合功能的要求，再现或部分再现传统空间的关系。同时，在绿色建筑形态上，建筑师可对传统建筑的符号进行现代转译，结合建筑形态或构件形态，形成新的建筑符号。

4 结语

依托协同设计体系，绿色建筑的内涵能得到完整体现。建筑师通过协同设计，可以具备更广阔的设计视野，可寻求到更多的绿色设计切入点，从更高层面把控绿色建筑设计工作。协同设计理念能改变建筑师从被动地依照比对绿色建筑评估条目的尴尬境地，到主动地将绿色建筑的完整内涵渗透到所有的建筑设计工作中。更重要的是，在协同设计体系下，建筑师可以更加清楚系统、子系统间的相互联系、彼此制约的关系，从而在设计中权衡各子系统的当量，促进绿色建筑系统的整体能效的提升。本文协同设计还仅限于理论框架，内部系统之间的定量关系还有待于进一步探索研究。

注释：

①栗德祥.提升城镇建筑整体性能 [C].村镇住宅低能耗技术应用国际研讨会论文集，2015 年 7 月，第 1～5 页
②王海松，莫弘之，沈斌.生态建筑集成设计体系研究 [J].建筑学报，2007,09,14—17.
③ Hermann Haken, Synergetics—An Introduction, Berlin, Heidelberg, New York：Springer Verlag, 1977
④开放建筑 (Open Building) 理论源自 20 世纪 60 年代荷兰哈布瑞肯 (John Habraken) 教授提出的支撑体 (Support) 理论。80 年代提出的开放建筑理论继承了支撑体理论，系统地阐述了哈布瑞肯的主张。
⑤曾群 编.空间再生：TJAD 新办公楼 [M].上海：同济大学出版社,2012
⑥栗德祥.提升城镇建筑整体性能 [C].村镇住宅低能耗技术应用国际研讨会论文集，2015 年 7 月，第 3 页
⑦林宪德.节能 65% 钻石级绿色建筑——台湾成功大学绿色魔法学校 [J].新建筑,2010,02;77—81.
⑧林宪德.绿色建筑；生态·节能·减废·健康 [M].北京：中国建筑工业出版社，2011 年 11 月，第 49 页
⑨冒亚龙.高层建筑的美学价值与艺术表现 [M].南京：东南大学出版社,2008.7
⑩李燕.生态美学与绿色建筑的和谐 [J].数位时尚 (新视觉艺术)，2009,03;52.

图片来源：

图 1、图 4、图 5：作者自绘。
图 2、图 3：曾群 编.空间再生：TJAD 新办公楼 [M].上海：同济大学出版社,2012.
图 6：香港大学建筑系张智栋博士提供。
图 7：网络。
图 8：同济大学建筑与城市规划学院陈宇提供。

王　斌
（同济大学建筑与城市规划学院 博士三年级）

绿色建筑学—走向一种开放的建筑学体系

Green Architecture-Towards an Open System of Architecture

■摘要：本文通过分析绿色建筑的概念以及因此引起的讨论和批判，试图阐明当前绿色建筑的评价标准的优点和问题。进而通过追溯现代建筑史学中关于建筑环境问题的讨论，指出一种使绿色建筑能够更系统性地融入建筑学正史的可能性，推崇一种作为开放系统的"绿色建筑学"。

■关键词：绿色建筑　绿色建筑学　现代建筑史学　环境设计　当代建筑环境理论

Abstract：By studying the concept of "green building" and relevant discussion and critique, this thesis tries to clarify the advantages and problems of prevailing green building code. Tracing back to the environmental problems in historiography of modern architecture, it points out a possibility for green buildings to be merged into the architectural history-an open system for "green architecture".

Key words：Green Building；Green Architecture；the Historiography of Modern Architecture；Environmental Design；Contemporary Theory of Architectural Environment

一、缘起

　　建筑学进入 20 世纪以来就开始频繁出现一个又一个的建筑风格和建筑思潮，这些主义总是以批判前人的姿态取得自身的合法地位，而在一段时间内独领风骚。如果问，当前建筑学中什么是最热的思潮，"绿色建筑"一定是最为广泛被接受的答案之一。然而，"绿色建筑"能否被称为"绿色建筑学"呢？由于容易被理解的道德上的优势，一夜之间"绿色建筑"仿佛成为一个放之四海而皆准的万能标签，在国内的建筑设计方案阶段"绿色设计"已经成为被强行要求考虑的一项内容，甚至出现了无建筑不绿色的奇怪现象。然而在很多时候，绿色建筑仅仅是一个牵强附会的鸡肋，是为了应付业主的一种手段，甚至成为采用某种技术设备的理由。在实际建成的建筑中，真正对环境起到积极作用的建筑比例仍然非常低下，环境问题仍然在进一步的加剧恶化。

　　因此，很多学者开始对"绿色建筑"提出尖锐的批判，比如近期冯果川老师在《新建筑》上的"檄文"就把这一问题上升到了意识形态的高度，认为这是一种"文化资本主义"，是"一边逐利一边践行道德，同时也让消费者在掏腰包的时候获得道德感的抚慰"[①]。冯文甚至认为"LEED 的基本逻辑是绿色要花钱买，你要的认证越高花钱就越多"。但是，以 LEED 和 BREEAM 为代表的绿色建筑评价体系真的只是鼓励花钱吗？我们应该如何更全面地看待绿色评价标准的利与弊？我想通过自己在纽约 KPF 建筑事务所工作期间的亲身经历来概括一下在 LEED 评价体系下的实践建筑师是如何处理设计问题的。

二、绿色建筑评价标准的利与弊

第一个案例是纽约 KPF 建筑事务所在纽约州布法罗的一个项目，在前期的设计过程中，建筑师提出了三个方案，它们分别有着不同的建筑轮廓，为了获得 LEED 的绿色认证，建筑师对相同楼层面积下不同造型所形成的外立面面积进行了测算：圆形的轮廓会获得最少的立面面积，复杂的形体则会获得较大的立面面积。通过外立面的面积结合其他基地条件，最终选择了接近椭圆形的造型，获得了相对较少的幕墙面积，同时满足了其他设计条件。在寒冷的布法罗减少了建筑的能耗，也降低了建筑造价，因此获得了 LEED 认证的加分（图 1、图 2）。

图1　三个方案比较

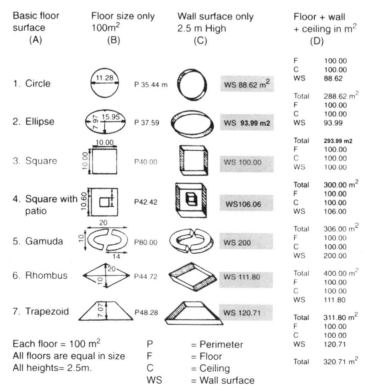

图2　各种造型造成的楼面和墙体面积比较

KPF 的另一个案例在于如何在 LEED 要求的低能耗窗墙比之下进行设计。由于工业化生产的玻璃幕墙体系在现今的高层建筑中大行其道，而这种以玻璃为主的立面形式会带来巨大的能源消耗和光污染，因此 LEED 规定，如果在高层建筑中部分墙体的开窗面积低于 43%，将获得最多 8 分的加分。为了实现这一目标，KPF 的建筑师对外立面的幕墙设计进行了充分的研究，并最终得到了能够满足 LEED 的评估要求同时又让建筑师满意的墙型（图3）。

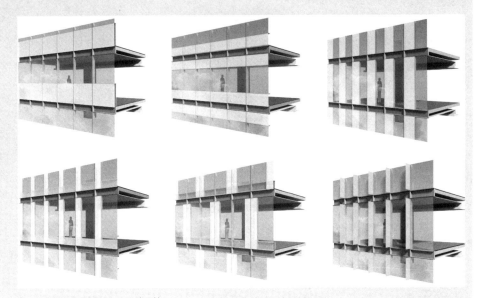

图3 窗墙比指标下的立面设计比较

通过以上实际操作中的例子可以看到，LEED 并不是像我们可能认为的那样完全无益。因为以上两个例子都不会增加建筑的造价，同时却能够切实的降低建筑的能耗。LEED 的存在当然存在某种程度上的"文化资本主义"，但是从建筑师的职业特性来看，LEED 提出的道德标准至少在某种程度上是真实合理的。

当然，我们也应该清醒地认识到以 LEED、BREEAM 为代表的绿色建筑评价体系的不足。就其与设计和项目操作的关系而言，它们更像是一种功利的应试体系，这一点毫无疑问。一般的操作步骤是，业主要求获得某评价体系下的某种奖项，以获得某种附加价值，而建筑师则被动地向这个目标努力，费尽心思寻找"得分点"。而且，每个绿色建筑的评价标准都有非常大的不同，比如，LEED 的评价标准就包含以下方面，并分别根据所占的比例打分：地点（24%），水利用率（9%），能源 & 环境（32%），材料 & 资源（12%），室内环境（14%），创新 & 设计（9%）；而 BREEAM 的评价体系是按照以下内容进行打分：管理（12%），健康与舒适性（15%），能源（19%），交通（8%），水（6%），材料与垃圾（20%），土地使用与环境（10%），污染（10%）。可见，即使都是权威的绿色建筑评价体系，也有着非常大的不同，这些评价标准并非必须遵守的法则，根据不同的项目和地域有着不同的偏向，因此也就很难形成一种统一的学科性。

中国的绿色建筑评价标准（以下简称国标）则是借鉴并综合了国外评判标准的经验（主要是 LEED 的标准并加入了 BREEAM 中关于管理的部分），分为七个方面：节地与室外环境，节能与能源利用，节水与水资源利用，节材和材料资源利用，室内环境质量，施工管理，运营管理。然后，又把所有建筑分成了居住建筑和公共建筑两种类型，对以上七条逐条打分。值得注意的是，与 LEED 和 BREEAM 不同，国标对各个方面的关注比重具有明显的平均化。以居住建筑为例，占比最高的节能与占比最低的室内环境质量分别占到总比例的 24% 和 17%（居住建筑不含管理类的两项评分），其他各项均占比 20% 左右。相比之下，LEED 标准中占比最高的能源和占比最低的水利用率就相差甚远（32% 和 9%）。这就使得中国的绿色建筑评估要考虑更多的方面，如果要达到绿色三星标准（80 分以上），就必须几乎在所有分项上有所得分。这样面面俱到的评分标准犹如高考一般，选拔的是所谓的全才，而抹杀了很多在某些方面有所专长，从而真正对"绿色"有所贡献的建筑学的努力。

另一方面，复杂但均衡的评判标准显示出我国建筑界对绿色建筑的理论定义上的模糊。刘先觉先生主编的《生态建筑学》一书中，曾努力对"生态建筑学"、"绿色建筑"、"可持续建筑"、"节能节地建筑"等相似命题做过区分，但连作者也不得不承认区分的困难："绿色建筑的设计原则基本来自生态学的内容"，"生态建筑与可持续建筑间的界限已经愈发不明显"[2]。正是由于对概念的模糊理解，使得追求绿色建筑的手段变得多种多样，评价标准

指导老师点评

王斌的论文"绿色建筑学——走向一种开放的建筑学体系"既是一篇竞赛论文，也是他博士论文研究的一部分。在我看来，作为一名有着在国内外一流建筑院校学习以及在世界著名大型建筑事务所工作经历的建筑师，王斌最终选择在国内高校任教，同时从自己的小型设计工作室做起，实在是因为他对更为具体也更为个人化的建筑实践的兴趣和向往。他的博士论文研究最初也是出于对具体建筑实践中建筑师处理管线设备与建筑空间和结构之关系的兴趣。然而，博士论文如何在避免空泛的同时，又不仅仅流于设计手法的归纳和总结，而是对建筑学学科层面的认识有所贡献，这既是一种困难的权衡，也是需要足够的学科理论视野和思辨能力。不得不说，在过去的两年中，王斌曾经为之苦恼和挣扎过。

我欣喜地看到，2015 年《中国建筑教育》·"清润奖"大学生论文竞赛硕士组"建筑学与绿色建筑发展再次相遇的机会、挑战与前景"的命题确实为王斌提供了一个机会和动因，促使他在建筑学历史理论的层面进行思考。当然，正如读者可以看到的，他在这篇论文一开始简明扼要地提出自己的议题之后，还是以自己在美国 KPF 工作时经历过的两个案例作为切入点，进入对论文议题的论辩。这说明他思考问题的方式仍然是具体的和个人化的，而非概念化的和空泛的，这无疑值得肯定。与此同时，随着论文观点的推进，王斌试图将整个问题置于建筑学历史理论的层面进行讨论的努力同样令人鼓舞。尽管某些论述仍显粗糙，但是论文在具体问题和学科问题之间的起承转合，在论述上通过提出新的问题展开论文下一部分的讨论，以及对"绿色生态"和"人工生态"等问题的甄别和阐述，都已经显示出王斌在建筑学历史理论的认识和思辨能力方面取得的巨大进步。

（转 269 页右栏）

也变得飘忽不定。为了不漏掉任何一方面的内容，绿色建筑的含义也变得越来越宽泛。然而，虽然这些相似概念互相重叠或包含，但刘先生对绿色建筑的最重要的特征描述却是十分明确的，即"更偏重于微观层面的技术和设计方法"[③]。这也许就是我们经常可以看到"生态建筑学"一词，但却很少看到"绿色建筑学"，而更多是"绿色建筑"（Green Building）的原因。一种建筑学的学科性在当今的绿色建筑中是缺失的。因此，绿色建筑的评价体系固然对建筑师的绿色意识有积极的促进作用，但却很难与建筑学的正史连续起来。笔者认为，这才是绿色建筑无法见容于很多学者的真正原因。

那么，这是不是一个与建筑学正史决裂的时刻呢？或者，能否把这些"绿色建筑"的实现手段纳入到建筑学的学科系统中来呢？

三、现代建筑史学中的环境问题

要回答这些问题，就要把绿色建筑的概念放到建筑学环境问题的历史语境中来讨论。20世纪初，随着现代科学技术在建筑学中的影响力越来越大，建筑和环境的关系也在发生着明显的变化。在吉迪恩（Sigfried Giedion）1948年的《机械化掌控——献给无名历史》中，作者把厨具的设计、卫生洁具的设计，以及这些设备如何影响到建筑的问题系统地阐述出来，把很多不被重视甚至被遗忘的重要技术重新发掘出来，从而揭示出一段以技术文明为线索的建筑史。正如该书的书名所示，吉迪恩强调的是机器化对建筑的"掌控"，认为这是一种"时代精神"（zeitgeist），而每个时代都需要找到一种不同的方式去解决同一个问题：即通过重建一种动态的平衡（dynamic equilibrium）去连接内在与外在现实之间的鸿沟[④]。显然，对吉迪恩而言，20世纪的方式就是通过机械化的掌控。然而，正如斯坦尼斯劳斯·冯·莫斯（Stanislaus von Moos）在该书后记中所指出的，"从两个方面看机器化都会很有趣：消极的方面是它会破坏自然和文明之间的传统平衡；积极的方面是当这种平衡被破坏时它又能起到再平衡的作用"[⑤]。两位学者都提到的这种"动态平衡"暗示出建筑与环境控制之间的一种既依存又对立的张力。

此后20年间，技术设备对建筑的掌控越来越系统化，一种真正意义上的现代主义（而非美学意义上的）就此完备起来。而在1969年这个关键的时间点，几位具有代表性的人物纷纷发表了自己的代表性著作，为环境问题的不同走向和发展埋下了伏笔。

（一）1969年的四部环境理论著作

在雷纳·班纳姆（Reyner Banham,1920-1988）1969年出版的著作《环境被调控的建筑学》（*The Architecture of the Well-tempered Environment*）中，班纳姆提出了调控环境的三种模式：保温模式（conservative mode）、选择模式（selective mode）和再生模式（regenerative mode）[⑥]（图4）。其中保温模式的命名来自水晶宫的设计者帕克斯顿（Joseph Paxton）在1846年的保温墙设计。帕克斯顿本来就是一个园艺设计师，擅长设计各种暖房（conservatory），暖房可以阻止热量的散失，因此起到保温的作用。然而，光有保温模式显然不能满足人的基本需求，比如水晶宫内的温度就使人难以忍受。因此在绝大多数的情况下选择模式就被加入了这种单纯的能控体系，比如可以打开的窗户，就是一种人为控制下的加强通风的选择性手段。在漫长的人类历史当中，保温模式和选择模式总是相互依存，成为建筑物和环境的主要交互手段。而随着机械化的掌控，尤其是空调设备的发展，建筑第一次可以不再受到外界环境的影响，而形成一个独立的自循环系统。而这种技术之上的未来主义观念在班纳姆早期的时代里可谓大行其道。

班纳姆不仅在意识形态层面鼓励这种以机电设备为支撑的"生态建筑"，而且也尝试把这种建筑的"生态"引向城市层面。继"环境被调控的建筑学"两年后，班纳姆出版了《洛杉矶－四种生态的建筑学》（*Los Angeles–The Architecture of Four Ecologies*）这本研究洛杉矶城市和建筑的著作。其中他把洛杉矶作为研究对象，把它的环境分成四种类型：海滩、高速路、平地和丘陵，分析研究了这四种不同生态环境下建筑的特质。虽然这部著作看似以城市为主题，其实却是继承上一部著作研究的内容，而把建筑放在一个更多样化的城市背景内观察，体现出一种更为宏大的建筑观。而在上一部著作中的环境控制其实已经延伸为整个城市系统。班纳姆试图证明，社会形态和城市形态之间并不是一种简单的对应关系[⑦]，被众多学者诟病的城市规划也能通过高速公路等生态系统的组织，成为充满活力和创

图4　帕克斯顿保温墙，Paxton's Conservative Wall, Chatsworth

造力的梦幻城市。然而，班纳姆看到的洛杉矶也许是一种独特的"生态"，却不是一种"绿色"的生态，而是一种非常人工化的生态，建立在对能源的无度索取之上，整个洛杉矶就是一个高能耗城市的典型。从能源的角度看，班纳姆或许可以证明洛杉矶生态系统运作的有效性，却始终还是无法证明其合理性。能耗问题在班纳姆写作的年代或许可以忽略，但在 1970 年代以后却成为一个无法回避的问题。

同样在 1969 年，富勒 (Richard Buckminster Fuller) 和索勒里 (Paolo Soleri) 分别发表了《地球飞船操作手册》和 *Arcology®* 两部著作。富勒认为，只有完整地看问题，即站在一个大系统地角度看问题，才能真正做出正确的决定并解决问题，即他所谓的"综合的倾向"(comprehensive propensities)⑪。他赞扬了"伟大海盗"(Great Pirate) 的智慧，认为只有他们认识到了整个世界运作的方式，而大多数所谓专家只是在非常狭窄的范围内考虑问题，因此无法真正解决问题。因此，富勒的倾向是把建筑当成一个自成一体的生态系统进行设计，无论是早期的代马克逊住宅 (dymaxion，是 dynamic+maxmum+tension 的合成词)，还是之后的"测地线穹顶"(geodesic dome，geodesic 指几何面上连接点之间最短的线)，都希望用最有效率的结构来建立一个完整的系统。不同于"熵"(entropy) 理论，富勒认为能量是不会消减的，相反，财富是永远处于增长状态，因此虽然富勒强调效率、经济，但他对包括环境在内的问题持有非常乐观的态度。

富勒认为几何学是万物的基础，关系自然、人类、建筑。因此如果能建立一套系统的几何学体系就能从整体上解决所有的问题。富勒把"synergetics"定义为一种"任何局部都不能预见的整体表现"，他试图通过全局的观察找到世界运作的逻辑。富勒的理论建立在微观物理的发现背景之上，把几何暗示的结构作为万物的基础，这也奠定了他的建筑作品中结构主义的本质。然而，完备有效的结构系统显然不能解决建筑问题，这正是富勒的矛盾之处：认为应该从整体看问题，其作品却希望通过封闭的系统解决所有的复杂问题，并以一种和外部环境隔绝的姿态出现，成为了一个漂浮在环境之中的太空舱。

索勒里有着和福勒相似的哲学思想，他深受法国哲学家和神学家夏尔丹的影响 (Pierre Teilhard de Chardin，中译又名德日进)，夏尔丹有着进化论的观点，但又结合神学，突破了科学的界限，认为宇宙、生物、人类、精神是一个整体，他的著作《人的现象》(*Le Phenomene Humain*) 统摄精神与物质，智慧与肉体，把宇宙的一切演变过程作为一个有机整体加以研讨，着重点在"内在动力"，认为正是这种"内在动力"给外部环境增加了能量，而抵抗"熵"的理论中能量不断消减和紊乱的认识。因此，对索勒里来说，这种内在动力是其思想和作品的精神支撑。

索勒里的"Arcology"在很多中文著作中被直接译为"生态建筑学"⑫，好像一下子和"低能耗"、"绿色"等概念联系了起来，这是一种误解。索勒里在 Arcology 中第一部分中的一张手绘最好地说明了这个词的意义（图5）。在该图中，索勒里把 Ecology 代表的自然，放在图的左侧，而把 Arcology 代表的一种"新自然"(Neo-nature)，放在图的右侧，而他设想的人类就应该居住在自然和新自然的边界之上。所谓新自然，其中包括的内容有文化、互动交往、生产等等。可以说，索勒里所建立的 Arcology，其实一点也不绿色，甚至是和绿色相对的，也许可以被称为"建态"。他所指的 Arcology 是指建筑和城市各元素之间互相的组织，以形成一种可以自成一体的循环系统。而这个城市系统，是人类寻求的新自然，其实也就是一种非自然的系统。它如同诺亚方舟一样，是自然中的文化孤岛。书中的 30 个城市设计的名字，也可以印证这一点，比如 "Novanoah I、Novanoah II、Noahbabel、Babelnoah、Babel IIA、Babel IIB、Babel IIC、Babel IID"，这些来自圣经中的词汇暗示着"诺亚方舟"、"巴别塔"等自成一体的孤岛。

与以上著作表达出的对建筑封闭系统的向往不同，麦克哈格 (Ian McHarg) 1969 年出版了著作《设计结合自然》(*Design With Nature*) 则是彻底地站在自然世界的角度上的。正如刘易斯·芒福德 (Lewis Mumford) 在概述的序言中所说，该书的内容几乎没有任何实质性的设计，而是把重点放在了"结合"之上，成果是一系列设计案例之前的分析过程，而这些分析过程的叠加就是一种规划的结果。

麦克哈格所提倡的设计，不仅依赖自然的地理特征，还考虑自然环境的历史延续性，

我衷心希望，通过 2015 年《中国建筑教育》·"清润奖"大学生论文竞赛的锻炼，王斌能够为自己的博士论文研究和写作打开一个良好的局面。我也希望，他的博士论文在经过历史理论的穿越之后回到更为具体和个人化的问题，同时将这些问题与历史理论的议题结合起来进行阐述和认识，最终完成一篇既有广阔的学术理论视野又有具体案例素材的实质性分析和研究的建筑学博士论文。

王骏阳
（同济大学建筑与城市规划学院，
教授，博导）

竞赛评委点评

该论文基于对绿色建筑评价标准的辩证思考和现代建筑史中环境主题的讨论，提出"使绿色建筑能够更系统性地融入建筑学正史的可能性"。这一议题潜藏着一种健康且积极的意识，那就是"绿色建筑"的常态化。按照这个思路进行推论，绿色建筑就不应是某种特定的类型性建筑，而是应成为一种普遍的建筑品性，而这正是本文的亮点所在。如果文中能直接点出这一论点，将使其观点更为鲜明。不过具有反讽意味的是，如果"绿色建筑"真正成为一种普遍的观念，并能成功地物化为建筑的现实存在，那么，我们还需要一种以"绿色建筑学"命名的专门学问吗？

韩冬青
（东南大学建筑学院，院长，
博导，教授）

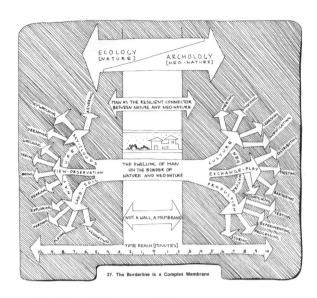

图 5　保罗·索勒里，*Arcology* 插图

图 6　用胶片叠加技术获得的斯坦顿岛景观规划

这一点也是和索勒里和福勒完全相反的。麦克哈格认为"设计的形式不应追随所谓的功能，形式不追随任何东西，而是与所有地理和历史信息息息相关的"[⑪]，"形式追随功能"这样肤浅的理解只是考虑到了人工社会中非常狭小的一个方面，而忽视了整个自然界的循环，大气、海洋、植物、动物、陆地这些方方面面。在设计方法上说，麦克哈格开创性地提出了利用资料库中的资料进行理性叠加的方法，对自然演进过程中形成的这种固有价值进行识别。"Processes as values"这种以分析为主导的设计方法深刻地影响了美国的建筑教育。

在纽约的斯坦顿岛景观规划设计中，麦克哈格就对该地的基础资料进行了调研，他首先用分析图的形式研究了"基岩地质"、"表层地质"、"水文"、"土地排水环境"等基础信息，然后又整理出"土地利用现状"、"历史地标"、"潮汐"、"地质特征"、"地文学特征"、"草木现状"、"森林生态"、"野生动物栖居"、"森林质量现状"、"坡地"、"土地限制：基础"、"土地限制：地下水位"等超过三十种地理信息。这些地理信息被分类在"气候"、"地质"、"地文"、"水文"、"土壤"、"植被"、"野生动物"、"土地利用"等八个大项之中（图6）。麦克哈格根据所有土地性质给每一项适合的开发类型打分，并用不同深浅的颜色区分，包括"自然保护"、"被动重建"、"主动重建"、"居住开发"和"商业工业开发"，最后，用照片的透明底片进行叠加，获得了整个斯坦顿岛的最合理的土地利用和景观规划。这种创造性的研究方法随着计算机技术的发展和GIS系统的发展在后来的研究领域得到了长足的进步，而麦克哈格本人认为这一方法的最大创造性还在于，通过对不同底片的叠加，可以获得土地的多用途开发信息。虽然这样的多用途重叠会和既有规范发生矛盾，然而却是实际社会交往中渴望的[⑫]。

麦克哈格的"生态"，和索勒里、福勒完全相反，他拥抱现存的整个自然系统，并把设计作为这个系统的一部分和必然结果，是在一个更大范围和时间跨度之上的系统研究，是一种"绿色"的生态研究。他所列出的众多研究对象也出现在了LEED等绿色建筑评价标准之中，拓宽了"绿色"的范围，开创了一种开放的绿色评价系统。

1969年几乎同时出版的四部著作，反映出当时学界对环境问题的不同认识。富勒和索勒里提倡的是一种建筑学内部的封闭生态，其特点是坚持了建筑学本身的学科体系，缺点是对外部环境持相对冷漠的姿态（虽然都以有效运用能源为出发点）；麦克哈格对作为整体的自然有着强烈的人文关怀，开启了一种绿色、开放的研究道路，但是却仅停留在了规划层面，如何能够触及建筑学本身仍然是一个问题；班纳姆是个特殊的人物，一方面他强调"再生模式"，看似毫无"绿色"可言，另一方面他也有着人本主义的一面。比如，在《环境被调控的建筑学》这样一部强调机械论和未来主义倾向的著作中，班纳姆有意无意地在最强调"再生模式"的一章——"封闭的动力"（Concealed Power）的结尾，提到了菲利普·约翰逊自宅中如何利用地形和植被调节环境的案例。这个案例怎么看都和全书的核心思想格格不入，也看出班纳姆在希望构建机械化现代主义的同时，始终不愿舍弃建筑学中人文关怀的矛盾，而这正是绿色建筑可以在建筑学系统之中占有一席之地的基础。

（二）当代建筑环境理论的发展

由于70年代阿以战争造成的石油禁运，能源问题一下子被提到了全人类发展的重要位置。班纳姆等人所倡导的"人工生态"也越来越遭到了学者的批判。一种低能耗的绿色建筑模式呼之欲出。地球不是一个取之不尽用之不竭的资源库，寻找地球以外的资源又显得虚无缥缈，理论家和建筑师们意识到，我们不能仅仅坚守建筑学本身的学科系统和独立性，而不顾越来越突出的能源问题和环境问题。建筑学的体系理应向一种更为开放的方向发展，以此去面对新时代的新问题。

在后班纳姆的时代，迪恩·霍克斯（Dean Hawkes）成为建筑环境研究的重要学者和实践者之一。霍克斯最重要的理论贡献在于他回到了"选择性模式"上来，但他的选择性模式已经超越了班纳姆意义上的选择性模式，而成为一种能够结合建筑设备，同时又和建筑空间的设计紧密结合在一起的现代模式。他的核心论点就是"建筑的使用者如果有机会，就有能力操作和控制他们所处的环境"[13]。"选择模式会有更为复杂的形式，其表皮会有更大的透明性和复杂度用以控制能量的流动"[14]。在他作为剑桥大学的一员参与研究的奈特雷幼儿学校（Netley Abbey Infants' School）设计中，研究团队和建筑师团队紧密配合，并继承了帕克斯顿暖房的传统，在建筑的南立面上设计了一个阳光长廊（图7）。这个有着复杂剖面的阳光长廊在不同的季节起到了调节建筑内环境的重要作用，而这些不同的功能是通过建筑的使用者参与的方式实现的。不仅如此，建筑的空间也得到了极大地优化，这个带有向帕克斯顿致敬意义的阳光长廊，不仅是室内外气候的调节器，也是室内外空间的中介。这个1984年完成建筑也成为一个绿色建筑的先锋作品。

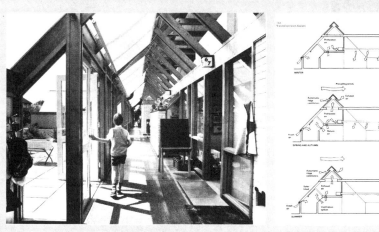

图7 Netley Abbey Infant's School

如果要简单地概括霍克斯的理论要点，那就是绿色建筑要坚持一种"原则性的多样性"（principled diversity）[15]，我个人的理解就是要在坚持建筑学主体的基础上开发建筑系统的多种可能。而这种多样性的研究确实成为了当代环境理论和实践的主题。以美国学者和建筑师吉尔·莫（Kiel Moe）为代表的建筑师和学者试图寻找"绿色建筑"新的发展。莫的理论提出一个一针见血的问题："热力学和生理学上都不合理的传热媒介——空气，是如何成为一种统治性的加热和制冷建筑的主要用途的？"[16] 莫的理论希望从改变热量的传播途径作为调节建筑能耗的主要手段。在莫赢得的一个设计竞赛中，莫通过使用混凝土楼板直接传热的技术手段，以代替传统中央空调的机械化空气传播手段，由于省去了传统空调风管所占用的吊顶空间，在相同的建筑高度中，获得了整整一层的额外建筑面积。这不仅提高了建筑的热工性能，还使得建筑空间得到了更经济的利用。

莫在其著作《聚合：建筑能源议程》（Convergence: An Architectural Agenda for Energy）中提出了他的理论核心："物质仅仅是被捕捉到的能量"（Matter is but Captured Energy）。莫认为，能量汇聚成为物质，物质汇聚成为材质，材质汇聚成为建筑，人和信息聚合在建筑之中。因此，深刻理解能量的传递是解决建筑问题的关键。莫认为现在的建筑构造越来越复杂（complicated），却失去了思维上真正的复杂性（genuinely complex）。莫认为自己的理论继承了麦克哈格景观生态学的观点，而不是把建筑当成一个封闭的冰箱。建筑学在莫看来是一种开放的系统。同时，他强调用简单低技的方法取代多层的复杂的当代建造体系[17]。

作者心得

说起来很惭愧，这是我的第一篇正式论文。由于硕士阶段在美国是以做设计为主，工作后又立刻进入实践，我几乎没有把自己关于建筑的一些想法用文字的方式记录下来的习惯。这次承蒙我的导师王骏阳老师向我推荐"清润奖"论文竞赛，终于"迫使"我有机会用文字的方式整理我的思路。

这次的论文给我最大的启发可能是以下的两点。第一，自己预设的想法可能会经过论文的写作发生偏差，甚至是完全被推翻。比如说，我最初希望表达的观点是建筑学正在走向一种高度的综合，尤其是和技术设备的高度结合，这跟我的职业经历有很大的关系。而最终通过对几位重要的理论家的著作的分析，最后的题目却指向了一种"开放的建筑体系"。在这个过程中，不得不说我曾经面对内心的挣扎。指向所谓的"开放"，在某种程度上是对机器设备的放弃或抵制。这可能吗？时至今日，我仍然会有这样的疑问。然而，也许论文的意义就在于提出这样的问题让我们能够持续思考和探索。

第二，论文写作的过程是一种感情和理智的重新平衡和再判断。比如，我在开篇就提到了冯果川老师的文章"绿色建筑的意识形态批判"。从感情上说，我完全理解并支持冯老师的观点，有一种一针见血、让人拍案叫好的感觉。这样的文章有着强烈的观点，可以给人非常深刻的印象。然而，难免也会让读者形成一种偏激的观念，误以为非黑即白。而由于我的写作需要对所谓绿色建筑的评判标准有一个基本的研究，我才能从中意识到这些标准有或多或少的可取之处和良好初衷。我想，写作的另一个意义便是让我能够更冷静客观地去评价一些事物。

非常高兴这次能够在论文竞赛中获奖，也非常感谢王骏阳导师在整个过程中给予我的指导。我仍然记得我们两人在苏州的一家咖啡馆中讨论论文的场景。我想，对我和我的导师来说，这种讨论的过程绝不是为了某一次竞赛或者一篇博士论文，而是为了一种用建筑学角度去思考的方法，以及从思考中能够获得的一种智力愉悦。

王斌

图8　吉尔·莫在科罗拉多的单层墙体实验建筑

莫在科罗拉多州的寒冷气候中实验了他所谓的"聚合"（Convergence）理论。不同于当代建筑越来越复杂的表皮构造，莫的建筑仅仅依靠单层的云杉木为外墙，利用木材本身的吸收率和储热能力，以及热工扩散系数低的特点，使得简单的构造同样发挥了冬暖夏凉的作用（图8）。而材料本身的作用，就同时兼具了作为保温层的泡沫板和作为导热物的石材或钢材的作用。作为一个不用任何空调设备的"零能耗"建筑，由于就地取材的原因，该建筑的建造耗能也只有普通轻质木结构建筑的六分之一。在该书中，莫不仅提到以上的例子，还多次提到瑞士建筑师，比如奥尔加蒂（Valerio Olgiati）和德普拉泽斯（Bearth & Deplazes）的作品，并证明通过改变材料特性（比如在混凝土中加入玻璃泡沫）或加入简单技术（如在砖墙墙基加入水循环），单层墙体同样可以适用于混凝土墙和砖砌墙中。

莫的实验和理论，旨在让我们意识到，真正的"绿色建筑"是始终要考虑用最低的消耗，最简单的方法，去获得最大的能源利用，而由于地球99.97%的能源来自太阳，最好的办法就是直接从太阳获得能量的利用，这种思维方式本身是超越所谓的绿色指标和评价规范的。而我想强调的是，这种思维方式引导我们在很多情况下回到了班纳姆所定义的最传统的"保温模式"上，从而和建筑历史中的环境理论得以对接，使得"绿色建筑"能够获得建筑学意义上的价值，把"绿色建筑"上升到"绿色建筑学"的高度。同时，这样看似简单的操作，其实是和我们获得能源的方式——太阳辐射，联系起来的。从这个意义上说，这是一种从更整体的角度看待环境问题的方式，回应了富勒关于整体性的考虑，却是富勒本人未能做到的。

在众多霍克斯和莫提到的建筑中，"绿色"不是一个指标，而是融入整个建筑设计过程的手段。这种"绿色"有着对建筑历史的深刻理解，有着对前辈批判性地继承。重要的是，他仍然是建筑正史发展的一部分。值得注意的是，在中国的绿色建筑评价标准中，唯一没有借鉴LEED标准的是"创新"一项，这就使得运用现成技术成为获得绿色建筑得分的最佳捷径，而以上论述的带有建筑学延续性的创新设计反而得不到应得的鼓励和推动。这样略显功利的评分体系势必会使得绿色建筑离"绿色建筑学"越来越远。这一点值得我们警惕。

四、结论

虽然本文的案例都来自国外建筑，但是在现代建筑史学语境中对相关问题的讨论也已经为我国学者所关注，并与中国现代建筑发展的案例联系起来进行理解和认识。历史无数次证明，建筑学的历史有着惊人的延续性。即使是号称与学院决裂的现代主义，也如班纳姆所说与传统有着各种暧昧关系。而班纳姆本人从现代技术的视角出发的"环境调控"，也正是从吉迪恩、索恩、甚至赖特那里发展出来的。因此，绿色建筑也势必会成为建筑史的一部分。这一点，以霍克斯和吉尔·莫为代表的当代建筑环境研究者做出了积极的表率，与LEED、BREEAM这些评价体系不同，他们追求的不是某种"应试"体系下的高得分，而是建立在建筑学学科基础之上的再突破。这种研究不仅继承了班纳姆、富勒、索勒里的研究传统，同时也对这些前者进行了深刻地批判；从某种程度上是继承了麦克哈格的观念，但却切实地发展到建筑学当中。当然我们也必须看到，正是这些前人始终坚持把建筑学作为一种完整的体系，才能深刻影响了后来的建筑实践，也只有这些建筑理论所代表的建筑学学科性才能让建筑学成为一种更为开放的体系，具有拥抱"绿色"的潜力[⑤]。

注释：

①冯果川，绿色建筑的意识形态批判[J]. 新建筑，2015，3.．

②刘先觉等著. 生态建筑学 [M]. 中国建工出版社, 2008:70—72.

③刘先觉等著. 生态建筑学 [M]. 中国建工出版社, 2008:71.

④ Sigfried Giedion. Mechanization Takes Command, a Contribution to Anonymous History[M]. Minnesota Press, 1948 : 723.

⑤ Stanislaus von Moos. The Second Discovery of America: Notes on the Prehistory of Mechanization Takes Command, Afterword of Giedion's Mechanization Takes Command[M]. University of Minnesota Press, 2013:755.

⑥ Reyner Banham. The Architecture of Well—tempered Environment[M]. The Chicago Press, Chicago/The Architectural Press Ltd, London, 1984:23.

⑦ Reyner Banham. Los Angeles—The Architecture of Four Ecologies[M]. University of California Press, 1971:219.

⑧ Paolo Soleri. Arcology[M]. the MIT Press, 1969.

⑨ Richard Buckminster Fuller. Operating Manual for Spaceship Earth[M]. . Lars Muller Publishers, 2008(first published 1969).

⑩刘先觉等著. 生态建筑学 [M]. 中国建工出版社, 2008 : 44.

⑪ Ian McHarg. Design With Nature[M]. John Wiley&Sons, Inc, 1992(first published 1969) : 173.

⑫ Ian McHarg. Design With Nature[M]. John Wiley&Sons, Inc, 1992(first published 1969) : 115.

⑬ Dean Hawkes. The Environmental Tradition[M]. London: Spon Press, 1995:15.

⑭同上。

⑮ Dean Hawkes. The Selective Environment: An Approach to Environmentally Responsive Architecture[M]. London: Spon Press, 2001:120

⑯ Kiel Moe. Thermally Active Surfaces in Architecture[M]. Princeton Architectural Press, 2010.

⑰ Kiel Moe. Convergence: An Architectural Agenda for Energy[M]. New York: Routledge, 2013:4.

⑱王骏阳. 现代建筑史学语境下的长泾蚕种场及当代建筑学的启示 [J]. 建筑学报, 2015 (8) : 82—89.

图片来源

图 1~图 3：KPF 建筑事务所档案资料。

图 4：http://www.geograph.org.uk/photo/2094998.

图 5：Paolo Soleri. Arcology[M]. the MIT Press, 1969.

图 6：Ian McHarg. Design With Nature[M]. John Wiley&Sons, Inc, 1992(first published 1969)

图 7、图 8：Dean Hawkes. The Selective Environment: An Approach to Environmentally Responsive Architecture[M]. London: Spon Press, 2001.

图 9：Kiel Moe. Convergence: An Architectural Agenda for Energy[M]. New York: Routledge, 2013.

张　翔

（重庆大学建筑城规学院 硕士三年级）

中国大陆与台湾地区绿色建筑评价系统终端评价指标定量化赋值方式比较研究

Comparative analysis of terminal evaluation index's quantitative scoring methods between green building evaluation system of China Mainland and Taiwan District

■摘要：“定性评价系统的定量化”是当下绿色建筑评价系统发展的主要趋势，而定量评价系统中最基础和核心的是将各“终端评价指标”（评价终端）定量化赋值，因而“评价终端”的定量化方法优劣直接决定了定量评价系统结果的对错与好坏。我国大陆地区《绿色建筑评价标准》(Evaluation Standard of Green Building；下文简称 ESGB) 于 2014 年第一次修正并首次引入了定量评价系统，因其发展较晚仍不尽成熟，需借鉴其他国家（地区）成熟经验以修正完善。本文选取 ESGB (2014 版) 与 EEWH-BC (2015 版) 为研究样本，比较分析两套系统使用的“评价终端”定量化方式类型和频率异同，分析其原因并以此为基础提出完善 ESGB 定量评价系统的建议如下：1) 对于创新加分等评价，采用人工评定法评分，并结合专家评分法；2) 对于因子构成复杂指标使用公式法评分。

■关键词：ESGB　EEWH　绿色建筑评价系统　评价终端指标　定量化方法

Abstract：The quantitative study of qualitative evaluation system is a main research trend presently．Due to the quantitative process of terminal evaluation index is the cornerstone of quantitative evaluation system．Hence，the quality of evaluation methods directly determine the right and wrong of the quantitative evaluation system's results．Meanwhile，the first amendment of ESGB has introduced the quantitative evaluation system in 2014．Due to its hysteresis development of quantitative evaluation，ESGB still need to absorb the mature experience from other country (district)．

This paper comparatively research the quantitative methods between ESGB (2014 edition) and EEWH (2015 edition)．Based on the results of comparative analysis，the paper gives two revision recommendations as following: 1)Using "artificial evaluation method" and combining "experts scoring method" to quantitatively evaluate innovation indexes; 2) Using "formula scoring method" to quantitatively evaluate complex indexes.

Key words: ESGB; EEWH; Evaluation System of Green Building; Terminal Evaluation Indexes; Quantitative Scoring Methods

1 引言

通常认为，质是认识的基础，量是认识的深化和精确化。量是对事物本质更深入和全面认知的表现。因而定量评价是对于定性评价的一种优化与提升，也是国际上绿色建筑评价系统广泛采用的评价方式。我国大陆地区于 2006 年颁布了《绿色建筑评价标准》(Evaluation Standard of Green Building，下文简称 ESGB)，并于 2014 年第一次修正，同时引入定量评价系统，有效提升了其评价科学性与准确性。定量评价系统的基础为，使用量化评价方法终端指标定量化赋值。该过程实质为定量化定性变量，该过程使用方法的优劣对评价结论有着直接而巨大的影响。"定性变量的定量化方法体现了评价者的评价立场，从而影响到评价结论。错误或不合理的量化方法只能得出不合理的评价结论。"[①]

因 ESGB 首次引入定量评价方法还不尽成熟，仍需借鉴其他国家（地区）相关经验以提升其科学性与合理性。而我国台湾地区 EEWH 绿色建筑评价系统自 1999 年发展至今已较为成熟，并使用定量评价系统多年。其中 EEWH 为评价家族，而 EEWH-BC 为其中基础核心版本，受篇幅所限且兼顾可比性，本研究选取 ESGB（2014 版）与 EEWH-BC（2015 版）为研究样本，比较分析两者终端指标（评价终端）定量化方法类型与使用频率异同。

2 ESGB 与 EEWH 评价变量赋值方式比较分析

2.1 基本概念界定与两套定量评价系统建构方式梳理

因定量评价系统是依托于评价指标体系而建立的，为明确本研究的着力点，有必要先梳理 ESGB、EEWH 两套系统的评价指标体系架构。评价指标体系的重要属性为层次性，且多采用层次分析法（Analytic Hierarchy Process，AHP）建立评价指标体系的层级结构模型[②]。

通过图 1 的梳理可知我国大陆和台湾地区都使用层次分析法建构绿色建筑评价

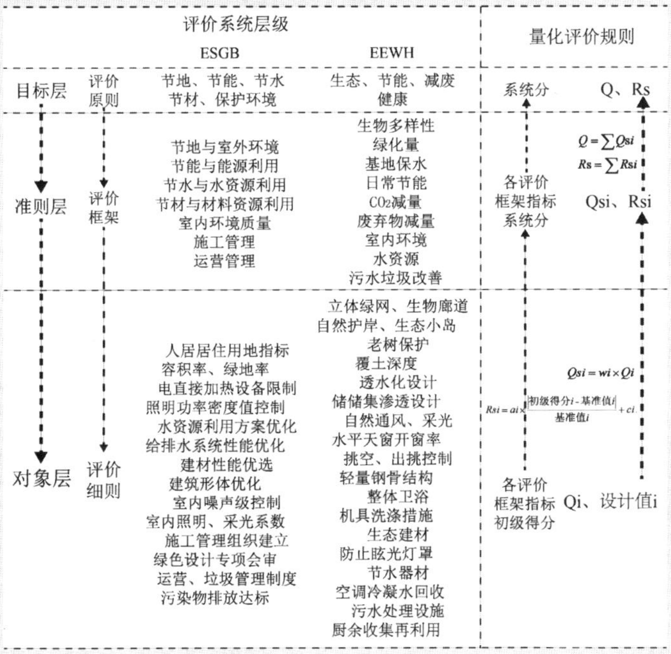

图 1 ESGB 与 EEWH 评价系统层级划分与定量评价规则示意

指导老师点评

定量评价——绿色建筑从"浅绿"向"深绿"进阶的基石

定量评价是绿色建筑从"浅绿"向"深绿"进阶的基石，我国大陆《绿色建筑评价标准》GB/T50378-2014 引入了定量评价系统，但与其他国家和地区相比，还处于起步阶段，仍应该吸收消化其他国家和地区的先进经验并与我国实际相适应，促进我国绿色建筑的持续健康发展。

作者张翔基于大陆和台湾地区绿色建筑标准的同源性以及文化的同根性，对 ESGB 和 EEWH 的终端评价指标定量化赋值方式展开比较研究具有较强的现实指导意义，研究不仅发现两地定量评价系统的表象差异，同时也折射出大陆地区绿色建筑学科系统基础建设的不足和局限。

论文首先梳理了两地评价系统的建构，然后归纳总结了两地量化评价中所应用的量化方法，并对各种方法的应用比例和赋值方式进行了深入比较，进而论文在定量方法种类、方法类型匹配以及定量方法使用率方面给出结论。总体而言：ESGB 的定量化评价还处在初级阶段，相较 EEWH，ESGB 采用的定量化方法种类较少，尤其体现在直接量化方法数量差异，即相比于 EEWH 使用了 5 种直接量化方法，ESGB 仅使用了 2 种。同时，ESGB 使用量化程度较低的直接评价法与区间赋分法，且主要使用量化程度和成熟度最低的直接评价法，其使用率高达 61.4%。而 EEWH 虽然使用了包量化程度和成熟度从低到高的各类方法，但主要使用的高级阶段的"公式法"，其使用率高达 63.8%。相比于 ESGB，EEWH 的定量化评价已发展到了高级阶段。

从以上结论可以看出大陆地区绿色建筑学科系统基础建设的不足和局限，例如 EEWH 对于"公式法"的大量应用是建立在绿色建筑相关学科的研究基础上，在生物多样性的评价中体现尤为突出；相关基础数据库的建设也是推进定量评价科学化的基础，在 EEWH 中就引用了 LCBA "台湾地区建筑碳排数据库"的成果。因此，我国《绿色建筑评价标准》GB/T50378-2014 首次引入定量评价系统只是绿色建筑从"浅绿"向"深绿"转变的发端，相关学科的共同持久努力才能让中国建筑走向"深绿"。

王雪松

（重庆大学建筑城规学院，副教授）

指标体系（ESGB、EEWH），因而 ESGB 和 EEWH 的评价模型都为多层级递进结构的树型结构③（图2）。该结构的基本建构原理为将评价原则按照一定的规则分解成次一级框架，同理再根据一定规则将评价框架进一步分解，直到形成可定量、可操作的评价对象④，并在此过程中建构出评价系统的三大层级：目标层、准则层、对象层②，并分别对应于 ESGB 与 EEWH 评价系统的评价原则、评价框架、评价细则三大层级（图1）。本研究聚焦研究 ESGB、EEWH 评价系统的层级结构中最底层的对象层评价细则指标（为便于理解称之为"评价终端"）的量化方式，评价末端的定量赋值是 ESGB、EEWH 定量评价系统的基础（图3）。

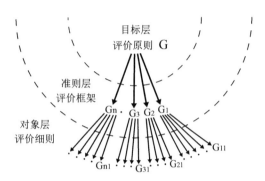

图2　ESGB 与 EEWH 树型层级结构示意

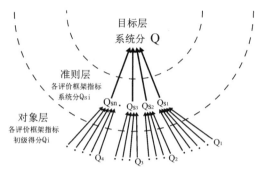

图3　ESGB 与 EEWH 定量评价分值换算过程示意

以评价学的相关研究①⑤为基础并结合绿色建筑评价的特点，引用、修正与补充归纳得出 ESGB、EEWH 主要采用了以下八种定量化方法量化"评价终端"，如表1所示有分类法、分节—合并法、直接评分法、多选一认定法、区间赋分法、公式法、人工认定法和综合法。其中"分类法"与"分节—合并法"是辅助方法，不能直接使用获得量化赋值（表2）。

ESGB、EEWH 评价终端量化方法概念界定　　　　表1

量化方法	含义	特点
分类法	根据不同评价类型，选取几种平行评价规则中的对应一种	辅助下列五类方法，不可直接评分
分节—合并法	对于抽象、边界不清的定性变量，将其分解为一系列可操作变量，逐一量化后再求和得到该定性变量的量化赋分⑤	
直接评分法	根据案例的定性属性或符合特殊条件与否主观给出量化值⑥	
多选一认定法	多条条文，只要符合其中任意一条即可获得相应赋分	可直接评分
区间赋分法	先建立某定量属性值区间与赋分的——对应关系，再以评价案例属性值所属区间间接确定赋分	
公式法	以公式规定各定量因子的换算规则以获得赋分	
人工认定法	给予一定的赋值区间（即有最高阈值），人工判定得分	
综合法	上述两到多种量化方法的结合	

ESGB 评价终端赋分方式类型　　　　表2

	适用条件	赋分方式	得分值	量化方法
一条条文评判一类性能或技术指标	不需要根据达标情况不同赋以不同分值	固定值赋分	0分或固定分值	直接评分法
	根据达标情况不同赋以不同分值	递进赋分或采用列表（递进档次多）	根据档次取值	区间赋分法
	针对不同建筑类型或特点分别评判	分类赋分（依据各种类型、特点按款项分别赋以分值）	各款、项得分取其一	分类法 直接评分法（区间赋分法）
一条条文评判多个技术指标	不需要根据达标情况不同赋以不同分值	固定值赋分	得分为各款或项得分之和	分节—合并法 直接评分法
	根据达标情况不同赋以不同分值	递进赋分或采用列表（递进档次特多）	得分为各款或项得分之和	分类法 分节—合并法 区间赋分法

2.2　ESGB 评价终端定量赋值方式梳理

ESGB 虽按评价程序表征将评价变量的量化评价方式梳理为五种类型⑥，但其实质可归纳为两种直接定量方法（直接评分法、区间赋分法）与两种辅助定量方法（分类法、分节—合并）共四种方法的其中一种或两种以上组合。

将 ESGB 中所有对象层所有评价细则，即评价终端采用的定量化方法梳理如表3，印证了上述结论，且从各类方法的占比例可知，ESGB 评价终端采用了"直接评分法"（包括与其他方法的组合使用）的比例高达 61.1%，其次为区间赋分法，其使用率（包括与其他方法的组合使用）为 21.9%。由此可得出结论：

量化方法		评价变量	数量	占比
直接评分法		声污染控制、无障碍设计、生态补偿措施、体形（朝向）等优化设计、空调冷（热）源机组能效、供暖和空调系统效率、过渡季节能耗控制、照明系统节能措施、电梯（自动扶梯）优选节能、排风能量回收系统、蓄冷蓄热系统、余热废热利用、结构体系优化节材、预拌混凝土现浇、专项声学设计、主要房间良好户外视野、一氧化碳检测装置、降尘措施、降噪措施、设计变更控制、机电系统综合调试、维护结构热工性能优化、空调冷（热）机组能效优化、分布式热电冷联技术、卫生器具节水效率优化、低资源消耗（环境影响）建筑结构、空气处理措施、空气污染物浓度控制、技术经济分析、废弃场地建设或旧建筑利用、建筑碳排放计算分析	31	28.7%
区间赋分法		地下空间开发、雨水外排总量控制、空调（供暖）系统能耗减低幅度、照明功率密度值、可再生能源利用、建筑平均日用水量优化、超压出流现象控制、高用水效率器具、其他用水节水技术、非传统水源冷却水补水、建筑形体优选、可再次利用隔断（墙）、工业化预制件、本地建材使用率、预拌砂浆使用率、室内噪声级控制、可调节遮阳比、独立可调节空调末端、预拌混凝土损耗控制、工具式定型模板使用率、BIM 技术应用、资源节约环保健康措施	22	20.3%
综合法	分节—合并法；直接评分法	光污染控制、公共交通便捷性、停车设计优化、绿色雨水基础设施、绿化方式优化、部分空间能耗优化、节能型电器设备、管网漏损控制、用水计量装置、公共浴室节水、空调节水冷却技术、雨水利用设施景观设计、整体化厨卫、耐久（易维护）装饰建材、噪声干扰控制、气流组织优化、室内空气质量检测系统、施工节能与检测、施工节水与检测、绿色建筑重点内容实施、施工建筑耐久性控制、一体化施工、物业机构管理体系认证、操作规程（应急预案）完善、管理激励机制、绿色教育宣传机制、公共设施定期检查（调适）、空调通风系统定期检查（清洗）、非传统水源品质记录、智能化系统、信息化物业管理、无公害病虫防治技术、树木移植（栽种）成活率、垃圾收集站卫生控制、垃圾分类收集（处理）	35	32.4%
	分类法；直接评分法	高耐久建材使用	1	0.1%
	分类法；分节—合并法；直接评分法	场地风环境、节水灌溉	2	0.2%
	分节—合并法；区间赋分法	围护结构热工性能、可再利用建材、房间隔声性能、天然采光效果、废弃物减量化（资源化）率、钢筋损耗控制、热岛效应控制	7	0.6%
	分类法；区间赋分法	土地集约利用、公共服务便捷性、可开启外窗（幕墙）、一体化设计、废弃物再生建材、主要房间采光系数	6	0.6%
	分类法；分节—合并法；区间赋分法	绿化用地配置、非传统水源使用、高强度建材使用率、自然通风效果优化	4	0.4%

注：ESGB 评价终端（细则）指标共计 108 项，本表中最后一列为各类评价方法占指标总量比率（精确到小数点后一位）

ESGB 主要使用直接评分法作为其定量评价系统的定量化方法，该方法的优点是直接简明，可操作性强，但缺点是随意性过大，即科学性与准确性较差[⑤]。ESGB 大量使用直接评分法，是为了适应 ESGB 初步引入定量评价系统的初级阶段以及基本国情的需要，但其科学性仍有待提升。

2.3　EEWH 评价终端定量赋值方式梳理

EEWH 中并未说明其采用评价因素量化赋值方式种类，但通过表4 的梳理可知，主要采用了六大方法及其组合：直接评分法、多选一认定法、区间赋分法、公式法、人工认定法、分类法。其中 EEWH 评价终端采用了"公式法"（包括与其他方法的组合使用）的比例高达 63.8%，而其他的评价方法，如直接评分法、区间赋分法、人工认定法的使用率分别为 12.0%、9.6%、10.8%，使用率较低且分布较为均质。

2.4　ESGB、EEWH 评价终端定量赋值方式比较分析

以上述分析结果为基础，梳理比较 ESGB、EEWH 对评价终端采用的定量化方法类型数量和频率差异，如表5。其中蓝色部分示意为直接量化方法（可直接定量化赋分）及其使用率，灰色部分示意为辅助量化方法（不能独立定量化赋分，需结合直接量化方法）及其使用率。可比较分析得出以下结论：

1．对定量化方法类型数量，相较 EEWH，ESGB 采用的定量化方法种类较少，尤其体现在直接量化方法数量差异，即相比于 EEWH 使用了 5 种直接量化方法，ESGB 仅使用 2 种。为配合较少的直接量化方法，以适应复杂的评价系统，并精简篇幅。相比 EEWH，ESGB 使用了更多的辅助量化方法，在精简文字表达的同时，增强评价方法对复杂指标的适应性。

2．对定量化方法类型匹配异同，ESGB 的"分解—合并法"在 EEWH 中无对应，而

特邀评委点评

文章以两岸绿色建筑评价系统的终端评价指标的赋值方法比较为研究目标，提出对端量因子的赋值思考，对评价体系末端因子赋值方法的总结与比较相对系统。评价目标最终结论是由其对应的评价准则层、次级准则层等逻辑层次以及端量评价因子共同组成，且随着逻辑层次顺次展开，其赋值影响呈逐渐递减状态。再则，评价体系本身是由定量与定性要素共同组成。其中，涉及定性因子定量拆解再定量差异化评价，主观评价一直存在。因此，端量因子的不同赋值方法对应的赋值精准度对于评价总目标的影响稍有差异，但影响不大。

丁建华

（清华大学建筑学院，工学博士、博士后，助理研究员，主任工程师）

EEWH 中的"公式法"、"人工认定法"、"多选一认定法"在 ESGB 中无对应。而两套系统都采用了"直接评分法"、"区间赋分法"、"分类法"。

3. 对定量化方法使用频率，ESGB、EEWH 分别侧重使用直接评分法与公式法，对应使用率分别为 61.4%、63.8%。

EEWH 评价变量（评价细则）量化方法一览表

表4

量化方法		评价变量	数量	占比
公式法		总绿地面积比、立体绿网、自然护岸、生态小岛、混合密林、杂生灌木草原、生态边坡（生态围墙）、浓缩自然、乔木歧异度、原生（诱鸟诱虫）植物采用率、复层绿化采用率、道路眩光、邻地投光（闪光）、建筑顶层投光（天空辉光防治）、广场（停车场）障碍、道路沿线障碍、横越道路障碍、基地绿化 CO_2 总固定量计算值、绿色建筑绿化 CO_2 总固定基准值、绿地（被覆地、草沟）保水量、透水铺面设计保水量、花园土壤雨水截留设计保水量、储集渗透空地（景观储集渗透水池设计）保水量、地下储集渗透保水量、渗透排水管设计保水量、渗透阴井设计保水量、渗透侧沟保水量、基地保水指标基准、水平遮光开窗日射透过率、建筑外壳节能效率、空调节能效率、能源（送风、送冰水、冷却水塔）系统设计功率比、能源（送风、送冰水、冷却水塔）系统节能效率、其他总系统节能效率、室内照明系统节能效率、主要作业空间灯具效率系数、主要作业空间照明功率密度加权系数、轻量化系数、耐久化系数、再生建材系数、工程不平衡土方比例、施工废弃物比例、拆除废弃物比例、施工空气污染比例	44	53.0%
区间赋分法		玻璃透光率、自然采光性能、防眩光格栅（灯罩）使用率、（可自然通风空间）自然通风潜力、（密闭空调居室）新鲜外气供应率、装修量、绿色建材使用率、其他生态建材使用率	8	9.6%
直接评分法		不落地清运系统、厨余收集再利用设施、厨余集中收集设施、落叶堆肥再利用系统、垃圾前置处理设施、专用垃圾集中场、景观化垃圾集中场、垃圾分类回收系统、密闭垃圾箱、垃圾集中场卫生	10	12.0%
人工认定法		生物廊道、其他小生物栖地、表土保护、有机园艺（自然农法）、厨余堆肥、落叶堆肥、其他保水设计、其他环保天然建材、垃圾处理环境改善规划	9	10.8%
综合法	分类法：公式法	水平遮光开窗日射透过率基准、送风功率、形状系数、大便器节水、小便器节水、公共使用水栓节水、浴缸（淋浴）节水、雨中水设施（节水浇灌系统）节水、空调节水	9	10.8%
	多选一认定法：区间赋分法	外墙（分界墙）音环境、窗音环境、楼板音环境	3	3.6%

注：EEWH 评价终端（细则）指标共计 83 项，本表中最后一列为各类评价方法占指标总量比率（精确到小数点后一位）

ESGB、EEWH 评价终端定量化方法类型与频率比较

表5

评价系统		定量化方法类型与使用频率					
ESGB	使用频率	61.4%	21.9%			1.3%	33.6%
	方法类型	直接评分法	区间赋分法			分类法	分解—合并法
EEWH	方法类型	直接评分法	区间赋分法	公式法	人工认定法	多选一认定法	分类法
	使用频率	12.0%	9.6%	63.8%	10.8%	3.6%	10.8%

注：涉及复合量化方法时，每种量化方法各计算一次，故本表评价系统使用定量化方法求和不为 1

3 结论与讨论

通过上文的梳理得出 ESGB、EEWH 评价终端定量化方法类型差异以及使用倾向差异。同时 ESGB、EEWH 使用的定量化方法本身在量化程度与科学性上也存在"度"的差异。（由于辅助量化方法，并不能直接量化定性指标，暂不探讨）梳理如表6。

ESGB、EEWH 直接量化方法特点比较

表6

量化方法	量化程度	科学性	复杂指标适应性	单一条文涵盖评价维度数能力	表达精简性	表达方式
人工认定法	弱	弱	强	中	强	文字描述表达为主
直接评分法	弱	中	弱	弱	弱	
多选一认定法	弱	中	中	中	弱	
区间赋分法	中	较强	中	中	中	数据列表公式为主
公式法	强	强	强	强	强	

上述定量化评价方法中，人工认定法较为特别，因其直接由人工主观认定，其主观随意性较大，故认定其量化程度与科学性较差。该方法在 EEWH 中使用时需由设计者提出设计图与计算说明并由专家组成的评定委员会认定[7]。且人工认定法在 EEWH 中的运用，还附加有一定的得分阈值，即最高分设定，以进一步控制人工主观性的影响。

人工认定法之所以有其存在的价值，是因其有弥补评价系统不全面的缺陷的作用。"无论多严谨周全的评估方式，都不能网罗一切

优良的绿色建筑巧思，因而必须为一些良好的绿色建筑技术与创意，预留一些弹性的评估空间，以弥补现有系统的不足。"⑩EEWH 中采用人工认定法的"其他小生物栖地"、"其他保水设计"与"其他环保天然建材"等评价细则（"评价终端"）以其他开头，即为 EEWH 中并未涵盖但对环境有实质良性效应相关的设计，留有量化评价加分的可能。

需要阐明的是，ESGB 中虽然设立了"提高与创新"评价框架，其中对于"创新"⑪的相关评价出发点也为鼓励有实质环境良性效应的设计创新，但其采用的是直接评分法，该方法的实质是二态化方法，即对评价指标按取值情况做"二态化"处理，其取值只有两种状态"0"与"1"，1 表示"是"而 0 表示"不是"⑫，换言之该量化方法下定量赋值，只有"获得"与"不获得"相应赋予两种选择，选择较少，适应性较差。换言之，相比于 EEWH 人工认定法的评定赋分过程（赋予一定取值区间，再结合专家评分法酌情给分）。对于"创新设计加分"相关评价，直接评分法适应性较差。

因人工评价法的特殊性，暂不纳入讨论。除人工评价法之外，ESGB、EEWH 采用的定量化方法，依据表 6 中多个维度的比较分析梳理，其量化评价成熟度与阶段（量化评价深度、科学性、效率等）的递进过程如图 4。即从直接评价法到区间赋分法与多选一认定法再到公式法是一个量化评级程度逐步深化和成熟的过程。即相比于直接评价法的初级阶段，公式法为定量评价的高级阶段。以此为基础，结合表 5 中 ESGB、EEWH 评价终端定量化方法选择的侧重，可得出以下结论：

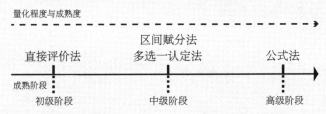

图 4 ESGB、EEWH 主要定量化方法量化程度与成熟度阶段示意

ESGB 的定量化评价还处在初级阶段，使用量化程度较低的直接评价法与区间赋分法，且主要使用量化程度和成熟度最低的直接评价法（表 5），其使用率高达 61.4%。而 EEWH 虽然使用了包括量化程度和成熟度从低到高的各类方法，但主要使用的高级阶段的"公式法"，其使用率也高达 63.8%，相比于 ESGB，EEWH 的定量化评价已发展到了高级阶段，这与其自 1999 年发展至今，并已历经了 7 次修正⑬的事实相匹配。

上文已从理论解析上论证了"直接评分法"、"区间赋分法"、"公式法"在量化程度和科学性等上的递进程度差异，并明确了 ESGB、EEWH 分别主要使用"直接评分法"与"公式法"。以上述结论为基础，本研究论证出 ESGB、EEWH 两套定量评价系统在量化阶段上的程度差异（分别为初级阶段与高级阶段）。为进一步论证 ESGB、EEWH 定量评价系统所处量化阶段的基本差异，采用案例研究的方式，从实例角度论证 ESGB、EEWH 分别主要使用的"直接评分法"与"公式法"在量化程度和科学性等维度的阶段性差异。故选取 ESGB、EEWH 共同涵盖的"原生植物与复层绿化"评价终端为样本进行案例研究。对于"原生植物与复层绿化"评价终端，ESGB 分别采用"适应在地气候与土壤条件植物；复层绿化"与"原生或诱花诱虫植物采用比例"、"复层绿化采用比例"评价终端进行评价（表 7）分析可得以下结论：

①评价结果的区分度差异，案例中的直接评分法，往往先采用定性描述，如"种植适应当地气候和土壤条件的植物"；"采用乔、灌、草复合绿化"，再确定评价案例是否符合这种定性描述，只要符合就可得分。

上述操作有着较好的可操作性，但这种评价没有程度概念，"种植"或"采用"了即可得分，但"种植"或"采用"的多与少（程度概念）并不对评价得分构成影响。

这种情况下，直接评价法在对"程度"的区分度上完全失效，但很显然，"种植"

作者心得

求真求实、点滴积累——比较研究 ESGB 与 EEWH 的几点感悟

最初接触到 EEWH 和对其产生研究兴趣，是在台湾地区做交换生期间。当时，无论在课堂还是讲座中，EEWH 这个概念都被老师和学者们反复提及。抱着了解一下台湾地区的绿色建筑究竟有什么不一样的想法，我参访了一批获得 EEWH 认定的优秀绿色建筑。

感触最深的是参访台北市立图书馆北投分馆（北投图书馆）的经历。其建筑物本身因采用全木质结构与构造已颇为独特，但在我看来，其最吸引人的地方不在于建筑本身，而是建筑物对于周边环境的谦和态度与周边环境的原生态化。其谦和态度主要体现在建筑完全藏匿于周边植被之中，以至于常被经过的路人忽略。而建筑周边的原生态化环境竟让我忘记了我处在都市之中，而误以为身处森林深处。更可贵的是这种良好的生态环境不仅仅只为表层的人类视觉服务，而是真正地提供给了各类生物宝贵的栖息场所，因为期间我目睹了野生松鼠在图书馆周边的树丛中穿梭。

结合对于 EEWH 的研究，这些参访的经历让我深刻意识到了 EEWH 是如何真诚地、真实地和落地地指导一批接近绿色建筑本质的建筑实体的落成。对此，我主要的感悟如下：

1. 求真求实。对绿色建筑的理解不能只停留于表面，要挖掘其深层意义，并用于指导实践。同时，不能停留于表面光鲜的正确口号，需要考虑各类复杂的具体情况，并提出可落地的指导。

2. 点滴积累。逐步积累定量化评价的经验和建立相关数据库，尽管这个过程烦琐而枯燥，但只有通过这条途径我们才能真正地接近绿色建筑的本质。

对于求真求实，北投图书馆就是很好的案例。因为在 EEWH 的理解中，承载人类文明的生态基础是可持续发展（更是绿色建筑）的根本，因而"生物多样性"的评价内容在 EEWH 中占据了最大的篇幅。正是基于 EEWH 对绿色建筑概念的深入理解（参见"中国大陆与台湾地区绿色建筑评价系统评价指标比较研究"，《建筑学报》2015 年 10 月刊），并力求其真实地反映于建筑实体中，才有了北投图书馆的谦和态度与其周边环境的原生态化。

而对于点滴积累，主要针对"定量化"评价程度的提升，而这也正是本文所提倡的主要观点：定量化评价是接近绿色建筑本质的主要途径，因而需要对此引起足够重视和投入充分努力。相比于口号式的主观评价，这一过程烦琐而冗长，需要点滴积累逐步提升，比如需要逐步将可定量化的评价内容，采用最为贴近其特定的定量化评价方式量化评价。同时为了确保定量评价的真实性，数据库的完善与建立刻不容缓，因为没有数据库的支持，再有效的定量化评价方式也不能得出接近真相的评价结果。

张翔

或"采用"程度不同的植物量或节能设备量对于绿色建筑本身的环境良性效应影响是巨大的。一方面使得评价缺乏准确性和科学性，另一方面也使得业主在"程度"概念上得不到充分激励，而选择"面广而量少"，即各类措施都采用，但采用量很少，因为只要采用了就能得分，出于经济性的考虑，将削弱业主投资的积极性。

但公式法可以通过数理计算的方式，得到一个连续变化的定量值。该定量值的连续性一方面符合了"绿色建筑"这个程度概念的本质，另一方面，也提升了各类措施采用"程度"在评价结果的显示度和区分度，从而提升评价科学性和准确性并给予业主积极的激励。

②直接评价法纳入的评价因子较少，且无法界定这些因子之间的相互影响作用关系，如对于原生植物与复层绿化的相关评价，ESGB采用的描述为"种植适应当地气候和土壤条件的植物"；"采用乔、灌、草复合绿化"是单纯的"概念"描述，并未能继续操作化为相应影响因子。而EEWH采用公式法，则将上述概念操作化为"某种乔木的棵数"、"某种原生或诱鸟诱蝶乔木的棵数"、"乔木种类数"、"原生或诱鸟诱蝶乔木种类数"、"总绿地面积"、"复层绿化绿地总面积"一系列定量因子，这些因子往往是评价案例的客观属性，通过建立单个因子间的相互影响规则，而换算得到"评价终端"的定量值。因因子多为案例的客观属性值，由此换算得到的"评价终端"得分将更具有客观性，换言之，公式法更具备客观性。

相比之下，直接评分法因缺乏客观数据，多为概念描述，难以避免主观的较大影响，其评价的主观性较大。

③相关学科基础研究和基础数据库的建立对于公式法的重要性。公式法得以实施的重要基础为相关学科的基础研究和基础数据库的建立，如对于"原生或诱鸟诱蝶植物"的界定，台湾地区已有相关基础研究作为支撑。如《应用于绿建筑设计之台湾原生植物图鉴》与"台湾野生植物资料库"等，相关经验值得大陆地区ESGB以借鉴。

ESGB、EEWH原生植物与复层绿化"评价终端"定量化方法比较分析　　　　表7

评价内容	评价系统	评价末端	评价出处	评价方法	评价规则	评价规则说明	得分情况	因子含义解析
原生植物与复层绿化	ESGB	在地适应性植物、复层绿化与植物生长覆土要求	ESGB 4.2.15条（节地与室外环境框架指标）	直接评分法	同时满足"种植适应当地气候和土壤条件的植物"；"采用乔、灌、草复合绿化"；"种植区域覆土深度各排水能力满足植物生长需求"三项得3分	需同时满足上述三项才能得分，否则不得分	0分或3分	—
	EEWH	原生或诱鸟诱蝶植物绿化	EEWH植物多样性指标（生物多样性框架指标）	公式法	$Xa=5 \times \dfrac{\sum\limits_{i=1}^{n'} Nt'}{\sum\limits_{i=1}^{n} Nt}$	采用公式计算得分	0~5分	Xa：原生或诱鸟诱蝶植物绿化得分 Nt：某种乔木的棵数（株） Nt'：某种原生或诱鸟诱蝶乔木的棵数（株） n：乔木种类数 n'：原生或诱鸟诱蝶乔木种类数
		复层绿化			$Xh=20 \times \dfrac{Ah}{Ax}$		0~6分	Xh：复层绿化的分 Ax：总绿地面积（m^2） Ah：复层绿化绿地总面积（m^2）

4　完善建议

1. 对于创新加分等评价，采用人工评定法，赋予一定的取值区间（即设定阈值），并给予较严格的认定流程，尽可能的结合专家评分法（德尔菲法，Delphi）以降低主观性对于评价结果的影响。

2. 使用公式法定量化评价涵盖复杂因子且因子之间作用关系复杂的复杂评价指标，同时为配合公式法使用，应加强相关基础研究，建立与完善相关基础数据库。

注释：
①苏为华. 综合评价学 [M]. 北京：中国市场出版社，2005：32.
②邱均平等著. 评价学：理论·方法·实践 [M]. 北京：科学出版社，2010：138.
③刘加平等编著. 绿色建筑概论 [M]. 北京：中国建筑工业出版社，2010：9.
④刘仲秋，孙勇主编. 绿色生态建筑评估与实例 [M]. 北京：化学工业出版社，2012：71.
⑤苏为华. 多指标综合评价理论与方法问题研究 [D]. 厦门大学，2000.
⑥ GBT 50378-2014，绿色建筑评价标准 [S].
⑦"内政部"建筑研究所编辑. 绿建筑评估手册（基本型）[M]. 第二版. 新北市："内政部"建研所，2014：16.
⑧苏为华. 统计指标理论与方法研究 [M]. 北京：中国物价出版社，1998：246.
⑨张翔，王雪松. 台湾地区EEWH绿建筑评价系统"生物多样性"评价指标演进研究 [J]. 建筑与文化，2015(03)：165.

杜娅薇

（武汉大学城市设计学院 硕士二年级）

基于文脉与可持续生态的国际绿色建筑设计竞赛获奖作品评析

Based on Context and Sustainable Ecology Analysis of International Green Architecture Design Competition

■摘要：在环境与能源问题非常突出的今天，绿色建筑设计正在通过各种方式不断地积极参与到解决环境问题的行列中。其中，国际绿色建筑竞赛的作品以其前瞻性的视角、创造性的设计方式提出多元化的解决方案，展示出呼应场地原初文脉、体现环境特色的设计成果，是绿色建筑创新设计的缩影。本文充分收集整理与分析 2006 ～ 2015 年十年间国际绿色建筑设计竞赛优秀作品，归纳总结相关设计理念与设计语汇，为未来绿色建筑的发展趋势提供有益的探索。

■关键词：国际绿色建筑设计竞赛　文脉　地域性特点　系统式设计　可持续生态　创新语汇

Abstract：Green architecture designs actively participate in solving environmental problems today. International green architecture competition also contribute to answering the environmental problems with its forward-looking perspective and creative design approach demonstrating the original context, reflecting the local environment characteristics. Varieties of design solutions showing advanced design concept and innovative design vocabulary appeared in international competition. In this paper, fully collected and analyzed the decade between 2006-2015 International Green Building Design Competition outstanding works, summarize their design concepts and design vocabulary which help to promote future green architecture design process and prospects its future developing trend.

Key words：International Green Architecture Design Competition；Context；Regional characteristics；System design；Sustainable Ecology；Innovative design vocabulary

引言：

随着绿色建筑的不断发展，全世界的设计师们投入更多精力在实践建筑的低能耗与可持续发展进程中，取得了丰富的成果。在建筑实践中，绿色建筑设计往往受到一些实际因素的限制，并不能完全表达设计理想。相比之下，在绿色建筑竞赛中，超前的、理想化的设计思想能够更加完整的呈现，设计语言也发挥出更大的自由度。对于这些作品的分析与研究，不仅有益于整体上了解绿色建筑设计的发展方向，而且能够深入了解关于具体问题的解决。

一、国际绿色建筑设计竞赛获奖作品概述

国际绿色建筑设计竞赛是基于实际的场地问题，寻求多元化解决方案的设计遴选过程。在这个集思广益的进程中，来自世界各地的设计师们以前瞻性的设计理念，结合绿色建筑的设计语言，提出契合场地特点的个性化方案。本文在众多国际竞赛中，选取了 2006 至 2015 年十年间影响力强且持续举办的多个国际竞赛[①]的获奖作品为研究对象。例如由瑞士的豪瑞可持续建筑基金会设立的可持续建筑大奖赛，其创办目的是表彰和支持以未来为导向的可持续建筑项目及理念。由企业与地方政府合办的香港 Gift 建筑竞赛，为了鼓励绿色创新科技发展。这些竞赛中，全球设计师参与性强，竞争激烈，高质量作品集中，具有较高的研究价值。同时，国际竞赛获奖作品地域分布广泛、建筑类型多样，为深入了解其内涵提供了较为丰富全面且各具个性的案例样本。在此基础上，进一步分析作品中绿色建筑的创新理念与设计语汇，对推进绿色建筑发展与进步、预测其未来前进趋势都有较强的实际意义。在这些竞赛中，也不乏中国建筑师的身影，可见国内的绿色建筑作品已经与国际接轨。

本文充分收集 2006 到 2015 年间多个国际绿色建筑设计竞赛的优秀作品，分析了解其作品内涵与特色后，选出涵盖多种建筑类型的 12 个作品为主要代表（表1）。这些作品各具特色，展示出不同建筑类型的绿色技术运用策略，表达出各国建筑师对绿色建筑设计的不同理解。下表将从设计理念、绿色技术运用及设计语汇三个方面对这些作品作出概述。

绿色建筑竞赛方案设计概况　　　　　　　　　　　　　　　　表1

项目名称	设计时间	主要设计者	奖项	项目功能及地点	设计理念	绿色技术	设计语汇
Main Station Stuttgart（斯图加特火车站）	2005～2006	Christoph Ingenhoven（德国）	国际竞赛金奖	车站——斯图加特，德国	该项目以回收的城市失地为主题，创造出一个消隐的地下火车站，使得建筑本身成为设计最大的挑战	自然通风配合抽气系统、自然采光、生态能等综合利用，利用建筑形体、构成、系统设计，将多种能源混合使用，创造出低能耗的设计	将建筑体量隐藏在地下，让出更多城市公共空间同时，地下大厅采用自然光照明，用"光眼"构架将自然光引入
Greening the Infrastructure at Benny Farm（施尼农场的绿化）	2005～2006	Daniel Pearl（加拿大）	国际竞赛铜奖	社会住宅——蒙特利尔，加拿大	这个社区的主题是值得探索的城市，利用建筑和景观设计的创新结合，考虑未来的发展与多方利益的协调	自然通风，雨水回收与再利用、再生砖，太阳能等多种技术综合使用	在建筑中集合多种技术，分层的建筑系统与绿色技术相结合，同时考虑建筑运营时各方之间的关系，使得产生多赢并持续发展
Autonomous alpine shelter, Monte Rosa hut（自动式的高山遮蔽小屋）	2007～2008	Andrea Deplazes Studio（瑞士）	国际竞赛铜奖	居住建筑——阿尔卑斯，瑞士	探寻极端条件下的自主供能的小型居住建筑。它在2883米海拔与世隔绝的极端气候条件下运行，表明可持续建筑是可以在任何地方	小屋最复杂的木结构外覆盖着具有集成的光伏发电系统[②]的发光的铝质外壳。建筑90%的能量可以自给自足	建筑利用原有建造经验与新型绿色技术相结合，内部复杂的木构架加上充满现代感的光伏金属铝板创造出科技感十足的造型
Sustainable planning for a rural community（可持续发展规划的农村社区）	2008～2009	Yue Zhang（中国）	国际竞赛铜奖	社区改造——北京，中国	基于北京周边乡村逐步进入城市化浪潮的现实问题，提出面对污染、城市扩张，农田，粮食安全和有限的资源流失的挑战的对策	有效结合文物保护，传统知识，当地的材料，现代的技术和专业的项目管理。同时满足严格的生态和节能目标，考虑未来的发展，为小村物流与基础设施服务做出规划	宏观上，以超前的可持续发展的理念提出整体性规划法案。中观上，以富有时代感且绿色节能的设计策略对农村住宅提出具体建筑方案
Low-impact green field university campus（低影响的绿地大学校园）	2009	Kazuhiro Kojima（日本）	国际竞赛银奖	校园建筑——湄公河，越南	在越南湄公河三角洲绿地大学校园都承认人与环境的需求。以建筑模拟自然环境为主题，倡导建筑、环境与人的和谐共处	在建筑布局之前充分模拟与分析场地自然条件与人的活动，创造出回归自然的室外空间，用电量是通过包括太阳能照明和广泛使用光生伏打电池[③]的巧妙降低，以满足能源需求	通过对于自然的模拟，它不是一个轰烈的结构，该体系结构无缝融合了景观，包括被动式设计[④]，以减少空调和尽可能多的外部阴影空间成为可能。先进的计算机模拟技术与传统的建构技术都发挥出自己的作用
Secondary school with passive ventilation system（被动式通风系统中学）	2012	Diébédo Francis Kéré（坦桑尼亚、德国）	国际竞赛金奖	校园建筑——甘多，坦桑尼亚	以回归传统为主题，充分利用当地的材料与人力资源，以低技术方式实践节能	项目使用传统的建筑材料和技术，并极为重视积极参与当地居民在施工过程中。利用了与低科技手段实现"高科技"的想法	在建筑布局、自然通风、采光、合理绿植等综合技术运用中，降低建筑能耗。通过对当地材料、施工技术的设计整合，提供低技术的绿色节能解决方案，创新与当地丰富的原料带来改变生活的进步

十年间，竞赛作品展现出丰富多样的成果，在此虽不能一一列举，却可以解读与总结其特色。在历年优秀作品中，本文每两年间选取 15 个获奖作品共 75 个作品进行统计，从建筑类型分布、方案场地自然条件情况、作品侧重点三个方面进行深入分析。

从建筑类型方面来看，国际竞赛中绿色建筑作品建筑类型分布较广泛，传统型与新兴建筑类型都被设计师们巧妙地运用到多种绿色设计策略。本文对近十年间作品的建筑类型进行分析[5]，得到以下结果：

居住建筑、校园建筑、办公建筑、展览建筑等常见类型是绿色设计手法普遍运用的地方（图1）。在这些类型建筑中，如何以低能耗、可持续的设计方法进行创新与突破是建筑师们一直致力思考的问题，十年间的积极探索与尝试不断进一步推动新的成果产生。此外，一些与废弃建筑改造、环境治理相结合产生的新作品也是绿色建筑设计中的又一重要类型。从 2006 年开始，建筑师们不断提出激活民生的、科学可行的方案进行环境的改善与提升、变废为宝。随着时间推移，一些关注特殊群体的建筑业加入了绿色建筑国际性思索成果中。还有一些致力于绿色技术分享与体验的展览类建筑也在进行创造性的改良。在绿色建筑的国际竞赛作品中，设计的时代性与探索性并没有受到建筑类型的限制，而是不断突破现状，让更多新思想、新创意融入作品之中。

续表

项目名称	设计时间	主要设计者	奖项	项目功能及地点	设计理念	绿色技术	设计语汇
Urban remediation and civic infrastructure hub（城市整治和民用基础设施枢纽）	2012	Alfredo Brillembourg（巴西）	国际竞赛银奖	城市基础设施及公共服务建筑——圣保罗，巴西	该项目为多功能公共建筑，音乐工厂在圣保罗的贫民区中。该设计巩固土壤、提供基础设施支持、保护当地环境，并且用音乐学校丰富了生活。引入"音乐工厂"主题，从精神生活的层面上打造特色	建筑和景观工作于一个系统，废热被存储在梯田，白天通过混合太阳能电池板发出，水是重复使用的其可用于灌溉（城市农业）和灰水的应用或进一步过滤通过快速的沙子渗透	在对于整体社区充分调研之后，提出关于环境、社区发展、建筑节能的整体方案。将建筑与周边环境统一考虑，形成节能的整体
west forest park art and culture center（西郊森林公园艺术与文化中心）	2013	Roy Zhen（中国）	国际竞赛三等奖	公共服务建筑——贵州，中国	以"景观公园"为主题，景观屋顶融入现有的周边环境中，创造自然景观屋顶的模块式系统实现了最大化的被动式设计	将建筑与自然结合，形成了灵活的暖通空调系统，为游客创造了一个健康舒适的环境	从保护自然和创造自然两方面回应主题，实现了形式与功能的统一
节制的诗意——基于贵州地域性构筑的文化艺术展示中心	2013	郑金达	国际竞赛三等奖	公共服务建筑贵州，中国	"节制的诗意"反映的是设计者对于建筑的态度，吸取原始的、简洁朴实的设计元素，进行发展与变化	在整个建筑体的内外能耗上，将村寨在日常生活中的经验加以利用，用现代的方式进行演绎，实现了形式与功能的统一	建筑群体设计引入传统布局理念，也结合先进德尔绿色技术，将传统的绿色建筑语言与新型语言融会贯通，既取长补短，又有一定的创新性
绿石角	2014	Oscar Tong Hei（香港，中国）	国际竞赛四等奖	办公建筑香港，中国	建筑形式是受港湾和水蚀岩石形态的启发，办公空间通过一个入口小溪被隔断，直通主公共空间	通过建筑体量的变化来提高对于自然资源的利用。以模拟自然的形式，结合自然通风、采光，并在细部设计中进一步极加强	建筑形态模拟自然山水，并且利用造型与绿色技术相结合，一举两得，入口开裂的空间营造了一个奇妙的公共庭院，通过水系与植物将办公空间和实验室进行划分，打造出一种步入未来的感觉
Articulated Site Water reservoirs as public park（铰接式场地——水库作为公共公园）	2015	Mario Fernando Camargo Gómez（哥伦比亚）	国际竞赛金奖	公共服务建筑麦德林，哥伦比亚	"铰接式"即多种场所在此碰撞，利用场地现有资源打造出人与环境双赢的设施。将原有水库，其中两个巨型水箱已被换成新的水利基础设施的公共场所该项目中心	通过对于废弃构筑物的再设计与利用，产生了新的城市公共空间，树立了积极的设计典范，解决环境问题并积极利用能源。从环境的破坏者改造成环境的协调者	材料的再利用、风能、光能、生物能系统性的配置，积极降低能耗，改善环境问题
Post-War Collective（战后集体图书馆）	2015	Milinda Pathiraja（斯里兰卡）	国际竞赛银奖	公共服务建筑斯里兰卡	继 25 年的内战，年轻的士兵重返社会为斯里兰卡面临的巨大挑战之一。该项目将有可能治愈集体创伤，建立劳动力，促进可持续发展和加强社会关系	面对社会问题，该项目把设计本体与建造过程相结合，使得军人本体参与到建设中，用多种低技术打造高品质。当地材料、自然采光、通风等多种技术结合，人工打造出节能建筑	细长的建筑轻轻坐落在风景和环绕的内庭院，交叉通风和采光的充分利用，夯土墙和再生材料降低了成本并加强了生态足迹

283

从方案选址方面来看，国际绿色建筑设计竞赛作品兼顾多种场地条件，并非一味执着于极端场地条件下的绿色建筑设计，而是真正地做到回应地域原初环境特点的设计。本文根据项目选址的自然环境条件分为四档绘制出场地情况分布统计图，如图2所示⑥：

虽然极端自然环境条件的选址有利于凸显建筑师的设计智慧，但这绝不是绿色建筑设计的唯一关注点，自然条件优良的区域一样需要可持续发展的节能策略。在国际竞赛中，不同自然条件场地都有涉及且分布并无明显的差异，可见绿色建筑的设计方法是可以应用于不同自然条件的，而因地制宜可持续生态设计才有益于未来的发展。

从方案设计侧重点方面来看，在这些国际竞赛作品中，往往有一些共有的突出的特点，有的是设计者充分体现的作品主旨，有的是作品解决的重要场地问题，有的是绿色技术新型运用方式。经过仔细的读图与分析过程，本文总结出每个时间段获奖方案中较为突出的五个特点，并依据每个作品对该特点的涉及程度绘制成图3⑦：

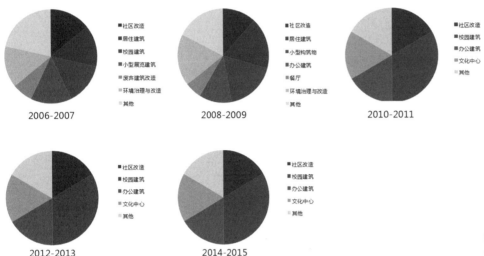

图1　2006−2015年间国际绿色建筑竞赛获奖作品建筑类型分布

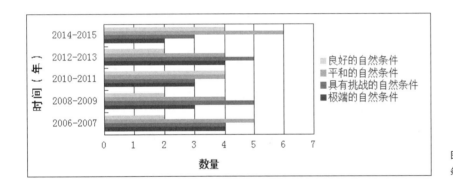

图2　2006−2015年间国际绿色建筑竞赛获奖作品场地自然条件情况分布

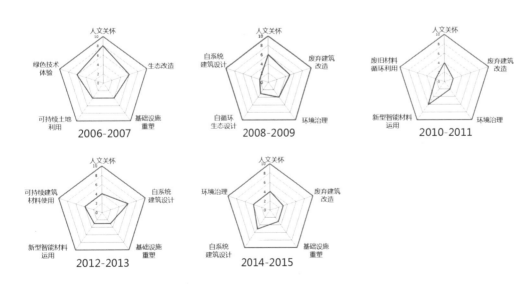

图3　2006−2015年间国际绿色建筑竞赛获奖作品侧重点统计

这些作品在每个时间段侧重点内容略有不同，其中"人文关怀"与"回应地域特性"两大特点是自始至终的。从关注场地地域文化背景、人群需求的方案到激活当地社会文化生活的设计，都是以不同的途径进行人文关怀。相似地，从提出适应地域自然环境与提升基础设施的方案到用新的思路绿色更新废弃场地，都是对应场地地域特点因地制宜的结果。而"新型智能材料的运用"、"综合系统式设计"之类的等技术性的突破也是层出不穷。此时，建筑设计的意义早已超出了其本身承载的物质性的功能，而是充满对精神上关怀与对未来可持续发展的追求。

二、基于文脉与可持续生态的绿色建筑设计理念

国际竞赛的多个作品中，绿色建筑设计方法总是围绕着一个既定的主题，即该设计的理念。这个理念可以是方案中设计亮点的集中概括，也可以是突出方案主要解决的问题。理念使得设计语言较为集中地、统一地为既定目标服务，使得设计条理更加清晰，目标更加明确。

经过分析与总结，这些竞赛作品的设计理念与设计语汇一般有着强烈的相关性。对设计理念的正确理解，也有利于宏观地把握设计的整体构思（图4）。当然，也存在一些设计理念与设计语汇呈弱相关性的情况。例如在圣保罗以"音乐学校"为主题的居民基础设施方案，其整个设计主要对环境与文脉作出了积极回应，音乐主题是超越现实层面提出了理想化、探索式主题，与设计语汇关系相对较弱，但是一样体现了设计师对于场地人文、自然的关怀与思考。

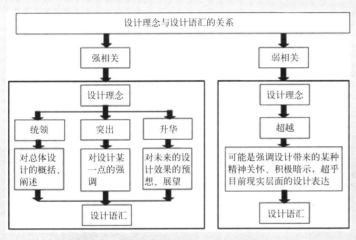

图4　绿色建筑竞赛方案设计理念与设计语汇的关系

（一）模拟自然形态的理性表达

在绿色建筑设计中，向自然学习并不是新的主题，但是科学、理性地向自然学习是新的努力方向。在建筑模拟自然的过程中，不再是"虚有其表"，而是真正的绿色建构，为未来可持续发展进行铺垫。办公建筑"绿石角"（图5）、"绿毯"（图6）、"播种建筑"等都是以模拟自然形态为主题，通过计算与模拟生成适宜的建筑形体，形体设计考虑雨水收集、日照、自然通风等多种因素，最终达成兼具科学绿色建构与自然美学的方案。

图5　绿石角方案

图6　绿毯方案

（二）回应地域环境的可持续设计

在绿色建筑设计中，呼应地域生态可持续发展的建筑设计日益增多。建筑师根据地域气候、环境等特点，做出与基地特征相适应的积极设想。在改造水库作为公共公园、利用地形保持社区水资源（图7）、甘多的被动式通风系统中学等方案中，设计者并不是强行改造地域不良环境条件，而是充分利用现存地理地势特点，注入积极适宜的改造策略，从而得出突出地域特色的设计结果。

同样的，在重新解读地域建筑材料与建构方法的基础上，设计师们以低技术达到高节能性的目的。例如斯里兰卡的战后集体图书馆、贵州文化艺术展示中心、竹子建构的学校（图8）等作品中，设计师结合场地现状，对传统被动式建筑设计方法进一步改良，在不断发展创新的同时，充分结合地域原始生态资源，使得建构过程也同样体现可持续的理念。

图7　保持水资源的社区设计

图8　竹子建构的低能耗学校

（三）关注文脉的拓展性探索

获奖作品的在创作之初，往往对当地的文化背景与使用者需求有着真正深入的调研与思索，这样在之后的设计过程中才能更大程度实现使用者诉求的理想空间。在中国老宅改造（图9）中，这种文脉关注体现在对历史的尊重与对现在生活的双方面考虑。在拉斐尔社区改造（图10）中，根据不同文化需求采取差异性的空间设计是对文化的敏感的巧妙处理。在很多方案中，对于在地的文化、使用者的尊重都被摆在重要的位置，使得设计作品细致入微地体察地域民情，设计集合智慧成果同时饱含着对当地文脉连续性的关怀。

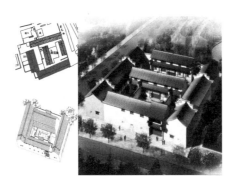

图9　中国老宅改造

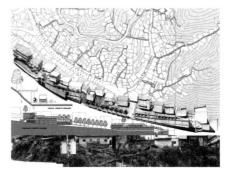

图10　拉斐尔社区改造

三、兼容并蓄的绿色建筑设计语汇

绿色建筑竞赛作品中有许多新的设计手法，本文主要从整体和局部两个层面来阐释这些绿色建筑竞赛作品中的设计亮点。在整体层面上，综合性的绿色技术应用策略是许多方案的共同点。不同于先进行建筑设计、再进行绿色技术添加的设计模式。这些方案从设计的开始，就将设计范围视为一个综合性利用绿色技术的整体，从而进行整体性、综合性的绿色设计。在局部层面上，有设计体量上的不断思考与推敲，也有构件的创新与创造。

（一）整体系统性的绿色设计拓新语汇

1. 建筑与环境呈系统式的整合策略

在优秀的竞赛方案中，综合性的运用绿色技术结合建筑艺术是新的设计语汇。在甘多的被动式通风系统中学方案中，建筑的被动式技术设计主体不仅是建筑本身，而是结合了建筑周边的土壤、植被等环境因素，充分利用土壤的蓄热性能、植被的降温能力，将被动式技术在场地范围能发挥出更大的能效（图11）。建筑群体布局结合地势，局部立面结合植被景观，形成朴素的、生动的造型。相似的，在圣保罗的"音乐学校"中，建筑与周围的景观呈现出一个一齐运作的绿色节能系统，能够有效地处理湿、干的季节周期的变化情况（图12）。各种能源的利用采用整体综合式的计算与筹划机制，使得建筑形体的生成更加理性、节能。在斯图加特火车站方案中（图13），建

图11 甘多的被动式通风系统中学方案

图12 圣保罗的"音乐学校"方案

图13 斯图加特火车站方案

筑与地下环境、地表空间形成的集合体中，建筑设计结合绿色技术成功地使这个设计成为一个低能耗的设计。设计师提供横跨建筑、规划、景观设计等学科的综合式的方案。整体造型上依旧不落俗套，使得设计更加细腻生动。

2. 建筑自系统式的塑造手法

竞赛作品中，尤其在比较复杂的建筑群体中，绿色技术的运用也是以整个建筑群体为主体，提出整体性的设计策略。湄公河的低影响的绿地大学校园方案中，建筑师以模仿自然形体为主题，通过软件的分析与模拟，得到了有利于自然采光、通风，适宜室外活动的建筑群体布局，自由曲线式的布局形态灵活、富有美感，同时也满足理性绿色设计原则（图14）。由此看来，绿色建筑设计策略并不会阻碍方案发挥自由创意，而是可以通过科学的模

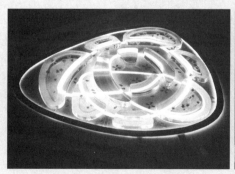
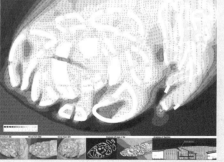

图14 湄公河低影响的绿地大学校园方案

指导老师点评

该论文从建筑设计语言的角度，以绿色及可持续设计竞赛为对象归纳总结了建筑师可以采用的"设计节能"等的方法。这个研究对象的选择较为新颖，可以帮助读者了解世界范围内对绿色建筑的思考和探索。建筑设计竞赛相对实际工程项目而言，受到的限制条件较少，因此在设计方法、概念、思路上具有创新性、前瞻性和探索性，能够更好地启发创作思路；同时绿色建筑设计竞赛在种类和持续时间上都已有一定的积累，论文选取了十年的设计案例，能够提供足够的样本进行分析。

文章的一个重要工作是分别归纳了从建筑整体设计、局部设计到细部设计所能够采取的"绿色建筑设计语汇"，实际上也提供了一种绿色建筑设计方法的参考，通过大量设计案例明确了绿色技术与建筑设计之间的关系。其中通过对竞赛场地条件的归纳，发现不同情况的自然条件都可以使绿色建筑设计能够有效发挥作用，而非一定要极端自然条件。这扩大了对气候适应性建筑语言使用范围的认识。

文章通过归纳发现了一个值得注意的现象，在所调研的绿色建筑设计竞赛中，都体现了设计的"人文关怀"。这本是建筑设计应有的特质，但也说明在强调"绿色技术"的建筑设计中，技术不是唯一的关注对象和设计目的，而是服务于"人群需求"和"当地社会文化生活"的手段。这说明绿色建筑设计仍然是关注人的空间设计，而非仅仅以性能为指标的技术的集合。

该论文视角新颖，整体逻辑关系比较清晰，归纳的结果对今后绿色建筑设计有一定的启示意义；在"绿色建筑语汇"方面还可以进一步加以提炼。

黄凌江

（武汉大学城市设计学院，副教授）

拟达到更好的设计体验。

在蒙特利尔的社会住宅及服务设施方案中，建筑也是一个由若干个包含绿色设计策略的系统组成的整体。在这个系统中，材料再生、水循环、能源循环利用等多种策略都涉及其中，从而带来新的设计元素（图15）。对废旧材料的再利用、对被动式技术的选择与利用都推动着建筑的建构方式。

图15　蒙特利尔的社会住宅及服务设施方案

方案西郊森林公园艺术与文化中心，也将建筑整体作为一个系统进行设计。以"公园"为设计主题的方案，在建筑屋面打造出城市绿地及公共空间，在内部形成一个可以开闭的系统。设计旨在行程灵活的暖通系统，让屋顶充当建筑的"皮肤"，带入新鲜的空气，同时排出废气。内部的理性空间与外部"柔软"、"可渗透"的表皮结合，构成了整体可呼吸的建筑系统（图16）。

剖面图

图16　西郊森林公园艺术与文化中心方案

麦德林的"铰接式场地"——水库作为公共公园方案中（图17），废弃水库的各个组成部分以绿色可持续的设计策略被重新组合，形成了逐步达成的、变废为宝的生态公园。建筑各个单体依据其不同的构造与特性实施以相适合的绿色节能技术：利用建筑造型形成的烟囱效应、利用集水水池形成的空气降温系统、利用屋顶点样能光电板的功能系统等，都在整体运作的系统上充分发挥每一部分的效力，让一块废弃的、破坏环境的场地焕发出新的生机。

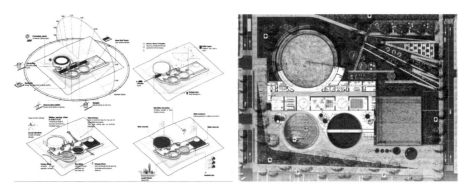

图17　麦德林的"铰接式场地"——水库作为公共公园方案

（二）局部原创性的绿色建筑设计语汇

1．与节能设计相辅的体量推敲

在建筑局部上，绿色竞赛优秀方案也带来了许多新的设计策略。为了充分利用场地的自然资源，建筑体量在自然通风、防止过量日照等方面都进行了模拟与分析，在这个过程中，生成了许多富有创意的形体。

方案"绿色呼吸"中，剖面设计结合自然通风与空气净化系统（图18）。空气通过具有生物净化能力的屋顶系统，进入倒锥体形式的中庭，将新风输入建筑各部分。建筑体量与通风系统相互配合，设计师在建筑体量上作出了一系列丰富的变化形式，让方案打造出独具趣味性与艺术性的空间效果。

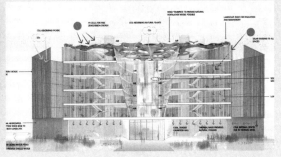

图18 "绿色呼吸"方案

在办公建筑"绿色摇摆"方案中（图19），设计以传统的核心式的办公布局出发，在结合多种被动式设计策略之后，形成了多个"风廊"，建筑在剖面设计上丰富的变化正是体量对于自然通风的回应。设计有了更多绿色思考之后，也会产生更多设计、变化的可能，绿色技术的应用正在影响建筑形体生成。

图19 办公建筑"绿色摇摆"方案

在同一个竞赛中，方案"绿石角"的构思也颇有异曲同工之妙（图20），对于自然通风的利用，也让设计师在体量上留出一个"间隙"，这个"间隙"不仅为建筑带来能耗上的节约，也是建筑特点的塑造者。整个设计模拟"山涧"式的自然形态在这里得到了深刻的体验，结合立面遮阳、墙面绿植等烘托出贴近自然的建筑氛围。

建筑体量设计结合绿色建筑设计策略，并不会使得形体创意受到限制，往往会根据设计师不同的设计起点的不同和多种奇思妙想得到不同的效果。方案"播种建筑"（图21）、"绿毯"（图22）都是设计师在同一用地范围结合自己设计立意和场地自然环境特点进行分布式推到产生的建筑体量，却有着完全不同的效果。"播种建筑"方案中自由、柔美的形体，"绿毯"中硬朗、层叠式的组合都是对建筑绿色式的设计语言。

2. 与整体相承的细部优化建构

在绿色建筑竞赛中，设计师为了集中解决某一问题，常常会选择一些具有代表性的构件进行详细的设计，其中也产生许多设计火花。在斯图加特火车站方案（图23）中，屋面的采光窗口，同时也是表层地面的景观设施，就是极富美感和实用性的局部构件。泪滴式的造型、轻巧的支撑体系，沟通两个不同界面的视线与景观，引入自然光的同时也防止日照过度。

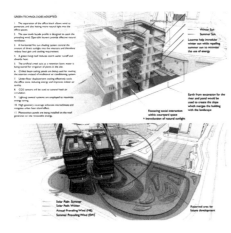

图 20　办公建筑"绿石角"方案

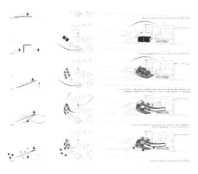

图 21　办公建筑"播种建筑"方案

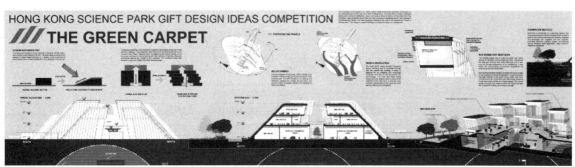

图 22　办公建筑"绿毯"方案

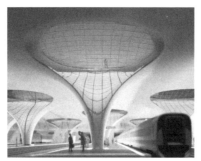
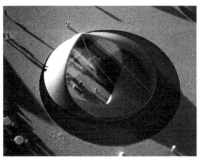
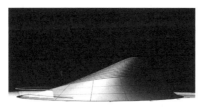

图 23　斯图加特火车站方案天窗

在湄公河的低影响的绿地大学校园方案中（图24），局部双层屋面结合双层墙面的构件设计，有效地采取被动式的方式降低建筑能耗。屋面、墙面一体式地处理方式考虑通风、遮阳等多个问题，从而用极简的方式使得建筑被动式设计策略在多个时期发挥出能效。不仅简化了构造，也达到了设计目的。

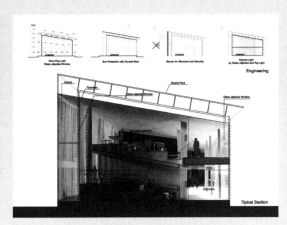

图24　湄公河的低影响的绿地大学校园方案

在战后集体图书馆方案（图25）中，对于局部构件的设计则是采取了另一种思路。为了积极整合当地的人力资源，使得退伍军人重生回归到正常的社会生活中，设计师向传统学习的同时，充分简化、改良地域式的建造建构方式，在满足建筑可持续设计的同时，鼓励更多人参与、了解这样的设计、建造方式。从而扩大可持续设计方法的影响力。

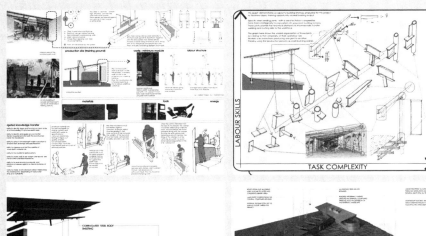

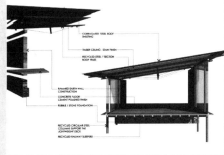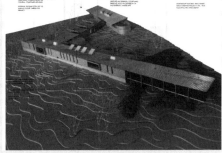

图25　战后集体图书馆方案

结语：

在过去的十年间，设计师在绿色建筑上的探索与思考从未停止过。国际绿色建筑设计竞赛的方案中，设计理念与语汇的表达往往已经超越了建筑节能的层面，而更关乎当地民生、民情，从实地出发，表达出对场地人文、生态可持续发展的关怀之情，是承接历史文脉、

作者心得

　　本论文的选题是基于本人内心的一点好奇与思索。在我看来，绿色建筑并不是一个新兴的概念，而是自古至今一直存在的在建筑设计与建构中不断沉淀与发展的理念。那么这样的理念到底是如何影响建筑设计呢？时代的发展、技术的创新、设计思维的不断变革，让理念与形式之间碰撞出怎么样的火花？本文针对最具有创新型和对行业趋势最敏感的竞赛作品进行思考与探索。在老师们的指导下，我从广泛的资料样本中进行提炼，分析与整合出对于这个问题的思考。

　　论文写作的过程，是探索与发现的过程。这期间我不仅对于近十年间重要的竞赛作品有了进一步的了解，也被设计师们的设计思考与人文情怀深深打动。设计作品的创新性节能体现在建筑形式上，也体现在建造过程和运营过程中。在很多作品中，绿色建筑的设计在考虑地域自然特征的同时，也将社会人文因素一并纳入其中，使绿色的理念在建筑全周期体现。为了提炼出这些设计作品的特点，本文采用多种图解的分析方式来深入分析，深化提炼主旨。在论文发展深入的阶段，老师们的耐心提点让行文更加完整、文章观点更加明确，也让自己不断理清思路，加深思考。这次竞赛促使广大学子从自己感兴趣的角度出发，做出对绿色建筑的思考，是非常有意义的活动。

　　　　　　　　　　　　　杜娅薇

开创绿色新生活的开拓式探索。绿色建筑设计策略是建筑设计一种节能式推导方法，可以帮助建筑师更有效地做出体察人文情怀、回应场地原初特点回答，在良好的运作方法之下，将会推进更多兼具美感与实用性的设计语汇，是时代的发展趋势。

注释：

①国际竞赛作品以 Holcim Award 的历年获奖作品为主，博地杯、香港 Gift 竞赛的获奖作品为辅。

②见参考文献 [14]，光伏发电系统："通常主要由太阳能光伏电池，变换器，交流逆变器，储能元件和控制器组成。其基本工作原理是利用光伏电池的伏打效应，先将太阳光能转化为电能，再经过控制器供给储能组件中储能，最后直接给负载供电或是回馈电网的一种清洁能源发电系统。"

③见参考文献 [14] 光生伏打电池是利用光生伏打效应发电的电池。光伏发电是根据光生伏打效应原理，利用太阳电池将太阳光能直接转化为电能。

④被动式设计是指结合功能需要，采用简单的实用技术，针对当地气候采用被动式能源策略，尽量应用可再生能源。来自1993 年美国国家公园出版社出版的《可持续发展设计导则》

⑤图 1，图 2，图 3 中的数据统计基于相同的竞赛样本，即以 Holcim Award 的历年获奖作品为主，博地杯、香港 Gift 竞赛为辅，自 2006 起，每两年为时间单位，选取每段时间内竞赛中较为突出的 15 个获奖作品为统计样本，共 75 个作品为总样本量进行的统计结果。

⑥图 2 中按照场地自然条件情况将场地分为四个等级。极端自然条件指场地存在严重自然灾害、污染源或者极端气候条件等，一般情况下非常不适宜人类生存。具有挑战的自然条件指场地较不宜居，时常存在灾害、缺乏生活资源、或气候条件不良等情况。平和的自然条件及多数情况下较宜居，无特别生存困难。良好的自然条件指非常适宜人类居住的情况。

⑦图 3 是提取每个时间段设计较为突出的共同侧重点为评价项，按照每个项目自身涉及到的项目进行绘制，从而可以明显看出每个时间段具体的侧重项分布。

参考文献：

[1] Holcim Award International Awards for Sustainable Construction
http://www.lafargeholcim-foundation.org/Awards

[2] 布朗. 太阳辐射·风·自然光. 中国建筑工业出版社，2006.

[3] （美）肯尼斯·弗兰姆普敦（KennethFrampton）著，张钦楠等译. 现代建筑：一部批判的历史 [M]. 三联书店，2004

[4] 周湘津著. 建筑设计竞赛全景 [M]. 天津大学出版社，2001

[5] 胡海涛. 绿色建筑艺术创作理念与手法研究 [D]. 西安建筑科技大学，2003.

[6] 张建国，谷立静. 我国绿色建筑发展现状、挑战及政策建议 [J]. 中国能源，2012,12:19-24.

[7] 黄琪英. 国内绿色建筑评价的研究 [D]. 四川大学，2005.

[8] 侯玲. 基于费用效益分析的绿色建筑的评价研究 [D]. 西安建筑科技大学，2006.

[9] 毛刚，段敬阳. 结合气候的设计思路 [J]. 世界建筑，1998(01)

[10] 张长元. 可持续发展———一种新的发展模式 [J]. 环境科学动态，1997(01) [3] 鲍为钧. 设计有生命的建筑和城市 [J]. 世界建筑，1995(02)

[11] 矶崎新，尾岛俊雄，张在元，张敬诚. 生态与建筑 [J]. 世界建筑，1993(01) [5] 张钦楠. 温室效应、生态环境与建筑节能 [J]. 世界建筑，1991(02)

[12] 乐琪，张广源. 共生的建筑———1983 年10 月13 日黑川纪章在北京对中国建筑师的报告（部分）[J]. 世界建筑，1984(06)

[13] 叶强，巫纪光. 简单命题结构与设计竞赛解题方法研究 [J]. 建筑学报，2007(12)

[14] 车孝轩. 太阳能光伏系统概论 [M]. 武汉：武汉大学出版社，2006.

[15] 冯天舒. 概念式建筑设计竞赛及其工作方式的解析 [D]. 天津大学 2012

[16] 凌世德，孙佳，潘永询. 在地建筑：建筑的介入与锚固——以厦门沙坡尾避风坞传统商业空间再生为例 [J]. 中外建筑，2014,06,95-99.

图表来源：

图 1：作者分析与统计 2006-2015 年间遴选的 75 个国际竞赛作品后绘制。

图 2、图 3：作者自绘。

图 4、图 5：来自香港 Gift 竞赛资料，http://news.zhulong.com/read184884.htm.

图 6～图 14：来自 Holcim Award 竞赛资料，http://www.lafargeholcim-foundation.org/Awards.

图 15：来自博地杯竞赛资料，http://www.godasai.com/zhuanye/huagong/wuliu/2014-01-26/16.html.

图 16：来自 Holcim Award 竞赛资料，http://www.lafargeholcim-foundation.org/Awards.

图 17～图 21：来自香港 Gift 竞赛资料，http://news.zhulong.com/read184884.htm.

图 22～图 24：来自 Holcim Award 竞赛资料，http://www.lafargeholcim-foundation.org/Awards.

表 1：作者自绘。

表 2：作者自绘。

葛康宁
（天津大学建筑学院　本科五年级）
杨　慧
（天津大学建筑学院　本科五年级）

乡村国小何处去？

区域自足——少子高龄化背景下台湾地区乡村国小的绿色重构

What is the Future of Rural Elementary School?
Self-Sufficiency: Reconstruction of
Elementary School in Taiwan Under the
Background of Aging and Low Birth Rate

■摘要：在少子高龄的社会背景下，台湾地区乡村和老人面临一系列的问题。笔者通过对这些问题的分析，以乡村国民小学为切入点，以国小闲置空间为契机，应用生态化设计策略及绿色建筑技术手段，对其进行功能空间重构，力图在校园尺度上发展出可持续的绿建筑体系；同时，在村镇尺度上实现区域自足，最终在空间泛域内形成自足网络。笔者希望通过对该设计的论述，阐明绿色建筑不应只是技术手段的堆叠，而是对现实问题予以多层次回应的可持续策略。

■关键词：区域自足　少子高龄化　乡村　小学　绿色建筑　改造

Abstract: Under the background of low birth rate and aging society, Taiwan villages and the elderly are facing a series of problems. Based on the analysis of these problems, we take the rural primary school as the breakthrough point, and take the vacant space of school as an opportunity to reconstruct the school with ecological strategy and green architecture technology. We hope to develop a set of sustainable green system to deal with the problem of rural and the elderly on the school scale, and to achieve regional self-sufficiency on the village scale. Finally, a rural area network is formed on the large regional scale. Through this design, I hope to clarify that green architecture is not simply stacks of technologies, but rather a multi-level response to practical problems in a sustainable strategy.

Key words: Self-Sufficiency; Aging with Low Birth Rate; Countryside; Elementary School; Green Architecture; Transformation

引言——乡村策略场

曾几何时，台湾地区的乡村在大多数人眼中是环境优美、空气清新、颐养天年的乐土，是城里人的后花园。然而，如今的乡村却和记忆中的场景相去甚远。公路和工厂在大尺度上改变着乡村的地形地貌，曾经辽阔的沃野被建筑和道路分割得支离破碎，工业带来了污染，资本从乡村向城市集中，村子里的年轻人被迫到城市谋生。这一系列现象导致乡村的生活环境在各方面都开始落后于城市。

另一方面，台湾地区面临着人口老龄化和少子化的社会问题，而乡村的老龄化速度远远快于城市，不仅老人的绝对数量在增加，而且整个乡村社会的结构也在快速老化。针对这一问题，是否有一种适宜的设计策略去拯救逝去的乡村和老人？

一、乡村现状问题的探究

针对引言中提出的问题，笔者自2015年3月20日~4月20日，到台湾典型的农业县——云林县桐乡，展开乡村调研。

云林县地处台湾中部的嘉南平原，毗邻彰化和嘉义，是台湾传统的农业大县。该县在台湾西部县市中经济较为落后，历史古迹等旅游资源匮乏，缺乏明显的区位优势。简而言之，该县是台湾具有代表性的、以传统农业为基础产业的地区。根据现场的田野调查和既往研究资料分析，笔者认为云林县主要存在三大问题——环境的污染、人口老龄化、资本的流失。

（一）环境的污染

由于工业化的快速发展，台湾在1970年代末到1990年代中后期建设了大量的工厂。相比于城市的土地价格，乡村的土地价格更为低廉。因此为了降低生产成本，大量的工厂建设由城市向乡村转移。由于乡村地方政府对财政收入的追求，对工厂在乡村落地给予了更宽松的政策。然而这些乡村兴建的工厂，往往是低附加值高污染的产业，如塑料加工、纺织等产业，并带来了一系列环境问题。

以空气污染为例，云林县的空气污染几乎是全台湾最严重的，污染指数远高于台北、台中、高雄等大城市。台大自2008年~2012年执行的"沿海地区空气污染及环境健康世代研究计划"显示，距离台塑集团在云林县工厂10公里内的居民，癌症发生率比过去提高了4倍。乡村已经不再是空气清新的地方，乡民们持续饱受毒害及病痛折磨，已经向台湾塑胶、南亚塑胶、台湾化学纤维、台塑石化及麦寮汽电5公司高污染提告。

（二）人口老龄化

与工厂向农村转移的趋势不同，乡村人口尤其是年轻的劳动力向城市迁徙。目前台湾的人均收入情况表现为北部高于南部，城市高于农村。为了获得满意的收入和职位，大量乡村青壮年劳动人口进入城市。另一方面，台湾步入发达地区的行列之后，不可避免地出现了老龄化和少子化的趋势；在乡村，由于青壮年劳动人口的流失，这种趋势尤为明显。云林县的老化指数[①]高居全台第二位，仅次于嘉义县。这一来一去之间是对云林乡村空间结构和社会结构的巨大冲击。

（三）资本的流失

乡村的损失不仅体现在劳动力人口向城市转移，也体现在资本向城市流转的趋势。从三次产业占GDP的比重可以看出，农业产值占比逐年降低（图1）。农业是乡村的支柱产业，农业的边缘化即是乡村的边缘化。这将进入一种恶性循环：当地所提供的货物和服务越来越少，越来越多的资金离开当地的循环系统，只留下少量的资金投资到本地。在自由经济中，如果不能增加乡村对资本的吸引力，使得一部分资本回到乡村改造乡村，那么乡村的再生将无从谈起。

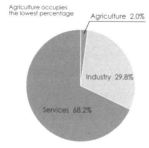

图1 台湾地区三次产业比重

二、老人现状问题的探究

（一）老人的身体问题

对于老人来说，最大的问题是身体机能的下降。调查研究显示[②]，老年人一次出行的最远距离约为0.8km。体能的下降大大限制了老人的活动范围。另外，老人需要一系列医疗卫生保健设施，这些设施应该布置在距离老人住所较近的范围内，并应有通用设计的考量。

（二）老人的现实需求

虽然老人的生理机能减弱了，但是这不意味着老人的需求就减少了，相反，他们的需求存在某种特殊性，而目前台湾社会并未有足够的养老设施来满足老年人的这些需求，从建筑学角度出发的养老设计更是屈指可数。

马斯洛将人的需求分为五个层次，他认为人必须满足低层次的需求，才能满足高层次的需求。我们从马斯洛的需求层次理论出发，根据正常人的需求层次，归纳总结了老年人的具体行为需求（图2），同时意识到我们的设计应该考虑满足老人不同层次的需求。

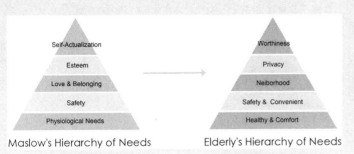

图2　老年人的需求

三、区域自足：对待今日乡村和老人问题的新策略

（一）传统对待乡村和老人问题的策略

既往策略常常把乡村和老人的问题当作负担。政府往往采用被动的策略，比如增税、增加公共投资、增加外劳、延迟退休年龄等。这些策略都没有利用乡村和老人自身的优势。随着老龄化的加速，尤其是乡村老龄人口的迅速增加，这些传统的策略变得难以为继。

以云林县 桐乡为例，按照台湾"内政部"的统计数据，十几年来云林县的养老设施数量一直呈快速增长的趋势，截止到2014年云林县共有养老设施40个[③]，然而这依然远远满足不了庞大的养老需求，仅有不到3%的老人可以享受到这些设施（图3，图4）。并且在有限的养老设施中，多数以机构式养老为主，无法满足老人多层次的需求。另外，台湾养老金缺口持续扩大，入住老人缴纳的费用根本无法满足养老院的日常开支，必须依赖政府补贴勉强维持。同时，这些养老设施孤立于乡村社区，无法与社区互利互惠，乡村继续沉寂。显然，传统的策略效率低、效果差，在给社会和家庭带来巨大负担的同时并没有明显改善老人的生存环境，也难以在可预见的未来改变乡村的生活环境，这些策略已经无法回应今日的老人和乡村问题。

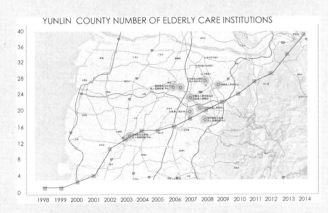

图3　云林县养老机构分布和数量变化

■ elderly living in care institutions
■ elderly not living in care institutions

图4　云林县老人享用养老设施比例

指导老师点评

搜寻机会　准备未来

全球的都市都面对能源危机、极端气候、都市防灾与粮食安全等问题，权衡之下，答案似乎或多或少都指向乡村。因此，"乡村策略场"（Rural Strategy Field）以寻找乡村未来的机会与定位作为研究设计（R & D）的要求。

台湾地区的乡村经过汽车普及与经济变异，乡村已是城市远郊的枯竭之地。曾经蔓生滋长的廉价房舍，如今早已闲置散置；曾经无所不在的工厂道路，如今只剩撕裂破碎的农地。"乡村策略场"试图调整城乡的宏观架构，也针对特定议题提出具体答案，葛康宁与杨慧的设计论文则是其中一件漂亮的设计响应。

台湾地区早年的乡村小学与公共建筑大多位居曾经的村镇中心（town center），是商业、行政、人居与宗教的聚集之所，如今学子凋零，校地低度使用，乡村小学成为难得的机会，应是"乡村未来"的战略之地。葛康宁与杨慧的设计方案，发挥地利之便，以学校为基地，汇集商业与民生需求，收纳高龄照护、银发住宅、孩童学习、小区服务、社交休闲等功能，聪明地发挥协同效益（Synergy），将校园转换成乡村未来永续发展的能量中心。建构层层相叠的共生循环系统，发挥设计的力量，将既有的资源做最适（ultimate）与互利的安排。

葛康宁与杨慧的方案提供城市老人另类的生活选项，由委屈寄生的都市生活替代成自主健康的田园生活。尤有胜者，学生们不同概念的土地开发模式，承载着重要的隐性企图，除了兼顾环境与社会的永续发展，它们更有财务永续的试算基础，因此，均可微调复制，成为乡村条件类似的在地原生方案。我们特别感谢廖志桓建筑师与林金立理事长，持续地提供我们土地开发与高龄照护方面的专业知识，协助我们贴近真实。忝为设计教育的一环，我们训练学生对待真实世界，有想象力，也有执行力，说到做到，不流于意识形态，不自溺于空谈幻语。

毕光建
（淡江大学建筑学系，副教授）

（二）回应当下的策略——区域自足

笔者认为乡村和老人绝不是负担，只要能够因势利导，完全可以有所作为，因此我们提出区域自足的策略。自足社区本身不是一个全新的概念，曾经有多名建筑师、规划师提出过永续农业、土地混合利用、生态社区等概念④。

但是目前尚无针对台湾地区乡村和老人这一具体问题的策略。我们提出在自给自足的概念前加上区域的限定，一是因为前文所述的老年人活动范围的限制；二是因为，今日的台湾地区乡村的形态是沿着道路蔓延开来的线性村庄，如果没有私人交通工具，老人小孩等弱势群体在生活中处处受限。因此我们希望在 500 ~ 800m 的尺度上，以乡村国小为核心，构建自足体系。这个体系包括：能源自足、水自足、食物自足、精神自足和资金自足（图5）。

图 5　区域自足概念的形成

四、村镇尺度的自足体系

（一）线性村庄的自足困境

实现区域自足的第一步即是限定区域的尺度。基地位于云林县的边缘地带——莿桐乡，它距离中心城镇斗六市 7.5km，距离莿桐乡公所 3km。完善的公路网络联结了基地和周围的其他村庄。

公路和私人汽车、机车在大尺度上改变着乡村的地貌，台湾西部的平地乡村沿着公路网蔓延开来，呈现线性村庄的形态（图6）。因为在汽机车主导的交通方式下，有公路的地方，运输更加便利，交通更为方便，因此建筑物往往沿路而建。道路成为主导，村庄失去中心。饶平国小周围的乡村即是如此。饶平国小被三个行政村包围，分别是饶平村、兴贵村、四合村，每个村的人口在 2000 人左右。国小门前的饶平路是连接各个村庄的主要道路，宽约 14m。村子中几乎所有的商业和服务设施都在饶平路两侧，住宅则分布在靠路稍远的地方（图7）。

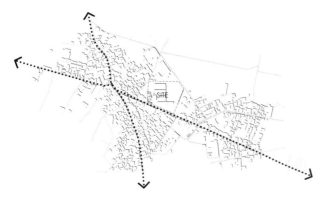

图 6　线性村庄

图 7　饶平国小和周围村庄航拍图

这样的村落形态导致居民们很难在步行可达的范围内获得便利的生活服务，必须通过交通工具才能满足基本生活需求。对于老人、小孩，这个矛盾尤为突出，我们希望重新找回村镇中心，让居民们能在步行可达的范围内获得基本的生活服务，实现村镇尺度上的自给自足。

（二）基于乡村国小的村镇重构

为什么选择饶平国小作为基地呢？首先，由于台湾地区日渐明显的老龄化和少子化趋势，老年人口逐年增加，而新出生的人口逐年减少（图8、图9）。根据台湾地区"内政部"从 2010 ~ 2015 年的数据显示，老年人口每年递增 5%，而小学学生数每年递减 3%，在可预见的十年内，这种趋势不会改变。由此带来的后果是云林县养老设施明显不足而国小教室大量闲置、面临撤校并校的局面。就饶平国小而言，目前有教室 40 间，但是 17 个班级只使用了不到 20 间教室。其次，台湾地区的土地制度是私有制，利用社区居民的私有土地进行改造几无可能，而国小的土地是政府所有的，改造的难度将大大降低。最后，国小已经存在了几十年，往往处于村镇的中心位置，以饶平国小为圆心，500m 半径范围内可以完整覆盖周边三个村庄。综上所述，以饶平国小为中心，以国小闲置空间为切入点，建立区域自足体系，具有现实上的可操作性。

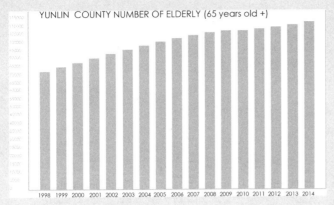

图8　云林县老人数量变化趋势

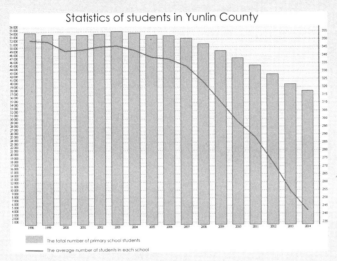

图9　云林县小学学生数变化趋势

（三）建构复合功能的村镇中心

我们选择饶平国小的闲置空间和土地去重新建构复合功能的村镇中心，使得附近的居民可以在此获得必要的生活服务设施，以改变目前村庄周围公共服务设施匮乏的问题。

这个中心除了包括保留的学校和改建的养老设施外，增加了一个社区餐厅、一个社区图书馆、一个室内健身房和一个室外的篮球场来服务社区居民，满足基本的餐饮、运动和文化需求。我们在学校临饶平路一侧布置了沿街商店和露天市场，沿街商店可以提供必要的商业服务，而露天市场为居民自发的买卖行为提供了场所，社区公共设施则为商业汇聚了人流。以复合功能的村镇中心为核心，覆盖500m范围内的三个村庄近6000人，形成一个村镇尺度的自足体系（图10）。

五、校园尺度的自足体系

（一）老人设施与学校的结合

我们根据饶平国小周围三个村庄的总人口数和云林县平均的老年人口比例计算了周边村镇的老年人口数量。其中65岁以上老人约836人，80岁以上高龄老人约251人。将养老设施和国小闲置空间相结合，建立一个多样化的养老场所，提供100人的老人住宅，60人的日间照护，40人的长期照护（图11）。所有老人住宅为新建，配置于校园东西两侧，而日间照护和长期照护利用原有教学楼改建，置于二层，原有教学楼的一层仍然保留为教室（图12，图13）。

1. 老人住宅

老人住宅面向所有的健康老人，尤其是居住在台北、高雄等大城市中，希望晚年能够感受乡村生活的老人。目前台湾地区的养老设施普遍具有"机构化"的问题，养老院从设

指导老师点评

当形式成为一个系统

理想国和乌托邦一直是建筑师设计和营造的梦想，这可能是因为建筑师是一群对现实最容易产生不满的人，更是因为乌托邦的设计溯其本源是一个系统的创造，其带来的满足要远远超越形式的实践带来的乐趣。

在我看来，与其说葛康宁和杨慧的文字是一篇论文，倒不如说是一项之于少子高龄社会趋势下的、有关乡村社区营造的设计。事实确也如此，两位同学在毕老师的指导下，利用半年的时间对台湾少子高龄社会背景下的云林乡村展开调研，针对系列性的社会问题，从产业、公共建筑资源的冗余和类型变更等问题，借助设计进行了探讨。而呈现在此的论文，不过是他们以文字的形式对问题的提出、问题的分析、设计的过程和最后设计的结果做出的描述。

2012年以来，我有幸于三年间多次和毕老师一起指导学生课程设计，天大的多位同学也在他指导下的淡江大学四年级Studio中进行设计学习，而且设计任务是持续了十余年的有关乡村小区营建的题目。在设计过程中，同学远涉乡村去了解真实的社会问题，尝试以建筑为技术手段去提出适合的策略——而且通常为力图激活消极社会资源的双赢策略。在这个课程框架下，空间的架构、形式的本体以及建造技术的真实考虑将一并为了系统策略的前提而服务。或者套用葛、杨两位同学论文摘要中的最后一句——建筑不应只是针对某一任务书的形式的堆叠，而是对现实问题予以多层次响应的策略，其最终完成的应是现实和理想博弈之后的平衡。最后，祝贺两位同学于此文中描述刻画的设计案获得2016年联合国ICCC国际设计竞赛第一名。

张昕楠

（天津大学建筑学院，硕导，
副教授）

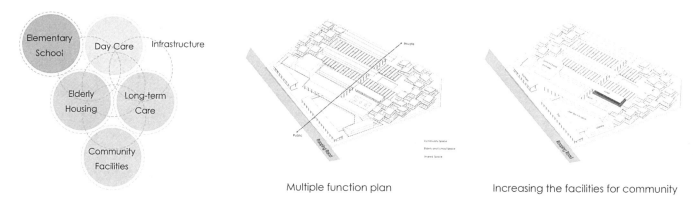

Elementary School　Day Care　Infrastructure

Elderly Housing　Long-term Care

Community Facilities

Multiple function plan

Increasing the facilities for community

图 10　村镇尺度的自足体系

改造前　国民小学　学生：456　班级：17

改造后　国民小学　学生：352　班级：12

社区服务设施

老人住宅　140人

日间照护　60人

长期照护　40人

图 11　校园重构方案

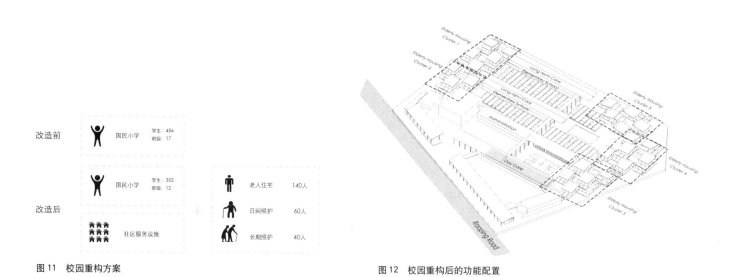

图 12　校园重构后的功能配置

图 13　校园重构后的鸟瞰图

计到管理照搬医院，老人被视作病人，活动范围被限定在病房，并且随时受到来自于照护人员的监视，毫无隐私可言。对于年纪较轻的健康老人而言，一方面他们仍然具有较强的活动能力，另一方面他们愿意接受外界的新鲜事物。这样的机构式养老显然是他们所不能接受的，因此这些老人宁愿独居，也不愿意进入养老院。

　　然而目前独居的健康老人在家养老问题重重。第一，独居老人身边没有子女陪伴，内心孤独空虚；第二，独居老人若突发疾病，不易发现和及时救治，风险很高；第三，普通的住宅和公寓对于独居老人而言并不适宜，居住面积过大，又缺少适老化设计，老人花了高额的租金，却没有享受到高品质的生活。为了应对这些问题，笔者提出一种老人之间互帮互助、协作共享的居住模式。它打破了常规机构式养老和普通公寓的空间模式，以"聚落和单元"重新定义属于老人的生活空间。

（1）老人单元：每四位老人共享一个老人单元，他们共享单元内的客厅、餐厅、厨房和洗衣房。老人拥有自己独立的卧室和卫生间。其中两个单人间，一个双人间，分别满足独居老人和老人夫妇的需求。每个卧室的外侧有一个 $6m^2$ 的私人庭院，满足老人平时种植各种植物的喜好。每个单元有一个公共的户外平台供老人晒太阳、聊天等。这样的老人单元更像一个田园之家，既满足了老人对隐私的需求，又有大量的公共空间供老人共享，老人不必再担心没人说话，也不用担心一个人做饭做少了品种单一，做多了吃不完浪费的情况。整个单元总建筑面积仅 $140m^2$，平均每个老人所占不到 $35m^2$，可以帮助老人节省大量居住成本，同时提高了老人的生活品质（图14）。

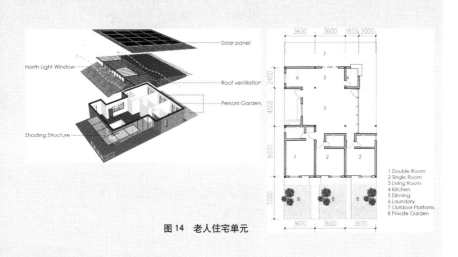

图14 老人住宅单元

（2）老人住宅聚落：邻里关系一直是居住中的重要考量，老人尤其在乎和街坊邻居的关系。为了让老人生活如家，将五个老人单元构成一个老人聚落。五个老人单元共享中间的两个聚落庭院和一个约 $60m^2$ 的集体活动室（图15）。

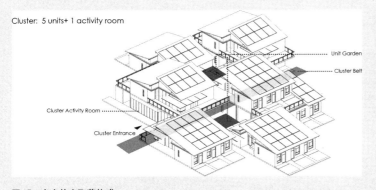

图15 老人住宅聚落构成

老人可以在公共活动室中一起进行下棋、缝纫、编织、包粽子等集体活动。老人聚落通过活动室一侧进入，再经过聚落庭院进入老人单元，形成了丰富有层次的空间关系和行为。单元的配置同时考虑了自然通风、雨水收集、生活灰水的处理等。建筑的墙体采用当地的速生竹作为主材料，减少了建筑原料的运输能耗，同时竹子本身是一种可回收材料。最终我们营造出绿色化的建筑和绿色化的生活方式（图16）。

图 16　老人住宅聚落剖面

我们希望发挥乡村的优势，为这些老人提供一个在田园环境中安度晚年的理想之所。这些来自大城市的"质感银发族"⑤，本身的经济能力较强，他们来到乡村，可以为乡村注入资本和活力，为乡村再生提供机会。

2. 日间照护

老年人日间照护，是一种介于机构式养老和居家养老之间的养老模式。它主要针对一些高龄、无法自理的老人。这部分老人身患疾病，生活自理困难，而子女由于工作繁忙，白天没有时间照护老人。然而这些老年人又不愿离开社区，不愿远离子女，他们宁可"独守空房"，也不愿到养老院。

因此，笔者将最南侧的教学楼的二层改建为日间照护中心，主要面向附近三个村庄需要日间照护服务的老人。这个中心主要提供两类服务，一是为生活不能自理而子女白天在外工作的老人提供"日间托老"服务，减轻家庭养老的负担；另一类更重要的服务是针对患病老人从医院出院到完全康复的中间阶段，进行一定的康复训练。以中风这一老年人的常见病为例，发病后一年内经过专业的康复训练，绝大部分病人可以恢复完全的行动能力。可悲的是，目前台湾大多数老人一旦中风，余生只能在轮椅和养老院的病床上度过。这一事实也表明设立社区日间照护机构的重要性和紧迫性。

除了必要的康复训练，日间照护还为老人提供了学习的场所，可以进行阅读书籍、在社区教室听课、看电影等活动，还可提供老人午餐和午休的空间。因此我们将日照中心设计成一个开放式的大空间，以利于不同功能间的灵活转换，同时对家具也进行更加灵活的布置。日照中心既担负社区居家养老协助的任务，也为居家养老的老人提供定期体检和保洁的服务（图17）。

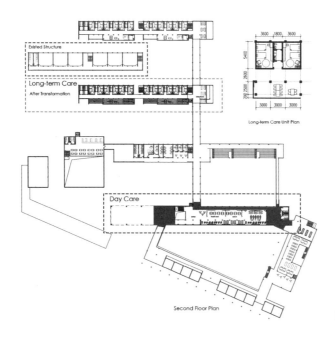

图 17　二层平面图（日间照护＋长期照护）

3. 长期照护

长期照护，就是在持续一段时期内给丧失活动能力的老人提供一系列健康护理、个人照料和社会服务项目。与日间照护相对时间较短不同，长期照护的对象是慢性病患者和残障人群，这些老人需要长期居住在照护中心。

我们设计的长期照护空间主要面向附近三个村庄中的对应老人。照护的内容包括从饮食起居照料到急诊或康复治疗等一系列正规和长期的服务。我们将原有教学楼靠北侧较私密的两栋的二层改为长期照护空间。在不改变原有混凝土框架结构的基础上，根据老人的活动需要，将原有的走廊移到中间。走廊北侧是老人的卧室，而南侧则是公共空间和护理站。我们还在教学楼东侧端头处扩建了一个公共空间来提供更丰富的集体活动。

长期照护主要是为了提高失能老人的生活质量，而不是仅仅解决特定的医疗问题。因此摒弃传统养老院的"病房式设计"，每个房间仅两位老人。通过改建原有的铁皮屋顶，实现了走廊和房间的自然通风和采光，并安装太阳能电池板发电。老人的餐厅由原有小学活动中心改建而来，同时服务老人、小学和社区，并在非用餐时间兼作活动中心，通过共享和复合功能达到资源和人力综合利用的绿色效果（图18）。

图18　长期照护空间的绿色改造

（二）四种自足体系的建立

我们希望在校园尺度上建立自给自足的体系，并对更大尺度上的自足系统起到示范和推动作用。

1. 能源自足

云林县是台湾日照资源最丰富的地区，平均日照时长3.51h，因此我们希望利用太阳能发电实现能源自足。我们在新建的老人住宅的屋顶和改建原有的教学楼的屋顶来安装太阳能电池板共计约6500m²。另一方面，我们采用了一系列的节能措施来降低建筑物的能源消耗，包括改造屋顶形态实现自然通风，安装地源热泵系统代替空调，安装双层玻璃，利用植物遮挡夏日阳光和冬日的东北季风等。经过计算，通过这一系列的绿建筑技术，基地上的发电量可以满足复合校园的用电需求，并可在日照丰富的时段出售少许电能。

2. 水自足

云林县年平均降水量1500mm，雨水充沛，但是时间分布很不均匀，降水多集中在5～9月的雨季，在某些年份会出现旱季缺水的情况。我们计算了校园内的用水量，发现通过雨水收集可以基本实现水的自足。利用雨水收集和灰水再利用的方法解决旱季缺水的情况。通过水在场地和周围村庄的流动，同时塑造生产性和生态性的水景观（图19）。

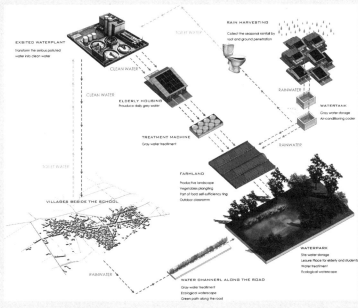

图19　水自足系统图解

竞赛评委点评

这是一篇紧紧抓住当代社会少子高龄重大问题，尝试以建筑设计的手段去干预和改良，并部分解决社会问题的实践性论文，更准确地说，是一篇基于特定对象设计实践的策略汇总说明。

笔者通过问题分析，定义并发展了老人的需求层次。抓住老人这个特定人群的最重要的行为特征，基于国小规划建设时生活区服务半径的规范限定，选择以国小为改造核心，且国小土地的性质也恰恰满足非私有土地改造的可能，其论文的切入点正确而巧妙。其后一些改建策略、精神行为的分析与表达也细致入微，特别是对布局及营建方式（BOT模式）的考量更体现出一位建筑师对环境空间营造的细心把握、项目建设全流程的掌控和高度的社会责任感。文风质朴清晰、表述简洁明了，是一篇值得称道的优秀论文。

庄惟敏
（清华大学建筑学院，
院长，博导，教授）

雨水经坡屋顶汇集到建筑物附近庭院下方的集水罐，而来自老人住宅的生活灰水经过生态处理后同样进入集水罐。较难处理的卫生间污水则进入附近既有的污水处理厂以降低处理成本。集水罐中的水的主要用途是在雨水不足时灌溉场地中间的农田和老人的花园，同时可用作家务清洁用水。整个校园布置了一套灌溉水系统，雨水沿着地下水管和地上明沟进入农田，灌溉剩余的水会进入校园中央的生态池，生态池主要调节基地的水量平衡，同时汇聚来自周边村庄的雨水和灰水。生态池中种植水生植物起到改善水质的作用（图20）。

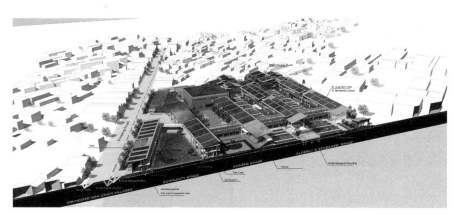

图20　校园水自足系统

3. 食物自足

　　2012年台湾的食物自足率仅30%[⑥]。云林县是台湾最大的农业县，盛产大蒜、杨桃、文旦等农作物，因此我们希望实现食物上的自给自足。根据台湾人均耕地面积计算，我们发现仅仅使用校园内的土地种植农作物难以实现食物自足。因此我们的食物自足策略是建立一个食物自足圈，将校园外的土地和人纳入这个系统。校园内的农田主要种植四季时蔬，根据雨季和旱季分别种植不同气候适应性的作物，为老人和学生提供当季的新鲜蔬菜，并成为老人劳作休闲、学生田野学习的场所。校园外的大片土地则供给主食、肉类、乳制品等。将学校的餐厅开放为社区餐厅，增加社区居民的饮食选择，并在学校沿街一侧建立一个露天市场，方便周围的乡民到此进行农产品的交易，既增加了乡民收入，又弥补了食物自足性的不足（图21）。

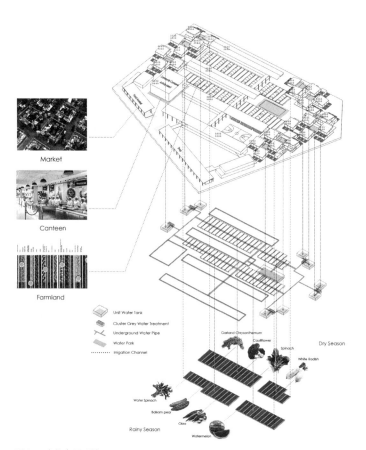

图21　食物自足系统

4. 精神自足

我们希望老人不仅能够在物质上实现自足，更重要的是在精神上自足。精神自足的关键是帮助老人找到生活的重心。由此我们提出"半宅半园"、"半农半闲"的概念。

(1) 半宅半园：我们将老人的生活空间一分为二——室内的"宅"和室外的"园"，并希望这两种空间相互渗透。在"宅"中，老人休养生息，他可以在宅子中和其他老人聊天、看电影、休息、烹饪、接受治疗等；在园中，老人活动筋骨，他可以跑步、散步、种植作物等。宅园生活相互交替，既有生产性的公共农地，又有观赏性的个人花园，以此丰富老年人的精神世界。

(2) 半农半闲：老人选择在乡村养老，主要是想感受乡村的田园风光。我们在校园的中间部分开辟出生产性的农地，让老人作为一个劳动者，从事生产性的劳作，发挥余热。而老人的另一半时间会安排从事休闲活动，即老人所感兴趣的事物，如教小学生烹饪、手工，在学校里学习书法、绘画，作为当地向导等。我们希望通过这些活动让老人找到自己的爱好和价值，最终达到马斯洛的最高需求层次——自我实现（图22）。

图22 精神自足——丰富的老人和校园生活

5. 资金自足

目前乡村一系列问题的根源之一在于资金不足。乡村投资回报难度大，个人投资者不愿意投资乡村，政府又无足够资金解决乡村问题。因此设计一开始就考虑了项目的商业可行性。我们调研了云林县其他养老机构的收费标准[⑦]认为，在不高于其他机构的收费标准情况下，我们仍然可以通过上述设计实现高品质的养老环境和稳定的资金收入。

项目投资主要用于新建老人住宅和改建校舍。收入来自老人每月的缴费尤其是老人住宅部分，沿街商铺的租金以及少量太阳能发电电力收入。由于一系列共享式的设计，学校、社区、老人住宅共用后勤人员和设施，将大大缩减人力成本。水电以及食物的自足又可以降低运营成本。因此虽然初期投入较大，但是预计在11年左右就可收回投资实现盈利。采用BOT模式[⑧]引进民间资金，给予投资者20年的经营时间，到期后由政府收回。在前20年，政府无需再为养老设施投入资金扶持，20年后，该项目将带给乡村持续稳定的资金收入（图23）。

六、区域尺度上的自足网络

今天的台湾地区乡村已经被发达的公路网络联结，我们可以很轻松的找到一所所像饶平国小这样的学校，它们被村庄包围，同时毗邻道路。这些村庄与饶平国小附近的村庄面临着同样的问题，可以采取同样的对策。因此我们希望将上述的策略应用到更多的学校中去，每个学校和附近的村庄形成一个小的绿色自足体，这些绿色自足体通过道路联结，发生物质和信息交换，最终将构成整个云林县的绿色自足网络。借此来改变线性村庄的自足困境和缓解老龄化、少子化带来的社会问题（图24）。

竞赛评委点评

本文以台湾地区少子高龄化背景下，一座乡村小学的前世今生与绿色重构为主线，通过细致观察与社会调研（部分调研内容已切入人类学范畴），"应用生态化设计策略及绿色建筑技术手段，对其进行功能与空间重构"。文章显著的优点是：第一，调研策略远超出技术层面及社会现象层面，显示了作者良好的对于项目制约条件的精准理解；第二，在超出建筑范畴的"规划"尺度内，亦对校园重构设计作出区域性分析与推导，且衔接自然；第三，在建筑层面，室内外空间的设计始终追求人文关怀与物质自足体系的建设，导向清晰、明确、自洽。可以说本文是一篇训练有素又不失个性的优秀本科论文。

文章可以改进的两点小建议：一是本文前半部分论证似可精简，以使解决问题的部分更为突出；二是文章题目中"区域"二字，在全文前后论述中界定略显模糊，也许文中的"区域"是一个泛指，涵盖了村域、镇域、县域多重尺度，但对读者来说，在阅读时必须要提高辨识力方可精准理解。

李东

（《中国建筑教育》，执行主编；
《建筑师》杂志，副主编）

乡村更新、社区养老和绿色生态是我国当前建筑设计研究与实践的关键词。论文在台湾云林县荆桐乡养老设施不完善，以及饶平国小未来将出现空间闲置等调查研究结果的基础上，从"村镇尺度"、"校园尺度"和"区域尺度"三个层面，分别提出：构建步行范围内复合功能的村镇中心；结合学校空间建立老人住宅聚落、照料看护中心和能源、水、食物等绿色自足体系；以及将各绿色自足体通过公路网络联结，从而形成区域绿色自足网络的理论构想。这种多层次的复合型策略，对我国未来乡村更新和养老产业发展具有一定的借鉴意义。

论文结构严谨、论点明确、内容充实、图文并茂，尽管文章内容涉及乡村、养老和绿色建筑等不同领域，但逻辑和条理清晰，是一篇优秀的本科生论文。

张颀

（天津大学建筑学院，
院长，博导，教授）

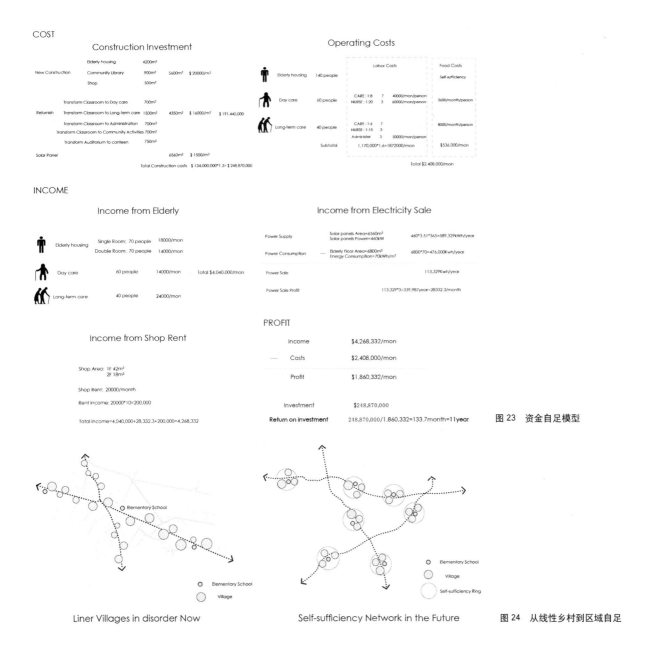

图 23 资金自足模型

图 24 从线性乡村到区域自足

七、结语

随着经济的发展，中国将快速进入老龄化社会，而生育率也不断降低。今天台湾地区乡村的问题很有可能成为内地明天的问题。今天我们的社会刚刚触及到老人的养老问题，还在用不断新建大体量的机构式养老院去满足日益紧张的养老床位需求。然而，老人在机构式的养老院中的生活质量低下，对生活失去信心，大多数老人不到万不得已不愿进入养老院，这就足以让我们反思现在的设计是否合宜。另一方面，国内的绿建筑设计也才刚刚起步，绿色建筑技术在设计过程中角色模糊，绿色规划思维的匮乏，都让我们作为未来的建筑师，看到了绿色建筑发展的广阔前景和巨大潜力。

通过对饶平国小设计的阐述，仅仅是对这些现实问题做出一种可能性的回应，并希望引发相应的思考。绿色建筑和绿色规划不该是单纯的某一建筑单体的技术支撑元素，不应是各种技术的堆砌和重复，也不应仅仅满足于纸上的规范，而是以更宏观的角度直面社会的现实问题，在各个尺度上有多角度多层次的回应，并给出一套全面可行的策略。

注释：

①老化指数 =（65 岁以上老年人口 /15 岁以下儿童人口）×100%.

②数据来源：张明伟，邹晓英. 从环境心理学角度探索老年人休闲环境设计 [J]. 黑龙江科技信息，2010，04；267.

③数据来源："内政部"统计处，台湾统计信息网，老人福利服务一项的相关统计.

④ 1992 年，马克·罗斯兰德出版了《走向可持续社区》，书中为可持续社区进行定义。美国的 Civano 生态村，Westminster Square 生态村，Alpine Close 生态村；丹麦的 Munksogaard 生态村；英国 BedZED 生态村等，都是比较成功的生态社区案例.

⑤出自李自若所著《Silver group 质感银发生活者》，李将其依据 E-ICP2013 版行销资料库定义为"高收入、高家庭所得、高生活开销且坚持质感、品味的银发生活者".

⑥依据台湾地区"行政院"农粮署发布的粮食供需年报：2012 年以热量计算之粮食自给率为 32.7%，较 2011 年减少了 1.2%。以趋势来看，自 2002 ～ 2012 年，这 10 年间

粮食总产出减少比率高达16%。

⑦笔者和淡江大学四年级设计组的老师、同学一起，先后实地考察了云林县 桐乡同仁仁爱之家、长泰老学堂虎尾日照中心，并采访了社团法人云林县老人福利保护协会理事长林金立。

⑧民间兴建营运后转移模式，或称"兴建－营运－移转"、"建设－运营－移交"、"建设－经营－转让"等（英文：Build operate transfer），多以英文缩写"BOT"称之，是一种公共建设的运用模式，为将政府所规划的工程交由民间投资兴建，并且在经营一段时间后，再转移由政府经营。

参考文献：

[1] 毕光建. 青春不老，农村传奇不灭：农村的参数式思考 [J]. 台湾：建筑师，2013，07：92-101.
[2] 毕光建. 乡村住宅——修补人居自然与界面 [J]. 台湾：建筑师，2013，12：102-105.
[3] 李长虹. 可持续农业社区设计模式研究 [D]. 天津大学，2012.
[4] 李向华. 绿色建筑的经济性分析 [D]. 重庆大学，2007.
[5] 潘永宝. 人工湿地改善景观水体水质技术研究 [D]. 西安建筑科技大学，2007.
[6] 王建春. 住宅开发与老龄社会适应性研究 [D]. 浙江工业大学，2003.
[7] 薛文博. 台湾老人住宅政策分析及长庚养生文化村案例研究 [D]. 天津大学，2014.
[8] 岳晓鹏. 国外生态村社的社会、经济可持续性研究 [D]. 天津大学，2007.
[9] 岳晓鹏. 基于生物区域观的国外生态村发展模式研究 [D]. 天津大学，2011.
[10] 周燕珉. 日本集合住宅及老人居住设施设计新动向 [J]. 世界建筑，2002，08：22-25.
[11] 庄娟娟. 混合型老年社区功能设计研究 [D]. 湖南大学，2011.

图片来源：
图1~图24：作者自绘。

作者心得

回到乡村

触摸乡村，思考策略，了解台湾这片土地上发生过、正在发生和即将发生的事情：乡村策略场给了我们一个独特的视角。用设计传达认识，贯彻行动课题在场所上聚焦台湾地区的乡村；对象则是乡村土地上的小学校园和乡民。感谢毕光建老师的老朋友廖志桓建筑师和云林老人福利保护协会理事长林金立先生，整个工作坊得以前往云林进行为期一周的实地考察。我们驻扎在廖建筑师的事务所，陆续走访了作为备选基地的三所国小。同时，经过理事长引荐，来到多所养老机构考察。初到云林，廖建筑师就通过一场谈话为我们打开了更多关于乡村、策略和未来的思考。这种性质的谈话在后来的课程设计中又发生过多次。养老机构的实地调研，更让我们深刻感受到老龄化乡村面临的危机和挑战。

带着丰富的素材和开阔后的头脑，我们回到校园，开始逐步推进自己的设计议题。在推进的过程中，毕光建老师和宋伟祥老师组织的若干次评图和我们对于议题的深化每每发生碰撞。而不辞辛劳赶来评图的廖建筑师和林理事长，又常常会从在地意识和从业人员的角度发问，让设计更加真实。

欣闻《中国建筑教育》编辑部举办论文竞赛时，我们很期待借此机会，将乡村策略场这个内涵丰富的设计案介绍给大家。而之所以有勇气以文字的形式呈现课程设计的内容，一方面由于本次设计不是单纯的形式操作或空间思考，而是结合实地资料的策略讨论，这些问题和思考不仅仅适用于台湾地区，同样会对面临日益严峻的老龄化社会的大陆提供参考；另一方面，毕光建老师笔耕不辍，在台湾建筑文坛陆续发表的多篇文字对我们深有教益。仍然记得第一次读到毕老师描绘台湾乡村的文字时那种感动、震撼。而在天津大学，张昕楠老师又耐心给予论文宝贵的指导。

自始至终，本案的完成和最后的文字叙述都发生在多个维度和多位老师、人士的帮助之下。这种多维度，既是时间尺度上的，又是空间尺度上的。而经历了这难忘的一学期，我们也在触摸流动的土地、嬗变的乡村中，感应到新时期建筑学的复杂性。

葛康宁，杨慧

竞赛评委点评

论文以解决当代台湾地区"老龄化、少子化"社会背景下养老设施匮乏这一焦点问题为切入点，研究了将既有闲置学校建筑进行功能重构、环境重塑与品质提升改造为养老设施的设计策略；探索了通过低技绿色建筑设计手段，建立能够实现能源、资金、供给、精神等层面自足的养老服务模式，最终形成校园尺度与区域尺度的养老自足体系。论文选题具有很强的现实意义，论文作者能够以较为广阔的研究视阈去分析问题，为当代既有建筑改造与养老问题解决提出了现实可行的操作模式。

梅洪元
（哈尔滨工业大学建筑学院，
院长，博导，教授）

"乡村国小何处去"一文的可贵之处有三。其一，作者对乡村社会生活有一种难得的敏感与体察；其二，作者对有关空间、功能、技术等基本专业知识的综合运用，契合了论文开宗即已言明的特定问题，虽为论文，亦能见出其设计之实力；其三，论文写作直击现场问题，论述删繁就简，逻辑清晰，为初涉研究习作中不多见者。该文于清新之气中见物、见人、见情、见理，值得观摩学习。

韩冬青
（东南大学建筑学院，
院长，博导，教授）

蔡俊昌
（淡江大学建筑系　本科四年级）

边缘城市的发展与设计策略：
南崁

The Development and Design Strategies of Edge City: Nankan

■摘要：之所以会想要探讨边缘城市，主要是因为亚洲城市普遍处于快速发展的阶段，众多农村快速资本化下的都市规划，以及农村与都市的交界地带的模糊与规划，就日渐显得重要。而这种普遍处于田野与都市间的边缘城市，山峦与田野本来的串联却因此被牺牲，只剩下都市发展的零星绿地，却没有配套设施将其有效的联结起来。边缘城市之所以重要，是因为都会住宅区的饱和，加上交通系统日渐完善，大大减少了通勤时间，通勤族择外居住，渐渐的居住需求提高，人口开始往都会区外层扩散。这种边缘型都市的产生，在亚洲地区尤为常见，借此好好探究能否往后在都市计划上提出适合方针。本论文选择位于台北都会区与桃园市交界"南崁"作为研究对象。

■关键词：南崁　边缘城市　拼贴城市　失落空间　都市绿带

Abstract：The reason I want to research the edge city, mainly because Asian cities generally at a stage of rapid development. Government planning village quickly and planning in rural urban areas of the border, it is increasingly more important date. This universal field at the edge city and the city between the mountains and the original field but so be sacrificed. The remaining sporadic green urban development, but it did not support its effective link up. Edge city is quiet important, because the saturated city residential areas, coupled with increasingly improved transportation system date. Commute time, commuters choose to live outside, and gradually raise advanced lying ranks high demand, facing man separate warranty for dictation metropolitan area outer mouth to spread. This borderline are dramatic produce raw city, particularly in the Asian region often be seen, take a good inquiry, can propose suitable later on urban planning guidelines.

Key words：Nankan；Edge City；Collage City；Lost Space；Urban Green Connection

一、南崁——边缘城市的特质

（一）南崁的边缘与过道性

南崁因处于大台北都会区与桃园市中心，与高速公路和桃园机场（Air Port）的交界处，因交通设施快速发展，政府以都市规划的角度介入，南崁因此有着"卧房城市"（供给大台北地区人口居住）、"仓储城市"及"边缘城市"等特色。夹在几个主要大城之间，南崁从农村直接进入资本化，大量的住宅需求以及城市周遭附属设施（购物中心与量贩店）的进驻，让南崁边缘与交通特质相当独特（图1）。

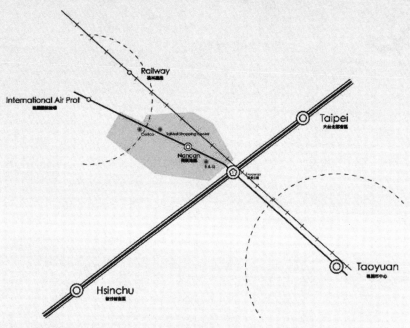

图1　南崁地址——介于台北与桃园出口区交界处

（二）山与田野间

南崁因处于山与田野间的交界，发展后，城市贯穿了山与田野，都市规划切断了绿带链及生态链。绿建筑被狭义定义为建筑物内的微气候调节。而对南崁地区而言，生态却只零星散布在学区、公园预定地、废弃铁道厂等等地区。绿建筑所强调的都是在各项指标的达标率，却往往忽略将其串联起来，让生态及绿能够带回都市，实质上地介入都市计划与设计的领域间。

（三）边缘化下的都市

1985年代，南崁因为重工业发展，以桃林铁路为其重要的交通运输工具，方便其出口及进口货物的运输。南崁镇中心被工业区以南北方向包夹。

2000年，南崁经历了工业区重划，住宅区规划于附属镇中心旁，形成规整网格道路系统。南崁镇中心被夹于山峦、河川、工业区、规划区住宅、机场与高速公路（之间）。主要道路系统呈现平行切割，包括中正路、南崁路、桃林铁路、南山路。

1985年，南崁地区原先为物流交通地，并未资本发达，工业区位于南崁上下两侧，并未被规划为重点工业区。南崁因为是交通必经地，桃林铁路与主要道路（中正路）成为联结机场与桃园市的主要道。

2001年，工业区发展后的迁移，南崁产生大量的工厂废弃用地，而南崁的都市规划，让南崁边缘化的特质更加明显（图2）。

（四）边缘化下的影响

南崁边缘化下，使得南崁城市角色变成以汽车为主，城市不再是以人为计量单位，效率与性价比的考虑被提高，进而进驻了多个大型城市附属的结构设施，如大型购

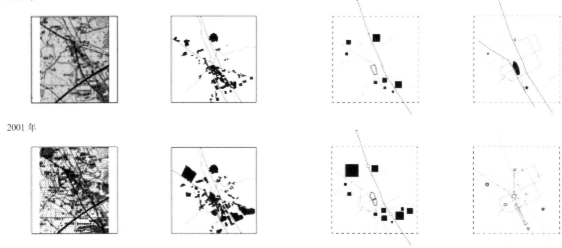

1985年

2001年

图 2 工业区的置入与市中心的转移

物中心（Costco，B&Q，购物百货公司）皆设有大型停车场，让外地或是更远地区（林口、桃园市、大溪等等）能够便利地以交通工具到达，购物或是消费后直接离开。而汽车的便利转变成阻碍活动的工具，使居民大部分的活动及行为模式以点到点的模式移动，马路变成了巨大的隔墙，并将人阻隔于移动量体（汽车）之外。

这些问题往往在亚洲新兴城市周边发生。城市的扩张，以及交通工具发展的基础规划所产生的问题，使得边缘及卧房城市的产生相当可观。工业革命后的现代社会都市，道路的角色被重新定义，而是以交通运输为主。社会仅思考如何达到减少交通成本及运输时间，以有效并经济的方式增加运输效率与效益，目的进而衍生出外环道路及仓储物流的需求，而外环道路就变成仅仅是联系道路的主要干道，被毫无关联的串联成一条交通带。

核心都市与农村的接口，因为交通工具的革新，重新定义了都市所涵盖的范围。而边缘城市是在都市划分的转换接口上生成，从原先的城镇，被直接划入了都市计划图，却显得格格不入，让所有被定义的区域都像是拼贴式的直接被锚钉于南崁周边。南崁镇中心是历史上的核心，却让都市计划随意拼贴，南北工业区的不连续、东西向高密度的住宅区，使得旧城区处于暧昧不明的状况，人行道与车道的角色渐渐模糊，却将原本该是南崁城镇的都市经验给断开，空间经验错置，都市空间不连续，高楼与民居形成强烈对比。

（五）生态——山峦与田野

南崁本仅只有一两条联外道路将山与田野切开，自然区隔阻隔不多，生态与埤塘能够联结，主要生态链依附在大城市周边。但边缘城市的产生，绿带串联却因此被中断，东北向的南崁山、五酒桶山、知性古道，西南向的南崁溪边大量田地与田野，却被南崁市中心分开，生态交界带未连接，以及绿带的不连续，使得南崁必须以交通工具才有办法到达各个地方。

（六）关系与分析：拼贴后所产生的城市

南崁所谓的拼贴，是因为都市计划的不周全考虑，造成区域规划的不连续性与不便性，将一块块区域拼贴在原本南崁镇周边，南北向的工业区比邻于主要联外道路——中正路（高速公路与国际机场）边，而住宅区则是依挂在南崁两侧。随着都市扩张与原始飘贴区域的增加，外环道路的增设，犹如围墙般地再将城市切割成好几区，主要服务汽车的道路规模，街道不再服务于居民，而成为物流与交通过道。

拼贴过后的城市，会产生很多交界中间的失落空间。失落空间的产生也是都市再更新的产物，南崁正是处于城市转型与都市更新的阶段，大量依赖交通工具的地区、高密度住宅区，产生偌大的空间剩余，使得都市活动不连续，活动与机能的分离断裂。

（七）小结

南崁大量释出失落空间的无主地，以及南崁工业区的大量迁移，产生出相当大量的工厂遗址。废弃工厂的遗址、旧铁路废弃地、未整治的闲置河岸，皆可定义于失落空间的范畴。而被拼贴的都市计划界出相当大量的角地、畸零地、废弃中介区域。

由图 3～图 6 四张图底关系（Figure Ground）可以看出：南崁的都市纹理（图 3）；市镇中心沿街发展，量体的对比感能够很明显地感受到使用区域的分化（图 4）；南崁地原的完整 Figure Ground Mapping，可以发现是其由很多不同规划表情所拼贴出的新兴城市，工业区占地大，量体明显而规模较为庞大（图 5）；住宅区规划完整，而小区型大楼提供台北高收入人群住居需求（图 6）。

南崁主要联外道路——中正路，虽然为交通要道，许多商业活动依然是沿着此道路发展，并分布在四周。而较以往都市经验相异的，是主要大型量贩店都集中依靠在此道路上，如台茂购物中心、Costco 量贩店、B&Q 特力屋、长荣航空、员工训练中心等大型设施，都是在南崁路与中正路旁，中正路与南崁路一、二段是连接桃园国际机场的主要道路，南崁也是国道一号高速公路旁的城市。因此道路个性强烈，并以联外为其特质。因此以交通为主的模式，是南崁成为边缘城市的主因。

图3 南崁中心的都市纹理

图4 南崁中心——中正路与南崁路

图5 南崁周边工业区分布

图6 新兴高级住宅小区——小区型大楼

　　在图5中的早期工业区发展，机场仓储转运空间，是机场与高速公路边的卫星地区"南崁"的独特特色。因为需求与便利性，产生出大规模量体与工厂，由南北方向往南崁市中心侵入。近年来的工业区转型，工业渐渐撤离该区域，并会渐渐产生相当规模的工业废弃地。图6中的新兴住居型住宅区，大台北都会区部分居民会购买附近房产，因为比邻高速公路，通勤时间约为30分钟即可到达台北，在此发展成高级住宅区，并以小区型大楼为主，公共设施比例要求让每个小区都自有花园，以图底关系可看到都是圈出自有空地，形成内聚并封闭的自有花园。

　　相较之下，住宅区是都市规划发展较慢的区域。原本连接山与田野主要廊道，因为住宅与资本的进入，使得此区域被强制性开发，让本来连接山、河道与田野的生态区被破坏（图7）。在现行法规下，建蔽率与容积率是需要留设出一定比例的，而在建蔽率的规制下，每

图7 道路河道与小区大楼现状

个小区型大楼必须留有一定比例的绿地，但被住宅大楼本身围住，高级住宅大楼又强调安全与隐私，在各个大楼底层呈现封闭状态，毫无联外可能，串联各个绿带相当困难。

有没有机会去改善这些拼贴所交界出的失落空间，并渐渐地代谢工业区所剩下的工厂废弃地，重新思考新置入小区型大楼对生态的定义，有没有机会以都市计划的角度去切入并讨论与生态共生串联等机会，就是我们要接下来要探讨的。

二、分析——解构与解析

（一）生态与道路系统

图 7 中，可以明显看到河道边被建筑退开，由于小区与不完整规划的影响而使得失落空间产生。

图 8 中，南崁因为市中心处于山峦与田野之间，并在南崁溪与大坑溪中介带，此两条区域为平行切割，而导致南崁为带状发展，并且明显切割成两个区域——上、下南崁，形成自成一格的生活网络。

图 9 此后发展成各自的网络系统，上、下南崁的生活圈被切断，不仅绿带不连续，生活体验的不连续亦被以交通动线为主的中正路所隔断，山与田野的相互串联就更显困难。高级住宅区在平日则是透过中正路直接以点对点的交通模式移动。

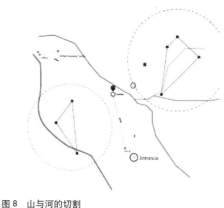

图 8 山与河的切割   图 9 道路发展与生态（山与田野）的组织关系

（二）Layers 图层关系

在解析各个层级的城市系统时，我将其主要干道、高速公路、规划区、住宅区、市镇区、工业区等市中心各个层级解析出来，并尝试着找出交界是如何相互定义、如何规划的。借此我发现，交界区往往就是留给居民自我运用，建筑纹理常常因为居民各取所需而变得凌乱，并且发现了这个边缘发展的城市慢慢成长与扩张的脉络（图 10，图 11）。

由图 12～图 15 可以明显发现，各个重画区皆为依附在主要原始市中心周边，由一条外环延伸，再衔接到住宅、商业、工业等区域。明显可以看到，内聚型住宅大楼街道层级相当分明，并将街区内定义为私领域的空间，规整的网格状划则与南崁市镇中心的街道纹理格格不入。工业区的大片规划，是南崁地区最为独特的，分析中相当意外规划者将此区域设定为工业区，并任其自建，而使得外来工业进驻南崁，生产后却又以极为快速的方式将其运送出口。南崁对他们来说犹如蜻蜓点水，仅提供仓储与交通功能。

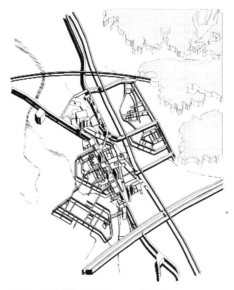

图 10 主要道路系统解构——不同规划   图 11 主要分区分布——集中式内聚

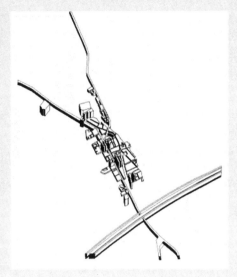

图12 主要道路

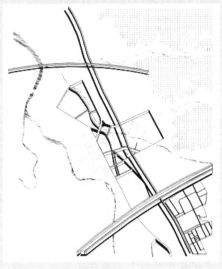

图13 道路网格与街区

图14 外环道路

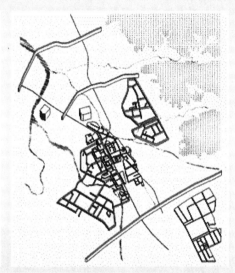

图15 外环与旧街区之关系

　　再者几乎呈现平行相切的道路系统，在解构中就可以很清楚地看到，将东北向的南崁山、五酒桶山直接与南崁溪与田野隔开，犹如偌大的围墙，生态相关的环境议题常在后都市规划中经常被忽视，而原本最有串联契机的住宅区，因为各自围住私有花园，使得生态交界带无法完整串联，并常常被资本家忽略。

　　若将前文图10与图11放大来解读，会看到各个交界区的相互模式（图16）。

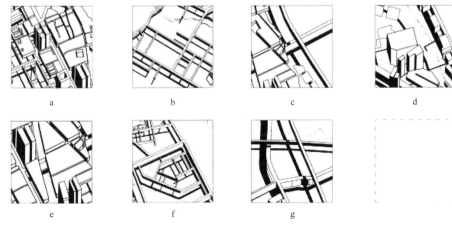

a　　　　　　　b　　　　　　　c　　　　　　　d

e　　　　　　　f　　　　　　　g

图16 各区域分离所包含的交界空间

作者心得

　　很高兴能够与黄瑞茂主任一起参与与居民互动的论文讨论。在这次深入了解居民对于南崁这块地方的了解与地方印象，实地走访小区并与居民互相理解对于小区的新想象，以及者老们娓娓道来有关南崁的故事与印象的过程中，那个处于产业转型与渐渐被代换的工业模式将我拉回以往，令人印象深刻，也是让我着手这次参与设计规划的主因。

　　我何其有幸能够在以往没有尝试过的领域，通过不断斟酌与调整，将居民想象的南崁生活空间加以诠释，对于河道的重视、埤塘的逐渐消失、废弃铁道的重新启用、大型购物中心的进驻，以及对于街道生活的再想象，皆是这次设计或是讨论中较具体的提案解决策略。在以往以交通为主的南崁，对于平常生活与交通街道的经验断裂，用建筑设计的方式重新介入生活。在两岸皆有许多新兴都市，希望借由这次设计重新讨论对于边缘城市的重视，以及关于边缘城市如何从服务主要城市为主的副空间渐渐转型成对于居民有记忆与地区认同的城市空间。

　　曾拿着地图一遍遍地走访，从河岸走到旧城区，从旧城区跨过一条街就是高楼林立的高级住宅区，"边缘城市"与"住居城市"的特质在南崁实至名归，但仍不难发现其拥有某些迷人的环境特质，如主要都市没有的森林步道，主要都市没有的大型仓储废弃空间。在这些讨论中重新思考边缘城市逐渐转型对于自身定位的影响。对于众多发展中的大型城市，这是一个没有被重视的议题。利用对于都市纹理的图绘，让此问题被凸显出来。在这次讨论中，学习到怎样用不同面向去看都市，并理解之前的问题。虽然设计仍然太过于直接，但我认为至少提供了居民对于生活形状的重新描述与诠释，原来我们透过建筑可以将生活变成心中该有的样子。

蔡俊昌

由图 a 可明显看到，旧城区因为发展及规划需求，居民变更土地使用，城市逐渐被代谢，而渐渐生成高楼与高级住宅区，并强化中正路的使用效率。若与此比较则是图 e，e 区域是最为靠近高速公路的区域，并以仓储与员工训练中心为主要使用用途，逐渐代谢的是与机场相关产业。而图 b 与图 f 则是说高级住宅区的规划，依挂在主要中正路旁，并忽视中间交界部分的规划，使得区域与其之间产生偌大的间隙，失落空间由此可发现最为丰富。

图 c 与图 g 则是在描述废弃铁路——桃林铁路，是南崁的关键角色，因其被废弃，却用铁丝网将其组阻隔，时间久了里面生成相当丰富的生态，绿意盎然。但是却被南崁忽视，所以我将其层级提到最高，但此尚无互动机会。

图 d 则展示大型量贩店的介入，使得都市核心的支应设施依附在主要道路边，也让中正路交通性质更加强化。而河道边原地区，看似是都市计划者所做的完整规划，但绿带串联机会确实相当少；被脚踏车道隔开，废弃工厂的弃置也毫无使用规划，生态示范池的设置有待讨论。

（三）都市构成、堆栈关系

南崁地区虽然是边缘城市，但发展仍是一点一点慢慢堆栈起来的，并非一蹴可及。而尚有另一种亚洲发展城市，就是所谓新兴卫星城市，在中国大陆地区与主要大城市周遭相当容易出现，主要干道由主要大城市延伸，而后周边地带再由大城市所扩张的需求而进一步发展。

像南崁这种原先就已先存在的城市，亚洲大部分卫星城市皆有此特色，而后才有规划的介入，让原先都市中心变得模糊，以及交通方面的主要考虑，将旧城镇切开碎裂后再依需求以外环道路加以串联，达到经济与高效率的目的。

南崁在这种发展基础上显得格外明显，部分旧城区依然包含在所谓市中心的部分，但仍有些部分却被忽视，并渐渐被淘汰与置换。将其与时间迭合后所呈现的发展现状，是南崁主要都市纹理分布的原因（图 17）。

借此机会讨论一下亚洲新兴卫星城市的特色——边缘城市，以及人口剧烈流动的卧居模式会对此边缘城市的都市经验造成什么影响？高收入人口的进驻，隐私与自然环境私有化的生活形态渐渐被强调，对都市发展与绿环境评估会造成什么影响？都市的零星绿地，处于住宅区所各自圈出的范围内，从空照图观察，看似有串联的机会，但实质上是毫无可能。那么，有没有办法增加配套设施，将其相互连接，使得绿带能够有实质上的交互串联呢？

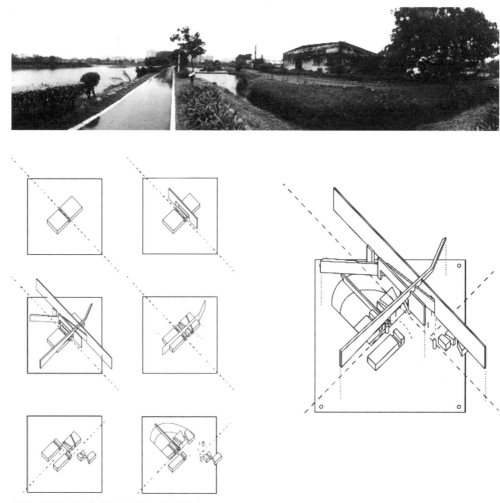

图 17　都市构成与生成关系，道路与规划的切入

三、设计讨论与策略

（一）操作基地的选择、特性分析

用原始的底图关系来做判定的基准，基地特性在南崁这块地方可以大约细分为以下几种（图18）：图a明显可以看出是旧城区发展的主要纹理，紧密且规整，街道关系明确，住居及商业需求皆以原始商业模式发展，骑楼与人行道占较多比例；而在图b这块地区，河道分隔两块住居使用地，而住宅区则是以背面往河岸靠，使中间串联的机会因此断裂；图c可以看到大型量体的占据使都市相当凌乱且毫无规划，都市经验的不连续是最大的问题；图d为中正路与高速公路的交口，首当其冲的是其新规划区衔接在旧城区的尾端，有大型量体如长荣货运中心、员工训练中心、B&Q特力屋等量贩店进驻，因而有大型的停车场与闲置空地；图e则是明显看出新城住宅区与旧城住宅区的差异，为内聚型住宅区与骑楼住商混合区的不同使用，交界在南崁路的边界上；图f则是在大量工业区进驻后，建筑量体的转换与空地的留设皆相当不同，因此产生大量空地，土地使用率低，并因政府都市规划的考虑，此区未来将迁移至其他地区。

（二）都市的建筑形态研究

都市建筑的量体分析，可以依据上述分成7种形态，如旧城区、住商混合区、纯住宅区、高级住宅区等发展建筑量体。我将思考怎么变形让其与绿带相互结合，带起生态交界区与新、旧城的交互关系，并试图将活动带入，而非包围型建筑量体；同时思考在不同建筑类型中，如何去组构所谓城市与绿带的关系，包围型建筑量体之间的互相考虑，怎样去相互形塑出公共空间，让整个地面与小区大楼的开放性、联结性更完善，并讨论怎么去重新打破小区型大楼与旧城区的封闭情形（图19，图20）。

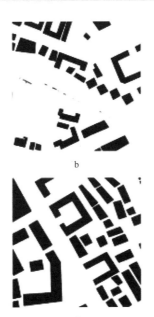

图18　以图地关系分析基地特性

图19　都市型态的分析与变形

图 20　建筑量体内部开放空间研究

1．Type I

在旧城区，如何去改变与调整原本街塘所造成的封闭建筑形态；在面临主要道路与次要道路时，怎么去调整与街道的关系并尝试着去改善所谓行人空间。

在第二个形态中，尝试将其街塘转换成正立面，面对次要道路变为开放型做法，并增加行人与植栽面顶的街道形式。第三个形态中，将原先街塘打开，并在两侧主、次道路中创造出中介行人空间，尝试串联不同层级道路间的关系，将活动与人行空间打开，使活动能够连贯起来。在原先商业带的量体中，转变成移动式摊贩的关系（图21）。

2．Type II

在旧式的街塘，尤其是十字路口的区域，在转角处怎么规划，而非现在的将其封闭，并将道路都让给公共空间。改善方法为：

旧城的街塘改善与退缩。在转角区加以退缩，让原本的道路主、次关系转换，调节行人与开放空间的比例。在第三个变形形态中，尝试创造开放空间并赋予休憩空间。因为旧城区建筑属于低矮楼层，多为二至三层的建筑量体，二楼部分可以打开并形塑出较为亲近的街道关系，可以重新活络原本街道与建筑量体的封闭状态（图22）。

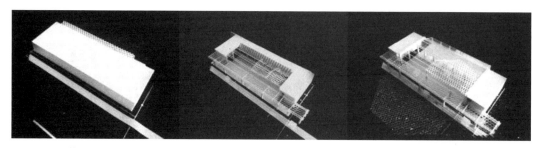

图 21　Type I 模型分析

图 22　Type II 模型分析

3．Type III

混合型建筑，即商业带与住宅形态混合的共享型建筑，在不同比例上怎么去开放中介层的开放空间，并加以延展，让活动分层？改善方法为：

混合使用与开放空间层级。第二个形态中，中介接口的介入，让原本是住宅屋顶的区域能够活化，并且增设骑楼空间与步行空间，改变街道与住宅间的关系。最终的发展是，重新将原本商业带以贯穿形式穿越，能增加街道表面积，活络原本相当大面积的街塘并将其碎化，增加人与绿带的穿越性，让商业能够与住宅相互结合，并分出不同层级的开放性空间（图23）。

4．Type IV

住宅形态的研究，原本住宅若为长型，在此区域常有封闭性围墙，并将汽车与机车隔于住宅之外，让各住宅区用围墙占据开放空间。

图 23 Type III 模型分析

改善方法为：

开放空间的处理方式。在第二个建筑形态上，将小区型大楼面临主要道路的一侧，开放为共同的混合开放空间，并可以把活动带入小区大楼，让开放空间有机会连续，绿带也有机会被串联。发展后的第三个形态，可以看到将中央贯穿大楼底部，使大楼底部可以与不同层面串联，并会将绿带与活动隔开；利用底部管理，让大楼有效率并有系统地分享资源。小区型大楼拥有大量的绿带，若能将绿带分享出来，定能够共同创造良好生活环境（图 24）。

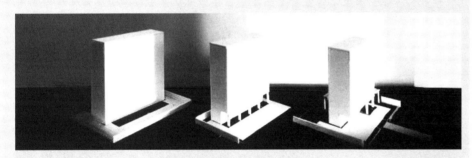

图 24 Type IV 模型分析

5. Type V

住宅型大楼常常有开放空间留设在一楼，但是会有围墙将其围住，若能够开放给附近居民使用，共享绿地就会增加。

若将开放空间留设在底层，集中于某一区，则明显对环境及街道穿越性较为友善，也比较有机会将居民及市民引导至大楼内部，同时大楼内部的绿带也能有效地与外界串联。最后的对策则是将大楼间的公共空间移到中间，并把底层开放出来给小区居民，让其能够有合宜的开放空间可以交流，而非现今完全封闭的状态，也能够增加不同区域的居民互动的机会，让街道与绿带的关系较为亲密。小区型大楼可以创造良好的户外公共空间，并且促进活动的发生（图 25）。

图 25 Type V 模型分析

6. Type VI

住宅型混合型小区常常配置在机车棚边并将围墙更往外设置，阻断行人空间。笔者尝试以量体实虚空间配比来调整活动。

开放空间与私密空间。第二图中，若将小区型较为私密的开放空间留设于建筑中部，将底层打开，让人行与汽车的相互关系较为开放，而非像原来那样封闭，更能促进小区与街道间的邻里关系。第三图则是将此种建筑量体的公共空间与屋顶做串联，使视觉连接上能够较为亲近，并且分出私密层级。小区型的公共空间与街道型的公共空间定位上就有相当大的差异，此做法有利于在视觉上促进小区与街道邻里的结合户动（图26）。

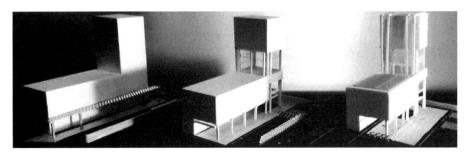

图26　Type Ⅵ 模型分析

7. 小结

对于建筑量体间与建筑量体本身开放空间的留设，做了以上分析与调整。那么对于建筑量体本身的私密性公共空间，该如何留设以及留设的位置，是否有一套准则来调节现今住宅区所面临的共同问题？

空间开放性不佳，住宅以围墙与栅栏隔开了街道活动，绿带被框于所谓小区型大楼内，在前文图6的小区型大楼底图关系图中可明显看到。那么，如何调配小区与街道的开放空间比例，在此操作中是很重要的。

在这次模型分析与开放空间比例的思考中，串联街道与活动是有其机会的，但因为资本发展与住宅空间商品化的影响，现代人普遍将开放空间视为个人土地财产。对于城市中绿带的串联，是相当有机会以此空间组态来将其串联，南崁间的山峦与田野，也有机会以城市及都市规划介入的角度来考虑。

（三）都市间开放空间的研究与对策

以上讨论了建筑量体内部开放空间的留设问题，并给予了相应的对策与答案。以下将说明有关量体间与都市开放空间的研究。都市底层开放空间是决定活动分布的主要依据（图27），在不同量体间留设的空间组织，对于住宅质量与都市纹理都相当重要。相互放置所造成的关系，与都市开放空间的关系密不可分。若单只强调建筑量体内部的公共领域配置，是无法共同达到此项目的目的。因此我以从小到大的操作模式中，寻找大尺度间量体配置的合宜性、舒适性、串联性。

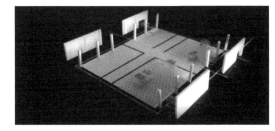

图27　都市开放空间与底层关系

南崁因属于边缘城市特质，是山峦与田野间的尴尬地带，以下分析与研究着重于大尺度的开放空间留设与否等问题，希望能以此方式改变都市街道关系，以及将活动串联及绿带联结。

1. Stage Ⅰ

在此首先探讨的是住宅大楼间的栋距，打破以往以围墙形式区隔道路与住宅大楼的关系。在此讨论中，因为加入了主要道路与被废弃的桃林铁路（现为废弃绿带），底层开放空间与主、次道路的相互关系因为活动与绿带的介入，使其有了不同的形式（图28）。

栋距间的开口部主要在营造好的生活质量，考虑阳光照射时数、视觉的开阔性与否（View Cone），并讨论住宅与商业的配比关系。引导式入口的量体切割，会让都市计划量体显得较为开放，但又因高级住宅尚以隐秘性为主，也有一定程度隐秘与串联。

2. Stage Ⅱ

都市空间中，在图25中可以明显看到，在大量住宅规划案中，相同尺度与量体的建筑体被规整地放置于都市街堘。住宅区与商业区的中介，在南崁这个地方则是以自然分界作为界线，如河川与山坡地等。因为南崁历史发展中以运输为主，桃林铁路也是作为都市分界的主要参考。

在各个住宅量体中，开口部的留设与都市活动关系，在图25可以很清楚地看到与以往规划案的不同。向外与旧城商业带相接，并以相互模式留设共同的底层开放空间。让活动有办法从次要道路之间形成串联，而并非被主要道路截断（图29）。

3. Stage Ⅲ

住宅区在图26可以明显看到此变化。这种规划策略在住宅的质量、管理与私密性方面可能较为复杂，但是在都市规划时要尽量减少围墙型的生态截断，并尝试串联主、次要道路与河道关系，将人与活动带入小区。

因为南崁主要呈平行状排列，又因其边缘城市特质，道路主要为交通服务，造成活动截断、活动不连续、街道感与空间尺度上的经验落差。因此要利用此建筑间所形成的量体关系来串联以往被截断不连续的活动空间。在山峦与田野间，也因为规划的介入，不再是放入无数的公园，而是利用渗透的方式，渐渐将之串联起来（图30）。

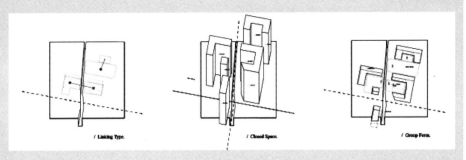

图 28　高级住宅区

图 29　住宅区与旧城区

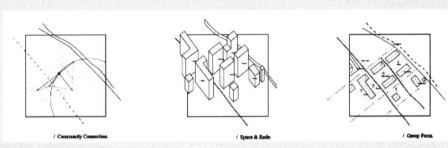

图 30　住宅区连接商业带

4．Stage IV

旧城区因为街塌完整且紧密，并夹于自然河道、桃林铁路与主要道路间，是旧城区零碎且不规整的主要原因。在此地区，因为河道保护与都市计划法的限制，在河道一定范围内不得兴建建筑量体。

而于量体上开口的紧密程度，决定了建筑量体间的开放关系，并且可以有效率地引导活动进入。

在以不同大小所构成的开放空间中，以不同尺度形成都市停留节点，让活动能够在此暂缓与留游；同时提供舒适的步行空间（图 31）。

图 31　旧城区开放空间发展

5．Stage V

在平行的道路网格中，住宅与城区的边界在于河道，河道阻却了活动；因为建筑多背向河道发展，导致河道边停放大量的汽、机车，使得区域独立性与个体性更加鲜明。

在此我尝试将公共的底层空间串联，并介入平行的开放空间，让居民可以有选择性地停留在不同层级上的开放空间里。河道虽然无法直接被轻易地连接，但以视觉的方式将河道两侧的空间串联，让空间经验不要因为规划的介入而截然不同（图32）。

6．Stage Ⅵ

在相当狭小的剩余空间中，建筑量体间的改善原则仍是将底层一部分私密性公有空间开放出来，有效串联两侧的开放空间。例如，让废弃的桃林铁路（连续绿带）变成居民与绿带的休憩点。

在绿带中，住宅小区与桃林铁路的串联，可以有效地缓和城市与山峦绿带的阻隔，而。再串联都市与山峦、田野间的生态交界带，介入都市规划与住宅间的关系，重新思考都市与绿带的关系（图33）。

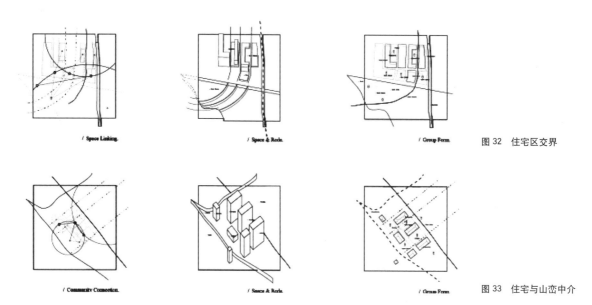

图32　住宅区交界

图33　住宅与山峦中介

四、设计策略与提案

透过基地分析与建筑形态的设计，本设计提案改善了都市开放空间与绿带生态的连接关系，借以打破大门深锁的住宅小区。大楼量体与开口面向决定了开放空间的朝向。在南崁住宅小区与旧街商业区的交界地带，选择了一块基地来进行操作，基地介于河流、桃林铁路与主要道路间，以此讨论在开放空间与私密性方面的营造结果（图34、图35）。

1．虽然建筑量体的配置相当开放，但对于地面层的开放空间，仍有用些视觉阻隔性的植栽与较为透明的围篱，做了少部分必要的阻隔。

2．对于小区型开放空间，并不去浪费过多重复性空间，而是建立起让各小区大楼能够分享公共空间的概念，串联起整个街墎与附近区域的连接。

3．分享空间能够有效降低建筑量体间的空间感，并将空间让出形成开放空间，让附近公园与小区大楼能够紧密结合，与河道边的关

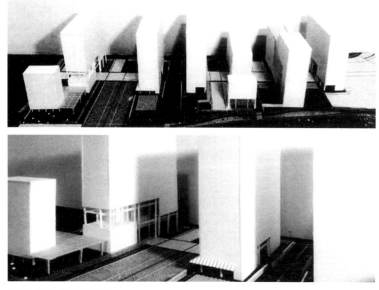

图34　整体规划配置策略

图35　规划策略

系也较为亲近。

4.大楼的公共空间以视觉性串联，让彼此距离较为改善，不像以前那么疏离，促成互动的机会，小区公共空间的管理是互相维护的，让彼此间的关系定义与以往不同。

五、结论

在此次设计操作中，解析城市并讨论边缘城市的问题（图36），是相当有成效的。由于亚洲在快速的都市计划与卫星城市的开发中，会面临边缘化及卧房化的转变，怎么去重新看待都市设计的介入，而不只是规划后置之不理？因此必须要有一定的配套规划。资本的快速进入，每个人都期望有相当程度的生活质量，并将能共享的资源私有化。这是后新兴城市普遍所面临的问题。

图36　都市解析模型

都市的快速发展，城市规模也被重新定义，以汽车、机车为主的交通模式渐渐被最大化，原本的都市中介空间消失殆尽。该如何在尚未规划时介入设计并改变城市经验，延续历史上山峦、田野间的相互串联机会，笔者认为应以都市设计的方式去谈大概念"绿联结"，并非以往的都市绿带跳岛，要以渗透的方式影响城市发展。

参考文献：
[1] Colin Rowe, Fred Kaetter.Collage City [M] .MIT Press,1984.
[2] Finding Lost Space : Theories of Urban Design / Roger Trancik.
[3] John Friedmann. 核心－边缘理论的概述 [OL] .http://wiki.mbalib.com/zh-tw/ 核心－边缘理论
[4] Mario Gandelsonas.X-Urbanism : Architecture and the American City [M] .Princeton Architectural Press,1999.
[5] 公才金. 因特网时代的"边缘城市" [OL] .http://finance.takungpao.com.hk/q/2015/0504/2989680_print.html.

李 强
（西安建筑科技大学建筑学院 本科四年级）

黄土台原地坑窑居的生态价值研究——以三原县柏社村地坑院为例

Research for Ecological Value of the Kiln Courtyard in Loess Tableland Taking the Kiln Courtyard of Baishe Village in Sanyuan county as An Example

■摘要：作为生土建筑与绿色建筑的典型代表，下沉式窑洞不仅体现了当地的民居特色，而且蕴含着丰富而朴素的生态学思想，是人与大自然和谐共处的智慧的结晶，其原生的形态特征与建造方法，在一定程度上与今天的绿色建筑及可持续发展理念不谋而合。下沉式窑洞为绿色建筑提供了一个成熟的范例，对未来生态建筑的发展有着极大的参考价值。本文以三原县柏社村地坑窑为例，以探讨地坑窑的生态价值为目的进行了针对性的研究。

■关键词：生土建筑 绿色建筑 生态可持续 柏社村 地坑窑 价值

Abstract：As a typical representative of raw soil building and green building, traditional kiln courtyard not only embodies local characteristic , but also contains the rich and plain ecology thought. It is the crystallization of the wisdom of the people live in harmony with nature. Native morphological characteristics and construction method, to some extent is consistent with the concept of today's green building and sustainable development. Underground cave provides an example of a mature for green building. Besides, it has great reference value for the development of ecological architecture in the future. In this paper, we take the kiln courtyard of Baishe village in Sanyuan county as an example, and discusses the ecological value of the underground cave.

Key words：Raw Soil Building; Green Construction; Ecological and Sustainable; Baishe Village; Sunken Cave Dwelling; Value

一、引言

作为生土建筑与绿色建筑的典型代表，窑洞的生态价值特性已广为大家所认同。这种完全不用木构架的极纯朴的土建筑形态在中国众多民居建筑中独树一帜，是真正"低成本、低能耗、低污染"的生态建筑。地坑窑这种下沉式窑院亦是如此。

地坑窑流行于北方黄土地区，是一种古老民间住宅形式（图1）。它由原始社会人类以洞穴栖身演变而来，是当地气候、环境、资源、社会和经济条件下的特有产物；它深潜土原，取之自然、融于自然；它生态环保、冬暖夏凉，是绿色生态和人居文化的有机结合。从现代绿色生态建筑的角度来看，其建筑特征与建造方式都蕴含着丰富而朴素的生态学思想，是典型的"生土建筑"；从中国古代"天人合一"的哲学思想来看，它又是人与自然和谐共处的典型范例，隐含着更本质的永恒之道。

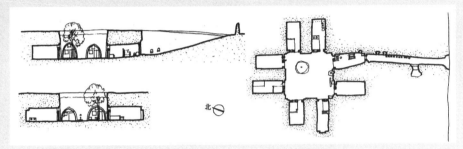

图1 典型的黄土高原下沉式窑洞

本文通过实地调研分析，以陕西三原县柏社村地坑窑生土建筑作为研究对象，以探讨地坑窑的生态价值为目的，进行了针对性的研究。

二、柏社村地坑窑生土建筑成因

任何特定的建筑形态都是在特定的地域条件中逐步形成，同时又在特定的历史背景下发展与演变，地坑窑生土建筑也不例外。这种建筑形态在自然环境与社会背景的双重作用下，不断发展演变至今，形成了地坑窑这一复杂而又独特的民居体系，这是此时此地最适宜的居住形态。

（一）自然环境因素

柏社村位于三原县北部台原之上，是一个拥有1600余年发展历史的古村落。三原县所属台原处于黄土高原的干旱地带，黄土层深数十米至数百米，植被稀少，水土流失严重，而柏社村东西沟壑中却均有河流，植被相对茂密，广植柏树，"柏社"也因此而得名（图2）。在恶劣的生态条件下，柏社村的先民们没有以破坏这里的生态环境为代价，而是以尊重自然为前提，向地下发展来索取必要的生存空间，既满足了自身需要，又保护了水土植被。先民们这种以"减法"方式建造的居住空间可以保持水土、保护黄土高原风貌、节约用地，同时也是在生产工具相对落后的条件下的必然做法（图3、图4）。此外，先民们在考虑地貌的同时，也考虑到了这里降水稀少这一明显不足，因而发展出了自己的一套解决方法，那就是巧妙利用地下坑窑聚集雨水的优势，在雨季用水窑储存水资源以便旱季的利用。

图2 柏社村茂密的柏树

指导老师点评

学如不及，知行合一

论文的撰写有助于巩固和加强学生对基本知识的掌握和基本技能的训练，提升学生对多学科理论、知识与技能的综合运用能力，培养学生创新意识、创新能力和获取新知识能力。日常教学中，我也鼓励学生运用所学知识独立完成课题，以培养其严谨、求实的学习态度和刻苦钻研、勇于探索的实践精神。

该篇论文在选题上有新意，用传统建筑形式结合现代科学技术，细致地研究了地坑窑居这种生土建筑形式的绿色生态价值，从柏社村地坑窑生土建筑成因到地坑窑居在绿色建筑中的价值及意义，从建筑与环境、土地利用、材料与结构、日照与节能等方面来依次探讨，有实际的应用价值。论文中有学生自己独到的观点。该生在论文中论证了地坑窑的绿色价值并且提出了其对于现代传统建筑的生态意义，能够反映出学生的创造性劳动成果；同时结构安排合理、论证充分、透彻，有足够的理论和实例支撑。

此外，通过这次论文竞赛，可看出学生的务实精神。为了研究课题愿意深入实地一段时间进行调研；善于查阅文献，能较为全面收集关于地坑窑居建筑方方面面的资料；勤学好问，在写作过程中能综合运用所学知识，全面分析地坑窑居的现存问题以及生态价值。就论文而言，文章内容较为完整，层次结构安排科学，主要观点突出，逻辑关系清楚，语言表达顺畅、得体，论述紧扣主题。

石媛

（西安建筑科技大学建筑学院，讲师）

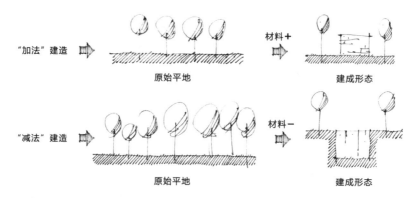

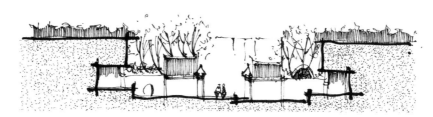

图3 "减法"建造方式示意

图4 黄土高原下沉式窑洞剖面

在历史的前行中，先民们找到了可以适合陕西关中地区四季分明、温差较大的气候条件的恒温洞穴，也探索出了可以有效地阻止肆虐黄土高原的大风的地下居住模式。这种趋利避害的自我保护思想在地坑窑这种建筑形态上表现得淋漓尽致，而这种居住模式对自然环境良好的适应性也使其一直发展演变、沿用至今。目前柏社行政村内保留窑洞共约780院，居住人口约3756人。其中，核心区集中分布有215院下沉式窑洞四合院，村落周边为典型的关中北部台原田园自然景象，形成了鲜明的风貌特色，被称为"地窑第一村"。

（二）社会历史因素

回望地坑窑的发展史我们不难发现，它在一次次的历史前行中不断地发展优化，逐渐形成了合理的建造方式和稳固的人居环境。经过历史的选择，地坑窑自身的价值达到了一个新的高度。

在原始社会，人们的所属物少之又少，财产对于劳动人民来说只有居住的洞穴和少量的粮食，而地坑窑建筑的建造成本低、利用率高，性价比符合劳动人民的承受力，所以经济廉价的地坑窑成为首选。进入封建社会，人们对自身和社会有了自己的认识与理解，这个时候私有财产包括窑洞住所在内受到了足够的重视。在封建的意识形态之下，劳动者在性格上诚恳朴实，活得很小心，生怕犯错，而地下窑洞的形式正好承载了劳动者内敛务实的处世态度，同时这种尊重自然的建造模式符合人类的可持续发展理念，因此地坑窑得以传承发展。此外，据《三原县志》记载，三原县地处黄土高原与泾渭平原的交界地带，既是北通延、榆的咽喉，又是扼守西安的门户，自古以来就是兵家争夺的战略要地，这时地下居住形态就显示出了其自身在战时能攻能守的优越性。到了现代社会，生产力和生产工具的巨大飞跃更是促使这种建筑形式得以改良，这时地坑窑的建造方式和空间形式等都更趋成熟。

三、地坑窑居与绿色建筑

在科学技术大踏步前进的今天，人类利用主动式措施[①]即可轻而易举地满足自身生理上的需求。如我国四季分明的北方地区，为使人居环境舒适，夏天可以利用空调，冬天可以借助暖气。但这些设备却在很大程度上过度消耗着有限的不可再生资源。在当今倡导绿色建筑技术的实际应用的背景下，应首选低成本的被动技术手段，充分结合当地地域特点和建筑特点，选择适宜技术，遵循因地制宜的原则，避免盲目的技术堆砌和过高的经济成本。和现代建筑相比，地坑窑民居在与大自然的关系、取材营造、防火、耐久性、透气、抗震性、热工性能和材料重复利用性能上均有着独特的优势。地坑窑居是绿色建筑的典范，其具备的特点对生态绿色建筑的发展有一定的参考借鉴作用。

（一）建筑与环境

从表观层面上看，建筑融入环境。建成以后的生土窑洞与黄土大地紧密地连接在了一起，窑居形象自然、隐蔽，没有过多外观体量的变化，充分地保持自然生态的环境面貌，空间形态的封闭内敛和天然材料的运用，也使其呈现出自然、浑厚的特征。整体而言，窑居村落顺应地形地势展开，星罗棋布地隐藏于黄土之中，最大限度地融入自然的肌理。值得注意的是，建筑并不是自成一体囊括于大自然之中，而是和大自然承现出你中有我、我中有你的和谐状态——窑院内部环境自然朴实充满生机，80%的地坑院落里都有种植植物，或艳丽的桃花，或秀气的杏花，或挺拔的核桃树（图5），这些植物是大自然对人居环境的渗透，更反映出建造者回馈自然的态度。

图5 窑院内部丰富的植物

从价值层面上看,建筑与自然互利共生。使用者将有限的居住空间进行立体的划分利用,保证生产、生活互不妨碍。许多农民都在自家的窑顶上种植蔬菜和经济作物,这样不仅增加植被、固化尘土和调节微气候,也使得窑居的营建与庭院经济有机地结合起来,达到节地与经济的双赢效果。而室外种植的植物加速了建筑内空气的流通,改善了室内的空气湿度。当一孔窑洞需废弃时,只需将其填平,就又回归到了它原始的黄土状态,对环境不会产生任何破坏。地坑窑建筑来源于自然、回归于自然,是自然图景和生活图景的有机结合,体现了建筑生态化绿色化的大智慧。

(二)土地利用

在现如今的中国,人口不断增长,耕作土地面积却在逐年下降,这直接导致了粮食产量的供不应求,为此我国出台了许多的应对政策。而在今后相当长的时期内,农村建房仍将持续发展。黄土高原地区在不宜耕种的陡坡上营建窑居村落,给我们提供了一种合理的发展途径。

黄土高原沟壑纵横、地形地貌复杂,适于耕作的土地面积极缺。在资源匮乏的条件下,为了提高土地的利用效率,地坑窑营建顺应自然环境条件,向土层索取有效空间,极大限度地节约耕地来发展农业,并创造了与自然和谐共生的用地方式和空间布局。同时,以节约土地为原则进行住区环境空间组织,调整和改善居住用地格局,依据地形组织不同的道路层次和统一的给排水管网,减少道路等基础设施的经济投入。

土地的可持续利用实际上是维护和发展土地利用的可持续性。土地利用方式应具备生产性、安全性、保持性、可行性和可接收性,这是土地可持续利用的基本内涵。在绿色建筑住区营建中,应深入研究地下窑居村落,保持和强化这种传统的居住空间组织方式,挖掘其节约土地的潜力并有效地改进与发展,将其用于现代的新建筑,使之能够将地坑窑"土地可持续"精神发扬光大,满足现代生产和生活的全面需求。

(三)材料与结构

建筑材料的选择同样基于当地的自然环境与社会背景。黄土高原地区植被稀少、木材短缺,仅仅用于门窗及少量家具,而反映经济能力与社会关系的砖瓦材料更是只能被用到建筑的重点部位和必需之处。对于在黄土地上耕作与生活的朴素劳动者来说,黄土是他们能够利用的最为普及最为丰富的资源,因而土就自然作为建筑的主体材料。同时较低的生产力又发展出相应的建造技术——挖窑时将黄土打坯成土砖,砌筑火炕、墙体与家具,而侵蚀剥落的墙体也可重新成型作为土砖应用于地坑窑。黄土直接取材于当地,质地均匀、抗压抗剪、强度高、结构稳定,是一种热惰性材料,可用于建窑、砌火炕或挖土脱坯烧砖。土体良好的透气性也可使地坑窑土体能够通过自身的吸湿、放湿来自动调节室内气候,改善室内物理环境。此外,窑洞废弃之后还可还原于环境,对于生态系统的物质循环过程毫不影响,符合生态系统的多级循环原则,是真正天然的环保型建材。

地坑窑的结构主要由挖凿成型的土拱作为自支撑体系,与周围土地形成一个牢固的整体,抗震性能和耐久性能良好。承重结构除黄土外几乎不需要其他的建筑材料,造价低廉。黄土高原的气候特征有明显的季节性,气温的年较差与日较差均很大,这种条件下窑洞的被覆结构(图6)显示出了对环境良好的适应力。通常窑顶上会多覆土1.5m以上,利用黄土的热稳定性能来调节窑居室内环境的微气候。黄土是有效的绝热物质,围护结构的保温隔热性能好,热量损失少,抵抗外界气温变化的能力强,这是其他常用建筑材料无法相比的。

指导老师点评

学以致用,力学笃行

黄土高原柏社村的下沉式窑洞不仅体现了当地的民居特色,也是人与大自然和谐共处的智慧的结晶。作为西安建筑科技大学建筑系一个学期的Studio课程,对地坑窑居建筑的调研及更新过程,要求学生在暑假通过查阅资料,对地坑窑这种生土建筑有一个基本的认识,并在开学后通过学习掌握地坑窑居建筑构造做法及现代改良的相应技术措施。

该生利用暑假时间去陕西省三原县柏社村进行了细致的调研分析,以地坑窑生土建筑作为研究对象,有针对性地研究地坑窑的生态价值。柏社村的基础设施较差,学生能克服困难待在当地观察并分析总结,在写论文过程中查阅了大量资料并有自己的见解,这种精神难能可贵,同时也是做学术研究的基本素养。

学术性的论文,应能表明作者在科学研究中取得的新成果或提出的新见解,是作者的科研能力与学术水平的标志。学生在论文中论证了地坑窑的绿色价值并且提出了其对于现代传统建筑的生态意义。学生参加这次论文竞赛,是对其所学的专业基础知识和研究能力、自学能力以及各种综合能力的检验。通过做论文的形式,学生的综合能力得到了一定的锻炼,进一步理解了所学的专业知识,扩大了知识面;在调研过程中能够将理论结合实际,并查阅了大量文献资料,具备了关于地坑窑一定的知识储备,为开学后的Studio课程的学习打下了良好的基础。

李岳岩

(西安建筑科技大学建筑学院,副院长,博导,教授)

当室外温度变化剧烈时，其与被覆结构间的热传递减慢而产生了时间延迟，因而使得室外温度波动对室内的影响极小，保证了室内相对稳定的热环境，达到"冬暖夏凉"的效果。测试数据显示[②]，冬季窑洞室内一般在10摄氏度以上，夏季也常保持在20摄氏度左右；而室内湿度也在一年四季保持一个稳定水平，适于居住（图7）。此外，问卷调查数据也表明了地坑窑极佳的舒适程度（图8）。

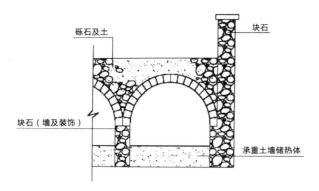

图6　厚重型被覆结构

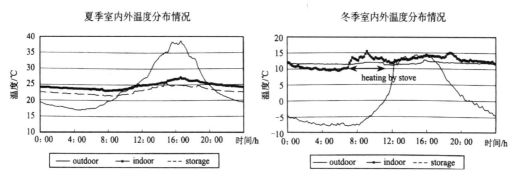

夏季室内外温度分布情况　　　　　　　　冬季室内外温度分布情况

图7　室内外温度分布情况

窑洞住宅环境舒适度问卷调查结果

舒适度 问卷分项	很舒适	舒适	一般	不舒适
通风状况	27%	40%	30%	13%
隔音状况	39%	28%	18%	15%
白天室内亮度	52%	31%	11%	6%
夏季室内湿度	53%	30%	12%	7%
夏季白天室内温度	55%	31%	10%	4%
冬季晚上室内温度	48%	34%	11%	7%

图8　环境舒适度问卷调查统计表

　　黄土材料的优点使地坑窑建筑具有很好的韧性与可塑性，从而达到长久耐用、坚固且易修缮的效果。建筑者以土作为地坑窑最主要的建筑材料在当时是自然而无条件的，这种尊重自然、取之于道、用之于道的做法极具前瞻性。围护结构的保温蓄热性能，极大地减少了使用过程中的采暖负荷，且天然材料的运用避免了生产加工运输的能耗，使窑居成为天然的节能建筑。至此我们可看到地坑窑生土建筑结构和选材的绿色价值与生态意义——因地制宜地进行建筑结构选型，利用当地黄土来建造节约资源与能源、生态平衡、污染最低、环境友好的绿色生土建筑。

（四）日照与节能

　　黄土高原区冬季干冷，所以室内取暖成为主要问题。幸运的是，该地区太阳能资源丰富，每年有多达2700h的日照时数[③]。地坑窑居为获取充足的光线和热能，布局多坐北朝南，建于阳坡之上，且窑居院落相对开敞，阳光可以很容易到达，这给当代被动式太阳房提供了借鉴。在绿色建筑设计中，可以通过建筑朝向、平立面及外部环境的合理布置、内部空间和外部形体的巧妙处理、建筑构造的合理设计、建筑材料的恰当选择，使其以自然运行的方式获取、储存和利用太阳能。

此外，地下式窑居很好地展示了能源的多级利用。当地的人们通常利用火炕进行冬季采暖，而做饭的灶台与火炕相连，居民生火做饭的同时，将热量传递到火炕，利用生火做饭产生的余热和烟在火炕烟道中转换成辐射热。土炕的蓄热性能使其表面源源不断地向室内辐射热量来达到取暖的目的，有效地节省了采暖的能耗。笔者通过建筑全能耗软件Energy Plus④模拟建筑的全年运行，比较了地坑窑与传统住宅的能耗情况，分析了建筑材料与外围护结构对住宅负荷与空调能耗的影响，对比得出结论：在相同条件下，地坑窑建筑比传统的住宅节省约65.1%的能耗（图9）。地坑窑对能源的多级利用在资源日趋匮乏的今天，顺应了可持续发展的趋势，满足了生态建筑的要求，对当今绿色建筑的研究与发展具有一定的借鉴意义。

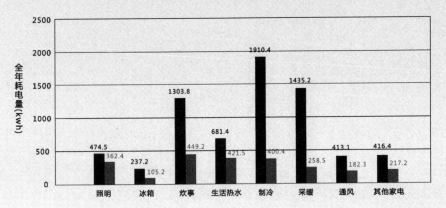

图9 地坑窑与传统住宅的能耗对比

竞赛评委点评

本文以三原县柏社村地坑院为案例基地，通过实地调查和文献研究两种主要研究方法，揭示了黄土台原地坑窑居的营造技艺以及其中所蕴含的绿色智慧和生态价值。作为一名尚在学习基本专业知识和技能阶段的本科学生，其深入现场展开有针对性研究的学术作风值得赞赏。该论文有理有据，主题突出。

略显不足的是，对传统地坑窑居在当代所面临的问题思考不足，这在一定程度上影响了对这种传统居住形态和技艺在当代得以传承和优化的策略理解。

韩冬青

（东南大学建筑学院，院长，
博导，教授）

四、结语

侯继尧教授曾指出："中国窑洞因地制宜、就地取材、适应气候，生土材料施工简便，便于自建、造价低廉，有利于再生与良性循环，最符合生态建筑原则。"黄土高原柏社村的下沉式窑洞不仅体现了当地的民居特色，也是人与大自然和谐共处的智慧的结晶。其原生的形态特征与建造方法，在一定程度上与今天的绿色建筑及可持续发展理念不谋而合：窑居建造者因地制宜，根据不同地质地貌条件灵活地组织空间以满足各种功能需求；建造材料完全取于当地，窑洞的外围护土体使内部空间冬暖夏凉，利用最少的能源即可创造出舒适的居住环境；循环的生活环境和生活方式最大程度上保护了环境，让环境成为主宰者，形成了隐于黄土、融于自然的和谐状态；地坑窑还能很好地做到很多现代建筑做不到的防火排火，火焰不易蔓延。下沉式窑洞为绿色建筑提供了一个成熟的范例，在人们普遍关注如何协调建筑、生态环境和人的关系等问题的今天，地坑窑生土建筑以其独有的特征和优势为干旱半干旱区的人居环境建设提供了借鉴，同时对未来生态建筑的发展有着极大的参考价值。

注释：
①主动式措施：利用建筑设备如空调等来实现建筑居住环境的改善。
②数据来源：周若祁等，绿色建筑体系与黄土高原基本聚居模式[M]，中国建筑工业出版社，2007.
③数据来源：周若祁等，绿色建筑体系与黄土高原基本聚居模式[M]，中国建筑工业出版社，2007.
④Energy Plus：由美国能源部（Department of Energy, DOE）和劳伦斯·伯克利国家实验室（Lawrence Berkeley National Laboratory, LBNL）共同开发的一款建筑能耗模拟引擎，可用来对建筑的采暖、制冷、照明、通风以及其他能源消耗进行全面能耗模拟分析和经济分析。

参考文献：
[1] 侯继尧，王军．中国窑洞[M]．郑州：河南科学技术出版社，1999.
[2] 雷会霞，吴左宾，高原，隐于林中，沉于地下——柏社村的价值与未来[J]．城市规划，2014(11).
[3] 西安建筑科技大学城市规划设计研究院．三原柏社古村落保护发展规划[Z]．2013.

[4] 周若祁等. 绿色建筑体系与黄土高原基本聚居模式 [M]. 中国建筑工业出版社, 2007.

[5] 三原县地方志编撰委员会. 三原县志 [G]. 西安：陕西人民出版社, 2000.

[6] 李晨. 在黄土地下生活与居住——陕西三原县柏社村地坑窑院生土建筑的保护与传承研究 [D]. 海峡科技与产业, 2014(1).

图片来源：

图1：侯继尧, 王军. 中国窑洞 [M]. 郑州：河南科学技术出版社, 1999.

图2～图5：作者自摄或自绘。

图6, 图7：周若祁等. 绿色建筑体系与黄土高原基本聚居模式 [M]. 中国建筑工业出版社, 2007.

图8, 图9：作者自制。

作者心得

绝知此事要躬行

本论文写于大三结束后的暑假期间。因为我选择的大四上学期 Studio 课程是关于柏社村地坑窑研究及更新，为了在开课前为专业课打好基础，我利用暑假时间深入实地进行了调研。在调研的整个过程中，我查阅了大量的文献和资料并进行了相关的思考，让我增长了不少知识，也让我学会多角度地看待和分析问题，最终将调研的成果进行整理，写成此文。当然，在这里还必须感谢两位老师不辞辛劳地对我的论文内容进行指导。老师每一次的批评与建议，都让我对自己的选题有了进一步的思考与理解。通过这次论文写作，不但让我对专业知识有更深入的理解，也让我明白，不论做什么事情都必须抱着务实谨慎、不怕困难的态度，精益求精。

当然，在本次论文写作过程中，也让我感受到了自己作为本科生在理论与实践经验上的匮乏，我们所要学习的都还有很多，决不能停止学习的步伐。"纸上得来终觉浅，绝知此事要躬行。"在将来的工作与生活中，我依然要抱着学海无涯的求知态度及勇于实践的求是精神，不断完善与提升自我。

写论文绝不仅仅是单纯的写作过程，更重要的是从中提升自己的学习与分析总结能力，并树立严谨的学术钻研精神。在老师的帮助与鼓励下，我的写作过程变得更加积极主动，从而收获更多。人生就像一场旅行，不在乎旅行的目的，只在乎沿途的风景及看风景的心境。我会继续努力，欣赏学术道路上这一路的风景。文至此，心未止。

李强

刘浩博
（华中科技大学建筑与城市规划学院　本科四年级）
杨一萌
（华中科技大学建筑与城市规划学院　本科四年级）

当社区遇上生鲜O2O—以汉口原租界区为例探索社区"微"菜场的可行性

When Communities Meet With The Fresh O2O
A Feasibility Study of Micro Grocery Shop in
Communities Based on Hankou Concession

■摘要：生鲜电商O2O作为一种新兴的生鲜产品销售模式正在快速发展，而在老城区中活跃的流动菜贩面对的却是如何生存的问题。本文通过分析生鲜电商和流动菜贩各自的优势和劣势，尝试将两者进行结合，以旧城社区边界处的冗余空间为载体，探讨"社区微菜场＋社区微中心"的空间范式。并以汉口原租界区为例，尝试通过社区边界处的更新设计，实现"微"菜场落地于社区，同时带动社区活力再生。

■关键词：生鲜电商O2O　流动菜贩　社区　边界

Abstract：O2O fresh electricity supplier as a new fresh products sales model is rapidly developing，but the greengrocer who are active in the old city have to face the problem about how to survive．The paper will analyse their respective advantages and disadvantages of fresh electricity suppliers and the greengrocer，and try to combine them．With the redundancy space of urban community boundaries as the carrier，we explore the space paradigm of "micro community farms ＋ community micro center"．We also take Old concession District of Hankow as an example，and try to achieve landing the "tiny" farms in the community through the renewal design of community boundaries while activating negative space in community．

Key words：Fresh electricity supplier O2O；Flow greengrocer；Community；Boundary

当代电子商务快速发展，因其省时、价廉、不受时空限制等优点，深受消费者的青睐。近几年，生鲜电商O2O（以下简称：生鲜O2O）凭借其新型销售模式，成为电子商务行业的又一热点。作为人们日常生活的必需品，生鲜产品的需求量巨大且市场广阔。而生鲜产品销售和电子商务的结合，则为人们购买生鲜产品提供了极大的便利。但其也面临着诸多问题而依旧难以推广。另一方面，与生鲜产品销售同样密切相关的，是在中国大多数城市的老城区中存在的大量的流动菜贩。这类"非正规"的经营模式长期遭受城市管理者的排斥。但流动菜贩的屡禁不止、持续活跃似乎也反映出他们本身具有的一定优势。

下面结合笔者在汉口原租界区所做的尝试，探索将生鲜O2O与流动菜贩予以结合，以改造设计后的旧城社区之间边界空间为场所，实现生鲜O2O模式的落地、流动菜贩经营的合法化以及社区冗余空间的激活。

一、生鲜O2O模式的现状

O2O即Online to Offline，是通过"线上营销＋线下服务"的模式以实现电子商务与实体经济的有效对接。消费者在网上下单完成支付，然后到实体店完成消费。在生鲜O2O诞生之前，生鲜产品的销售主要有传统菜市场零售和单纯的生鲜电商两种模式。相比这两种模式，生鲜O2O的主要优势有：（1）简化了过去菜市场等传统的销售模式中长途运输、加工、储存、批发等大量环节。（2）满足终端的消费体验。消费者有机会在选购过程中与商家面对面接触，从而可以获得更优质的服务，同时消费者也可以按照个人的喜好拣选菜品。（3）优化客户关系管理。商家可在网站或手机App上及时更新基本信息和促销活动，有利于销售关系的维系和品牌的低成本推广。

凭借农产品的系统化、互联网化和线下实体店的本地化，产品新鲜、配送高效等优势越来越显著，生鲜O2O也同时受到了包括京东、阿里巴巴在内的众多电商巨头的青睐。但作为一种新兴的电商模式，生鲜电商O2O也面临着诸多挑战：（1）运营商开设的线下实体店前期需巨大的资金投入，包括店面租赁费用和电子设备、冷藏设备成本等，这让许多投资者望而却步。（2）作为日常购买生鲜产品的主力军，许多老年人对网络及智能手机并不熟悉。这使他们很难适应生鲜O2O这样一种新的消费模式，以致生鲜O2O无法与传统售卖模式进行有效的竞争。

二、国内旧城现状问题

（一）流动菜贩的尴尬处境

在中国许多城市的老城区中都存在有大量的流动菜贩，他们持续活跃却处境尴尬。一方面，占道经营和带来的环境卫生问题确实给当地居民生活带来了消极影响。另一方面，流动菜贩群体中包含了大量外来务工人员、下岗待业人员，这些人属于城市中的弱势群体。他们往往缺少资金和谋生技能，社会关系较为薄弱，抑或许是年龄偏大，文化程度较低，这让摆摊设点成为他们中很多人唯一的谋生手段。但随着我国迈向现代化社会进程的加快，在传统城市"自上而下"的管理理念和"强政府—弱社会"管理模式下，对于属于非法经营的流动菜贩，城市管理者往往采取了强硬的手段来拒绝他们的存在。而公共政策的回应迟钝又致使菜贩诉求不能及时得到反馈，于是形成了流动菜贩与城市管理者长期的对立状态。但与此同时，他们却也提供了价格低廉、方便快捷的生鲜产品，在服务于当地居民的同时承载着人们对市井化日常生活的记忆，也作为一种旧城文化而焕发着生命力。他们本应得到社会的关怀和帮助。

流动菜贩这样一个群体虽由来已久，但流动菜贩的管理问题从未像今天这样令人关注和引人争议，它更是一个复杂的社会问题。对此，我们需要做的应该是寻找一种适合的治理模式，在解决既存矛盾的同时，满足多方的利益诉求。

（二）旧城人口老龄化现象

中国1999年开始步入老龄化社会，在大部分省市区，老龄人口比例均超过了10%，并且在未来的40年还将高速发展下去。而在大多数城市的老城区中，大量居民是当地没有搬迁的老住户，他们大多年事已高。在人口老龄化的大背景下，老年人口基数较大的老城区更需要得到足够的重视。人在衰老的过程中，一方面是生理功能的退化，另一方面是社会关系的萎缩。而在老城区中，不健全的社区服务设施给老年人的日常生活带来不便，极其匮乏的交往与活动空间给老年人的社会交往带来阻碍，老城区的生活环境并没有带给老年人更好的生活质量。旧城人口老龄化现象需要配合积极的老龄化建设，更需要重新思考老年人和城市的关系。

（三）"围城"下旧城公共空间的匮乏

在城区建设储备用地逐渐消耗殆尽的时代背景下，旧城区因开发时间较早，规划增量已成无的之矢，这意味着我们只能在此基础上进行存量优化与再开发。其中，对由于空间不合理使用而产生的"冗余空间""消极空间"来进行更新设计尤为重要。

在中国早期的城市规划中，作为边界的"墙"已是不可或缺的重要元素。家有院墙，城有城墙。而在当代，随着数十年来中国城市建设的急速扩张，城市俨然成为房地产商的"围城"。围墙限定了小区私有领地和城市公共空间的界面，把社区居民束缚在"孤岛"之中，城市肌理被社区割裂，而城市则变成了社区"孤岛"的集合。这必然造成了公共空间的匮乏，居民生活的不便。威廉·H·怀特曾在他的经典著作《有组织的人》(The Organization Man)中提出："社区、广场、院落等公共空间的边界设计是一个关键因素，可以促进或阻碍社会居民的交往。"而由于围墙的存在，反观现有社区间的边界空间，大多无人问津，变成了城市边角料空间。

边界空间的更新设计或将成为从现有"围墙城市"向"开放城市"转变的一个踏脚石和使当前旧城社区重新焕发活力的重要手段。当那些曾被封闭社区切割至四分五裂的城市肌理重新联系起来时；当那些曾被围墙和大门私有化了的道路、景观、公共设施等为全民所共享时，我们将迎来一个全新的"开放社区"。

三、以汉口原租界区的社区微菜场设计为例

笔者尝试将生鲜O2O、流动菜贩、原租界社区边界空间三者的优劣势进行整合后，通过对现存的围墙进行改造和再设计，生成"社

区微菜场＋社区微中心"这一新的空间范式，并探讨其可行性：(1) 社区微菜场在为流动摊贩提供合法的销售场所的同时，在菜场上的二层拓展出公共活动空间。(2) 它不仅为流动菜贩等弱势人群创造了稳定的就业机会，同时方便了居民日常生活。由于地租成本的大幅降低，还克服了生鲜电商零售终端成本过高的缺点。(3) 微菜场在结合流动菜贩室外售卖模式和生鲜市场室内售卖模式后，成为了更优于传统菜场和生鲜O2O的商业空间类型，开放的环境也促进了人与人之间的交流。

(一) 原租界区大菜场及马路菜贩分布情况

汉口原租界位于湖北省武汉市江岸区。原租界区南起江汉路北边的边缘，北抵黄埔路，西抵中山大道，东面临江。有原英，俄，法，德，日五国的租界，沿着长江一字排开 (图1)。

如今，原租界区内仍保留着较好的历史风貌。由于存量土地的开发时间过长，开发力度过大，已无法新建大型菜场。现状中仅有胜利街、兰陵路、天声街三个生鲜市场。由于数量较少，存在较大面积的服务覆盖盲区，许多市民不得不走上几站路才能买到新鲜蔬菜。于是，大量的流动菜贩开始活跃于这样的盲区内，为有需要的居民提供更便利的服务 (图2)。根据笔者调查访谈，她们大多为外来务工和下岗再就业群体，生活较为困难。

图1　五国租界分布示意图

日租界
德租界
法租界
俄租界
英租界

图2　吉庆街附近活动的菜贩

(二) 原租界区社区边界现状

原租界区内分布着大量里分住宅，主要建成于十九世纪末到二十世纪上半叶。这种住宅形式由多栋联排式住宅组成 (在上海被称为"里弄"，在武汉通常被称为"里分")。

在经历了近百年的风雨岁月后，人口密度急剧增加，许多里分住宅内部经过改造，原本的设计为一栋一户或一栋两户，如今已成为一栋八户甚至更多，这里不仅居住空间狭小，公共空间也极度匮乏。与此同时，在社区与社区的边界处，围墙的兴建又产生了更多消极

指导老师点评

微创新——源于生活的新型社区
中心空间范式

　　该论文是在作者的设计竞赛获奖作品基础之上所进行的进一步理论探讨和总结。作者通过深入细致的社会调查，敏锐地发现我国城市中旧城区普遍存在的一系列问题，比如流动摊贩的合法性问题，社区边界充斥的消极空间，与此同时社区又严重缺乏开放空间等问题。作为对新兴事物持开放态度的年青一代，作者通过引入当今电子商务的O2O模式，巧妙地创造出一种集合微型菜场和微型社区公共空间的新型社区空间范式。这一微型社区中心不仅联结了线上购物与线下体验，还为外来民工提供了就业岗位，并为中产阶层和中低收入人群提供了低消费场所。它在功能上重点关注外来民工、社区老人和儿童这三个群体，为他们提供了共享的开放空间；在空间上，又可作为社区邻里中心的毛细血管，广泛分布于居民的生活周围，使居民在步行范围内即可到达。这一创新的空间范式还具有低价、便捷、可拆卸、规模可变的特点，可适应规模不同的社区，对我国的社区中心建设具有一定的启发意义。

　　该论文写作较为规范、严谨，希望在理论总结方面再做进一步的探讨和提升。

彭雷
(华中科技大学建筑与城市规划学院，
硕导，副教授)

的"冗余空间"，阻碍了社区居民间的交往，居民的日常公共活动得不到有效的开展，生活品质难以保障（图3）。

（三）社区微菜场设计策略探讨

1. 数字时代的微菜场运营模式（图4）

（1）通过生鲜O2O的"菜联网"系统，实现蔬菜从基地向各社区微菜场的高效低成本配送，从而消除了传统蔬菜运输中的"最后一公里"现象。（2）线下实体店结合了传统的售卖模式，可以让消费者直接选购菜品，延续了传统菜市场的市井文化。（3）随着数字时代手机App的普及，社区居民可通过手机App购买／预定／配送蔬菜，使买菜更为快捷便利，满足了大量行动不便的老人和早出晚归的上班族的需求。（4）微菜场之间可进行远程交互，信息沟通便利，使得不同售卖点间的菜品实现数量和品种的互相补充。

3-1　　　　　　　　　3-2　　　　　　　　　3-3

图3　部分社区边界围墙处的现状

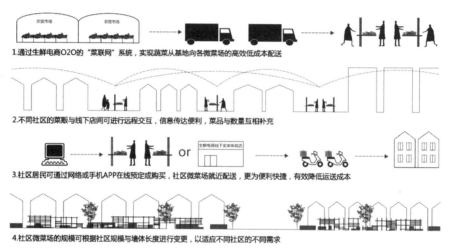

1.通过生鲜电商O2O的"菜联网"系统，实现蔬菜从基地向各微菜场的高效低成本配送

2.不同社区的菜贩与线下店间可进行远程交互，信息传达便利，菜品与数量互相补充

3.社区居民可通过网络或手机APP在线预定或购买，社区微菜场就近配送，更为便利快捷，有效降低运送成本

4.社区微菜场的规模可根据社区规模与墙体长度进行变更，以适应不同社区的不同需求

图4　微菜场的运营模式图示

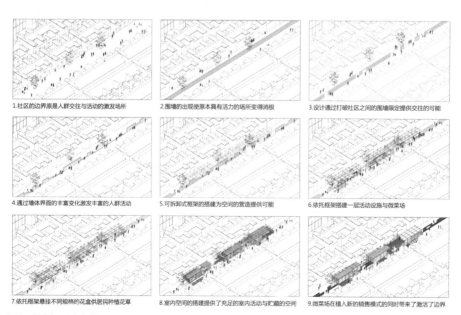

1.社区的边界原是人群交往与活动的激发场所　　2.围墙的出现使原本具有活力的场所变得消极　　3.设计通过打破社区之间的围墙限定提供交往的可能

4.通过墙体界面的丰富变化激发丰富的人群活动　　5.可拆卸式框架的搭建为空间的营造提供可能　　6.依托框架搭建一层活动设施与微菜场

7.依托框架悬挂不同规格的花盒供居民种植花草　　8.室内空间的搭建提供了充足的室内活动与贮藏的空间　　9.微菜场在植入新的销售模式的同时带来了激活的边界

图5　微菜场形式生成图示

2. 微菜场的形式生成（图5）

设计首先通过打破社区之间的围墙以提供居民之间交往的可能，再通过墙体界面的丰富变化满足不同活动在不同尺度下的需求。同时依托可拆卸式的框架搭建一层活动设施与微菜场空间，并在框架上可悬挂不同规格的花盒供居民种植花草。二层的室内空间则提供了生鲜产品的贮藏空间以及社区的公共活动空间。微菜场在植入新的销售模式的同时重新激活了社区本无人问津的边界区域。

3. 边界围墙的界面变化与活动空间关系（图6）

笔者尝试对原本单一界面的围墙进行改造。通过对居民、菜贩活动尺度的分析重构出新的墙体界面，承载诸如健身、休憩、售卖、观演等丰富的户外活动活动。

4. 室外售卖摊位与花架搭建分析

通过构架不同的搭建方式以适应菜贩多样的售卖需求。菜贩可根据当日进货的实际情况，自行搭建适合的摊位。摊位可在水平和垂直方向上进行拓展，便于存货量较大时的日常管理和不同菜品的分类销售（图7）。

种花植草是大多数老年人日常喜爱的活动之一。笔者尝试设计了可嵌入构架中的特制的花盒，人们可使用该特制的花盒种植自己喜爱的花草，嵌入到搭建好的构架中，可供日常打理。日积月累，更多的花盒会密布于构架上，更多幼苗会成长会枝繁叶茂。也会有一天，茂盛的绿植依附于构架形成花墙，为社区带来勃勃生机（图8）。

竞赛评委点评

本文关注电商时代社区居民日常生活的便利性，并尝试通过微设计为社区灰空间的活力再造提供新的可能性。关注老百姓的日常生活，使得本文选题具有了普适性的价值；加上作者对老百姓日常生活空间的细致调研，使得论述具有可靠的说服力，这两点使其提出的微设计理念与方式有诸多可取之处。当然，作为一种设计策略，其可行性有待进一步的研究，特别是街巷的尺度、交通、管理等因素对"微菜场"布局和形式的影响，尚待深入探讨。

刘克成
（西安建筑科技大学建筑学院，博导，教授）

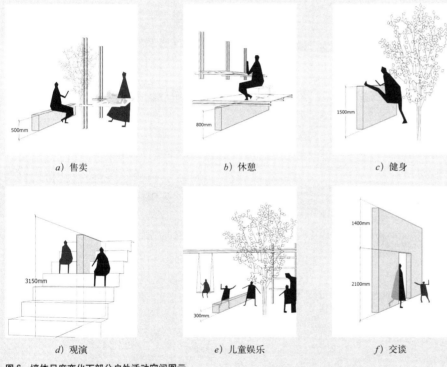

a) 售卖　　　　　　　b) 休憩　　　　　　　c) 健身

d) 观演　　　　　　　e) 儿童娱乐　　　　　　f) 交谈

图6　墙体尺度变化下部分户外活动空间图示

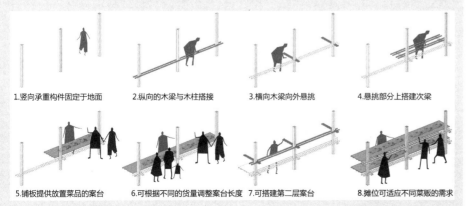

1.竖向承重构件固定于地面　　2.纵向的木梁与木柱搭接　　3.横向木梁向外悬挑　　4.悬挑部分上搭建次梁

5.铺板提供放置菜品的案台　　6.可根据不同的货量调整案台长度　　7.可搭建第二层案台　　8.摊位可适应不同菜贩的需求

图7　售卖摊位搭建过程图示

1.承重构件固定于地面,可供随时进行种植墙的搭建

2.居民可根据个人的需求搭建不同高度不同长度的花架规模

3.有多种规格的花盒可供选择,满足不同老人的不同种植需求

4.在日常的打理下,多年以后,茂盛的绿植会形成花墙

图 8　花架搭建过程图示

5．线下实体便利店

在一层设有小型的便利店,它将作为生鲜O2O模式中的线下实体店存在。一方面,客户线上订购后可以选择直接在附近的便利店提货,便利店中设有冷柜可为生鲜产品提供保鲜。另一方面,实体店的存在让选购不仅仅限于线上网络平台,客户依然可以选择线下便利店中亲身体验实物,并可以和销售人员面对面交流,丰富了消费的体验,增加了销售的多样性。同时在人口老龄化的大背景下,老城社区中老年居民的生活质量急需提高,便利店不仅设置了小型综合服务站,也为老年人提供了一个纳凉、聊天的场所。小型便利店与室外销售摊位相配合,共同构成了社区中的"微菜场",遍布于老城中大部分社区。便利店的面积可根据社区规模做灵活调整,50m² ~ 200m² 均可。这不仅有效地弥补了原生鲜市场的服务覆盖盲区,还增加了社区公共空间和服务设施(图 9)。

图 9　效果图

四、结语

在当今数字时代背景下,"社区微菜场＋社区微中心"这种空间范式的核心价值在于它利用了原本消极的城市"边角料"空间提供给流动菜贩一个固定的售卖点,也为社区居民创造了一个便捷的消费场所。同时又通过微菜场聚集了人群,使原本消极的社区边界空间获得了新生,提供了更亲民的社交空间,在人口老龄化的大背景下,这样的空间弥足珍贵。在这种空间范式下所形成的"微型"社区中心完善了社区公共服务设施和社区中心的层级配套,最终为整个旧城区注入了新的活力(图10)。

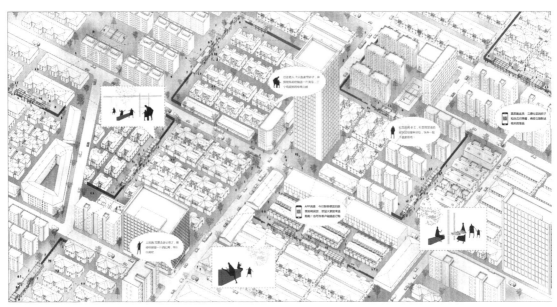

图 10　轴侧图

参考文献：

[1] William H. Whyte. The Organization Man[M]. Pennsylvania : University of Pennsylvania Press, 2002

[2] 张秀. 墙的历史演变：从"壁垒严森"到"行思无界"[J]. 现代农业科技.2010(6),202-204.

[3] 陈思敏，陈晓明，彭建. 消隐的围墙[J]. 华中建筑.2013(2),15-18

[4] 王彦辉. 中国城市封闭住区的现状问题及其对策研究[J]. 现代城市研究.2010(3),85-89

[5] 黄耿志，李天骄，薛德升.包容还是新的排斥——城市流动摊贩空间引导效应与规划研究[J].规划师.2012(8),78-83

[6] 袁野.城市住区的边界问题研究——以北京为例[D].北京：清华大学，2010.10

[7] 杨柳，翟辉，冼至劲.生鲜产品的O2O模式探讨[J].物流技术.2015(3),13-16

[8] 石章强，冉桥.当社区遇上生鲜，O2O在哪里[J].销售与市场.2014(12),45-47

[9] 刘静.生鲜电商O2O模式探讨[J].现代商业.2013(36)84-85

[10] 雷钟哲.菜贩进社区值得推广[N].陕西日报.2012-2-6 (5)

[11] 丁辰灵.市民爱上生鲜电商[J].沪港经济.2013(10),48-49

[12] 姚栋.面向老龄化的城市设计——"柔软城市"的再阐述[J].城市建筑.2014(3).48-51

图片来源：

所有图片均为作者绘制或拍摄。

作者心得

基于现实的思考与放眼未来的想象

如果要我解释为何对建筑设计如此着迷，那便是她能赋予人对未来无限憧憬的希望。对未来的虚构是设计师的特有权利：想象如何回应场地环境，如何进行空间组织，未来的使用者如何生活等。对建筑设计的追求也会受到当下社会背景、历史文脉、科技经济等诸多因素的限制。不论是古埃及的金字塔，还是雅典的卫城，抑或中国的故宫，都是当时的人民对美好的、永恒的事物的追求在现实世界中的物质载体。

在某种意义上，课程设计、学术竞赛甚至建筑实践，其出发点都可以归纳为"基于现实的思考"。以本案为例，我和合作伙伴杨一萌在设计之初仔细地分析了汉口原租界区的功能区划、图底关系等物质性的问题后，彭雷老师向我们强调了对于场地内现有社会问题的敏锐关注和深刻理解，并提出继续深入观察场地上人群的行为活动。随后，我们走进了原租界区的街头巷尾，通过和当地居民近距离接触来了解他们的日常生活。经过一系列的调研，我们最终确定了以原租界区流动菜贩的社会问题为我们设计的出发点。

接下来对设计目标的实现则需要"放眼未来的想象"，以寻找积极合理的解决策略和建筑语言。一个好的设计概念则更能突破现有框架和理念的束缚，达到"四两拨千斤"的效果。在此阶段，我们基于前期调研进行了大量的头脑风暴，提出了多种创新模式，也经历了百思不得其解的"折磨"。最终，我们敏锐地关注到了新兴的生鲜产品销售模式——生鲜电商O2O。通过分析它和流动菜贩各自的优势和劣势，尝试将两者进行结合，以旧城社区边界处的冗余空间为载体，探讨"社区微菜场＋社区微中心"的空间范式，通过对社区边界处的更新设计，实现"微"菜场落地于社区，同时带动社区活力再生。

在建筑设计结束后的论文写作过程，则是对设计思路的一种梳理与反思。在这个过程中，我们进行了文献资料的查阅和调研回访活动，加深对流动菜贩和生鲜电商O2O两种模式的思考；进一步探讨了设计的普适性，以使其能适应不同的环境；在建筑的建构方式和可持续性上也进行了改进与突破。在写作的过程中，我们也认识到，作为建筑学生，我们的设计理论和手法还尚显稚嫩。但我们可以饱含热情，在根植于现实的基础上抒发对自身所处环境的关注，并提出创造性的思路和憧憬。

最后，感谢论文竞赛主办方提供的宝贵平台，感谢老师的悉心指导，感谢朝夕相处、一起熬图的合作伙伴！

刘浩博

张馨元
（南京大学建筑与城市规划学院　本科四年级）
张逸凡
（南京大学建筑与城市规划学院　本科四年级）

城市中心区不同类型开放空间微气候环境的对比认知

Cognition and Comparison on Microclimate of Various Open Space in City Center

■摘要：城市中心区高层林立，地块容积率与总建筑面积都较大，且人流密集，交通繁忙，其环境质量劣于周边地块。基于此种情况，开放空间的设置能够降低区域平均建筑密度，在提供使用者集散空间的同时，有效缓解环境的恶化。而不同类型的开放空间，对于微气候环境的改善效率也有一定差异。以南京中心区新街口莱迪广场与鼓楼市民广场为研究对象，从实际调研出发，分析城市中心区开放空间的微气候环境，为开放空间的选址和设计提供参考依据。

■关键词：城市微气候　开放空间　城市中心区

Abstract：With various high-rise buildings, the high density, the large total construction area and the heavy traffic, the environmental quality of open space in city center becomes worse than the neighboring land. Taking the situation into consideration, the existence of the open space can effectively ease environment pollution, more than decreasing the average density of buildings and providing users with public traffic space. And there is some distinction between different kinds of open space in the efficiency of improving the quality of the microclimate. Taking the Xinjiekou Leddy Square and the Gulou Civic Square which both in the city center of Nanjing into research and analyzing the microclimate of open space in city center, it will provide a reference for the siting and the design of open space.

Key words：Urban microclimate；Open space；City center

一、研究背景

对于微气候的概念，众多学者的表述并不完全相同，但究其本质，则是一种小尺度的地域特征。Nastaran 认为，微气候是指地面边界层部分，其温度和湿度受地面植被、土壤和地形影响，注重的是下垫面与其之上的小区域的气候的关系，强调竖直方向上的关系。而 Ariane Middel 认为，微气候是指小范围地方性区域气候，其气候特征一致并可改善，其更注重小气候的空间属性。从以上概念中得出，微气候是可以通过改变相关空间设计而人为调节的，为本研究提供了基础理论依据。

对于城市开放空间的概念，不同的学者也有着不同的看法。美国学者亚历山大的定义是"任何使人感到舒适、具有自然的凭靠，并可以看到更广阔空间的地方，均可以称之为开放空间"；我国一些学者认为"开放空间是指城市公共外部空间，包括自然风景、广场、道路、公共绿地和休憩空间等"；还有学者认为，开放空间"一方面指比较开阔、较少封闭和空间限定要素较少的空间，另一方面指向大众敞开的为多数民众服务的空间。不仅指公园、绿地这些园林景观，而且城市的街道、广场、巷弄、庭院都在其范围内"。

城市中心区通常高层密集，既遮挡阳光，又影响空气流动，极易导致"热岛效应"、"干岛效应"的发生，导致微气候环境的恶化。城市开放空间往往承担着交通、休憩、布展、商业等社会职能，是城市的艺术与美的直接体现，且对城市微气候具有改善作用，包括通风、降温等。城市中心区的开放空间受到周边建筑的不利影响，常引发遮挡阳光和视线，影响空气流动，旋风与污染物沉积，同时对周边地块也会产生诸多问题。然而，目前对这种城市中心区开放空间的微气候状态尚缺乏明确的量化描述和认知，也缺乏其空间形态及内部特征对开放空间内微气候影响机制的研究。

国内外现有研究表明，绿地因素对城市开放空间微气候具有明显的改善作用，包括通风、降温等。国内方面，佟华等人指出，植被可以降低当地和下风方向的空气温度，节约在炎热天气下制冷所需的能源，降低城市热岛强度。以绿地为中心的低温区域，成为人们户外休憩活动的最优良环境。邹同华等人提出，绿化对于降低噪音、防治污染、调控温、湿度以及减缓城市热岛效应方面的重要作用，影响着城市的微气候。王丽萍总结了各种城市下垫面因素（包括城市建筑的屋顶、城市建筑的墙面、水泥道路、透水砖的广场、绿化、水体以及林地等直接与大气进行交换的表面）以及城市水体和绿化对微气候中温度和湿度的影响。国外方面，Boukhbla，Alkama认为植物能减轻太阳辐射、空气污染、洪涝灾害。城市开放空间形态对周边地块微气候也存在影响。Sozer证明了高层聚集区的环境布局包括建筑面积和体积、街道的方向和宽度等，对实现开放空间更好的空气流动有影响。次年，Shishegar对街道设计和城市微气候进行了研究，将重点放在了街道的几何形状（高宽比）和方位和空气流通以及日照辐射上。国内方面，伊娜和冷红以哈尔滨高层区为例，调研得到各布局模式的综合舒适参考值。此外，周媛等人以沈阳市夏季为例，综合利用 RS-GIS-CFD 数值模拟法，从水平方向及垂直方向对城市风速、污染物、地表温度的空间扩散进行数值模拟分析，总结了气象要素及污染物扩散规律，并提出了基于气候环境特征的城市绿地景观格局优化的相关规划策略。光照强度与开放空间微气候环境舒适度也存在关联性。王新军、秦佳等人提出，照度的分布与公共开放空间的功能与性质有关。作为微气候的影响因素之一，较高的照度均匀度，适宜的水平照度和垂直照度，能使开放空间形成良好的光环境氛围。

因此，通过对微气候各影响因素与开放空间空间形态及内部特征的相关性关系研究，认知开放空间的微气候状态并探究相关规律，从而对开放空间进行更合理的设计，提高其使用效率和改善其使用体验。继而在后期结合绿地空间的微气候研究成果，通过添加乔、灌、草等植被与喷泉、溪流、水池等水体，有针对性地改善开放空间中的微气候不利区域，进一步提高其微气候环境质量，以充分发挥城市开放空间的社会与环境价值，用以之后在此类型的城市设计中加以参考。

二、案例研究及方法

（一）分析方法

鉴于现状条件复杂，且受到人流车流以及临时性活动的影响，使用软件模拟的方法不能真实反映出实际状况，为了更准确地获取微气候状况，本研究采用了密布观测点的方式，主要采用数据统计和回归分析的方法。

（二）案例及观测点选择

选择城市中心区域内以硬质铺地为主的莱迪广场和以植被覆盖为主的鼓楼市民广场，进行比较性调研。

南京莱迪广场地处南京中心城区新街口核心商业圈，位于新街口商业步行街和正洪街的交汇处，总面积约为5400m²。该广场周边密集分布着南京中心大厦和南京商贸世纪广场2幢超高层建筑，中央商务楼、文化宫综合楼和正洪大厦3幢高层建筑，以及一些多层建筑，地下为地铁通道和南京时尚莱迪购物中心，仅有东南角、西南角和西北角三个出入口。此外，南京时尚莱迪购物中心的出入口位于广场中央，上部覆盖白色张拉膜构筑物，占地面积约为700m²。广场周边多为商业性建筑，在10:00至21:30人流相对聚集。

鼓楼广场位于南京城市中心区域，三面临街，位于中央路东侧，北京东路北侧，东靠安仁街，周边分布着紫峰大厦、江苏卫视大厦和鼓楼邮政大厦3幢超高层建筑，以及天翼广场和电信大楼等一些多层建筑。广场周边建筑分布较之莱迪广场相对松散，高层建筑及超高层建筑均距离广场边界70米以上。广场面积约为22000m²，东西长约200米，南北向宽约100余米，形态略呈梯形，东侧较宽。广场内以绿植覆盖为主，以中央喷水池为中心，形成一个硬质铺地活动平台。

在观测点的选择上，由于研究数据需要全面而又准确地反映广场的特点，本研究于各个广场范围内均布约50个采样点，采样点间距为10米左右。在新街口莱迪广场位于转角、广场开口、建筑边界和常年阴影区等微气候因素变化显著的区域，适当增加采样点（图1）。在鼓楼市民广场，由于无法进入草坪与乔木种植区域内部，所以在植被覆盖区域附近的观测点均设于硬质铺地道路上，距植被覆盖区边界不超过2米处（图2）。

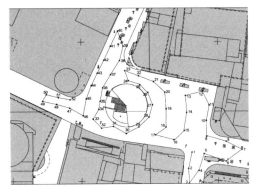

图1 南京莱迪广场52个采样点分布图

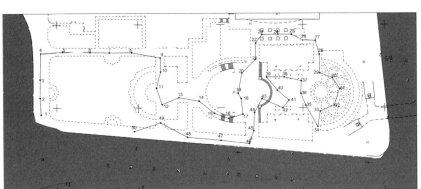

图2 南京鼓楼市民广场50个采样点分布图

（三）微气候因素选择与观测

微气候的影响因素较多，如风速、温度、相对湿度、气压、光照、CO浓度、CO_2浓度、环境噪声强度等。人体所感受到外界环境的舒适度主要由环境中的温度、相对湿度、风速和光照决定。由于对温度和相对湿度的测定需要在晴朗无风的天气条件下进行，因此，本研究不将风速作为研究对象。调研广场内部均距离城市道路有一定距离，受车辆尾气等因素影响较小，所以CO浓度问题不予研究。同时，由于调研地块位于高层密集的城市中心区，人流密集，CO_2浓度也对该开放空间的微气候环境产生了不可小觑的影响。因此，本研究最终选择了温度、相对湿度、光照、气压与CO_2浓度五种因素作为主要研究对象。

在本次研究中，观测温度、湿度、气压、CO_2浓度因素的仪器为9565-P型温湿度测试仪。观测光照因素的仪器为TES照度计1332A。

本研究对新街口莱迪广场的52个观测点和鼓楼市民广场的50个观测点分别进行了14次观测，时间从2014年9月～12月，历时3个月。

在观测时间的选择上，由于微气候环境对人类交通休憩影响较大的时段为白天，而该广场在白天人群最为密集的时段为中午和下午，所以本研究的观测时间在11:00～5:00之间波动。

在观测高度的选择上，鉴于人类大部分户外活动是在离地2m的范围内进行，因而观测高度约为1.5～1.7m。

同时，由于高层建筑和硬质地面对微气候的影响是累加的，微气候的各个因素会有一定程度的波动，因此本研究将测量的时间控制在较短的时间内，并且通过三次测量取平均值的方式来提高测量准确度。

三、结果分析

（一）微气候因素比较分析

利用Microsoft Excel软件处理观测数据，计算各观测点的温度、湿度、光照强度、压强、CO_2浓度及各自的三次测量平均值并绘制了观测点的分布折线图，分析每次微气候各因素分布规律，寻找特殊位置点。

通过温度分布折线图将调研数据与全市气温的对比发现：新街口莱迪广场的温度明显高于全市温度，且各观测点差异较大，在广场中心区白色张拉膜构筑物附近温度较高，广场出入口及常年阴影区附近温度较低；鼓楼市民广场少量位于无绿植覆盖的硬质铺地活动平台附近的观测点温度高于全市温度，位于乔木覆盖区的观测点温度最低，位于草坪覆盖区的观测点温度较低且较为平稳；新街口莱迪广场各观测点温度均远高于鼓楼市民广场各观测点温度。说明了城市高层建筑集聚围合的开放空间积热较多且内部有一定差异，且在两组数据的对比中可以发现，硬质铺地、草坪与乔木等不同铺地种类对于广场观测点温度存在一定程度的影响，乔木降温效果最为明显，草坪有一定缓解作用，而硬质铺地附近温度较高且各观测点温度波动较大（图3、图4）。

因此，在保证空间的美观性与实用性的同时，铺地的选择也要考虑到不同铺地形式对微气候因素的影响，以改善开放空间的人体舒适度。

通过湿度，气压分布折线图将调研数据相对比发现：新街口莱迪广场在几处广场出入口设置花坛处湿度相对较高，而在中心区硬质铺地附近湿度相对较低且波动较大；鼓楼市民广场在乔木较为密集的区域湿度较高，且在喷泉附近急剧上升且影响范围较广，在硬质铺地处同样湿度较低且波动较大；新街口莱迪广场各观测点湿度均远低于鼓楼市民广场各观测点湿度。说明了水体对开放空间增湿作用较大且辐射范围较广，植被覆盖存在一定增湿作用，而硬质铺地附近湿度较低且波动较大（图5、图6）。

因此，合理安排组织水体与植被，增强开放空间的趣味性与赏玩性的同时，也可平衡控制开放空间湿度。

通过光照分布折线图将调研数据相对比发现：新街口莱迪广场在周边建筑阴影处照度相对较低，而在中心相对开敞的区域照度相对较高，二者差异较之鼓楼市民广场相对较小；鼓楼市民广场在乔木较为密集的区域照度较低，但在无遮蔽物的情况下照度急剧增加，二者对比明显。考虑到照度对人体舒适度的影响情况，在开放空间的设计上应合理安排开放空间照度较低区域，使其成为使用者行为活动的主要载体（图7）。

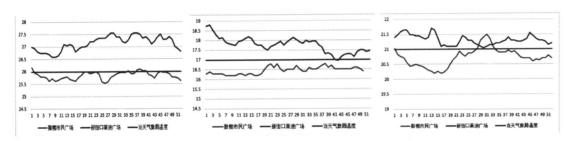

图3　部分观测温度比较

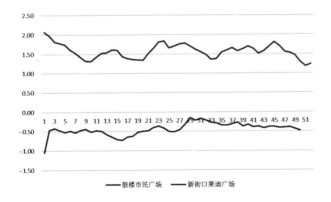

图4　观测温度差值比较

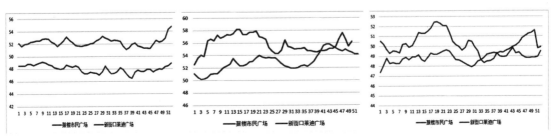

图5　部分观测湿度比较

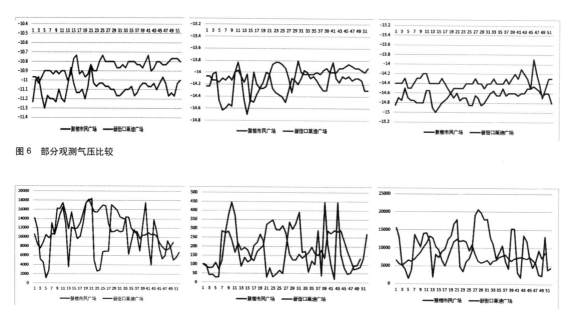

图 6　部分观测气压比较

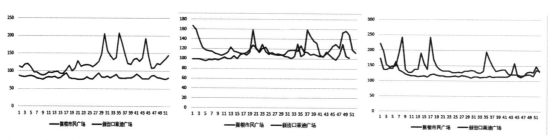

图 7　部分观测照度比较

由于两个广场都禁止机动车通行,所以广场内部都排除机动车因素对二氧化碳浓度的影响。通过分布折线图将调研数据相对比发现:新街口莱迪广场二氧化碳浓度变化较平稳,受人流因素影响较大,因此在广场出入口与商场出入口等人流量相对更大的区域二氧化碳浓度相对较高,而在设置花坛的区域内略有降低;鼓楼市民广场在邻近城市道路区域即使周围有大量乔木草坪覆盖,二氧化碳浓度仍然较高,而内部区域较低且几乎无波动（图8）。因此,植被覆盖对于二氧化碳浓度确有一定的缓解作用,但对于毗邻城市道路的开放空间宜采取更优策略以应对车辆尾气对开放空间微气候环境的不良影响。

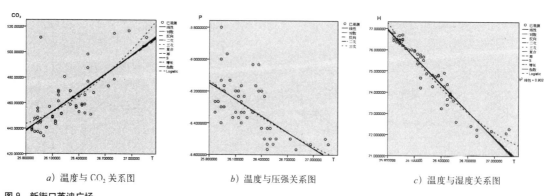

图 8　观测 CO_2 浓度比较

（二）微气候因素相关性分析

利用 Microsoft Excel、IBM SPSS Statistics 软件,导入每次调研掌握的取样点数据信息并选取其中两个因素,做自变量 x 和因变量 y,形成该次调研的因素关联折线图,并导入 SPSS 进行线性和非线性函数模拟对其进行分析剔除和归纳。

新街口莱迪广场:温度与 CO_2 呈正相关,即温度越高,CO_2 浓度越高;而温度与湿度、压强虽然不成线性关系,但呈负相关,即温度越高,相对湿度和压强越低（图9）。这个现象可能是由于莱迪广场主要为硬质铺地,乔木与草坪较为缺乏,且被高层建筑包围,造成了干热现象。

a) 温度与 CO_2 关系图　　　b) 温度与压强关系图　　　c) 温度与湿度关系图

图 9　新街口莱迪广场

鼓楼市民广场:温度与CO_2呈正相关,即温度越高,CO_2浓度越高(图10a);而温度与湿度、压强虽然不成线性关系,但呈正相关。由于鼓楼广场的空间围合度相对新街口莱迪广场较低,所以温度越高,相对湿度越低,压强越高(图10)。但是,较之新街口莱迪广场,鼓楼市民广场的数据离散程度较大,关系较弱。

(三)微气候因素与开放空间形态分析

通过对所得数据的进一步分析整理,将14次调研的所有因素的最高值与最低值代入场地,进行叠加处理,从而对所得的微气候因素数据进行具体空间形态的分析。

在新街口莱迪广场的某些特殊区域存在较为突出的微气候特征(图11):

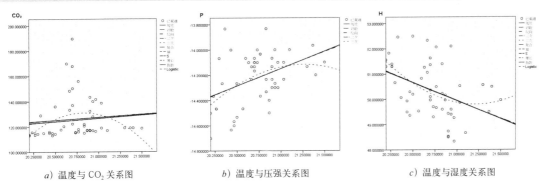

a)温度与CO_2关系图　　　　b)温度与压强关系图　　　　c)温度与湿度关系图

图10　鼓楼市民广场

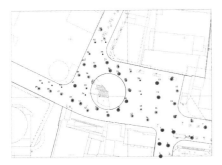 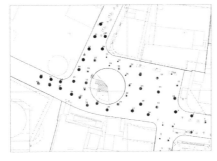

a)新街口莱迪广场温度最高值叠加图　　　　b)新街口莱迪广场温度最低值叠加图

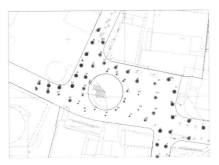 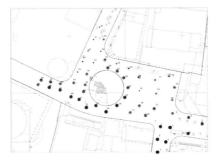

c)新街口莱迪广场湿度最高值叠加图　　　　d)新街口莱迪广场湿度最低值叠加图

 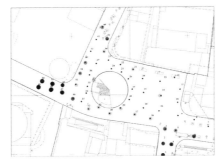

e)新街口莱迪广场照度最高值叠加图　　　　f)新街口莱迪广场照度最低值叠加图　　　　**图11　新街口莱迪广场微气候特征(一)**

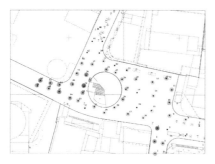

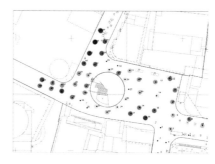

g）新街口莱迪广场 CO_2 最高值叠加图 　　　　　　　*h*）新街口莱迪广场 CO_2 最低值叠加图

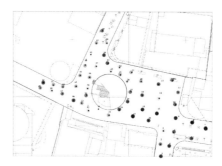

i）新街口莱迪广场压强最高值叠加图 　　　　　　　*j*）新街口莱迪广场压强最低值叠加图

图 11　新街口莱迪广场微气候特征（二）

较为开敞的广场内部区域由于阳光直射面积较大，且其硬质铺地比热容较小，因此气温与照度较高，气压较低。而由于中心的白色张拉膜构筑物的玻璃顶棚的眩光现象，广场东部的照度产生一定异常。

在广场的四个主要出入口附近，由于人流密集，二氧化碳浓度偏高。而由于北出入口和西出入口的绿化花坛设置，其湿度较高。西出入口两侧均为超高层建筑，因此其照度较低。

在白色张拉膜构筑物下是连接地铁出入口的地下商业广场，为人流的主要集散区域，因此二氧化碳浓度较高。而由于白色张拉膜与其覆盖的玻璃对光和热的反射，其周边区域温度与照度均较高。

在鼓楼市民广场的某些特殊区域存在较为突出的微气候特征（图 12）：

在广场中心区域的喷泉附近，由于水的比热容较大，对热量的吸收以及水体的蒸发造成了温度低、湿度高的现象。同时，水体附近并无乔木等遮蔽物，因此照度较高。

在广场东部的半圆形鹅卵石铺地草坪处，由于缺少乔木覆盖，照度较高。而由于鹅卵石为多晶矿物的聚合体，微观颗粒排列不规则，比热容较大，导热性差，吸收热量后散热慢，具有一定的保温性，因此此区域温度较高。

在广场的东北部乔木与灌木覆盖较广，因此此区域湿度较高，照度较低，使用者倾向于在此区域发生行为活动。

广场中部的硬质铺地活动平台处相较于其他区域，受到阳光直射且无植被覆盖，因此二氧化碳浓度、气压、温度和照度均较高。

广场南侧毗邻城市道路，二氧化碳浓度较高，但由于行道树与公园内绿化乔木的双重遮蔽，其湿度较高。

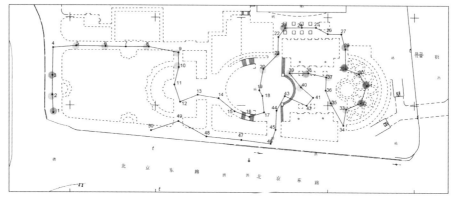

a）鼓楼市民广场温度最高值叠加图

图 12　鼓楼市民广场微气候特征（一）

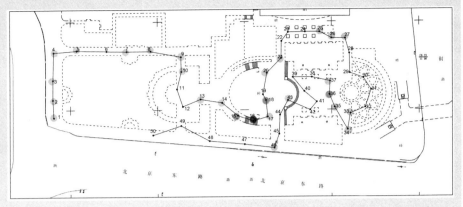

b）鼓楼市民广场温度最低值叠加图

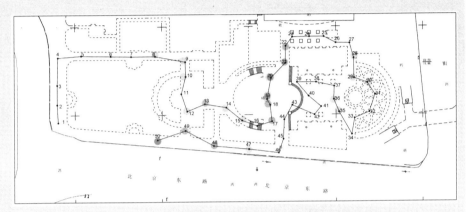

c）鼓楼市民广场湿度最高值叠加图

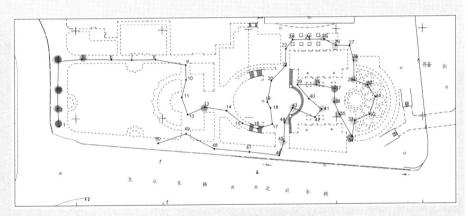

d）鼓楼市民广场湿度最低值叠加图

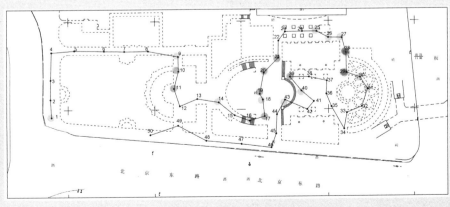

e）鼓楼市民广场照度最高值叠加图

图 12　鼓楼市民广场微气候特征（二）

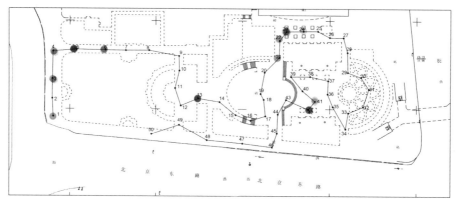

f）鼓楼市民广场照度最低值叠加图

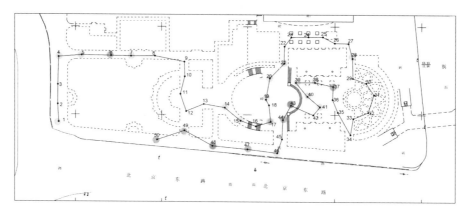

g）鼓楼市民广场 CO_2 最高值叠加图

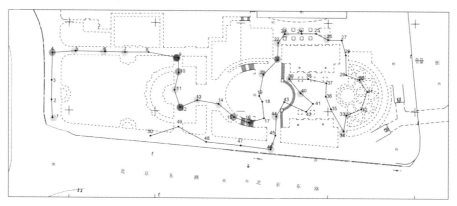

h）鼓楼市民广场 CO_2 最低值叠加图

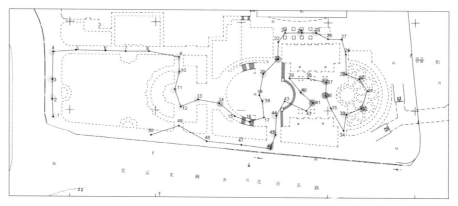

i）鼓楼市民广场压强最高值叠加图

图 12　鼓楼市民广场微气候特征（三）

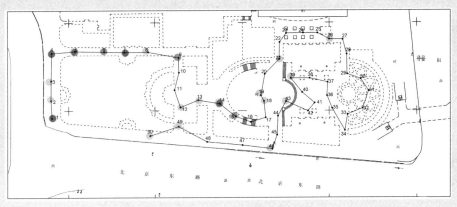

j）鼓楼市民广场压强最低值叠加图

图 12　鼓楼市民广场微气候特征（四）

四、结论

　　本文选取南京城市中心区域的高层密集，以硬质铺地为主的开放广场，与中心区附近以绿地为主的开放型公园进行比较认知，在其中均布调研取样点，观测每个取样点的微气候要素数据，包括温度、湿度、光照强度和 CO_2 浓度等，运用统计学规律进行特殊点筛选分析。通过比较这些微气候要素分析图得出：当处于城市中心区时，开放空间的自身性质如选址、空间形态和空间围合程度等，会带来不同的微气候特征，从而为优化开放空间微气候环境的设计设置了一系列限制条件。而开放空间内部的景观要素如铺地类型与绿植水体等，对微气候环境各因素有一定程度的影响，因此成为优化开放空间微气候环境的设计策略。

　　城市中心区的开放空间微气候环境相对情况变化更复杂，因此针对此类在城市化进程中较为多见的开放空间，不能仅仅停留在满足人们交通与休憩的需求，更应通过改良城市开放空间设计来改善城市微气候环境，提高使用者的生存质量与生活品质，促进城市的经济发展，最大限度地发挥环境功效与社会价值。

参考文献：

[1] Ariane Middel. Impact of urban form and design on mid-afternoon microclimate in Phoenix Local Climate Zones．A. Middel et al．／Landscape and Urban Planning，2014：16　28

[2] Boukhabla Moufida，Alkama Djamel. Impact of vegetation on thermal conditions outside，Thermal modeling of urban microclimate，Case study：the street of the republic，Biskra，Energy Procedia,2012：Volume 18,73-84）

[3] 陈思宁，郭军．不同空间插值方法在区域气温序列中的应用评估：以东北地区为例．中国农业气象，2015，36(02)：234-241．

[4] 戴亦欣．低碳技术推广促进过程中的公众认知模型构建．现代城市研究，2011，(11):31-38．

[5] Nastaran. Street Design and Urban Microclimate：Analyzing the Effects of Street Geometry and Orientation on Airflow and Solar Access in Urban Canyons．Journal of Clean Energy Technologies，January 2013：Vol. 1，No. 1

[6] Shishegar N. Street design and urban microclimate：analyzing the effects of street geometry and orientation on airflow and solar access in urban canyons. Journal of Clean Energy Technologies，2013，I(1)：52-56．

[7] Sozer，H．高层建筑发展项目对微气候的影响．世界高层都市建筑学会第九届全球会议论文集，2012：540-545．

[8] 佟华，刘辉志，李延明，桑建国，胡非．北京夏季城市热岛现状及楔形绿地规划对缓解城市热岛的作用．应用气象学报，2005，16(3)：257-366．

[9] 王丽萍．城市下垫面对微气候影响研究．现代农业科学，2009,16(6)

[10] 王新军，秦佳，史洪，龚声明，张新荣，孙忠伟．城市公共开放空间光环境研究[J]．建筑电气,2013,05:31-35．

[11] 伊娜，冷红．基于关联分析的高层住区布局模式微气候评定——以哈尔滨高层住区为例．城乡治理与规划改革——2014中国城市规划年会论文集，2014：25．

[12] 周媛，石铁矛，胡远满，刘淼．基于城市气候环境特征的绿地景观格局优化研究．城市规划，2014，(05)：83-89．

[13] 邹同华，涂光备等．绿化对住宅小区微气候的影响[R].全国暖通空调制冷 2002 年学术年会资料集：603-606．

张轩于
（西安科技大学建筑与土木工程学院　本科四年级）
黄梦雨
（西安科技大学建筑与土木工程学院　本科四年级）

灰空间在绿色建筑中的优越性探讨

Discussion on the Advantages of Gray Space in Green Building

■摘要：从绿色建筑发展现状出发，通过对绿色建筑现存的问题进行思考分析，提出被动式系统的重要性和生态美学的必要性，由此引入灰空间设计策略在这两者中的集中体现，进一步对绿色建筑下不同形式灰空间的成功案例进行列举分析，以阐明灰空间在绿色建筑设计中的优越性，进而分析整合出一般性设计思路和方法。

■关键字：绿色建筑　灰空间　被动式系统　生态美学

Abstract：Based on the Present Situation of the Development of Green Building, the Importance of Passive System and the Necessity of Ecological Aesthetics are Put Forward in This Paper After Thinking and Analysing the Existing Problems in Green Building.The Introduction of Gray Space Design Strategy in the Concentrated Embodiment , the Successful Cases of Gray Space in Different Forms of Green Building are Analyzed, and the Advantages of Gray Space in Green Building Design are Expounded, Then Obtain the General Design Ideas and Methods by Analysing and Integrating.

Key words：Green building ; Gray space ; Passive system ; Ecological aesthetics

一、前言

　　绿色建筑自从 20 世纪 80 年代起一直存在两个显著问题：高技术高成本的主动式系统使得其产生的绿色效益具有过低的性价比；绿色建筑的设计处于早期发展的被动状态，缺乏生态美学难以被大众所接受。著名马来西亚籍生态建筑大师杨经文就曾指出，绿色建筑发展的局限很大一部分原因是没有注重生态美学。

　　一般来说，主动式系统对于绿色建筑是比较直接有效的，但是在这个社会经济发展水平不均的大背景下，主动式系统造价不菲、维修成本过高等特点使之推广具有明显的局限性和很大的矛盾性。况且，不同地理气候的差异也使得主动式系统不能照搬照套进行大规模复制，相比较而言，被动式系统的设计角度多以结合自然因素为主更为系统宏观，往往是建筑的各部分构造协同起来达到某一目的，这种因地制宜因地施策的方式具有更大的弹性，对建

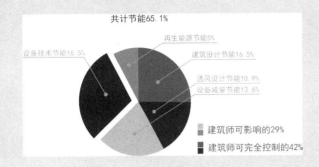

图1 台湾地区成功大学魔法学校被动式节能系统实践

筑师的设计素养要求更高，也更能发挥当地建筑设计师的设计才能，增大其绿色节能参与度。

以在被动式节能系统实践取得巨大成就的台湾地区成功大学魔法学校为例，建筑师可以通过设计影响控制的绿色节能竟达到建筑总节能贡献的71%（图1）。以此为鉴，减少对主动式设备的依赖，挖掘设计策略上对绿色建筑的贡献是一个值得不断扩展的话题。在绿色建筑中，主动式系统与被动式系统是一种协调共生的关系，被动式系统的早先涉入会为主动式系统奠定一个良好的平台基础，可以使得主动式系统更加直接有效，减小主动式系统的运作荷载。无论发达国家还是发展中国家，减少资源消耗节约能源是人类发展之本，笔者认为应当尽可能地挖掘被动系统的潜能，在此基础上再与主动式系统相结合，从而产生更高更有价值的绿色效应。

我国在引入被动式建筑短短几年后于今年的5月份颁布了《被动式低能耗居住建筑节能设计标准》，为被动式绿色建筑的发展奠定了基础。该标准是世界范围内继瑞典《被动房低能耗住宅规范》后的第二个有关被动房的标准，它的实施标志着我国被动式建筑的发展趋于规范化、标准化，成为我国被动房发展过程中新的里程碑。自2009年住房城乡建设部科技发展促进中心和德国能源署开展"中国被动式——低能耗示范建筑项目"合作以来，被动式建筑在中国得到了大规模实践，例如秦皇岛"在水一方"C15号楼、哈尔滨"辰能·溪树庭院"B4楼、郎诗·布鲁克等项目。整体来看，这些案例在一定意义上获得了成功，为以后的发展做了参考性示范，但仍然缺乏生态美学的涉入使其未能产生更大的吸引力和更广泛的推广。

建筑下的生态美学，即在保证建筑的生态效应下体现建筑的美学艺术。美国现代建筑学家托伯特·哈姆林在其专著《建筑形式美的原则》中，提出建筑美的十大法则——统一、均衡（静态均衡和动态均衡）、比例、尺度、节奏与韵律、布局中的序列、规则的和不规则的序列设计、性格、风格、色彩。这些法则同样也适用于绿色建筑，尽可能在被动式系统的基础上实现建筑上的美学成为设计的要点。对于建筑单体设计而言容易实现生态美学的设计部分如图2所示。从图中可以看出缓冲、中庭、围护结构、遮阳等要素都和灰空间有所关联，那么不妨以灰空间作为出发点来进行绿色建筑设计上的改善。

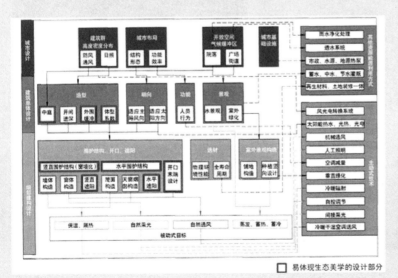

图2 绿色建筑设计构架体系示意图

指导老师点评

作者在此次竞赛中的表现是比较积极的，他们查阅了国内外大量的资料来学习并研究，这对本科的建筑学子来说是除正常教学之外的很好的自主学习过程。在论文的构架建立时，作者听取了我的建议后做了大规模的修改，后来的结果也是让人满意的。此篇论文的核心看似复杂，其实作者是想逐步强调灰空间在绿色建筑中的特殊性，也就是文章中所说的优越性。论文刚一开始就表明了绿色建筑发展的两个问题：性价比低和缺乏生态美学。被动式系统有高性价比的特点，而灰空间是被动式系统设计的理想场所。同时，灰空间也是体现生态美学的放矢之处。也就是说，灰空间的设计在绿色建筑中具有双重优越性。

从目前绿色建筑发展中的问题入手，找出主要原因并尝试解决，这种出发点是很好的，这样的思维模式也是有意义的。资料文献的查阅研究是作为一个学者应有的素质，然而对于一个处于本科阶段、阅读经验和实践经验有限的学生来说，能归纳总结提出并灰空间在绿色建筑中的意义是难能可贵的。文中的分类举例也使得文章结构更加严密、更有条理性，大量图标理论的引入也增强了论点的说服力。然而，第一手研究性资料的缺乏，给作者的研究带来了一定的困难，大部分资料只能通过网络论文库和书籍获取，而最终文章的丰富程度更体现了其良好的专业素养。

这篇论文的亮点在于创新性论点的提出和引证。要说不足，那么就是每一种灰空间下的绿色设计策略的归纳总结还不够完善。归纳总结可以向杨经文的"生态设计方法"一文的方向发展。当然文章的着力体现之处在于灰空间在绿色建筑中的优越性体现，若能将举例更为完善一点，归纳为表格的形式，选其一进行详细说明，会使得文章更加丰富和简练。

郑鑫
（西安科技大学建筑与土木工程学院，
建筑系主任，讲师）

结合以上论述来看，要增大绿色效应与建造费用的比值可以尝试在保证绿色效应不被大幅度减少的前提下节省建造成本，即可试将绿色建筑中主动式系统尽可能转化为被动式系统。要体现生态美学，则在保证建筑基本功能本体外需要非主要功能性本体设计。通过资料查阅思考发现，具有高度灵活性多样性的灰空间是被动式系统的一个很好的切入点同时也是生态美学的体现之处，可以"随机应变"达到与被动式系统相结合，从而产生高效的绿色效应。

绿色建筑的发展对建筑发展、用户体验、社会形态、环境保护等方面有着举足轻重的作用。而灰空间的合理设计更容易实现与被动式系统相结合，这种被动式系统甚至可以是低技的物理性系统或生物性系统。当然，对于一般建筑而言，不同灰空间的设计产生的绿色生态效应大相径庭，将绿色建筑中灰空间的设计进行提取、分析和探讨，并形成某种特定的设计方法论具有其特殊意义。

二、分类概述

在灰空间中，具有绿色效应和生态美学设计特点的大概有：通过围护构件形成的灰空间，通过中庭形成的灰空间和通过技艺形成的灰空间。在各种类别下进行举例分析类比，从而得出一般性的设计要点，并可灵活应用到绿色建筑设计当中。

（一）绿色建筑中通过维护构件形成的灰空间

马来西亚生态建筑师杨经文常年致力于生态建筑的研究和实践，其作品可谓生态建筑的典范。例如，他早期在吉隆坡的双顶屋自宅(Roof-Roof House)[1]，该房子的理念是将房子的维护系统定义为一个"环境过滤器"。其一，覆盖整个建筑的遮阳格片构件，根据太阳从东到西各季节运行的轨迹，形成不同的角度，以控制不同季节时间的阳光进入量，从而减少了室内空调系统的消耗。其二，通过对水池、灰空间的处理和屋顶的布置加强了风对室内环境的影响，形成穿堂风，实现了更有效的热量交换。其三，百叶状的"伞式结构"对这种柯布西耶式现代主义住宅在元素上有了收纳整合的作用，同时也增强了建筑形体上的虚实对比关系，创造了丰富的光影关系，使得整个建筑看起来既简洁现代又丰富多变。灰空间的设计在单体住宅建筑中实现了"一举三得"，也是杨先生的匠心所在（图3、图4）。

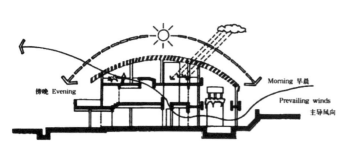

图 3　Roof-Roof House 空间环境

图 4　Roof-Roof House 外观

再如，由 MEIT（现代教育培训机构）主持修建的绿色校舍——Handmade School，经德国建筑师 Anna Heringer 和 Eike Roswag 主持设计，旨在提高孟加拉国农村地区人口的生活质量从而抑制持续的人口城市化现象，特此需保证建筑的廉价性、简易性和可持续性。建筑师秉持绿色环保和本土化的原则开展设计，巧妙地将当地材料（泥土、竹材、当地特有的沙石砖等）与科学合理的建造技术相结合，在建造的过程中将一些本土性的技术原理传授给村民，使得这间手工搭建的"绿色"校舍完成后不仅解决了部分学龄儿童的教育问题，而且为当地的房屋建设做了生动的示范[2]，又将建造技术得以推广传承（图5、图6）。

图 5　Handmade School 立面图（实拍）

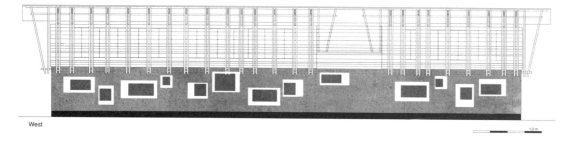

West

图 6　Handmade School 西立面图

该建筑采用"悬浮空间"的设计手法，以附加整体性屋盖笼罩在由功能自然形成的建筑屋面之上，悬浮屋盖与屋面间即形成灰空间。悬浮的屋盖起到了遮阳作用，减少了阳光直射。竹构架形成的灰空间对气流进行引导，起到气候缓冲的作用。建筑分为上下两层，下层为夯土石墙围合而成的教室，上层则是用四层竹梁架构纵横交错构筑而成的灰空间，垂直构件和对角构件以合适的角度布置于建筑之上。框架末端简短收尾，通过主梁的首末端等附加构件连接，并在框架表面装配附加风支柱。框架结构下半部分的一系列竹椽为瓦楞铁皮屋面结构提供支撑，屋面覆盖木板并将其调整至合适高度以提供足够的径流，使雨水能及时的顺势流下。

从建筑整体来看，建筑夯土墙砌筑的下层与竹构件搭接的上层形成一种虚实对比和隐显对比，使得整个建筑形体丰富又浑然一体，充分体现了其"生长于自然"的生态理念，以及当地传统文化的地域性特色。

结合这两个实例来看，不难推测维护构件形成的灰空间在绿色建筑设计中多为热带地区或亚热带地区，建筑要尽量避免阳光直射，需要高效率的气流通风，需要平衡温差进行热量交换。经总结分析，需要着重考虑以下几点：

①充分考虑地域性气候、日照、温度、风向、气流等并对其进行专业检测分析，从而设计出合理的构建性灰空间。例如可借鉴英国斯欧克来（B.V.Szokolay）在《建筑环境科学手册》[①]中提供的气候分区原则，其认为应按空气温度、湿度及辐射状况，将世界各地分为四种气候类型，分别为寒冷气候区、温和气候区、干热气候区和湿热气候区，并对各类地区的建筑提出不同的建议。Szokolay气候分区和建筑设计的关系如表1所示。

②构件的形式即灰空间的形式要符合建筑本体的审美特征，可有意形成秩序感、韵律感、创造丰富的光影关系。

③构件的选材要具有针对性，坚固耐久，节能环保的同时要与建筑本体相协调统一。

（二）绿色建筑中通过中庭形成的灰空间

形成中庭的灰空间可分为水平式和垂直式，前者多和建筑平面布局结合，后者多用于多层或高层建筑中。

水平式中庭可举由boKientruc-o设计的位于泰国岘港工业园中的"一层景观"办公大楼（图7），因所处工业区周围环境植被稀少，日照强烈，建筑室内温度远高于人体舒适温度（一般为20℃~24℃）的要求水平，通常采用长时间大面积的空调系统进行调节。设计者希望

竞赛评委点评

论文从美学与生态的角度探讨了灰空间与绿色建筑结合的处理方式。具有高度灵活性与多样性的灰空间是绿色建筑设计中被动式系统的一个很好的切入点，同时也是生态美学的体现之处，可产生高效的绿色效应。论文阐明了灰空间在绿色建筑设计中的优越性，提出了兼顾建筑的生态效应与美学艺术的设计策略。论文论证充分，逻辑清晰，观点鲜明。论文的研究成果对于实现绿色建筑生态性与艺术性的有机结合提供了有益的设计思路。

梅洪元

（哈尔滨工业大学建筑学院，院长，博导，教授）

Szokolay 气候分区和建筑设计的关系 表1

气候区	气候特征及气候因素	建筑气候策略	典型建筑
寒冷气候	大部分时间月平均气温低于15℃； 风； 严寒； 暴风雪； 雪荷载	减少热量流失； 最大限度保温	
温和气候	有较寒冷的冬季和较热的夏季； 月平均温度波动范围大； 最冷月可低于-15℃； 最热月高达25℃； 气温年变幅可从-30℃到37℃	夏季：遮阳、通风 冬季：保温	
干热气候	阳光暴晒，眩光； 温度高； 年较差大、日较差大； 降水稀少、空气干燥、温度低； 多风沙	最大限度遮阳； 厚重的蓄热墙体； 内向型院落； 利用水体； 调节微气候	
温热气候	温度高，年平均温度在18℃以上； 年较差小； 年降雨量大于750mm； 潮湿闷热，相对湿度大于80%； 阳光暴晒，眩光	最大限度通风； 遮阳 低热容的围护结构	

突破以往工业区建筑的设计行为模式，将自然景观引入"钢筋混凝土丛林"，以提高使用者的舒适度。

此案例属于水平中庭中的多口覆顶式庭院与内凹式入口两种功能性灰空间的结合，外墙周圈种植绿色植物，在遮挡阳光的同时还可保证对外窗扇的开启以利于建筑室内、室外与内嵌庭院间的空气流通，从而改善了建筑内微气候的显现指标水平，极大地降低了适宜温湿度差。

整个建筑气流组织与景观环境布置相结合，外部庭院与内部庭院互相呼应相得益彰，平面布局上结合了功能的需要，围合出连廊，并形成凹凸参差错落的空间效果。

垂直式中庭最经典的案例要属杨经文于 1998 年在新加坡参与设计的 EDITT 大厦（图 8），此大厦前瞻性地实现了绿色建筑技术与美学艺术的融合，成为具有生态美学意义的绿色居住建筑典范①。

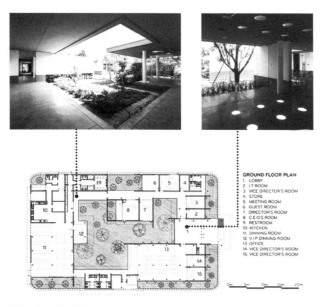

图 7　室内视点视图

图 8　EDITT 大厦外观

该大厦绿色空间与居住空间的面积比达到了 1 : 2，层层插入灰空间作为绿色技术的植入场所，同时兼备了立面造型设计和住户花园的功能。出挑的遮阳板与景观步道连接各楼层以实现其竖向空间的自然过渡。大楼（共 26 层）居于中央主要使用空间层层相异，外圈环绕以植被种植的过渡带（图 9、图 10），结合太阳能面板，充分利用热带地区炽烈的阳光并将其转化为电能，提供大楼 39.7% 的电力需求。此外，灰空间中还植入了雨水收集系统（图 11、图 12），收集在树干之间形成"瀑布"的雨水并加以利用，为大楼提供 55% 的日常用水。另外，隔墙中还隐藏着一个沼气池，约占该楼表面积的 1/2，剩余 1/2 则被有机植物和通风口占据。各楼层灰空间外围安装有充气式翼型"鳍"，可使气流在建筑后部形成交错涡流，正负气压于合适的角度上对建筑形成侧力以引导自然气流的流入（图 13）。纵向巨大而且单薄的翼型"鳍"与横向层层堆砌的庭院形成一种强烈的疏与密、简与繁的对比，产生了独特的艺术效果。

EDITT 大厦的设计系统较为复杂，也正是这种考虑了各种生态因素，由被动式系统入手再结合主动式系统设计的模式使得其产生了良好的收益效果，灰空间在此承载了多种系统，为其创造了可能性条件。

结合水平中庭和垂直中庭来看，此类灰空间无疑是调节绿色建筑气候、景观的要点，直接性地引入绿色植被，为其他生物性系统或物理性系统提供了平台基础，也可以通过对植被的选择上增加建筑的生态美学效应。中庭式灰空间在绿色建筑设计中需要考虑以下几点：

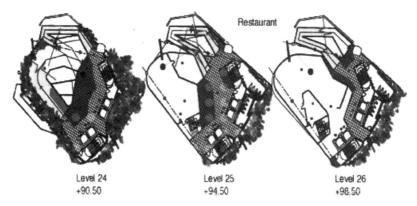

图 9　部分楼层平面图

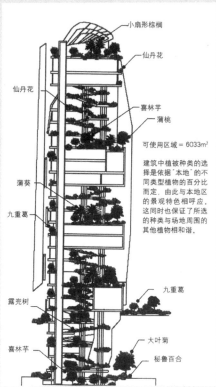

图10 灰空间植被选择

图中标注：小扇形棕榈、仙丹花、仙丹花、喜林芋、蒲桃、可使用区域 = 6033m²、蒲葵、九重葛、九重葛、露兜树、喜林芋、大叶菊、秘鲁百合

建筑中植被种类的选择是依据"本地"的不同类型植物的百分比而定，由此与本地区的景观特色相呼应，这同时也保证了所选的种类与场地周围的其他植物相和谐。

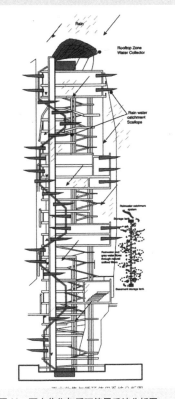

图11 雨水收集与循环使用系统分析图

图12 雨水收集器分析图

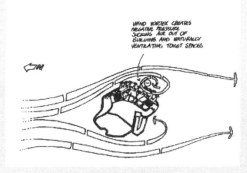

图13 卫生间集合空间的自然通风分析图

①注重中庭空间中比例尺度的把握。此处可借鉴芦原义信对街道几何高宽比的研究。围合式建筑室内外的气流通风特性的研究通常基于对街道几何高宽比的研究，同时考虑建筑对街道顶部以上表面层空气流动的影响及街道内回流流动的结构。哥伦比亚大学的Oke在研究报告中指出，街道内的空气流动可划分为孤立粗糙流、尾流干扰流和滑行流三种流动机制④，如图14所示。

②同时注重室内外气流气候的影响。英国的Sharples和Bensalem通过设立在城市环境并暴露于城市大气边界层的庭院和中庭建筑模型进行研究，校验了中庭与庭院在不同压力模式下的通风策略。如图15所示，其研究结果表明，在城市环境背景下，开敞式庭院的通风性能很差，而负压条件下，多口覆顶式庭院或中庭建筑的通风性能最优；若风向由垂直于建筑立面转变为与立面夹45°角入射，所观测到的通风性能差别则大幅度减小⑤。

另外两位英国学者Paul M Lynch和Gary R Hunt在关于"双层中庭建筑最佳夜间换气的设计指导"的研究报告中指出，建筑中庭的直接通风不利于各楼层的空气流通，最优方案是使建筑中庭与各楼层同时获得通风可能，从而进一步提出，上层通风口面积较下层大（具有一定的比例关系）时，才能保证中庭中冷暖空气界面抬升至二

作者心得

掠影二三

在郑老师给我们看了此次论文竞赛的文件并强调了其重要性后，我就觉得这是一个很好的学习机会。相比较设计类竞赛而言，论文类的竞赛较少，且多是由官方举办。其实理论上的成果在某种意义上来说更为难能可贵一点。完成一件像样的理论作品，对目前阶段的自己来说是一次很有意义的挑战。我与班里阅读量较多的黄同学一拍即合，开始着手准备这次竞赛。

在选题的定位上，听取了郑老师的建议，我们坚持从小的问题入手，不做大的概述。我们首先找来近年来几乎所有有关绿色建筑的论文和书籍，阅读后形成了一个大体的概念，对绿色建筑有了一个宏观的认识。在资料的阅读过程中，杨经文大师的生态美学引起了我的兴趣，在对杨经文理论的研究中，我发现生态美学正是现在绿色建筑缺少的部分。这让我想起了西建大穆钧老师设计的毛寺村小学等其他一系列低技高效益的被动式绿色建筑。我觉得这些用物理原理甚至生物原理来产生绿色效应，才是我们整个社会真正需要发掘推广的。之后有幸读到了"中国本土绿色建筑被动式设计策略思考"（宋晔皓、王嘉亮、宋宁）一文，受益匪浅。之所以说有幸，是因为这篇论文让我们更加确定了自己潜意识里的研究方向。

在进一步的研究中，我发现绿色建筑产生的绿色效应有一部分是可以从建筑设计方面控制的，那么就可以普及到建筑设计方法的层面上来，直接可以给建筑师提供借鉴。又由于建筑必要的功能性和合理性，可以用设计带来绿色效应并且兼具生态美学、最具灵活性的地方只有灰空间。于是，我们对绿色建筑之被动式系统中由灰空间产生绿色效应的建筑单独进行研究。研究发现，此部分的确可以进行统一的归纳整理。我们选择性地说明了不同灰空间形式中被动式绿色系统和其生态美学意义的体现，提出了其优越性，以引起建筑师的关注并将其推而广之。

我在完成之后反思发现，该文章的内容有待进一步的发掘整理，收集出目前现有绿色建筑中在灰空间的亮点设计。这样就可以编辑出一本由灰空间的设计而产生兼有生态美学和生态效应合集的书，以供相关设计人员查阅借鉴。

最后，感谢《中国建筑教育》的工作人员和北京清润国际建筑设计研究有限公司对建筑学教育的贡献！

张轩于

层通风口时二层室内热气流已完全进入中庭。Lynch 和 Hunt 表示这种净化机制能实现室内多余热量排放的最短耗时⑥。

③尝试其他形式的突破，尽可能地发挥中庭空间的建筑整体的影响。例如德国著名建筑师 Thomas Herzog 的代表作 The Halts Street House，引入了中庭空间来实现自然通风的组织。虽然中庭空间在冬季可通过其温室效应发挥重要的室内空间保温作用，但却使得夏季的室内温度过高，因而此类建筑常采取机械降温的方式解决此问题，冬夏两季的正负经济支出和机械工作的碳排放量往往得不偿失。为解决此问题，Herzog 提出利用空间高度以形成足够的温差来带走热气流，同时，建筑围护结构一定要切实起到遮阳的作用。

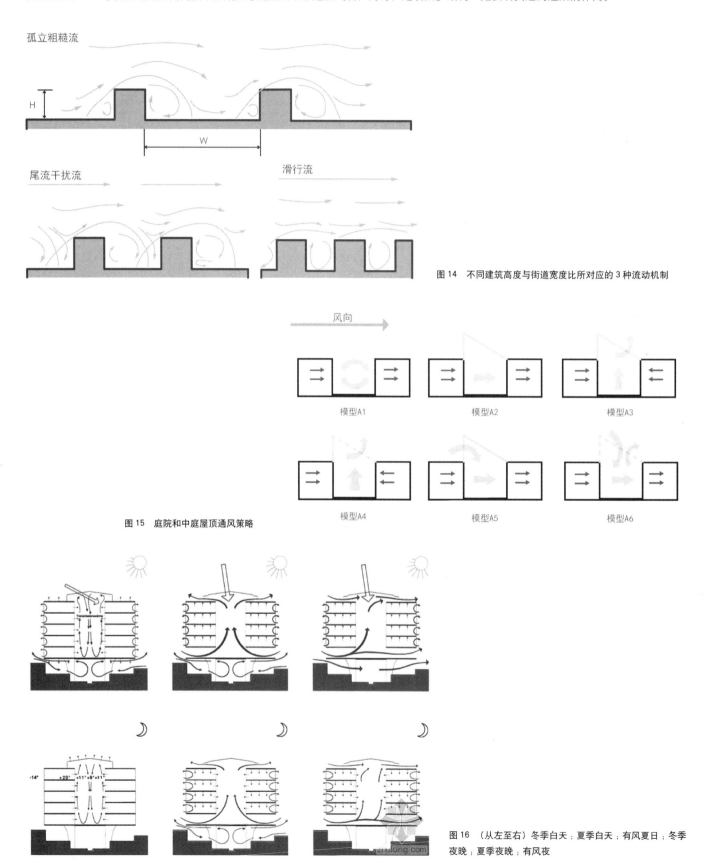

孤立粗糙流

H

W

尾流干扰流   滑行流

图 14   不同建筑高度与街道宽度比所对应的 3 种流动机制

风向

模型A1   模型A2   模型A3

模型A4   模型A5   模型A6

图 15   庭院和中庭屋顶通风策略

图 16   （从左至右）冬季白天；夏季白天；有风夏日；冬季夜晚；夏季夜晚；有风夜

如图16所示，中庭在夏季的余热可通过顶棚侧部通风口排出，同时，冷气流从建筑底层流入以保证中庭内的气压平衡，故使得建筑在夜间冷却下来。此建筑的中庭空间发挥了良好的热缓冲作用，保证了住宅空间室内热环境的相对稳定[②]。

④结合景观植被设计，细化中庭地调节功能，深化生态美学程度。

（三）绿色建筑中通过技艺形成的灰空间

技艺形成的灰空间丰富了灰空间的传统形式，这种灰空间形式更容易被人为创造，灰空间于其中的角色发生了根本性转变，模糊了黑川纪章对其"中介空间"、"利休灰"、"暧昧性和两义性"的表述，而成为直接达到绿色效应体系和实现生态美学的有效途径[⑧]。

绿色建筑中技艺性灰空间一种常见表达形式是"双层表皮"。

最初，"双层表皮"只是两层玻璃平行而置的简单结构，主要用于隔声要求和保温要求。而后在两层界面间添加阻挡阳光直射的百叶，并进一步强化了该设计要素，使得内外两层界面间形成气候缓冲与调节的区域。发展至今，"双层表皮"已呈现出各种各样的形态，其中一支便是灰空间式的双层围护结构——内层是普遍意义上的建筑界面，拥有建筑围护功能和整体性；外层则以附加层的形式存在，兼具立面造型与绿色技术运用的功能。两层界面分别与室内、室外接壤并共同形成过渡性灰空间。

例如我国首座碳零排放节能建筑——宁波诺丁汉大学可持续能源技术研究中心大楼（图17，图18）的设计便采用了双层围护结构的设计手法。其整体覆盖有两重表皮，内层用混凝土浇筑而成，外层则采用玻璃和钢材（辅助支撑）。两种材质的结合设计，大大降低了建

图17 宁波诺丁汉大学可持续能源技术研究中心外观

图18 宁波诺丁汉大学可持续能源技术研究中心立面图

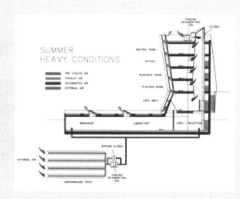

图19 夏季的调节系统

图20 冬季的调节系统

作者心得

对于学习建筑设计的学生而言，在个人的求学过程中参加几次高水平的专业性竞赛，无疑对其学术成长与思维的提升具有常规教学体系之外的特殊作用。而所谓的"高水平大学生专业性竞赛"，显然应具备主办单位具有较大的影响力、命题者与评审者均具有较高的学术水平与社会认知度，以及参与者的资格限定和分类等基本条件。而本次"'清润奖'大学生论文竞赛"正是一个具有高水平高要求的学术型竞赛，对于初次参加论文类竞赛的我而言无疑是充满了挑战。

这次竞赛我选择与同专业同学合作完成，平时我们就会就专业内外对多方面事物或观点进行讨论交流，思想方向上的一致性和包容性使得我们在合作的过程中能够更为自由和默契。我们之所以选择"灰空间"与"被动式设计"作为研究课题的关键词是因为当今社会技术发展程度下的绿色建筑多采用直接粗暴的方式——机械——去"主动式"地解决建筑设计中所面临的可持续性问题。我们并非是对这种方式持中立、甚至反对的态度，而是希望通过研究和讨论去寻求可持续性设计中更为本质的处理方式——被动式设计的可能性。在探求的过程中我们发现，"灰空间"的引入是实现绿色建筑被动式设计的最有效手段，从而进一步对此展开了研究与论述。

完成参赛作品的过程前后持续了近两个月，避开种种必然存在的障碍不谈，它给我个人所带来的历练和提升是很大的，使我从不同的阶段收获了许多心得和成长，而对于最终所收获的结果也非常信服。每每回看这篇文章时，都会迸发出一些新的思考与体会，或许可以以它为起点，向更为深远的思维殿堂行进。

黄梦雨

筑取暖和制冷的能源损耗。冬季气温较低时，高性能外层玻璃幕保证了太阳辐射能的吸收，使灰空间中的空气受热升温以形成气体保温层，加热过的空气随后被用于建筑通风，提高室内空气质量和内环境温度。

内层的高热容混凝土材质有着良好的储热能力，不仅能在阳光辐射和间层空气的影响下逐渐升温，为室内环境提供热量，同时还增强了建筑自身的保温性能。夏季，大部分空间幕墙通风口齿轮和外围玻璃自动控制，可达到通风的目的。高性能外壳和内部外露的水泥表面热容保证了建筑物的隔热性能，使室内温湿度保持适宜的微气候状态。倾斜的玻璃窗可以借助空气缓冲层减少太阳辐射（图19、图20）。协同大楼的其他绿色技术系统，预计在未来的25年，该大楼可节约448.9t煤和减少1081.8t的碳排放量[9]。

从美学的角度来看，该建筑造型上的灵感来源于中国灯笼和传统的木屏风，外立面被分割成大小形态不一的三角面，三角面中的钢结构线条形成一种疏密有变、紧张松弛的韵律，营造出一种动态的体态趋势，达到了一定的艺术效果。

技艺性灰空间在绿色建筑设计上可谓是一把双刃剑，不经过精心设计分析通常带来一些弊端，比如增加造价；通风不良的情况下会产生空腔过热和冷凝的问题；立面垂直的空腔也有可能造成噪声的传递等。因此在设计方面应当深入分析，应考虑以下因素：

①其空间特点较为封闭，应着重考虑室内气流分析，充分结合室内通风设计。

②利用该灰空间中的间层空气，使其达到良好的热量交换和温湿度调控。

③考虑该灰空间中垂直交通的人流疏散，结合合理的流线布置。

④外立面往往具有较大的灵活性，可根据建筑美的法则进行设计，融合设计理念。

三、灰空间在绿色建筑中优越性总结

通过本文优秀案例的介绍，可以直观看到灰空间在绿色建筑中同时发挥了被动式系统的作用和实现了建筑上的生态美学。

重视灰空间在绿色建筑中的设计，是在期望同时达到被动式系统优先和兼顾建筑美学上提出的，在大量的资料查阅中，从建筑单体设计的角度上，笔者看到了灰空间在实现绿色建筑中的优越性。此概念的提出有待于进一步的整理分析，形成更为详细的设计策略方法论。介于绿色建筑下特有的灰空间表达的灵活性与开放性，文中案例的列举以及分析设计方法的提出起到"抛砖引玉"的作用。也希望通过对设计策略的深入挖掘，使得建筑设计师结合方案特点做出更有价值、更经济适用、更美观的绿色建筑，推动绿色建筑的发展。

注释：

①吴向阳.国外著名建筑师丛书·杨经文[M].北京：中国建筑工业出版社，2007.

② Anna Heringer, Eike Roswag.AR AWARDS FOR EMERGING ARCHITECTURE — Prizewinners — Handmade school, Rudrapur, Bangladesh[J].The Architectural review, 2006, Vol.220(1318)

③吴向阳.国外著名建筑师丛书·杨经文[M].北京：中国建筑工业出版社，2007.

④ OKe T R.Street design and urban canopy layer climate [J].Energy and Building, 1988, 11(1–3):103–113

⑤ Sharples S,Bensalem R. Airflow in courtyard and atrium buildings in the urban environment：a wind tunnel study[J].Solar Energy,2001,70(3):237–244.

⑥ Lynch P M, Hunt G R.The night purging of a two-storey atrium building[J].Energy and Building, 2012,48(0):18–28.

⑦《大师系列》丛书编辑部.托马斯·赫尔佐格的作品与思想[M].中国电力出版社，2006.

⑧黑川纪章.新共生思想[M].北京：中国建筑工业出版社，2009.

⑨吴韬、郭晓辉、邢晓春、刘自勉、乔大宽.能源自给自足的绿色办公楼——宁波诺丁汉大学可持续能源技术研究中心[J].建筑学报.2008,10.北京：《建筑学报》杂志社，2008.

图表来源

图1、图2、图14、图15：作者自绘。

图3、图4：吴向阳.国外著名建筑师丛书·杨经文[M].北京：中国建筑工业出版社，2007.

图5、图6：http://www.archdaily.com/51664/handmade-school-anna-heringer-eike-roswag/.

图7：http://www.designboom.com/architecture/layerscape-office-building-kientruc-o-vietnam-06-23-2015，作者后期编绘。

图8～图13：http://www.yuanlin8.com/thread-20386-1-1.html.

图16：http://t.zhulong.com/u101/worksdetail4449056.html.

图17～图20：http://blog.sina.com.cn/s/blog_5d9cef9b0100c1vu.html.

表1：S.V.Szokolay. Environmental Science Handbook：For Architecture and Buildings. Lancaster. Construction Press, 1980.

黄 蓉
（苏州科技学院建筑与城市规划学院　本科三年级）

霜鬓尽从容
——基于"积极老龄化"理念下的苏州传统街坊社区公共空间适老化研究

Leisure for Golden Years: Research on the Public Space of the Traditional Neighborhood Community in Suzhou based on the Concept of "Active Aging"

■摘要：随着社会的发展，人口老龄化形势日趋严峻，但社会的可持续发展离不开人口的健康发展。苏州人口老龄化速度快，老龄化问题在传统街坊社区显得尤为突出。为实现社区可持续发展，在"积极老龄化"理念的指导下，对样本社区进行调研，分析归纳传统街坊社区公共空间的类型、存在问题以及不同空间类型中各影响因子对老年人活动的影响，继而提出相应的优化措施，以期为政府及相关部门在对此类社区公共空间适老化优化时提供建议。

■关键词：可持续发展　积极老龄化　传统街坊社区　公共空间　适老化　优化

Abstract：With the development of society, the issues of the aging are becoming more and more serious. The sustainable development of society can not be separated from the healthy development of the population. The speed of aging is fast in Suzhou, the problem in the traditional neighborhood community is most serious. In order to achieve sustainable development, under the guidance of the concept of "active aging", do researches on the public space, existing problems and the activities of the elderly in the samples of the traditional neighborhood community. Through analysing the summaries to propose the relative improved measures. In order to provide references for the government and relevant departments when they optimize the public space in such communities.

Key words：Sustainable Development；Active Aging；Traditional Neighborhood Community；Public Space；Elderly-Oriented；Optimize

一、引言

可持续发展是历史发展的必然趋势，而可持续发展的实现需要一个良好的人口环境。

当前人口老龄化问题严峻，而部分老年人受身体状况、心理需求、经济状况等多方面因素的制约，难以搬离传统街坊社区，同时越来越多的年轻人离开这些社区，导致这些社区内的老年人比例远高于平均老龄化水平。

本次研究从传统街坊社区的可持续发展出发，在"积极老龄化"理念的指导下，将聚焦点集中在老年人群较多、问题较为突出、空间形式较为典型的传统街坊社区上，通过对老年人活动的目的、内容以及空间类型的分析，归纳总结社区公共空间的类型、存在问题以及不同公共空间类型中各影响因子对老年人活动的影响，继而提出相应的优化措施，有效地解决传统街坊社区由于人口老龄化而带来的一系列问题。正确地处理传统街坊社区人口老龄化问题能够有效地缓解经济、社区生活与适老化三者之间的矛盾，从而能够更好地适应老龄化社会和实现社区的可持续发展。

（一）苏州老龄化现状

自进入 21 世纪，人口老龄化问题已然成为一个世界性问题，中国也不例外。2010 年第 6 次全国人口普查显示，60 岁及以上人口占全国人口总数的 13.26%，比 2000 年上升 2.93 个百分点，其中 65 岁及以上人口占全国人口总数的 8.87%，比 2000 年上升 1.91 个百分点[①]。2012 年我国 65 岁以上的老年人已达 1.27 亿，占全国人口总数的 8.8%，且仍以每年 800 万人的速度递增，预计到 2030 年，我国的老年人口数将超过欧洲人口数总和。

就苏州而言，苏州在 1982 年就已步入老龄化社会。2010 年全市 60 岁以上的老年人口为 131.67 万，占全市人口总数的 20.65%，老龄化水平远高于全国平均比例。据专家预计，到 2030 年苏州老年人口总数将上升到 247.7 万，占全市人口总数的 37.4%。虽然政府积极出台相应政策，增加养老配套服务设施，但是由老龄化所引发的社会问题却层出不穷。

（二）"积极老龄化"理念

20 世纪末，欧盟已提出了"积极老龄化"的政策框架，主张老年人要有健康的生活方式并工作更长时间，保持活力并积极参与社会创造[②]。自此，"积极老龄化"成为一种革命性的理念，对实现社会的可持续发展意义重大。

面对当今形势日益严峻的老龄化问题，无数专家学者致力于探索应对方案，从最初的"成功老龄化"到几经探索的"健康老龄化"，再到现在被广泛认可的"积极老龄化"。准确来说，每一理论的提出都离不开漫长的理论研究和实践探索。"积极老龄化"符合当今时代背景，从人性化、科学化的角度来对待老年人这一特殊群体，充分尊重其个人价值，改变以往"仁慈的、同情的施舍"来处理老龄人口问题的狭隘思路。"积极老龄化"的实质就是努力构建一个和谐友爱的社会，将老年人从社会负担的角色转变成社会发展的推动者，让老年人能够发挥余热，充分享受老有所乐、老有所学、老有所为、老有所医，实现社会的可持续发展。

二、苏州传统街坊社区调查与研究

（一）传统街坊社区概念界定

传统街坊社区是指在 1980 ~ 2000 年期间，由政府主导开发，以道路、围合体以及其他用地作为社区的边界，住栋单元是社区的主体，住栋单元以土地集约为导向、空间组合为方式而形成的社区（图1）。

（二）样本社区现状调查与研究

从建成年代、建筑层数、公共空间建设和老年人主要活动及活动场地方面选择几个典型传统街坊社区作为样本进行调研。本次调研中，社区公共空间是指社区或社区群中，在建筑实体之间存在着的开放空间体，是社区居民进行公共交往、举行各种活动的开放性场所，其存在的目的是为广大公众服务[③]。

1. 建成年代

1990 年代中期以前，住区在建设形制和公共空间类型上具有很大的相似性，而具有特色的住区自 1990 年代中期之后才开始建设，故而本次研究的样本社区的建成年代主要以 1990 年代中期为主（图2）。

图1 传统街坊社区示意图

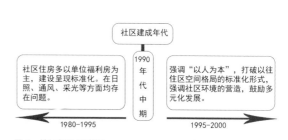

图2 社区划分示意图

2. 建筑层数

社区内的住栋单元是以多层为主还是以高层为主,对社区公共空间的表现形式和对老龄化的适宜程度有着直接影响。如住栋单元以多层为主的社区,其建筑密度较大、宅间距较小,更容易形成空间的围合感。而受当时建设条件的制约,传统街坊社区内的住栋单元主要为多层建筑(表1)。

调研社区分类图表　　表1

住区名称	三元一村	三元二村	三元三村	三元四村
住区建设年代	1999 年	1992 年	1994 年	1994 年
建筑层数	多层	多层	多层	多层

3. 公共空间建设

(1) 住栋单元空间解析:住区的基本组成为住栋单元。通过对地形图的分析,住栋单元有4种基本形态:东西向一字型、折角型、L型和U型(表2)。其中东西向一字型和折角型在传统街坊社区中所占比例较高,住栋单元的组织形式多以平行排布为主。

住栋单元基本形态　　表2

		原型	代表
	东西向一字型		
	折角型		
	L 型		
	U 型		

通过对住栋单元空间组合的分析,归纳得出在传统街坊社区中6种典型住栋单元空间的类型:①转角型;②条带型;③开敞型;④半围合型;⑤围合型;⑥连续型(表3)。

住栋单元空间类型　　表3

	空间类型	空间特征		空间类型	空间特征
转角型		往往出现在转角空间或是社区入口空间	半围合型		通过单元组合,在视觉上形成一定的半围合空间
条带型		行列式排布形成带状空间,常作为一种过渡空间	围合型		U型住宅的组合形成较为封闭的围合型空间
开敞型		住栋单元前开敞空间,常布置景观小品以供休闲	连续型		行列式排布产生相对连续型空间

指导老师点评

在研究的创新性上有如下几点特色:1. 选题上以老龄化社会背景下的老年人作为研究对象,同时突破对老年人家庭生活起居等基本生活需求的传统关注,扩展到老年人社区公共交往等精神生活需求。2. 突出社区公共活动空间对老年人公共活动的承载,对社区公共空间展开调研,将社区公共空间依据不同的开放程度进行分类,并且根据不同类型的空间选取具体的调研地点,依据周边环境细化空间类型。3. 强化实地调查的实证研究,采用环境调研法、观察法、问卷调查和访问等多种方式,观察访问样本社区内公共空间活动的老年人,了解其生活方式和生活状态,进行老年人行为活动的时间、地点、类型等数据的采集,同时对影响老年人生活的影响因子进行问卷调查。对收集的数据进行整理,绘制行为地图及相关图表。4. 在充分资料占有的基础上进行对比分析研究,根据老年人对生活设施的需求分析空间影响要素,在数据处理过程中,将影响因素分为个人因素和外界因素,将调研空间根据私密度分为开放空间,半开放空间和封闭空间,在此基础上进行同类空间的对比,并分析得出具体改造意见。

通过这个竞赛,将"传统街坊社区适老化模式"引入,一方面能够解决社区中的适老化问题,另一方面在满足现代生活方式需求的同时,能够使社区的文化和生活方式得以延续,更重要的是,通过一系列的公共空间优化措施,恢复和谐的社区邻里关系,给杂乱的社区注入新的秩序,以实现社区的可持续发展。

杨新海

(苏州科技学院,副校长,教授)

（2）传统街坊社区公共空间的类型：通过对传统街坊社区的实地调研，结合根据卫星地图的分析，将社区公共空间归纳为以下8种类型（图3）。

①沿城市交通性道路－商业公共空间：带型空间；空间内商业氛围浓厚，人流量大；空间内有部分沿街商铺提供座椅供人休息。此类空间属于步行空间，满足老年人必要性活动的需求。

②建筑物形式的公共空间：是由建筑体限定而形成的空间，多处于商业和住宅的连接处，可提供遮阳、遮雨功能，也有座椅可供休息。

③生活性公共空间：空间环境较为安静、私密，生活氛围浓厚。空间内部有河流时，呈现出典型江南水乡的生活特色。

④沿社区内部交通性道路的公共空间：带型空间；是居民通往城市干道的必经空间，在上下班高峰期时较为嘈杂。空间内设有供老年人休息的座椅，道路两旁绿化较好，有许多老年人在此类空间活动。

⑤围绕必要性活动场所的公共空间：空间内设有体育器材、健康画廊等服务性设施，老年人可在此类空间内活动。

⑥院落型公共空间：建筑体围合出庭院空间，私密性较高。空间内绿化好，同时设有可供休息的花坛及其他服务性设施。

⑦社区绿化形式的公共空间：开敞空间；空间环境较为安静，绿化率高，有花坛绿化、广场绿化等多种形式；人流以步行为主。

⑧室内形式的公共空间：空间形式为建筑室内的空间，如棋牌室、阅览室等，是老年人开展室内活动的空间。

4. 老年人主要活动及活动场地

在社区公共空间中，老年人进行休闲活动和社会交往的场所往往活力最高。故选择样本社区时需要考虑活动空间是否能够便于老年人开展活动。

三、传统街坊社区公共空间老年人行为活动调查及相关统计研究

（一）实地调查

本次调研将时间分为工作日与非工作日，以研究工作日与非工作日对老年人活动的影响。同时对调研区域内的老年人在7：00～21：00间进行每半小时为一个调研时段的分时间段统计。通过调研，将老年人主要进行的活动分类，并统计各个时间段内不同空间对应活动的老年人人数。

（二）样本社区调查及分析

本次调研在4个社区共发放问卷200份，回收200份，其中无效问卷29份，有效问卷占总数的86%。

1. 三元一村

（1）社区公共空间：每种公共空间类型选择1～2个地点，调研各类公共空间中老年人的活动情况。以下是各个空间类型所对应的地点（图4～图6）。

图3 苏州市传统街坊社区公共空间类型　　　　　　　　　　图4 苏州市三元一村社区公共空间类型

图5 院落型公共空间

图6 沿社区内部交通性道路的公共空间

（2）问卷统计与分析：三元一村社区共发放问卷50份，回收50份，有效问卷42份，占总数的84%。

①样本结构统计与分析：在社区公共空间活动的老年人在60～65岁年龄段较为集中，占总数的38.1%，女性多于男性；文化水平普遍较低，经济水平也不高（表4）。

三元一村受访老年人样本结构特征　　表4

年龄结构		性别结构		文化程度		经济收入	
分类	比例	分类	比例	分类	比例	分类	比例
60岁以下	9.5%	男	42.9%	小学以下	35.7%	1000元以下	45.2%
60～65岁	38.1%	女	57.1%	初中或技校	16.7%	1000～2000元	31.0%
66～70岁	23.8%	籍贯结构		高中或中专	28.6%	2000～3000元	16.7%
71～75岁	21.5%	本地	81%	大学及以上	19%	3000元以上	7.1%
76岁以上	7.1%	外来	19%				

②同住人口统计与分析：社区内老年人与儿女同住和老年人与老伴、儿女及孙辈同住的比例较高，均为23.8%；其次为老年人与老伴、儿女同住，占19.1%（图7）。

③活动时间分布和活动时长统计与分析：社区内老年人出行时间分布有明显的波峰段，大部分老年人活动时间较长，3～5小时比重较大，占47.6%（图8，图9）。

④出行方式统计与分析：社区内老年人出行方式多以步行为主，占受访总人数的90%，自行车或电瓶车出行占8%（图10）。

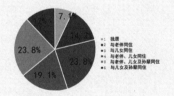

图7 三元一村受访老年人同住人口情况

1 独居
2 与老伴同住
3 与儿女同住
4 与老伴、儿女同住
5 与老伴、儿女及孙辈同住
6 与儿女及孙辈同住

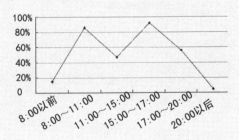

图8 三元一村受访老年人出行活动时间分布

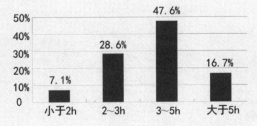

图9 三元一村受访老年人出行活动时长

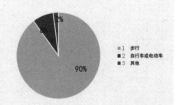

图10 三元一村受访老年人出行方式

1 步行
2 自行车或电动车
3 其他

竞赛评委点评

　　该论文基于积极老龄化理念，以苏州传统街坊社区公共空间为案例类型，通过深入系统的现场调研，提出了相应的适老化设计原则和策略。这一选题契合中国人口老龄化所面临的现实问题，表现了作者对社会需求的高度敏感。作者深入细致的科学调研过程和方法令人印象深刻，其分析总结所得出的调研成果令人信服，并具有普遍的方法意义。略显不足的是，本文针对社区公共空间适老化的具体策略和举措较少政策层面的思考，提出的设计方法也略显笼统，使读者有一种意犹未尽的感受。

韩冬青
（东南大学建筑学院，院长，博导，教授）

⑤主要活动内容统计与分析：社区内老年人活动主要以散步、闲坐、棋牌活动为主，分别占88.1%、64.3%、47.6%。其中，受季节影响，夏季老年人室内活动较多（图11）。

⑥主要活动场所统计与分析：社区内老年人活动的主要场所有体育健身场所、社区绿化场所、阅览室、棋牌室等。社区内有休闲广场，老年人在其中开展扇舞、剑舞等公共活动（图12）。

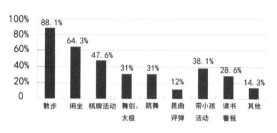

图11 三元一村受访老年人活动内容

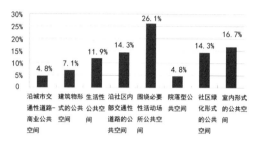

图12 三元一村受访老年人对活动场所的选择

2. 三元二村

（1）社区公共空间：每种公共空间类型选择1～2个地点，调研各类公共空间中老年人的活动情况。以下是各个空间类型所对应的地点（图13～图15）。

图13 苏州市三元二村社区公共空间类型

图14 生活性公共空间

图15 社区绿化形式的公共空间

（2）问卷统计与分析：三元二村社区共发放问卷50份，回收50份，有效问卷43份，占总数86%。

①样本结构统计与分析：老年人在60～65岁年龄段较为集中，占总数的32.6%，女性多于男性；文化水平普遍较低，苏州本地居民较多（表5）。

三元二村受访老年人样本结构特征

表5

年龄结构		性别结构		文化程度		经济收入	
分类	比例	分类	比例	分类	比例	分类	比例
60岁以下	9.3%	男	41.9%	小学以下	34.9%	1000元以下	46.5%
60～65岁	32.6%	女	58.1%	初中或技校	27.9%	1000～2000元	23.3%
66～70岁	23.3%	籍贯结构		高中或中专	23.3%	2000～3000元	20.9%
71～75岁	27.9%	本地	83.7%	大学及以上	13.9%	3000元以上	9.3%
76岁以上	6.9%	外来	16.3%				

②同住人口统计与分析：老年人与儿女同住的比例最高，为27.9%；其次为老年人与老伴、儿女同住，占18.6%（图16）。

③活动时间分布和活动时长统计与分析：老年人出行时间分布呈现规律性。大部分老年人活动时间较长，3～5小时比重较大，占48.8%（图17，图18）。

④出行方式统计与分析：社区内老年人出行方式多以步行为主，占受访总人数的93%，自行车或电瓶车出行占5%（图19）。

⑤主要活动内容统计与分析：社区内老年人活动主要以散步、闲坐、棋牌活动为主，分别占93%、69.7%、39.5%（图20）。

⑥主要活动场所统计与分析：社区内老年人活动的主要场所空间是围绕必要性活动场所的公共空间，包括健身广场、休闲广场等，老年人在其中开展户外活动（图21）。

图16　三元二村受访老年人同住人口情况

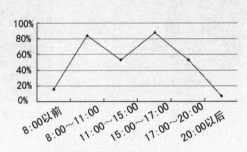

图17　三元二村受访老年人出行活动时间分布

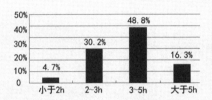

图18　三元二村受访老年人出行活动时长

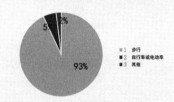

图19　三元二村受访老年人出行方式

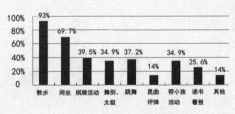

图20　三元二村受访老年人活动内容

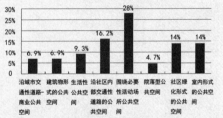

图21　三元二村受访老年人对活动场所的选择

3. 三元三村

（1）社区公共空间：每种公共空间类型选择1～2个地点，调研各类公共空间中老年人的活动情况。以下是各个空间类型所对应的地点（图22～图24）

（2）问卷统计与分析：三元三村社区共发放问卷50份，回收50份，有效问卷44份，占总数的88%。

①样本结构统计与分析：老年人在66～70岁年龄段较为集中，占总人数的30.9%；老年女性多于男性，苏州本地居民所占比重大，同时文化水平普遍较低（表6）。

②同住人口统计与分析：社区内老年人和儿女同住的比例最高为23.8%；其次为老年人与老伴、儿女同住和老年人与老伴、儿女及孙辈同住，均占19%（图25）。

③活动时间分布和活动时长统计与分析：通过数据分析，社区内老年人出行时间主要分布于8：00～11：00和15：00～17：00。大部分老年人活动时间较长，3～5小时比重较大，占50%（图26，图27）。

作者心得

"双鬓尽从容"下的社区可持续发展研究

作为一名规划学生，在竞赛题目上的选择是第二大类"建筑／规划设计作品或现象评析"。由于我们小组组队并着手工作已是5月下旬，时间上比较紧张，所以必须要在最短的时间内选定一个合适的研究方向，正值这段时间我在申报江苏省高等学校大学生创新创业训练计划项目，故而在小组讨论中成员们一致决定延续研究方向即老龄化社会下的社区公共空间优化研究。

以"积极老龄化"为切入点，关注传统街坊社区内的生活形态、物质空间保护与经济发展三者的协调发展，以实现社区的可持续发展。苏州市作为江苏省现代化进程较快的城市之一，其对老龄化的关注并不缺乏，但在传统街坊社区的公共空间研究较少。本次研究打破以往只关注社区的生活形态的一元状态，通过实地现场调查的一手数据，对老年人的活动及开展活动的公共空间进行分析归纳，带着对社区公共空间的重新认识，我们又与杨新海老师进行了交流，杨老师肯定了我们的思路并对我们社区公共空间分类进行指导。至此，整个研究的框架结构已经成型，随后对影响老年人活动的因子进行分类研究，并针对性地对社区公共空间进行优化。期望我们在传统社区中对适老化的尝试能够在其他传统社区中起到同样的积极作用。

9月20号，我提交了论文。在这近4个月的时间里，在查找文献、搜集资料、实地调研、小组讨论、学术交流到论文的撰写等多个方面，小组成员们都有了很大的提高。而每次的调研与小组间的交流，更是锻炼了我们的应变能力，并且提高了我们的专业素养。导师杨新海老师的针对性指导更是让我们加深对于社区公共空间的理解。最后，衷心感谢于百忙之中评阅论文的各位老师专家、教授！

感谢苏州科技大学（原苏州科技学院）杨新海老师给予我们的指导！感谢所有支持和帮助过我们的老师和同学们以及配合我们调研的老人们！

黄蓉

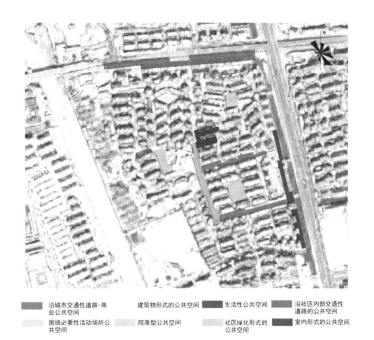

图 23 室内形式的公共空间

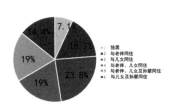

图 22 苏州市三元三村社区公共空间类型

图例：
沿城市交通性道路-商业公共空间　建筑物形式的公共空间　生活性公共空间　沿社区内部交通性道路的公共空间
围绕必要性活动场所公共空间　院落型公共空间　社区绿化形式的公共空间　室内形式的公共空间

图 24 沿城市交通性道路，商业公共空间

三元三村受访老年人样本结构特征							表6
年龄结构		性别结构		文化程度		经济收入	
分类	比例	分类	比例	分类	比例	分类	比例
60 岁以下	12%	男	45.2%	小学以下	33.3%	1000 元以下	47.6%
60 ~ 65 岁	28.5%	女	54.8%	初中或技校	28.6%	1000 ~ 2000 元	26.2%
66 ~ 70 岁	30.9%	籍贯结构		高中或中专	26.2%	2000 ~ 3000 元	14.3%
71 ~ 75 岁	23.8%	本地	85.7%	大学及以上	11.9%	3000 元以上	11.9%
76 岁以上	4.6%	外来	14.3%				

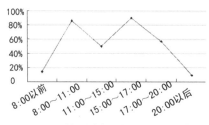

图 25 三元三村受访老年人同住人口情况　　图 26 三元三村受访老年人出行活动时间分布

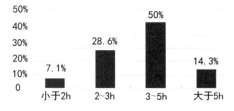

图 27 三元三村受访老年人出行活动时长

④出行方式统计与分析：社区内老年人出行方式多以步行为主，占受访总人数的93%，自行车或电瓶车出行占5%（图28）。

⑤主要活动内容统计与分析：社区内老年人活动主要以散步、闲坐、棋牌活动为主，分别占90.5%、64.3%、42.9%。其中，受同住结构的影响，带小孩活动的比重也较大，占40.4%（图29）。

⑥主要活动场所统计与分析：通过数据分析，社区内老年人的活动场所主要是围绕必要性活动场所的公共空间和沿社区内部交通性道路的公共空间，分别占28.6%和19.2%（图30）。

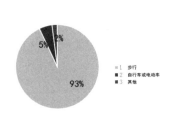

图 28 三元三村受访老年人出行方式

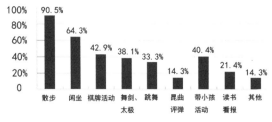

图 29 三元三村受访老年人活动内容

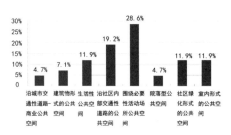

图 30 三元三村受访老年人对活动场所的选择

图例：沿城市交通性道路-商业公共空间　建筑物形式的公共空间　生活性公共空间　沿社区内部交通性道路的公共空间　围绕必要性活动场所公共空间　院落型公共空间　社区绿化形式的公共空间　室内形式的公共空间

图 31　苏州市三元四村社区公共空间类型

图 33　建筑物形式的公共空间

4．三元四村

（1）社区公共空间：每种公共空间类型选择 1 ～ 2 个地点，调研各类公共空间中老年人的活动情况。以下是各个空间类型所对应的地点（图 31 ～ 图 33）。

（2）问卷统计与分析：三元三村社区共发放问卷 50 份，回收 50 份，有效问卷 42 份，占总数的 84%。

①样本结构统计与分析：在社区公共空间活动的老年人在 66 ～ 70 岁年龄段较为集中，占总数的 34.1%；老年女性多于男性，苏州本地居民占大比重（表 7）。

三元四村受访老年人样本结构特征							表 7
年龄结构		性别结构		文化程度		经济收入	
分类	比例	分类	比例	分类	比例	分类	比例
60 岁以下	11.4%	男	45.5%	小学以下	36.4%	1000 元以下	45.5%
60 ～ 65 岁	27.3%	女	54.5%	初中或技校	29.5%	1000 ～ 2000 元	31.8%
66 ～ 70 岁	34.1%	籍贯结构		高中或中专	25%	2000 ～ 3000 元	13.6%
71 ～ 75 岁	22.7%	本地	90.9%	大学及以上	9.1%	3000 元以上	9.1%
76 岁以上	4.5%	外来	9.1%				

②同住人口统计与分析：社区内老年人和儿女同住的比例较高为 22.7%；其次为与老伴、儿女同住和与老伴、儿女及孙辈同住，均占 20.5%（图 34）。

③活动时间分布和活动时长统计与分析：社区内老年人出行活动的波峰段在 8:00 ～ 11:00 和 15:00 ～ 17:00。大部分老年人活动时间较长，3 ～ 5 小时比重较大，占 50%（图 35，图 36）。

图 34　三元四村受访老年人同住人口情况

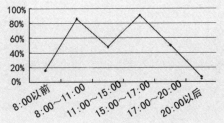

图 35　三元四村受访老年人出行活动时间分布

④出行方式统计与分析：社区内老年人出行方式多以步行为主，占受访总人数的91%，自行车或电瓶车出行占7%（图37）。

⑤主要活动内容统计与分析：社区内老年人活动主要以散步、闲坐、带小孩活动为主，分别占90.1%、65.9%、50%。其中，舞剑、太极活动和舞蹈活动的比重均为31.8%（图38）。

⑥主要活动场所统计与分析：社区内老年人活动的主要场所是围绕必要性活动场所的公共空间，比重为27.3%；其次是沿社区内部交通性道路的公共空间和社区绿化形式的公共空间，比重均为18.2%（图39）。

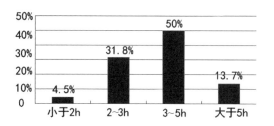

图36　三元四村受访老年人出行活动时长

图37　三元四村受访老年人出行方式

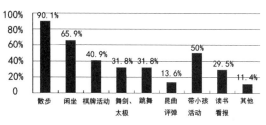

图38　三元四村受访老年人活动内容

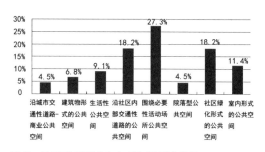

图39　三元四村受访老年人对活动场所的选择

（三）公共空间影响因子统计研究

通过数据分析，将影响因子分为两大类：个人因素和外界因素。其中，个人因素包括生理因素、生活条件、文化及地方习俗等；外界因素包括安全条件、气候条件、环境品质等。在不同空间类型中，各个因子的影响力不同。

1. 个人因素

（1）生理因素：通过数据分析得出，老年女性和老年男性在社区公共空间活动的平均时长分别为3.8h和3.4h，同时低龄老人活动的范围较大且时间较长，而高龄老人的活动则大多集中在散步和闲坐上。

（2）生活条件：通过数据分析得出，老年人同住结构及家庭生活同样影响着老年人参与社区公共活动。其中最为明显的是，与孙辈一起生活的老人其外出活动的频率远大于独居老人。

（3）文化及地方习俗：通过数据分析得出，文化程度较低的老年人对公共空间的需求较少，文化程度较高的老年人对公共空间的需求较多，并且追求内容的丰富性与文化性。而受地方习俗不同，老年人的活动方式也有所区别。

2. 外界因素

（1）安全条件：通过数据分析得出，在安全需求上，超过半数的受访者希望能够完善医疗卫生系统，增设无障碍设施和对车辆进行限速。这表明安全条件直接影响老年人外出进行公共活动。

（2）气候条件：通过数据分析得出，气候的变化直接影响老年人在公共空间活动时间的长短。夏、冬两季，老年人更偏向于开展室内活动，而在春、秋两季，老年人公共活动的参与度以及活动时间较夏、冬两季有明显的增长。

（3）环境品质：通过数据分析得出，在社区公共环境上，受访者对现状环境卫生提出改进要求，希望能够完善环卫和增加绿地。社区公共环境的品质对老年人外出活动影响巨大，是外界条件中重要的影响因子。

3. 影响因子分析

通过对8种社区公共空间类型进行分析，将其归纳为3大类：开放型公共空间、半开放型公共空间和封闭性公共空间。

（1）①、④、⑦为开放型公共空间：对于开放型公共空间，因其较高的交通可达性，导致人流、车流量大。在此类空间中，老年人生理因素的影响力较大。

（2）②、③、⑤为半开放型公共空间：空间具有一定的私密性，相对突出的问题在于活动多样性的需求和环境品质的需求，公共设施及绿地景观是影响老年人聚集的因子。

（3）⑥、⑧为封闭型公共空间：老年人在此类空间活动的频率易受天气影响，活动内容多为读书、看报，因此增设文化类设施可吸引老年人聚集（图40）。

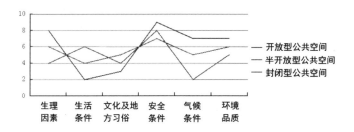

图40 公共空间影响因子分析

(四）公共空间活动统计与研究

1. 老年人在公共空间活动的主要形式

通过分析数据，得出老年人在社区公共空间中的活动形式可分为两大类：（1）必要性活动，如购物、买菜等；（2）休闲性活动。休闲性活动又可细分为三种类型：①闲适型，包括散步、闲坐等；②体育健身型，包括舞剑、跳舞等；③文化型，包括读书、看报等。

通过分析数据，得出必要性活动所占比重较大，达到89%；闲适型活动的比重略有下降，为87%；而文化型活动的比重只有38%，说明老年人活动的质量有待提升（图41）。

2. 老年人在公共空间活动的主要特点

（1）活动质量整体偏低：通过分析数据，得出老年人活动的类型较为单调，占较大比例的活动是散步、闲坐和聊天，而在健体益智和陶冶情操等方面还十分欠缺（图42）。

（2）活动时间长、范围小：通过分析数据，得出活动时间分布有明显的波峰时间段：8:00～11:00和15:00～17:00。63%以上的老年人每天活动时间达3小时，其中近15%的老年人达到5小时以上。活动时间长反映了老年人渴望交流的心理（图43）。

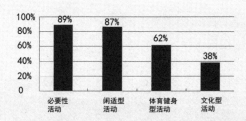

图41 老年人各种活动形式比例示意图

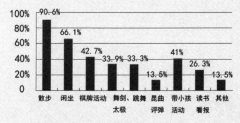

图42 样本社区老年人活动内容统计

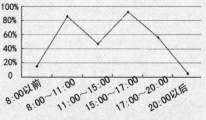

图43 老年人在社区公共空间中的活动时间分布

四、基于"积极老龄化"理念的相关设计策略

（一）优化设计原则

优化设计应从影响公共空间适老化的因子出发，结合老年人公共活动的特点，在"积极老龄化"理念的指导下，解决传统街坊社区存在的问题，努力营造一个良好的社区生活氛围，实现社区的可持续发展。此外优化设计还应与苏州气候特征相适应，充分考虑老年人活动的特点，在公共空间的功能和布局上，系统而有层次地进行优化更新，从而满足不同老年人的活动需求。

1. 可持续发展原则

对社区公共空间进行优化设计目的是为了实现社区的可持续发展。首先是以最少的资源、最经济的手段对社区公共空间适老化进行可持续化改造，如雨水的循环利用、中水利用等。其次是对社区文脉的传承，在保留传统街坊社区公共空间特征的基础上，适度调整社区的结构，加强老年人的归属感。

2．与气候、环境特征相适应

社区公共空间的优化设计需要与当地的气候、环境特征相适应。苏州属亚热带季风气候，四季分明，雨量充沛。因此在对社区公共空间进行适老化优化时应考虑苏州的气候特点，夏季应考虑遮阳、防雨，冬季应考虑如何获得较长日照。在绿化配植上，应选择适宜当地环境的植物，灌木和乔木合理搭配。优化设计应着重考虑老年人的使用需求，多选用与老年人健康相适应的绿化植物，达到炎热时可提供树荫，闲坐时又有景可赏，丰富绿化形式的公共空间设计。

3．与地域文化相适应

每一地域都有其独特的地域文化。在苏州，传统街坊社区大多位于古城区内，且苏州本地居民在此类社区中占大比重，其生活风貌同样是苏州地域文化的一种表现形式。对于容易怀旧的老年人而言，社区公共活动若能结合"轧神仙"等传统活动开展，将极大地增加老年人参与公共活动的积极性。因此社区公共空间的优化设计应在传承地域文化的基础上展现出独特的地域个性，同时与地域文化相适应的优化设计将唤醒老年人对于传统生活的记忆和体验，有利于丰富老年人在社区的文化生活，拉近邻里关系。

4．与老年人的活动内容相适应

对于不同的老年人，其活动内容也存在差异，因此社区公共空间应为老年人个体或群体提供相适宜的活动空间。如私密型空间可用绿篱围合，环境较为安静，老年人可以在此闲坐、休憩；开放型公共空间如广场等，能够方便老年人在此开展群体性活动，如舞剑、跳舞等。在保证老年人日常户外活动安全性的前提下，尊重老年人活动的意愿，考虑老年人活动的主要内容，完善相应的配套设施，提升社区公共空间的品质。

5．与老年人活动需求相适应

不同性别、年龄、身体状况和文化水平的老年人其活动需求不同。为更好地提高社区公共空间的使用率，社区公共空间优化设计应与老年人活动需求相适应，根据老年人适宜的步行距离和活动需求对社区公共空间进行分级优化设计。不同活动需求的老年人可自行选择相应的活动场地，同时在条件允许下丰富场地的功能以更好地满足老年人的活动需求。

（二）优化设计策略

1．道路系统优化

通过分析，在开放型公共空间中，由于其交通可达性高，使得空间内人车混行。而传统社区受历史因素等方面的制约，应在最大程度保留生活风貌的基础上，在以下方面进行优化：

（1）对机动车实行限速且单边停车，在车流、人流较密集的区域禁止停车。

（2）在保证老年人能安全、便利地穿行道路的前提下，适度地增加道路边休憩空间以增加道路的活力。而传统街坊社区由于道路空间较为狭窄，不宜通过减少车道来增加两边的步行空间，可以通过步行道的改造或释放部分沿路的停车位空间来改善。

（3）对地面铺砌进行分类处理，留出步行道并加强步行空间的领域感。其中，步行道的铺砌采用防滑材料，以减小意外突发状况发生的概率。

2．环境优化

通过分析，在开放型公共空间及半开放型公共空间中，环境品质的影响较大。从绿色、环保的角度，系统地改善传统街坊社区的环境。合理规划并适度增加社区的绿化空间，为老年人提供多层次的公共空间－私密空间。同时通过处理好社区清理、垃圾回收等环保工作，以保证社区面貌的整洁，为老年人打造一个宜人的社区公共环境，具体优化措施有：

（1）合理配置景观要素，将块状绿地串成系统网络结构，降低植被、昆虫等对老年人的不利影响。

（2）考虑到部分老年人渴望种植的心理，社区居委会可以出台相应的管理政策，允许老年人在局部区域内种植规定性作物以提高社区环境的多样性与灵活性。

（3）积极成立老年人环卫分队，定期开展环境主题讲座，最大程度发挥老年人的余热。

3．相关配套设施优化

（1）完善社区老年医疗保健机构[④]：为方便老年人就医和康复保健，在社区内完善卫生站、保健站等设施，缓解老年人看病难、就医难的压力。

（2）完善社区老年人活动中心：通过分析，夏、冬两季老年人在室内形式的公共空间内活动的频率较高，故而在原有老年人活动中心的基础上，结合地域特色和老年人活动的特点，开展适宜老年人活动的项目，如开办老年大学，增设阅览室、评弹室等，提高老年人活动的质量，丰富老年人的精神生活。

（3）完善公共小品设施：社区内的公共小品可以帮助居民在社区内开展公共活动，老年人由于其生理条件的特殊性，普通的小品设施无法较好地满足老年人的使用需求，因此需要对小品设施进行针对性的优化设计。

①休憩类小品：结合老年人的活动范围，在生活性公共空间、沿社区内部交通性道路的公共空间、围绕必要性活动场所的公共空间等空间内进行配套设置与完善，以方便老年人出行和休憩。具体布置可结合绿化景观进行设计。

②信息类小品：老年人对指示牌、信息公告牌等小品的依赖度相对较高，故而在对其进行优化设计时需要考虑老年人群的需求，采

用适宜的尺度，并在条件允许下通过色彩对比、声光强化等手段以方便老年人的阅读。

③运动娱乐类小品：老年人使用此类小品的频率较高，故而在对其进行优化设计时应首先考虑使用的安全性，其次设计应符合老年人的尺度、生理条件、运动强度等，多采用柔软防滑的材料以降低意外突发状况发生的概率。在空间布置上，结合其他小品设施设置，以提供老年人更多的活动选择。

（4）增设无障碍设计：通过分析各层次社区公共空间的功能，考虑到老年人意外突发状况的发生，应增设无障碍设计。目前，我国已逐渐开始对社区公共空间进行无障碍设计，但仍有不足。结合实际，无障碍设计应包括地面防滑、休息设施适老化、标识物醒目、绿化增加等与老年人活动息息相关的多个方面。

五、结语与再思考

本次研究是基于形势日益严峻的老龄化问题，在"积极老龄化"理念的指导下，聚焦于老龄化问题尤为突出、空间形式较为典型的苏州传统街坊社区。通过对样本社区公共空间现状以及其中老年人的活动现状及需求进行调研，深入处理并分析调研所得数据，结合"积极老龄化"理念得出一系列优化策略，以期为政府及相关部门在对此类社区公共空间适老化优化时提供建议，最终实现社区的可持续发展。

我国老龄化问题形势严峻，同时在老龄化方面上的研究起步较晚，可以借鉴国外成功经验，但如何结合我国国情对老龄化问题进行针对性解决是一个值得不断思考的过程。值得注意的是，本次研究所调研的社区并不能代表中国目前所有社区的现状，为切实实现社区的可持续发展，还需要当地政府积极引导群众养成"积极老龄化"的意识，自下而上地缓解社区人口老龄化问题，最终实现社会的可持续发展。

注释：

①中华人民共和国.2010年第六次全国人口普查主要数据公报：第1号[R].2011-04-28.
②潘磊.积极老龄化策略研究[D].济南：山东师范大学,2006:11-12.
③于文波.城市社区规划理论与方法研究[D].浙江大学,2005:74-75.
④郑建娟.我国社区养老的现状和发展思路[J].商业研究,2005（12）.

参考文献：

[1] 王江萍.老年人居住外环境规划与设计[M].北京：中国电力出版社,2009:34.
[2] 伍学进.城市社区公共空间宜居性研究[D].华中师范大学,2010.
[3] 张恺悌,郭平.中国人口老龄化与老年人状况蓝皮书[M].北京：中国社会出版社,2010:68.
[4] 周燕珉.中国城市养老设施调研及设计建议[J].住宅科技,2003(11).

图片来源：

所有图表均为作者自绘或自摄。

王诣扬
（淡江大学建筑系　本科五年级）

生态城市：从基础建设到城市生活

Ecology City: From Infrastructure to City Lives

■摘要：对于过去城市发展造成的污染问题，借由土地使用分区的回馈机制，检讨都市土地的利用，以生态的方法处理污染，成为新型态的基础建设，并结合城市里的休闲活动，以再计划的方式结合开发，打造镶嵌在城市中的生态与休闲的复合区。
■关键词：城市设计　环境治理　基础建设　再计划　生态设计

Abstract: Deal with pollution problem caused by urban development in modern city, by review urban land use and how land use zoning and feedback system were operated. To deal with pollution with ecological engineering methods, and therefore become a new type of infrastructure. Create an ecology and leisure complex area which was embed in the city, by using re-program and urban development plan to combine with the city's leisure activities.
Key words: City Design; Environmental Improvement; Infrastructure; Reprogram; Ecological Design

一、前言

（一）南崁——边缘城市

1. 台北都会区的延伸

南崁市，现为芦竹区（图1）。位于桃园市的东北部的一个区，邻近台北都会区。借着邻近的中山高速公路可以快速地到达台北市中心（车程在一小时以内），而随着台北市区的房价持续上升，距离较远的南崁则利用其相对较低的房价快速发展，大量的新式小区如雨后春笋般出现。居住在此的居民，多数在台北工作和消费，而南崁则是作为下班后生活和居住的地方。

2. 住商混合的生活模式转变

自1990年以来，南崁的商业房地产不断发展，建商主导的开发模式配合政府的土地使用变更和新街道的规划，在南崁形成以高楼层的小区式住宅为主的景象（图2），同时这些小区大楼也改变了台湾传统的消费模式，过去沿街低楼层的商业转变成大楼的公共设施，居民的生活不在依靠沿街的商业设施，而是转移到大楼底下的"共有"空间之中。

图1 芦竹区卫星图

图2 南崁的居住模式与商业分布

3. 高密度、快速发展的卧房城市

而当住宅大楼一栋栋沿着道路兴建，南崁的居住人口快速增加，土地的使用缺乏适当的规划和管理，旧有的公共服务赶不上人口增长，或是不符合当代使用模式，而资源的错置则导致部分空间的使用率低下。

（二）在台湾的购物中心与大型商业空间

1. 战后大量出现的百货公司

(1) 1960s

随着战后台湾经济的发展，台湾的各个大城市开始出现许多百货公司，这些百货公司集中在人口密集的城市商业区，如台北当时的主要商圈——西门町。这些百货公司借由引进舶来品，使用新式设备例如电扶梯，来创造与周边一般商店的差异性。

(2) 1970s

随着东区的开发，百货公司的位置开始延伸到长安东路、林森北路等地。远东集团便是在此时成立，而这时大多数的百货公司依然是单店营运。

(3) 1980s

由于百货公司的数量大大增加，在供给过剩的情况下，除了以服务质量为主打的百货公司外，各家百货公司开始打起价格战，这导致许多百货公司经营困难，而直到1984年借由百货公司的协调与整合，才结束这样的局面，而多店营运的百货公司集团也趁势崛起。

(4) 现今

现今台湾的百货公司以多店营运的百货公司集团为主，远东、新光、SOGO，三集团加总的店数便占了百货公司总数的一半。营运朝向连锁化、差异化、集中都会区、与外商合作等方向发展。

2. 百货公司与徒步区

(1) 都市新都心

台北市政府将信义区作为未来副都市中心，结合金融、商务与百货等功能开发，历时三十余年而有今日的样貌。

(2) 大街廓

有别于开发较早的其他区域，整个信义计划区采用的是完整的超大街廓设计，搭配数条林荫大道，并预先留设了大量的开放空间，并在大街廓中，划定数条人行徒步区，穿插在计划区中，并借由后来设立的人行天桥系统，连接区域内的商业办公大楼和百货公司。

(3) 观光与活动

现今的信义计划区，百货公司的密度为全台湾最高，从一般的百货公司到宝丽广场，加上近年来进驻的外商百货公司，百货公司的客户群范围广泛。而步行区则借着街头艺人的进驻表演，吸引许多观光客，这些步行道上多样的活动，塑造了信义计划区的形象，使其成为一个独特的步行商业区。

(4) 大众运输

在交通部分以两条捷运线为主，汽车的容纳则靠着大量的收费地下停车场消化。区域内的交通，以人行天桥有效地分离人车，但是地面步行道依然是交通的主干。

3. 工商综合区——美式购物中心

(1) 生活圈

在导入了生活圈的概念后，考虑都市发展的需要，根据人口规模与中心都市特质及交通统计等，在都市的边缘交通便捷的区域，规划设置，并设定了总量的管制，并包含"批发量贩"与"购物中心"的商业使用，以大型的商业空间来健全城市的发展。

(2) 土地使用

由于这些大型的购物中心需要大量且完整的土地，而台湾的都市土地所有权复杂整合困难，同时高额的地价也难以吸引投资，因此选定部分城市边缘的工业土地，而得以改变土地的使用为工商业综合区，而能有足够面积的土地来建造购物中心。

(3) 汽车交通

这些工商综合区有量贩店和购物中心两种经营模式，大多依靠汽车来支持，占地面积广大，拥有大量的停车位是其共同的特征。

二、议题

（一）从工业区到工商综合区

1. 土地使用变更的利益

根据南崁新市镇的都市计划，工业区的容积率为210%，商业区则为350%，而都市计划工商综合专用区审议规范中工商综合区的批发量贩、购物中心类，容积率最高则可达到300%。

再看实际上，工业使用的单价更是远低于商业使用。综合来看，借由将原本是工业区的土地转变为工商综合区，而进行商业使用后，从中可以使得土地的价值大幅提升。

2. 回馈机制的落实

看到工商综合区的容积计算表，其中以基准的240%容积率来看，需要划定21%的生态绿地作为回馈，同时容积率的上升，必要服务设施的面积也应随之增加，比例为每增加10%的容积需要增加2%的必要服务设施。

然而这样以土地分区为基准的回馈机制，缺乏的是从都市角度来看的总体考虑，一方面没有考虑到都市中现有基础设施能否负荷，同时也忽略了都市居民的实际需求，因此我们看到的是购物中心开幕后造成了市区道路的拥堵，而提供的绿地也鲜有人去使用。

（二）都市发展下的水域污染与水患

1. 南崁工业区的发展和没落

1970年代，随着台湾经济的持续发展，中山高速公路与桃园中正国际机场陆续通车启用，桃园市更因桃园国际机场的启用，不仅促进外商投资、进出口转运、观光等事业的蓬勃发展，同时也带动了工业区的需求。政府更依"奖励投资条例"结合重要交通建设开发大量的工业区，形成大型工业区沿中山高速公路分布。而芦竹区作为距离台北县、市最近的区域，也出现了一个主要的南崁工业区。

1980年代，工业用地的开发逐渐减少。

1990年代，随着台湾的产业持续走向高科技工业与服务业，旧有的工业区发展停滞。

2000年代，台湾的房地产热潮持续扩散，邻近台北县市的南崁成为通勤族以时间换取空间的选择，大量的住宅建设则出现在旧市中心的外围。

而在1999年，南崁工业区邻近市中心的部分区域，土地使用变更为工商综合区，新开设的台茂购物中心成为南崁最大的商业空间。

2012年，南崁路上，台茂购物中心的斜对面，跨国连锁大型量贩店——好市多开业，位置就在都市计划中的工业用地上。

过去工业区代表的生产文化转变成今天的消费文化，工业土地变成购物中心与量贩店，然而过去的工业造成的污染并没有因此而消失。在地景转变的同时，工业区造成污染印象的慢慢消失了，造成的污染却依然留存在土地与河川里（图3~图5）。

2. 现代人的高尚运动：高尔夫

台湾在1950年以来的经济持续快速成长，外籍商务和观光人士来台人数亦与日俱增，中产阶级兴起，开始追求符合其身份的运动，

图3 南崁溪现况照片

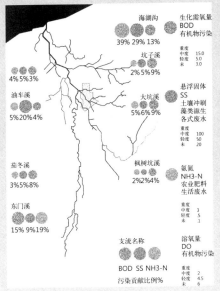

海湖沟　　　生化需氧量
　　　　　　BOD
39% 29% 13%　有机物污染
　　　　　　重度　15.0
　　　　　　中度　5.0
坑子溪　　　轻度　3.0
2% 5% 9%　 未

4% 5% 3%

　　　　　　悬浮固体
油车溪　　　SS
　　　大坑溪　土壤冲刷
5% 20% 4%　藻类滋生
　　　5% 6% 9%　各式废水
　　　　　　重度　100
　　　　　　中度　50
茄冬溪　　　轻度　20
3% 5% 8%　 未

　　　枫树坑溪　氨氮
东门溪　2% 2% 4%　NH3-N
15% 9% 19%　农业肥料
　　　　　　生活废水
　　　　　　重度　5
　　　　　　中度　3
　　　　　　轻度　1
　　　　　　未

支流名称　　溶氧量
　　　　　　DO
　　　　　　有机物污染

BOD SS NH3-N
　　　　　　重度　2
污染贡献比例%　中度　4.5
　　　　　　未　6

图4　南崁溪流域的污染指数

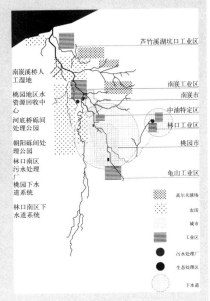

　　　　　　　　芦竹溪湖坑口工业区
南崁溪桥人
工湿地　　　　　　南崁工业区
桃园地区水　　　　南崁市
资源回收中　　　　中油特定区
心
河底砾桥间　　　　林口工业区
处理公园　　　　　桃园市
朝阳砾间处
理公园　　　　　　龟山工业区
林口南区
污水处理
厂
桃园下水
道系统　　　　　高尔夫球场

　　　　　　　　农田
林口南区下
水道系统　　　　　城市

　　　　　　　　工业区

　　　　　　　　污水处理厂

　　　　　　　　生态处理区

　　　　　　　　下水道

图5　南崁溪流域的污染与治理

特邀评委点评

　　文章以"边缘城市——南崁市"的区域功能转化、城市水域污染与水患以及城市新生活需求为出发点，以新型业态下的基础设施建设为实体，通过问题的提出，以及相应的解决策略实践，形成相应的城市更新提案，这是一个较好的学生学习实践尝试，思路相对清晰。建议：将原有提案再与既有城市基础设施现状、基础设施管控与实施标准、城市综合需求及对应的使用模式进一步对接，深化现有研究内容与提案的可行性与科学性。

宋晔皓

（清华大学建筑学院，博导，教授）

都带动了高尔夫运动快速成长，至今国内已拥有大约六十座高尔夫球场。这些给社会中上阶层运动的球场，因为需要大量的土地，同时希望能有清幽的环境，许多都位于台北都会区边缘的山坡地上，沿着河谷较为平缓的区域而展开。

　　而在南崁市区东边的五酒桶山上就有着统帅、台北、第一，共三座高尔夫球场；若往北走，更有永汉、东华、幸福、美丽华、八里，共五座高尔夫球场。

　　而这些砍伐原有林地，铺满草皮的高尔夫球场，乍看下一片片自然的草地，其实却已经破坏了山林地原有的保水功能。为了要养护这些草皮需要长期持续的使用肥料，而每当大雨落在球场上，过多的雨水就夹带土壤中的肥料，往山脚下流去，最后汇入溪流之中，造成河水中营养盐的含量过多，浊度也偏高。

　　3．气候变迁的影响

　　现代城市当中，大量使用水泥、沥青等不透水的材料，并用人工排水管和下水道排水系统，来取代自然土壤的吸收，减弱了雨水的效果。

　　然而在全球的气候变化下，过去数年才重现一次的暴雨变得频繁出现，这些超过系统设计负荷的暴雨，无预警地落在城市之中，造成城市低洼地区淹水、甚至造成城市机能瘫痪（图6）。

　　　　　　　　农田

　　　　　　　　城市

　　　　　　　　工业区

　　　25年重现急剧暴雨

图6　南崁溪的水患范围预测图

以南崁为例，在 2014 年的 5 月与 8 月，曾经因为大雨造成南崁主要联外道路的中正路与南崁交流道淹水，严重影响交通，最后还是靠抽水马达，才解除重点区域的局部水淹情形。

（三）城市生活

1. 休闲城市

现代的城市人，比起以往更重视下班后的休闲活动，开始追求更好的生活型态。城市不只有工作、居住、消费，更是现代人休闲与娱乐的地方，生活模式趋于多样化，也促使城市变得更为复杂与多元。如便利商店的多元化，让便利商店变成不是购买生活杂货的地方；公共空间的多元化，则让原本只能休憩散步的小区公园，变成居民可以举办草地音乐节的地方（图 7），以往渺无人烟的水岸空间，也因为脚踏车道的置入而变成市民的休闲场所。

图 7　草地音乐节

2. 运动城市

现代人工作从劳动密集型转移到知识密集型，过去大批工人在工厂或田地里耗费体力的景象已不复见，过去运动被视为"吃饱换饿"，到了今日运动已成为生活的一部分，不仅促进健康，更充实生活的内涵。而关于运动的需求促进了各种运动设施的设立，无论是开放学校操场并建设新的运动中心，还是城市中愈来愈普遍的健身中心，甚至是现在公寓大楼底下几乎都附设的健身房，都一再印证了城市居民对于运动高居不下的需求。

而除了这些定点的设施之外，近年逐渐兴起的单车和路跑活动，更把运动从定点带到城市的各个角落。公共自行车租赁则更进一步将交通手段与运动结合，可以说现代运动城市，已经不只是提供充足运动的设施，更是让整个城市变成市民的运动场，运动自然成为生活的一部分。

三、策略

（一）回馈设施，解决污染

1. 以生态方法处理污染——人工湿地

传统意义上都市污水依靠的是钢筋混凝土建造的污水处理厂，冰冷的水泥建筑以及机械推动的水流声，成为都市里一般人都不想靠近的地方。

人工湿地是自然净化系统的一种，其目的不在于取代污水下水道系统及污水处理厂处理生活污水的功能，而是在污水下水道及污水处理厂建设完成前、污水入管前的一种控制污染恶化、减缓污染程度的措施之一（图 8）。

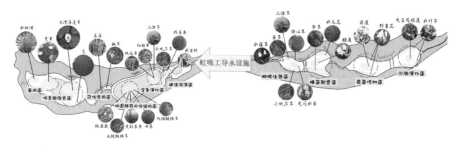

图 8　南崁溪人工湿地

人工湿地处理污水的原理，为借由湿地内的动植物，形成一个"生态反应器"，其下的机制包含了各种物理性、化学性、微生物性处理，当水被引入进人工湿地系统里，借由过滤并减缓流速而开始自然沉淀，过后经过湿地之水生植物的根系吸附作用，进一步让水中所含有的有机物与重金属被植物吸收，水中的藻类和微生物则会摄取水中的营养物。而在水体的表面，阳光中的紫外线会杀死水中的病菌。

借由人工湿地的建设，可以减少河川的污染承受量，并借由创造对生物友善的水岸环境，来拓展生物的栖地。

2. 自给自足的处理体系——有机堆肥厂

在城市里，一般的家庭没有时间与空间来处理厨余垃圾，因此借由垃圾车统一收集，并建置专门的厨余处理厂（图9），可以将这些厨余垃圾转换成具有价值的肥料，也能减少垃圾量，减轻垃圾焚化厂、掩埋场的负荷。

图9　厨余堆肥场

厨余垃圾转换成肥料的原理，是借由将厨余垃圾集中堆置，并加入微生物菌种，让微生物来分解厨余垃圾成为有机物。而正式的堆肥场除了堆置之外，更要预先将厨余垃圾挑拣并切碎以增加微生物分解的速度，并需要充分混合大型的堆肥堆，同时加入调整材来调整污泥的成分，过程中需要持续地监控温度与湿度，最后检验然后包装，才能成为市面上常见的肥料。

人工湿地的维护需要持续控制植物的生长，并定期清理污泥。这些维护上产生的有机废弃物，许多都能够借由堆肥来处理。并且这些定量的废弃物，也可以确保堆肥场稳定运作需要的原料。

3. 都市中的生态区——城市野地

传统上都市中的自然，大多为了服务市民而设置或留下，这些随处可见的公园或树林，设计当初考虑的是人如何观赏与使用，而不是野生动物如何栖息。这造成了都市中自然的诸多问题：长期受到病虫害侵扰的树木、破碎而不稳定的生物族群、依赖人类的流浪动物。

借由将部分的绿地转化为自然野地，尽可能地减少人为的干预与介入，并与水岸和现存公园的生态系统做链接，让这些地方的生物能有一个不受干扰，能栖息与繁殖的栖地，缓和人类对自然的影响。

在使用上，这些自然野地除非必要，应该不做修剪或整理，让适合当地的植物和动物自行决定野地的样貌，避免人为控制，而能呈现当地真实的自然景象。

（二）整合设施，机能提升

1. 现有运动设施的盘点

在体育署的"运动城市"政策之下，各地都建起了不少的运动中心，其中有公家营运，也有委外经营的。

在南崁，除了计划要兴建的国民运动中心之外，有乡立五福游泳池、乡立羽毛球馆，可以休闲散步的公园则有9座之多。而南崁当地总共七所中、小学，也在非上课时段提供校内的操场和运动场来供民众使用。

在私人经营的健身中心方面，则有位在台茂购物中下地下，占地超过2000坪的极限健身中心、24-11南崁运动健身俱乐部，而近十几年较新的公寓大厦底层也多附设小型健身房。

2. 整合与串联

这些不同的运动设施，大多都提供了不一样的运动方式，一个健身房里面可能只能够跑步与锻炼肌肉，而旁边的公园就只能散步或是做低强度的慢跑活动，若是想要从事球类运动则要特地跑到学校里的球场。

如果这些现有的设施能够串联，居民使用起来可以更便利。从住家旁的步道出发，可以慢跑到球场，若是找不到球友则可以到旁边的健身房，形成一个便利的运动路径；并可以借由整合停车场与服务设施，来让各运动设施的功能更为健全。

作者心得

城市设计的复杂和汇流

淡江大学一直以来大四的课程都是以 studio 的方式来进行的，本次的提案也是从学期的设计结果出发，再整理并补充成一篇较为完整的论述。其实回顾过去从大一到大四的设计方式，关于如何写出这样论述的、条理的、清楚的文字的训练似乎是较少的。建筑设计固然注重图像上的表达、实体的模型操作，然而论述相关的部分相较之下就弱了许多，这或许也和淡江大学建筑系注重评图的风气有关。

而往往设计是不会如简报或是概念图一样直接的，尤其是面对都市这样复杂的环境之中，在都市设计这样的尺度中，概念或是型态往往难以凌驾于现有的纹理和涵构的时候。像本次设计实际去接触了居民和在地的团体后，其实城市居民对于一块土地的看法，往往也是有着许多分歧的。那在这样的情况下，设计就不只是型态或概念，其实是要找到一个最为关键问题点，有一些大的策略，然后藉由细部的调整，来符合复杂城市里多样的使用方式。

例如本设计中，主要的在处理城市中溪流、大排水道、水圳这些水的污染问题，然而要处理这些问题都要藉由都市中最为缺乏的土地。所以在检讨了购物中心开发回馈给市政府的绿地，是否有效的利用；访查了居民，发现小区大楼其实已经提供了许多运动设施和绿地；因为是新兴的边缘城市所以居民对在地缺乏理解和认同。这些不同面向的理解都有了之后，然后有了藉由在检讨购物中心回馈的绿地，公园和运动场部分改变成治理污水的设施，公有土地和私有土地借由公司协商回馈，这样的一个整体的策略和架构。然后才有建筑的设计进来，基础设施和建筑或绿地的结合、复合型建筑物和景观的设计等等。

所以文字和论述就某种程度上，比起单纯的图像，是更能帮助厘清复杂问题、满足多目标的都市设计的工具吧！

王诣扬

四、提案

（一）基地概要

1. 基地范围

此设计的基地选在台湾桃园市芦竹区南崁路一段112号，现为台茂购物中心，以及河道周边的数块土地。基地位在南崁市较边缘的区域，北边紧临着南崁工业区的工厂群，东边临大坑溪、西边则接南崁的主要道路：省道四号，南边则是南崁的旧街区（图10）。

2. 都市计划土地使用分区

在现有的都市计划土地使用分区中，购物中心的土地使用分区为工商综合区，河道边有一个同样分区为工商综合区的小块土地，作为活动中心使用。而在购物中心周围则有因开发量增加而回馈的绿地。河岸边虽然划为住宅区，却多是非住宅的使用（图11）。

图10　基地位置

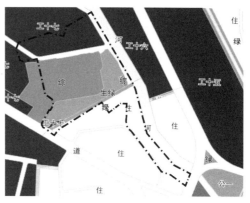

图11　都市计划土地使用分区

3. 基地上的主要建筑物

基地上最主要的现有建筑物为台茂购物中心，而台茂后面的芦竹乡活动中心亦应为台茂为了回馈土地使用变更而设，其他的主要建筑包括：一栋由政府部门建造，采取委外经营模式的芦竹乡羽毛球馆；南崁区的消防局（图12）。

主要的绿地有消防队后方的一片工业土地，现在为农业用途，以及五福桥旁的锦溪河滨公园。

特别的是，在农地的后方有一过去遗留下来的埤塘，现在并没有在使用。

（二）河域设计（图13）

图12　基地范围与现有建筑分布图

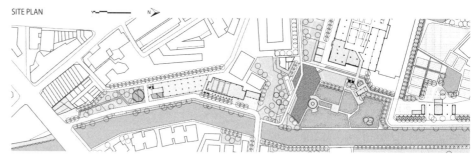

图13　总平面图

1. 节点设计

1）Sediment park

现在的锦溪河滨公园，因为毗邻县道桃三号，会作为整个区域的主要入口，设置一个入口广场，并将毗邻房屋用途改变为朝向广场的商业空间。

因为位置处在上游，河水在前方引入之后，会以重力输送的方式送到此，并配合设置逐级下沉散步道，让民众近距离观看河水引流，也利用高低差，在道路下方打开一个可通达河岸的观景平台，公园尾端则设置初级沉淀池进行处理。沉淀池则放置在地穴里，减少对公园的影响，同时又可被民众看见，以了解污水的处理过程（图14，图15）。

2）Badminton court

预期园区使用活化后，未来停车的需求将会增加。为了在不影响现有停车使用的情况下，欲增加更多运动空间，而将现存的停车场改建，变成有二层的停车场，顶层则设置两个半场篮球场和场边休息空间；并以平缓阶梯与锦溪河滨公园相连，同时也与羽球馆三楼的球场相通；以电子系统处理球场的收费和进出，让两边的使用者可以共享一个户外休息空间（图16）。

3）Compost park

原有羽球场边的违建拆除，在羽球场的入口增设运动广场与单车的出租暨器材维修站，营造从锦溪桥进入的入口开放空间。厨余与污泥的堆肥设施设置在容积转移后的住宅用地上，以下挖并覆土的方式打造一个堆肥公园。现有住宅大楼底层的小区花园，则期望能对外开放，配合新设置的堆肥公园，成为一个人行进入园区的入口。新设立的单车道，采高架方式从公园旁经过，可以在不影响现有小区的情况下，抵达入口的运动广场（图17）。

4）Wetland stroll way

在台茂购物中心后方的土地上，拆除原有的活动中心，并进行大面积的开挖，将土地的高程降低到接近现有河道的高度，在之前经过沉淀处理的河水，会依序引流到位与此区的数个人工湿地池塘里，河水会先到达芦苇完全覆盖水面的地下流人工湿地，经过表面流人工湿地，最后到达一个中间有生态岛屿的生态池，再放流至河川当中。

在湿地的中间设立了一个能俯瞰四周的生态教育中心，并有架高的步道可以观看各个池塘的状态。而在岸边的一个芦苇教室，则能收集芦苇作为工艺教学用途。原有的购物中心的一、二层楼角落，将被用来作为小区集会所和图书馆，从此处大面的玻璃窗，可以俯瞰整个湿地系统。

在购物中心侧边的公园，坡度缓缓下降并和购物中心的地下一楼联通；在地下一楼的出入口，设置跳蚤市场或农民市集（图18）。

5）City farmland

在购物中心背面的停车场处，原有的埤塘会作为湿地系统的补注蓄水池，旁边现有的农地则重新划分成数块大小相等，给市民享受农耕乐趣的都市农园，并有独立的蓄水池塘，旁边设有野餐区和小区厨房，耕作之余也可以享受蔬菜的美味。而位于此处的消防队则改建为青年旅社，利用邻近购物中心充足的生活机能，和南崁市邻近桃园机场的区位，提供给青年背包客住宿（图19）。

2．绿带系统

绿地的系统大致上定义了三种不同用途的绿地：生态、隔离、休憩。生态绿地是为了增加城市里的生态多样性，为都市中的动植物提供一个不易受到人类干扰的栖地。除了初期种植当地的原生树种之后，未来不特意照顾，以期望形成自然富生态的绿地，并能够作为水岸步道和河流的缓冲与滞洪带。

图14　RE-PROGRAM

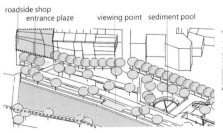

图15　Sediment park

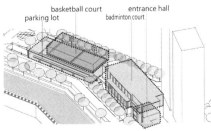

图16　Badminton court

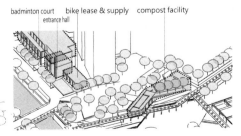

图17　Compost park

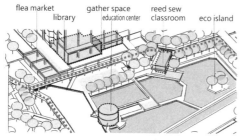

WETLAND STROLL WAY

flea market · library · gather space · education center · reed sew classroom · eco island

图 18 Wetland stroll way

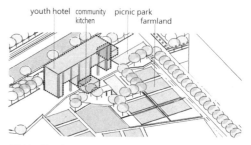

CITY FARMLAND

youth hotel · community kitchen · picnic park · farmland

图 19 City farmland

隔离绿地是为了隔绝景观难以改善或是会产生噪音、废气的区域。用绿地隔离，提供了一个较为简易且廉价手段来改善这些问题。休憩绿地是为了提供市民休闲之用。散步在公园里和步道旁，形成连续的林荫，并定期照顾修剪以确保空间的质量（图 20）。

绿带系统
Green system

child center · backyard parking lot · taimao park · weed control · cargo area · service road · wild green · buffer green · park green

图 20 绿带系统

3. 湿地系统

湿地的系统在建构上，为一个连续的水的路径，河水从上游处由重力取水引入之后，经过过滤排除垃圾与石块，然后进入两组辐流式沉淀池之中，借由利用机械设备来排除泥沙，减少后续湿地清理污泥的工作量。在河水去除多数泥沙之后，依序再引入地下流人工湿地、表面流人工湿地、生态池。最后经过水质监控，然后再排入河川之中。

在水质处理的部分，考虑到河水在去除泥沙后，水中的有机物含量依然偏高，可能会产生令人不快的异味，而采用地下流人工湿地，让污水通过在地底流动来抑制异味，补注水池中的水亦可在异味过重时汇入，以降低有机物浓度。水之后汇入两个表面流人工湿地，进一步降低水中的污染量。依靠水中所饲养的鱼类来控制病媒蚊的生长；无遮阴的湖面在太阳光先杀死病菌之后再排入生态池中。

在维护管理的部分上，河边的步道提供植物控制人员进入。收割的植物集中起来整理晒干之后，给编织教室使用，或是和沉淀池产出的污泥一样，作为堆肥系统的原料，尽可能减少对外部造成的负担（图 21）。

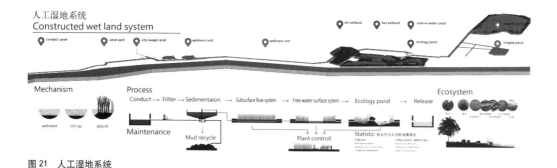

人工湿地系统
Constructed wet land system

conduct canal · canal park · city swage canal · sediment unit · sediment unit · sfs wetland · fws wetland · reserve water canal · ecology pond · irrigate pond

Mechanism — sediment · UV ray · absorb

Process — Conduct → Fillter → Sedimentaion → Subsurface flow system → Free water surface sytem → Ecology pond → Release — Ecosystem

Maintenance — Mud recycle · Plant controll · Statistic

图 21 人工湿地系统

4. 堆肥系统

在堆肥系统中，主要考虑的有三个部分：原料来源、原料运输、厂房位置。

原料来源，除了湿地系统本身维护所产生的有机废弃物和污泥之外，更包含了借由巡回垃圾车，从城市里收集来的生活厨余，以及购物中心内餐厅所产生的厨余。

原料运输，以临南崁路的厨余收集站为中心，收集大部分的厨余。并用加宽的单车道，避开居民的使用时段来作为运输的道路。而湿地系统产生的有机废弃物和污泥则就近运送到堆肥场中。

厂房位置，选择在地下流人工湿地的旁边，利用人无法接近的湿地来做隔离。厂房的上方则覆盖土壤并以自然起伏的坡度来隐藏在公园之中，只露出一个堆肥混合站上的天窗，作为公园中具教育意义的特殊景观（图 22）。

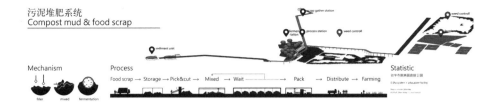

图 22　堆肥系统

（三）城市休闲设施提案

1. PROGRAM

由于大部分的建筑都采取对外较为封闭的态度，加上河滨脚踏车道的不连续，河水也不干净，所以现有活动多集中在室内和公园内部（图 23）。

在活动的时间的分布上，活动中心和运动场的人潮大多集中在上午／早上和晚上下班后的时间；妇幼馆则因为是公营机构，所以开放的时间最短，中午也不开放；游泳馆开放的时间较晚，除了在用餐时间之外，都有稳定的使用人潮；购物中心是所有设施中人潮最多的地方，并且主要分为购物和看电影两种活动，人潮则集中在下午到晚上的时间，早上开始营业到下午的人潮则较少。

整体来看，现有 PROGRAM 的问题在于，大部分的活动都偏向封闭，彼此之间的连结也较弱，之间经常被停车场或是无生气的街道所打断。

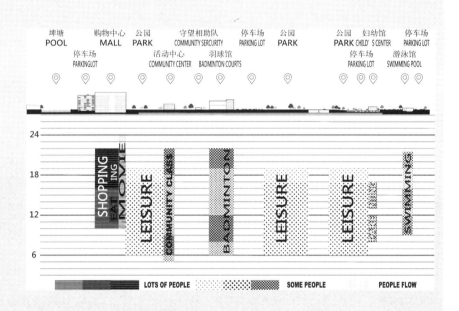

图 23　现有 PROGRAM

2. RE—PROGRAM

而整个区域里面，将原本断裂的单车道连接，并增加植栽营造成舒适的单车与散步道，作为区域之中人行交通的主干，并提供活动外溢和未来扩充的可能性（图 24）。

旧的 PROGRAM 改变，在图上以黄色指标表示。最主要的改变是购物中心旁停车场对外界面的改善，以及羽毛球馆旁停车场容量的扩充和顶层与沿街步道的设置。另外一个改变PROGRAM 的是购物中心旁的公园，借由增加运动设施和休闲步道／单车道，提供市民活动空间，而不只是一片购物中心旁索然无味的绿地。

新的 PROGRAM 置入，在图上以红色指标表示。主要集中在过去活动中心的位置，新增加的位置在人工湿地中间的教育中心，提供区域内机制运作的解说与教育功能，并用水上步道与周边的运动公园、单车出租站、羽球馆相连结，形成一个完整的步行网络；羽球馆边新设立的单车出租与用品站，则和现有的羽毛球馆，共同形成一个户外的运动广场，让打羽毛球的民众停留并和停留整补的单车骑士交流。

而购物中心内新设置的活动中心，则在购物中心封闭的外墙上打开一个对外的窗口，并以居民活动和底层的沿街商业与运动公园相呼应。

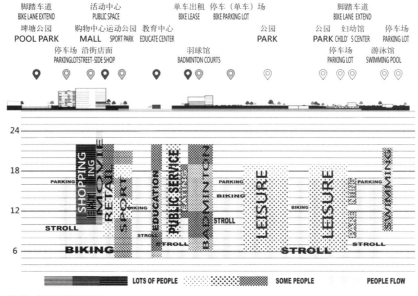

图 24 新 PROGRAM 置入

五、结论

（一）紧缩城市下的空间再利用

在现代的城市之中，人口持续增加，而都市无限制的扩张只会徒增交通运输产生的碳排放量，即使采用大众运输，建设的高额花费与带来的交通黑暗期，也不是每个城市都能够负担的。在日益密集、紧缩的城市之中，应该思考的是如何利用现有的闲置或少利用的空间，以建筑师的 RE-PROGRAM、空间重塑、小区参与等方式，借由城市本身最大的优势——高密度的人口，让用户来重新活化空间，使城市的土地可以更有效的利用，在人口密集、城市紧缩的同时，维持人的生活质量。

（二）找回都市中的自然与生态

在过去城市尚未建立时，城市的所在地可能是农田或森林这些自然富生态的自然地景，而随着城市的建立与扩张，这些自然地景渐渐消失，仅存的河流受到污染、林地的动物遭隔绝。而混凝土的大量使用，也使得城市排水困难、温度上升，让城市愈来愈难以居住。在南崁，上述的现象尤其明显，新开发的住宅大楼渐渐取代过去的农田，而在城市的边缘依然能看见逐渐消失的森林与田野。找回城市中的生态与自然，借着重新规划绿地，让动植物的生态系统得以延续；以自然的铺面取代人工的铺面，让自然降雨回归土壤；以积极的态度处理城市产生的废弃物与污染，而不破坏自然环境，城市才能够永续发展。

（三）城市资源的再分配

在今日政府财政愈加困难，城市中的问题已经不如以往可以用头痛医头、脚痛医脚的方式来处理，而是应该用一种更为全面的方式来思考，在一个设计之中解决多样问题、满足多种需求；并充分地利用过去所遗留下来的资源，无论是旧的建筑物和河道，还是过去法规的不完善等等，以此作为都市设计再规划的出发点，才能节约城市建设的巨额花费，并与现今人民所生活的城市相嵌合（图 25、图 26）。

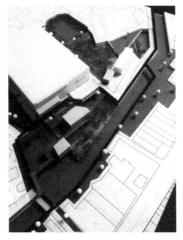

图 25 前期模型照片

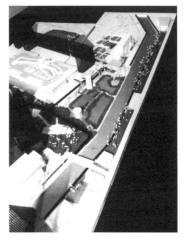

图 26 最终模型照片

名词解释：

①边缘城市：指随着消费需求和就业机会迁离传统的核心城市，而在大城市的边缘地区形成的新的且相对独立的人口经济集聚区。

②台北都会区：涵盖台北市、新北市、基隆市共三个行政区，故又被称为"北北基"。人口聚集区域以台北盆地为主，并扩及周边山区及台地。

③住商混合：是台湾地区普遍存在的居住形态，一栋建筑中的"上住下店"的混合使用，商店则是沿着街道呈线性发展，例如迪化街，是由一条街串联几个产业聚集而成的生活街区。

④卧房城市：卧城，是大城市周围承担居住职能的卫星城。与中心城市的空间距离较近，且位于通往母城的主要交通干线上，交通便利，多依赖于较高速度的交通工具，如汽车等。其职能以居住为主体，只拥有少量的零售业等基础生活福利设施，缺乏更多工商业职能，可提供的就业岗位极其有限。

⑤工商综合区：指都市近郊之交通便利地区，在一定范围内之土地，依其区位与当地发展需要规划设置。

⑥生活圈：每一家庭或个人都可在一适当的区域内，获得包括工作、交通、居住、文化、教育、医疗、娱乐等基本生活的满足。

⑦地下流人工湿地：由沟渠、滤床、水生植物组成。在沟渠中填入砾石或其他滤材当作滤床，并种上水生植物，让水流在地面下快速通过时，可以与滤材表面和植物根系附着的微生物接触，让微生物发挥污水净化的功效。因为滤材覆盖水面，可以避免臭味散逸与蚊蝇滋生。

⑧表面流人工湿地：由水池、土壤、水生植物组成。透过污水与自然环境中的氧气、土壤、微生物、植物交互作用，达到水质净化的目的。表面流人工湿地是现地处理工法中与自然湿地最相似的一种，也是较早且较普遍被使用的方法。

⑨水生植物：以水为生存及生长之媒介的植物。包含浮叶植物、漂浮植物、沉水植物、挺水植物、滨水植物。

⑩埤塘：因地形气候等种种因素的限制，早期开垦拓荒的人们为了农业灌溉用水的需求，挖掘的用来储存雨水、溪水等地表水的水池。

⑪沉淀池：利用重力原理使水中的固体物沉降于水底而去除杂质，因为需要较长的停留时间来使水中固体颗粒有足够时间沉降底部，通常以大型的水池来完成，此即为沉淀池。

⑫生态池：自然形成或是人为营造的水池，池水未受到污染。其目的是提供自然生物栖息及繁殖的空间。

⑬生态岛屿：在生态池中设置的与人类活动隔绝的岛屿，目的是提供自然生物部受人类干扰，而得以自然栖息及繁殖的空间。

⑭滞洪池：为降低大雨洪峰流量，在河床上构筑的大面积蓄水池，或水路上所构筑的土堰，以调节洪峰流，此称为"滞洪池"或称"调节池"。它的构造通常有土壤堤、混凝土或钢筋混凝土坝体，或池堰等数种形态。

参考文献：

[1] Alex Wall. VICTOR GRUEN:FROM URBAN SHOP TO NEW CITY[M]. Actar publishers, 1994.

[2] Joan Busquets. Cities X Lines: A New Lens for the Urbanistic Project[M]. Harvard Graduate School of Design, 2007.

[3] Lisa Benton-Short, John Rennie Short. 城市与自然 [M]. 新北：群学出版社，2012.

[4] Mohsen Mostafavi. Ecological Urbanism[M]. Lars Muller, 2010.

[5] 山崎亮. 小区设计：重新思考"小区"定义，不只设计空间，更要设计"人与人之间的连结"[M]. 脸谱出版社，2015.

[6] 韦恩·奥图，唐·洛干. 美国都市建筑－都市设计的触媒 [M]. 台北：创兴出版社，1994.

[7] 中原大学"永续环境营造研究中心". 桃园县埤塘资源调查总成果报告书 [R].2010.

[8] 徐贵新. 表面流人工湿地之规划设计、成效评估及 维护管理 [R]. 水环境保育中心，2006.

[9] 台湾大学生态工程研究中心. 生态工程操作维护汇编 [N]. 行政院环境保护署编印，2006.

[10] 台湾大学生态工程研究中心. 水质自然净化工法操作维护汇编 [N]. 行政院环境保护署编印，2006.

[11] 经济部. 易淹水地区水患治理计划截至 99 年度执行情形及绩效报告 [R].2011.

[12] 台湾大学庆龄工业研究中心. 全国重点河川水污染整治成效整合计划 [R].2009.

[13] 桃园县政府环境保护局. 南崁溪亮点专案 [N]. 2011.

图片来源：

图 1：https://www.google.com.tw/maps/.

图 2～图 5：作者自摄或自绘。

图 6：据《易淹水地区水患治理计划截至 99 年度执行情形及绩效报告》之图 6-57 参考绘制。

图 7：http://www.accupass.com/go/picnic.

图 8：http://ktev.com.tw/101ty_water/images/p22_4.jpg.

图 9：http://320.putao.com.tw/putao/viewProfilePost.do?id=196.

图 10：https://www.google.com.tw/maps/@25.0498864,121.2931961,3929m/data=!3m1!1e3.

图 11：http://landuse.tycg.gov.tw/Sys/QueryLandUse/QueryLandUse.aspx.

图 12～图 26：作者自绘。

李　策

（东南大学建筑学院　本科五年级）

建筑生命——仿生的绿色设计方法

Architectural Life: Green Design in Bionic Method

■摘要：本文主要通过作者在本科期间利用 processing 编程设计的两个建筑设计实例，分析这些实例的设计特点与设计方法，并分析了这种方法的独特性与优势，最后提出相关的尤其是关于绿色建筑的发展意义与前景。

■关键词：建筑设计　processing　绿色设计　信息化设计

Abstract：The paper mainly discusses the features of a new digital method of create architecture. The author analyses the process of designing two projects that done by him. At last, the author asserts the advantages of this method especially in environmental friendly design.

Key words：Architectural Design；Processing；Green Design；Informational Design

一、背景与概述

当我们在讨论绿色建筑时，讨论的更多时候是绿色技术，即附着在建筑主体上的各类外加设备，譬如已经广泛普及的太阳能热水器，真空玻璃等等，这些技术在建筑实践当中显示出非常良好的作用，然而这些技术往往可以适用于几乎所有类型的建筑，换句话说，建筑设计在绿色建筑的绿色方面所发挥的作用微乎其微，举个简单的例子，无论是怎样的住区，总是能为住户额外安装太阳能热水器。笔者在这篇文章中讨论的，是建筑设计介入绿色设计当中的一种新方式，它基于仿生的思想和参数化的手段，之后通过对两个设计方案的过程分析，对这种方式的优势和发展潜力做出客观的评价。

二、研究对象

本文选取了作者在大四设计的两个方案，涉及住区设计和城市设计。

（一）住区设计

在该住区项目中，每一个单独的住栋被看作是个体，研究个体如何组织成群体以及这样组成之后个体与群体之间的联系是此次设计的重点。此处多智能体的算法实现参考了李飚老师的"highFAR"程序的思路。

第一步，通过标准化的SI体系结合结构体系确定每一个住栋的平面尺寸，同时根据总建筑面积以及限高要求获得个体数量，分析单个个体的内在要求，这里为了保证尽可能客观，采取当地建筑规范作为限制条件，包括日照与消防间距。

第二步，对即将置入个体的场地进行初步处理，包括预留环形消防车道，决定主入口以及商业广场位置大小（根据任务书求得），把这些具体的要求统一转化为场地限制的数据类型与场地红线边界位置合并为完整的个体生存环境。

第三步，在于将智能体随机置入限定好的场地中，由于智能体能够根据外界环境调整自身的位置，在大部分次数的随机置入后，智能体构成的群体能够达到稳态，即满足规范最低要求的一种可能排布，接着通过对建筑平均间距以及日照条件的评分估值获得方案的适应程度，选取适应度较高的方案进行深化设计。

此外，每一个个体的立面由程序控制生成，立面元素由户型的阳台和窗洞决定，通过程序控制固定的元素在规定立面范围内生成图样，由于组合情况较少，采用全随机的生成方式，同时根据立面元素的方差（三种元素数量的方差用于模拟里面的丰富程度）以及立面对住栋日照条件的适合程度（窗墙比与日照时数作为衡量标准）建立二元评价体系进行筛选。

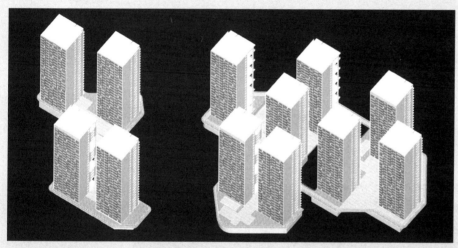

图1 整体排布及立面示意

（二）城市设计

在该城市设计项目中，利用对相应物理环境的算法模拟，以及街区逻辑的分析，进行程序辅助的城市设计，由于项目时间较短，选择的是场地周边的邻近街区做肌理分析然后做相似街区生成，且每一步的生成都采用程序逻辑，方案选择因时间限制仍由人工完成，但相对于传统设计方式，多方案比较的速度大大加快，由于各因素联动，所以每一步得到的大量生成方案均会严格符合设定要求，手工修改则有"顾此失彼"的风险。

第一阶段根据任务书要求以及周边地块的参考设定城市设计的街区组合模式以及各类活动的尺度要求，确定街区划分的大致大小，而后根据泰森多边形的原则进行街区划分，获得大量街区划分的结果，之后根据交通组织的基本模式，即大致的路网系统对方案进行选择。随后根据任务书具体的功能需求以及各功能要求的环境条件进行已划分街区的具体定义，通过这样的定义修正各个街区的大小，譬如在本例中商业街区的面积较住区大，而绿化属性的街区则被定义相互之间无道路分割。

第二阶段则是在街区划分基本完成的前提下进行街区具体形态的生成，整体形态由三个函数进行控制，两个反比例函数用于控制与周边高层建筑的适应，一个余弦函数控制整体形态是整体或散点化。此外，同样通过分析临近区块的街区开口形式，进行数学形式上的模拟并在方案中依据相同的形式进行街区开口。特别的，在总平面街区肌理上，所得方案已经与参考的周边街区较为相似。

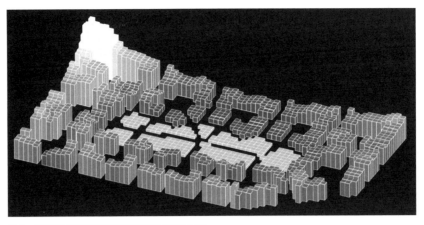

图2 经日照及风环境相应后的城市设计整体形态

第三阶段加入了具体的物理环境作为形态的控制因素，包括日照条件对居住街区层高的限制，不同季节的日照时数对绿地与公共空间布置的影响（日照不足则不布置树池等）。建立模拟风环境的粒子系统并以改善风环境导向设计相应策略，使方案整体对场地物理环境做出回应。

三、设计优势

（一）量化评价

在绿色设计的过程中，往往通过具体的能耗或其他理化环境分析来预测相应设计的效果，并根据效果的好坏来选择多个平行的方案，然而很多时候这样的理化数据之间的取舍，仅仅依靠人的感性判断是不够准确的，但由于人天生擅长模糊判断与定性判断，在量化比较数个相似方案的时候经常会受到无关因素的影响，譬如过去经验、审美等等，然而计算机的参数化设计为我们提供了一种新的可能性，即通过相应的理化公式直接将建筑所改变的环境量以及建筑本身的绿色价值进行量化比较。下面以住区方案中的住栋排布与立面对比为例进行说明（图3）。

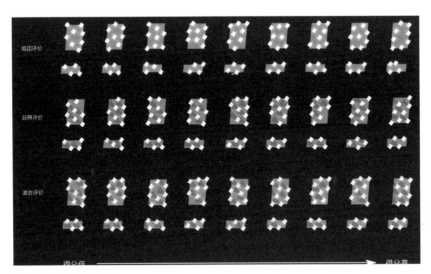

图3 住栋排布评分体系

在住栋排布中采取了量化评价的策略，即对住栋排布所影响的相关因素进行公式化，对每个方案进行量化的评价来确定方案的取舍。如图所示，组团评价中，定义了组团这一概念，在此指标中，每一个建筑都计算了其相邻建筑的数量，然后将每一个建筑的组团求和，这个数值越小，说明住栋扎堆的情况越小，可见图中第一行，最右侧的方案中住栋排成了环而获得了最好的组团评分。而日照评价则是通过对各个住栋的日照情况进行演算，获得各个住栋日照的平均情况，如图中第二行的左右两个排布方案，由红色阴影示意的日照情况能很好地说明两个方案下住栋的日照情况的差异。

混合评价选取了将两者分数加权求和的方案，权重则由项目性质（公租房）进行约化，图中三行对比了9个方案在三种评价体系中的排序，在实际操作中，参与评价的排布方案超过1000个，这样庞大的数量如果不依靠量化评价的方法，是难以选择最优方案的。

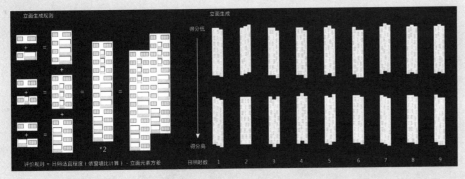

图4 住栋立面生成及评分

在进行住栋立面选择生成时，首先考虑了窗墙比对日照环境的适应，显然全天日照无遮挡和仅满足日照最低限度要求的立面应该是不一样的，更精确地说，底层的住户所需要的窗户面积与顶层几无遮挡的住户又是不同的。

这种精确到户的环境评价首先挑战了设计师的把控能力，相对于传统住区千篇一律的立面方案，利用参数化设计方法生成的立面能够在立面生成的同时，计算出其自身的参数，譬如窗墙比，再利用之前已经存储的该住栋的日照参数，就可获得精确的住户日照情况。此外，由于立面的美观考虑，将立面各个元素的数量计算方差，作为美观因素以及户型多样性考虑计入评分，那么就如同上图右侧的立面评分，每一个住栋由于其所处的环境不同，包括立面可视程度与日照条件，获得了完全不同的立面评价标准，对前一个住栋不合适的立面方案可能恰恰适合于下一个。本方案中12栋超过千户的日照数据如果由传统手工设计方法来把控这些指标，是不可想象的。

此外，最后选择出的住栋排布恰好满足最低规范日照的情况，在一般人看来是不可能的。作者后用天正的日照插件进行了验算，得出结果仍被质疑是否篡改数据，因此将模型数据发至同学处得到日照验证。这件小事同时也说明了参数化设计对建筑的可能性的探索是着实有效的，能够触及那些日常经验划定的"禁区"。

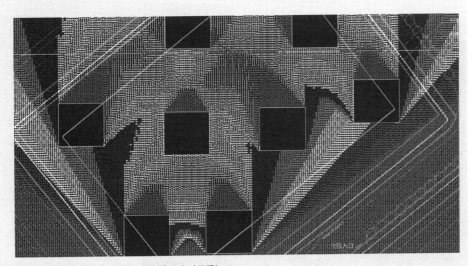

图5 天正日照模拟计算结果（绿色为2小时日照）

（二）快速计算

相对于绿色设备装与不装，具体型号的差别，建筑设计在绿色领域面临的困境要复杂得多。首先对于设备而言，策略的可选择数是有限的，并且设备的参数有大量的试验与参数可以参考，对于建筑设计方面而言，方案的可能数目是无限的，每一个新方案都有可能有超过旧方案的绿色潜力。然而由于经验和时间的限制，建筑师能够创建的方案十分有限。这就造成了一个有趣的现象，面对一个具体的建筑方案，可能是数十种绿色设备加建办法，可对于一个绿色设计本身，却只有五六个方案进行比较，这无疑是一种遗憾。

作者心得

能写作此文，首先要感谢在参数化建筑方面引领我入门的Michael Hansmeyer教授与李飚教授，以及在我之后课程设计中对我采用新的设计方法予以包容和指导的马进、徐小东等本校老师。

在创作此文的过程中，许多观点来源于课程设计中自身作业与其他同学作品的比较，而就我本人而言，文中所论述的仿生的建筑设计方法仅仅是运算建筑（computational architecture）中很小的一个分支，而在设计过程中就已经展现了巨大的潜力，具体到实践中就是更多的横向方案比较以及对设计过程与对象更理性与深入的了解。与之前需要靠"悟"和"说"的设计思路与设计方法不同，运用计算机辅助的设计过程每一步都是"诚实"的，每个人只要掌握了程序语言都能够很容易地完全理解设计过程并给出自己的评价，这在传统设计中往往是难以实现的，因为建筑语汇与设计思维拥有巨大的复杂性，设计者往往只能与观看者互相猜测对方的意图与思路，甚至于有时候连设计者也无法说清，这设计究竟基于什么。

传统的"灵光一现"或是"老道经验"一定会被严谨的数据收集与处理技术所取代，就像占星学会被天文学所取代，严谨的数据优化与程序模拟对样本的积累速度将远远快于实际工程，再举一个现实的例子，高铁的火车头一定是通过气动分析而不是老工程师改图得到的一样。

建筑领域相关的科技发展已经日新月异，而知觉科学与机器学习领域也步入了新的时代，BIM的变革以及信息化时代的潮流都要求建筑设计领域针对时代做出自己的改变，这篇文章可能只是一滴不起眼的水珠，但我也愿意在这次建筑变革的潮流中多溅起一些这样的迎着阳光的浪花。

李策

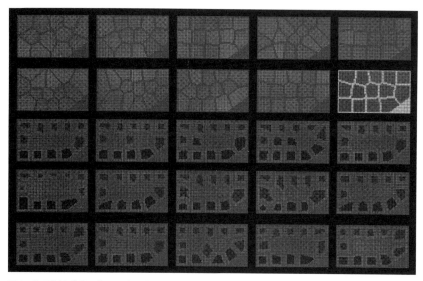

图6　街区划分步骤（每一行为一步骤）

借助于参数化设计办法，通过制定相应的规则，事实上建筑设计可以获得远多于设备选择的方案数量。下面以城市设计中所运用的多步筛选说明其具体优势。

如图，每一步的方案生成与筛选都基于给定的规则，而由于函数的特征，理论上每一步的方案都有无穷多个。通过程序的筛选，我们可以处理这样多的方案数量并挑选出最满足我们需要的那一个。在街区生成步骤之中，分别利用了人居尺度、道路通畅、绿化效率、日照情况等对人类活动较重要的绿色参数对街区的方案进行了筛选。如第三列中几个方案（绿色代表该区域建设集中绿化），并非笔者规定绿化必须出现在街区中央，而是计算机通过绿化效率（每一个街区所能享有的绿化面积，算法较复杂，此处略去）和日照期望得出的方案均为绿化置于街区中心较好。尽管传统的经验已经说明中央绿化的好处，然而基于数据的筛选结果无疑更加可信。换句话说，只有比较了数万个可能方案，设计师才能有底气说这个方案足够好，可以继续发展下去，而遍历这些可能性的方法，无疑是依靠计算机而非人脑的参数化设计方法。

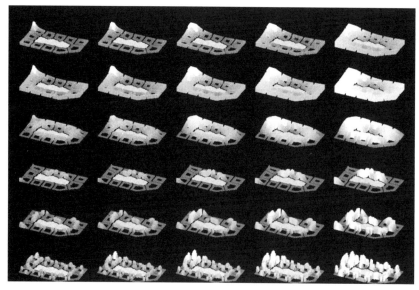

图7　调整函数组合获得的多种街区形态可能性

而在城市设计形态的处理上，需要考虑多种因素的相互作用，包括不同功能街区的面积要求，对周边环境的形态适应，中央绿地的环境条件，各个街区的环境参数等等，与第一部类似，此处可能的方案亦有无限多种，此处笔者选取了特征函数控制的办法控制街区的形态。从上图截取的部分方案中观察，既有点式超高层为主的方案（最下一行），也有普通高层方案，也有整体式方案。有趣的是，经筛选，反而是整体方案对于各类参数的影响最为优秀，即第二行，向中央绿地的呼应也在事实上使绿地的日照环境达到了最好，与之前的步骤同理，只有有足够多的方案进行对比，才能有把握提出较好的选择。

（三）适应性

相对于人类的思维，计算机在精确模拟上更为擅长，举例来说，一心三用，一心四用对人来说已经是极难的，但同时运行多个程序对计算机来说却不是难事，这种强大的计算能力也给参数化设计带来了新的机会，即适应性。

适应性这一特征很像是同种生物经过在不同环境下生活之后进化成了不同种的生物，譬如熊类在森林中多为棕熊，而在北极则是北极熊，这种对环境的进化适应性对绿色设计应该是一个值得学习的部分。由于人工控制的耗时，使得精细设计往往难以应用于具体设计中，但经过方案信息化的过程，我们可以让方案的数据模型获得这种类似生物的适应性。下面以城市设计的日照与风环境响应为例进行说明：

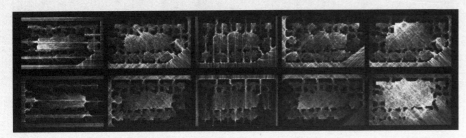

图8　粒子系统模拟风环境（左起四列为八种单一风向，最右列为响应前后风环境对比）

在此次方案设计中，为回应风环境，作者查阅了物理文献，后为兼顾效率，采用粒子系统而非流体进行风环境模拟，通过对设计所在地的气象数据的整理，依照不同时期的温度与风力建立起具体的风环境响应系统，即建筑单元被暖风粒子碰撞时，会降低高度以引进暖风，冷风粒子则会提高建筑高度使得其本身被阻挡在外。这样的策略主要目的在于改善由建筑实体包围的公共空间中的风环境，为验证相应系统的有效性，也使用了 ecotect 的 CFD 模拟插件进行了验算。

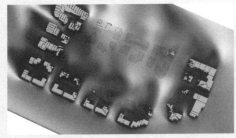

图9　风环境响应前后同高度 ecotect CFD 夏季风环境分析对比（左为响应前）

而后，建立相关的日照响应体系，重点在于居住建筑的日照体验，通过阴影分析，每当因响应风环境导致建筑日照变动时，都会有相应的检测公式约束建筑的改变，从而保证日照和风环境协同对建筑形态进行改变。同时根据气象数据，建立了全年的场地气象模型。

图10　模拟全年日照及风环境叠合

如图，黄蓝色系分别代表暖风与冷风，红绿色点则代表不同时间下场地公共空间的日照情况，由于风粒子系统有一定的随机性，所以需要经过反复多次的模拟，选取其中风环境与日照评分最高者进行最后的方案深化。

此外，对气象的全面模拟，为公园的植物布置与景观设计提供了良好的条件，这件事往往被一般的设计方案所忽略，即绿色空间同样需要相应的环境因素来支持，包括日照、通风、面积等。而在此处，这样的因素早在街区生成时已经被考虑，所以在整个设计中，绿地的自然条件和各个街区内部的庭院的环境参数一直能够作为重要的影响因子，在逻辑上确定了绿色因素在设计中的重要作用。

四、意义与前景

就如同概述中所说，参数化设计对建筑设计而言是一个机会，一个不需要绿色设备支持依然可以进行绿色设计的机会。不同于建造技术或是材料创新，在设计方面的绿色创新其实应是建筑师最关注也最应擅长的部分。

不同于传统的建筑设计，绿色设计要求有大量的相关专业知识，参数化设计方式实际上是鼓励建筑师了解这些知识并灵活运用它们创造出独特的环境响应手段。与后期在分析图中补充箭头或是在形体上随意开洞视作通风不同，参数化的绿色设计涉及一整套的生成逻辑，并且这样的设计方式需要庞大的数据支撑，包括气候、水文、地理甚至当地居民喜好等等，这些与建筑相关的理化环境一旦都能以准确的数据转化为参数影响设计，才能被确认为是真正绿色并适应于环境的。

我们知道，绿色设计的未来方向必然是向自然界学习，而自然界中的生物肯定不是"设计"出来的，就如同上文所提的"适应性"一般，多种多样的生物原型通过不断地适应环境，演化出了如今庞大的生态系统，那么类似的，我们也可以期待，在参数化绿色设计得以广泛应用的未来，基于对周边环境的适应，不同种类的建筑也可以跟自然界一样，构成建筑生态系统，而这种实现绿色设计的方式，无疑比把建筑穿上一层绿色的外衣更为优雅。

参考文献：

[1] 洪谦．马赫哲学的基本思想 // 范岱年 梁存秀．论逻辑经验主义 [M]．北京：商务印书馆，2010.
[2] 卡尔·波普尔（Karl Raimund Popper）．猜想与反驳 [M].傅季重，纪树立，周昌忠，蒋弋为译．上海译文出版社，2005.
[3] 拉里·劳丹（Larry Laudan）．进步及其问题 [M].方在庆译．上海译文出版社，1991.
[4] 李飚．建筑生成设计 [M].南京：东南大学出版社，2012.

图片来源：

图 5 为东南大学学生、作者同学胡泊制作。
其余图片均为作者制作。

附录一：

2014 年 "清润奖"大学生论文竞赛题目

1. 历史语境下关于……的再思 ＜硕、博学生可选＞

请选择你感兴趣的一位中外建筑师，或者更宽泛一些，选择一种有价值的建筑事件／特征／现象（也可以是结构、材料，甚至表皮技法等，也可以是中国历史上的一种建筑文化现象），去分析、推衍及梳理其内在特质，并以当代视野再次评价其建筑学价值。

他们曾经甚至如今依然在影响着建筑的发展史，他们或开创了新的建筑语言，最大限度地探索了材料和结构完美表达的可能性，或在风格、材料、形式等建筑基本问题上作出前瞻性的思考，并敏锐地捕捉到建筑思维与语言的现当代转向……建筑发展史上曾经的建筑现象放在历史视野中去重新观察和审视，会更接近其建筑学价值，古今、中外皆然。

2. 建筑作品或现象评析 ＜本、硕学生可选＞

通过一定的具体研究或调查，针对某一建筑现象进行分析与论证，阐述你的研究结果与想法；

或者通过对以往建筑设计作业、建筑设计竞赛以及实际参与建筑设计或建造的经历进行总结，阐述你对某一（自己或他人的）设计作品的理解与思考。

3. 建筑的未来与发展思考 ＜本科学生可选＞

未来的建筑是什么样的？

信息化建筑的出现有无必然性？它能否给我们带来幸福？

摩天大楼有我们想要的幸福空间吗？

人性间彼此的沟通，到底有多么重要？未来建筑是否要对此关照？

……

可畅谈你对未来建筑趋势的设想，或展开你对建筑发展本质的理解。

注：题目根据提示要求自行拟定。

附录二：

2015年 "清润奖" 大学生论文竞赛题目

1. 建筑学与绿色建筑发展再次相遇的机会、挑战与前景 ＜硕、博学生可选＞

无论是上古时期的穴居野处，还是西方原始棚屋，中外建筑的起源都有相似之处——用最原始的方式和材料建成人类最早的居所，这也是人类居住的原型。20世纪后半叶以来，建筑学的发展又重拾对建筑的基本属性的敬意，注重材料的自然属性，注重可持续发展，注重低碳、节能、环保等问题。

1990年世界第一部绿色建筑标准——英国的BREEAM——面世以来，美国的LEED标准随后风行全球；2015年，我国修订了《绿色建筑评价标准》。25年来，围绕绿色建筑的设计已形成规模化的发展趋势。绿色建筑的物质构成体系给建筑面貌带来怎样的改变，进而如何影响建筑设计的方法以及对建筑设计的评价？这是建筑发展的一次新的机遇，还是一次颠覆以往"建筑学"正史发展的挑战？这一趋势会走向怎样的未来，又将如何影响和创造人们的未来生活？你对这一发展趋势与前景有怎样的评价？

……

请选取以上若干视角中的一个或多个侧重点，深入解析，立言立论。

2. 建筑／规划设计作品或现象评析 ＜本、硕学生可选＞

你可以通过一定的具体研究或调查，针对某一与绿色、低碳、节能或可持续发展有关的建筑／规划设计作品或现象进行分析与论证，阐述你的研究结果与想法。

你可以选择与绿色、低碳、节能或可持续发展有关的建筑事件／特征／现象去分析、推衍及梳理其内在特质，并以当代视野再次评价其建筑学价值。

你可以分析绿色建筑如何开创了新的建筑语言，如何结合了材料和结构完美表达，或如何在风格、材料、形式等建筑基本问题上作出新的突破，并敏锐地捕捉绿色建筑对于未来建筑学发展的新的思维与语汇。

你也可以通过对以往的绿色建筑设计作业、建筑设计竞赛以及实际参与建筑设计或建造的经历进行总结，阐述你对某一（自己或他人的）绿色建筑设计作品的理解与思考。

以上思路任选其一。

3. 绿色建筑的未来与发展思考 ＜本科学生可选＞

未来的绿色建筑会是什么样？

绿色建筑的出现有无必然性？

它能否给我们带来新的生活方式和社会福祉，目前存在哪些问题？

绿色建筑能否实现建筑学的升华？

我们该如何看待建筑绿色化？它应由谁来主导（建筑师？设备工程师？）？

……

可畅谈你对未来绿色建筑趋势的设想，进而展开你对绿色建筑发展本质的理解。

注：题目根据提示要求自行拟定。

附录三：

2014 年 "清润奖" 大学生论文竞赛获奖名单

2014 硕博组获奖名单

获奖情况	论文题目	学生姓名	所在院校	指导老师
一等奖	近代天津的英国建筑师安德森与天津五大道的规划建设	陈国栋	天津大学建筑学院	青木信夫；徐苏斌
二等奖	"空、无、和"与知觉体验 ——禅宗思想与建筑现象学视角下的日本新锐建筑师现象解读	李泽宇；赖思超	湖南大学建筑学院；内蒙古工业大学建筑学院	一
二等奖	一座"反乌托邦"城的历史图像 ——香港九龙城寨的兴亡与反思	张剑文	昆明理工大学建筑与城市规划学院	杨大禹
二等奖	历史语境下关于"米轨"重生的再思 ——对滇越铁路昆明主城区段的更新改造研究	詹绕芝	昆明理工大学建筑与城市规划学院	翟辉
三等奖	历史语境下对"绿色群岛"的再思考	孙德龙	清华大学建筑学院	王路
三等奖	历史语境下关于南京博物院大殿设计的再思	焦洋	同济大学建筑城规学院	王骏阳
三等奖	墙的叙事话语	陈潇	苏州科技学院建筑与城市规划学院	邱德华
三等奖	新建筑元素介入对历史街区复兴的影响 ——以哈尔滨中央大街为例	王晓丽	哈尔滨工业大学建筑学院	刘大平
三等奖	基于量化模拟的传统民居自然通风策略解读	杨鸿玮	天津大学建筑学院	刘丛红

2014 本科组获奖名单

获奖情况	论文题目	学生姓名	所在院校	指导老师
一等奖	哈尔滨老旧居住建筑入户方式评析	张相禹；杨宇玲	哈尔滨工业大学建筑学院	韩衍军；展长虹
二等奖	城市透明性 ——穿透的体验式设计	骆肇阳	贵州大学城市规划与建筑学院	邢学树
二等奖	南京城南历史城区传统木构民居类建筑营造特点分析	张琪	东南大学建筑学院	胡石
二等奖	看不清的未来建筑，看得见的人类踪迹	周烨珺	上海大学美术学院	一
三等奖	中国社会和市场环境下集装箱建筑的新探索 ——以本科生自主开发的集装箱建筑实践项目为例	袁野	天津城建大学建筑学院	杨艳红；林耕；郑伟
三等奖	拿什么拯救你 ——城市更新背景下的历史文化建筑	胡莉婷	河南城建学院建筑与城市规划学院	郭汝
三等奖	1899 年的双峰寨与 1928 年的双峰寨保卫战	罗嫣然；秦之韵；张丁	华南理工大学建筑学院	冯江；李哲扬
三等奖	电影意向 VS 建筑未来	何雅楠	哈尔滨工业大学建筑学院	董宇
三等奖	当职业建筑师介入农村建设 ——基于使用者反馈的谢英俊建筑体系评析	朱瑞、张涵	重庆大学建筑城规学院	龙灏、杨宇振

2015 年 "清润奖" 大学生论文竞赛获奖名单

2015 硕博组获奖名单

获奖情况	论文题目	学生姓名	所在院校	指导老师
一等奖	台湾地区绿建筑实践的批判性观察	徐玉姈	淡江大学土木工程学系	黄瑞茂；郑晃二
二等奖	应对高密度城市风环境议题的建筑立面开口方式研究 ——以上海，新加坡为例	朱丹	同济大学建筑与城市规划学院	宋德萱
二等奖	基于BIM的绿色农宅原型设计方法与模拟校核探究 ——以福建南安生态农业园区农宅原型设计为例	孙旭阳	天津大学建筑学院	汪丽君
二等奖	基于实测和计算机模拟分析的南京某高校体育馆室内环境性能改善研究	傅强	南京工业大学建筑学院	胡振宇
三等奖	走向模块化设计的绿色建筑	高青	东南大学建筑学院	杨维菊
三等奖	绿色建筑协同设计体系研究	周伊利	同济大学建筑与城市规划学院	宋德萱
三等奖	绿色建筑学——走向一种开放的建筑学体系	王斌	同济大学建筑与城市规划学院	王骏阳
三等奖	中国大陆与台湾地区绿色建筑评价系统终端评价指标定量化赋值方式比较研究	张翔	重庆大学建筑城规学院	王雪松
三等奖	基于文脉与可持续生态的国际绿色建筑设计竞赛获奖作品评析	杜娅薇	武汉大学城市设计学院	童乔慧；黄凌江

2015 本科组获奖名单

获奖情况	论文题目	学生姓名	所在院校	指导老师
一等奖	乡村国小何处去？区域自足 ——少子高龄化背景下台湾地区乡村国小的绿色重构	葛康宁；杨慧	天津大学建筑学院	毕光建；张昕楠
二等奖	边缘城市的发展与设计策略：南崁	蔡俊昌	淡江大学建筑系	黄瑞茂
二等奖	黄土台原地坑窑居的生态价值研究 ——以三原县柏社村地坑院为例	李强	西安建筑科技大学建筑学院	石媛；李岳岩
二等奖	当社区遇上生鲜O2O ——以汉口原租界区为例探索社区"微"菜场的可行性	刘浩博；杨一萌	华中科技大学建筑与城市规划学院	彭雷
三等奖	城市中心区不同类型开放空间微气候环境的对比认知	张馨元；张逸凡	南京大学建筑与城市规划学院	童滋雨
三等奖	灰空间在绿色建筑中的优越性探讨	张轩于；黄梦雨	西安科技大学建筑与土木工程学院	郑鑫
三等奖	霜鬓尽从容 ——基于"积极老龄化"理念下的苏州传统街坊社区公共空间适老化研究	黄蓉	苏州科技学院建筑与城市规划学院	杨新海
三等奖	生态城市：从基础建设到城市生活	王诣扬	淡江大学建筑系	黄瑞茂
三等奖	建筑生命——仿生的绿色设计方法	李策	东南大学建筑学院	李飚